原版第六版

INTERIOR DESIGN & DECORATION SIXTH EDITION

室内设计史

［美国］ 斯坦利·阿伯克龙比（Stanley Abercrombie）　　［美国］ 谢里尔·惠顿（Sherrill Whiton）　　著　　张建萍　祝付华　杨至德　译

江苏凤凰科学技术出版社 · 南京

图书在版编目（CIP）数据

室内设计史 ／（美）斯坦利·阿伯克龙比，（美）谢
里尔·惠顿著 ；张建萍，祝付华，杨至德译. —— 南京 ：
江苏凤凰科学技术出版社，2022.1
　　ISBN 978-7-5713-2416-2

　　Ⅰ．①室… Ⅱ．①斯… ②谢… ③张… ④祝… ⑤杨
… Ⅲ．①室内装饰设计－建筑史－世界 Ⅳ.
①TU238.2-091

中国版本图书馆CIP数据核字(2021)第199431号

室内设计史

著　　者	[美国]斯坦利·阿伯克龙比	[美国]谢里尔·惠顿
译　　者	张建萍　祝付华　杨至德	
项 目 策 划	凤凰空间／杜玉华	
责 任 编 辑	赵　研　刘屹立	
特 约 编 辑	杜玉华	

出 版 发 行	江苏凤凰科学技术出版社
出版社地址	南京市湖南路1号A楼，邮编：210009
出版社网址	http：//www.pspress.cn
总 经 销	天津凤凰空间文化传媒有限公司
总经销网址	http：//www.ifengspace.cn
印　　刷	雅迪云印（天津）科技有限公司

开　　本	889 mm×1194 mm　1／16
印　　张	35
插　　页	4
字　　数	672 000
版　　次	2022年1月第1版
印　　次	2022年1月第1次印刷

标 准 书 号	ISBN　978-7-5713-2416-2
定　　价	298.00元（精）

图书如有印装质量问题，可随时向销售部调换（电话：022-87893668）。

目录

图 1-1 公牛大厅（Hall of Bulls）。位于法国多尔多涅的拉斯考克斯岩洞（Lascaux caves，Dordogne）。公元前 15000—公元前 13000 年，绘制在石灰岩上，其中最大的欧洲野牛（公牛）长约 5.5 米

© 希斯·布里姆伯格（Sisse Brimberg）/ 国家地理图像博物馆（National Geographic Image Collection）

1

史前设计

公元前 3400 年之前

"人类总是在不断变化，不断发展。"

——西蒙娜·德·波伏娃（Simone de Beauvoir，1908—1986），法国作家和哲学家

在已经发现的人类的最早生活记录中，有两种明显的倾向：一是筑巢本能，或者说是对于单个永久家庭的期望；另一个就是视觉组织，在环境中体现出视觉的重要性。今天，这两种倾向就像史前时代那样仍然存在，构成室内设计的基础。

什么是室内设计？室内设计就是居室内部空间的构件与装饰。室内设计经常被划归入建筑艺术领域，但并非完全如此。本章所述的洞穴居室中发现的艺术品（图1-1），对于室内设计与建筑艺术之间的一般关系来说，是一个例外。的确，室内设计通常发生在建筑内部。然

史前时期		
大致时间	人类发展	艺术发展
35000 年前	旧石器时代开始	—
30000 年前	—	肖威特岩洞壁画
25000 年前	—	生育像人偶
16000 年前	—	拉斯考克斯岩洞壁画
10000 年前	栽种食物的起源，新石器时代开始	阿尔塔米拉岩洞壁画
6000 年前	—	沙塔尔·休于古城的房屋和圣殿
5000 年前	冶金的起源	—
3400 年前	苏美尔文字的起源	—
3000 年前	—	斯卡拉布雷的房屋和家具

而这两种艺术形式必须通过某种方法，建立起有机的联系，从而创造出令人感到愉悦、连贯一致的整体效果。因此从某些方面来说，这两种艺术形式拥有共同的材料、技术和形式。

在建筑物的设计过程中，建筑艺术与室内设计中首先考虑哪一个，哪一个占主导地位，需要根据具体的情况和设计师的才能来决定。史前室内设计通常先是发生在天然存在的洞穴之中，然后才转移到持久性的、独立式构筑物中。由此可知，室内设计的产生早于建筑艺术。的确，洞穴文化持续了 2 万多年，几乎是从它结束到现在这段时间的两倍。

值得注意的是，20 世纪伟大的建筑师勒·柯布西耶（Le Corbusier，1887—1965）在其 1923 年的著作《走向新建筑》（Towards a New Architecture）中写道："规划是从内向外进行的。一座建筑就像是一个肥皂泡。如果产生肥皂泡的气体自内部被均匀地分布与调整，那么这个气泡将是完美的、和谐的。外部正是内部结果的体现。"

不管怎么说，建筑艺术和室内设计都起源于人类对于庇护所的需要。庇护所，不管是搜寻得到的，还是人工建造的，都是为了满足人类基本的生存需要：抵御恶劣的气候，防止被动物捕食。后来需求更加细化：人们需要一小块个性化、私有化的土地。在漫长的进化过程中，原始人类必定取得长足的进步，而个性化的环境必将推动人个性化的发展。

史前设计的决定性因素

"史前艺术"和"原始艺术"二者的含义大相径庭。史前艺术可能并不原始，而原始艺术也可能并非是史前的。"史前艺术"是指某一特定历史时期的艺术，尤其是指在苏美尔人（现伊拉克境内）创造文字之前的公元前 3400 年以前的艺术。室内设计起源于这段尚无文字的历史时期，但是对于室内设计的开创者们，我们知之甚少。

另一方面，"原始艺术"指的是一种艺术特性：简单、粗犷、未经雕饰。我们现在所知道的一些最早期的艺术作品，比如法国和西班牙史前洞穴中的现实主义的动物壁画，这些作品是史前的，但我们不能说它们是原始的。

然而在这之后的新石器时代的一些艺术作品，退化成了仓促简练的抽象笔调，可以说这才是原始艺术。时至今日，这种所谓的原始艺术仍然盛行于全球的一些小村落甚至大城市的中心。

对于"原始"这个术语，我们一定要小心，不要误用。许多评论员钟情于某种特殊的艺术形式，而独立于传统之外，可能会认为这种艺术形式是原始的；遵从传统的人，认识到艺术的重要性和微妙性，可能会认为这种艺术是很复杂的。我们还要注意，不要认为原始艺术是可以忽略的、无足轻重的。原始艺术是可以动态变化的，富有强大的生命力。在现代艺术发展的初期，许多艺术家从原始艺术中发现了具有重要价值的灵感。今天，我们习惯于对各种艺术形式进行抽象的解释，在外行人眼中，许多原始艺术形式从某种程度上来说是未知的，对于设计师却具有重要意义。尽管完全采用原始的艺术形式进行室内装饰，大家都会感到不舒服，但原始文化的一些要素会在室内设计中创造出可观的、令人激动的艺术效果。

石器时代的设计

我们知道，最早期的艺术可以追溯到石器时代。旧石器时代（Old Stone Age，也称为 Paleolithic Period，公元前 35000—公元前 8000 年），有时又称为打制石器时代，因为在那个时代，人类使用打制石器，所以出现了有锋利边缘的石器。新石器时代（New Stone Age，也称为 Neolithic Period，开始于前公元 8000 年），又称为磨制石器时代，因为所使用的石器得到了进一步加工处理。随着文字的出现和金属加工方式的发展，新石器时代终结。但是其在不同的地方，结束的时间也有所不同。

旧石器时代及其设计

在旧石器时代，人类居住在洞穴或者由石块砌成的遮护棚中，以各种水果、坚果、浆果以及可食用的根系为食物。后来人类开始狩猎，获取肉类食品，增加饮食中的蛋白质。这时期的艺术作品更加富于技巧，更加写实，令人感到惊奇。最早期的作品可以追溯到公元前 28 000 年，主要是一些小型雕塑作品，由石块和动物骨骼制成，描绘动物或者人类的形象。有些描绘的是裸体孕妇，体现出生育的魅力。后来在非洲、欧洲和亚洲发现的一些雕塑，由打制石块或者黏土制成，例如在法国南部洞穴中发现的野牛浮雕（图1-2），可以追溯到公元前12 000年。

旧石器时代艺术最明显的标志，或者说室内设计最古老的证据，是在西班牙和法国洞穴中墙壁和天花板上发现的绘画。西班牙北部阿尔塔米拉（Altamira）岩洞中的壁画，可以追溯到9000—11 000年之前。法国南部拉斯考克斯岩洞中的壁画，则可以追溯到15 000—17 000年之前。同样是在法国南部，肖威特（Chauvet）岩洞中的壁画可以追溯到约30 000年前。还有一些古代重要的洞穴壁画，如在非洲莱索托（Lesotho）、印度博帕尔（Bhopal）、澳大利亚瓦勒迈国家公园（Wollemi National Park）、阿尔及利亚、阿根廷、

巴西、中国以及西伯利亚等地，也已被人们发现。

多数情况下，这些洞穴壁画深埋于地下洞穴，很难被发现。因此，这些绘有壁画的洞穴，不是生活居住地点，而是带有神秘色彩的神圣场所。在这些黑暗的洞穴中，举行仪式典礼仅靠火把照明，参与者认为动物图像有魔力，可增加可食动物的数量，对狩猎者进行引导，帮助他们成功捕获猎物。壁画上的动物以正在被武器击打的形象呈现出来，有时人类的形象也出现在绘画之中。大多数壁画不能看作是室内装饰品，尽管洞穴中居住的人们必定通过某种方式对居住环境进行装饰。毫无疑问，动物毛皮悬挂在洞穴的入口处，能够挡风、遮雨并防止动物的入侵，创造舒服的休息环境。但是，只有壁画保存了下来，并且大部分都保存得十分完好。我们将以已知最古老的岩洞壁画——肖威特岩洞壁画为例，进一步详细介绍。

◀图1-2 两头野牛浮雕，法国勒迪克多杜贝尔特（Le Tuc d'Audoubert），公元前13000年，长约64厘米
伊冯·娜韦尔蒂（Yvonne Vertut）

观点评析｜从现代雕塑角度看早期艺术

野口勇（Isamu Noguchi，1904—1988），著名雕塑设计师和家具设计师。在《艺术新闻》（Art News）杂志上刊登的对纽约的一场史前雕塑展的评论中写道："我们走进房间，仅看到一些石头。它们是这里充满了生机和活力的原因吗？……假如这是一座小教堂，那么，它并不属于任何一种已知的宗教类型。我们感到震惊，这些展品既奇怪、又熟悉，让人联想到人类自身……感到高兴，又感到吃惊，终于找到了我们所忘记的东西。"

肖威特岩洞壁画

1994年，让·玛丽·肖威特（Jean-Marie Chauvet）与另外两位探险家，在法国东南部发现了一处地下洞穴，入口埋藏得很深。在洞穴之内，发现了人的足迹、古代生火后的残留物以及熊的骨骼。最令人感到惊奇的是，他们发现了300多幅生动的壁画，这些壁画可以追溯到旧石器时代初期。在这里，壁画因免受太阳光的照射和地球表面不断变化的环境的影响而得以保存。

壁画分为两类：一类是动物图像，另一类是几何符号图像。有时二者混合在一起，比如在狮子的脖颈上有五条红色的条带，或者在一匹马的两颊上有两个红色的斑点和一条条带。所描绘的动物包括驯鹿、猛犸象、狮子、豹、熊、犀牛和马等（图1-3）。通常情况下，同一种动物会放在一组（如四匹马排放在一起），并且都有动作（狮子围捕、奔跑的小鹿）。在肖威特洞穴中，没有完整的人物形象，但是有一些人物形象片断。还有一个非常奇怪的复合动物，上半身是野牛，下半身是人体。

洞穴壁画作者主要使用红色和黑色，但是也能够看到使用黄色的痕迹。红色来自铁矿石中的铁锈，黑色来自煤烟和木炭，黄色则来自花粉或者其他植物。洞穴中发现的空心彩色骨头管表明，色彩是吹上去的，而不是涂上去的。黑色轮廓线过于精准，以至于无法被吹到上面，也许用苔藓或者动物皮毛涂抹过。没有证据表明曾经使用过刷子。

通过重叠表现出透视效果，画面上的动物呈现出前后层次。有时展现出动物的整个面部，眼睛直盯着观察者，而身体只展现出侧面。阴影的使用使画面慢慢过渡，呈现出立体感。从今天的艺术和现实主义标准来看，这些最早期的艺术作品，绘画技艺已经达到了很高的境界。

但是，绘制在洞穴墙壁上和天花板上的这些壁画，其整体构成问题并没有得到注意。绘画的焦点集中于单个动物或者一群动物图像之上，而不是在一个整体平面上。这并不是说作者不会组织画面，而只是说他们的关注点不同。

有趣的是，洞穴壁画创作的动机与沙特尔大教堂（Chartres Cathedral）使用彩色玻璃窗（图8-21）的动机并不是完全不同的。两者都是为了唤起超自然力量，而非自然世界的力量。主题都是现实主义的，但是目标功能却是为了把我们的思想提高到一个更高的境界，

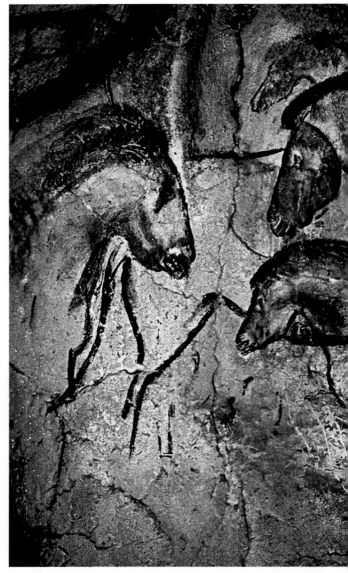

▲图1-3 洞穴壁画，法国阿尔代什峡谷，瓦隆蓬达尔克，肖威特岩洞（Chauvet cave，Vallon-Pont-d´Arc，Ardèche gorge），公元前28000年
© 考比斯（Corbis）/ 西格玛（Sygma）

或者改善我们的生活。

其他绘画形式

旧石器时代发现的其他绘画，反映出早期人类对自己身体的迷恋：这些壁画只是人类手部的简单轮廓（图1-4）。这很可能与狩猎无关，只是源于史前人类记录自身活动的愿望。

还有其他的艺术表现形式，例如抽象和几何构图。在带有装饰的骨骼和工具上，随意描绘的、乱糟糟的笔画，变成了整齐排列的平行线条。对称这种平行布局设计手法，或许最早发现于人体本身。在旧石器时代，条

纹通过平面镜成像，形成"V"形或"人"字形图案，对称由此产生。在另一端也采用对称形式，于是"V"变成了"X"。不同的形态交替变换，创造出规律：两个"人"字，一个圆，又两个"人"字，又一个圆。旧石器时代的绘画和图案，为后来更大胆的艺术创作奠定了基础。

新石器时代及其设计

新石器时代大约开始于公元前 8000 年。洞穴壁画继续创作，但是不像从前那样深埋在洞穴深处，而是靠近洞穴入口处，目的是要让人们看见。而作画者是否已经意识到了作品的艺术价值？我们无法知道。

随着狩猎者开始定居下来，并蓄养动物、种植作物，绘画主题发生了变化。对人类形象的描绘逐渐取代了对动物的描绘，以夸张的姿势和比例，表现培育作物、狩猎、战斗和跳舞的场面。奔跑者的腿长得不可思议，身强力壮的武士拥有许多手臂。这种夸张带来了暗示的运

用，表现动作而不必采用清楚的人物形象。因此，旧石器时代的写实主义手法被新石器时代的象征主义手法取代了。

当然，还有新工艺的运用。草编和布艺在这个阶段已经开始。人们编织篮子用于盛放食物。后来，陶瓷开始取代一些石头用具，有时其装饰非常丰富。陶瓷还被用于烹饪领域，这种已知的实例很少。但是总体上来说，艺术和装饰的实用主义特征逐渐弱化，更趋向于抽象化。

城市的出现

通过饲养动物和培育作物，人类能够更加有效地养活自己，而这些新的活动需要在一个地方长期定居下来。由于这种稳定性的需要，村庄开始建立起来，人们不用再去寻找不固定的住所。大部分居住地点都是由树枝和茅草建造的，但是一些更为长久的居住点则是由木材、石块和泥砖建成的。进而，小型群体生活需要更加有效的社会组织。于是原始的城市出现了，有了统治者和管

理人员，人类的活动开始专业化，技术向前发展。但这些早期的定居点现在大多数都已经消亡了，只有少数由砖石建造的定居点的废墟仍然可见。下面简单地介绍其中两个。

沙塔尔·休于古城（Çatal Hüyük）

沙塔尔·休于古城位于安纳托利亚，存在于公元前6500—公元前5700年，是一处人类定居点。这个地区石材很少，因此定居点不可能用石头建造。鼎盛时期的沙塔尔·休于古城占地约13公顷。这是一个繁华的城镇，控制着黑曜石的贸易。黑曜石是一种黑色火山琉璃，因用于制造工具和装饰品而被看重。

这座古城镇主要是一个挨着一个的长方形建筑，由木材和泥砖建成。相比独立式建筑，其结构更加稳定。至于房屋之间是否有通道，学者们仍在争论。假如没有通道，那么出于安全原因，想进入这些房间就必须借助屋顶开口处的梯子，而不是门。

在木框架之内，墙体由晒干的长方形泥砖填充，这些泥砖由木制模具成型，砂浆粘结。典型的房屋，由两根坚固的木制主梁和许多小型梁支撑着屋顶。屋顶由一捆捆的芦苇织成，上面覆盖着厚厚的泥土。在沙塔尔·休于古城中，所有建筑都采用了相同的技术，体量上也没有太大的区别。但是从内部装饰来看，大约四分之一的房屋属于圣殿（图1-5），其他为一般住房。

在房屋内部，木框架在水平和垂直两个方向上，把墙体划分成一个个的搁板。通常情况下，木框架涂成红色，在视觉上加以强调。门口、壁龛和平台，有时也涂成红色。一般住房内，墙体下面的搁板不超过1米高，采用多种方法进行装饰。大多数是平板带有各种红色阴影，但也有各种几何图案和手脚图像。有一座房屋内的搁板上有星形图案和同心圆，还有一些带有鸟类图案。但是这些自然物图案通常都不出现在住房内，而是出现在圣殿之中。红色颜料取自矿物质氧化铁，为锈红色。氧化汞与油脂混合，为深红色。黑色取自煤烟，蓝色来源于蓝铜矿，绿色来源于矿物孔雀石。这些彩色颜料用刷子涂刷，背景色为白色、乳白色或者淡粉色。

房屋内部空间根据用途进行划分：大约三分之一的空间用于安装炉灶，剩余空间用作其他用途。每座房屋都有一架固定木梯，通向屋顶的开口。这个开口还同时用作烟囱，用于排放炉灶和照明灯放出的烟尘。穿过主

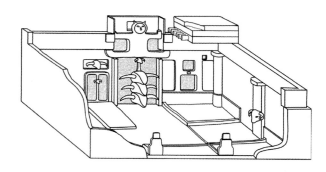

▲图1-5 沙塔尔·休于古城（Çatal Hüyük）圣殿重建图
© 拉尔夫·索列基博士（Ralph Solecki，Ph.D.）

房间，即是用于贮藏的小型二级房间，从小门进入，高度不超过1米。

房屋当中不用于做饭的另外三分之二的空间，是抬高的泥砖平台，被精心抹了灰，沿着墙体布置。从室内绘画上可以看出，在这些抬高的平台上，通常覆盖芦苇或者草席，上面再放置床垫和卧具。有垫子的平台，用于就座、工作和睡觉。这些平台还用作墓葬，从前的房主就埋葬在泥砖平台之内。从他们的骨骼来判断，位于一角的小型方形平台，是属于男性家长的位置，一个或者多个比较长的平台是属于女性家长和孩子们的位置。在圣殿建筑中也有这种平台，平台之中埋葬着牧师和其家庭成员的遗体。圣殿比一般住房稍大一点，装饰有精心设计的壁画，看起来似乎具有重大宗教意义。还有男神、女神和动物的灰泥石膏浮雕。人类头颅、公牛的头颅和角（有些是真的，有些是泥塑的），用来装饰坐凳和平台。其他代表性的动物有牡鹿、豹、秃鹫和狐狸。

在沙塔尔·休于古城，还发现有精美纺织品的痕迹，很可能是由羊毛制成的。这是目前为止，世界上发现的最古老的纺织品。已经确认的有三种不同的编织类型，壁画上的一些几何图案被认为是基里姆地毯（一种平纹无绒织物）的代表性图案，常用于地毯、没有绒头的平织纺织品。这或许表明，地毯编织在石器时代就已经开始了。

从这座古代建筑遗址（图1-6）中，还发现了大量手工制品，有些很奢华，如抛光黑曜石镜子、木器、金属小装饰品、篮子、陶器，以及黑曜石、燧石、铜和铅工具等。男人随葬武器包括黑曜石矛头、带骨柄的燧石短剑和皮剑鞘。妇女和儿童的随葬珠宝包括项链、手镯、

脚镯和臂带（由石材、贝壳、石灰石、黏土、铜和珍珠母贝制成）。

斯卡拉布雷（Skara Brae）

在苏格兰北海岸奥克尼群岛（Orkney）上最大的岛波莫纳（Pomona），有一片建造于公元前 3000 多年的房屋，被称为斯卡拉布雷。这里风很大，气候恶劣；石材充足，因此建筑非常结实。即便是内部装饰，也是采用石头为原料。

到目前为止，已经发现了至少 7 个居住单元。这 7 个单元靠得很近，不妨称为一个小型村庄或者早期多户住房实例。房屋样式为方形圆角。墙体用石块垒砌而成，不用砂浆，基部厚 2 米，顶部变窄。随着墙体高度的增加，顶部墙体越来越尖窄，并且稍向内弯曲。现在没有屋顶，当初可能是有屋顶的，以鲸须作支架，上面覆盖动物皮

毛或者草皮。最大的房间宽约 6.4 米。就像沙塔尔·休于古城一样，主房间附带有小型储藏空间。在斯卡拉布雷，这种储藏空间，由厚厚的石墙掏空而成。

典型的主房间（图 1-7）内，中央焦点是一座长方形的大炉膛，边缘用石头砌筑。炉子正上方的屋顶有开口，或是烟道，或是为了便于让阳光照射进这无窗的房间之内。在炉子的末端、正对入口处，有一块方形的石头，可能是一家之主的座位，表示尊敬，其他家庭成员则坐在地板上或者石凳上。炉子的两边，靠着墙体的位置有两张床。石制容器中盛有树叶、芦苇或者苔藓，用动物毛皮覆盖。远离炉子的靠墙处，有一件令人印象深刻的内置家具——一种可说是现代碗柜或者餐柜前身的橱柜。它的垂直支撑和两个水平架都是由石头制作的。这个对称的、精心制作的双层石制橱柜，放置在门与炉子构成

▲图 1-6 沙塔尔·休于古城住房和圣殿的墙体遗迹现在的样子
© 拉尔夫·索列基博士

▲图 1-7 斯卡拉布雷房屋内部，苏格兰海岸，公元前 3000 年。炉子位于房间的中央，其后一个石制坐凳和一个双层橱柜放置在轴线上

© 米克·夏普（Mick Sharp）拍摄

的轴线上，很显眼。它或许是用来展示家庭的珍贵物品，如带有雕刻装饰的陶碗。橱柜本身清楚地表明，当时的人类已经开始考虑美学和功能的问题了。有些石制家具似乎已经采用雕刻线条和斑点来进行装饰，尽管这类装饰大部分已经磨损了。

除了陶器之外，在斯卡拉布雷，还发现了许多其他手工制品，分别由象牙、骨头和石头制成。在一个房间中，还发现了用鲸鱼骨做成的盘子，并且带有红色颜料。

在另一个房间中，发现了雕刻精美的石球。有些陶器呈现出螺旋形的设计。

从史前时期到历史时期

在旧石器时代向新石器时代的过渡过程中，我们已经看到，写实主义已经部分地被抽象主义所取代。新兴起的对抽象主义的兴趣，带来了几何装饰。以简单的形式代表物体的象形文字，最终导致了文字和书写的创造。在日益扩大的定居点上，人们之间的交往活动日益增多，这就需要制定相关的居住法律，并进行记载。文字的出现既是可能的，又是必要的。

到新石器时代末期，除了文字的发展，人类已经能够从岩石当中提炼金属，并把这些金属材料进行加工混合，制成各种物品。截止到目前，已经发现的最早的金属手工艺品，是来自土耳其南部的铜制品，可以追溯到公元前 7000 年。这些铜制品不仅已经锤炼成形，而且进行了淬火处理，用火加热使其具有韧性，不易破碎。石制工具和武器逐渐被更有效率的金属制品所替代。在不同的地点和不同的时间阶段，石器时代向青铜时代及以后的铁器时代发展过渡。

文字和金属工具的出现，为最早期历史文明的发展创造了舞台。在远古历史文明当中，最富成就的就是埃及，下一章将重点讨论。

总结：史前设计

本书在各章的末尾，都要对这个时期的特征、文化艺术和室内设计进行分析总结。一般情况下，我们都要简单回顾一下这个时期所具有的突出的共同特征和特性。然后，在同一个时期内，选择个例进行比较。同时，还要选择一些其他时间阶段和地点的个例进行比较，以探析各个时期和风格是如何相互关联的。

寻觅特点

单一一种风格样式不可能被看作是史前艺术。不同部落所处的地点不同，气候条件不同，使用的材料不同，自然会产生不同的艺术效果。古代艺术作品比我们想象的更加丰富多彩、更加令人吃惊、更加引人注目，因为目前所发现的，仅仅是沧海一粟。

我们知道，技艺高超的写实主义洞穴壁画、雄心勃勃的石制纪念碑以及室内装饰，都已经注意到了实用和外观要求。这些证据清楚地告诉我们，室内设计和美学追求的本质和能力，植根于人类社会已经有很长的历史了。差不多人类一经出现，就有了艺术家和室内设计师。

探索质量

审视不同文化的设计，会发现一个明显的特征：每一种文化的设计都有其起决定性作用的传统、目标和期望。然而，在一种文化下成长的、富有同情心的观察者，也能够探索和欣赏在其他文化下生产的艺术品。我们或许对史前人类的生活和思想知之甚少，但是仍然能够对他们的作品进行鉴赏。

史前洞穴壁画高超的技巧，令我们印象深刻。这些动物图案作品，似乎真实地表达了艺术家的意图，没有遗漏本质的东西，也没有随意添加额外的东西。它们是最早期人类具有艺术家潜质的最好佐证。

做出对比

比较，可以揭示出史前艺术和后来的艺术之间惊人的相似性。假如我们走进斯卡拉布雷，将会因为其高度的秩序性而感到震惊。大型石制炉坑、石制座椅和石制橱柜，从门口看去排成一线，两张床呈平衡对称布局。历史上，"对称"是一条重要的设计原则，能够产生强有力的效果。"对称"在希腊的神庙、罗马的浴室、哥特式教堂、法国的城堡以及许多其他建筑和室内装饰之中都有运用。从斯卡拉布雷这一个小房间中，我们能够领略到这条设计原则是多么的古老。

2

古埃及设计

公元前 4500—30 年

"当一个从未听说过埃及的人看到埃及时，假如他仅具有一般的观察能力，一定会凭想象认为，埃及……是天府之国、尼罗河的礼物。"

——希罗多德（Herodotus， 公元前 485—公元前 425），古希腊历史学家

我们发现，有历史记录以来，埃及从史前时期就已经演化成了繁荣昌盛的、全面发展的文明国度。埃及的艺术庄严而宏伟，遵循苛刻的标准设计和建造，取得了巨大的成就。

在埃及，权力和信仰支撑着国王的统治，而国王则被看作神灵。这些国王被称作法老（图 2-1），他们的绝对权威使他们能够指挥建造世界上最宏伟、最壮观的纪念性作品。不过，埃及的艺术是罕见的，埃及艺术品的创作很大程度上受到这个国家独特的地理条件、气候和自然资源的影响。

古埃及设计的决定性因素

在世界所有文明国度中，在历史长度方面，只有中国超过埃及。但是，没有一个国家能像埃及这样具有持久的稳定性。尽管经历了 5000 多年的漫长岁月，埃及的文化及其艺术品的特性仍然保持不变，令人感到震惊。这主要归结于埃及的地理和自然资源条件、埃及人的宗教信仰，以及这个国家的社会政治体制。

地理位置及自然资源因素

非洲的尼罗河是世界上最长的河流。嵌入式河谷的宽度很少超过 16 千米，常常是比河流本身稍微宽一点。春雨和南方高地上融化的雪水带来大量的泥沙沉积，形成适合耕种的土壤。为了对河流洪水进行控制，对河水进行分流，需要建造大坝、水库和运河。通过建造这些设施，埃及人成为早期工程建设的能工巧匠。

河谷便于灌溉，海枣、无花果、石榴和纸莎草生长繁茂，绿意盎然。外围沙漠直逼河谷两岸，成为埃及的防护屏障，可以防止入侵、移民，甚至隔绝外来访客。

◄图 2-1 图坦卡蒙法老（King Tutankhamun）陪葬面罩，由金子制成，内嵌半宝石，高 54 厘米，约公元前 1330 年
© 埃及博物馆

古埃及					
大致时间	时期	朝代	统治者	首都位置	主要建筑与事件
公元前2686—公元前2134年	古王国时期	第三王朝至第八王朝	海特菲莉斯（Hetepheres）、胡夫（Khufu 公元前2598—公元前2566）、哈夫拉（Khafre 前2558—前2533）、孟卡拉（Menkaure）	孟菲斯	金字塔时代：吉萨大金字塔群
公元前2065—公元前1783年	中王国时期	第十一王朝末至第十三王朝	孟图霍特普二世（Mentuhotep，前2046—前1995）、阿蒙涅姆赫特二世（Amenemhat 前1991—前1962）、塞索斯特利斯三世（Sesostris，前1894—前1855）	底比斯，后迁都孟菲斯	代尔拜赫里陵庙、肖像绘画发展
公元前1550—公元前1070年	新王国时期	第十八王朝至第二十王朝	哈特谢普苏特（Hatshepsut，前1508—前1458）、图坦卡蒙（Tutankhamun，前1341—前1523）、阿肯那顿（Akhenaten，前1379—前1336）、纳芙蒂蒂（Nefertiti，前1371—前1330）	底比斯，后迁都泰尔·埃尔·阿马那，后迁回底比斯	哈特谢普苏特陵庙、卢克索和卡纳克神庙
公元前332—公元前31年	托勒密时期	—	亚历山大大帝（Alexander the Great，前365—前323）、托勒密一世至十五世（Ptolemy I-XV）、克利奥帕特拉七世（Cleopatra，前70—前30）、尤利乌斯·恺撒（Julius Caesar，前102—前44）	亚历山大城	公元前332年，亚历山大占领整个埃及；公元前48年，尤利乌斯·恺撒登陆，保护克利奥帕特拉
公元前31—642年	罗马时期	—	罗马统治者	—	供奉埃及神灵的新罗马神庙

这种隔离使埃及能够免遭外部干扰，持续地、完美地自我发展，这在历史上很少见。然而，与其他文化的相对隔绝，使其在漫长的历史中形成对既有艺术形式的重复。这种稳定性（尽管正如我们将要看到的，并不是完全没有变化）正是埃及艺术中最显著的特征之一。在4000多年的漫长历史中，埃及的建筑形态、细部构造、室内装饰以及家具等，在很大程度上都保持不变。

埃及河谷不仅提供了肥沃的土壤，还提供了大量坚固耐用的建筑石材，如花岗岩、玄武岩和闪长岩等。如果没有这些石材，就不可能建造出金字塔和其他大型纪念性建筑。石灰岩和砂岩相对较软，易于切割，可以用于受保护的场所。然而，木材供应有限。出于结构需要，必须使用木材时，就采用棕榈、纸莎草、金合欢和埃及榕。更为沉重坚硬的木材，则从叙利亚进口。这些树木的树叶和枝干，以及尼罗河两岸的野生花卉，成为埃及装饰性设计的主要灵感之源。

宗教因素

尼罗河洪水年复一年有规律地循环，设定了农业生产的周期，构成了埃及人生活的基础。埃及人把一年划分为三个季节：洪水季、播种季和收获季。尼罗河河水周期性的循环变化，与天象变化相呼应：周而复始的循环重复，与太阳的变化规律类似。非常稳定的环境被认为是埃及人坚定信仰——死后能够再生——的信念来源。反过来，这一信仰又成为那些令人吃惊的建筑的灵感源泉——其建造目的是使人永生。公元前332年，希腊人入侵埃及的时候发现，埃及的文化极为古老，极少变化。的确，在那个时候，金字塔就已经有近2000年的历史了。

王国、朝代和法老

公元前3100年，高地以北沿着尼罗河的狭窄地带，也就是上埃及，与尼罗河三角洲——尼罗河流入地中海的扇形地区——也就是下埃及，在统治者强有力的的控制之下，合二为一，构成一个统一的国家。即便是像埃及这样稳定、变化不大的国家，也有盛衰与沉浮。尽管尼罗河河水有规律地泛滥，但仍然有干旱的时候。尽管有沙漠的保护，但埃及还是会遭受入侵。在 4000 多年的漫长历史之中，就我们现代人来看，埃及有三段辉煌的时期，也就是今天所说的古王国时期（公元前 2686—公元前 2134）、中王国时期（公元前 2065—公元前 1783）和新王国时期（公元前 1550—公元前 1070）。每一个王国又划分为若干朝代，统治者世袭罔替。统治者又称"法老（pharaohs）"，意为"伟大的房子"，尽管这个专有名词直到新王国时期才开始使用。第一个朝代在统一时期上台，即公元前 3100 年，比古王国时代早五个世纪。最后一个朝代，也就是第三十一王朝，终结于公元前 332 年。当时，马其顿的军队统帅亚历山大大帝征服了埃及，创立了历经多代统治者的新政权——托勒密王朝（Ptolemies）。罗马统治开始于公元前 31 年。随后在公元 642 年，埃及由阿拉伯人统治。

古埃及建筑及其内饰

埃及人对神灵以及与神灵相关的统治者的崇敬，造就了历史上最宏伟的建筑，包括金字塔、狮身人面像、方尖碑和神庙等，有些建筑的规模非常大。

金字塔与纪念性建筑

金字塔

埃及最著名的艺术和工程成就——吉萨大金字塔群（图 2-2），不是建造于埃及漫长历史中的鼎盛时期，而是相对早一点，在古王国时期。在那个时期，统治者被看作活的神灵，有权指挥运用所有子民的财富和力量进行项目建设，因此埋葬三位法老的三座大金字塔在吉萨得以建造起来。金字塔虽然有一定的象征性用途，但是主要还是起保护作用，用于安放埃及王室成员的木乃伊（去除内脏，经过防腐药物处理、精心包裹的尸体）。

作为宗教场所的组成部分，三座大金字塔建造了起来。吉萨大金字塔群坐落在尼罗河冲积平原的西侧，在其附近，处于统治地位的法老还拥有三座神庙，用于举行斋戒典礼仪式。狮身人面像矗立在中间的一座神庙旁。王室成员的尸体经水路从这三座神庙运进三座巨大的花岗岩金字塔之中。从北向南、从大到小分别是胡夫的金字塔、他的儿子哈夫拉的金字塔、哈夫拉的继任者孟卡拉的金字塔（希腊语：Cheops、Chephren、

▼图 2-2 吉萨大金字塔群。最远处的胡夫金字塔是三座金字塔中最大的一座，高 140 米。中间是哈夫拉金字塔，最前面的是孟卡拉金字塔。附近还有三座附属金字塔，安葬孟卡拉的妻子们
© 查尔斯和乔赛特·莱纳斯（Charles & Josette Lenars）/ 考比斯

Mycerinus）。

　　金字塔给人留下的第一印象，就是庞大的体积。胡夫金字塔高 140 米，由 540 万吨石块砌成，每一块石头的重量达到 1.8 吨以上。然而更令人感到惊奇的是，这些石块垒砌在一起，接缝宽度只有 0.5 毫米。它就像是以宝石匠般的工作精度建造起来的一座高山。除了体积和精度之外，金字塔的优雅、庄严，也让人感到敬畏。

　　金字塔是胡夫强有力的权威的象征，并且永垂不朽。同时，金字塔也在他的墓穴四边构成坚固的防护屏障。但这绝不是内部空间的展现。实际上，在金字塔心脏地带的墓穴非常小（图 2-3）。基底每边长约 230 米，在金字塔结构的内部，墓穴占地仅约 5.5 米 × 11 米。通往墓穴的通道以及防止盗窃的、欺骗性的假通道，呈现出结构上的天才设计，令人印象深刻。例如，大廊道墙壁长 49 米，逐渐向上倾斜，通向墓穴（图 2-4），具有 8.5 米高的挑檐墙体，每一层都略比下一层稍微突出。

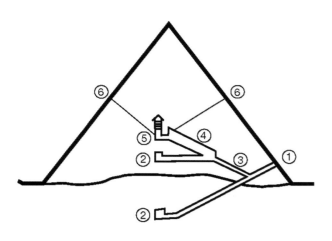

▲图 2-3 胡夫金字塔剖面
引自爱德华兹（Edwards）

1. 入口，高出地面 17 米
2. 未完工的墓室
3. 上升的廊道
4. 大廊道
5. 国王墓室
6. 通风竖井

▲图 2-4 胡夫金字塔大廊道，向上通往国王墓室
© 赫尔维·尚波力恩（Herve Champollion）/AKG 映像

这种纪念性建筑及与之类似的较小建筑，在功能上不仅带有对故去的统治者的悼念，而且对他去世后的生活加以保护。"你没有死，你到另一个世界去生活。"雕刻在金字塔墓穴上、古埃及金字塔祭典仪式上的文字开头这样写道。墓穴中填满了各种物品，这是木乃伊化的统治者所期望得到的。尽管有些物品是象征性的，比如碟子和大水罐象征着食物和饮料，房子的模型代表房屋，但是，许多物品都是真实的家具（图2-5）、雕塑和珠宝，甚至还有游戏用品（图2-6）。虽然大多数古墓穴都被偷盗过，但是，通过那些已经发现的物品，仍然能够令人很好地了解到埃及人的生活。墓穴墙壁上的绘画和雕刻、纸莎草纸（由同名植物制成的类似于纸的材料）上的文字（图2-7），为我们了解古埃及人的生活提供了强有力的佐证。

狮身人面像

狮身人面像是一种神秘的怪物，身体为狮子，头颅则是其他动物、神灵或者人类。最大、最著名的就是吉萨大狮身人面像，它的头颅有说是法老胡夫的形象，戴着王室头饰（图2-8），有说是日出之神荷鲁斯（Horus）。

▲图2-5 图坦卡蒙国王的柜子。这个小柜子可以用绳子拴住上面和前面的把手，柜子四条腿朴素平直，看起来极具现代感
© 罗伯特·哈丁图像图书馆（Robert Harding Picture Library），伦敦

▲图 2-6 公元前 1600 年，埃及第十六王朝的塞尼特游戏。盒子的上面是棋盘，由镶嵌象牙的乌木制成。蓝色棋子是埃及彩陶。出土于底比斯阿克尔（Akhor）墓。长 4.25 厘米
沃纳·福尔曼（Werner Forman）/ 纽约，艺术资源

▲图 2-7 绘制在莎草纸上的局部画面，描绘一只瞪羚与一头狮子在下棋。瞪羚坐在一把折叠小凳上，狮子坐在一把硬的小凳子上，中间是一个棋盘，可能是塞尼特棋。源自底比斯，公元前 1100 年。高 15.5 厘米
传统映像（Heritage Images）© 大英博物馆受托人

或许它既是胡夫，又是太阳神，因为这在埃及人的思想中不会产生歧义。在卢克索（Luxor）神庙与卡纳克（Karnak）神庙的连接通道上，有一长排狮身人面像，它们的头颅则是公羊。在文艺复兴、亚当、帝国和摄政时期，许多狮身人面像用作装饰的绘画、雕刻以及家具支撑腿，头颅和胸部则是妇女的形象。

据认为，吉萨大狮身人面像可以追溯到胡夫时期，后来他的儿子哈夫拉进行了修复。它靠近哈夫拉河谷神庙，位于三个大金字塔脚下，面向尼罗河。大狮身人面像体长 46 米，两爪之间有很大的平台，或许可以用作祭坛。其胡须被发现时埋葬在附近的沙漠里。

▲图 2-8 吉萨大狮身人面像。公元前 2551—公元前 2528 年，高 20 米
彼得拉·A. 克莱顿（Petera A.Clayton）

方尖碑

就像金字塔一样，埃及的方尖碑同样充满了我们不断意识到的自然权威的形式。方尖碑高大、修长，四面向上逐渐尖锐（一般由一整块花岗岩制成），类似于金字塔顶部（图 2-9）。大多数情况下平面呈正方形，偶尔也会出现长方形的。就像金字塔样，顶部有时镀金，四面雕刻象形文字，是表达对太阳神（Sun god Ra）崇敬的最常见的方式。

有关方尖碑的文字记载，可以追溯到古王国时期金字塔时代。但是到目前为止，还没有发现那么古老的方尖碑。总体上看，在埃及至少有 100 多个大型方尖碑，当然数量或许更多。有些高度超过 30 米。这些方尖碑的建造，堪称工程上的奇迹。罗马人统治埃及将近七个世纪，采用了圆柱形的方尖碑——能够独立站立的圆柱（图 5-11），和方尖碑一样，四面雕刻有纪念性文字。

神庙

金字塔令人敬畏，方尖碑令人震惊，这两种建筑结构仅能从外部观赏。在埃及的神庙中，空间的围封和穿越空间的动感被巧妙地创造出来。

在紧邻金字塔的神圣地区，神庙是重要组成部分。

▶图 2-9 卡纳克神庙的哈特舍普苏特女王方尖碑上的象形文字。由一块玫瑰色花岗岩雕刻而成。高 30 米
© 博扬·布雷采利（Bojan Brecelj）/ 考比斯版权所有

但是，神庙渐渐地开始独立于金字塔而建造。大型神庙通常遵循一个轴平面，相关要素沿着中央直线对称分布。神庙平面图（图2-10）中，典型的要素包括出入口、两边有狮身人面像或其他雕塑的街道，有时在入口前面还有一对方尖碑，以及高大的门楼入口牌楼；开放院落周边围有柱廊；内部多柱式厅（宽大的大厅，屋顶有许多立柱支撑）；最后是内部圣室，带有已去世国王的画像，有时周围还有贮藏室和祭司生活的地方。总体平面设计组织成一个序列，空间逐渐变得神圣而私密，尺度逐渐变小，光线越来越暗。

根据这个总体平面设计所建造的最大、最令人印象深刻的神庙建筑，就是卡纳克神庙中的多柱大厅（图2-11）。立柱排列紧密，高22米，每根石梁（横跨立柱的水平构件）重达54吨。

随着盗墓成为一个明显需要应对的问题，许多埃及人的墓穴不再建造成独立的结构，而是建造于岩石峭壁之中。尽管从来不希望为公众所见，但是，许多墓穴中都有精美的绘画和雕塑（图2-12）。

埃及房屋

关于埃及的设计，令人印象最深刻的就是那些宏伟的重要纪念性建筑，表达对神灵的崇拜，对伟大统治者的纪念，以及用于对王室木乃伊的保护。这些纪念性建筑，没有一座是为了用于日常生活的（少数供祭司使用的除外）。那么，埃及人住在哪里？在埃及人的思想中，房屋，甚至包括一些伟大的宫殿，比金字塔、方尖碑和

▲图 2-10 卡纳克的柯恩斯神庙剖面透视图，公元前 1200 年。典型的埃及神庙规划图中，有成排的狮身人面像通往入口塔式门楼。内部是私密性逐渐增强的私有空间和神圣空间。靠近后面的物体，是柯恩斯神的圣船
巴内斯特·弗莱彻爵士（Sir Banister Fletcher），《比较法下的建筑》（A History of Architecture on the Comparative Method，伦敦：B.T. 巴茨福德出版社，1954 年，第 16 版）

▲图 2-11 卡纳克神庙多柱厅，建于公元前 13 世纪。柱子顶端为荷花顶芽造型，底部雕刻"万民敬仰的拉美西斯二世（Ramesses II）"
达勒·奥尔蒂 / 图片编辑部有限公司 / 克巴尔收藏

▲图 2-12 位于阿布辛贝的拉美西斯二世神庙，建在岩石峭壁之中。门厅两侧是 8 座拉美西斯二世雕像，模仿奥西里斯（阴府之神）。每座雕像高 10 米。圣堂中有拉美西斯二世坐像和三座埃及神像
© 弗里德曼·达姆 / 泽法 / 考比斯版权所有

神庙寿命都要短一些。房屋建造使用块石或者泥砖，富人采用经过烧制的砖，穷人使用未经烧制的砖（纪念性建筑使用琢石，精心切割，边缘平直）。这种材料很多都已经消失了，几乎没有留下任何痕迹。但是，即便如此，从埃及人的房屋地基、图纸、绘画和模型中（图2-13），仍然能够看出房屋的位置和形态。

埃及最早期的住房，不管是在哪一个历史时期，最简单的形式就是一个长方形的房间。在长方形短边一侧开设出入口，在对面一侧开设小型窗口，以便通风。门上面，有时也见于窗户上面，安装木楣梁，横跨门或者窗户，承担上面的重量。

比较富裕的埃及人有多个房间，房间分好几个层次。最底层通常用于准备食物、储藏、安装相关的设施用具，有时可能还有一个工作间。最高层次的房间主要用作生活区域。更加富裕的人家布局更加复杂，有门廊、柱廊和封闭的花园。然而，不管是哪一种房屋类型，都有一个重要的特征，就是有一个平顶屋区，用于在炎热的季节居住和睡觉。可能的话，用格架与周边邻居隔开。一年之中大部分时间，这里都是家庭活动的中心。

统治者、祭司、贵族的住宅及必需的附属结构，作为王室领地的组成部分，通常靠近大神庙建造。然而，在埃及的许多拥挤的城市中，城镇规划很明显地不像埃及建筑那样秩序井然。贵族的住宅有时可能会紧挨着一般工匠的住宅。在集市、作坊、仓库、圣地、井以及公园之间，都有可能分布着各式各样的住宅，相互之间靠得很近。

古埃及家具

就像埃及那些古老宏伟的建筑一样，有些家具也非常优雅而精美。有两组重要家具，大约相距1000年，但却是在三年内先后被发现。一组属于海特菲莉斯王后（Queen Hetepheres），葬于公元前2300年，发掘于1925年。另一组属于图坦卡蒙法老，葬于公元前1300年，发掘于1922年。

海特菲莉斯王后的家具

海特菲莉斯王后，是胡夫法老的母亲。在她的儿子胡夫金字塔附近，一座很深的竖井底部，发现了一套完整的家具。这是到目前为止发现的埃及最古老的家具。尽管是木制家具，因腐蚀作用和昆虫而受到破坏，但是，用厚厚的金板包着的构件仍然保存完好。现在，包裹上了新的支撑材料，在开罗博物馆中熠熠闪光（图2-14）。

▲图2-13 花园和门廊木制模型。公元前2000年，埃及第十一王朝时期的住房。发掘于底比斯的麦库图拉（Mekutra）墓穴。门廊中的立柱为纸草花式柱

住房与花园模型。发掘自底比斯的麦库图拉墓穴。第十一王朝，公元前2009—公元前1998年。木制、涂漆、石膏底粉。高39.5厘米

大都会艺术博物馆，罗杰斯基金及爱德华·S.卡耐斯赠送，1920年（20.3.13）

摄影©1992 大都会艺术博物馆

▲图2-14 海特菲莉斯王后的家具，木制，金框镶嵌。图中有一把椅子、一张有坡面的床，带枕头和搁脚板。家具外围有框架，用于悬挂织物。埃及吉萨金字塔群中的家具。海特菲莉斯一世法老墓穴，第四王朝，公元前2613—公元前2494年

开罗，埃及博物馆／沃纳·福尔曼档案／纽约，艺术资源

这套家具包括一把扶手椅、一张床、一个枕头，还有一个用于支撑蚊帐或者帘子的大型框架，或许是为了悬挂物件，把床围起来。还有一个珠宝盒。这些家具都制作精美。扶手椅低矮，座位深而宽，有动物腿，扶手张开，用纸莎草花图案支撑。

图坦卡蒙法老的家具

第十八王朝法老图坦卡蒙，其墓于 1922 年发现，通常就称之为"图特王"，去世的时候大约只有 18 岁。他的墓室就像大多数埃及王室成员那样，充满了各式各样的珠宝，陪伴他到永生。与其他已知坟墓不同的是，图坦卡蒙的墓穴在被发掘前一直隐藏着，没有被盗掘。与海特菲莉斯王后相比，图坦卡蒙的家具更丰富、更加多样化，装饰更加精美，有许多相似之处，这反映出埃及人所采用的保守主义方法。1922 年坟墓打开的时候，物品之丰富引起轰动，大约 50 件王室家具堆放在一起。这些家具包括扶手椅、没有扶手的椅子和座凳。有些座凳是固定的，有些是折叠的，大多数四条腿，少数三条腿。

还有数张床，一张是折叠的，供旅行所用。30 个柜子大小不同，设计精良，适合于所盛放的物品。

给人印象最深刻的两件家具，就是一把典礼用的椅子和一座金制御座。典礼用的椅子（图 2-15），座位部分形状奇特，底部明显是要折叠，但是实际上并不折叠。座位主要由乌木制成，镶嵌象牙，图案类似于豹皮，还有模仿其他动物的条带。座位下面，可以看到红色皮革残迹。底座上、两条前腿之间，由荷花形象缠绕而成的金制网格，象征上埃及与下埃及的联合统一。椅子旁边还有一个矮脚凳。一个简单的长方形盒子里镶嵌着一排囚徒的图像，年轻的法老可以把他的脚放在被征服的敌人身上。

图坦卡蒙法老墓穴中的金制御座，是一件极富想象力的混合物品（图 2-16）。整体上几乎全用金子包被，另外还镶嵌有银、天青石、半透明水晶、埃及彩陶和彩色玻璃。椅子腿为狮子造型，前腿上部呈狮子头状。侧面主要是一对有玻璃眼睛的眼镜蛇，长着秃鹫翅膀。眼

▲图 2-15 图坦卡蒙墓中发现的典礼用椅子。用镀金的乌木制成，内嵌象牙、彩色玻璃、埃及彩陶和宝石。高 112 厘米
报雨鸟：罗伯特·哈丁图像图书馆有限公司

▲图 2-16 金制御座，图坦卡蒙墓穴中发现的另一件珍宝。扶手为翼蛇造型
斯卡拉／纽约，艺术资源

镜蛇戴着上埃及和下埃及的双王冠，向后倾斜，靠在椅背上。椅背上（图2-17），阳光照射在年轻的法老和他身材修长的妻子身上，妻子穿着银制长袍。

比图坦卡蒙家具更让人感到炫目的就是他的石棺，由灰色坚硬的石英石雕刻而成。打开之后，考古学家发现了一口镀金木制棺材，里面还有一口更精美的镀金棺材。再往里，还有一口棺材，用纯金装饰，镶嵌彩色玻璃，脸上的眼眉和装饰性胡须由天青石制成（图2-18）。里面这口棺材重114千克。打开之后，又有惊人的发现：年轻法老的金色面罩，镶嵌天青石、玛瑙、长石、绿松石和彩陶。

其他家具

另一方面，与王室家具相比，普通人的家具在材料和工艺上都要差得多。但是，基本设计风格变化不大。绘画和雕刻表明有精美的内部装饰。但是，这些精美的装饰很可能仅代表富裕家庭。最贫穷的家庭很可能没有可移动的家具。埃及缺乏合适的木材，制作独立的木制家具一定很昂贵。

▲图2-17 金制御座（图2-16）的椅背细部。左边，年轻的图坦卡蒙国王，坐在有坐垫的椅子上，椅子带动物腿，双脚放在有垫子的搁脚凳上。太阳神阿顿（Aten）的光芒，照射在他和他妻子的身上
考比斯免版税使用

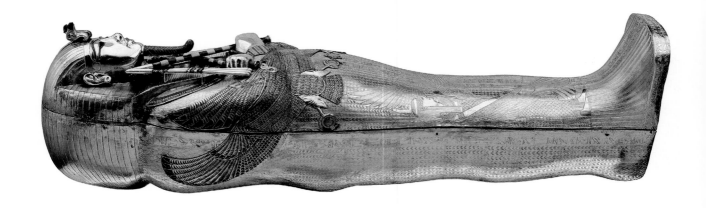

▲图2-18 图坦卡蒙国王石棺里面的棺材。帝王谷图坦卡蒙墓穴，靠近底比斯的停灵庙（Deir el-Bahri），第十八王朝，公元前1336—公元前1327年。玻璃、次等宝石，镶金，高1.85米
开罗埃及博物馆
阿拉多·德·卢卡（Araldo de Luca）/ 目录，符号研究

有些埃及的家具与泥砖墙体结合在一起。例如，经常会看到一种平台，用灰泥或者白灰粉刷，或者用灰岩镶边，它很可能是作为用餐区域，或者是一个座凳。为了储放物品，就会从砖墙上开出一个橱柜。但是，在房屋内部，埃及人仍然拥有品种高度丰富的可移动家具。

座椅

在埃及，椅子是一件重要家具，尽管不像小凳子那样普遍。普通人家的椅子样式与王室用的类似。但是，自然没有那么豪华的装饰。有些椅子，按照今天的标准，似乎过于低矮。这或许最初是为那些习惯于坐在地上的人制作的。椅子座面通常由灯芯草编织而成。许多椅子模仿动物的腿，就像自然动物一样，前腿在前，后腿在后，都面向同一个方向（图2-19）。脚雕刻得像爪子，放在小木块上，很可能会掩藏在铺在地板上的稻草垫下。

小凳子比椅子更常见，大多数都很简陋。有些就像军队指挥官所使用的便携式小凳子一样，有等级标志。有些仅供法老本人使用。有些是可以折叠的，有的不能够折叠。有些小凳子形式上可以折叠，但实际上不能够折叠。

床

在埃及，床比椅子稀少。没有木床的人家，就睡在芦苇垫子上或者用泥砖砌筑的床上。最简单的木框架床，每边都有扶手，每个角都有床腿支撑。中间安装有编织绳或者皮带。然而，即使最简单的床，床腿也雕刻成动物腿的形状，扶手雕刻成曲线状，使用起来感觉舒服。在埃及，有些床不仅呈曲面状，而且倾斜，头部比脚部略微抬高，就像海特菲莉斯王后的床（图2-14）那样。这种床可以增加踏足板，经过精心雕刻和装饰。在图坦卡蒙墓穴中发现的7张床或者长沙发（图2-20），超出常规地高出地面（约1.2米），就像两头细长的母牛。牛头上有一对角，角中间是太阳。木制框架上覆盖石膏粉（由石膏和石灰石或者动物胶制成的灰泥）和金箔，漆成类似豹子的黑斑。

除了床之外，还有枕头。在海特霏莉斯王后的床上，有一个金制枕头。最常见的枕头是由木头制作的，有时候也能够见到由象牙或者彩色玻璃制作的枕头（图2-21）。埃及人通常侧向睡在枕头上，将头支撑起来。枕头用亚麻布包裹，以便能够睡得更舒服一些。这种枕头在西非也能够见到，在其他文化中也有类似的枕头。

▲图2-19 威普矣姆奈弗雷特（Wep-Em-Nefret）的石灰岩碑上的浮雕。第四王朝，胡夫统治时期，公元前2551—公元前2528年。与大数埃及人物绘画一样，本图也包含侧视图和正视图。小凳子的腿雕刻成动物腿的形状。高45.7厘米
加州大学伯克利分校，菲比赫斯特人类学博物馆

▲图2-20 图坦卡蒙墓穴中的床，雕刻成两头修长的母牛的样子。长208厘米
吉罗东（Giraudon）/纽约，艺术资源

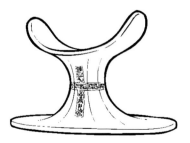

▲图2-21 绿松石色玻璃枕头，第十八王朝
阿伯克龙比，引自霍尔（Hall）

据了解，在特别重视精美发型的社会中或者在炎热的气候条件下，这种枕头是很常见的。借助这种枕头，头可以稍微高于床，有利于空气流通。

桌子

至少在古王国时代，就已经有桌子了。在金字塔时代，有些小圆桌是由条纹大理石制作的。据推测，可能是用于某种祭典或者其他仪式。有些木制圆桌，其高度与椅子相配合。从第六王朝开始，出现了小型方桌。

其他家具

有许多用于贮藏的木制家具，从小型珠宝柜（图2-22）到大型的柜橱都有。发掘于图坦卡蒙墓穴中的一个柜子（图2-23），上面有一个胡狼的雕像，代表阿努比斯神，其头衔就是"死神"。这个柜子和珠宝柜的顶部都有凹弧饰（一种曲线形的结构，在神庙的顶部或者其他重要建筑上也能够见到）。

埃及人的坐垫，有棉花填充的、漆皮的，甚至还有用金属布料制作的，目的都是增强舒适感、增加色彩。那些没有存留下来的坐垫，可以从壁画和雕刻中清楚地看出来。除了墙壁上开辟的壁龛之外，还有木制盒子和篮子，用于储藏物品，包括衣服和床上用品。在照明方面，采用油灯。最常见的油灯是由陶瓷制作的，有些比较精致的则采用青铜制作。在吃饭用具方面，富裕的埃及人使用各种用陶瓷、雪花石膏、青铜、金和银等制作的餐具。

古埃及装饰艺术

任何艺术形式都不仅依赖于带有共性的、一般性的要素，比如地理环境、政府、宗教，而且依赖于微小的细节，比如所使用的特定工具和技术。不了解艺术的形成过程，就无法真正地全面了解艺术。有关金字塔、方尖碑和神庙的建造方法，在其他文章和著述中已有详尽

▲图2-22 珠宝柜，圆形盖。来自约公元前1360年的第十八王朝尤雅（Yuya）和图雅（Tuyu）墓中。柜子的腿镶嵌埃及彩陶和粉色象牙的方块，之间用象牙和乌木隔开。侧面和顶盖有镀金木制象形文字。顶部造型模仿神庙的凹弧饰檐口。高41厘米

斯卡拉/纽约，艺术资源

▲图2-23 镀金木柜，顶盖上面趴着一只胡狼。第十八王朝，公元前1330年。高118厘米

埃及国家博物馆。埃及，开罗/布里奇曼国际艺术图书馆

的介绍。在室内设计方面，我们所关心的就是，埃及人的绘画方法、雕刻技术，以及对材料的运用，比如陶瓷、玻璃、木材和纺织品等。

对于埃及人来说，运用这些媒介所进行的几乎所有装饰，都传递出某种特定的含义和思想。其中许多思想的表现，都与埃及人的宗教信仰相关联。因而，对他们来说，装饰就是某种形式的崇拜。

壁画

大多数纪念性建筑的表面，包括外表面和内表面，都覆盖着绘画和浅浮雕。就绘画来说，一般都是先用炭笔绘制轮廓，然后沿着轮廓，用凿子刻出浅槽。浅槽表面用一层薄薄的灰泥覆盖（通常由黏合剂、石灰或者石膏，与沙子和水混合，晾干之后形成坚硬的表面）。彩色颜料通常非常鲜艳，涂在灰泥上。埃及人从矿物质中获取颜料，用于绘画。例如，氧化铁用于创造红色和黄色，铜的碳酸盐化合物用于创造蓝色。用棕榈纤维制成的粗糙的刷子涂抹大面积的色彩；采用芦苇制成的比较精制的刷子画比较精细的轮廓和细部。一般来说，每个色彩区域都比较平坦，均匀一致。渐变、明暗、阴影和高光，都不表现。

装饰性壁画的题材，包括个人的日常生活、宗教和寓言故事、花卉和鸟类、在尼罗河上航行的大小船只、在沙漠中被捕猎的野生动物、武士和工人、音乐家和舞蹈家、悲剧故事和幽默故事等。围绕着这些场景，经常附有象形文字，对图像和事件加以解释。图像和象形文字为那些想了解埃及人日常生活的历史学家提供了详细的资料。埃及壁画最突出的例子，就是在底比斯附近的奈菲尔塔利王后（Nefertari）坟墓中发现的壁画（图2-24）。这些壁画于1904年被发现（直到1992年才完全修复）。奈菲尔塔利是伟大的法老拉美西斯二世最宠爱的妻子。

在这些艺术品中，没有采用大多数西方艺术所惯常采用的透视表现手法。埃及人所采用的，是用把一个物体放在另一个物体的上面来表现进深。大小，在埃及绘画中常常被用来表现重要性。例如，统治者比奴隶或者敌人体量大。在早期的绘画中，女人比男人小。在新王国时代，女人与男人大小相同。

▲图2-24 底比斯王后谷里奈菲尔塔利墓室中的壁画。公元前1270年。奈菲尔塔利是拉美西斯二世的大王后。岩石上的这些壁画，展现出她所崇拜的各种埃及神灵。天花板被绘制成布满星星的夜空
吉罗东/纽约，艺术资源

人物表现严格按惯例进行，其姿态仅柔术家能够做到。两腿和双脚轮廓完整。上半身是四分之三视角，臀部和胸部可见，双肩完全是正面视角。头表现侧面，仅可看到一只眼睛，就好像是从正前面看一样。在埃及人看来，这种综合视觉（就像我们在图2-19中所看到的），使三维图像在二维平面中得到良好的表达。

在埃及艺术发展史上，曾经在某些阶段，以重点表现特定的人物为目标。而在其他发展时期，则主要是表现普通人物。然而，不管什么时期，艺术家的个性都无法表现出来。的确，大多数壁画和雕塑都是多位画师或者雕刻家联合完成的。无论在何种情况下，艺术家的目标都是与既有艺术思想相符合，不必要探索和创新。假如我们按照今天的标准，说埃及缺乏创造性的艺术家，那么，在许多情况下，作为旁观者的我们也是如此，因为大多数精美的埃及艺术品，都密封在墓穴之内，活着的人永远看不到。

雕塑

埃及人擅长的雕塑，包括在墙壁表面或者方尖碑的四面，呈凸起的浮雕形式。此外，也有独立的雕塑作品（可以从四面观赏的雕塑）。因为雕刻所用石材非常坚硬，所以大多数雕塑在形式上非常简单。表面光滑整洁，清晰、生动地给人一种威严的感觉。

壁画和凸起的浮雕（对背景进行雕刻，体现出人物），常见于神庙内部。沉雕（在石头表面雕刻出人物，产生较强阴影），更常见于外表装饰。两种类型的浮雕，通常都均匀地涂上灰泥，然后绘画。

图2-25为公元前1360年法老阿肯那顿（Akhenaten）的妻子纳芙蒂蒂王后，优雅的半身雕像。由彩绘石灰岩雕刻而成。德国考古学家于1912年发现。埃及人还制作了许多次等陪葬雕塑，既有下等王室成员，也有非王室成员。拉胡泰普（Rahotep）王子和王妃奈费尔特（Nofret）的彩绘石雕像（图2-26），描绘了一

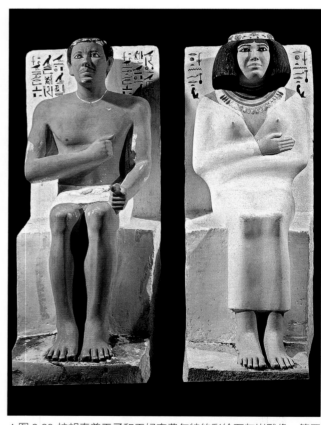

▲图2-25 纳芙蒂蒂王后（阿肯那顿的妻子）的石灰岩半身雕塑像。公元前1360年。高50厘米
艺术资源／普鲁士文化遗产图片档案馆

▲图2-26 拉胡泰普王子和王妃奈费尔特的彩绘石灰岩雕像。第四王朝斯尼夫鲁（Sneferu）统治时期（公元前2575—公元前2551年）的王室成员。不同的皮肤色调体现出埃及艺术的传统：女性采用灰白奶油色，男性为暗红色。眼睛镶嵌石英和水晶。高121厘米
埃及博物馆，开罗／图片编辑部有限公司／克巴尔收藏

对王室成员，尽管他们本身并不具有王室血统。两座雕塑看上去很相似，正是宫廷艺术家的作品。拉霍特普椅子背面，列出了他作为祭司、工程和远征的负责人的职责，表明他在宫廷中的重要性。

陶瓷

早在王朝统治以前，埃及人就已经开始制作陶器了，主要是实用型的器件，尽管有些陶器也进行装饰，并且非常有趣。在某个时期、某个地方，在黑色背景上用淡色线条对陶器进行装饰。在其他时间和地点，则用浅黄色背景、红色线条进行装饰。几何形体装饰最常见，有时也采用风格化的动物、鸟类、植物和人类本身。18世纪的英格兰，著名的陶瓷设计大师约西亚·韦奇伍德（Josiah Wedgwood，1730—1795）就借鉴了埃及的狮身人面像、狮子、烛台、浮雕宝石和有罩盖的花瓶（用于盛放木乃伊内脏的罐子）。

象牙与条纹大理石

象牙，在技术上称为象牙质，最常见于大象的牙齿。埃及人把象牙和来自河马的牙质一同使用。象牙纹理致密，是理想的雕刻材料。由于象牙的宽度很少超过18厘米，雕刻作品的大小就受到限制。我们所见到的许多埃及物品，都采用象牙作装饰。另一个最常见的用途，就是作木制家具支撑腿的腿脚。这件精细的雕刻作品（图2-27），详细地展示出了静脉和筋的细节。顶部的孔洞，是用来把它系挂在木腿上。

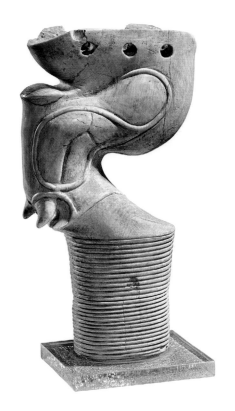

▲图2-27 象牙家具腿，形似公牛蹄子。象牙。早王朝时期，公元前3100—公元前2700年。顶部的孔是为了把它固定在木框架上
卢浮宫，法国巴黎 / 布里奇曼艺术图书馆

条纹大理石是埃及人所喜欢的、非常吸引人的、容易雕刻的另一种材料。条纹大理石被用来制作器皿（图2-28），有时也用作石棺衬里，或者坟墓的天花板和墙壁。

制作工具及技巧 | 埃及彩陶

埃及陶瓷团块可以进行塑型或者放在陶工的转盘上，然后进行烧制硬化。产品的天然色是白色。但是，在烧制之前，可以用粉末矿物颜料涂抹，创造出各种色彩不同、表面光滑细致的产品。不同的矿物颜料产生不同的色彩。但是到目前为止，埃及彩陶最常见的色彩就是蓝色和绿色，很可能是因为这两种颜色与已知最昂贵的材料相类似，也就是天青石、孔雀石和绿松石。假如有什么象征意义的话，埃及人或许把这两种颜色，看作是生命之源尼罗河的参照。

在这里所介绍的类似于玻璃的材料，其全称是埃及彩陶（Egyptian faience）。在后面的介绍中，将会使用一个更一般化的名称彩陶（faienceas），这个词起源于16世纪的法国 [源自意大利小镇法恩扎（Faenza）]。这个法语术语通常用来描述一种不同的产品，也就是上釉的不透明陶器，如英国的代夫特陶器和意大利锡釉陶器。

◀图 2-28 条纹大理石罐，上等陪葬品。第四王朝中期至第五王朝中期。高 33 厘米
埃及石制容器，21.2.8，罐，公元前 2323—公元前 2150 年
大都会艺术博物馆。摄影 © 1994 大都会艺术博物馆

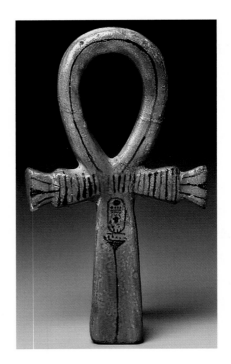

◀图 2-29 T 形十字章护身符。埃及彩陶。帝王谷图特摩斯四世（Thutmose IV）墓穴，第十八王朝。高 9.3 厘米
T 形十字章护身符模型，埃及彩陶
摄影 ©2007 波士顿美术馆

一般为白色或者浅棕色，有点透明。埃及人所使用的条纹大理石，有时又被称为东方条纹大理石或者缟玛瑙大理石，就是碳酸钙。我们今天所说的条纹大理石，是一种石膏，即硫酸钙。

埃及彩陶和玻璃

类似玻璃的物品约在公元前 4000 年前后出现在埃及，当时主要是用作釉面，对珠子进行装饰。之后不久，釉料经过精细加工，制成埃及彩陶。这是一种非黏土陶瓷，由粉状石英（一种硅酸盐）和黏合剂，如碳酸钠溶液（在自然界中发现的一种盐类）混合制成。到公元前 3000 年，埃及彩陶不仅用于床饰和护身符，而且还用于制作小雕像。后来，开始用作装饰性墙砖。在中王国时代，许多可爱的小动物，如刺猬（沙漠的象征）和河马（尼罗河的象征，有时用荷花装饰），都用陶瓷制作。埃及彩陶还是时尚 T 形十字章护身符（图 2-29）的常用材料，这种象形文字的意思就是"生命"。T 形十字章，是常见的皇室陪葬品。

当然，埃及人也生产玻璃。就像埃及彩陶一样，玻璃也是烧制品，主要是由碎石英和砂子烧制而成。起初主要是作为其他材料的釉料，后来逐渐独立使用。最早期的埃及玻璃产品带有瑕疵，常常含有小气泡，这是由于烧窑温度低于理想温度而造成的。到第十八王朝时，就能够生产良好的透明玻璃了。随着添加剂的使用，埃及人开始能够生产彩色玻璃，比如蓝色、绿色、红色、金色、黑色和不透明白色等。

在新王国时代，增加了紫色和柠檬黄。新王国时代的玻璃物品，一般来说很精致，并且带有装饰，主要是通过坯心成形技术制作。通常是用柔软的玻璃丝缠绕在畜粪或黏土核心上。还有一种方法就是，在融化的玻璃中，侵入这样的一个核心。玻璃器件退火，或者加热之后慢慢冷却，核心材料破裂，被从开口中抽取出来。

埃及人所使用的另一种技术，就是冷切割技术。运用燧石或者石英设备，对玻璃原料进行切割。然后，把融化的玻璃倒入模型中成型。成形过程中的一种综合方法，就是失蜡铸造或熔模铸造（Cire perdue，一个法语术语）。把所需要的形状，用蜡制成模型，用黏土包裹，留出一个开口。然后加热，直到蜡融化，可以倒出为止。最后，黏土成形，融化的玻璃能够倒进去。器件冷却之后，把黏土去掉，硬化的玻璃形状就呈现出来了。

木材

在少数几种可以用于制作家具的本地树木中，最常用的就是金合欢。其他树种还有柳树、埃及榕和柽柳。

更高质量的木材是从国外进口的：雪松来自黎巴嫩，图坦卡蒙墓中的家具就用此制作；乌木来自埃塞俄比亚，尽管很坚硬，难以加工，但是仍然是埃及人喜欢的木材之一；在图坦卡蒙的墓中用作床框；紫杉来自叙利亚；橡木来自土耳其。

在埃及，良好的本地硬木树种稀缺，价格昂贵，使用起来非常节约。考虑到宝贵的木材容易弯曲、扭曲、开裂和皱缩，埃及的工匠创造出了许多复杂的技术，用于木制家具的设计和制作。许多技术被其他国家所仿效，有些技术在今天仍在使用（表 2-1 木材切割与连接）。

若要打造重要器件，但只有质量低下的木材可供使用时，就用贴面板（一种薄板）进行装饰，贴面板用雪松或者乌木制成，用木制或象牙制挂钉固定。轻木制家具上的装饰性镶嵌物件（成形构件插入另一个物品之中），也由乌木、象牙和埃及彩陶制成。埃及人甚至还创造了胶合板（一种结构性材料，有由多块薄板粘结而成）的

早期版本。他们把多块薄板层压在一起，木板的纹理呈直角相对，用木钉固定。象牙挂钉也用于进行连接。木质家具的装饰，除了镶嵌之外，还包括灰泥、清漆（保护性包被，由树脂溶解在酒精或油中制成）、石膏粉（用于填孔找平，由胶和白垩粉制成）、镀金（石膏上覆盖薄薄的一层金箔），以及覆盖较厚的金板或银板等。

纺织品

现代埃及人生产的棉花结实、有光泽、纤维长，受到世人的喜爱。古代埃及人的纺织品，不像现在这样奢华。他们使用本国种植的材料，如丰富的芦苇和灯芯草，编织篮子、桌子和小凳子。但是，亚麻是一种冬季作物，种植和编织亚麻在王朝统治以前就已经是一个技术非常成熟的行业了。不同的收获时间，可以制作出不同的产品。绿色幼茎适合于编织精细的绳线；比较坚硬、成熟的茎用于编织绳索和垫子。清洁和梳洗也影响到质量。最终

表 2-1　木材切割与连接

把原木加工成板材，埃及人使用一种横切技术。还有一种更复杂的技术，称为斜切，是我们现在所经常采用的，因为这种板材弯曲度低。然而，木材的浪费更大。

埃及人所采用的许多木材连接技术，今天仍在使用。如榫接，早在第一王朝时代就已经开始采用。楔形榫头连接，早在第四王朝时代就已经开始采用。拐角除采用楔形榫头连接外，还有对接、半对接和几种斜面连接。连接处还用挂钉、钉子、销子以及皮带进行加固。直到新王国时代，才开始使用动物胶。

在埃及，用于家具制作的工具主要有斧子、锛、扁凿、锯和钻。

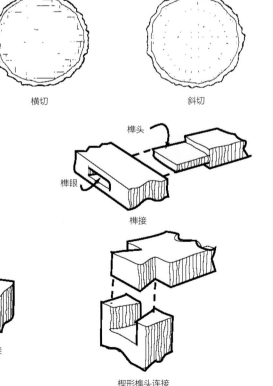

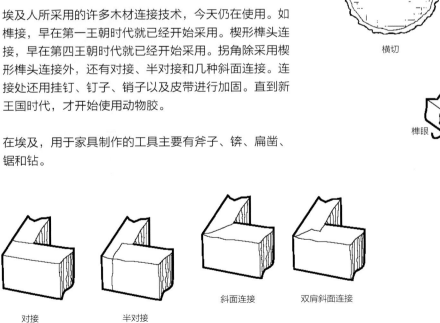

产品变化很大，有类似于帆布的粗亚麻，颜色呈浅棕色；也有精细的薄纱，经过漂白处理，每英寸可达200条线，为王室专用，比如用于王室木乃伊的包裹（图2-30）等。在埃及文献的记载中，其精细程度可以达到半透明，有时甚至是透明的。

羊毛，从绵羊或者山羊身上剪下来，用于制作窗帘、墙上挂饰、毯子和衣服。

埃及人的纺织技术很高，在保留下来的纺织品中，很少发现编织错误。王室女眷对纺织工进行指导和培训，把一些重要的私有技术传授给自己的纺织工人。所有神庙都设有编织工坊，用于纺织品生产，产品包括丧葬服装、礼仪服装等，还有一部分用于销售或者交易。

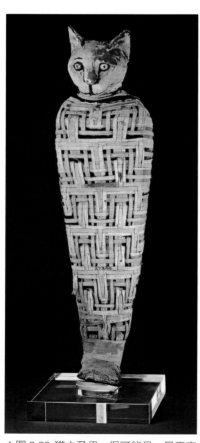

▲图2-30 猫木乃伊，很可能是一只王室宠物，用精细的亚麻布条包裹
大英博物馆版权所有

总结：古埃及设计

由于被宽广空旷的沙漠包围着，很自然地，埃及人很少考虑到创造宽敞的内部空间。他们集中创造令人印象深刻的纪念性建筑，通过重量和体量表现出来。最突出的例子就是埃及的金字塔，一座庞然大物，保护着一个或者两个小房间。在埃及人的神庙中，石柱主导整个内部空间，数量多，间距小，体量巨大。

寻觅特点

埃及的建筑和内部装饰，通过建筑体量，表现出最早期的、最彻底的心理效果。庞大的体量，通过使用对称和轴线移动，进一步得到强化。除了金字塔、狮身人面像和方尖碑，实际上埃及纪念性设计中的每一个要素，几乎都通过一个共同要素反映出来。在巨大的神庙建筑群中，对称与重复相结合，给观众留下这样一种感觉：广大、秩序完美，自然与超自然相结合，创造出埃及永恒的宇宙。即使日常生活中的私人小物件，比如手镯（图2-31），也需要超自然的力量来召唤好运和保护。

▲图2-31 手镯细部。发现于第二十二王朝法老木乃伊身上。由金子、埃及彩陶、天青石和玛瑙制成。这个眼型图案被称为乌加特（udjat）之眼，或荷鲁斯之眼。当时的人们认为，可以为穿戴者提供强有力的保护
亨利·史提林（Henri Stierlin）

探索质量

在艺术和手工艺品的生产制作过程中，埃及人采用了大量的技术，包括木材加工、纺织、玻璃制造等，这些技术在今天仍在使用。通过花费大量的精力对这些技术进行关注和研究，我们感觉到，埃及人的艺术品不仅注重质量，而且能够保证长久保存，延续好几个世纪。

做出对比

埃及艺术不仅在规模和细部上卓越非凡，并且具有持久性，贯穿于埃及的整个历史发展过程中，甚至还影响到后来。曾经孕育埃及建筑和设计独特风格的政治、宗教和社会体制已经消失很久了，但是，埃及的艺术风格并没有消失。埃及艺术对后来的希腊和罗马艺术产生了直接的影响，进而，希腊和罗马艺术又影响到后来的西方艺术。数个世纪之后，埃及艺术遗产所产生的影响，在多个不同的场合被发现，如巴洛克时期的金匠作品、佩西耶（Percier）和方丹（Fontaine）制作的钟表、白金汉郡的一座陵墓，以及装饰派艺术时期的装饰品等。18 世纪末，拿破仑北非战役之后，埃及艺术品出现了一个特殊的复苏时期，创作了大量的绘画，发现了大量的信息。20 世纪图坦卡蒙墓穴发现之后，轰动一时，埃及艺术品又一次繁荣。

即使在我们所处的时代，经常会看到其他高度发达的艺术形式，埃及艺术仍然是我们艺术海洋中的重要组成部分。假如我们在拉斯维加斯建造一座金字塔形状的宾馆，把它命名为卢克索，这或许是荒谬的。但是，尽管看起来荒谬，还是从某一个方面表明埃及艺术品在公众心目中仍有一席之地。类似的情况，还有美钞上的金字塔，从更严格地设计角度来说，融合在英国摄政和帝国时期家具中的埃及艺术品的图案大量存在，今天我们仍在欣赏，有时还复制它们。

3

古代近东艺术

公元前 2800—636 年

"古波斯人教给我们三件有用的事情：拉弓、骑马和讲真话。"

——拜伦勋爵（Lord Byron，1788—1824），英国诗人

随着古埃及文明在尼罗河两岸的发展，沿着底格里斯河和幼发拉底河，也就是现在的伊拉克地区，其他人类文明也正在形成。这些文明向亚洲其他地区扩展，对这些地区产生影响，并加以控制，也就是现在的以色列、约旦、叙利亚、黎巴嫩、土耳其和伊朗这些国家。综合起来，我们称之为古代近东文明。从地理上，古代近东可以划分为三个主要区域：安纳托利亚、美索不达米亚和波斯。

安纳托利亚的面积大约相当于现在的土耳其，位于古代近东西北部。正如我们在第 1 章所看到的，这正是沙塔尔·休于古城的位置，这个当时的定居点，比埃及的古王国时期早 3000 年。在这个城镇里，一些壁画上的装饰性图案一直持续了许多世纪。

美索不达米亚位于古代近东的心脏地带。美索不达米亚这个名称，意思就是"在两河之间"，来源于希腊语单词 mesos（意思是"中间"）和 potamos（意思是"河流"）。这两条河流就是底格里斯河和幼发拉底河。

泥沙沉积所形成的土壤非常肥沃，这一地区因此被称为新月沃土。历史文化也非常丰富，是文明的摇篮。

美索不达米亚的东部，就是古波斯国（现在的伊朗），北面是里海，南面是波斯湾。美索不达米亚西南部，有时也总称为叙利亚－巴勒斯坦地区，也就是从政治上进行分割的古代近东的一部分，现在从北面到南面，分别是叙利亚、黎巴嫩、约旦和以色列。在古代，叙利亚－巴勒斯坦地区由来自北方的统治者进行统治：先是亚述人，接着是巴比伦人，后来是波斯人。然后，在 3 世纪被亚历山大大帝征服之后，成为希腊世界的一部分（后来成为罗马的一个行省）。

关于古代近东在历史上的变化情况，相对来说只是最近才有所了解，远谈不上完整。考古发现远不像古埃及那样辉煌，部分原因是古代近东的建筑和设计，保护措施不够到位。与埃及不同，这些土地上没有沙漠的保护以防止外来入侵，也没有有利于艺术品的保护的干燥

◀图 3-1 苏美尔人镶嵌板细部。称为"乌尔军旗"，描述了一场战斗的胜利，公元前 2600 年。高 20 厘米

© 大英博物馆版权所有

气候。不像埃及那样拥有大量精美的建筑石材，古代近东的某些建筑构件，采用的是更容易腐蚀的材料。然而，从已经发现的遗迹中，我们依然能够发现某些独特之处。就像埃及人一样，充分利用体量和优雅以及二者相融合所产生的艺术效果，古代近东艺术家也发现了风格、重复、节奏和能量的巨大艺术表现力。这种艺术特征，对后来同一地区伊斯兰艺术的发展，产生了重要影响。

古代近东设计的决定性因素

古代近东的历史尽管复杂多变，但是，还是能够看出地理条件、自然资源和宗教信仰，对这个地区的各种不同时期人们的生活以及他们的设计所产生的决定性的影响。

地理位置及自然资源因素

在地理上，古代近东比埃及更加开放。外敌更容易从四面八方入侵，历史发展因而更加复杂。与尼罗河不同，底格里斯河和幼发拉底河大部分河段河水湍急，各地区之间的交流比较困难，限制了它们之间的相互联合。于是，近东地区不断遭受着入侵与战斗、胜利与失败、兴起与衰落的折磨，统治者、都城、神灵不停地变换。这种剧烈的动荡就意味着，在这一地区，像埃及那样拥有长时期的和平是不可能的。统一只是部分的、暂时的。不断的动荡使这个地区的大部分财富和能源都花在军队和战争之上，花在艺术上的部分则很少。

尽管近东的大部分地区配得上"新月沃土"这一称号，但有些地区则是山地、沼泽和沙漠。还有，古代近东地区丰厚的自然资产，就是那肥沃的土壤、多变的气候，以及来自两条河流的淡水。这些自然条件综合起来，创造出了极其适合农作物种植和农业发展的环境，使农业成为当地居民生活的主要方式。

美索不达米亚地区缺乏建筑石材和木材，主要建筑材料是由潮湿的黏土和碎稻草制成的泥砖。大多数泥砖都是在太阳下晒干，少数在砖窑中烘焙，耐久性稍微好一点。由棕榈树干制成的屋顶结构，横跨在厚厚的土墙上。实际上，除了从黎巴嫩进口的昂贵的雪松，这是唯一可用的木材。屋顶做成拱形，由泥砖建造。这种结构使房屋的跨度很小，尽管需要的时候跨度构件的数量可以增加。因而，正如我们将要看到的，各种不同类型的美索不达米亚建筑，特点是房屋窄长，一般来说围绕着内部院落布局。

在这片土地上，也缺乏大量的金属。仅在土耳其和叙利亚地区，发现有银的存在。铜很可能是从印度进口的，金子很可能来自高加索山脉，也就是亚洲与欧洲的分界线。被称作天青石的深蓝色岩石，构成"乌尔军旗"（图3-1）的背景，是从阿富汗进口的。对于其他物品的进口，古代近东人用农作物、手工艺品和纺织品进行交换。

宗教因素

就像政权一样，古代近东地区的宗教也是多样化的。但是，逐渐发展为信奉同一个最高神（在某些时期和某个地区，是女神）。这种演化发展，构成现在世界三个主要宗教的基础，即犹太教、基督教和伊斯兰教。

在古代近东，宗教领袖似乎经常参加实践，同时，地方神庙主管在他们所在的区域有效地对劳动力进行组织。神庙为居民搜集和分发食物，对宫殿和神庙的建设进行指导。同时，对大坝、水渠和运河进行监管，控制洪水，改善灌溉。这种有组织活动需要进行记载和管理。于是，史无前例的、数量庞大的法典出现了。书面语言在这里诞生似乎完全是出于需要，比已知的其他地方都要早。近东地区考古发现中最常见的就是泥板，上面刻满了各种账目和法典。

古代近东		
大约年代	主流文化	艺术成就
公元前 2800—公元前 2003 年	苏美尔文化	乌尔金字形神塔
公元前 2003—公元前 1171 年	巴比伦文化	—
公元前 884—公元前 612 年	亚述文化	萨尔贡宫殿
公元前 612—公元前 538 年	新巴比伦文化	空中花园 巴比伦城墙 伊师塔门 巴别塔
公元前 538—公元前 331 年	波斯文化	波斯波利斯古城
公元 224—公元前 636 年	萨珊文化	泰西封古城

古代近东五个民族和他们的建筑

古代近东，因地而变，因时而变。在早期历史阶段，来自不同的地区、怀着不同目的几批人，到达了这个地方又离去。我们重点讨论 5 个民族，以及他们所建造的建筑。每一种文化，都有三种主要建筑类型：住房、宫殿和神庙。

▲图 3-2 乌尔金字形神塔外观修复图
迪恩·康格（Dean Conger）/ 考比斯版权所有

苏美尔人（公元前 2800—公元前 2003 年）

苏美尔人在美索不达米亚地区定住，饲养牲畜，种植农作物。他们联合起来，共同协作，清理河道，对洪水进行控制，对周边农田进行灌溉。各个不同的居民区繁荣发展，形成许多城邦。每一座城邦里都有一个重要城镇，周边的领地由城镇主导。这种城邦中最重要的就是乌尔（Ur）城，这是苏美尔人最早的政府所在地。还有一个重要的城市，即尼普尔（Nippur）城，似乎是苏美尔人的重要宗教中心。其他苏美尔城邦还有乌玛（Umma）、基什（Kish）和拉伽什（Lagash）。

在乌尔发现的一件重要手工艺品，就是"乌尔军旗"（图 3-1），为木制双面嵌花板。天青石背景，上嵌碎贝壳和红色石灰石。在一场胜利庆祝活动中，苏美尔国王站立在马拉战车、军队、战俘和追随者前面。

据说，正是苏美尔人首先发明了书面语言。读书识字很快在社会上传播，尽管远没有达到普遍传播的程度。苏美尔人的文学作品，包括《吉尔伽美什史诗》，被认为是世界上第一部伟大的诗歌，今天仍在流传。陶轮的最早版本很可能也是由苏美尔人创造的，辅助他们制作陶瓷。此外，苏美尔人很可能还发明了犁，以及一些先进的造船技术。

令人印象最深刻的苏美尔人建筑就是金字形神塔，一种由晒干的泥砖和干砖堆砌而成的人造山体。这种设计结实、充满活力和戏剧性，具有动感，令人激动。后来的巴比伦人和亚述人都采用了这种方法。金字形神塔为截顶金字塔形，通常分为几层，由台阶相连。上层已经消失了，很可能支撑着神庙。乌尔的金字形神塔（图3-2），建于公元前 2100 年，占地 2600 平方米，是埃及胡夫金字塔的 1/20。

另一种极端情况，就是苏美尔人的典型住宅，通常是一层土坯房，由于土坯砖拱顶宽度的限制，所以不是

很宽。房间面向一个中央庭院。对大多数家庭来说，家具很可能仅限于地板垫、地毯和垫子。典型的住房里有一架楼梯通向上面平坦的屋顶，凉爽的夜晚，人们可以在上面聚会。

到公元前 2340 年，苏美尔人的统治被为阿卡德人打破。阿卡德人在萨尔贡国王（Sargon）带领下建立了萨尔贡帝国。围绕着巴比伦的阿卡德城，从地中海一直到波斯湾，这个王朝统治了大面积的土地。但是，两个世纪之后，也就是公元前 2150 年，这个强盛的国家衰落并灭亡了。从公元前 2135 年到公元前 2027 年，乌尔城重新崛起，建造了许多纪念性建筑，其中就包括萨尔贡的大宫殿。然而，几十年后，河谷之外的外族入侵，乌尔人和苏美尔人被埃兰人（Elamites）、阿摩利人（Amorites）和闪米特人（Semites）所征服。

巴比伦人（公元前 2003—公元前 1171 年，公元前 612—公元前 331 年）

公元前 2000 年即将到来的时候，巴比伦城成为整个美索不达米亚地区的中心，巴比伦国王汉谟拉比（Hammurabi）成为首要统治者。从公元前 1792 年到 1750 年，征服了苏美尔人，创建了统一的国家，包括现在的叙利亚北部地区。在漠穆拉比的统治下，美索不达米亚地区达到了繁荣的黄金时代。农业、金融业和商业欣欣向荣。这个时期的巴比伦人或许是人类舞台上第一批，可以被称为商人的民族。

然而，汉谟拉比最为人们所称道的却是他的法典。美索不达米亚地区之前亦有许多法典，现在已经丢失了。《汉谟拉比法典》对从前的条文，根据当时的情况进行了系统的总结。该法典提出了古代近东地区的一些限制性惯例，要求个人必须遵从集体标准。很明显，这种标

准贯彻到了整个社会之中，其中也包括建筑和设计领域，尽管条文本身并没有对艺术进行专门的陈述。从相关的法律条文中，我们可以了解到巴比伦人的社会组织结构。法典中所提到的职业包括鞋匠、铁匠、雕塑家和建筑师。

富裕的巴比伦对外族产生了极大的诱惑，导致敌人从多方向入侵。最终，到公元前 1171 年，在汉谟拉比治下发展起来的王朝被亚述人所占领。然而，最后一位伟大的亚述统治者亚述巴尼拔（Assurbanipal）去世之后，亚述人失去了对巴比伦的控制。迦勒底人尼布甲尼撒二世（Nebuchadnezzar II）接管这个国家并设立首都之后，巴比伦作为一个独立的国家，又一次得到发展，所取得的成就甚至比从前更高。公元前 612—公元前 538 年，巴比伦的复兴有时被称为新巴比伦时期。

巴比伦的都城位于现在的巴格达以南 80 千米处，因色彩鲜亮和奢华而著名，占地面积超过 8.5 平方千米，周围有城墙，主要街道大约与幼发拉底河平行或者成直角布置，在有铜门的城墙处终止。最著名的街道就是游行大道，从壮观的伊师塔门（Ishtar Gate）开始，一直延伸到城市的心脏地带，游行大道两侧的墙上和大门本身（图 3-3）用彩色釉砖装饰，有各种高度风格化的浅浮雕，包括棕榈树、公牛、狮子以及古古怪怪的龙等。狮子是伊师塔的象征，这位丰产女神得到广泛的供奉。

巴比伦的皇宫包括夏宫、北宫和南宫。南宫有 200 多个房间，围绕着 5 个大院落组织在一起。据说，在巴比伦，一座金字形神塔有 8 层，高度可以达到 92 米，其出现在《圣经·创世纪》中名为巴别塔。还有一项很著名的，尽管现在已经完全消失了，就是凭着高超的想象力创造的巴比伦空中花园。希腊历史学家希罗多德把空中花园和巴比伦城墙，称为古代世界七大奇迹之一。有些人认为，之所以称为"空中花园"，是因为它位于空中的好几层平台之上。在金字形神塔的顶部，甚至可能种植植物。在巴比伦北部 400 千米处，也在幼发拉底

▲图 3-3 现代复制图。在巴比伦游行大道两旁的浮雕，120 只狮子在威严地行走

河流域，有一座繁荣的商业中心马里（Mari），这里的人在《圣经旧约》中被称为阿摩利人。在马里，有伊师塔神庙和吉姆里－利姆国王的宫殿。吉姆里－利姆国王是汉谟拉比曾经的盟友。吉姆里－利姆国王的宫殿，占地 60 703 平方米，摆满了各种艺术品（图 3-4），还有 20 000 件黏土文献。公元前 1757 年，汉谟拉比转而反对吉姆里－利姆国王，把马里的大部分都毁坏了。

公元前 538 年，巴比伦及其领土，为波斯领袖居鲁士大帝（Cyrus the Great）所占领，美索不达米亚陷入波斯帝国的统治之下。

亚述人（公元前 884—公元前 612 年）

美索不达米亚北部的亚述人，先是被其他美索不达米亚人所统治。后来，在公元前 1000 年的最后两个世纪，他们自己登上了权力的舞台。首都先是阿舒尔，后来是尼姆鲁德，最后改在了尼尼微。主要统治者包括亚述纳西尔帕二世（Assurnasirpal，公元前 883—公元前 859 在位）、萨尔贡二世（公元前 722—公元前 705）、辛那赫里布（Sannacherib，公元前 704—公元前 681 在位）和亚述巴尼拔（公元前 668—公元前 626 在位）。这些统治者指挥着庞大的军队，领土范围从美索不达米亚地区，一直延伸到叙利亚、巴勒斯坦、塞浦路斯、甚至埃及的部分地区。

在其统治的第 5 年，萨尔贡二世在杜尔－沙鲁金建造了自己的宫殿。这座宫殿（现在的赫尔沙巴德，Khorsabad）建造在一个长 300 米、高 8 米的抬高的平台之上，横跨城墙。皇室宫殿内，用壁画和浮雕装饰，通向御座的入口两侧，放置一对巨大的带翼人头公牛像（图 3-5），由进口石灰岩雕刻而成。

亚述最后一座伟大的都城就是尼尼微。亚述巴尼拔国王对他那宏伟的宫殿进行了装饰。还有一个图书馆，收集了许多珍贵的泥版。公元前 626 年，亚述巴尼拔国

▲图 3-4 泥灰壁画复制品。马里的宫殿。吉姆里 - 利姆（Zimri- Lim）国王（公元前 1779—公元前 1757 年在位）授权仪式。高 1.7 米

巴黎，卢浮宫 / 布里奇曼国际艺术图书馆

王去世几年之后，像巴比伦一样，亚述最终被波斯领袖居鲁士大帝所征服，成为波斯帝国的一部分。

波斯人（公元前 538—公元前 331 年）

就像西边的美索不达米亚一样，波斯人也是较早发展农业并定居的民族之一。但是，与大部分美索不达米亚地区不同，波斯地区拥有良好的建筑石材供应。居鲁士大帝所建立的朝代被称为阿契美尼德，是为了纪念一个神秘的国王，据说是波斯人的先祖。因此，这个王朝的统治时期，有时就称为阿契美尼德波斯帝国。公元前538 年，波斯居鲁士部队征服巴比伦，公元前 525 年，占领了埃及。到公元前 480 年，波斯帝国成为当时世界上已知的最大的国家。疆域从现在德国的多瑙河，一直到巴基斯坦的印度河。

▲ 图 3-5 一对带翼人头公牛中的一个。亚述杜尔—沙鲁金（Dur Sharrukin）入口两侧。公元前 720 年。石灰石。高 4.2 米
斯佳拉 / 纽约，艺术资源

波斯帝国的首都多次变动，但是，皇室一直位于波斯波利斯（现在的塔赫特贾姆希德附近），在靠近波斯湾的山脚下。现在，波斯波利斯遗址成为波斯帝国的重要遗迹。这座都城的建设，差不多花了 60 年的时间。大约从公元前 518 年，大流士一世开始建设，到公元前460 年，由他的儿子、继任者薛西斯一世（Xerxes Ⅰ）建设完成。

这座宏大的皇宫是一座城堡，拥有国家典礼场所和管理部门。整个皇宫建造在一系列的平台之上，平台高 6—15 米，周围是平地，再往下是与皇宫关系较远的宫殿。平台大约宽 300 米，长 450 米，下面有大型排水渠道系统。平台西部有阶梯（图 3-6），踏面宽，踢面低，两边是精美的石雕护墙。浮雕上的武士队列，看上去无穷无尽，相貌相同，很明显地表现出对波斯帝国的无比忠诚。看到这些匿名、数量庞大的武士，就会感到波斯帝国不可战胜。从设计方面来说，采用了强有力的重复表现手法，其体量与尺度以前从没有人敢想象过。在这里，有可以利用的建筑石材，古代波斯人能够建造柱式建筑，这在以土坯作为主要建筑材料的美索不达米亚是不可能的。皇宫中觐见大厅，就是典型的柱式建筑。这座大厅边长 76 米，原先有 36 根立柱，高 20 米。保留下来的12 根立柱，与同时期的埃及或者希腊立柱相比，更加修长。立柱上有雕刻精美的凹槽，和截面为半圆形的凹槽。这种形式的立柱最早起源于希腊，这使人推测，这些雕刻匠人可能来自希腊。这些立柱所支撑的很可能是木制屋顶，因为体积小，间距大，不可能支撑石制横梁。房间砖墙上贴瓷砖，釉面光亮，有动物和花卉图案。外面有类似的立柱前厅，从三面围绕着觐见大厅。

另外一个空间就是御座大厅或者百柱大厅。据说，在这个房间中，国王薛西斯一世坐在金制御座上，上方有金制顶盖。立柱之间的间距比觐见大厅要小，实际上，有 100 根立柱。柱头，也就是柱身的上面部分，装饰着公牛头和牛身前半部分，成对安置，非常奇妙。牛头之间下凹，形成一种奇怪的"摇篮"，把持着木梁（图 3-7）。这种立柱设计形式从未有先例。宫殿中还有其他类似的立柱，柱顶有一对公牛头，另加半身的狮子或独角兽（想象中的怪兽，形状似马，头部中央有一角），又或是鹰（或者狮鹫，狮身鹰首）。

公元前 331 年，希腊亚历山大大帝击败了大流士三

▲图 3-6 波斯波利斯巨大的仪式中心，大阶梯栏杆上的浮雕。公元前 518—公元前 460 年
© 沃纳·福尔曼 / 考比斯版权所有

▲图 3-7 一对公牛头造型的柱头。现藏于巴黎卢浮宫。柱头来自波斯波利斯百柱大厅
两个公牛头。柱头和立柱。灰色石灰岩。
源自伊朗苏萨（Susa）。现存卢浮宫博物馆 / 法国国家博物馆联合会（RMN）。埃里希莱辛（Erich Lessing）/ 纽约，艺术资源

世（Darius III），征服了波斯，结束了波斯帝国的统治，对波斯波利斯进行了洗劫——或许是报复 150 年前波斯人曾入侵雅典卫城。然而，波斯波利斯残存的石块仍然给后人留下了深刻的印象。

萨珊人（Sassanians，公元 224—636 年）

亚历山大征服、抢劫波斯波利斯之后，古代近东就成为希腊和罗马演化发展的组成部分。然而，萨珊王朝（或者"新波斯"）例外。统治者阿尔达希尔一世（Ataxerxes）征服了帕提亚人（Parthian），于公元 224 年创建了萨珊王朝。萨珊人的历史，可以追溯到一个著名的人物萨珊，或许只是传说。在比较高效的官僚机构统治下，萨珊帝国延续了四个世纪。主要统治者由国家宗教授予象征性权力，其名称为阿尔达希尔和沙普尔（Shapur）。帝国

观点评析 | 艺术理论家看公牛雕塑

20 世纪艺术理论家和心理学家鲁道夫·阿恩海姆（Rudolf Arnheim, 1904—2007），在他的著作《艺术与视觉感受》（*Art and Visual Perception*，1954 年）中谈到有一种类型的雕塑"把多样化的视图简化为四种类型，从感觉上来看非常简单：对称的前视图、后视图以及两个侧视图"。他写道："这种相互独立的四视图，在带翼的公牛雕塑上表现得最明显。这座公牛雕塑，作为亚述人宫殿的看门人。从前面看，这个动物有两条对称的前腿，静静地站在那里。从侧面看，有四条腿正在行走。这就意味着从斜向方向看的话，就会发现有五条腿。但是，在这里加上不相关的要素，违背了原来的意愿。对亚述人来说，每一视图中都能够看到一幅完整的雕塑，才是最重要的。"

的重要都城包括巴格达南部底格里斯河沿岸的苏萨和泰西封（Ktesiphon）。

在泰西封，只有一小部分宫殿残存了下来（图3-8）。但是，有一个大型皇室观见厅，成"伊万（iwan）"形（一边开口的拱形大厅）。在近东地区和印度的伊斯兰建筑中，这种结构后来被广泛采用。覆盖大厅的抛物线形穹顶，高35米。由砖建造，不需要中央支撑（一种临时性结构，直到建筑能够自我支撑为止），在这种类型的建筑中，它是当时世界上最大的。伊万的出入口两侧是巨大的立面，上面有各种立柱和壁龛，形成6层盲拱（装饰性的拱，没有开口）。

公元636年，萨珊人被阿拉伯人赶走。这发生在先知穆罕默德去世四年之后。穆罕默德是伊斯兰教的创始人，伊斯兰教成为主宰这个地区的政治、文化以及艺术和建筑的宗教。

▲图3-8 泰西封的萨珊宫殿拱形皇家观见厅。建于公元6世纪中期。图中右半部于1888年倒塌
英国伦敦，皇家地理学会／布里奇曼国际艺术图书馆

古代近东家具

美索不达米亚和波斯的家具已经不存在了。我们所能够知道的几乎完全来自雕塑、浮雕、泥版以及滚印——一种小型雕刻圆筒，可以在蜡、湿润的黏土或者墨水上滚动，留下图案或印记。有些滚印，大小跟小指差不多，但是，却给我们留下了大量珍贵的信息。

古代近东地区的农民，很可能没有什么家具，仅有的不过是几个垫子。大多数中等阶级的座椅，似乎都是木制的（一种比较昂贵的材料）或者用芦苇编织的。一些贮藏用家具，我们今天或许称之为餐具橱柜，则是由木制格子架组成的。巴比伦人和亚述人的皇室家具，也会采用更昂贵的材料，包括青铜、金、银，以及内嵌的乌木和象牙。

从保留下的图片中，可以欣赏一下那些精心制作的装饰家具。椅子的腿和连接横梁——用以连接腿并对其进行加固的支撑结构，通常制作精美，在车床上旋转，用切割工具制成各种不同的形状，凸起、凹陷或者成盘子状。有时，椅子腿的末端雕刻成动物爪子的形状。有些椅子腿的下端是倒置的圆锥，类似于小型的、上下颠倒的金字形神塔。椅子后背通常有美观的涡旋装饰。波斯波利斯的雕塑作品中就有很好的实例，向我们展示了御座上的大流士大帝（图3-9）。

▲图3-9 波斯波利斯浮雕展示国王大流士的御座和脚凳。椅子腿和横梁制作精美
引自芝加哥大学东方学院

制作工具及技巧｜陶轮

尽管陶轮的出现可以归功于古代近东，但是，在中国和古希腊，它很可能也在同一时期独立地发展着。陶轮就是一个简单的、可以围绕着中轴旋转的圆盘，可以用手或脚驱动（当然，现在是用电动机），通过离心力作用，使黏土成形。这种陶轮现在仍在使用，陶瓷在陶轮上的成形过程，称为"拉坯"。

除了椅子之外，还有小凳子。折叠小凳子最早出现在公元前2300年，这表明在近东地区，小凳子的出现比埃及要早。还有不能够折叠的、方形、四条腿的小凳子。

古代近东装饰艺术

在史前艺术品当中，我们看到向写实主义发展的一种倾向，后来与象征性抽象手法相融合。在古代近东艺术中，就像在埃及一样，写实主义和抽象表现方法都能够看到。在抽象作品中，有各种纯粹的几何图形——方形、长方形和圆形，有些植物形态也做了几何化处理。

古代近东的装饰，正如前面已经提到过的，有人物雕刻队列、狮子浮雕、公牛头柱头，以及旋纹椅子腿等。总之，这种装饰艺术高度风格化，色彩鲜亮，主题极具吸引力。

古代近东艺术的主要特征就是动物装饰，写实且奇怪。差不多在同一个时代，埃及人创作人头狮身的雕像，我们称之为狮身人面像。近东艺术家所创作的绘画、雕刻或者镶嵌人物，同样也是混合体，让人感到古怪。除了在图3-6中所看到的亚述人的带翼人头公牛之外，古代近东人还有像狮首女人形象、蝎身男人头，以及其他古怪的复合造型。究竟要表达什么意思，现在仍然是个谜。

墙体装饰

除了浮雕之外，墙体有时贴瓷面砖或者贴釉面砖。巴比伦人经常使用一种不常见的马赛克（一种装饰板，由许多小部件组成）。这种马赛克由黏土制作，呈圆锥形，带尖，底部圆形的平面上涂以明亮的色彩。在由黏土制成的圆锥上绘画或者上釉之后，用锤子打进墙体之中，只有彩色圆形部分暴露在外面（图3-10）。

墙体装饰有时也采用壁画，但是，保留下来的不多。在熟石灰上，这类壁画色调平淡，没有采用阴影或者透视等绘画技法。所使用的颜料主要来源于矿物，比如白色来自方解石，蓝色源自蓝铜矿，绿色来自孔雀石，红色、棕色和黄色则来自各种土壤。从保留下来的少数片断可以看出，这类壁画的主题主要包括宗教人物、带翼的狮子和其他神秘的怪兽，以及奇异的、风格化的植物。

▲图3-10 巴比伦人的墙体装饰。黏土制作的彩色圆锥体，打入土墙之中

普鲁士文化遗产图片档案馆/纽约，艺术资源

金属制品

近东地区矿物资源有限，那里的金属制作工艺是怎么开始的（公元前6000年，远早于书中所提到的任何统治王朝），为何又那样复杂精致，让人感到好奇。埃及的脱蜡技术，在古代近东也同样使用。苏美尔人能够制作金、银、青铜（一种铜锡合金）制品，阿卡德人则能够生产高质量的铜制品。亚述人能够对铅进行加工制作，使用珐琅彩和金银细丝加工技术，这种技术后来得到广泛应用。波斯人设计出了角状杯，这是一种在典礼仪式上使用的饮酒器具，由金银制作而成，底端常有动物头像。1877年，在奥克瑟斯宝藏中发现过这样一个酒杯（图3-11）。这座宝藏出土了许多珍贵的物品和珠宝，可以追溯到公元前6世纪到公元前4世纪。

陶瓷

古代近东陶瓷拥有很长的历史。在波斯波利斯附近的苏萨发现的一个彩绘高脚杯，可以追溯到公元前4000年或公元前5000年。开始的时候，陶瓷制品体积大，简洁朴素，注重实用，色彩主要为淡黄色。从安纳托利亚（现在的土耳其）出土的红色滑面水罐（图3-12），

▲图 3-11 波斯角状杯（典礼仪式上使用的饮酒器具），银制，高 25.5 厘米
©大英博物馆受托人

▲图 3-12 古安纳托利亚水罐。公元前 1750 年。高 40 厘米。这个水罐肩部有星形标志。来自卡帕多西亚（Cappadoccia），亚述时期的贸易站，公元前 2000—公元前 1800 年。无釉赤陶，高 38 厘米
卢浮宫博物馆／法国国家博物馆联合会（RMN）。埃里希·莱辛／纽约，艺术资源

未加装饰。有时为了制作大型守护动物，也使用釉面赤陶。

纺织品

正如我们在第 1 章中所提到的，至少在休于古城形成时期，安纳托利亚就已经开始生产纺织品了。在金属制品和陶瓷制品生产之前，编篮、编织、缝纫和垫子制作很可能已经很发达了。但是，脆弱的编织品难以保存，几乎找不到早期的作品。植物纤维主要来自亚麻、大麻、芦苇、灯芯草和棕榈叶。动物纤维主要来自绵羊、山羊、鹿、马和骆驼。文字记载表明，在公元前 2000 年前，就已经有了对绵羊和山羊的驯养，以及羊毛出口。制作精良的织布机，至少在公元 3 世纪，就已经开始在纺织业使用。萨珊丝织品（图 3-13）可以追溯到古代近东的最后年代，就是用这种织布机织出来的。

长期以来，近东就因地毯而闻名。地面上或者墙壁上，就铺着地毯或者挂着挂毯，为室内装饰增光添彩，看起来装饰豪华。那些早期的纺织品虽然都已经消失了，但是在一些书面文字记载中，仍然能够看到。在一些交通流量大的地区，一些永久性的地面彩色石材铺装以及大理石雕刻上，仍然能够观察到。古代近东传统的编织技术，后来传到波斯人手中，继续生产各种各样的地毯，这让欧洲人感到羡慕。

▲图 3-13 萨珊丝织品，带狮子图案
斯卡拉／纽约，艺术资源

总结：古代近东设计

古代近东的设计尽管风格各异，但是，它们都拥有一些非常明显的共同特征，有节奏和活力，高度风格化。从许多实例中可以看出，比如一个男人手抓一对狮子，一棵大树两边站立着带翅膀的男人，体现出一种像纹章那样的对称性。在其他例子中，轴线发生弯曲，行进的路线重复转向，让人感到神秘，充满期望。

探索质量

古代近东艺术和装饰所表现的主题，就我们看来充满古怪与神奇。有各种不同动作的动物，我们实际上从来没有见到过。还有一些复合型的怪兽，除了在神话故事中和梦中之外，从来没有人遇到过。很明显，这种艺术倾向于让人感到吃惊，甚至恐怖，不是让人感到愉悦或者舒服。在有关拜占庭帝国的神秘艺术以及叙利亚和巴勒斯坦后来的伊斯兰艺术中，会再次看见这种奇异的艺术形式。

寻觅特点

这种艺术强烈追求印象。令人印象最深刻的或许就是运用重复。典型的实例就是波斯波利斯的重复柱列。很明显，古代近东的艺术家根本就不担心这种处理手法会使观众感到厌烦，大脑感到迟钝。相反，他们认为，这种图案会使人感到敬畏、尊敬，甚至是惧怕统治者的权力。

做出对比

就像几乎所有后来文化一样，古代近东艺术不能与埃及艺术优雅、充满魅力相提并论。就像所有其他文化一样，古代近东艺术缺乏和谐、平衡和人本主义情怀。而这一点，我们将会在与其同一时间发展的希腊建筑中看到。但是，古代近东艺术又充满活力，在它所处的文化中，以不容忽视的方式对军事力量给予了强有力的表达。总之，古代近东艺术达到了自己的目标。

古希腊设计

4

公元前 2000—公元前 30 年

"伟大的室内装饰设计师……在装饰细部的使用上曾经受制于人……希腊人的'聪明的节制'对装饰细节进行处理。"

——艾迪丝·华顿（Edith Warton，1862—1937），美国作家和室内装饰设计师

在哲学、伦理学、政治和艺术方面，古希腊人取得了辉煌的成就，反映出对自然和人类的敬意。甚至他们的神也带有人的相貌和特征（图 4-1）。希腊人还表现出一种对严谨的偏好，这种态度我们至今仍然推崇。尽管很难找到希腊杰出的室内设计作品，但他们的建筑的确令人赞叹，许多元素今天仍在使用，包括在建筑外部、建筑内部及家具上。希腊建筑中的许多要素，仍然是我们设计语汇中的重要组成部分。不管是否从事带有古典风格的作品设计，当今的设计师仍然要学习希腊建筑中的一些基本要素（见第 65 页"表 4—1　希腊柱式"），理解这些要素之间的关系，是设计素养的基础。

古典艺术世界的开端

毫无疑问，早期的希腊艺术家深受埃及艺术的影响。各种立柱和过梁的持续使用就是最好的证明，它们在埃及早就被广泛使用。希腊人对埃及的立柱进一步加工改造，使其逐步摆脱原始自然形态（比如成束的芦苇），看起来更加修长和优雅，空间更加宽敞，形态也更加丰满。希腊立柱表面采用凹槽处理，而不是像埃及立柱那样采用凸管。在公元前 7 世纪，来自古代近东特别是波斯的影响格外显著——这一世纪通常被称为希腊的东方时期。希腊与波斯之间的关系，并不总是友好的。波斯帝国的扩张政策导致了希波战争的爆发，这场战争从公元前 499 年开始，一直持续了 50 年。希腊在战争中获胜，从此，国家出现了前所未有的统一。公元前 331 年，又爆发了一场战争，来自希腊北部马其顿的英勇武士亚历山大大帝征服了波斯帝国，放火烧毁了波斯波利斯。

◀图 4-1 雅典帕提农神庙东侧的壁雕，海神波塞冬（左）与太阳神阿波罗坐在圆柱形腿的凳子上交谈。公元前 440 年，高 106 厘米
埃里希·莱辛／艺术资源，纽约

古希腊			
大致时间	时期	政治和文化事件	艺术成就
公元前 1000—公元前 700 年	几何时期	公元前 776 年，奥林匹克运动会开始举行	带有几何图案的花瓶和装饰品
公元前 700—公元前 600 年	东方化时期	公元前 332 年，亚历山大大帝征服埃及	收到近东的影响，包括曲线的设计
公元前 600—公元前 480 年	古风时期	公元前 480 年，希腊在波斯战争中获胜	花瓶画，早期的多立克神庙，爱奥尼亚柱
公元前 480—404 公元前年	古典时期	希腊戏剧、诗歌、历史、哲学；伯里克利，约公元前 495—公元前 429 年；公元前 404 年，斯巴达击败雅典	多立克和爱奥尼亚秩序的完善；雅典卫城的建筑，包括帕提农神庙
公元前 404—公元前 323 年	"第四世纪"时期	公元前 323 年，亚历山大去世	科林斯柱式的推行
公元前 323—146 公元前年	希腊化时期	公元前 146 年，罗马征服整个希腊	维纳斯雕像，佩加蒙祭坛

希腊文化的形成还涉及一些其他早期文化形式。就我们目前所知，最著名的就是克里特文明和希腊大陆上的迈锡尼文明。

克里特文明

克里特岛距离希腊大陆 97 千米，是一个长 275 千米的狭长岛屿。大约公元前 6000 年，那里就已经出现农业社会，公元前 3000 年，小亚细亚移民来到这座岛上，带来了新的制作工具和武器的金属加工技术。克里特岛人与中欧地区有大量的贸易往来，锡和铜随之引进。他们建造了许多重要的城市，这些城市都以宗教统治者的活动场所为中心。但是，最大、最豪华的宫殿群则位于克诺索斯（Knossos），在靠近北海岸的中心地带。这就是米诺斯（Minos）国王的宫殿，它的名字就来自它的文化体系——米诺斯文明。

尽管克里特文明对于希腊古典文化的影响难以追溯（包括直接影响及通过迈锡尼文明的间接影响），但其对于同时代的埃及和古代近东文化的影响是比较清晰的。克里特人的工艺品在埃及和古代近东都已经被发现，这表明曾经有过贸易往来，并且从某种程度上说还带有对克里特文化的崇拜。

值得崇拜的方面有很多，克里特人轻松愉快、充满幻想的个性特征就是其中之一。在我们将要考察的不同文化和历史时期中，宗教对于建筑和设计起到主导作用，在其他领域，军事防卫需求则处于主导地位。然而，从目前我们对克里特人的了解来看，大多数艺术品的创作都是为了创造更加美好的生活。

不幸的是，灾难的到来打断了克里特岛的历史。大约在公元前 1700 年，一场大地震摧毁了岛上的大部分建筑，其中就包括第一宫殿。后来，约在公元前 1470 年，灾难性的火山爆发带来了地震、海啸和覆盖全岛的火山灰。最终的灾难，很可能就是约公元前 1380 年希腊大陆迈锡尼人的入侵，导致了大部分中心宫殿的废弃。

米诺斯建筑

克诺索斯市的人口据估计约有 10 万人，包括住在王宫的人们。这座宫殿（图 4-2）大体上呈长方形，从北到南约 98 米，从东到西约 154 米。长方形的中央庭院是它最引人注目的元素。庭院周边的墙体在功能和外观上有很多变化，许多自由设置的要素创造出雄伟的立面和柱廊。

这种功能和外观上的多样性变化，贯彻在庭院周边的建筑物上。在缺乏良好设计的无序混乱的表象之下，是各部分间高超的安排布局手法：许多房间面向凉廊或者露台（图 4-3），视野中的风景或中央庭院就像镶在画框中。宫殿的进行模式——通道系统由门、走廊和楼梯组成，这个系统自由而开放，包括从一处通向另一处的长廊。房屋之间有许多出口和入口，而不仅仅是从走廊进入。宫殿中最壮丽、最重要的房间就是正殿（图4-4），其内有一座为统治者打造的石制宝座，两边各有一排供官员就座的石凳。它的墙壁上有壁画，描绘神秘的怪兽和树叶。一处雄伟宽敞的楼梯（图4-5）将宫殿的三个楼层连接起来，中间是一个天井。14根立柱排成一列，它们与早期的埃及立柱和后期的希腊立柱差别很大，上粗下细，比例匀称。

在神话传说中，从希腊逃往克里特岛的传奇工匠、发明家代达罗斯（Daedalus），遵照米诺斯国王的命令在大宫殿附近建造了一座迷宫，用来掩藏人身牛头怪（一种半人半牛的动物）。但是，目前没有证明这座迷宫（或者这个动物）存在的证据。

米诺斯陶器

克里特岛米诺斯的制陶技艺发展得很快，制陶活动非常活跃，创造了许多杰出的艺术作品，很可能对希腊产生了重要影响。正如在后来的希腊陶器作品中所看到的，米诺斯陶器在形状上变化较大，但在色彩上则局限于几种，多为浅黄色、灰色和红色。有些陶器作品普通平淡，有的则有各种不同的雕刻，还有的装饰有螺旋线、曲线花纹图案或者海洋生物（图4-6）。把手和出水口常常也被视为装饰图案的重要组成部分。早期的米诺斯陶器由手工制作，但在公元前20世纪采用了陶轮。精美的彩绘陶器可以追溯到公元前12世纪或者更早，在希腊大陆或者爱琴海的岛屿上都能够看到。

阿克罗蒂里壁画

基克拉泽斯群岛由克里特岛北部和希腊大陆南部的一系列小岛组成，其中一个岛屿被称为锡拉岛（现名为圣托里尼，Santorini）。大约在公元前1600年，剧烈的火山爆发改变了这座岛的形状，火山灰埋葬了许多城镇。其中的一个小镇名为阿克罗蒂里，在那里，考古人员发现了房屋（不像克里特岛上的宫殿），建筑上有壁画。这些壁画被掩埋在火山灰下，保存得相当完好。其中的一个例子（图4-7），人们称之为"春天的壁画"。虽然没有人物形象，却创造出了富于浪漫色彩的画面，上面有彩色岩石、摇曳的植物、飞翔的燕子。就像在米诺斯陶器上所看到的那样，同样带有柔美的曲线运动，表达出欢乐祥和的气氛。

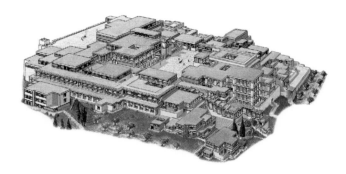

▲图4-2 克里特岛克诺索斯王宫图，约公元前1990—公元前1375年
佛罗伦萨麦克雷图书提供

▲图4-3 克诺索斯王宫王后殿一间重建的房屋。柱廊面对宫殿的采光井
考比斯／贝特曼

▲图4-4 克诺索斯王宫正殿的鲜艳壁画。国王的宝座周围是他的官员的座位
吉罗东／布里奇曼国际艺术图书馆

▼图 4-5 克诺索斯宫的楼梯，楼梯旁的圆柱围绕天井
罗杰·伍德（Roger Wood）/ 考比斯 / 贝特曼

▼图 4-6 章鱼图案的米诺斯陶罐，高约 27 厘米
斯卡拉 / 艺术资源，纽约

▲图 4-7 "春天的壁画"，位于克里特岛附近基克拉泽斯群岛的锡拉岛上，是阿克罗蒂里的一间房屋里的壁画，约公元前 1650 年
康托斯图片库工作室

迈锡尼文明

迈锡尼文明的历史比克里特文明稍长。迈锡尼人占据了希腊大陆的南部地区，他们的语言属于早期希腊语，在陶器制造、冶金和建筑方面也为希腊创造了各种技术和工艺。

迈锡尼文明以迈锡尼市为中心发展而来，名字就是取自这座城市，但也包括其他一些重要城市，如梯林斯和皮洛斯。有资料表明，大约在公元前2000年或公元前1900年，迈锡尼人从北方进入希腊。在约公元前1380年入侵克诺索斯后，迈锡尼人在爱琴海地区获得了至高无上的权力，统治一直持续至约公元前1200年。与克里特人一样，迈锡尼人也建造了大型的宫殿，并用浅浮雕和色彩鲜艳的壁画对这些宫殿进行装饰。他们也制作陶器和金属制品，有精心设计的几何图案和自然图案。

迈锡尼古城和中央大厅

在迈锡尼，宫殿和城镇都位于山顶，或者其他能够很方便地进行防卫的场所，周边都建有用于防护的墙体。有些墙体很厚，里面有复杂的走廊系统，可以用来掩藏武器或者贮藏食物。迈锡尼古城周围环绕着大量的防御工事，墙体上只有两道门，其中一道被称为狮子门，门的上方有两头母狮雕塑，现在头部已经没有了。

考虑到防卫的需要，迈锡尼宫殿不是克里特岛那种中心式的，建造在开放的大型院落之中，而是集中在宽敞的室内大厅内，称为"Megara"，意思就是"大房间"。在皮洛斯，中央大厅（图4-8）面积为11米×12.5米。中央大厅通常位于院落的北边，面向柱廊或者门廊，廊的顶部由立柱支撑。门廊之后是入口前庭，穿过入口前庭就是中央大厅。中央大厅通常是宫殿中最大的房间，位于中央，呈长方形。中央大厅的中部有固定的圆形火塘，可能是举行各种涉及火的宗教仪式的地方。火塘周围有四根布局对称的立柱，立柱支撑着抬高的屋顶，烟雾可

▲图4-8 皮洛斯中央大厅复原图

佩特·德容（Piet de Jong），中央大厅中的正殿。辛辛那提大学古典艺术系授权复制

以从此散出，光也可以间接地从上面进入。中央大厅和火塘具有重要的象征意义，有人认为，它们仅允许被宫殿中的男人们使用。

迈锡尼宫殿的通道系统令中央大厅处于隔离状态，只能通过前庭中的一道门进入。中央大厅通常由走廊环绕，这样就不必与其他房间共用一道墙。与克里特岛的宫殿房间相互连通的方式不同，迈锡尼宫殿中的正殿面向走廊或者院落，构成通往房间的唯一通道。这种通道系统，在之后的希腊人及其后的罗马人的房间中都能够见到。

迈锡尼墓穴

迈锡尼人的其他建筑与丧葬仪式有关，包括竖井墓穴和圆顶的蜂巢状墓室。圆顶墓由石头建造，除了狭窄的入口通道之外都被土掩埋。从工程学上来说，它独特

制作工具及技巧 | 湿壁画

"湿壁画（Fresco）"在意大利语中的意思是"新鲜（fresh）"。在石灰泥还湿润的时候，将颜料涂在铺好的石灰泥上，颜料就会向内渗透，风干结晶后就形成了一个完整而持久的表面。但有一个问题是，湿润的灰泥能够吸收颜料的时间只有几个小时。因此，大型壁画不得不分阶段涂色，一天的湿颜料用量必须与前一天工作中的干颜料用量相匹配。

的形状能够承受土壤的重量。在圆顶墓葬中发现的随葬品有迈锡尼金匠的作品：金制陪葬面具、金杯（图4-9）、黄金图章戒指及带有黑色镶嵌图案的金质武器。后来，希腊人很可能借鉴了圆顶墓的这种圆形布局，用于举办聚会或者典礼活动。在内部装饰上，有时会被圆形的长凳围绕，而外部装饰则有时被柱子环绕。

古希腊设计的决定性因素

尽管希腊的自然环境、宗教和历史，无法完全地解释为什么希腊人能够取得如此辉煌的成就，但是，也从一些方面阐释了希腊的发展特征。

地理位置及自然资源因素

就像埃及和古代近东那样，地理条件对于文明的发展具有重要影响。埃及为沙漠所环绕，其文化与周边国家隔绝了长达数世纪。而希腊更加开放的地理位置，则方便了它与其他国家和人民的交流。

希腊是一个狭长的半岛，向南伸入地中海，西边的爱奥尼亚海有许多岛屿，东边的爱琴海也有许多岛屿。这个国家的气候和地理条件与埃及差别很大，对生活在这里的人们产生了巨大影响。漫长而蜿蜒的海岸线附近分布着许多大大小小的海湾，这里光照充足，雨量充沛，土壤肥沃，还有高大的山脉。

对希腊建筑和装饰的风格与细节产生重要影响的因素之一，就是蕴藏在群山之中随时可开采的完美建筑材料：大理石。这种漂亮的白色石材比条纹大理石更坚硬，但比花岗石稍软，良好的纹理和质地易于加工成拥有细小边缘细节的状态。它分布于巴尔干半岛以及周边岛屿，最著名的是产自帕罗斯岛（基克拉泽斯群岛中的一个小岛）的大理石，及产自雅典东北部彭忒利科斯山的大理石。

山地地形条件导致了邻近城邦之间的相互隔绝，由此经常会产生误会、嫉妒和不友好。孤立的城邦之间经常发生战争，无法取得政治上的统一。古希腊属于松散的城邦联盟政体，由最先进、最成功的城邦雅典来领导。

半岛和岛屿的地理条件，催生出了一个航海民族。为了寻找金属和其他材料，以及寻找新的贸易机会，希腊人不惜冒险进行海上旅行。远离家乡，他们经常会遇到外国的思想观念，有些观念常常是颠覆性的。

▲图4-9 迈锡尼墓穴中发现的金杯，公元前1000年前。缠绕着的螺旋装饰源自克里特岛的艺术
乔凡尼·达勒·奥尔蒂（Giovanni Dagli Orti）/ 国家考古博物馆

在外来思想的冲击下，加上当地人的竞争意识和傲慢个性，许多相互独立的思想学说逐渐产生，使希腊人成为古代最伟大的个人主义推崇者。他们坚定不移地追求自由，包括行动自由、言论自由和思想自由。把那些生活在专制统治之下、盲目地接受统治或者毫无生活自由的人们看作是野蛮人，包括当时已知的世界上大部分地区。他们把智慧看作是人类最伟大的天资，为获得智慧，有必要保持求知欲和好奇心，对任何事情都产生怀疑直至它们被证明。希腊人狂热地追求和探索真理。

宗教因素

希腊及其附属岛屿独特的地理条件对于希腊宗教产生了重要影响，而宗教的产生正是建立在对自然的尊重之上。特定的神和女神被视为当地精神的化身。山川、河谷、岛屿和港口，受到各自保护神的保护。希腊人将每一个神都与大自然的一种基本力量联系在一起。

三个最伟大的神分别是宙斯、雅典娜和阿波罗。宙斯是天神，执掌天界和地上界，司掌雷霆和黑暗。据说，他喜欢的地方是奥林匹亚和多多那。雅典娜，智慧女神和战争女神，专门掌管雅典城。阿波罗是太阳神，最喜欢的地方就是得洛斯和德尔菲。

希腊神灵都是一些特殊人类。对希腊人来说，人类本身才是关注和崇拜的中心。与大多数宗教中神的表现不同，希腊神灵并不是神圣的、超自然的、神秘的存在。他们稍稍具有传奇色彩，但是，仍然是可以辨别的男人或者女人。他们被赋予超人的力量，但他们的雄心、困扰、弱点及情感都高度人性化。

在圣坛和神庙中，希腊人供奉这些与人类相接近的神灵，建筑尺度适当合理，不像希腊住宅建筑那样低调，但也远不如吉萨、卢克索（Luxor）、巴比伦和波斯波利斯的纪念性建筑宏伟高大。站在人类的角度观察，希腊宗教艺术是完全可以理解的——在高度平衡的社会中，神、英雄和人类共同参与，共同生活。希腊宗教考虑的重点是当下，而不是来生。在各种宗教节日和仪式、竞技活动以及个人生活的各个方面，人们获得情感的满足。在各种创造性的活动中，理想主义得以保持。

政治和军事因素

古希腊的人口组成来自许多不同的部落。多利安人就是其中之一，起源于西北部山地的蛮族。公元前1100年至公元前950年，他们席卷希腊大陆，很可能同时带来了铁制工具，他们主要定居在克里特岛和斯巴达（Sparta）。多立克柱式就是以他们的名字命名的，在两种重要的希腊柱式（或者建筑风格）中，这种柱式简单而刚毅。

多利安人进驻巴尔干半岛之后，原来在那里居住的几个部落都迁走了。其中一些在爱奥尼亚定居下来，那里是一片沿着海岸线伸展的狭长陆地，现归属土耳其，当时是希腊世界的一部分。另一些人则在爱琴海的岛屿上定居下来。爱奥尼亚柱式就是以他们的名字命名的，它是希腊两重要柱式中更纤细优雅的一款。

作为一个民族，希腊人感到自豪和自信不是没有原因的，无论在战争、艺术、哲学、数学还是写作方面，他们都胜过同一时期的其他民族。每个希腊公民的首要职责都是为国家服务，包括称颂和促进其文化发展。在城邦制体系中，环绕着许多半自治城市，土地相互关联，面积很小，小到每个人之间都能够相互了解。

城邦之间的相互分隔也带来了令人遗憾的频繁的战争。纵观希腊历史，城邦之间经常发生纷争。最著名的是雅典与斯巴达之间的战争。斯巴达是由多利安人组成的城邦，位于群山环绕的峡谷之中。斯巴达人勇敢、训练有素且擅长战争，但是，缺乏像雅典那样数不清的哲学家、历史学家和艺术家。公元前404年，斯巴达人打败了雅典人，但事实证明，雅典的理想主义及它所取得

的成就已成为不朽的篇章。

根据之前的各种文化标准，对于男性而言，希腊真是民主的奇迹。只有男人拥有公民权利，女人和奴隶不是公民。男性公民能被享受到自由和平等。极端富有或者极端贫穷是不能够容忍的，也不允许炫富。

希腊人为国家服务的精神和希腊民主制度取得的积极成果是，最大数量的可用资金、支持和技艺不是用在美化公民个人、政治领袖或军事人物上，而是用于美化当地居民的神。从历史上看，希腊人大部分时间过着安静平和的生活，而他们的神则被供奉在那些最完美的建筑中。

古希腊艺术年表

在希腊艺术中，我们看到一种发展趋势，就是对于已知世界的表现日益趋向自然化。同时，还会看到另一种同等重要的发展倾向，也就是在令人困惑的人类世界中寻找秩序，或者使其遵守一定的秩序。希腊艺术和建筑的发展是相当稳定的。即便如此，学者们还是将其分为三个主要形成时期——几何时期、东方化时期以及古风时期。其后是三个成熟时期——古典时期、第四世纪（或后古典）和希腊化时期。当然，早于所有这些时期的是史前阶段——约于公元前4000年出现在希腊的石器时代，以及公元前2800年前后的青铜时代。但是，史前时代究竟是什么样子的，目前几乎找不到任何证据。

三个形成时期

三个早期阶段——几何时期、东方化时期和古风时期，为希腊艺术的盛放奠定了基础，并为后世所追随。

几何时期（公元前1000—公元前700年）

希腊艺术的最早期阶段，大约始于公元前1000年，被称为几何时期。与克里特岛自然多变的风格对比鲜明，这一时期的装饰艺术高度抽象化，棱角分明，近似于迈锡尼风格。我们发现，这个时期的陶器形态种类有限，形式也比较统一，如图4-10的陶罐拥有精美的外表面、水平的直线条和多种几何图案——圆形、三角形、正方形、菱形及"之"字形等。即便人和动物的形态最终被引进，最初也是高度概化的，被简化成一系列的几何形态。

在这一时期的后期，即公元前776年，为了纪念最高神宙斯，奥林匹克运动会开始举办。由于这个运动会

每四年举办一次，成为国家团结与合作的强有力象征，因此，希腊人把这个时间看作是文明的真正开始。

东方化时期（公元前 700—公元前 600 年）

公元前 7 世纪，通常被称为希腊艺术的东方化时期。在这个阶段，希腊艺术受到来自古代近东的深刻影响，艺术表现更加栩栩如生，还引进了阿拉伯式图案和花卉装饰图案。新的表现主题开始出现，比如风格化的植物、动物、鸟类和神秘的怪兽，更好地表现出希腊人的真实生活和思想。在基克拉泽斯群岛的帕罗斯岛发现的一个水罐（图 4-11），上部为狮鹫的怪兽（半鹫半狮），出水口就在这个怪兽头上。其他方面的重要影响来自古代近东的奢侈品贸易，包括香料、香水、纺织品及由象牙和贵金属制成的物品。字母文字、天文学、神学等，也同时被引进到希腊。一些新思想也通过希腊海员从埃及传播到希腊。很长一段时间内，埃及一直是希腊人的灵感源泉。（公元前 331 年，亚历山大大帝在那里建立了亚历山大城）

古风时期（公元前 600—公元前 480 年）

希波战争期间，古风时期的瓶饰画繁荣发展，雕塑成为希腊艺术的主要表现形式。狮身人面雕塑源自埃及，也开始在希腊生产制作。在德尔菲发现的一件作品（图 4-12），就是其中的一个实例。德尔菲是阿波罗喜欢光顾的地方，同时也是著名的德尔菲神谕之所。这件雕塑被安置在一个早期风格的爱奥尼克柱的柱头上，这种柱头翼旋较宽，超出立柱本身，后来的此类作品则要窄一些。

在古风时期开始后的一段时期内，希腊建筑也发展成为一种强有力的艺术形式。在希腊和希腊殖民地西西里岛、今意大利南部及其他地方，多利安人建造了大量的石灰岩和灰泥神庙。多利安人是源自西北部山区的蛮族，在公元前 1100 年至公元前 950 年侵入希腊大陆，或许，就像我们曾经说过的，他们带来了铁制工具，广泛地在克里特岛和斯巴达定居下来。多利安人的神庙高大雄伟，主要设计特点就是在建筑外围设置成排的立柱。在意大利南部帕埃斯图姆（Paestum）的神庙聚集区，可以看到最早期的多立克柱式（图 4-13）实例，展现出其粗犷的风格。立柱柱体厚重，顶部结构宽阔结实。在帕埃斯图姆，精心装饰的多立克柱式还没有出现，但是，在多立克神庙中，已经开始用立柱的形式来表示权威和力量。

▲图 4-10 几何时期的双耳瓶，公元前 9 世纪末期，高 51 厘米
穆勒（Muller），德国考古研究院，雅典。Neg.D-DAI-ATH-Eleusis 443. 版权所有

◀图 4-11 东方化时期的一个水罐，约公元前 650 年，高 7 厘米

▲图 4-12 德尔菲的大理石狮身人面像，约公元前 560 年，高 230 厘米。安置在早期版本的爱奥尼克柱头上

S. 科因博士（Dr. S. Coyne）/ 古代艺术与建筑收藏有限公司

三个成熟阶段

即使是在形成时期向成熟时期过渡的阶段，从艺术语汇来看，希腊艺术也表现出高度的一致性。没有突然的变化，没有时尚的摇摆，没有目标的转移，也没有理想的放弃。在形成时期，某个标准一旦被大众认可，在成熟时期就会被重复运用，仅有些微小的变化。因而，一般认为，希腊艺术的巅峰时期是在第一个成熟时期，许多标准也都是在这个时期首先设定的。

古典时期（公元前 480—公元前 404 年）

古典时期是古希腊艺术成就最辉煌的时期。它发生在两场战役之间，在公元前 480 年希波战争的马拉松战役中，希腊取得胜利，而在公元前 404 年的伯罗奔尼撒战争中，雅典被斯巴达打败。这一段时间有多种称谓，比如古典时期、黄金时代或者伯里克利时代。伯里克利是大约生活在公元前 495 年至公元前 429 年的雅典政治家，领导这个国家建立了史无前例的民主政治形式。公元前 5 世纪，雅典城在艺术和知识成就方面达到顶峰。许多著名人物就出现在这个时代，比如希腊剧作家埃斯库罗斯（Aeschylus，公元前 525—公元前 456）、索福克勒斯（Sophocles，公元前 496—公元前 406）、欧里庇得斯（Euripides，公元前 480—公元前 406）、阿里斯托芬（Aristophanes，公元前 446—公元前

▶图 4-13 意大利南部帕埃斯图姆，一座供奉雅典娜的早期多立克神庙遗址，建于公元前 510 年

阿伯克龙比

385），抒情诗人品达（Pindar，公元前518—公元前438），历史学家希罗多德（Herodotus，公元前480年—公元前425年）和修昔底德（Thucydides，公元前460—公元前400/396），以及哲学大师苏格拉底（Socrates 公元前469/470—公元前399）。在这一时期，多立克柱式和爱奥尼克柱式达到完美和谐。在雅典，建造了许多宏伟的多立克柱式纪念建筑，其中包括赫夫斯托斯神殿（Hephaestum，公元前465年）、帕提农神庙（约公元前447—公元前432年）和卫城山门（公元前437—公元前432年）。最宏伟的爱奥尼克神庙在米利都（Miletus），但雅典卫城的埃雷赫修神庙（公元前421—公元前405年）及卫城山门附近的内饰，也采用了这种柱式。

第四世纪（公元前404—公元前323年）

"第四世纪"是一个相对宽泛的术语，指的是从雅典战败（公元前404年）到亚历山大大帝在巴比伦去世（公元前323年）的一段时间，有时也称其为后古典时期。雅典虽然战败，但是，希腊文明得以扩展。这是产生雄辩家德摩斯梯尼（Demosthenes，公元前384—公元前322）的时代，是哲学家柏拉图（Plato，公元前427—公元前347）和亚里士多德（Aristotle，公元前384—公元前322）诞生的时代，"医药之父"希波克拉底（Hippocrates，公元前460—公元前370）也出生在这个时代。希腊艺术继续向写实主义方向发展，但更加注重情感的表现形式，替代了古典主义时期的理想主义形式，就像我们在天才雕刻家普拉克西特列斯（Praxiteles）的作品中所看到的那样。在建筑方面，科林斯柱式开始被采用，尽管它在希腊从来没有像多立克柱式和爱奥尼克柱式那样被普遍应用。

希腊化时期（公元前323—公元前146年）

亚历山大大帝东征之后，希腊文化向东扩展，一直影响到近东和亚洲，其中就有几个重要的新兴中心，比如帕加马、罗得岛（Rhodes）和亚历山大港。数学和科学得到进一步发展，但与之前的成就相比，希腊文学变得更加沉闷呆板，建筑相对更加复杂，而艺术则多了些多愁善感。即便如此，这个时期还是有许多人们熟悉的艺术杰作，例如雕塑作品《米洛斯的维纳斯》。米洛斯（Melos）是爱琴海上的岛屿，这个雕像在那里被发现的时候就是无臂状态。其他重要成就包括帕加马的城堡、大祭坛和壮观的装饰雕带等。

古希腊建筑及其内饰

古希腊建筑基本上是功能性的，每一项特征都有其特定的实用性目的。立柱仅仅用于支撑，从不用作装饰用途。尽管建筑的表面装饰得富丽堂皇，但是这种装饰属性从没有超越它在设计中作为结构构件的作用。

毫无疑问，希腊的史前居民会从繁茂的森林中砍伐木材，建造房屋。森林遍布于巴尔干半岛的山地和河谷。大量证据表明，希腊早期的石构建筑，其细部结构和装饰切割都会模仿原木结构的特征，这与早期的埃及建造师的做法相同。然而，希腊石构建筑所取得的成就，声名远扬。希腊人将一些伟大的建筑技术应用在公共建筑上，工艺水平达到极其完美的程度。一些著名的神庙，墙身通体采用大理石材质建筑，石材切割非常精准，接缝根本不需要灰浆粘结（尽管会经常使用金属夹子，将大理石连接在一起）。各部分之间的比例、接缝的位置，以及接缝与屋顶瓦片之间的排布变化等，都经过精心的设计安排。

虽然我们现在所看到的希腊建筑，基本都呈现大理石的天然白色（许多后期的模仿作品采用淡色石块建造），但有证据表明，这些建筑原来都是色彩鲜亮的。像埃及人一样，希腊人选择多彩的颜色，一方面具有象征意义，另一方面也是遵循传统。例如，浮雕一般漆成蓝色和绿色，另加两种不同深浅的红色，背景则漆成蓝色。帕提农神庙饰带上的浮雕，背景则是鲜红色。

神庙

希腊的神及他们数不清的后代，最初都被供奉在露天的祭坛之上，后来逐渐转移到日益精美的建筑物中。这些神庙的建造与发展，就像希腊的住宅那样，在平面布局上从圆形发展到长方形。这种长方形的建筑，一般从短边的中央进入，两边是立柱，形成带顶的柱廊。廊顶最初是茅草结构，用稻草或者泥土混合薄木条覆盖。后来，屋顶则用陶瓦搭建。

随着体量的增大，神庙内部也需要增加柱子来支撑屋顶。更大型的神庙，需要有两排内部柱廊或支撑立柱。这样就形成一个中心区域，带有侧廊，将来访者的注意力引导至雕塑之上，也就是位于神庙后面、为人们所供奉的神像之上。通常的做法是，受供奉的雕像要面向东方，这样它们就能被初升的朝阳映照。由此，就形成一条东西向的轴线，后来的许多神庙和教堂都采用了这种陈列方法。

早期神庙由两部分组成，一是圣殿，又称为内殿或神殿；二是门廊，又称为前殿。有时还会有第三个组成部分，即密室，也就是比第一道房间更加神圣的第二道内部房间。神庙的外墙一般是由土坯制成。暴露在风雨条件之下时，这种材料无法令人满意。因此，前廊向外一直延伸到建筑的两边和后部，对墙体起到了保护的作用。在希腊艺术形成的早期阶段，希腊神庙建筑的基本特点就这样形成了。

建筑防风防雨的另一种方法，就是采用坡屋顶，两端是山墙，这也是一种支撑屋顶的三角形结构。西塞罗（Cicero，公元前106—公元前43）在他的演讲手册中提到，神庙的山墙最初就是起到为屋顶防雨的作用，但作为人们熟悉并推崇的设计要素，山墙不断地被重复使用，"即使要在天堂中建造一座城堡，那里不会下雨，也仍然要使用山墙。"

这些基本要素——由柱廊围绕的、拥有三角形屋顶的圣堂，构成了希腊神庙的基本形态。对于建筑来说，这只是一个非常简单的公式，但它可以有无穷的变化以及最精美的修饰。雅典卫城的帕提农神庙就是一个杰出的实例，正如建筑历史学家 A.W. 劳伦斯（A. W. Lawrence）的评述："这是世界上唯一可以被评定为绝对正确的建筑物"。

雅典卫城和帕提农神庙

雅典卫城（acropolis），意为"城市的高处"，是希腊城邦中的一块高地。此类高地有时被进一步强化加固，用于防卫，就像迈锡尼的先驱们所做的那样，尽管这最著名的一块高地——雅典卫城（图4-14）仅仅是用于宗教的目的。公元前5世纪后半叶，这座建筑在伯里克利时期建成。此时雅典在希波战争中获胜，这一时期社会繁荣昌盛，和平安定，人民充满信心。

▲图 4-14 仿照公元前 400 年的雅典卫城的制作模型
安大略皇家博物馆（ROM）授权引用

帕提农神庙（图4-15）由建筑设计师伊克提诺（Ictinus）和卡里克拉特（Callicrates）设计，菲狄亚斯（Phidias，公元前480—公元前430）为首席雕塑师。它由彭忒利科斯山上精美的白色大理石建造而成，占地约为31米×69米，比例约为4：9。它是一种围柱式建筑，外围为柱列，每条短边有8根立柱，长边有17根立柱。整座建筑在一个台阶式的梯形基座平台上，上层台阶被称为柱座。在其外围的是回廊或步道内部，建筑本身由两个房间组成（图4-16）。较小的房间通过建筑西侧的走廊进入，很可能是用作贮藏室。较大的房间，也就是内殿，从东侧走廊，也就是门廊进入。其内部有两排多立克立柱，连接在空间的后部，这在希腊建筑中

观点评析｜现代设计师看雅典卫城

马克斯·比尔（Max Bill，1908—1994），瑞士建筑师、设计师、教育家，毕业于包豪斯学院，后来创建了德国乌尔姆设计学院。他写道："1935年，我来到巴黎……希腊建筑的正统标准和规则到处可见，几乎是在每一座房屋、每一个阳台上都能够见到。1926年，我到达罗马……几乎所有的东西都根源于希腊遗产……最后，也就是1927年，我来到柏林。在那里，依然能够见到希腊的洪流。1965年，我第一次对雅典卫城进行了测量……卫城之上的建筑在空间和格调方面有着完美的和谐统一。建筑之间相互独立，但从另一种意义上来说，现代的建筑远位于它之下。在卫城之上，仍然能够学到一门跨越时代的重要的美学课程，课程的内容就建立在秩序、比例和空间之上。"

▲图 4-15 帕提农神庙东立面以及 8 根多立克立柱
约翰·G·罗斯（John G.Ross）/ 图片研究有限公司

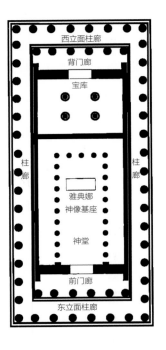

◀图 4-16 帕提农神庙平面图
引自《帕提农神庙》，作者文森特·J·布鲁诺（Viincent J. Bruno）
版权所有 ©W.W. 诺顿股份有限公司，1974 年

或许是第一次出现。在靠近后面的柱列当中，坐落着菲狄亚斯雕刻的 12 米高的雅典娜女神雕像（图 4-17）。雕像用金子、象牙制成，眼睛用珍贵的宝石制成，这位纯洁的女神形象被重现，展现出她的本来面貌。另一个有文字描述的菲狄亚斯创作的作品，是位于奥林匹亚的宙斯雕像。这两个巨大的雕像均由一种复合材料制成，称为"chryselephantine"，由来自埃及的象牙（用来代表皮肤）和打制金料（用以代表神的服装）混合而成。而帕提农神庙和宙斯神庙中，入口处与雕塑之间的浅水池据说是用来将光线从外面反射到神像上。在帕提农神庙内殿的墙体上方和柱廊上方的垂直表面上，饰有长 170 米的浅浮雕装饰带，表现的是泛雅典娜节的游行队伍。这个仪式用于纪念女神，每四年举行一次。建筑两端的山墙上有精美的雕塑，东面描绘的是雅典娜的诞生，西面描绘的是雅典娜与海神波塞冬之间的战争。这些石雕艺术品部分涂有鲜亮的色彩。

尽管这座建筑和谐的基本形态令人印象深刻，雕塑也很精美，但帕提农神庙还是经历了一些细微的改动。或许从历史上来看，没有哪一座建筑的设计能够汇聚这么多的伟大智慧。

例如，柱座并不是完全水平的，而是在每一边的中央位置略向上弯曲，整个地面成为经过精心计算的复合曲面。位于拐角处的立柱略向内倾斜，这些立柱的直径被加粗，相互之间的距离也比一般立柱更近。所有的立柱柱体都略向外凸出，或为凸肚柱。而献词则用比较明

▲图 4-17 19 世纪复原的帕提农神庙的一个区域。爱德华·拉维特（Edouard Lovit），1881 年
雅典帕提农神庙。经安大略皇家博物馆授权使用

显的大号字体雕刻于顶部线条上方。除了凸肚柱之外，几乎所有的细部装饰都被做了大量的研究。凸肚设计几乎出现在所有立柱上，但截至目前鲜少有人模仿。

这些微小的改进，都稍微偏离了预期的垂直度、重复性甚至是间距，势必为建筑施工带来很大的困难。并不是所有的间距都是相等的，没有一条主线是笔直的，没有一个主平面是水平的。我们自然会感到奇怪，希腊人为什么觉得进行这些微小的改良是值得的？最常见的一种观点认为，这样做是为了视差校正。例如，如果处于外部明亮处的角立柱直径不如那些对着神庙墙处于暗处的立柱粗，它们就会显得比其他柱子细；假如位于中心位置的柱座不略微抬高，看起来就会有下沉的感觉；假如不对字母的大小进行调整，从下面看，字母就会呈现大小不等的样子。尽管这些改良非常细微，但并不是无形的。这些改良非常清楚，对于一些视觉错觉进行补偿或许无法完全解释。在功能上它们也不是没有价值：立柱向内倾斜，或许能够增加神庙结构的稳定性；曲线形的柱座或许能够加快雨水的排放速度。但是，对于如此艰难的调整，这些微小的改良似乎有些得不偿失。

毫无疑问，提高艺术效果才是真正的目的。或许，在建筑上方大约 1600 米的一个假想点上，所有的柱子可以汇聚到一点，这令整个建筑成为一个整体。如果不这样做，就达不到这种效果。当然，曲面柱座、凸肚柱身以及柱间距的各种变化，都为建筑带来一种动感，体现出一种有机体主义思想，也就是类似于一个生物体，这在更静态的建筑中是无法实现的。

希腊柱式

本章前面部分首次引进"柱式"这个术语的时候，只是简单地把它定义为一种建筑风格。它的确是一种建筑风格，但并不仅限于此。古典柱式，不论是希腊柱式还是罗马柱式，都代表了一种立柱风格、一种柱上楣构（由立柱支撑的类似于栋梁的结构要素）形式、立柱和柱上楣构的细部构造，以及整座建筑各组成部分之间的关系。这样一种规格体系不是个人的灵感或者创意，而是经过长时间的研究、试验和不断的改进而形成的。在希腊建筑的全部历史过程中，只有两种主要柱式，即多立克柱式和爱奥尼柱式（见本页"表 4-1 希腊柱式"），还有

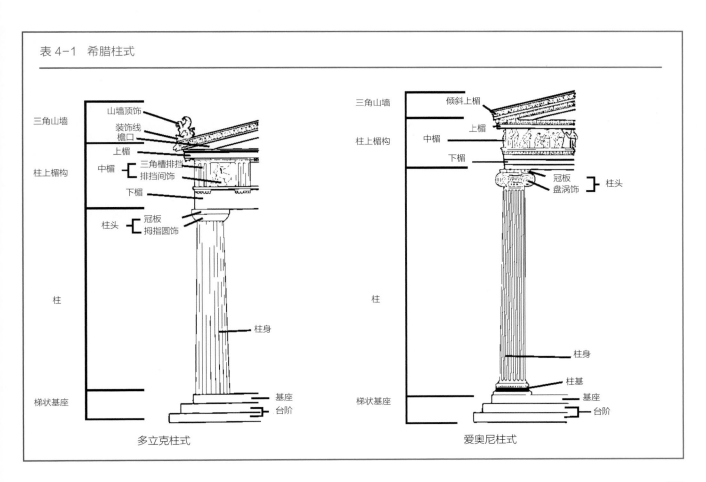

表 4-1 希腊柱式

多立克柱式

爱奥尼柱式

一种附属柱式，即科林斯柱式。

多立克柱式和爱奥尼柱式，尽管拥有继承自迈锡尼和埃及的一些共同要素，却在爱琴海两岸分别发展起来——多立克柱式在西岸，爱奥尼亚柱式在东岸。公元前 7 世纪，多立克柱式已经形成了一个比较确定的形式风格。爱奥尼柱式的成型大约是在公元前 6 世纪。公元前 5 世纪，两者皆达到完美阶段。

三种希腊柱式都有详细的设计规范，说明部件之间如何更好地搭配，以便达到预期的效果。然而，除了这些基本的规则之外，对希腊建造者来说，还有一些其他需要考虑的因素。这些因素主要包括各建筑构件之间的比例、石块之间接缝的位置、柱上楣构与屋顶盖瓦之间的关系等。因此，这些基本的指导原则并不是精确的公式。根据这些基本原则以及其他条件和要求，建筑设计师和雕塑家可以创作出具有个性的作品。实际上，在希腊神庙中，没有两座是完全相同的。

多立克柱式

在古希腊的所有柱式中，年代最早、最庄严、最流行的一种即称为多立克柱式。这是因为，在多利安人居住的希腊西部地区，这种柱式最常见。在帕埃斯图姆神庙（图 4-13），我们能够看到多立克柱式的一个早期版本。但是，更加成熟的版本，不仅在帕提农神庙能够看到，在其他一些神庙中也可以看到，比如提洛岛的阿波罗神庙、西西里岛塞杰斯塔的神庙、斯特拉托斯的宙斯神庙等。

爱奥尼柱式

爱奥尼柱式起源于古希腊东部，与多立克柱式相比，在建筑结构上受到的限制较少，能够表现出更多的装饰特征和多样性变化。它的出现频率比多立克柱式低，但在希腊一些最美观的、体量最大的建筑上得到广泛应用。

萨第斯（现在是土耳其的一部分）的阿尔忒弥斯神庙中的一根残柱（图 4-18）就是爱奥尼柱式的最好实例。这根立柱只有柱头、底座及部分柱身保留了下来，中间的凸柱部分已经遭到破坏。假如这是一根完整立柱的话，

▲图 4-18 萨第斯的阿尔忒弥斯神庙中一个爱奥尼立柱的顶部和底部，公元前 300 年至公元前 200 年，中间的凸柱部分遗失
带柱头的爱奥尼立柱部分，萨第斯的阿尔忒弥斯神庙，公元前 300—公元前 200 年，大理石，高 361 厘米（展出部分）
大都会艺术博物馆，美国萨迪斯考古学会赠品，1926 年（25.59.1），谢克特·李（Schecter Lee）摄。©1986 大都会艺术博物馆

其高度应该能够达到 17 米。由图 4-12 可见成熟时期的
爱奥尼立柱与早期版本的比较，从中可以清楚地看出希
腊人是如何不断地对设计进行改进，直到达到理想形态。

科林斯柱式

与多立克柱式或爱奥尼柱式相比，科林斯柱式更加
注重装饰。据了解，这种柱式最先是在希腊的科林斯市
被采用。许多人认为，科林斯柱式就是爱奥尼柱式的豪
华装饰版本，出现得相对较晚，也较少被用于建筑中。
然而，它参与的多是一些重要建筑。最近发现的一根科
林斯立柱，来自公元前 5 世纪在巴赛建造的阿波罗神庙
的内部装饰中。在奥林匹亚的宙斯神庙（又称奥林匹亚
神庙，图 4-19）、土耳其尼多斯（Knidos）的神庙中，
科林斯柱式得到广泛应用。普拉克西特列斯雕刻的著名
的阿芙罗狄忒女神雕像，可能就坐落在尼多斯神庙。后来，
科林斯柱式成为罗马人喜爱的一种建筑元素。

科林斯立柱的柱身直径比多立克立柱和爱奥尼立柱
都要小，但它们最主要的差别在柱头（图 4-20）。除
了像爱奥尼柱头那样有一对螺旋涡饰外，科林斯立柱的
柱头用莨苕（acanthus）形状各异的多刺茎叶作装饰，
形似一个倒置的花篮。其他差别主要体现在柱上楣构部
分。雕带有时会被省略，即使不省略，科林斯立柱的柱
上楣构也是所有立柱形式中最轻的，因为它的柱体是最
细长的。

▲图 4-19 奥林匹亚宙斯神庙残存的科林斯立柱及阶梯式顶柱过梁，
约公元前 170 年

达勒·奥尔蒂 / 艺术档案馆

▲图 4-20 埃皮达鲁斯（Epidauros）的阿斯克勒庇俄斯（Asklepios）
神庙中的科林斯立柱柱头，公元前 4 世纪，高 66 厘米

万尼 / 纽约，艺术资源

女像柱

女像柱就是一种用以替代立柱的女性人物雕塑。它
不是一种单独的立柱形式，而是上述三种立柱形式外的
一个典型特例。这种人物形象经常出现在希腊的家具设
计中，用作椅子腿和桌子腿，有时也出现在希腊的建筑
中。德尔菲的阿波罗神殿圣堂的西福诺斯宝库（Siphnian
Treasury，西福诺斯人的仓库）入口处的一对女像柱，
或许就是最早期的作品，可以追溯到公元前 520 年。但是，
雅典卫城厄瑞克修姆庙南廊（图 4-21）的女像柱是最著
名的，建于公元前 421 年至公元前 405 年。六座雕像笔
挺地站立着，面向帕提农神庙，头部支撑着顶板和柱上
楣构，长袍上的褶皱类似于立柱的凹槽。手臂很可能是
向外伸展的，将酒杯作为祭品传递给游行队伍。

这种独特的立柱形式，很可能是从埃及人那里获得
灵感。在埃及，奥西里斯神的巨大雕塑有时被用来代替
立柱。在希腊，女像柱有一种变体，头上顶着一个篮
子，而不是顶板，被称为顶篮少女（canephora）。
后来，罗马人创造出了一个男性版本，称之为男像柱
（Telamon）。其后，文艺复兴时期的建筑中创造出了
局部人物形象，分别被称为"赫姆斯（Herms）"和"特
姆斯（Terms）"。德国的巴洛克建筑使男像柱得以复兴，
被称为阿特拉斯（atlas）。

▲图 4-21 雅典卫城厄瑞克修姆神庙南面走廊，支撑屋顶的女像柱，公元前 421 年至公元前 405 年

考比斯/贝特曼

▲图 4-22 希腊奥林索斯的两座住宅的平面图，使用共同的基本要素却表现出变化。两座住宅都向内面向一个露天的院落

引自博德曼编辑：《牛津古典艺术史》（*The Oxford History of Classical Art*）。牛津：牛津大学出版社，1993 年

古希腊住房

一般的希腊住房很简单。在这种多元化的城邦民主政体和注重个人主义的公民的共同影响之下，希腊住房也有各种各样的变体。这些住房使用的都是非永久性建筑材料，随着岁月的流逝不断地进行加盖或重建，如今大部分都已经被破坏。但是，考古挖掘还是发现了一些早期的住房，奥林索斯（Olynthus）城就是其中之一，这座城镇（图 4-22）于公元前 348 年遭受到北方的入侵。根据这个城镇的遗址及其他一些证据，对于典型的希腊住房，我们大致可以给出一些概述。

希腊的住房面向外面的部分不开窗，房间都向内面向一个中央院落或者一系列院落。地面通常是坚硬的土地，有时用石块铺装，有时用芦苇席覆盖。墙体用自然风干的土坯建成，下面是石质基座，早期可能就是简单地用灰泥或白灰粉刷墙面。然而，几年之后，希腊生活的方方面面都发生了变化，简单原始的传统方式让位于

更加丰富的形式。公元前 5 世纪末，房子的墙上覆盖着大理石或仿制大理石、马赛克、壁画以及挂毯。

即使是为一个富裕的希腊家庭建造的房子，也很可能要遵循由相关要素组成的标准方案，而更多的平民房屋则要尽可能地遵循这一样板。希腊房屋的总体规划原则是，各个房间从内庭院进入，就像在迈锡尼所见到的那样。根据这个规划原则，简陋的住房往往围绕着一个开放的院落进行组织安排，比较富裕的希腊家庭的房屋则围绕着两个院落。在面向街道的一侧，有一个狭窄的入口门廊，通向第一个院落或者唯一的一个院落。这里作为主要的起居室，房主在这里接待客人，家庭杂活也都在这里完成。

院落旁边的空间，即厅堂，男人们在这里就餐，其内还有一个用于供奉家神的圣坛。在整个家庭中，厅堂是最尊贵的房间，地板也最有可能用马赛克装饰。厅堂大小不一，但常规大小需要能够容纳七条长沙发，沙发沿着墙体布置，以便食客们可以斜躺着。有时院落与厅堂之间会有一个门厅，通常也铺装马赛克地面。个别情况下，厅堂还有一道门通向后院，不过这个后院有时会被省略。两个院落都由柱廊环绕，除此之外，还有一系列的小房间。这些房间通常没有窗户，仅通过门廊透光。但是现存的实例表明，在阳光明媚的希腊，这种光照强度已经足够了。男人的卧室环绕着外院落布设，女人的卧室和厨房环绕着内院落。需要取暖时，使用可移动的木炭火盆，这种火盆由陶或者青铜制作而成。房子的后面是一个小型私人花园。

其他古希腊建筑类型

神庙和住宅都属于私人建筑，神庙只有少数几个祭祀可以进入，住宅只有家庭成员和客人能够进入。但在希腊，也有用于公共聚会的大型建筑。这些建筑中，只有少数具有封闭的内部空间。一个典型的例子就是议会大厅或剧院（ekklesiasterion）——一个有屋顶的集会大厅。议会大厅位于普里耶涅（Priene），大约建于公元前 200 年，一排排的无靠背石块座位能够容纳 600 人至 700 人。实际上，这就是当时全镇的人口数。建筑的屋顶为木制，由石砌墙体和石制支柱支撑。在米利都（Miletus）和雅典，也建有类似的议会大厅。

与议会大厅相关联的就是议事厅（bouleuterion），一种小型的长方形或半圆形的剧院建筑。在希腊的许多城市中，常在山麓建有宏伟壮观的开放式剧场，很多都具有卓越的声学效果。还有大型的露天运动场和体育场，用于进行体育比赛和体育训练。

拱廊

在希腊，许多类型的公共集会都在拱廊举行，与我们现在的购物商场很像。拱廊通常具有多种用途，可以作为商店、办公室、法庭、还愿雕塑和纪念性艺术的场所，从公元前 7 世纪到公元前 1 世纪，一直都是希腊流行的建筑形式。最简单的拱廊是一种狭长的建筑，沿着其中一条长边设有柱廊。比较复杂的拱廊，有两条柱廊和一道墙体。综合性最强的拱廊，后面是一排封闭式商店，而不是一道简单的墙体。建于公元前 2 世纪中叶的雅典阿塔罗斯（Attalos）拱廊（图 4-23）有两层，更加宏伟宽敞，每一层都有两排柱列和一排商店。拱廊下层的外部柱列属于多立克柱式，内部柱列则是爱奥尼柱式。拱廊上层的外部柱列属于爱奥尼柱式，内部则是简化的科林斯柱式。拱廊总进深 20 米，长 115 米，非常壮观。

圆屋

另一种建筑类型就是圆屋，它最早由迈锡尼人建造，后来希腊人对它进行了改进，使其成为一种高度完美而优雅的建筑形式。一般来说，希腊的圆屋主要用作对逝者的纪念，但有时会有其他用途。在雅典，一座公元前 5 世纪建造的圆屋似乎是用于雅典议员的会餐俱乐部。有时候圆屋有柱廊环绕，有时则没有。建于公元前 4 世纪的位于埃皮达鲁斯的圆形神庙（图 4-24），里面和外面都有柱廊。在这座建筑中，外面的 26 根立柱属于多立

▲图 4-23 雅典阿塔罗斯拱廊的下层柱廊，建于公元前 160 年—公元前 138 年，现已修复
鲁杰罗·万尼／考比斯版权所有

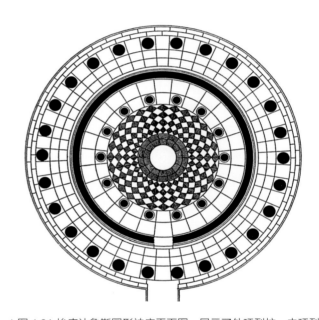

▲图 4-24 埃皮达鲁斯圆形神庙平面图，展示了外环列柱、内环列柱和铺装式样。外缘直径 22 米
引自《希腊建筑》（Greek Architecture），A.W·劳伦斯、哈蒙兹沃斯著。企鹅出版社，第 3 版，1973 年。© 耶鲁大学出版社

克柱式，里面的 14 根立柱属于科林斯柱式。地面铺装图案也很出色，黑色和白色的菱形石块交替出现。

陵墓

希腊建筑的最后一类，就是坟墓和用于举办葬礼的建筑物。最宏伟壮观及最具传奇色彩的，是东部一个陵墓，即哈利卡纳苏斯（今天的土耳其城市博德鲁姆）的摩索拉斯陵墓（Mausolus of Halicarnassus）。这座建筑的名称代表了一种建筑风格——陵墓（mausoleum），

一种用于埋葬死者的建筑。它建于公元前 352 年，被认为是古代世界七大奇迹之一，然而，除了一些雕塑的碎片，什么也没保留下来。

古希腊家具

因为缺乏像埃及那样的干燥气候的保护，所以一般情况下，古希腊的家具都无法保存下来，少数由青铜或者石块制作的家具例外。然而，由于希腊家具的图像经常出现在花瓶和雕塑上，在文学作品中也有相关描述，因此我们对它的外观能有一个大致的了解。

的确，按照现在的标准，希腊的建筑和住宅的家具是很简朴的。这与我们对希腊人约束与克制的认识相一致。德尔斐（Delphic）神谕中的一句就是"凡事不可过度"。

木材是希腊家具的主要材料，而且希腊拥有充足的木材供应，比如山毛榉、柑橘、枫树、栎树及柳树等。有时也使用大理石和青铜，一些最精美的家具镶嵌着象牙、乌木、宝石等。桌子腿和椅子腿有时用银皮包裹。

与希腊建筑一样，希腊家具以优雅著称，不依靠华丽，更不凭借奢侈。在后来的 18 世纪新古典主义时期，我们就会看到希腊设计和罗马设计的复兴——家具造型类似于希腊的神庙建筑，橱柜、书橱、桌子和钟表则采用精心制作的微型柱式系统进行装饰。尽管古代希腊对这种装饰并不陌生（爱奥尼克柱式很可能在应用于建筑之前，就已经在家具上被采用），但是一般说来，这种装饰风格并不普遍。希腊的家具设计，来源于其自身的功能。

埃及人所使用的木工工具在希腊也得到了广泛的应用，此外还有滚刨。公元前 7 世纪之后，木工车床也开始使用。木材之间的连接，主要采用榫卯、钉子和黏胶。在《荷马史诗》中有这样一句关于希腊木匠的描述："受到全世界的欢迎。"

希腊家具的种类很少，仅限于几种类型：床、椅子、小凳子、桌子及小柜子等。每一种仅限于几种常见的形式，世代沿袭。但是，尽管有种种限制，还是有无限变化的机会。

座椅和床

在截至目前对于文化的研究中，我们可以发现，符合当下的舒适标准的床和椅子，当时仅为皇室或者宗教领袖所使用。在古希腊，民主和文明的程度比其之前的任何文明都更高，这类家具最终广泛地流传开来。

王座

王座是一种正式的代表荣耀的椅子。与大多数希腊家具不同，这种椅子通常具有华丽的装饰。在许多文学作品中，这种椅子被描述为"闪亮的""金色的""镶银的""色彩丰富的""美丽的"等。地理学家和作家保萨尼亚斯（Pausanius）记录说，在奥林匹亚的宙斯雕像落成典礼上，菲狄亚斯就坐在这样一把椅子上："用黄金和宝石装饰，镶嵌乌木和象牙，以及人物和装饰图案。"然而，这种典礼用椅不仅仅局限于圣坛和其他神圣的场所，在私人家庭中，至少在那些最富有的家庭当中，也是可以见到的。即使在这种场合下，这种椅子也都是留给最重要的人物。在希腊剧院中，可以见到这种椅子的石制版本，作为一种"荣誉座位"出现。

王座有多种形态造型。其椅背通常较低，有扶手，有时由狮身人面像支撑，或者也可以没有扶手。在古风时期，椅子腿常雕刻成各种鸟的形状，末端则为动物爪造型。在公元前 5 世纪和公元前 4 世纪，椅子腿一般为长方形或者弧形。在希腊化时期，椅子造型坚实，有时前面的两条腿会做成动物腿的造型。有时会加放椅垫或者其他纺织品，以增加舒适感，使色彩更加丰富。例如，在史诗《奥德赛》（Odyssey）中，对一把王座是这样描述的："点缀着紫色椅罩。"

克里斯莫斯椅（Klismos）

克里斯莫斯椅，亦称木靠背椅（图 4-25），是最优雅、最有特点、最具影响力的希腊家具。它看起来像是一项纯粹的希腊当地发明，没有埃及人、亚述人或爱琴海人的先例，却长久地流传了下来。几个世纪之后，与这种椅子的式样相呼应地，执政内阁椅、帝国椅、摄政椅、邓肯·法福椅，甚至现代风格的椅子，都相继出现。与王座不同，这种椅子一般不加装饰，以形态展示出自身之美。

就像希腊神庙那样，克里斯莫斯椅也是经过一段时间的演化才达到完美的状态。形成阶段的早期版本，各部分之间并不像后期的版本那样协调。古风时期的克里

▲图 4-25 白底细颈有柄装饰瓶（油瓶）上的绘画，公元前 440 年，图绘一位女士坐在克里斯莫斯椅（klismos）上
长颈瓶，希腊古典时期，约公元前 440 年，希腊雅典阿提卡陶器，白底，高 34.7 厘米。
弗朗西斯·巴特利特（Francis Bartlett）捐赠，1912.13.187.
©2007，波士顿美术博物馆

▲图 4-26 克里斯莫斯椅的现代复制版，源于花瓶上的绘画。
T.H 罗伯约翰 - 吉宾斯（T.H.Robsjohn-Gibbings）制作，核桃木框架，皮革编织座面
格林琴·贝林格有限公司

斯莫斯椅有时还具有装饰性要素，比如椅背上部加装天鹅头造型或者其他顶饰。这些装饰，后来都被去掉了。

完美形态的克里斯莫斯椅，为曲面靠背和弯腿造型。曲面靠背一般有一块中央宽木板，两侧有窄木竖框，或者垂直的木条框。靠背两侧与后腿用同一块木料制成，构成一个连续的曲面。前腿上宽下窄，下端向外伸出，超过椅面。椅面采用卯榫或者销钉与腿相连（见第 27 页"表 2—1 木材切割与连接"），有时为了表现构造的特色，这些连接处会在椅腿的两侧向外突出。椅子座面由皮革编织而成，其黑色的边缘线在棕色的椅子框架上清晰可见（图 4-26）。有时为了增加舒适感，还会放上一个垫子或者皮草。

除了美观漂亮之外，克里斯莫斯椅还具有许多实际用途。这种椅子轻便，且易于携带。从绘制在花瓶上的图案来看，不仅是工匠和工人，贵族和妇女也在使用。一般来说，女人是坐在克里斯莫斯椅上吃饭，而男人则斜躺在克里奈躺椅上。

地夫罗斯凳（Diphros）

地夫罗斯凳没有扶手和靠背。它有两种类型，一种为固定腿，另一种为折叠腿。固定的腿一般与凳面垂直，是车出来的圆柱形（图 4-1）。两腿之间有时用横木连接，有时没有。地夫罗斯凳可由多种木材制作，最名贵的采用乌木或其他一些珍贵的木材，凳腿末端用银皮包裹。凳面由皮革在木质框架内编织而成。

在公元前 5 世纪和 4 世纪，这种流行的家具设计一直保持在时尚前沿。后来，在希腊化时期，进行了某些修改，腿的下部变得更长、更优雅，增加了某些复合纹饰。有些地夫罗斯凳的腿部设计出现了很大的变化。把凳子腿分成两部分，微凹，上部比下部宽厚。

希腊小凳子中还有一种折叠凳，称为地夫罗斯·奥克拉地阿斯（Diphros Okladias）折叠凳。就像埃及的折叠凳一样，它两条腿交叉呈"X"形，由横木连接。这种小凳子很可能就是以那些埃及的原型为基础发展起来的。腿可直可弯，末端有时做成蹄形或爪形。可在室内和室外使用。希腊花瓶上的绘画图案表明，特权阶层穿过大街的时候，奴隶扛着主人的座凳在后面跟随，一旦主人需要，就马上把凳子打开。

克里奈躺椅（kline）

克里奈躺椅（图 4-27），实际上是一种床。在功能上，也类似于我们现在的沙发，还可用作就餐时的座凳。这种椅子在很多方面都类似于我们现在的躺椅，可以在上面睡觉、打盹、吃东西、喝水、休息或者交谈。

克里奈躺椅，一般由木材制成。在荷马史诗《奥德赛》（Odyssey）中，特别提到了枫树和橄榄树。木制克里奈躺椅有时用银或者象牙对腿进行装饰。有时也用铁或者青铜制作，就像图 4-28 所示的那样。

克里奈躺椅带有曲面枕头板，用作靠头之物，供斜躺着吃饭的人使用。有时还有脚板，一般比枕头板低。腿有 3 种类型：断面为长方形，向外弯曲；断面为圆形，竖直；有各种纹饰，隆起状的、盘状的或者其他由镟床加工出来的形状，有时雕刻小型狮身人面像或者制作成动物腿的形状，这种做法很可能是从埃及学来的。木框架为开放的长方形，里面用线绳或者皮革编织而成。床网上面放床垫，用羊毛或者皮革填充。床垫上面再放置枕头、动物皮毛或者其他针织物品。睡觉的时候可以铺上亚麻或者羊毛制作的床单，有时带有香气。就餐时，可以放上绣花垫子。

桌子

根据我们的标准来看，希腊人使用桌子的机会比较少。一方面桌子的拥有量少，另一方面又不太想摆出来，所以希腊的桌子主要在就餐时使用。一般情况是，吃饭的时候把桌子摆出来，放在克里奈躺椅旁边，每个

▲图 4-27 公元前 5 世纪的瓶上绘画，表现了一个扛着家具的年轻人。其背上是一把克里奈躺椅，椅子上面是一张倒置的小桌子
英国英格兰牛津，阿什莫林博物馆

人一张桌子，用完后搬走。多数桌子比较低矮，不用的时候可以放在克里奈躺椅下面。在希腊，桌子一般称为"Trapeza"，用木材制作完成。但是，也有比较豪华的版本，用青铜、大理石或者象牙制作。有时上半部分是木制的，腿则是青铜的。

最常见的希腊桌子可能是三条腿的（图 4-29）。希

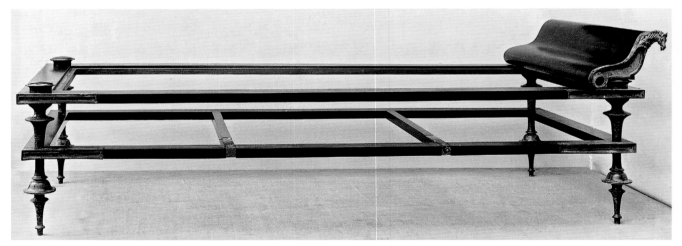

▲图 4-28 青铜版克里奈躺椅
柏林普鲁士文化遗产国家博物馆，伊斯兰艺术博物馆。
摄影：恩斯特·赫兹菲尔德（Ernst Herzfeld）
普鲁士文化遗产图片档案馆，柏林，2002 年

腊住宅室内通常进行简单的装饰，在不够平整的地面上，三条腿的桌子比四条腿更稳固。桌面通常呈长方形，三条腿通过榫卯或者销钉与桌面连接固定。靠近两条腿的桌面一端向外伸出，与另一端的单腿齐平。桌子腿有时用 T 形横木连接，但并不总是这样。

希腊的桌子设计，至少有 4 种类型：四条腿的长方形桌子；有长方形桌面、两条横向支撑腿，通常用石材制成；三条腿的圆桌，桌腿通常制成动物形状；带中央底座的圆桌，安置在展开的腿上。

储藏家具

古希腊人设计制作了一些供贮藏使用的家具，用于存放衣服、珠宝、工具及其他物品。人们经常使用箱子和盒子。希腊服装包括男装和女装，基本上都是简单的长方形，以各种方式围绕着身体，容易折叠存放。没有高大的柜橱或衣橱。镜子、饮料杯以及其他家庭用具，都是放在敞开的架子上，或者用挂钩挂在墙上。油灯一般独立放置。

基博托基柜子（Kibotos）是一种木制小柜，用于物品储藏。折叠边缘可以用作坐凳。四边可以是平面、隆起或者曲面。四角有 4 条短腿支撑。有时腿底部做成狮爪状。一般情况下，顶部没有锁，而是用绳子或皮条，把两个把手捆在一起，把手一个在侧边上，一个在柜子上面。四面平整或用各种带有希腊特征的装饰品进行装饰，包括镶嵌象牙或者各种彩饰。

还有更复杂的储藏家具，主要供皇室使用或者用于举办各种典礼。比如一个金箱（图 4-30），就是用于贮藏国王菲利普二世（Philip II）的遗骸。这个小柜子在塞萨洛尼基（Thessaloniki）附近他的墓穴中发现。上面为十六针星形装饰，侧面有玫瑰花和叶丛图案纹饰。

古希腊装饰艺术

与建筑、雕塑和家具相比，在其他一些领域，比如武器与装备、舰船与小型青铜雕塑、青铜和金银珠宝、模制陶器器件和人物、精美的带有动物和人物肖像的银币等，尽管规模与范围较小，却真正表现出了古希腊人的艺术天赋。古希腊人非常羡慕埃及人的彩陶制作技术，在公元前 7 世纪末期开始仿制。特别是，他们擅长墙体

▲图 4-29 瓶上红色彩绘人物图案细节。一位画师坐在克里斯莫斯椅上，正在加工一个基里克斯陶杯（kylix），旁边的一个桌子上放着他的颜料碗
加那利图片库（Canali Photobank）

▲图 4-30 金制陪葬小箱子，费尔吉纳皇室坟墓，塞萨洛尼基附近。公元前 330 年，高 20 厘米
希腊塞萨洛尼基考古博物馆／布里奇曼国际艺术图书馆

设计和地面装饰，创造了各种装饰用线条和图案，在陶器艺术方面取得了很大的成就。

墙面与地面装饰

与古希腊建筑相比，彩绘装饰在早期阶段完全处于次要地位。后来，它才逐渐演变成为一门独立的艺术。很多古希腊建筑的墙体，包括里面和外面，都用彩绘或者釉彩装饰。砖石表面，常用水泥灰泥覆盖，并高度磨光，就像是一面镜子。风景装饰和常规装饰，用于丰富大理石、

木材和石膏，使其更加充满生机和活力。

在埃皮达鲁斯的圆形神庙筑，我们已经看到用彩色石块铺成的地面图案（图4-24）。古希腊建筑地面中有由小块湿膏压制成的马赛克图案。

古希腊地面马赛克有两种主要类型。早期类型称为卵石马赛克，由各种不同色彩的卵石铺砌而成，卵石保留自然形态（图4-31）。到公元前4世纪，卵石马赛克地面铺装达到了很高的技术水平，卵石都要经过精心分级，较小的卵石用于处理细部。一般来说，卵石马赛克地面，背景为黑色，图案为浅色。

第二种类型地面铺装马赛克，流行于希腊化时期，图案更加复杂。主要由镶嵌材料、小块方边琢石、卵石、石板、铅板、陶器组成。有了各种镶嵌材料，色彩变化更加丰富。尽管有些地面铺装开始出现暗色图案、淡色背景，但是黑色背景仍然更常见。

马赛克地面铺装，也用于公共建筑，比如神庙和拱廊。前面已经提到，在厅堂和私人家庭院落中也采用这种铺装形式。对于私人家庭，不能自己设计马赛克图案的，可以采用别人设计好的铅制模板和图案。

▼图4-31 希腊北部一座房屋地面的鹅卵石拼花图案。公元前4世纪，宽1.25米
尼尔·塞奇菲尔德（Neil Setchfield）/阿雷米映像

装饰条

古希腊人通过各种装饰手法，进一步强化那些建筑物的形态，很少采用一般性的装饰图案，因为这些图案有可能使建筑形态变得模糊。取而代之的是采用那些优雅的线形图案，以便能够进一步突出建筑结构特征。古希腊建筑装饰要素很少（见第76～77页表4-3古希腊线脚与图样），经过深入研究提炼应用于家具、花瓶、以及其他装饰物品的元素也不多。严谨规整的多立克柱式，与更加复杂的爱奥尼柱式和科林斯柱式，在装饰上也有明显的不同。

古希腊模型后来为古罗马人所采用，现在用拉丁名来称呼，目的是为了强化建筑的边缘或者接缝，或者把大平面分解成小平面。分解之后构成各种几何曲线，比如椭圆、抛物线、双曲线等，经过精心计算，创造出各种理想的图案和阴影。

图案

最简单的古希腊装饰条装饰性要素（横饰线、饰带、凹形边饰和凹线脚）一般不做特殊装饰处理，其他装饰性构件，都要雕刻各种不同的图案，使形态更加突出。

在古希腊，各种装饰图案通常是综合运用的。在爱奥尼亚柱头（图4-19）上，就可以见到卵箭饰、花饰、凸圆线脚和凸嵌线等装饰图案。

除了这些重复性的或者"线形"图案之外，还有许多基本图案单独出现在古希腊装饰之中。这些基本图案由几何图形构成，比如螺旋形或者十字形（由等长"L"臂交叉而成）。有些来自植物形态，如玫瑰、花冠，或者动物如马、狮子、公牛、鸟类、鱼等；有些则源自装饰构件本身，如垂花雕刻、条板等。

古希腊花瓶

古希腊彩绘花瓶，最早是作为实用性物品制作的，而不是为了放在博物馆中进行展览。然而，在古希腊装饰艺术发展史上，这种彩绘花瓶成了装饰艺术的最高成就之一。正如我们已经了解到的那样，克里特人和迈锡尼人拥有先进的制陶技术，但是，作为继承者的古希腊人，把这种技术发展到了一个新的水平，早在公元前1800年，就采用了陶轮制陶。

经过高度凝炼总结，通过几种常规装饰形式，古希

腊人创造出完美的装饰作品。特定的形态适合于特定的用途。例如，双耳喷口杯的制作，都要模仿古希腊制陶师所公认的理想形态，就像多立克柱式的设计制作，要模仿理想的多立克柱式那样。表面装饰也需要追求完美，尽管每个花瓶都很独特，外观装饰各不相同，既不显浪费，也不缺乏个性。装饰与形态配合完美，装饰性要素使形态更加生动活泼，而且不会对形态造成不良的影响。这一阶段，没有透视效果、没有阴影投影、没有遮挡或者过度的模型化，无法创造出三维效果。这种三维效果，有可能与花瓶平面产生冲突。

花瓶形状与用途

在古希腊，制作花瓶是为了使用，而不是展示。现在，我们发现花瓶很漂亮，并且对其大加赞赏。对于古代希腊人来说，用我们今天的思想把花瓶看作是一种装饰性物品，是很奇怪的。与那些平淡、未加彩绘的陶器作品相比，无论是在美学上，还是在经济上，古希腊人都更加看重精美的彩绘陶器。

到公元前 8 世纪，根据使用的需要，大部分古希腊花瓶的基本形态已经建立起来，并且这种基本形态（见本页"表 4-2 古希腊花瓶形状"）一直持续使用了400 ~ 500 年，几乎没有任何变化。有些花瓶专用于供奉神祇，有些专用于葬礼，而大多数则供日常生活之需，比如运水、盛水、盛酒，以及谷物和油料的存放等。

有些小型花瓶用作儿童玩具。还有一些花瓶，比如泛雅典娜双耳细颈瓶，作为冠军运动员的奖品。在这个花瓶上，一面是雅典娜女神手拿盾牌，另一面是运动会比赛场景。

花瓶类型：黑绘风格和红绘风格

我们知道的古希腊最早制作的花瓶，在形成时期，底色为米黄色，上面绘制几何图案。后来又增加了动物图案和人物图案，颜色为黑色。在这个基础上，又逐渐增加了红色和紫色细部描绘。有些城邦偶尔也使用红色和蓝色。但是，随着古希腊艺术进入古典时期，古希腊花瓶色彩趋向于简单化、标准化。有些花瓶采用传统的黑绘风格（图 4-32），有些则采用红绘风格（图 4-33），还有一些两种风格兼而有之。

公元前 530 年或者公元前 525 年，古希腊艺术保守与发展并行，黑绘风格开始向红绘风格转变，这实质上是一种时尚变化。除此之外，伴随而生的还有一种新型

表 4-2 古希腊花瓶形状

阿伯克龙比绘制

古希腊花瓶的类型：A. 双耳细颈高罐，用于贮存红酒。B. 小耳垂瓶，用作小酒壶。C. 基里克斯陶杯，小酒杯。D. 圆瓶，用于盛橄榄油。古希腊人把橄榄油当肥皂用。E. 有盖小瓶，盛放洗漱用具。F. 双耳大饮杯，另外一种酒杯。G. 细颈有柄长瓶，一种油罐。H. 双耳喷口杯。I. 基里克斯双耳喷口杯。J. 铃形双耳喷口杯。

▲ 图 4-32　花瓶画师埃克塞基亚斯（Exekias）作品，黑绘双耳细颈瓶，约公元前 530 年。描绘了特洛伊战争中的两个英雄人物——埃阿斯和阿喀琉斯正在玩掷骰子游戏

埃克塞基亚斯（公元前 6 世纪），《埃阿斯和阿喀琉斯玩掷骰子》，黑绘双耳细颈瓶，雅典

梵蒂冈，梵蒂冈博物馆埃特鲁斯坎博物馆，格利高里·伊特鲁里亚博物馆，斯卡拉 / 纽约，艺术资源

表 4-3 古希腊线脚与图样

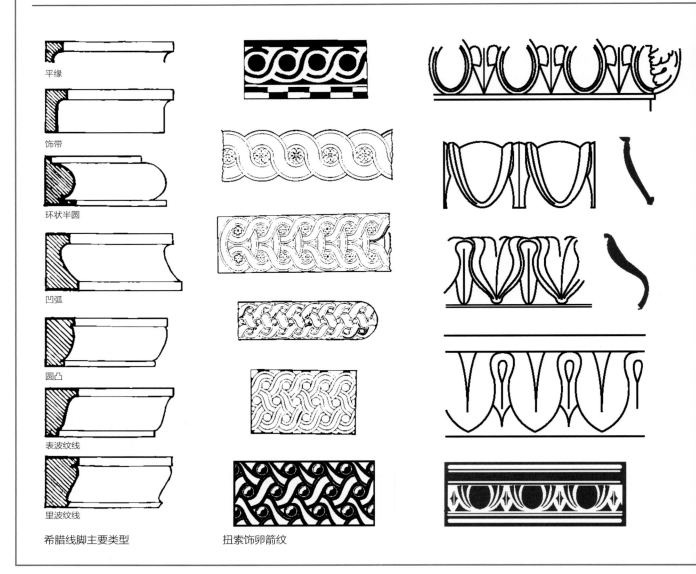

希腊线脚主要类型　　　　扭索饰卵箭纹

描绘方法。从前只能表示人物侧面或者正面，现在出现了四分之三视图，甚至后视图。

从公元前6世纪最后25年至公元前5世纪前25年，红绘与黑绘花瓶并行生产制作。除了红色和黑色这两种基本色彩之外，有时也采用其他色彩描绘细部，比如白

◀图 4-33 红绘基里克斯双耳喷口杯，用于酒水混合，约公元前 510 年，有资料表明是花瓶画师欧弗洛尼奥斯（Euphronios）的作品。图案描绘了勇士萨耳珀冬（Sarpedon）从特洛伊战场上被抬下来，赫耳墨斯（Hermes，位于中间者）在一旁注视的场景。上下为花纹装饰图案

大都会艺术博物馆，购买，约瑟夫·德基（Joseph H. Durkee）遗赠。达瑞斯·奥格登·米尔斯（Darius Ogden Mills）与 C. 鲁克斯顿·拉晤（C. Ruxton Love）赠品，1972 年。（1972-11-10，A 面）

珠链饰 古希腊回纹饰 棕叶饰

制作工具及技巧 | 古希腊花瓶绘画

在成熟时期，古希腊最著名的花瓶表面仅含有鲜艳的橘红色区域和光亮的黑色区域。橘红色源自克莱斯海角（Cape Kolias）地区的陶土，用红色赭石处理。黑色区域则是把清漆涂刷在陶土上，然后再进行烧制。首先在卡尔基斯的科林斯地区采用，后来，也就是在公元前6世纪初期，传入雅典。场景、人物和其他装饰要素都漆成黑色，底色为红色，这就是所谓的黑绘花瓶（图4-32）。一些最精美的作品，黑色区并不是纯黑的，而是用金属工具雕刻出纤细的阴刻线。这些阴刻线表达面部特征、肌肉形态、窗帘和衣服的褶皱等。

几十年后在雅典，出现了一种新的绘画风格：底色为黑色，其他描述性要素为橘红色，也就是所谓的红绘花瓶（图4-33）。就像在黑色区域用阴刻线表达细部一样，这种是在未经彩绘的区域用黑色阴刻线表达细部。

色、金色、红紫色等。还有其他例外情况，比如高而修长的细颈有柄装饰瓶，底色为白色，图案为红色或黑色，或者金色至近黑色棕色阴影。到公元前4世纪，其他颜色，比如蓝色、绿色和紫色，在某些花瓶上也开始使用。

花瓶绘画主题

古希腊花瓶绘画主题，就像生活本身那样丰富多彩，涉及神灵、英雄和普通人的日常生活故事。从这些花瓶绘画中，我们能够看到，阿喀琉斯在为他的朋友普特洛克勒斯（Patroclus）包扎张伤口、赫拉克勒斯（Herakles）对他的孩子进行杀戮、赫尔克里斯（Hercules）与阿波罗进行战斗、欧罗巴遭抢劫，以及巴黎审判等。还能够看到狗、马、酒瓶、水罐、凳子和椅子等。运动员、武士、农民、洗浴者、恋人以及好色之徒，都会出现在花瓶之上。自然地，也会看到制陶师和描绘自己的花瓶画师（图4-29）。这些画师根本不可能想到，2000多年之后的今天，我们对他们的作品是多么崇拜与敬仰。

纺织品

古希腊纺织品大部分都已经消失了。但是，公元前5世纪的一块亚麻布碎片保存了下来，上面有金丝线织成的菱形图案。从花瓶上的图案和古希腊文学作品中所描述的纺织品来看，条形图案在当时最为流行。当时绵羊众多，羊毛充裕，但是亚麻、丝织品、棉花都需要进口。

羊毛编织是女人的工作。他们在自家院子里冲洗、拍打羊毛，然后拿到屋里，坐在椅子上，把羊毛放在腿上，撮成羊毛卷。从一些保留下来的装饰陶器上，可以看到她们采用专门的防护物品保护膝盖。用各种矿物染料和植物染料对羊毛卷进行染色。最常见的一种紫色染料，是从一种地中海甲壳动物中提取的。然后，把羊毛纺成细纱线，放在织布机上织布。

总结：古希腊设计艺术

古希腊对于西方文明的影响，没有哪一个国家或者民族，可以与之匹敌。多少世纪以来，古希腊的建筑、装饰、文学和雕塑，没有哪一个国家可与之相提并论，一直是争相模仿的样板。那么，这些伟大的成就是如何逐渐获得的？在设计方面又有哪些优越之处？

寻觅特点

古希腊艺术充满了智慧。它的美丽之处就在于出色的比例搭配、优雅简洁明快的线条。虽然色彩和表面装饰经常融合在一起，但是情感从来不会掩盖理智的满足。而这种理智的满足，正是由完美的基本形态所创造的。

古希腊艺术是严肃认真的。当然，在古希腊花瓶绘画艺术作品中，也会出现阿里斯托芬喜剧中的滑稽图案以及比较下流的要素。但是，大部分作品，几乎都是现代派的，充满了对生活的渴望。

古希腊艺术不关心创新、发明和原创。它的发展是渐进式的，直到最后达到想象中的理想形态，几乎反映不出鉴赏风格的变化。就像面对时尚的冲击无动于衷那样，古希腊人对于那些大尺度的巨型绘画不感兴趣。他们追求的是简洁明快，与人类自身条件形成一种综合关系。

为了达到这种理想形态，古希腊人建立了良好的秩序体系。在这个体系中，各个组成部分相互独立，又相互协调。用柏拉图的话说就是："测量与公度无处不在，特征就是漂亮与卓越。"古希腊建筑及其组成要素、室内设计和装饰，都遵循一定的构成规则，就像音乐和书面语言那样条理严谨。那种语言逻辑一致、组成完美，即使在2500年以后的今天，仍然能够为人们所理解、所推崇。

所有古希腊艺术，包括神庙、柱式、雕塑和花瓶，都有相应的设计装饰规则。这些规则之所以能够成功地得到贯彻实行，以及为什么我们会继续对它们表示崇拜，其原因就是这些规则并不是绝对不变的。允许继承，也允许变化。崇尚理想，也赞赏个性。提供基本的公式和规则，也可以有无穷无尽的变化。

古希腊建筑及其室内设计一个很重要的方面就是通过逻辑结构清楚地表达出来力量感。在一座又一座建筑中反复出现的古希腊建筑语汇，非常简单而又是最基础的：垂直构建（柱）支撑着水平要素（檐部）。

还有更重要的，那就是细部与整体之间的微妙关系。古希腊神庙建筑的装饰是为了更好地对基本形态进行解释和美化，而不是为了掩盖它。类似的，古希腊花瓶绘画中各种图案的设计是为了突出花瓶形态，而不是与之相对立。

最重要的是，古希腊建筑突出体现主体部分的价值，而这个主体统治着其他组成部分。假如一部分发生改变，其他部分也要做相应调整。从古希腊建筑实例来看，内部构成要素之间相互独立，让人产生一种休止、公正与和谐的感觉。

探索质量

关于古希腊神庙建筑和古希腊花瓶的质量，已经谈论很多了。但是，关于这种质量的广泛程度，还需要进一步阐明。高质量的古希腊艺术，并不仅仅体现在一个花瓶或者一座稀有的神庙上。几乎每一个彩绘花瓶或者每一座神庙建筑，都是优异卓越的。原因之一就在于古希腊艺术形式的创建以及各种艺术形态之间的关系。一种艺术形式一旦形成，就会被重复运用，仅在细部上略有改变。古希腊人很少进行试验、寻求创新、追求原创，而是把精力集中在对现有艺术形态的完善和理想化上。

然而，在我们最关心的领域——室内设计中，仍然需要高质量的作品。希腊古典时期，陆地上几乎没有宫殿或大厦，缺乏公共崇拜或者政府所使用的建筑。因而，总体来说，在这块土地上没有室内设计师。当然，古希腊神庙建筑拥有令人羡慕的室内设计。但是，只有极少数人能够使用，并且与建筑外壳相比处于次要地位。古希腊拱廊和剧院，属于开敞型建筑，缺乏室内空间。而大部分古希腊人住房简单朴素，主要采用普通材料建造。就像建筑一样，只要谈到质量问题，那都是一流的，并且对后来的室内设计产生了重要影响。但是，对于古希腊设计天才来说，室内设计并不是他们主要的关注对象。

做出对比

如果要对两种不同文化的设计进行比较，那么，方法之一就是比较一下他们所取得的最杰出的成就。吉萨大金字塔群仍然雄伟壮观，让人感到吃惊。4000多年来，再也没有比它更加伟大的建筑。它石块砌成的外表，形成巨大的三角形表面，在阳光照射下边缘清晰可见，更是让人感到震惊。

从体量上来看，帕提农神庙并不大。乍看上去，也不那么令人感到惊奇。就像金字塔一样，通过数学运算，结构精确，堪称奇迹，但是却让人感到很安静。这是一个复杂结构，由许多部分组成。当我们沉下心来，细细思量各部分之间的关系时，美妙之感油然而生。金字塔充满力量，尺度宏伟，恰如其分地表达了把伟大法老神灵送往天堂的愿望。一看到这座金字塔，就会被胡夫所拥有的强大权力和来世的神秘，而感到震惊。帕提农神庙供奉的是一位女神，并纪念她的崇拜者。一看到它，就会为那些创建这座神庙的建筑设计师、雕塑师，以及所处时代的文明感到吃惊。金字塔运行在超人的王国，帕提农神庙则活动于凡间。

对两种艺术形式进行比较，还有一个方法就是看一下它们的普通物品，比如椅子。埃及家具非常优雅。在存留下来的家具中，最漂亮的或许就是为海特菲莉斯王后（Hetepheres）制作的椅子，发掘于1925年。在希腊，与之相对应的、著名的，就是特罗诺斯椅子，具有类似的、表达崇高与尊贵的意思。但是，希腊最漂亮的椅子是克里斯莫斯椅，这种椅子更为流行，曲线完美流畅，不需要任何装饰。假如埃及的椅子不使用昂贵的金属框架，那么，就不会有这么高的艺术价值。假如对希腊的克里斯莫斯椅进行装饰，那么，艺术美感也会降低。

我们已经看到，美索不达米亚、亚述、巴比伦、波斯的艺术和设计，追求宏伟的体量、强大的权力和壮观的场景。假如把波斯波利斯的波斯宫殿看作代表整个古代近东艺术的例子，就会感觉到古代近东建筑设计师，是想让来访者感到吃惊和谦卑。在这里，巨大的支撑立柱密密地排列在一起，构成宏伟的大厅。希腊的帕提农神庙所使用的支撑立柱大约是波斯宫殿的一半，立柱和场景优雅完美，让来访者感到身临其境，兴高采烈。波斯波利斯的建筑表达的是物质力量，帕提农神庙表达的是智慧。

这两座建筑的细部也表现出类似的对比情况。在波斯波利斯的浮雕中，武士反复出现，体现军士力量的无比强大。帕提农神庙上的雕带，有行进的队列，人物各不相同。波斯波利斯运用超人的无穷力量，使我们的感觉凝固。帕提农神庙运用人物的丰富变化，激发我们的灵感。

从这种文化所使用的色彩和材料也可进行类似的对比。波斯人知道，鲜艳的色彩能够创造出迷人的效果，金子和黄铜能够让人感到眩晕。古希腊人也喜欢明亮的色彩。但是，主要是用来对建筑和雕塑进行强化表达，不会因为采用明亮的色彩而使轮廓线变得模糊，或者破坏对象的形态。波斯人用色超越感觉，使观众充满敬畏。古希腊用色激发感觉，让人感到清晰明白。

在所有试图营造神秘感的设计中，波斯艺术设计是一个典型的代表。而古希腊设计则是理性作品的范例。到公元4世纪，拜占庭艺术的出现，使这两种不同的艺术风格融合在了一起。

5

古罗马设计

公元前 753—550 年

"罗马建筑凭借灵活规范的设计手法，最终达到空前的统一。有机结构……设计成中空形态，功能高度复杂完美，卓越非凡，体现出清晰与秩序。"

——保罗·波托盖希（Paolo Portoghesi，1931—），意大利建筑设计师、建筑史学家

古罗马人采用希腊已经成熟完美的建筑语汇，增加了一些新型建筑技术，而这些技术希腊人很少采用。随着古罗马著名设计师对圆拱、拱、穹顶、大体量柱墩和支撑立柱的使用，希腊建筑中所常见的简洁明快以及许多限制消失了。取而代之的是，罗马人创造了许多令人难忘的内部空间，丰富得让人感到目眩。在建筑体量、开放程度、结构创新和形态复杂程度上，都是史无前例的。

希腊文明发展墨守成规，艺术目标就是追求既定的理想形态。罗马文明追求创新，对外来事物充满好奇，追随不断变化的时尚。在饮食、服装、社会责任、语言，当然，也包括室内设计和装饰上（图 5-1），罗马人乐意接受时尚。他们渴望追求帝王或者其他政治家的风格，好奇地关注着来自庞大帝国外部的物品和材料，陶醉于试验、变化、奢侈和感受。换句话说，与我们现代人非常相像。

古罗马设计的决定性因素

古罗马地域非常广阔。最强盛的时候，帝国领土曾远达非洲、英国及叙利亚（图 5-2）。古罗马社会风俗以及在艺术和建筑方面的新兴技术，在广阔地域上发扬与传播，不得不考虑各个方面的变化，比如地理、自然资源、宗教，以及其他文化的影响等。

地理位置及自然资源因素

我们已经了解到，沙漠迫使埃及人与外界隔绝，岩石海岸促使希腊人进行航海和探索。亚平宁半岛以及罗马周边地段，地形平缓，有起伏的山丘和舒适惬意的海岸，气候温和宜人。亚平宁半岛位于地中海中央，优越的地理位置使它成为向周边地区传播文化、艺术和建筑的天然场所。在巅峰时期，罗马帝国领土非常广袤，包含了

◀图 5-1 罗马帕拉蒂尼山利维娅别墅壁画细部，公元前 1 世纪末
加那利图片库

古罗马			
年代	时期	政治文化事件	艺术成就
公元前 753—公元前 386 年	罗马早期	罗马城的创建；伊特鲁里亚统治；高卢人入侵罗马	伊特鲁里亚神庙与坟墓建筑；马克希玛下水道
公元前 386—公元前 44 年	罗马共和国	罗马人征服意大利北部；罗马人征服希腊；尤利乌斯·恺撒统治	阿庇亚引水渠建设；维特鲁威的《建筑十书》（De Architectura）
公元前 44—50 年	罗马帝国早期	埃及宣布成为罗马的一个省；皇帝获得至高无上的权力	和平祭坛
50—250 年	帝国鼎盛时期	大火烧毁了罗马大部分地区；火山爆发毁灭了庞贝城；帝国扩张	尼禄金殿；古罗马斗兽场；万神庙；哈德良别墅；图拉真广场；卡拉卡拉浴场
250—550 年	罗马帝国后期或衰退时期	君士坦丁堡建立；西罗马帝国最后的统治	戴克里先浴场；皮亚扎·阿尔梅里纳别墅；马克森提斯殿

▲ 图 5-2 罗马官员赫利奥多罗斯（Helioporus）画像，源自叙利亚杜拉文士之家天花板上（杜拉，幼发拉底河上的一座罗马边境城镇），2 世纪或 3 世纪

耶鲁大学艺术馆

各种极端地理条件和气候条件。但是，在整个帝国范围之内，罗马文化仍然保持了高度的一致性，受地域条件的影响很小。希腊的主要建筑材料是大理石。罗马也有大理石，最著名的一种裂隙型大理石被称为石灰华。但是，除此之外，罗马还有黏土可以用来制作陶器和砖。更幸运的是，他们还有一种火山产物——火山灰。这种火山灰与石灰和水混合，形成一种非常坚硬的建筑材料——混凝土。

宗教因素

罗马人对希腊哲学家的冥想生活不感兴趣。但是，他们尊奉希腊神灵，并用新名称称呼，从某种程度上来说，赋予其新的特征。宙斯，希腊神灵之首，在罗马帝国变成了朱庇特（Jupiter）。朱庇特的影响渗透到这个正在成长的帝国的各方面，包括政治和军事。政治和军事领导人，通过宗教对这个国家和他们本人进行引导。希腊理想主义从属于罗马现实主义。现实主义还控制着法律和习俗，这些使这个庞大的、复杂的社会得以正常运转。希腊的清晰简洁服从于罗马的综合多变，希腊的温和中庸臣服于罗马的宏伟壮观。

现实主义、军事力量和复杂因素，在罗马得到有机地融合，并且取得了很大的成功，特别是在罗马征服了地中海东部之后更是如此。大量的财富涌入罗马，受益的既包括这个国家，也包括个人，使公共建筑和个人家庭室内装饰向炫耀奢华方向发展成为可能。

伊特鲁里亚遗产

罗马文化在许多方面都可归功于希腊，但是，他们也继承了伊特鲁里亚文明。公元前 6 世纪大部分时间内，伊特鲁里亚国王（塔昆家族）统治着罗马城。在这个家族的统治下，马克希玛下水道（城市大型排水系统）建立了起来，城市增设了围墙，在罗马广场建设了第一座神庙。

伊特鲁里亚人很可能是从小亚细亚迁到意大利的移民，受到希腊和近东的双重影响。从公元前 8 世纪到前 4 世纪，创造了繁荣昌盛的文化。实际上，保留下来的所有建筑就是他们的坟墓。墓穴中发掘的壁画、浮雕和陶板（图5-3）表明，他们拥有非常优雅的室内装饰设计。

伊特鲁里亚神庙同样让人印象深刻。一般来说，立柱无槽，柱间距很宽（这样就需要木制横梁，而不是石制横梁），柱廊很深，宽屋檐（能够对土坯墙进行保护），两端中央位置各有一个出入口。彩绘三角墙和陶土装饰把神庙装扮得更加生动活泼。伊特鲁里亚神庙也有台阶，但是，仅在前入口，不像希腊神庙那样环绕着整座建筑（罗马人会仿效伊特鲁里亚人）。伊特鲁里亚人也建造圆形的石制（加工方边石）坟墓，就像在迈锡尼所看到的那样。虽然伊特鲁里亚人的建筑大部分都简单原始，但是，有些土坯结构建筑有时也用青铜覆面，就像在战车和精美的家具（图5-4）上使用的那样。伊特鲁里亚人在金器加工方面也很优秀。总之，伊特鲁里亚风格强壮、活泼、卓越非凡，在希腊对罗马影响方面起到进一步强化作用。伊特鲁里亚人，早在罗马人之前，就对希腊人所取得的伟大成就充满敬意，并通过贸易吸收学习。伊特鲁里亚人墓穴中发掘的许多希腊彩绘花瓶表明，他们非常推崇这些花瓶的质量。希腊人从来不会把花瓶埋在墓穴之中。

▲图5-3 绘制在陶板上的人物绘画饰带，伊特鲁里亚城市卡西里（caere，现在的切尔韦泰里），公元前530年，高137厘米
赫尔维·莱万多夫斯基（Herve Lewandowski）/艺术资源/法国国家博物馆联合会

古罗马史

当然，罗马作为一个伟大的帝国成名之前，就已经是一座伟大的城市。根据传说，罗马城由双胞胎孤儿罗穆卢斯和瑞摩斯，于公元前753年创建。建城初期，只要是罗马人就是这个城市的居民。公元前1世纪罗马帝国建立之后（直到往后3个半世纪），罗马公民作为一种荣誉，被授予那些有价值的同盟国国民和勇敢的士兵，从北部的英格兰到南部的埃及，从西部的伊比利亚半岛到东部的美索不达米亚，都包括在内。这些罗马人控制着世界上面积最大、最强大的政治力量联合体，他们的发展历史可以划分为几个阶段。

早期罗马阶段

在罗马帕拉蒂尼山和维拉诺瓦（Villanova）废墟（靠近现在的博洛尼亚市）的考古发现表明，早期罗马人，与伊特鲁里亚人和几何时期的希腊人，处于同一个时代，属于原始部落，用篱笆和灰泥搭建屋子。公元前8世纪，伊特鲁里亚人把这种小型村庄合并成一个城邦。公

▲图5-4 伊特鲁里亚青铜御座，带浮雕。公元前7世纪
赫尔维·莱万多夫斯基，法国国家博物馆联合会授权使用/纽约，艺术资源

元前 500 年，罗马人推翻了伊特鲁里亚人的统治，建立了罗马共和国，一直延续了 4 个世纪，伊特鲁里亚人所创造的艺术和建筑大部分得以保留。在罗马共和体制中（从来也没有真正的民主），贵族阶层控制着政府。平民（Plebians），罗马公民的主体，获得越来越大的权力。

到公元前 4 世纪，罗马对周边地区和国家产生了重要影响，开始全面接触希腊文化。就在这个时候，罗马卡比托利欧山（Capitoline Hill）山顶被清理出来，建造了三座伟大的神庙，用以供奉朱庇特、朱诺（Juno）和密涅瓦（Minerva）三个神灵。

共和时代和早期帝国时代

在意大利全境及更远地区的罗马人聚居地，典型的城市规划格局就是严格的网格结构，街道以直角相交。在罗马，伟大的政治家和军事领袖，尤利乌斯·恺撒（Julius Caesar，公元前 102—公元前 44 年），雄心勃勃地兴建了一些建筑项目，最著名的就是以他的名字命名的恺撒广场。他波澜起伏的一生，在罗马历史上是一个转折点。公元前 44 年，他被暗杀之后，共和体制结束了，国家进入一种混乱无政府状态，这为帝国的建立打下了基础。

恺撒的侄子和继承人屋大维（Octavian）使这个国家恢复了秩序，被授予奥古斯都（Augustus）头衔，被认为是第一个罗马皇帝。在他的统治下，国家进入一个稳定繁荣，不断向外扩张的时代。其后 200 年的和平时期，人们称之为"罗马帝国统治下的和平"。正如屋大维夸耀的那样："罗马由砖城变成了大理石城。"

帝国鼎盛时期

大约在 50 年，罗马进入最成功、最发达的时期，也就是帝国鼎盛时期。罗马城市人口超过 100 万，有各种公共设施，包括浴室、运动场、体育馆、桥梁，以及水渠等。有优良的供水、排水系统。直到 18 世纪，欧洲任何其他城市，在效率和奢华方面都无法与古罗马相比。

在海外，帝国的力量一直延伸到多瑙河、莱茵河、爱尔兰海、红海、黑海，以及阿拉伯沙漠。这一时期的伟大公共建筑包括圆形大剧场、万神庙、图拉真广场，以及卡拉卡拉浴场等。著名的私人建筑主要有尼禄金殿和哈德良别墅。

大多数人认为，罗马帝国大约终结于 550 年。原因是多方面的，主要包括政局不稳定、不受欢迎的军事专制体制、基督教的兴起，以及来自日耳曼和其他北方蛮族的入侵。鼠疫的流行、低下的道德标准、自然资源的枯竭，以及重税负担等，也是重要原因。

古罗马建筑及其内饰

就像希腊建筑因统一而闻名，罗马帝国建筑则因风格多样化而著称。各种不同的建筑类型、建筑形态语汇、个人鉴赏风格的体现，以及来自远方的非常规要素的影响，所有这些对罗马丰富多样的建筑风格都产生了重要影响。

罗马建筑也是帝国的重要宣传工具，这一点并不新鲜。金字塔和金字形神塔代表埃及和古代近东统治者的权力，帕提农神庙象征着雅典的荣耀。但是，罗马是迄今为止最具主导性的人类文明之一。大量的建筑似乎能够恰当地表现力量、宏伟，有时甚至是炫耀。帝国宏伟高大的公共建筑的建设，还要归功于罗马混凝土的发展，这是一种有高度可塑性的建筑材料，使高难度的新型建筑形态的建设成为可能。

不论是公共建筑，还是家庭建筑，都不仅仅是拥有一个漂亮的外表。室内设计也同外部设计一样受到重视，从某种程度上来说都是史无前例的。有些罗马建筑的室内设计，在体量、形态和特征上非常重要，以至于可以这样认为：许多罗马建筑的设计是"从内向外的"。

混凝土的发展

混凝土的使用，使罗马建筑与以前的风格有了彻底的不同。这是一种价格低廉而又结实强韧的材料，由小型石块、火山灰（前面已经提到）、石灰和水组成。把这种混合物灌入临时制作的木制模具之中，干燥硬化之后就变成坚硬的体块。混凝土不能达到良好的装饰效果，表面常常覆盖其他装饰材料，比如大理石板、石膏、砖或者粉饰灰泥等。这些装饰性材料，单独使用或者重叠使用，用来对混凝土进行装饰或者用作基层铺垫。

混凝土的发展不是一蹴而就的，而是逐渐演化形成的。混合物硬化的时间逐渐加长，得到的混凝土更加坚固。常规碎石和砖填料的数量增加，再加上一些特殊的混凝土主要用于作用力为下压力的构件，比如墙体、拱、穹顶等。没有证据表明，罗马工程师已经掌握了现代钢筋混凝土的基本原理。因而，这种材料从来没有用作横梁，因为横梁会受到弯应力的作用。罗马人创造了一种综合施工技术，在凝灰石的墙体里浇注混凝土，墙体外表采用琢石垒砌（如下图）。

下面所介绍的混凝土类型及其制作方法，横跨好几个时代。但是，清楚地表明了自罗马开始采用以来，这种建设方法是多么有用，多么普遍。

· 土坯：传统的砖瓦技术，采用风干土坯。

· 骨料：沙子或砾石作为混凝土混合料的骨料。

· 水泥：混凝土黏合剂。

· 水泥砂浆：石灰含量高的混凝土混合料，用于砖石材料粘结或者墙体表面。

· 水泥灰泥：外用灰泥，含波特兰水泥。

· 混凝土：水泥、骨料、水三者混合形成的混合物。

· 钢丝网水泥：沙骨料混凝土，压入多层钢丝网中。

· 钢筋混凝土：加钢筋的混凝土，包括钢丝网水泥。

· 水泥浆：薄砂浆，可以注入或者灌入比较窄的接缝当中。

· 石灰粉状物质：用于许多水泥混合物当中，由碎石灰石烧制而成。

· 砖瓦：工程建筑构件，由石、砖和混凝土建造而成。

· 砂浆：砂、水混合而成一种水泥类的混合材料（如水泥、灰泥或者石灰）。

· 灰泥：硬质表面材料，由水泥、石灰或者石膏与沙和水混合构成。

· 熟石膏：煅烧石膏和水形成的快速凝固灰泥。

· 波特兰水泥：近年来最常用的水泥。发现于 1824 年，类似于英国波特兰岛上的石灰岩。

· 钢筋混凝土：由混凝土和钢筋组成的复合建筑材料。

· 泥浆：水泥与水混合而成，没有骨料，有时用作装饰性材料。

· 拉毛水泥：非结构性外表材料，由石灰、水泥、沙子和水组成，质地通常较粗糙。有时也可用于室内墙体装饰。

· 陶瓷：坚硬上釉的陶器，用作瓷瓦或者装饰性要素。

· 水磨石：不规则石块构成的混凝土，通常用作地面铺装。

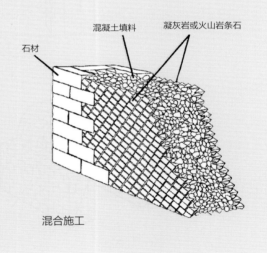

混合施工

火山灰，与石灰混合，生成一种强度更大的砂浆。与此同时，在卡拉拉采石场，有充足的大理石可以加工制作成面材。

拱、筒拱和穹顶

在立柱、过梁和桁架使用方面，罗马建筑师采用了希腊人所使用的一些基本原则。除此之外，混凝土的使用为他们带来了新的机会，能够用曲面结构横跨空间，比如拱、筒拱和穹顶（见第 86 页"表 5—1 拱、筒拱和棱拱"）。

有了混凝土，拱可以灌浇成一个整体构件。拱成为罗马建筑的基本组成部分，对室外设计和室内设计都产生了重大影响。

在门廊、窗户、拱廊和壁龛等处，混凝土也作为装饰性材料。混凝土的使用，为罗马建筑设计创造了各种不同的形态，这在以前是没有的。

把拱的原理进一步延伸，罗马人创造了筒拱，或者叫曲面天花板。其横断面为半圆形，由平行墙体、柱廊或者扶垛墙支撑。两架筒拱直角相交，就形成一架棱拱。围绕着中心点旋转，就形成穹顶。当然，这种屋顶形式

表 5-1　拱、筒拱和棱拱

拱

筒拱

棱拱

圆拱

筒拱

棱拱

以前早就有了。但是，从来也没有像现在这样建造起来如此容易，规模如此之大。新的设计施工方法摆脱了对柱梁的依赖，最终把柱梁等结构性要素变成了附属性的装饰。

希腊柱式在罗马的变形

随着拱、筒拱和穹顶的出现，建筑的设计与建造不再依赖那些柱梁原则。但是，在罗马建筑设计中，希腊建筑柱式仍然是一个基本要素。但是，就像从希腊人那里继承来的其他组成部件一样，对于柱式，罗马人也进行了改动。

希腊柱式只有 3 种，到罗马变成了 5 种（见第 87 页"表 5—2　5 种罗马柱式"）。罗马人根据自己的兴趣爱好，对多利克柱式和爱奥尼柱式进行了稍许更改，创造了一种多利克柱式变体，称之为托斯卡柱式，源于伊特鲁里亚原型。然而，罗马人最喜欢的是科林斯柱式。这种柱式能够把各种装饰要素综合起来，特别是柱首以莨苕叶片为基础的装饰设计。此外，罗马人特别喜欢丰满，于是

表 5-2　5 种罗马柱式

作为对比,增加了希腊多立克柱式,尽管罗马人并未采用。

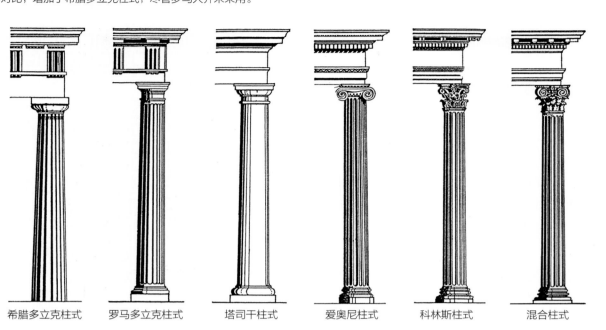

| 希腊多立克柱式 | 罗马多立克柱式 | 塔司干柱式 | 爱奥尼柱式 | 科林斯柱式 | 混合柱式 |

创造了一种新柱式,称之为混合柱式(图 5-5)。这种柱式把爱奥尼柱式上的涡形装饰与科林斯柱式中的莨苕叶饰结合在了一起。在罗马 5 种柱式中,混合柱式最精致、最修长、装饰性最强。

在奥古斯都统治时期,公元 1 世纪,罗马建筑设计师维特鲁威撰写了一本专著,称为《建筑十书》(De Architectura)。在这本书中,他把支撑立柱各部分之间的比例关系,编成了法典,供人们遵照执行。在罗马全境,有力地推动了各种不同类型的建筑的设计与建造,那些缺乏训练、审美能力比较差的地方建筑师和石匠,不得不遵照执行。15 世纪,意大利建筑设计师重新发现并翻译了维特鲁威的建筑法典,对西欧文艺复兴时期的建筑风格产生了重要影响。

在希腊经典建筑语汇的基础上,罗马人增加了一些要素,包括壁柱和柱脚。有了壁柱,使原来的支撑柱,不管是半圆形的,还是长方形的,都可以作为一个装饰性因子出现在墙面上。截面为长方形的立柱,突出部分不超过宽度的一半,一般情况下仅为 1/4。柱首和柱基通常与柱式类型相一致。

柱基下面的柱脚是罗马人的一项发明,为了增强柱

▲图 5-5　混合柱式早期实例。雕刻于公元前 30 年,后来在罗马圣克斯坦萨教堂上重新使用
费伯迈耶(Febermeyer)/意大利罗马,德国考古研究所

子的崇高感。柱脚约为立柱高度的 1/4 或 1/3,平面呈方形,有自己的檐口和基座,可以看作希腊基座的替代品。最初在建筑外部使用,后来逐渐演变成为室内设计的重要组成部分。后来许多室内设计墙体的墙裙(或者护墙板)都是以这个为原型的。墙裙高度大约为齐腰高,把墙体分为上下两部分。

神庙

在建筑方面，希腊最引人瞩目的成就就是神庙。自然地，钦佩的罗马人希望能够模仿建造。可能的话，会建造得更宽阔、更美观。对罗马人如此，对世界上许多建造师也是如此（著名的希腊人例外），都是越宽阔越好。神庙宽敞的内部（内殿），还能够满足一种功能上的需要，因为罗马神庙还可以用来作战利品贮藏地。盾牌、战利品，以及敌方武器，经常被拿到神庙中供奉神灵，人们认为他们指引罗马人取得战争的胜利。

与希腊相比，罗马神庙的另一个重大变化，就是种类增多，不仅体现在立柱的数量和形状，而且体现在神庙本身的形态和造型。最著名的罗马神庙之一的万神庙，平面呈圆形，穹顶，希腊人从来没有建造过这种结构的神庙。

万神庙"Pantheon"一词，源自希腊语。Pan，意指"全部"；theos，意指"神"。万神庙用以祭祀罗马神话中的所有神灵。虽然在万神庙建造之前，就在同一块场地上，曾经有一座神庙。但是，我们现在所看到的几乎完全是哈德良皇帝的作品，很可能建造于 120 至 124 年。

这座建筑由两部分组成，构成一个整体，堪称罗马人独创性的集中体现，希腊没有这样的先例（图 5-6）。这座建筑位于罗马中心地带，最初建造的时候，前立面很可能能够完全清楚地看到，是古典的山墙柱廊建筑。神庙是一座巨大的科林斯柱式建筑，当初比我们现在所看到的要高几个台阶。立柱把立面分成三道走廊，其中有两道走廊通往凹入墙体的后殿，中间一道走廊通向宽大的出入口。

然后，就是神庙的第二部分，给人的感受更加震撼（图 5-7）。里面是一个巨大的圆形大厅（平面呈圆形，立面为圆柱形），直径 44 米，从地面到穹顶的高度也是 44 米。尺寸相同，就意味着内部是一个完整的圆形。这个圆球是看不见的，是暗含的，空间中各部分之间的比例协调和谐，几乎没有任何其他空间可与之相比。

圆形大厅没有窗户，光线从上方天窗（圆形窗口）进入，天窗开敞面向天空。这个巨大的砖石建造的建筑内部，由 8 座对称排列的圆头壁龛照明，地面和墙面用彩色大理石铺成各种漂亮图案。穹顶内部的藻井（凹陷）的装饰板，对于穹顶的曲面形态和丰满程度，起到进一

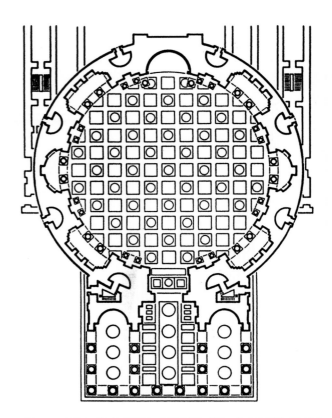

▲图 5-6　罗马万神庙平面图，显示铺装式样。入口门廊在图底部
乔治·伯萨德（Georges Ed. Berthoud）

▲图 5-7　从入口门廊看万神庙巨大的圆形大厅
罗马美国学院

步强化作用。这是种有意识的、表现完美的装饰。

在这座建筑上，希腊建筑中的长方形直角特征，为曲面形态所替代，柱梁结构变成了大胆的穹顶结构，对建筑外观的执着，让位于对室内空间的关注。

其他古罗马神庙

万神庙并不是典型的。大部分罗马神庙都以伊特鲁里亚模式为样板，长方形结构，内殿前面是柱廊。正如我们已经了解到的，跟希腊神庙相比，罗马神庙的一项重要变化就是，内殿和柱廊基础相对抬高，从高高的台阶进入。柱廊一般比希腊柱廊长，在入口处形成较深的、变幻莫测的阴影。各部分之间的比例关系也发生了改变，罗马人喜欢高大修长的形态造型，不仅仅是立柱，也体现在整座建筑上。

公共建筑

从某种意义上来说，罗马神庙属于公共建筑，唤起全体公民的宗教意识。但是，除了少数神职人员之外，一般公民是不能随意出入的。然而，罗马人的确为公众建造了一些规模宏伟的公共建筑。

浴场

罗马公共建筑中，最令人瞩目的实例之一就是大浴场。这些浴场装饰豪华，空间变化丰富，不论是在体量上，还是复杂程度上，都远远超过希腊的体育场。到公元前1世纪，罗马人发明了火炕供暖装置（地下壁炉和瓷砖管道），并把这一系统应用到浴场。浴场布局各不相同。但是，一般来说，都包括更衣室、不带洗浴设备的温室，以及热水浴室和冷水浴室。在希腊建筑当中，光线很难穿透进入室内。在罗马的浴室中，光线却能够穿过巨大的窗户，进入室内上层空间。罗马的浴场有时还带有室外游泳池、可以进行摔跤和拳击活动的门廊，以及其他室内或者室外体育运动设施，宽敞的花园区，甚至演讲大厅和图书

馆也经常见到。罗马两座最大的浴场分别由皇帝戴克里先和卡拉卡拉建造。3世纪初期，卡拉卡拉建造的大浴场占地面积达202342.8平方米，其中中央洗浴房间占地20234.28平方米，其他还包括花园、图书馆、礼堂、更衣室，以及运动场地等（图5-8）。这里的浴场废墟图片（图5-9），是圆形热浴室被改造成巨大的开放剧场之前拍摄的。

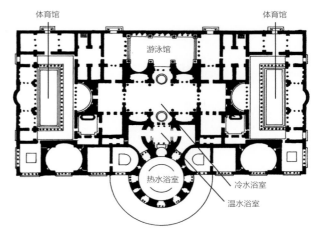

▲图5-8 卡拉卡拉大浴场主体建筑平面。罗马，3世纪。建筑长度超过185米

▲图5-9 卡拉卡拉大浴场主体建筑废墟鸟瞰
阿里纳利（Alinari）/纽约，艺术资源

观点评析 | 历史学家看万神庙

建筑历史学家 J. B. 沃德－帕金斯（J. B. Ward-Perkins）在他的权威性著作《罗马帝国建筑》（*Roman Imperial Architecture*）一书中写道，万神庙"或许是第一座伟大的公共里程碑，从规模看说它是第一座，是肯定无疑的……在设计上完全考虑室内空间……万神庙的建造，带来了建筑形态和式样的演化。建筑设计考虑的重点开始转向室内。从此之后，在建筑设计中，室内空间的概念开始成为一个主导性因素，成为人们所接受的重要艺术组成部分"。

大浴场通常与公共厕所相关联（图 5-10），下水道上设置几排未分隔的木制或者石制坐便器与浴场相连，用来自浴场的废水冲刷。因此可以说，现代厕所就是由罗马的厕所发展而来的。

▲图 5-10 位于大莱普提斯（Leptis Magna）的罗马浴场公共厕所，北非，127 年

阿里·迈耶（Ali Meyer）/ 布里奇曼国际艺术图书馆

广场

罗马公共建筑还包括几种具有创新性的建筑类型，用于公共聚会和娱乐，一般位于城市中心地带，被称为广场。最宏伟的就是罗马广场和图拉真广场。罗马广场由许多建筑组成，花费了很长时间建造。图拉真广场由几座雄伟的建筑联合构成一个整体（图 5-11）。广场内的大会堂，或者带内柱廊的大厅，类似于希腊的神庙，向外敞开。最早期的基督教教堂，就是以这种形式的建筑为模板的。乌尔皮亚大会堂（Basilica Ulpia），仅是巨大的图拉真广场的组成部分之一，被用作商业贸易场所。

剧院和半圆形露天剧场

在希腊模板的基础上，罗马人建造了许多开放剧院。但是，也有创造和发明，比如小型的、带屋顶的剧院，即音乐厅。还有巨大的新型建筑形式，也就是半圆形露天剧场。已知最早的半圆形露天剧场于公元前 80 年在庞贝城建造。罗马第一座永久性半圆形露天剧场，建造于公元前 29 年，是圆形或者椭圆形的结构，观众座位安装在斜面上，面向敞开的表演场地，角斗和野兽表演就在

▼图 5-11 罗马图拉真广场乌尔皮亚大会堂中央大厅复原透视图。113 年。从拱廊可见部分图拉真柱列

吉尔伯特·戈尔斯基（Gilbert Gorski）绘

授权使用：詹姆斯·帕克博士（Dr. James E. Packer）

那里举行。有时，会采用宽大的织物遮阳篷对观众进行保护。在最大的半圆形露天剧场，表演场地地面设有活板门，通向走廊和地下室。

最宏伟壮观的当属罗马弗莱文圆形剧场（Flavian Amphitheater），一般称之为罗马圆形大剧场或罗马斗兽场（图 5-12）。由维斯帕先（Vespasian）皇帝于 70 年开始建造，在他去世不久后完成，历经 10 年的时间。规格为 156 米 ×188 米，混凝土、多孔岩石石灰华和凝灰石（一种大理石，本身就是一种石灰岩）混合建成。能容纳观众 45 000 ～ 55 000 人，通过精心设计的筒拱走廊系统、放射状楼梯和匝道，把观众引向指定的座位。外面三层拱门带有半圆形的立柱，而这些立柱纯粹是装饰性的。从地面向上依次是托斯卡纳柱式、爱奥尼柱式、科林斯柱式。在这些立柱的上面是一层阁楼，承托着高高的复合壁柱。

古罗马其他建筑类型

其他非住宅的罗马建筑类型主要包括战车赛场、用于其他体育赛事的体育场（源于希腊的一种建筑形式）、皇家接待大厅、用于供水的大型引水渠、城墙和城门、仓库和谷仓等。最能够代表罗马的则是纪念柱和凯旋门，构成城市出入口或者重要空间，一些重要人物的活动或者节庆活动都在这里举行。

古罗马住宅

希腊的住宅建筑无法与公共建筑相匹配。但是，在罗马，住宅建筑高度完善，只要你有足够的资金。罗马市民一般居住在联排别墅、公寓，以及乡村别墅之中。帝王的居住场所则是罗马住宅或者别墅高度综合的产物。

多莫斯住宅

罗马富人的住宅称多慕斯（Domus），一般都是单户居住。大多数情况下为单层，带有地窖和蓄水池。曾经发现两层住宅遗迹，但一般认为是随着城市人口的增长后来增建的。多慕斯一般由石材或者拉毛面砖建造，内表面装饰华丽。

希腊住宅属于私人领地，主要供家庭成员使用，偶尔接待少数男宾就餐。罗马住宅更具有公共性和开放性，作为一种私人场所，能够让来客感觉到家的重要性、家庭的富裕，以及家庭的品位。有时还是谈生意和政治聚会的场所（罗马家庭主人，不去办公室，而是在家里工作）。

多慕斯住宅，或许会有几个小型窗户面向街道，但是，主体部分是内向型的（图 5-13）。主要房间围绕着中庭或者中央大厅布置（图 5-14），光线从房顶的中央开口照射下来，那就是房顶方井。通过这个中央开口，雨水被引入院中方形蓄水池中。中庭用作接待大厅和流通空

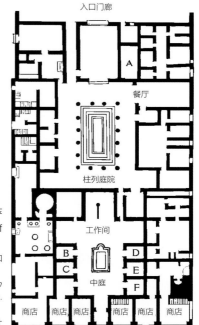

▲ 图 5-12 罗马圆形大剧场。半圆形的柱列壁柱，是装饰性的，而非结构性的
加那利图片库，米兰

▶ 图 5-13 庞贝城潘萨府邸（The house of Pansa）平面图
引自《罗马住宅、别墅和宫殿》（Houses, Villas, and Palaces in the Roman World）。作者：A. G. 麦凯（A. G. McKay）
© 1973 泰晤士 & 哈德逊出版社

A、B、C、D、E、F：卧室

入口门廊
A
餐厅
柱列庭院
工作间
B
C
中庭
D
E
F
商店 商店 商店 商店 商店 商店

▲图 5-14 庞贝潘萨府邸内，从中庭看列柱走廊
阿里纳利 / 纽约，艺术资源

间。中庭两侧内凹部分，名为翼室（"翅膀"的意思），可以用作休息室。

一条狭窄的过道从中庭通往街道，被称为"fauces"，字面意思就是"咽喉"。过道两侧有时有小型商店或者食品摊（酒馆，tabernate）。现在词汇中的"tavern"，就是来源于这个词。酒馆面向街道，但是不能够通向房子本身。面向过道的大门为木制，一般为双扇。制作门的材料为硬木，通过榫接的方式固定在圆柱形的门框上，上下两端有门闩，可以旋转。门框四周通常用壁柱装饰。这种装饰壁柱由石块或者拉毛砖垒成，上面支撑着柱上楣构——一种综合性构筑物，有时称为小门楼（aedicule），尽管这个术语更适合于有此种框架的小型神庙。如果柱上楣构延伸到壁柱之外，就像在罗马住宅中经常出现的那样，这种框架类型就称为带耳门楼。在文艺复兴时期和新古典主义时期，这种风格又重新流行起来。

中庭末端中央、正对着过道，有一个大型空间，称为柱列庭院。这里放置家庭发展史和祖先图像。同时，还用于接待重要客人和举办各种正式的活动。从中庭进入柱列庭院的入口，常用壁柱支撑檐口。出于私密性考虑，还会用门帘或者折叠屏风遮挡。过道、中庭和柱列庭院，

这三个相互邻近的空间，沿着一条中轴线排列，形成一套空间。这套空间，正是多慕斯住宅中最突出的公共活动空间。

还有一个重要房间，就是餐厅，名为躺卧餐厅（triclinium），因为，习惯上这个餐厅有 3 张宴会长沙发，叫作克利尼亚（klinia）。这 3 张克利尼亚沙发，比希腊的克里奈躺椅大得多，摆放在餐厅的三边，相互之间以直角相连。吃饭的时候，家庭成员中的男性和客人，就斜靠在长沙发上。女士在椅子上就座。典型的罗马家筵为 9 人，每张沙发坐 3 人。更加复杂的多慕斯住宅，可以有多个餐厅。多慕斯住宅还包含多个卧室（图5-15）。典型的卧室有时用窗帘划分成三个部分，第一部分供侍者使用，第二部分用作穿衣间，第三部分仅有一张床，供主人睡觉休息。

多慕斯住宅还可以包括其他房间，比如日间休息室、招待客人的休息室、供奉宅神的神坛、厨房和盥洗室。盥洗室靠近厨房，是为了最大限度地降低水的运输距离。有时还会有后花园。学者住宅还可能包括图书室（即bibliotheca）。

随着罗马帝国的富裕和强盛，多慕斯住宅规模不断扩大，组成结构更加复杂。到帝国鼎盛时代，靠近街道的，

▲图 5-15 庞贝附近，博斯科雷亚莱的普布利乌斯·法尼乌斯·西尼斯托（Publius Fannius Synistor）府邸，卧室。1世纪末

博斯科雷亚莱的普布利乌斯·法尼乌斯·西尼斯托别墅，卧室复建。公元前40—公元前30年。罗马后共和时期。房间规格：265.4厘米×334厘米×583.9厘米。罗杰斯基金，1903（03.14.13a-g）。纽约，大都会艺术博物馆。摄影 ©2006 纽约，大都会艺术博物馆

传统上以中庭为中心的空间，仅仅用于各种正式活动。大部分家庭活动转向宽敞的柱列庭院，这是一个后花园，向天空敞开，周围有柱廊环绕。大多数住宅拥有屋顶花园。常见的要素包括玻璃容器、养鱼缸和花坛等。冷水通过铅制管道输送到综合型浴室、装饰性水池及饮用水龙头。取暖采用移动式木炭火盆。富有的家庭安装中央取暖系统。无论是按照此前还是之后的标准，罗马的多慕斯住宅都是一种难得的、优雅的居住建筑。

罗马住宅、商店及神庙中的许多建筑都没有窗户。然而，在比较高档的住宅中，的确是有窗户的。有些窗户安装着玻璃，这是罗马人的一项重大发明（见第102页"玻璃"一节）。有的没有玻璃的窗户粘贴羊皮纸，由未鞣制的动物皮毛制作的一种纸张。有的窗户采用薄云母片，一种水晶状的矿物质，很容易制成薄薄的透明薄片。还有的窗户安装金属网制成的格栅。各种罗马窗户都经常需要进行遮挡，就像门道和橱柜一样，有的还悬挂铜铃或者木铃。

按照现在的标准，天花板一般都很高，门道也很高。只要有可能，就用大理石把地板铺装成各种图案，有黑白图案，也有彩色图案。天花板绘有各种几何图案，其中有花卉和植物的叶片，另外还有飞鸟或者正在栖息的鸟，起到强调作用。有时还会见到镀金梁或者板。但装饰最豪华的还是墙面。

公寓楼

到1世纪末，罗马以及其他大型城镇人口膨胀，土地稀少，这种奢华的多慕斯住宅很少有人能够承受得起了。很多人开始居住在相对拥挤的城市公寓中，称之为公寓楼。

罗马公寓楼高4～5层，上层通过公共楼梯抵达（图5-16）。公寓楼体量大小并不固定。但是，一般来说每个街区有6～8栋。底层一般为商店或者库房，大型窗户面向街道。在商店上方居住的人没有私人花园，室内空间相对很小。很明显，在公寓楼居住的人没有在多慕斯住宅居住的人那么幸运。但是，公寓楼的数量远超

▲图 5-16 一座公寓楼的底层，奥斯蒂亚（Ostia），公元 1—2 世纪
阿拉多·德·卢卡 / 目录，图像检索

过多莫斯住宅。4 世纪，罗马城有记载的公寓楼数量为 46 000 座，每座有 6 ～ 10 个公寓单元，或者更多。多慕斯住宅的数量不超过 1800 座。

罗马公寓楼最早是由木材和泥砖建造而成（但是后来，至少部分结构采用了混凝土），很容易倒塌或者着火。这并不会让人感到吃惊，因为在公寓楼内做饭和取暖都是使用火盆。就像多慕斯住宅一样，因为公寓楼通常都是围绕着一个开放的中央院落布置。公寓楼相对较高，所以院落相对比较黑暗，空气也比较污浊。公共厕所通常只建在一楼。一般情况下，多慕斯住宅为一个家庭所拥有。公寓楼的住户通常都是租住的，房东一般不在公寓楼里居住。64 年，罗马发生了一场可怕的大火。之后奥古斯都皇帝进行了改革，通过立法来改善居住条件。改革后的法律规定，建筑的最大高度大约为 17.75 米，或者五层。实际上，这项规定并没有得到严格执行。除了室内管道之外，公寓楼的居住条件，或者那些令人头疼的既有的住房规则，从罗马时代到现在几乎没有什么改变。

庄园

一方面，大多数市民居住在城市公寓楼之中；另一方面，富有的罗马人开始追求一种新时尚：逃离城市生活的限制和嘈杂，来到周边的乡村。这些在郊区建造的住房及其周边的土地，靠近海边或者山丘，形状和大小多样，一般就通称为庄园。对于元老院议员和其他杰出的城市市民来说，直接拥有私人土地是地位的象征。即

使不从事农业生产，仅将庄园用作周末度假，他们也仍然包含农业成分。

庄园，或许也可以称之为农舍，有多种形式。城市多慕斯住宅中的中庭和柱列庭院经常予以保留。但是，还有一些农场必需的要素：工作间、仓库、打谷场、蓄水池、橄榄压榨机、农牧家畜饲养场等。除了这些实用性的要素之外，庄园还具有更加高贵的服务功能，提供各种娱乐休闲活动。浴室、图书馆、柱廊、餐厅，以及带有果树和喷泉的花园，让罗马贵族们身心放松，感到欢乐。有些房间内部具有中央取暖系统，有的房间还有壁画和马赛克地板。

除了多慕斯住宅、公寓楼和庄园这三种重要的住宅类型之外，还有两种不太常见的住宅。这两种住宅仅供有权势的帝王个人娱乐使用，在这里也需要提一下。尽管这两种住宅分别称为多慕斯住宅和别墅，但是，实际上应该把它们归类为宫殿。这两座宫殿分别是尼禄金色庄园和哈德良别墅。

尼禄金宫

尼禄（Nero）皇帝的金宫（Domus Aurea，"金色住宅"），始建于 64 年。当时，一场灾难性的大火（有人认为是尼禄自己引发的这场大火）席卷了这座城市，灾后清理出来一大片土地，而这片土地正是尼禄宣称要建造住房的场地。最终建成了一座宫殿，有许多不同等级的住房，充分地利用了当时最新的混凝土建筑技术，并且装饰华丽。

文学作品上是这样描述的：在这座宫殿中最壮观的建筑之一是圆形餐厅，来就餐的客人坐在一个旋转的平台上。还有一个房间，废墟依然可见。这是一个有穹顶的八边形房间，中央是一个喷泉。有人认为，当时部分外墙用金子贴面，部分内墙镶嵌宝石和珍珠母。鲜花通过有花纹的象牙天花板上的开口撒落到下面的客人身上，同时还喷洒玫瑰香水和其他香水。这座金宫完工之后，尼禄曾说道："如今，终于开始像个人一样居住了。"

现在，只留下了一些混凝土骨架，表面装饰都已脱落。

哈德良别墅

尽管哈德良皇帝对万神庙建造进行监管，但是，位于现在的蒂沃利的这座乡间别墅，与万神庙却有着很大的不同。万神庙代表着秩序、统一、向心和严整的几何规则。从现存的废墟来看，哈德良别墅各个组成要素，

自由地、散漫地分布其中，奇特而充满幻想（图5-17）。在这一点上，从前的任何建筑都无法与其相比。

哈德良别墅于118年开始建造，持续了20年。各组成要素分散布置在数英亩的土地上，其中包括柱廊和亭子、宴会厅、客房、大大小小的各种浴室、神庙、运动场、体育馆、剧院、图书馆，以及很多装饰性的水池和水景。许多要素通过各种复合曲线和复杂的几何图案，有规则地排列布局。

哈德良别墅重要组成部分之一——岛上"别墅"（也称为岛上禁区，或者海上剧场），可以看作整座别墅天才创造性的代表（图5-18）。一条环形拱廊由40根无槽爱奥尼立柱支撑。中间是岛上疗养胜地，通过两座小桥与拱廊相连。小岛与拱廊之间是一片水域，类似于壕沟（图5-19）。蜿蜒曲折的墙体把小岛划分成四个部分，既包括圆顶建筑，也包括穹顶建筑。北面，是一个半圆形的入口门廊。东面是两间卧室配一间小卧室和两个厕所。南面是一个带有前厅的餐厅。西面是一个小型浴室，带有热水和冷水喷淋设施。非同一般的空间创造出令人吃惊的景观。迷人的光影效果，以及阳光照射在水面上所形成的波光，让人流连忘返。

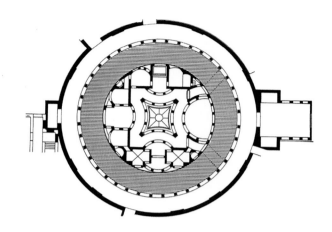

▲图5-18 岛上别墅平面图，是哈德良别墅的一小部分。外墙直径44米

J. B. 沃德-帕金斯，《罗马帝国建筑》（Roman Imperial Architecture），哈蒙兹沃思：企鹅出版社，1981，耶鲁大学出版社版权所有

▲图5-19 岛上别墅现状
罗马美国学院

古罗马装饰

罗马人如何创造出混凝土，又是如何把它用作一个全新的建筑形式要素，我们已经知晓。他们在装饰这些形式方面也同样具有创造力。对希腊人来说，经典的柱式都是结构性的。随着新型拱形结构的出现，罗马人不再需要用立柱作为主要结构要素，而是开始用立柱来进行装饰。并且，罗马人开始热衷于各种不同的装饰，其

▲图5-17 蒂沃利宏伟的哈德良别墅模型，建于118—134年
意大利罗马，德国考古研究院

中就包括壁画。只要可能，不管是何种建筑类型，内表面都要进行装饰。

墙面处理

罗马建筑墙体表面通常都要进行各种装饰处理，如精致大理石板、彩绘壁画、石刻浮雕等。假如无法进行豪华装饰，就会采用一些替代方法，如用灰泥替代浮雕板、砖石墙体用灰泥包被等，这在当时是常见的做法。然而，室内墙体最常用的处理方法则是绘画。

通常情况下，绘画所表现的，是建筑或者材料本身无法表达的，用现代的技术术语就是视觉错视（法语"trompe l'ocil"）。墙体分为两部分，下部是墙基或者墙裙，上部用来进行更加复杂的绘画装饰。墙基或者墙裙通常仿制大理石板或者阳台栏杆式样（系列垂直短立柱或者小型立柱）。

墙体上部通常由彩绘立柱或者柱列分成一个个垂直板面，柱顶有楣构，运用透视手法表现出实际状态。彩绘建筑特征经常被减小到最精致和细长的比例。这充分地表明，罗马彩绘师能够很好地理解所使用的媒介，摆脱实际生活中建筑结构的限制。彩绘师们感到，这些想象中的建筑不需要自我支撑，因此维特鲁威比例的规则也不必要遵守。

框架内板面的中央部分通常采用下列几种方法之一进行处理：彩框纯色底；装饰性阿拉伯花饰或者风景图案。罗马装饰性壁画中最令人感兴趣的就是风景画。这种风景画体裁多样，来源无穷无尽。神话传说、寓言故事、历史事件、风情景观、静物、幽默笑话、城市街道、人物肖像，以及各种动物等，都能够被生动地描绘。欢快的仙女和半人半兽的森林之神出现在森林之中。跳舞的姑娘身上的织物能够准确地表现出身体的运动，甚至能够感觉出舞蹈的旋律。一片森林可能会把在城市居住的人吸引到青翠碧绿的休闲胜地，就像利维娅（Livia，台比略大帝的母亲）别墅壁画上所展示的那样（图5-1）。这座别墅就在帕拉蒂尼山上，建于公元前1世纪。

许多壁画色彩相对比较鲜艳，在光线昏暗的房间里，这是必要的。所使用的都是真正的壁画用材。颜料涂抹在潮湿的灰泥上，能够被很快吸收。颜料干燥之后，上蜡抛光，用以保护。背景色通常为黑色、白色和红色。但是，有时也使用其他颜色，比如橘黄、朱红及由孔雀石制成的亮绿色等。

根据在庞贝和赫库兰尼姆的考古发现，学者们认为，从公元前2世纪，到公元79年维苏威火山爆发，共有四种风格不同的绘画风格。同时，这四种风格在那不勒斯和罗马地区也得到广泛的应用。

第一种风格，即镶嵌风格。出现于公元前2世纪。采用仿制大理石模仿镶嵌大理石板。这种风格中大理石的表现方法，在墙裙或者墙体下部得到广泛应用，并且为其他风格所继承。

第二种风格，即建筑风格。用彩绘模仿建筑物或者柱廊，从外面能够看到。典型的实例见图5-15，这里有卧室墙面全景。

第三种风格，即装饰风格。仍然包含建筑形态要素。但是，有各种图像和景观，更加注重装饰。精美的线条对画面进行分割，有些部分采用纯色描绘。靠近庞贝的博斯科特雷卡塞的阿格里帕·波斯蒂默斯（Agrippa Postumus）别墅就是典型的实例。这里的墙面彩绘中，红色占主导地位（图5-20）。

第四种风格，即复杂风格。采用各种滑稽荒诞的结构，有时看起来不可思议。实例见庞贝那不勒斯遗迹（图

▲图5-20 第三种风格墙面彩绘装饰，博斯科特雷卡塞的阿格里帕波斯图姆斯别墅，约公元前20年
意大利那不勒斯国家博物馆／瑞士，布奥克斯，莱纳德·冯·马特公益基金会

5-21）。

　墙面彩绘和灰泥装饰上的各种不同风格在细节上的差异，或许仅仅对于设计师具有重要意义。但是，显而易见，这种差异存在并且得到广泛的传播，显然证明了对罗马艺术家和鉴赏家来说，风格时尚的变化是多么的重要。

▲图 5-22　庞贝城发现的镶嵌图案，这是在希腊回纹图案基础上，改进而成的一种罗马图案
W. & G. 奥兹利（W. & G. Audsley）：《历史装饰设计与图案》（*Designs and Patterns from Historic Ornament*），多佛出版公司，1968

▲图 5-21 第四种风格墙面彩绘，那不勒斯，庞贝
加那利图片库

希腊图案、线脚和主题的变化

　与希腊相比，一般来说，罗马装饰更加精致，更加华丽。但是，在工艺水平上，有时不如希腊那么精雕细琢，部分原因可能是罗马人经常使用石灰岩和浇铸泥灰，可以不必像希腊大理石那样精致准确。

　罗马人经常采用希腊图案，就像在庞贝的一块马赛克地板上那样（图 5-22）。一些表象化程度较弱、抽象性更强的主题，如回纹饰、万字饰、钥匙、螺旋形图案、卵箭饰、齿形饰，都是源自希腊。在科林斯柱和混合式立柱柱头上，都可以见到莨苕叶形装饰，表面还雕刻成各种彩带和涡卷形图案，就像希腊时期大理石壁柱上所做的那样（图 5-23）。就像其他叶片图案一样，金银花

▲图 5-23 大理石雕刻壁柱上的旋转莨苕叶细节
胡里奥 - 克劳迪安（Julio–Claudian）时期，1 世纪上半叶。大理石，高 110.5 厘米。大都会艺术博物馆，罗杰斯基金会，1910（10.210.38）。摄影 © 2000 年，大都会艺术博物馆

和花状平纹也经常出现。还有人物、神灵、小型丘比特，与蛇、天鹅、鹰、狮子和公牛一样，也经常采用。在一些"怪诞"的装饰中，会见到一些看起来荒诞滑稽的图案，比如斯芬克斯、森林之神、狮鹫和鬼怪等。

罗马线脚直接源自希腊。但是，大多数都略有变化（图5-24）。一般来说，希腊先例都是以复杂的几何图形为基础，比如抛物线和椭圆，这些曲线精细多变。罗马人主要以简单的几何图形为基础，比如圆。看起来更加丰满和明显。但是，罗马线脚更适合于表现多数罗马建筑的刚劲有力。线脚简单更易于安排布局，更易于雕刻。

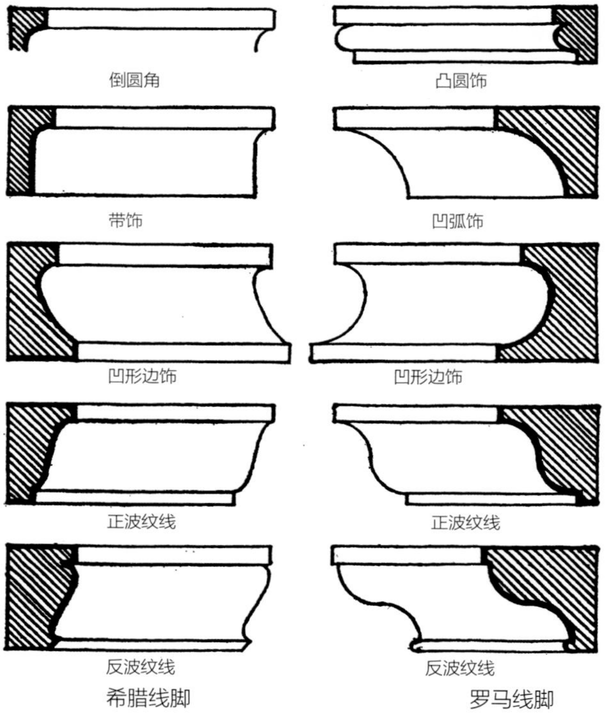

饰用品就像罗马住房本身一样优雅。到加图（Cato，公元前234—公元前149）王朝时代，沙发就已经开始进行镶嵌装饰，如象牙、骨、鹿角、银和金等。桌子和椅子镶嵌金属和宝石。床通常由木材或者金属制作，修长的床腿末端通常做成动物脚的形状。优雅的青铜三脚架用作茶几，高度抛光的青铜板用作镜子。青铜火盆（一种燃煤的容器）用于室内取暖（图5-25）。青铜油灯用于照明。精心制作的书橱有许多隔断，用于盛放成卷的手稿。丰富的室内家具装饰的流行，比历史上任何时候范围都更加广泛。

▲图5-24 希腊与罗马线脚形态对比。一般来说，罗马线脚使线条更精细的希腊线脚规律化了
吉尔伯特·维尔（Gilbert Werlé）/ 纽约室内设计学校

▲图5-25 罗马火盆，安装在折叠三脚架上，青铜制造，1世纪。支架上有动物头像和脚
法国国家博物馆联合会 / 纽约，艺术资源

古罗马家具

室内如何装饰、摆放何种家具，以及如何摆设，罗马人对此非常重视。有证据表明，与其他地区相比，在室内装饰方面，罗马人受到更多的限制。乍看起来，在室内装饰方面，罗马人表现得似乎很节俭，仅有少量装饰用品。但是，常常是花费大量心思和金钱，使室内装

座椅和床

与其他文化影响下的人相比，罗马人更喜欢坐下来。就像希腊人那样，吃饭的时候喜欢斜靠着。就餐用床和睡觉用床、御座、椅子和凳子都是源于希腊，但是，又都带有罗马特征。

列克塔斯

罗马沙发或者叫列克塔斯（letus），在罗马家庭中是一件非常重要的家具。在横向上可以是单座、双座，

甚至是三座，既可用于睡眠，又可用于就餐。伊特鲁里亚和罗马版本的列克塔斯，有些情况下比希腊沙发矮，更靠近地面。罗马版本的列克塔斯通常还带有旋制腿，用线脚装饰（图5-26）。上有扶手和头架，下有垫板，造型独特，雕刻精美。有时还有靠背，类似于现代的沙发。长方形的框架里面有绳子或者金属丝，用于支撑稻草或者羊毛垫，这些物品的表面有时还能够见到丝绸垫，或者昂贵的纺织品，这些材料都是从东方进口的。

就餐时使用的话，通常是中间一张方桌，房间的三面各放一张列克塔斯。两人或三人可以共用一张列克塔斯。这种情况下，一张列克塔斯仅有一块头部靠板，另一把处于相对位置上的仅有一块脚部垫板，中间一把既没有靠板，也没有垫板。这样，就餐者更容易灵活就座。餐厅中的列克塔是从希腊克里奈躺椅演变来的。

宝座

根据罗马文献记载，宝座是一种很高贵的椅子，仅供君主和神使用。还有的文献记载，这种椅子仅供贵族使用。无论是在哪种情况下，在正式接待场合，这种椅子都代表着一种至高无上的尊位。这种椅子与希腊御座非常相近，用青铜或者白色大理石制作（图5-4）的伊特鲁里亚先例也有类似之处。在多慕斯，宝座可以用石材进行装饰，在中庭中很显眼。像御座一样，宝座可能会有多种造型。但是，最常见的造型就是：靠背为圆形或者长方形，侧面扶手为实心，正面雕刻动物或者怪兽图案。

卡台德拉

还有一种经常使用的椅子，就是卡台德拉（cathedra）。但是，这种椅子有时专供达官贵人和贵族家庭中的妇人使用。它是在希腊克里斯莫斯椅子（图4-26、图4-27）的基础上发展而来的。后靠背为圆形，由垂直立柱支撑，腿弯曲，通常没有扶手。尽管源自希腊的克里斯莫斯椅，但是，与希腊版本相比，从雕刻和彩绘来看，都不够优雅别致。它还被用作一种轿子，在城镇中供富有的女人乘坐。后来，"Cathedra"改名为"Cathedral"，意思就是主教的座位。

小凳子和长凳

在罗马，最常见的座凳就是木制小凳子。一个最流行的版本，以希腊的地夫罗斯凳（dipthros）为原型，表面坚固，由四条垂直的腿支撑，腿上有螺纹装饰。有些小凳子用青铜制作，表面下凹，上面放置垫子（图5-27）。还有一种比较流行的是折叠小凳子，或者叫"塞拉"（sella，图5-28）。这种折叠小凳子同样以希腊的地夫罗斯凳为原型，制作材料包括木材、青铜和铁。相互交叉的四条腿，有的平直，有的弯曲，有的朴素，还有一些末端做成动物脚的形状。

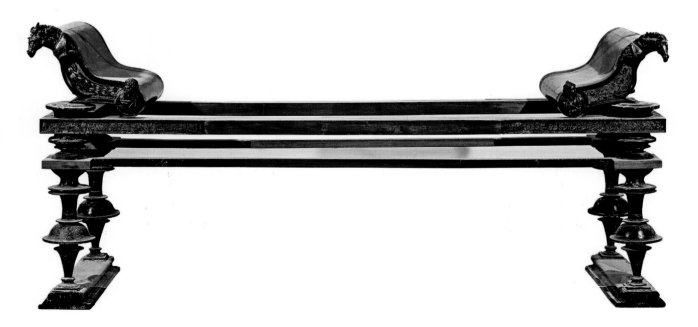

▲图5-26 青铜和木制列克塔斯，在博斯科雷亚莱（Boscoreale），木制部分是经过修复的。注意它与希腊克里奈躺椅（图4-28）的相似之处
斯卡拉/纽约，艺术资源

▲图 5-27 青铜凳子。1 世纪。凹形坐面上可能会有垫子
© 大英博物馆受托人

最著名的赛拉小凳子，就是罗马赛拉克尔利斯凳（sella curulis 或 curule），与政治权力相关联。这种凳子，底部呈"X"形，两套连锁装置上有多条相互平行的腿，就像在一块墓碑上雕刻的那样（图 5-29）。它是罗马的地方法官职位的象征，后来仅限于高级官员使用。有些官员的赛拉用象牙制作。据说尤利乌斯·恺撒就有一个用金子制作的赛拉。在罗马文献中，把赛拉克尔利斯凳看作伊特鲁里亚凳子的变形，连同法衣、图章和镀金月桂花环一起，象征着高贵和尊严。后来，罗马天主教会把赛拉克尔利斯凳看作主教的专用宝座，因而也称之为主教座凳。

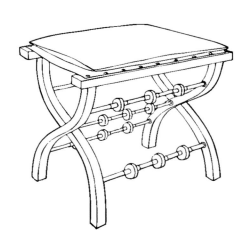

▲图 5-28 罗马赛拉凳或折叠小凳，模型用木材或金属制作而成

◀图 5-29 一位罗马法官的赛拉克尔利斯。1 世纪，雕刻在一块墓碑上，表明死者曾是政府官员

法国阿维尼翁，卡勒维博物馆。照片提供: 安德烈格兰德（Andre Guerrand）

工具与技术 | 庞贝城的发掘

有时，一个古老的悲剧是为未来保护它的原因。那不勒斯湾附近的两个罗马城镇庞贝和赫库兰尼姆就是这样。公元 79 年，它们被附近猛烈喷发的维苏威火山的火山灰掩埋。几个世纪以来，被维苏威火山埋深达 18 米的定居点相当雅致，其内部装饰比其他风化严重的罗马房屋更加精致。在这当中，最引人注目的是这座火山为我们保存的一系列壁画。

1711 年，在一口井的挖掘过程中，人们偶然发现了赫库兰尼姆的第一块石头和混凝土碎片。经过进一步挖掘，发现三尊女性雕像；这些雕像被称为"维斯塔贞女"，被带到维也纳展出。1748 年发现第一具人体。十年后，庞贝城更大、更丰富的遗址被发现。挖掘工作得益于这样一个事实：这些城市是在开阔的田野下发现的，而不是在较新的建筑下发现的，而且它们在很大程度上被埋在轻火山灰中。发掘工作的成果得到广泛的关注，这得益于一系列出版的出现，这些从两西西里国王查理三世（Charles III）订购的八卷图纸开始的出版物，成了学者和设计师们的极好资源。

桌子

就餐的时候，希腊人主要使用桌子，饭后将其收起来。罗马人拥有桌子的数量较多，并引以为豪，把桌子当作一种永久展示平台。据说，伟大的演说家西塞罗（Cicero，公元前100—公元前43）拥有一张斥巨资购买的柑橘木制桌子。柏木制作的桌子更上档次，最好的桌子则是由大理石、青铜、银或者金制作的。

餐桌低矮地安放在躺卧餐厅里，供用餐者使用。罗马人还有一种小型的、比较高的桌子，用于放置花卉、蜡烛和其他物品。希腊的三角桌，桌面为圆形，有三条动物造型的腿。这种桌子在罗马人当中也很流行。还有一种桌子，希腊人很少用，但在罗马很流行。这种桌子桌面是圆形或者方形，由一条中央立柱支撑。这里所看到的版本是大理石桌面、青铜镶边、大理石和青铜混合基座（图5-30）。

还有一种用大理石做的结婚礼仪桌，可能放在多慕斯中厅的上位，并且其上可能陈列着精美的器皿和用具（图5-31）。大理石也被用来装饰户外桌子的支撑板（图5-32）；桌子的长方形桌面有时用大理石制成，有时用木头制成。这在意大利文艺复兴期间又重新流行起来，彼时的复制版整体都是由木头制成。

图5-31 礼仪桌子，称之为卡蒂布莱姆（cartibulum），位于赫库兰尼姆一栋建筑中厅的方形水池（蓄水池）旁边。桌面长1.3米
阿里纳利/纽约，艺术资源

▲图5-32 在庞贝发现的雕刻大理石制桌子支柱
阿里纳利/纽约，艺术资源

▲图5-30 单基座支撑的桌子。方形大理石面，边缘镶嵌青铜，有时也采用圆面
各种大理石桌子，边缘镶嵌青铜，并用银和乌银修饰。由许多零碎构件重新制作而成。1世纪，罗马
意大利博斯科雷亚莱（Boscoreale）。大都会艺术博物馆，罗杰斯基金会，1906（06.1021.301）

储物家具

依据现今对于储物家具的定义，罗马时期的储物家具十分稀少。在普通罗马家庭里，衣物之类的日常物品都挂在挂钩或钉子上。据说罗马人是发明开放式橱柜或餐柜的民族，他们在上面摆放玻璃艺术品、金银器等奇珍异宝以供观赏，当时被称为橱碗柜（armarium）。一般这种橱柜上半部分中间会摆放家庭守护神拉列斯

（Lares）和佩纳特斯（Penates）的神像，周围摆放一些迷你科林斯圆柱，像一个迷你神庙一样，类似神龛。橱柜的下半部分为架子结构，通常摆放的是玻璃器皿、青铜罐和陶土花瓶，以及一些小型装饰品。

还有一些小型的储物家具，比如箱子，其中不乏一些制作精美的小盒子。这些器皿形状大小不一，一般都称作"arca"，较为小巧，通常为矩形或圆形，用于储存珠宝或洗漱用品。虽然当时没有银行保险库，也没有保险箱，但是人们也会把值钱的物品存放在相对保险的器皿里。

灯具

罗马灯具的灯芯通常浮在灯油上。灯具由陶土、铁、石刻或青铜制成，均有装饰。一些灯具可以直接坐在桌子上或其他位置上；一些则装有较高基座，一般为三角座；还有一些可以直接挂在屋顶的铁链上。图5-33中所示是在庞贝发现的一盏灯具，铜制，灯座上的雕刻为萨梯（森林之神）骑着一只黑豹。上方方形灯柱的四个支柱分别挂有四盏油灯，可以看出灯柱上的雕刻极为精致，但今天已无法识别上面的图案。

在各种灯具上，无论是桌上灯具、立式灯具还是挂式灯具，都采用了蜡烛和烛台。哈德良别墅中还留有立式烛台，这种高大的枝状装饰性烛台有2米多高（图5-34）。

◀图5-33 庞贝狄俄墨得斯别墅的铜制立式四支装饰性油灯
阿里纳利/纽约，艺术资源

◀图5-34 哈德良别墅一对雕刻大理石烛台之一，高2米多
阿里纳利/纽约，艺术资源

古罗马装饰艺术

罗马人不仅对于远道而来的宫廷装饰品有着强烈的追求，对家庭手工艺品也是爱不释手。虽然罗马的陶艺水平远不及希腊陶罐的精美，但他们在玻璃艺术品及镶嵌艺术品方面的成就不可小觑。

陶器

由于希腊的彩绘瓶罐有着很高的声誉，人们不禁要问，罗马人是否继承了希腊人制作陶罐的这种艺术细胞？历史上，罗马人的确制造并出口了大量的陶器（包括餐具、小雕像、烛台、灯具及陶制器皿），但大部分陶器都较为粗糙。其中，最精美的陶器叫作红精陶器（terra sigillata），很少有希腊风格的装饰。红精陶器的意思是"以印为记的黏土"（即刻上记号），以识别该类陶器的制作者。红精陶器通常为红色，由上等红陶土制成，未经上釉，但也发现过黑色及大理石纹的红精陶器。

玻璃

玻璃起源于地中海东部地区，一些人认为吹制玻璃是从公元前1世纪的叙利亚开始的。之前我们已经提到过克里特岛的玻璃珠与玻璃挂饰，以及埃及固体玻璃工艺品的浇铸与塑模。在1世纪中期，罗马就出现了极其精美复杂的玻璃工艺制品，并且十分符合罗马人当时的品位。罗马人所制作的玻璃制品，无论是从质量、数量还是种类上都超越了之前的任何文明。

罗马的玻璃制品中，既有显赫贵族用于欣赏把玩的精美工艺品，也有批量生产的百姓日常生活用具。二者都具有较高的实用性，玻璃器皿既可盛装香水也可用来放置用咸鱼做成的特制酱料。玻璃制品还可用于宣传，向民众展示君主及神的画像。这些玻璃制品通常由腓尼基商人进行买卖交易，所以有时也被称为腓尼基玻璃。

窗户玻璃

罗马人将玻璃应用于窗户这一举动对室内空间特点产生了巨大影响。人们在庞贝发现了玻璃碎片及玻璃窗边构造。尽管在当时这种应用并未推广开来，只在一些窗户上出现，但也预示着玻璃窗在人们未来生活中的无限前景。而在罗马建筑中，随处可见玻璃制品的影子，这些玻璃制品展示了罗马人空前的制作技艺及独特创造力。

贴色玻璃及套色玻璃

自由吹制玻璃中有一类叫作贴色玻璃，即将另一种颜色的玻璃薄衣覆盖在玻璃的外表层上。随后可在这层薄衣上刻出指定图案，重复这种工艺过程即可制造出多层多色的效果。这种贴色工艺也称作浸覆工艺（dip-overlay），法国人称这种玻璃为双层玻璃（verre doublé）。

人们不再将罗马玻璃制品当作银器或陶器的仿品，而是将其作为一种具有特点的独立艺术形式进行欣赏。尽管如此，罗马早期自由吹制玻璃制品中最著名的作品也只是玻璃浮雕，仍然是玻璃刻匠对玛瑙雕及其他名贵层状石雕的一种模仿。人们后来在庞贝发现了很多类似的玻璃浮雕。

另一种与玻璃贴色工艺相反的技术在19世纪逐渐流行起来，这种工艺是将不同颜色的玻璃薄衣浸覆在两层玻璃中间，因此这种玻璃叫作套色玻璃（或嵌覆玻璃cup-overlay）。

笼杯

这是一种用罗马工匠最擅长的玻璃切割工艺制成的玻璃杯，这项发明也缔造了一些惊人的作品，称为笼杯"diatreta"（图5-35），是根据罗马人对玻璃切割工匠的称呼"diatretarius"命名的。

今天我们通常称之为笼杯。要制成这些笼型器皿，首先要对其厚壁进行深度浮雕，在此基础上再进行凸雕，保证这些浮雕能在最低程度上与器皿主体进行结构桥接。这种工艺极其耗费时间及人力，且要求工匠有着极高的技艺，成品很易碎，因此这种玻璃制品也被归为奢侈艺术品。

▲图5-35 罗马近全透明的笼杯，300年，直径12厘米
罗马近全透明笼杯，纽约康宁玻璃博物馆藏品，赠予人：阿瑟·拉布洛夫（Arthur Rubloff）剩余遗产信托基金（87.1.1）

彩绘玻璃

彩绘玻璃在1世纪得到发展，即在器皿入炉焚烤之前进行涂画，这样颜料就可以在加热过程中嵌入器皿形成彩绘图案（图5-36）。彩绘通常包括动植物图案以及神话或者人类生活场景。有时彩绘会与镀金技术相结合，因为罗马人所制作的器皿和肖像浮雕中偶尔会出现金箔夹镀在彩色玻璃和透明玻璃之间的情况。这种将金夹镀在玻璃间的技艺在18世纪初的德国尤为流行。

其他罗马玻璃制作工艺

罗马人所采用的其他玻璃制作工艺还包括镶嵌玻璃（图5-37），即把着色棒（纤细的玻璃棒或一捆玻璃棒）上切割来的单色或多色的元素熔制在一起，形成颜色上

▲图 5-36 罗马帝国东部的彩绘玻璃瓶。3 世纪末期，高 15 厘米
罗马帝国东部的彩绘玻璃瓶，3 世纪末期。纽约康宁玻璃博物馆藏品，通过馆捐赠
基金购买（78.1.1）

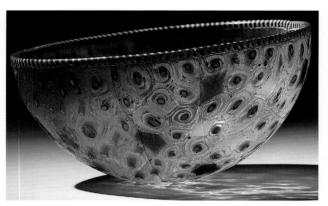

▲图 5-37 意大利中部镶嵌玻璃碗。公元前 2 世纪，直径 13 厘米
© 大英博物馆受托人

别具一格的图案，这种复杂多变的镶嵌玻璃被称为"千花玻璃"（millefiore，意大利语，意为"百花齐放"）。

另一更加精致的成就非默勒石（murrhine）这种乳白色玻璃莫属了。这种材料一般用于制作酒杯、花瓶及其他装饰性器皿。默勒石这个称呼在今天有时是指罗马玻璃器皿的仿品，这些仿品主体透明，镶嵌几片着色玻璃。这种复杂且加入多色的制作过程也许就是为了仿造镶嵌玻璃艺术品所展现的那种精湛技艺。

制作工具及技巧 | 玻璃吹制方法

玻璃态材料可细分为四个大类：埃及彩陶，之前已经有所提及；釉料，即陶器表面的涂层；搪瓷，一种熔制在金属表面的涂层；玻璃本身。这四种材料都是通过将硅土（如沙子）与碱性物质（如苏打和草木灰）混合熔炼获得，其中埃及彩陶的碱含量相对较低。石灰在这个过程中可以起到稳定剂的作用，当然添加其他物质也可以得到特殊效果（如铅，可以增加玻璃重量和质感）。

制作玻璃时要求制作原料有很高的温度，手指不能触碰，因此需要特殊的制作工具。最开始人们使用一种实心金属棒，也就是铁棒，收集炉子中的液态玻璃并将其吹制成形。目前这种铁棒还作为辅助工具在制作中使用，但主要的制作工具是一种中空的吹制管，有人认为这项发明起源于公元前 1 世纪的叙利亚，在管的一端放置半液态玻璃块，这样即可吹制成形。在出现这种吹制管之前，所有罗马玻璃制品都是通过浇铸模具的方法制作的。模具通常由陶器制成，更精细的零件则由金属制成。由于玻璃在冷却后不会像陶土一样轻微收缩，通常模具会分成几块制作以便于移动。

自从公元前 1 世纪下半叶出现吹制管后，罗马人首次采用了自由吹制工艺，即利用重力及摇晃吹制管将玻璃泡吹制成特定形状，或者使用钳子和镊子等工具进行塑形。在 25 年左右，罗马人开始将吹制管与模具结合，将玻璃吹入模具。有了这种工艺后，人们可以对复杂形状的玻璃制品进行预先模具设计并且能高效重复生产，因此玻璃制品从那时起变得不那么昂贵并且普及程度更高。无论是采用何种制作方法，罗马的玻璃制品均以形状多样、装饰美观而闻名于世。

镶嵌工艺

镶嵌工艺是指将一层小型的、占据空间相近的、统一规格的物体附着于主体表层的工艺，被镶嵌物体也叫作镶嵌物。镶嵌工艺早在罗马文明之前就已经出现了，希腊人经常运用这种技艺。然而镶嵌在罗马首次成为一种重要的艺术形式，后来传播至帝国其他地区，包括英国、法国、西班牙、北非等。

希腊人所采用的镶嵌物一般为鹅卵石，通常情况下为白色或浅棕色，镶嵌在黑色或深蓝色背景图案上。而罗马人的镶嵌物则种类繁多，大多是大理石质地的小方块或是其他自然石、贝壳、陶瓦、珍珠母、着色玻璃，以及后期的镶有金、银、锡的玻璃块。这些亮晶晶的玻璃镶嵌物一般嵌于墙板、泳池、雕像或喷泉的基座上，而一些坚硬的石块通常嵌于人们常常经过的道路上。

罗马大多数镶嵌物都是现场镶嵌的，但有些一体化浮雕和小型上等装饰面板需要在工匠铺子里的石板或陶土板上提前进行镶嵌加工，再带到现场进行组装。这种浮雕显然是极为奢侈的装饰品，较为小众。

有一种罗马镶嵌名为蠕虫状纹样工艺（opus vermiculatum），如图5-38，这种纹样是将镶嵌物进行波状排列紧凑镶嵌而得出，看起来像蠕虫的形状。这种纹样通常见于地板及墙板，采用的是古希腊传承下来的装饰性图案，包括精美的树枝状装饰、阿拉伯式花纹及各种几何图案。当然，还有一些几何图案与风格化的植物的组合，比如西西里岛亚美琳娜广场镇子旁的出土的一处罗马宫殿镶嵌图案（图5-39）。该宫殿建于4世纪，其中大概有45个房间，总面积约3530.32 m²，并全部由镶嵌物铺砌而成！

罗马人将现实生活场景的图案镶嵌于地板与墙板上，但对于今天的人们来说，这种图案适合墙面但并不适合地面装饰。罗马人对表现自然的图案有着强烈的好感，他们把这些图案镶嵌在大街小巷，主题涉及人物面具、头像、花环、花冠等组合图案。一些图案上画着鸽子在

▲ 图5-38 蠕虫状纹样镶嵌，由小型镶嵌物以波形排列镶嵌而成
斯卡拉/纽约，艺术资源

▲ 图5-39 4世纪，西西里岛亚美林娜广场上的两块地面上的罗马镶嵌纹样
阿伯克龙比

喝碗中的水，鹦鹉趾高气扬地走着，而鸭子步履蹒跚，一摇一摆。而在亚美林娜广场的，地面上一些图案中有战车在赛跑，孩童在打猎，爱神在搜寻爱人，情侣在跳舞拥吻，还有动物比如大象和犀牛，甚至有穿着比基尼的女孩拿着哑铃在做运动。前厅地面上那只吠叫之犬似乎传达着"小心恶犬"的信息（图5-40）。如果说罗马的玻璃手工艺者在某种程度上是对镶嵌师的一种模仿，那么镶嵌师所模仿的，就是那些画家与雕刻家，他们运用这种方式尽可能真实地传达出了当时人们的生活状态。

▲图5-40 "小心恶犬"这种图案通常见于罗马房屋的边缘区域，由碎片镶嵌而成，用于警示路人，与当今社会的警示牌功能无异
斯卡拉／纽约，艺术资源

古罗马纺织品

从彩绘、雕刻及书面描述中不难看出，纺织挂饰、纺织棉垫及床垫也是罗马室内装饰的一大亮点。由于纺织品极易损坏，很难保存，目前我们对于当时纺织物的样子还只是猜测。但是，对于纺织物的原料我们还是有所了解的，包括毛、亚麻、丝绸、皮革。并且纺织工艺并不只是单纯的编织，还包括刺绣以及少量的彩绘。

罗马多慕斯住宅中，丘比丘拉及其他房间的入口处都设有铜环悬挂的门帘而不是普通的房门。一些橱柜上

也并未设有柜门，同样悬挂门帘。

虽然今天我们椅子或沙发框架上的衬垫直到17世纪才发明出来，但对于罗马人来说，座椅处应该摆放坐垫来使座位更加舒适，坐垫一般都带有精美的缨穗作为装饰。

从一些彩绘线索来看，罗马人还喜欢使用装饰性的窗帘、墙壁挂饰、华盖，以及相当于现代帷幔的罗马纺织物，也就是窗帘顶部或挂在床上及沙发上的围帘。当然，床垫及枕头是必不可少的。在地面上也会铺一种灯芯草席。

彩绘线索指出，大部分软织物都有极强的装饰功能（庞贝壁画中就出现了条纹垫子套），色彩极为鲜艳。尽管这些纺织品大多没有保存下来，但我们通过罗马人的品位与性格可以推测出这些装饰品是极为精致华丽的。

总结：古罗马设计

罗马人将希腊艺术及建筑的思想与成就传扬到了整个帝国的各个角落，在这一领域为全世界做出了巨大贡献。但罗马不仅是文化的传播者，更为后世留下了独一无二的文化元素。

寻觅特点

罗马设计的最显著特征之一就是一致性。尽管罗马帝国疆域辽阔，气候多样，民族繁多，并且有着多样的文化传统，但其设计美学一直保有主流地位，风格清晰可辨。尽管罗马人吸收了他们所征服的众多城市的风格特点，他们对于自己城市的设计还是有着独到的见解，无论这些建筑是建于不列颠还是北非，它们都始终带有明显的罗马文化风格，各类房屋、桌子、灯具、壁画——几乎一砖一瓦都刻着罗马的印记。

罗马设计的另一显著特征就是极其注重装饰性。罗马文化与先前其他文化不同，对于物品的精美程度与装饰功能有自身的想法，而这种想法并不局限于神灵或是统治者身上。罗马人将装饰艺术最大程度地运用在自己的家中，在这些独特的设计中过着富足、奢侈的生活。

但是，这两种特征是如何相互融合，保持平衡的呢？实际上，罗马的设计理念是由无数能工巧匠（本土的或外来的）解读并以自身资质与能力再创造而逐渐形成的，所以在这个过程中必然会将罗马艺术形式简化及标准化。

我们看到一个罗马人对希腊造型进行改变的例子。希腊艺术中的线条可能在有一定艺术造诣的人的眼中更加精巧美妙，但对于普通人来说却不那么吸人眼球。而罗马艺术中的线条更加规则，容易理解，更容易画和雕刻。这种规则化的设计并不是设计原则模糊的体现，而是对于现实环境的一种肯定，有效地传达出了罗马设计的现实理念。

探索质量

人们对于小物件通常讲求质量，在罗马艺术中，我们能够见识到很多质量上乘的艺术品，比如美观的笼杯、精细的地面镶嵌画、高雅的壁画。但要说罗马艺术中最宏大壮观、质量上乘的艺术形式，就非罗马竞技场莫属了。它是无数罗马房屋的集合，不仅展示了拱顶的强大功能，而且将无数门廊连成一圈，也突显了这座建筑自身的华丽壮观。

这些建筑形式外部宏伟壮观，然而其基本构造更能让人大开眼界。而要欣赏基本构造，还是要从内部空间看起。

做出对比

本章大部分内容是以希腊与罗马的对比展开的，但说到底，希腊艺术与罗马艺术有很大程度上的不同，因为二者之间的设计思维、理念、目标都大不一样。

如果我们将希腊的顶级建筑帕提农神庙与罗马顶级建筑万神庙进行对比，就可以看出两种文化的明显差异。首先，二者都是各自文化中的重要庙宇，对于城市、宗教、当地居民都有着极其深刻的影响。希腊的帕提农神庙以其精致又极为准确的光学比例闻名于世。而罗马万神庙则以其完美的几何布局为世人所知。我们不能断言二者孰高孰低，但每一栋建筑都完美传达了其代表的文化目标。罗马人在一些稍逊于万神庙的建筑上，实现了希腊建筑师无法企及的规模以及复杂程度（也可能是希腊建筑师不愿把建筑设计得如此宏大复杂）。

在家具方面，可以说罗马人确实是心灵手巧，家具产量大又极具创造性。但罗马人所设计的任何家具似乎都没有希腊克里斯莫斯椅的那种优美典雅。而说到陶器，情况相似，希腊的彩绘花瓶还是要比罗马的产品高出一个等级。再看玻璃制品与镶嵌艺术品，罗马在工艺和设计独创性方面均超越了希腊。如果我们只是考虑室内设计，那么罗马人的智慧毫无疑问占据了上风。在罗马高质量与高产出的室内设计的基础上，诞生了新的艺术形式。

早期基督教与拜占庭风格设计

1—800年，330—1453年

6

"罗马治国之策、希腊文化之泉、基督信仰之力是驱动拜占庭繁荣发展的三驾马车。三者缺一不可，否则也不会有我们今天所认识的拜占庭。"

——乔治·奥斯卓高斯基（George Ostrogorsky，1902—1976），艺术史学家

基督教起源于古犹太（今巴勒斯坦境内），罗马帝国东部的一个边远村落，但基督教雏形以及其早期的发展进步都出现在罗马本地。当时的罗马人享有至高无上的权力及影响力，罗马建筑师、设计师们的理念还无法脱离希腊建筑的模式，并且依赖很深。但对于早期基督教建筑师和设计师来说，没有任何模式可以参考。基督教在那时是一个全新的宗教，那就需要全新的表现形式。如果将现有建筑或装饰的元素整合改良成代表基督教教义的建筑，那就有离经叛道的嫌疑，即使成功也会让人大失所望，就算是全新的发明也会让人指指点点。因此，后来基督教的建筑由其早期风格和拜占庭风格过渡到罗马式风格，最终以欧洲宏伟的哥特式大教堂登上建筑顶峰。

"拜占庭"艺术指的是罗马帝国君士坦丁堡的各类艺术，这座城市建造于拜占庭原址之上，因此命名。君士坦丁堡这座城市于330年由罗马皇帝君士坦丁一世在

拜占庭的基础上建立，历史悠久，根基雄厚，直到1453年土耳其人占领了这里，重新命名为伊斯坦布尔，这座城市的历史才告一段落。它的影响覆盖到意大利的拉韦纳与威尼斯、叙利亚、希腊甚至俄罗斯。尽管人们将拜占庭艺术（图6-1）称为早期基督教艺术风格的巅峰，但实际上拜占庭艺术与早期基督教和古典艺术先例都相去甚远。

早期基督教与拜占庭风格设计的决定性因素

我们可以将早期基督教设计笼统归类为西欧风格，以罗马旧圣彼得大教堂（330年）为其主要代表，而拜占庭设计则属于东欧风格，以君士坦丁堡的圣索菲亚大教堂（537年）为其主要代表，但在拉韦纳和一些其他

◀图6-1 意大利拉韦纳，圣维达尔教堂中的塞奥多拉（Theodora）皇后镶嵌肖像详图，约547年
斯卡拉/纽约，艺术资源

早期基督教与拜占庭风格设计			
时间	政治文化事件	早期基督教设计事件纪要	拜占庭设计事件纪要
约 30 年	耶稣受难；基督教受到迫害	地下墓穴装饰	
4 世纪	313 年，米兰赦令颁布； 330 年，承认基督教的合法性，罗马帝国首都迁至拜占庭	330 年，旧圣彼得大教堂建成； 350 年，圣康斯坦齐亚大教堂建成； 386 年，圣保罗大教堂于城墙外建成	
5 世纪	西哥特人侵犯意大利，最后一任罗马帝王退位	440 年，马杰奥尔圣母堂于罗马建成	420 年，加拉·普拉奇迪娅陵墓于拉韦纳建成； 452 年，东正教洗礼堂于拉韦纳建成
6 世纪		525 年，圣阿波里奈尔教堂于拉韦纳建成； 549 年，新圣阿波里奈尔教堂于拉韦纳克拉塞建成	537 年，圣索菲亚大教堂于君士坦丁堡建成； 547 年，圣维塔教堂于拉韦纳建成
6 世纪后	800 年，查理（Charlemagne）大帝加冕为罗马教皇； 1453 年，土耳其占领君士坦丁堡，终结了拜占庭帝国	向罗马式风格过渡	1085 年，圣马可大教堂于威尼斯建成； 1560 年，圣巴西尔大教堂于莫斯科建成

城市中，这两种风格的建筑经常排列建造。不可忽略的是，拜占庭之所以能够对后世基督教设计产生重大影响，其中一个原因就是其拥有独特的地理位置。而更具影响力的则是宗教原因与政治原因。

地理位置及自然资源因素

早期基督教设计发源于罗马，也就是罗马帝国的根基所在。但当旧圣彼得大教堂建成之后，罗马皇帝君士坦丁一世（Constantine）逐渐被拜占庭这个古老的色雷斯城独有的美景与战略优势所吸引。拜占庭位于巴尔干半岛一个新月形港口旁，是亚欧两大洲的交界之地。330 年，君士坦丁一世正式迁都拜占庭，并将其更名为新罗马（因其取代旧罗马作为罗马帝国首都而命名），但他后来默许称之为君士坦丁堡。

君士坦丁堡的地理位置在全世界可谓绝无仅有，欧亚两洲在这里由金角湾分隔开来。在这里，罗马皇帝能控制水陆两条关键的贸易要道。君士坦丁堡不仅在军事上是一个战略要地，这里的设计也可以说是繁复精美。作为世界交流的窗口，世界各地的精美设计很容易传入君士坦丁堡，而这里的设计理念也很快走向全球各个角落。

虽然拜占庭本地缺乏上等的建筑石料，但作为与世界其他地区进行贸易往来的中心，任何需要的商品都能够通过贸易轻松取得。当然，罗马人也将他们自己的建筑形式与技艺带入了拜占庭，但在一定程度上做了本地化改良，比如一些圆顶的近东风格建筑以及平顶的居住房屋。

宗教因素

正如罗马帝国的统治权力归属于恺撒大帝一样，早期基督教与拜占庭帝国由教堂统治，而教堂的权力中枢就是教皇。

最开始基督教徒的会面地点通常都是在地下，因为当时基督教刚刚建立，需要暗中行动来保证教徒的安全。313 年，君士坦丁一世（原本暗中信仰基督教）亲自宣布罗马帝国承认基督教的合法性，基督教的命运从此发生了巨大转变，所有欧洲民众纷纷开始关注基督教。

就在君士坦丁一世帮助基督教在新君士坦丁堡成功立足时，这里的设计也开始发生变革。拜占庭的设计风格较为原创、大气、奢华，与早期基督教或是古典设计理念截然不同。早期希腊艺术中的大方、典雅、均衡尽管在希腊时期和罗马时期均有不同程度的放大与完善，但根源都在自然世界。来自拜占庭的东方元素与基督教的情感元素相结合产生了一种全新的艺术构想，这种构想摒弃了自然与精美的成分而追求一种纯宗教情结。由此，希腊之神阿波罗变成了冷静克制的形象，而耶稣这位受难者、殉道者、救赎者身上却多了一丝热情。

政治及军事因素

曾经称霸一时的罗马帝国在基督教创立的第一个世纪开始走下坡路。尽管曾经的罗马帝国疆域辽阔，富强昌盛，但其版图始终有限，而疆界之外的一些国家，对罗马帝国一直存有敌意。镇守边界的罗马军团屡战屡败，挫伤了整个国家的士气。外患如此，内忧仍存，内部暴乱、国内战争、经济衰退、国王被刺很快拖垮了整个帝国。终于，最后一任罗马帝国皇帝于 476 年退位，罗马帝国成为历史。

罗马帝国分崩离析后，进入了一个日耳曼侵略者（如哥特人和汪达尔人）暴力肆虐的时期。但在 4 世纪到 5 世纪的中世纪时期，也就是西方古代到文艺复兴之前的这段时间，其实不仅仅是个野蛮的时代。在这期间，来自各地的侵略者与罗马文化的残余接触，必然存在不同文化之间的借鉴与融合。尽管没有之前罗马帝国的宏伟，也不比文艺复兴的开化，但这 1200 年的历史还是有其独特的亮点。

拜占庭帝国的巅峰持续了近几个世纪。尽管期间遭到了多次侵犯，直到 1453 年，苏丹穆罕默德二世占领了君士坦丁堡，将其更名为伊斯坦布尔并作为土耳其帝国首都时，拜占庭帝国被终结。

早期基督教与拜占庭风格建筑及室内设计

早期基督教与拜占庭风格建筑以教堂居多，而且有一些建筑留存至今。比如，在君士坦丁堡古城区周围，仍矗立着 5 世纪时修建的双层城墙、瞭望塔等部分遗迹。东罗马帝国皇帝查士丁尼一世（Justinian）亲自主持修建了参议院及一座以其骑像为顶的纪念柱。他还组织重建了大部分皇室宫殿。但人们至今对于拜占庭的民居建筑知之甚少，所以主要关注教会建筑。

在基督教创立后的前三百年中，并没有发展教堂建筑。正如史学家理查德·克劳泰默（Richard Krautheimer）所指，"早期的基督教信徒没有任何途径，也未曾设立任何组织来发展宗教建筑，甚至对于发展宗教建筑毫无兴趣。他们所选择的集会地点非常随意，合适即可。"随着时代发展，基督教徒们开始计划兴建特定建筑以进行圣餐仪式，宣扬自己的宗教态度。随后，拜占庭的建筑师们也开始响应这种变革倡议。然而早期基督教建筑师与拜占庭建筑师对于这一倡议回应的风格极为不同，前者追求隆重的室内装饰，而后者则追求建筑上的繁复与精妙。

早期基督教建筑

早期基督教徒们面临的问题之一是要为这一前无古人的宗教选择一种独特的建筑风格，而更迫在眉睫的问题，是要选择一处法律允许的集会地点。

地下墓穴

基督教徒最早的集会地点之一就是地下墓穴，也就是罗马街道建筑地下的坟地，深入至城外的石灰岩层。但其中仍有些剩余空间，可以进行秘密集会、埋葬已故之人。这些墓穴多少都有装饰，风格近似于当时的民居。比如，在罗马的圣玛策林及圣伯多禄墓窟顶部，我们发现了一幅绘画（图 6-2），第一眼看上去接近一种孤独纤细的绘画风格——将一些独立的人物浮画在纤细的线条之中，这种风格在当时的民居装饰上极为流行。而且在这个时期已经有早期的基督教画家开始采用具有宗教象征意义的绘画方式及图案：较大的圆圈代表的是天堂之顶，其中五个较小的圆交叉分布，圆形浮雕（中间的圆）雕刻的是一个牧羊人，他的肩膀上扛着一只羊，这种流行的图案象征耶稣时刻保佑着他的信徒。

在弦月窗（或称作半圆形区域）上，我们也找到了描绘圣经旧约中约拿与鲸的图案。

基督教不会一直甘愿做一个地下宗教，君士坦丁一世在改变基督教命运方面起到了至关重要的作用。历史上第一次有统治者对新生宗教如此扶持，要求建造基督教建筑及发展基督教风格的室内设计。但这些设计究竟面貌如何呢？

早期基督教建筑结构只是仿造其他宗教而建。随着人们对基督教的热情高涨，鼓励了建筑活动，人们纷纷将旧罗马时期的神庙拆除，用拆下来的石块作为基督教建筑的材料。就这样，用旧建筑的这些"零部件"——大理石柱和装饰板，人们建造了新的教堂，但没有考虑

▲图6-2 4世纪，罗马，圣玛策林及圣伯多禄墓窟顶部绘画详图
意大利，卡普拉罗拉，加那利图片库

到既有秩序和其他传统建筑的关系。在同一时期，那些刚刚解放的基督教教堂发展出了更加详尽的礼拜仪式，教堂规模迅速扩大，也收获了不小的财富。324年，君士坦丁一世授权在罗马建立一座比圣彼得教堂还要大的教堂，能同时容纳上千名朝圣者。这座教堂可以说是早期基督教建筑中地位最重要的一座了。

旧圣彼得大教堂，罗马

建造旧圣彼得大教堂时，君士坦丁一世参考了古罗马巴西利卡这种模型，这种建筑类型从公元前2世纪或公元前3世纪开始就一直沿用。古罗马巴西利卡是一种大型会堂，罗马人认为这是一个设计简单的无侧廊大厅，根据使用目的可将会堂分为多个部分，屋顶为木制构架。

在基督教早期（未进入拜占庭时期和罗马风格时期），这种巴西利卡教堂通常会设计为中间是一个较大型的中厅，两旁是一些较窄矮的侧廊。

这种教堂狭长的中厅中央只有一条通道，十分适于进行宗教仪式，而两边的侧廊则作为观礼区使用。中厅的石墙高大笔直，有时还用于支撑拱廊（由多个带有支柱或桥墩的拱桥连接组成）。高墙上装有窗户，也对木制屋顶起了一定的支撑作用。竣工于330年的旧圣彼得大教堂可以说是基督教的主要标志性建筑之一。简而言之，这座教堂规模宏大，包含五个平行侧廊，最大的中厅高37米，最高处为其西侧的拱点（图6-3）。教堂的主体前方是前厅（入口处的一个接待室或是门廊）和

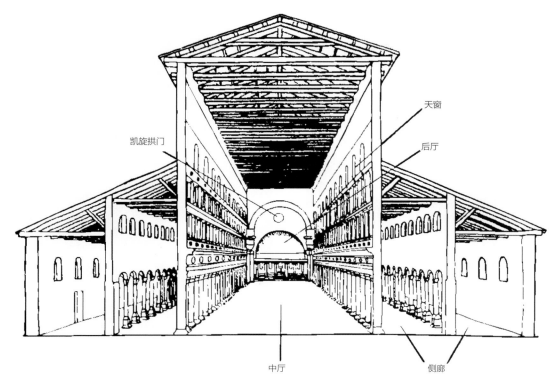

图中标注文字：天窗、后厅、凯旋拱门、中厅、侧廊

▲图 6-3 罗马旧圣彼得大教堂（300 年）垂直切面图，后厅在西侧
来源：柯南特（Conant）

中庭（一处露天空地），这种建筑效果被后来许多教堂建筑视为标杆。教堂中殿高大雄伟，被后世的哥特式教堂争相模仿，由东到西总长 213 米，几乎与文艺复兴时期修建的升级版——新圣彼得大教堂的长度齐平。

与很多早期基督教巴利利卡教堂一样，旧圣彼得大教堂的外部装饰极为朴素，但相比之下，其内部设计就显得异常丰富，采用了多种奢华装饰材料如镶嵌工艺品、巨大的孔雀铜像、松塔、斑岩石柱、绿蛇纹石及古典金麻，顶部采用科林斯或混合型立柱，教堂上方还悬挂着各种挂饰及金紫双色的坛布。但这些内饰都没能保留至今。

其他早期巴西利卡教堂

在圣彼得大教堂建成后不久，又出现了与其规模相仿的一座留存至今的教堂，即建于城墙以外的圣保罗大教堂。圣保罗大教堂有五个侧廊，位于当时罗马城的边缘。其中殿内有八十根花岗岩石柱，石柱上面为历届教皇的镶嵌浮雕。圣保罗大教堂是君士坦丁一世下令建造的，386 年狄奥多西一世（Theodosius）下令扩建，其后殿上的镶嵌物是 13 世纪时加上去的。教堂内的祭坛天盖（祭坛上方的一个开放式华盖，和后殿在东端呈半圆

形展开，图 6-4）上展示出了精美丰富的镶嵌物。这种装饰由当时的加拉·普拉齐迪亚（Galla Placidia）皇后所倡议，她个人也非常欣赏这类艺术形式，是这类艺术的重要资助人（后人为纪念她，以她的名字命名了一座教堂）。

其他两座重要的早期基督教长方形会堂都建于拉韦纳。拉韦纳是意大利北部的一座小镇，靠近亚得里亚海的克拉塞（Classe）港。这两座教堂就是建于 493 年到 525 年间的新圣阿波利纳尔诺沃教堂和在 534 年到 549 年间于克拉塞建造的圣阿波利纳尔教堂。这两座教堂宏伟大方、设计简单（图 6-5），其拱廊都用精美的镶嵌壁画进行装饰（图 6-6）。两座教堂中厅末端都嵌有半圆形拱门，内部都以大理石护墙（这种墙面过于朴实，材料易损）以及镶嵌物覆盖。克拉塞圣阿波里奈尔教堂北部毗邻的一座圆柱形钟楼（campanile），是第一批建造的钟楼之一。

集中式结构建筑

并非所有早期基督教建筑都是采用巴西利卡堂结构。一部分早期基督教建筑采用的是集中式结构，形状包括

▲图 6-4 罗马城墙外的圣保罗大教堂，扩建于 386 年，面对坛
布方向拍摄

斯卡拉 / 纽约，艺术资源

▲图 6-5 拉韦纳克拉塞港的圣阿波利纳尔教堂，建于 530 年—549 年间

斯卡拉 / 纽约，艺术资源

▲图 6-6 493—525 年，拉韦纳新圣阿波利纳尔教堂的一处镶嵌壁画，画中描绘的是狄奥多里克宫殿，其拱廊上悬挂着窗帘

斯卡拉 / 纽约，艺术资源

圆形、多边形和十字形（交叉形）。这些建筑通常作为洗礼堂、陵墓或是纪念堂，也就是纪念殉道者或圣人的神龛使用。圣康斯坦齐亚大教堂就是其中之一，建于公元350年，是君士坦丁一世女儿的陵墓。其特点是在圆顶中央有一个中心支柱，周围设置天窗，中心区域由12对支柱组成的拱廊环绕，所以拱廊上方一圈都是筒形拱顶（图6-7）。图6-8中筒形拱顶上以镶嵌物作为装饰，说明人们已经开始将希腊和罗马文化中经典的装饰图案应用到新生宗教装饰中。

拜占庭教堂

527年，一世查士丁尼在君士坦丁堡继位，自那时起，基督教的礼拜仪式发生了改变。弥撒庆典由原来只在中厅边缘进行的仪式，变成了在中央举行的一项重要活动。这样一来，对教堂的设计产生了一定影响，集中式设计就要比巴西利卡教堂结构更加合理。然而，与圣康斯坦齐亚大教堂的圆形结构及其圆顶结构不同，新的拜占庭设计模式是将东方教堂的圆顶结构和西方教堂的古典风格结合在了一起。而这种方形结构加圆顶的新式设计同时也继承了之前设计的弊端：很难将圆顶的圆形基座安装在方形结构上。

对于这个问题有两种解决方法，且都应用广泛。早期出现的一种比较原始的方法是将对角斜拱（或斜构件）放置于方形结构顶部四角，这样即可将方形结构转化为八角形结构，更加接近圆顶基座的形状。第二种方法更加复杂，是在四角加设穹隅结构（或称为凹面结构，表6-1）。这样视觉上看起来像是圆顶直接坐在拱廊上，而拱廊与圆顶圆形基座间中空的部分则由球面中的三角形部分进行填充。穹隅结构不仅应用于一些主要的拜占庭教堂，一部分罗马风格的教堂和后来文艺复兴时期的教堂也都采用了这种结构。在一些设计中，人们把鼓形圆柱直立在圆顶基座结构圈中，夹在方形结构和圆顶之间，有些教堂内的鼓形圆柱还出现在窗户结构之间。

圣索菲亚大教堂，君士坦丁堡

查士丁尼曾在君士坦丁堡以上述新模式建造了三十多个教堂（目前已全部损毁），他也因此而驰名。而这种模式在接下来的数千年都得以延续发展，但其中最具代表性的还是君士坦丁堡的圣索菲亚大教堂（也称圣智堂）。

▲图6-7 罗马圣康斯坦齐亚大教堂内部图，约350年
尼古拉斯·萨佩哈（Nicolas Sapieha）/ 纽约，考比斯

▲图6-8 罗马圣康斯坦齐亚大教堂筒形拱顶镶嵌物详图，在各个希腊风格的连接环内可以看出有丘比特、人物、鸟兽等图案
斯卡拉 / 纽约，艺术资源

下面左图中可以看到对角斜拱架构，即拱桥上起支撑作用的是斜构件。右图中为穹隅结构，或称为凹倒三角形平面。穹隅结构以支柱到圆角上一个点为起始点，随后向上延伸至倒三角的两个上顶点，这样两顶点交汇于圆顶最低部分的圆形横向架构时就形成了一个凹陷的扇形支撑结构。

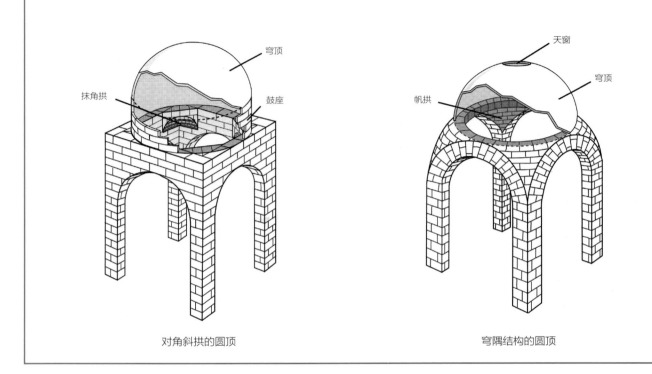

对角斜拱的圆顶　　　　　　　　　　　　　　　　穹隅结构的圆顶

圣索菲亚大教堂建于之前被焚毁的巴西利卡教堂废墟之上，在结构创新、装饰美感和大小规模上都超越了之前的所有教堂，几个世纪以内都号称世界上最大的封闭式建筑。查士丁尼一世任命的负责建造圣索菲亚大教堂的两位设计师分别是来自特拉勒斯的安提莫斯（Anthemius）和来自米利都的伊西多尔（Isidore，474—558），二人都是几何学家。尤其是安提莫斯在建筑领域还有一个特殊的称号：能将几何变成建筑的实干家。可以想象，他对这座教堂的基本结构早就胸有成竹。在 71 米 ×73 米的矩形架构内，用四个巨大的支柱标记出了中央广场的轮廓。广场上方 21 米处四个巨大的拱桥以穹隅结构连接，每个拱桥高 18.5 米，并向内倾斜 8 米。拱桥与穹隅结构之上便是巨大的圆顶了，直径 31 米，简直像是"浮"在空中一样，其基座圈上窗户数不胜数，而在圆顶下方有许多半圆顶结构，结构末端仍设有大量窗户（图 6-9）。

圣索菲亚大教堂是经典理性与神秘想象结合的产物，教堂中央空间明亮宽敞，主要结构清晰可见，但其他次要的区域，包括没有拍摄到的走廊、长廊及挂饰空间都比较昏暗模糊，结构也很复杂。而其创造的这种无形的神秘感更由注重外观而非内质的装饰品进一步强化了，这些装饰品中，有各色的镶嵌物，质地多样：大理石、斑岩、红玛瑙和黑玛瑙，以及珍珠母和象牙镶嵌物。圣坛幕饰上的银色与金色的吊灯交相辉映，窗户上嵌着彩色玻璃，还有各式各样的石柱柱头和拱肩结构，以及由树枝状装饰（植被轴状图案）环绕的金属工艺品。

从这座教堂我们可以看出拜占庭建筑结构的很多特点：极其注重室内集中装饰，而这又导致了建筑外部表

▶图 6-9 圣索菲亚大教堂巨型圆顶穹隅结构之外，其中一个相邻的半圆顶结构
沃尔特·丹尼（Walter B. Denny）

面过于平淡（虽然外部建筑结构有时纷繁复杂，但其内部空间装饰堪称精妙绝伦）。1453年土耳其人占据这里之后，对教堂进行了一系列改造：在教堂每个角落都建造了尖塔，在边缘修建陵墓，所有的镶嵌物都漆成了白色，教堂内部更是挂上了印有《古兰经》经句的巨大幕布。

加拉·普拉齐迪亚陵墓，拉韦纳

420年，也就是罗马帝国分裂为东西罗马帝国之后，为了纪念加拉·普拉齐迪亚皇后，人们在拉韦纳为她修建了加拉·普拉齐迪亚陵墓。尽管规模不大，内部空间最大长度仅有12米，但其建筑结构为十字形——极有可能是历史上第一栋十字形建筑。这座陵墓外部简单朴实，内部装饰却很丰富：板墙全部由大理石打造，拱顶及圆顶内侧都以显眼的镶嵌壁画进行装饰（图6-10）。这种十字架构支撑着沉重的石棺。最值得一提的是它的中央圆顶及其穹隅结构，与半圆顶浑然一体，无缝衔接。陵墓中的镶嵌物也非同凡响，深蓝色夜空背景下，金色的星星排列出抽象的图案，而且壁画中金星环绕的圆形几何图形更加完善了圆顶的几何结构。另外，在每个角落中都有一位福音传教士的画像（图6-11）。

▲图6-10 拉韦纳，加拉·普拉齐迪亚陵墓，十字架结构上的圆顶中夜空背景下金星环绕的镶嵌壁画
斯卡拉/纽约，艺术资源

▼图6-11 拉韦纳，加拉·普拉齐迪亚陵墓，于圆顶下方拍摄，石棺位于陵墓拱形短臂下方区域
加那利图片库，米兰

建筑史学家威廉·麦克唐纳德（William MacDonald）对于早期基督教集中式结构教堂做了大量的研究，撰写了多篇文章。他认为"这些封闭的、毫无缝隙的、堡垒似的建筑所描绘的是宇宙的旋转，而建筑内部所有的表层装饰浑然一体，以至于人们无法分辨它们本身的材料质地。这些装饰描绘出了权力的线条，将中心的仪式点与……天国相连……虽然没有体现出仪式的空间感，也缺乏一定的扩建技巧"，然而"它们的象征意义与纪念价值无与伦比，以至于人们都想把这种教堂风格与其他公理会建筑风格相结合，并且在早期基督教建筑中，许多人就已经开始尝试将横向建筑与纵向建筑融合为一体……最终，圣索菲亚大教堂完美地解决了这一问题"。

圣维达尔教堂，拉韦纳

圣维达尔教堂是由查士丁尼一世于 526 年所建，是另一集中结构教堂，但其几何结构更加复杂，内部分区更加烦琐。无论内部还是外部，圣维达尔教堂各个分区间的精密联系使它成为了人们眼中能够接替更早更大的圣索菲亚大教堂的优质建筑。

圣维达尔教堂高大的圆顶底部为八边形基座，最大直径为 17 米，外部由一个较低的八边形基座包裹，最大直径为 35 米。内部八边形基座中一边正对圣坛，而其他七边则对应七个半圆形的拱廊，拱廊延伸至周围的回廊并带有高层通道。支撑圆顶的穹隅结构由小型拱廊组成，这样可以使圆顶基座部分呈现一个独特的扇形结构。

与不远处的加拉·普拉齐迪亚陵墓相似，圣维达尔教堂外部用料极为简朴，所以人们根本无法猜到其内部装饰的富丽堂皇。其内部装饰同样包括一些上等大理石及十分出名的镶嵌壁画，一些壁画还描绘了查士丁尼一世及皇后西塞多拉共同献礼的场景（图 6-12）。石柱上精美的石雕（图 6-13）均是以截短的倒金字塔形式进行

▲图 6-12 拉韦纳圣维达尔教堂，547 年，于拱点方位拍摄，可见该小型教堂的内部复杂结构
加那利图片库，米兰

雕刻，向外突出，随着它们的上升而向外扩张。这种石柱帽叫作拱墩帽（impost capital），来源于拱墩（impost）这个词，意为拱形结构所依托的部分（比如墙壁上的托架结构）。在拱墩帽和拱形结构之间还有另一个部分，呈块状，称作拱基垫块或者超级顶板。拱基垫块在拜占庭建筑设计中应用广泛，也常出现于罗马风格的建筑设计中。

圣马可大教堂，威尼斯

圣马可大教堂是所有拜占庭风格建筑中装饰最奢华精美的建筑（图 6-14），矗立在圣马可广场上。828 年，为了保存威尼斯人从亚历山大港偷运回来的圣马可的遗体，修建了圣马可大教堂，后经历翻修及大火，今天立于此址的教堂始建于 1063 年，到 1085 年基本竣工。

表 6-2　十字架种类

基督教信奉耶稣，根据四福音书中的说法，耶稣最后被钉在十字架上处死，因此，十字架成了基督教的一个主要标志。而十字架的形状并不是由四位布道者指定的，所以已经衍生出了很多种类，下面展示的是其中一部分。在布道过程中使用的十字架可以是平面图画或是立体物件，可制作成碑进行固定，也可随身携带或佩戴在胸前（用细链或丝带系在胸前）。

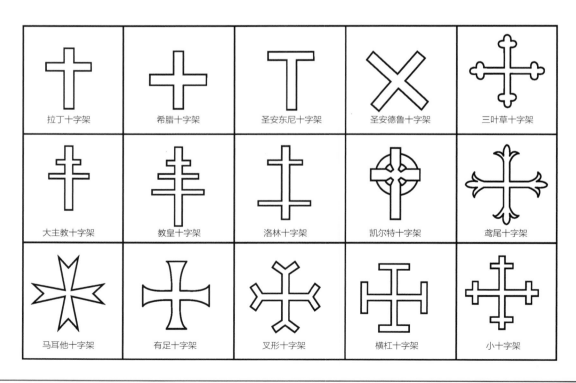

拉丁十字架	希腊十字架	圣安东尼十字架	圣安德鲁十字架	三叶草十字架
大主教十字架	教皇十字架	洛林十字架	凯尔特十字架	鸢尾十字架
马耳他十字架	有足十字架	叉形十字架	横杠十字架	小十字架

6-14 威尼斯圣马可大教堂内部图，
1063 年—1085 年
加那利图片库，米兰

对于这座教堂的装饰几个世纪以来从未停止。内部柱廊完成于 11 世纪及 12 世纪早期，石柱和内墙上的大理石护壁也是在 12 世纪才铺设完毕，而大部分的镶嵌壁画则是在 12 世纪和 13 世纪粉饰完毕的。最后，正面的哥特式山墙以及上面的葱形拱（带有 S 形边的拱形结构，见第 133 页"表 7-1 拱券类型"）和其间竖立的花型浮雕尖顶都是在 15 世纪时添加上去的。

该教堂结构为正方形内切希腊十字形结构（由四条同样长度的短臂组成的十字架结构），带有大型中央圆顶，直径 13 米，每个短臂处还延伸出一个小型半圆顶。而且用于支撑圆顶的石柱也十分硕大，大小为 6.5 米 × 8.5 米，但其间有地面通道和高廊通道贯穿，也减轻了支柱压力。穹隅结构上的圆顶与拱顶上方的半圆顶四周都设有窗户，来为教堂上方色彩鲜艳的镶嵌壁画提供柔光照明。

圣巴西尔大教堂，莫斯科

即使在拜占庭帝国 1453 年灭亡之后，拜占庭的建筑设计也仍然流传于世。俄国的暴君伊凡（Ivan the Terrible，即伊凡四世，1530—1584），是拜占庭帝国的最后一位皇帝的后裔，1547 年加冕为沙皇，并在基辅、诺夫哥罗德和莫斯科主持建造了拜占庭风格建筑。

圣巴西尔教堂（圣瓦西里教堂）就是其中之一，它建于克里姆林宫附近，始建于 1555 年，五年后竣工也就是建于 15 世纪的城墙中。

圣巴西尔大教堂的装饰风格极具娱乐性，不同于以往拜占庭风格建筑的肃穆与神秘。其圆顶均为洋葱形状，每个圆顶的图案都有不同的风格——条状、螺旋或是 V 形图案，且均以亮色瓦片铺砌。其内部空间（图 6-15）的复杂程度与外部相当，教堂的中央空间由八个分礼拜堂环绕，每个礼拜堂都有其自己的圆顶，礼拜堂和中央空间之间由狭窄的通道连接。暂且不论这座教堂外部的精美华丽，单看其整个结构设计就很难用于宗教圣会仪式。

早期基督教及拜占庭装饰

正如我们从埃及、希腊、罗马及古代近东地区看到的一样，装饰品在之后的文化中同样用来传达盛行宗教的教义。对于创立不久的基督教来说，他们急需向世界传播本教教义，向那些不理解基督教的人们普及这些知识。而其中当然也涵盖了一些世俗的信息，比如关于统

▲图 6-15 莫斯科圣巴西尔大教堂分礼拜堂详图，其中狭小的走廊通往另一礼拜堂
© 1991 约翰·弗里曼（John Freeman）

治者和贵族，他们如何能够打胜仗，在竞技场大胜对手，从宫殿大事到家院小情，或是狩猎活动，这些信息涉及人们日常生活的方方面面。但各个时代流传最为丰富的意象仍然是以教堂为主。

与发源于罗马的早期基督教主流装饰（见第 123 页"表 6-3 基督教象征标志"）和来自君士坦丁堡的拜占庭装饰时间相近，两个相对小众但值得一提的装饰风格分支出现了：埃及的科普特（Coptic）装饰与不列颠群岛的凯尔特（Celtic）装饰。

基督教标志

这个时期见证了基督教标志的起源与发展。一些标志来源于其他宗教传说，比如孔雀代表永生，鱼一般代表基督教。"好牧人"的基督教寓言也是来源于其他宗教传说。在君士坦丁一世时代出现了一个新的标志，即"耶稣的首字母组合"，它将耶稣希腊语名字的前两个字母组合在一起，也就是 chi 和 rho，分别代表英文中的 X 和 P，这两个字母组合在一起称作 chi—rho。基督教早期出现的人物形象主要是四个福音传教士（马太、马可、路加及约翰，表 6-3 基督教象征标志）。在早期基督教艺术中（图 6-11、图 6-16），福音传教士的

表6-3 基督教象征标志

在基督教的任何一个发展阶段中，装饰物与装饰艺术都带有很丰富的象征性信息。下面是一些除十字架以外的基督教主要象征标志。这些象征标志多数都与其他宗教相关。

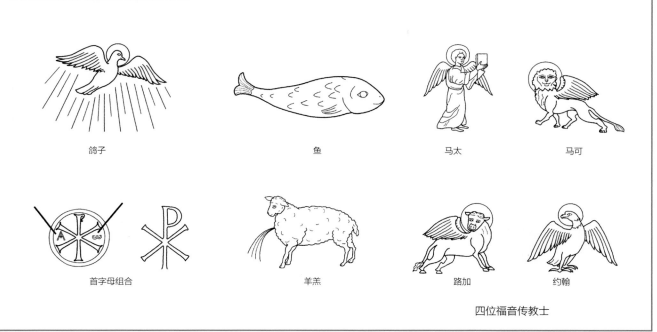

鸽子　　　　　　　　　　鱼　　　　　　　　　　马太　　　　　　　　　　马可

首字母组合　　　　　　　羊羔　　　　　　　　　　路加　　　　　　　　　　约翰

四位福音传教士

形象都带有翅膀，而在之后的时代，翅膀的点缀逐渐消失了。他们被赋予了不同的装扮：马太为凡人，马可为狮子，路加为公牛，而约翰为雄鹰。其他早期使用的基督教标志都源于圣经。包括从旧约中来的亚当与夏娃、约拿与鲸、挪亚方舟，以及源自新约的耶稣诞生、洗礼、最后的晚餐、耶稣之死和三位一体。

科普特设计

科普特设计指的是来自被基督化的埃及的设计。它在5世纪末期全面成熟时传入埃及，并发展迅速，直到640年，阿拉伯人征服埃及，科普特设计没落，伊斯兰文化成了埃及艺术的主流（但13世纪时出现了一次科普特文化复苏）。科普特设计的特点是高度程式化、平面形式、线条单纯简洁。科普特设计在雕像、玻璃艺术品、象牙艺术品、木制工艺品、壁画、文字手稿各类艺术形式中均有体现，因为这些艺术品经常以金银或其他亮色涂层装饰，据传能够发光。科普特纺织品十分精美，部分装饰毯和条带中刺有独特的几何装饰图案（图6-16），工艺精良，多见于欧洲教堂装饰。白石灰岩为一种常见

的重要建筑原料，壁画及其他装饰元素一般以红色、黄色及其他亮色涂画在白色背景上的形式出现。

凯尔特设计

凯尔特艺术及其手工艺品指的是说凯尔特语的工匠创作的艺术品及各种艺术形式，这些人包括爱尔兰人、威尔士人、部分苏格兰和曼岛人、英国康沃尔郡人，以及法国布列塔尼人。凯尔特设计同样来源于其他宗教，常用来装饰人们顶礼膜拜的自然神所在的万神庙，而这种膜拜仪式最开始由德鲁伊教教士牵头进行。在爱尔兰和北英格兰信奉基督教之后，凯尔特艺术风格被应用到基督教中，所以中世纪时期的艺术均为基督教艺术风格。这种设计在7世纪和8世纪得到了较快发展，对爱尔兰传教士在欧洲建造的修道院产生了一定影响。但在800年维京人入侵后就逐渐没落了。

凯尔特设计是一种追求繁复风格的艺术。其中涵盖各种形象：植物、神兽、各种人物形象，但图案十分抽象，既不是现实主义也不是自然主义。也许凯尔特设计最明显的特点就是它的编结工艺了，这种装饰图形只需将线

▲图6-16 科普特棉麻编织物上的一个天使图案（5世纪）装饰毯。亚麻布绣棉编织品：拿着花冠和十字架的飞翔天使；埃及（科普特）设计，400—599 年

伦敦，维多利亚阿尔伯特博物馆 / 纽约，艺术资源

条编结在一起（图6-17）。除了编结工艺外，还有凯尔特十字架（见第120页"表6-2 十字架种类"）这种具有独特设计风格的高大石制结构，凯尔特陶艺、金属手工艺品（如二轮战车配件、头盔、盾牌、矛头、剑鞘），以及各种泥金装饰手抄本同样能够代表凯尔特艺术特点。

圣像及圣像破坏运动

在早期拜占庭，圣像或者是描绘宗教人物的其他艺术形式已经广泛普及，虔诚的信徒很容易能够取得圣像。一些小型圣像可以随身携带，但很多大型圣像都摆放在拜占庭教堂的圣障中，圣障即用来分割教堂内殿所使用的屏帷。而大多情况下，圣像都以蛋彩画的形式喷涂于木板上，但人们有时也使用镶嵌物和上等金属来制作圣像。

▲图6-17 凯尔特编结图案实例
艾丹·J·米汉（Aidan J. Meehan），《凯尔特风格图案画册》（*Celtic Patterns Painting Book*），版权所有：艾丹·米汉，1997

人们将某些特征进一步改良为新的圣像以区分于其他宗教圣像。比如改良后的圣像看起来更加平整，没有阴影，采用具有象征意义的着色，甚至运用夸张的比例，这样就能使圣像人物更易于辨认（图6-18）。

然而，726年，拜占庭皇帝利奥三世（Leo III）下令销毁帝国皇宫门前的耶稣圣像。但他并不是放弃了对基督的信奉。事实是，他当时加入了一个特殊的信徒团体，他们认为耶稣的形象无比神圣，凡人没有能力描绘出来。这种对宗教圣像的反对，被称为圣像破坏运动（即"毁坏圣像"），此次运动持续了一个多世纪，禁止任何人制作圣像，圣像手工艺者们也因此遭受了暴力的刑罚。甚至禁令一度扩大范围，任何活物塑像包括鸟兽花草均被禁止生产。

早期基督教与拜占庭风格装饰艺术

早期基督教与拜占庭装饰艺术极其雍容华贵，虽然有些建筑的外部平淡无奇，但内部却别有洞天。这些装饰艺术是室内装饰的重要元素，能够凸显建筑的功用及其信奉的教义。

灯饰

这个时期室内装饰艺术的另一独特之处在于其中精美的照明灯具。诸如圣索菲亚大教堂一类的拜占庭风格教堂在黎明和夜晚照常开放，这就需要用到照明灯具。放置蜡烛和油灯的器具种类繁多。在闪烁着的灯光的照耀下，镀漆、光滑的石头表面和玻璃优雅动人，整个室内空间都变得生气勃勃。其中有一种灯具叫作polykandelon（希腊语，意为"很多盏灯"），这种灯具通常用打磨过的厚银箔制成，形状有矩形、十字及圆形（图6-19）。由链条连接悬挂放置，即能保证与地面平行，圆形灯具一般可以承载小型玻璃油灯。另外，还有一种更加精美的灯具，称为choros，采用细金属条或金属棒编织而成，同样以链悬挂，可以承载蜡烛和油灯。这两种灯具的悬挂位置都相对较低，大概到礼拜者头顶的高度。

▲图6-18 大天使米歇尔像中间部分，珐琅彩镀银，约1100年，高24厘米
嘉里摄影，威尼斯，圣马可大教堂藏宝库

▲图6-19 银制海豚图饰polykandelon灯具，6世纪制作于君士坦丁堡，直径56厘米。十六个中空圆用于放置玻璃油灯座
敦巴顿橡树园，拜占庭照片与实地考察档案，华盛顿哥伦比亚特区

象牙饰品

象牙雕刻饰品也是拜占庭艺术中独树一帜的一种艺术形式。象牙，学名象牙质，常见于大象长牙部分，但人们也曾把其他象牙替代品用作装饰，这些替代品的化学成分极易鉴定，包括海象牙、猪牙，以及鲸鱼和河马的牙齿。另外，盔犀鸟的喙也可以用来替代象牙，直到1865年，人们才掌握人工合成象牙的生产技术。人类用象牙制作珠宝和雕像的历史可以追溯到公元前20000年。早在埃及法老图坦卡蒙墓中就出现了象牙制品，帕提农神庙中的雅典娜神像上也有部分象牙装饰。在古代近东的克里特岛上也出现了北美印第安人的象牙雕刻。中国明清时期也出现了非常精美的犀牛角雕刻艺术品。

拜占庭象牙制品是由非洲或印度进口的象牙制作。象牙是一种昂贵的雕刻原料，因为其直径很少超过18厘米。因此象牙艺术品通常以小件为主，或是几个小件的组合，通常雕刻为宗教标志以及圣人的形象，外层镀漆或者加绘图案。

值得一提的还有一件巧夺天工的象牙艺术品，也是中世纪早期遗留下来的几件家具饰品之一，那就是6世纪的主教宝座，又称主教席，为马克西米安（Maximian），也就是拉韦纳大主教定制（图6-20）。宝座表面上所铺砌的象牙饰板当时可能是由木质结构作为支撑，到今天早已腐烂，但宝座外部保留得十分完好。饰板上每一处都刻满了错综复杂的图案：植物、鸟兽及圣经中的场景。宝座正下方雕刻的是施洗者约翰以及四位福音传教士，上下饰板雕刻的是树枝状装饰。

人们经常在一些中上等木材上镶嵌象牙。而且我们无论是从双折象牙饰板还是三折象牙饰板中都可以明显看到今天已经不复存在的普通木制家具的信息。例如（图6-21），通过观察这块9世纪的饰板，我们看到的不仅是这位读书的修道士，还有他周围的木制家具和悬挂在挂杆上的窗帘。

镶嵌饰品

虽然壁画艺术传统在整个基督教早期和拜占庭时代得以传承，但拜占庭时期建筑中的镶嵌壁画将整个艺术形式提升到了一个新的高度，达到了举足轻重的地位。这些镶嵌饰品遍布各处，从墙壁到拱廊，从穹隅到圆顶，将室内结构涂饰一新，而且几乎无可替代。

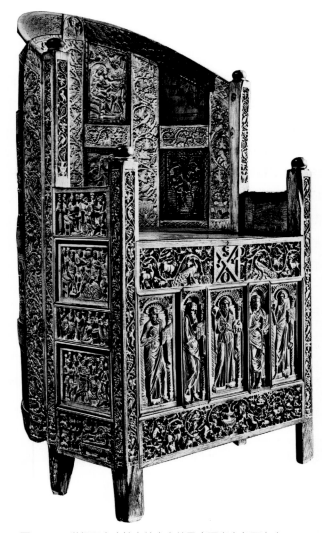

▲图6-20 6世纪拜占庭拉韦纳大主教马克西米安象牙宝座
阿里纳利/纽约，艺术资源

拜占庭镶嵌画与以往镶嵌画不同，从大小上来看，拜占庭镶嵌画所用镶嵌物总体上要比罗马镶嵌画小一半（边长约13毫米），而相比早期基督教的一些石片镶嵌物要更小。另一不同点在于，拜占庭镶嵌画更加闪亮，其背景一般由反射率较大的方块玻璃铺砌而成，其间镶有金叶，有时也会采用银或珍珠母进行镶边。

在拜占庭镶嵌画作中，镶嵌物直接嵌于铺有一层、两层或者三层石膏的地面、墙壁、地下室或圆顶表层，并且会在石膏上进行初期设计（采用赭石颜料）。最上等的镶嵌壁画采用的是最精致的镶嵌物，镶嵌紧凑，几乎没有缝隙，这种镶嵌物主要用在人物手部及面部。随着拜占庭镶嵌画的发展，单色壁画被逐渐淘汰，人们更加倾向于彩色画中精美的光影及色彩的过渡。

拜占庭镶嵌画艺术家们很受尊敬，顶级的手工艺者们被派往各地进行艺术创作，其中包括罗马（旧圣彼得教堂的一座分礼堂）、法国（圣日耳曼佩教堂）、耶路撒冷（圆顶清真寺），以及西班牙（科尔多瓦大清真寺，如图14—2、图14—3）。

镶嵌图案的主题多数以宗教为主，但拜占庭时期更加著名的非圣维达尔大教堂的查士丁尼大帝及塞奥多拉皇后的镶嵌肖像画（图6-1）莫属了，画中描绘了皇帝和皇后将祭品在随行人员的陪同下献上圣坛。这些肖像画催生了以统治者支持教堂为主题的一系列艺术作品。

拜占庭镶嵌画中的装饰图案来源于多种标志，如耶稣的首字母组合图形，无数的编结象征永恒，而孔雀象征永生。三个装饰条带以平面的形式模拟了圣光的三个维度。在众多宗教主题中，最经典的拜占庭图案莫过于描绘耶稣的"Pantocrator"（万能的主）了。其中具有代表性的作品出现在约1020年，在雅典达夫尼修道院（图6-22）。与其他同类作品相似，圆顶的图案中耶稣正庄严肃穆地向下看去。据说这种设计可以显示耶稣对于下面教众的有力控制，提醒他们只有虔诚信奉才能得到天国的庇护。

镶嵌画的最高境界，不是对建筑进行装点，而是与其浑然一体，能够与观众产生共鸣，打动观众。该时期的镶嵌画相对于后来西方中世纪艺术形式更加突出了与基督教的紧密联系。在拜占庭，镶嵌壁画并非只能远观，观众可以近距离地感受圣洁的氛围，参与到这些画像中。在这里，他们不是"观众"，而是"参与者"。

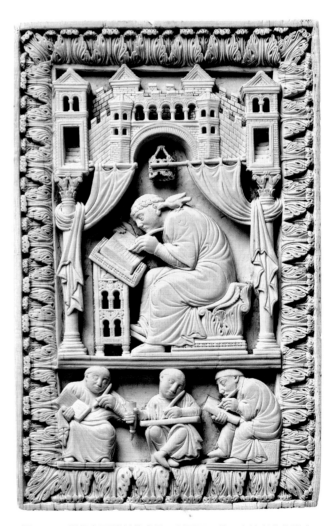

▲图6-21 9世纪象牙雕刻艺术品，刻画了一位正在读书的修道士，并且记录了当时的一些家具。加洛林，法德派系，约850—875年圣格雷戈里文士书，加洛林，法德派系，约850—875年（象牙制品）
奥地利维也纳艺术史博物馆 / 布里奇曼艺术图书馆

陶艺、玻璃及金属工艺品

拜占庭帝国始终依赖从意大利和北非制造中心进口来的罗马陶器，然而 7 世纪初的阿拉伯入侵切断了这一贸易渠道。此后，拜占庭不得不发展自己的陶器制造，起初人们用各种陶土和不同工艺制造的陶器又重又厚，远不及之前进口的罗马陶器，装饰颜色也极为有限。但到了公元 9 世纪末期，人们发现了上等陶土的新产地，10 世纪研制出了新的釉面。之后拜占庭的工匠们历史上首次通过运用金属，如锰和铜来稳定纯黑白色彩及其他初始色，从而生产出了彩陶，将陶艺生产提升到了一个新的高度。

玻璃作为镶嵌物在拜占庭帝国应用广泛，并且也常用来制作容器、玻璃珠、玻璃窗（包括教堂中的着色玻璃窗）和各种灯具的玻璃油盏（图 6-19）。

金银铜这些金属通常用作各种教会物件的制作原料，包括圣杯、香炉、十字架、圣物箱、圣餐碟（用于摆放圣餐面包的圆形碟子）、灯具及圣像，如图 6-18。而且一般情况下，金属制品会用巧夺天工的珐琅装饰，这种技术在后来的中国瓷器上得到了完美体现，并达到顶峰。

总结：早期基督教与拜占庭风格设计

早期基督教与拜占庭风格设计之所以占据了本书的整个一章，是因为大部分历史时期内，这两种设计和谐共存，偶尔出现融合。比如，拉韦纳的圣阿波利纳尔教堂就是一座典型的早期基督教巴西利卡教堂，然而其中最吸人眼球的镶嵌画却流露着异国风情，也就是拜占庭风格。因此，不得不承认，如果说这两种风格间存在差异，那么可能只是将这个复杂的问题简单化罢了。事实上，我们可以将公元 330 年后几个世纪的基督教设计视为一个中间体系，包罗万象，而两边两个极端就是早期基督教设计和拜占庭设计。

▲图 6-22 11 世纪雅典达夫尼修道院圆顶上的《全能者耶稣》镶嵌壁画。圆顶下方可以看到四个对角斜拱

达勒·奥尔蒂 / 艺术档案馆

寻觅特点

在早期基督教设计中我们可以看到其继承之前古典设计的影子，但在拜占庭设计中，更多地受到近东异域风情的影响。然而，即使是早期基督教设计中也没有一丝延续或者复苏罗马设计理念的痕迹。不过这两种设计在中世纪所有艺术形式上有着共同的目标，那就是传播基督教，向世人证明神的存在、精神及宇宙的秩序。但是如果与哥特设计的大胆自信相比，早期基督教与拜占庭的设计尝试只能说是小试牛刀，不过也取得了一些成绩。尽管是一个尝试，但这些设计中所继承的经典理念赋予了新生宗教恰当的物质形式，成了哥特风格设计的基础。

探索质量

由于早期基督教设计与拜占庭风格设计不尽相同，我们还是应该从不同的角度来看待它们。早期基督教设计追求简约、满足基本需要的建筑结构——如巴西利卡教堂和集中式结构，基于对基督坚定的信仰，且有时规模宏大。尽管由于装饰的增加，这类建筑的强度有所减弱，构造也变得不那么清晰，但其简朴的外观和华丽的内饰仍能唤醒人们的精神世界。

在拜占庭风格建筑中，模糊不清正体现了一种神秘感，是这类风格建筑的主要表现目标，并且由于装饰品的发展，这种神秘感被大大增强了。拜占庭建筑通过惊艳的装饰唤醒了人们的精神世界。因此，最顶尖拜占庭风格建筑的过人之处就在于其装饰品——多彩的壁画，精致而耀眼的镶嵌片及各种木雕、牙雕、石雕。

做出对比

早期基督教与拜占庭风格、罗马风格、哥特风格，以及伊斯兰风格都属于游走于古典风格与文艺复兴风格建筑之间的建筑艺术。而古典与文艺复兴时期之所以独树一帜，是因为期间人们运用逻辑造就的美感与对人文成就（比如为世间万物庆祝）的赞美升华。而在中世纪时期，人们丢掉了这种秩序和理性，更多地关注精神世界。他们的理想变得与现实世界格格不入，而变成去融入、赞颂另一个神灵所在的精神世界。

7

罗马式设计

约 800—1200 年

"光影就是对建筑自身本质、肃静特征及架构强度的揭示。除此之外，无可附加。"

——勒·柯布西耶（1887—1965），法国建筑师

罗马式建筑（Romanesque）一词意为"以罗马人的方式"。19 世纪艺术史学家首次使用了这一词汇，因为这种建筑的圆头拱券和拱顶等特征与古罗马时期建筑极为相似。罗马式建筑指的是兴起于 800 年意大利和法国南部的建筑艺术风格，到了 12 世纪逐渐演化为哥特式建筑。本章中提到的罗马式建筑仅限于罗马式和诺曼式设计。

罗马式设计的决定性因素

中世纪基督教设计的所有历史阶段，也就是从最开始的早期基督教设计一直到基督教设计的巅峰——哥特式设计，都有一个共同的主要决定因素，那就是追求对宗教最合理且最高效的阐释。然而在这一框架下，还有其他因素共同促成了设计结果的多样性。罗马式设计与其之前或之后的设计风格都有所区别。

地理位置及自然资源因素

罗马式建筑设计（图 7-1）盛行于多地。在法国中部、西南部，意大利北部，以及莱茵河沿岸逐渐发展成熟。1066 年，这种建筑风格由征服者威廉从法国诺曼底带到了英国，所以又称为诺曼式设计。11 世纪末期，诺曼人从阿拉伯人手中夺取了西西里，自此，西西里成了诺曼式建筑的发祥地。罗马式建筑与诺曼式建筑的根本区别不在于建筑风格，而在于政治意图。但是也有例外，例如在西西里诺曼式建筑中，半圆拱券这一特征有时可能会被源于阿拉伯建筑中的尖头拱廊所替代。

意大利的一部分早期罗马式建筑与之前的早期基督教建筑一样，都是在古罗马建筑残垣的基础上建造的，但在西欧尤其是法国南部，这种遗留建筑数量稀少，

◀图 6-1 法国，孔克，圣弗伊教堂圣弗伊塑像圣物箱，9 世纪晚期，镀银且有宝石镶嵌，高 85 厘米

莱纳德·冯马特公益基金会，瑞士，布奥克斯

罗马式设计时间线		
时间	文化与军事事件	设计成就
9 世纪	800 年，查理大帝被教皇加冕为"神圣的罗马的人皇帝"；846 年，阿拉伯人占领罗马	803 年，巴黎圣日耳曼德佩教堂镶嵌画完成
10 世纪	910 年，在克吕尼创建了本笃会修道院	980 年，在克鲁尼建成修道院教堂
11 世纪	进入第二个千年；1066 年，诺曼人征服英格兰，1072 年，征服西西里；1095 年，第一次十字军东征	温彻斯特大教堂，始建于 1050 年；贝叶挂毯，创作于约 1080 年；比萨大教堂，始建于 1063 年；韦兹莱的圣马德莱娜修道院教堂，始建于 1089 年；达勒姆大教堂，始建于 1093 年
12 世纪	1147 年，第二次十字军东征；1189 年，第三次十字军东征	枫特奈修道院，法国勃艮第始建于 1132 年

也就不能满足新建筑所需的建造材料。因此，建筑石料需要从相对偏远的采石场运送过来，而由于拱廊结构的特点，这些石料要进行切割，做成小块石料才能正式投入使用。但当时罗马的基督教没有奴隶劳工，也无法获得军事劳力的协助，许多虔诚的教徒就自愿参与到建造中来。

宗教因素

罗马式建筑在欧洲盛行的时代背景相对和平安定，那时的欧洲刚刚经历了野蛮的入侵。统治者们信仰基督教，同时又掌握着兵权，承诺人民要通过教堂实现宗教救赎，并提出一整套切实可行的民生系统，维护了和平与安定。统治者的这个提议马上为忠诚的人民所接受，人民认识到了教堂转变的必要性，因此，当时整个欧洲的教堂设计并不只是服务于宗教用途，教堂变成了社会生活的中心，兼具学校、图书馆、市政厅、博物馆等多种功能。尽管当时的修道士只是业余建筑师，但在整个组织过程中起到了至关重要的作用。他们将很多石工、雕刻、金属器制造的工艺传授给手工艺者。而且建筑工人们没有接受过相应的设计培训，只能参考手头的建筑模型。所以，他们的设计只是在适应基督教风格要求上对罗马建筑进行一些改良，理念也相对原始一些。

不过，有一些教堂（比如法国罗卡马杜尔教堂、英国坎特伯雷大教堂、西班牙圣地亚哥－德孔波斯特拉主教教堂）被单独视作朝圣目的地。这些朝圣路线随后也逐渐变成了旅游路线，而这些游客中所有罗马教皇的信徒都可以轻松地从一个王国或公国进入另一国家。11 世纪时，欧洲基督教延展开了多次十字军东征，以从伊斯兰教手中收复圣地耶路撒冷，这些战争同样可以理解为多次长途跋涉的历程。因此，罗马式建筑时期的欧洲与其他时期相比有着明显的国际化特征。

千禧年的到来

罗马式设计传播的一个独特影响因素就是公元 1000 年后新千禧年的到来。当时的人们极其迷信符号和象征。他们认为基督教时代的千年来临时，世界将会毁灭，但当这一年平安过去之后，人们对于未来又充满了信心、感恩与乐观。

而正是这些情绪推动了新一轮宗教建筑的发展。在修道士的带领下，人们纷纷贡献时间精力以及来自世界各地的奇珍异宝，推动了基督教文明和其外部表征的发展。正如当时的史学家拉乌尔·格拉贝（Raoul Glaber）在 1003 年写道："尤其是在意大利和高卢（罗马人称法国为高卢），出现了对教堂建筑的一系列翻新运动……就好像是整个世界都在颤动，扔掉旧衣，又在各个角落重新披上了教堂的白袍。"

罗马式建筑及其内饰

罗马式设计时期的建筑建造受到当时原料、技术、工具等因素的限制，所以建筑规模宏大、坚实但表面粉饰过于简单，看起来庄严肃穆，但这些特征都完美地展现了基督教信徒追求简约的精神，展示了早期基督教的面貌与活力。

教堂建筑

从早期基督教时期开始，随着修道院秩序规则的不断完善，修道士、祷告者们都需要一定空间供他们居住和存放物品，而一些前来朝拜的信徒也需要地方进行仪式。因此，很多地方的教堂成了附近村落的生活服务中心。这种多功能的罗马式建筑主要分布于法国的韦兹莱、枫特奈、卡昂、克吕尼和孔克，以及德国的施派尔和希尔德斯海姆。而诺曼式建筑主要分布于英国的达勒姆、温彻斯特、林肯、格罗斯特和彼得伯勒，以及西西里的蒙雷亚尔、巴勒莫和切法卢。

罗马式风格建筑师完全依赖石拱进行建造（见本页"表7-1 拱券类型"）。另外，这些建筑师不仅将罗马半圆拱券用于屋顶结构，还将这种拱券应用于所有的房门形状设计、窗型设计和其他开放式结构的设计中，最终已经完全用于装饰了。因为所有的中心拱廊或其他类型的拱廊都具有相同的比例（即拱周长为其拱高的两倍），所以使用拱廊可以凸显一般建筑不具有的统一性（尖顶拱廊与其他拱廊不同，其拱周长与拱高的比例可有多种选择）。

之前提到的巴西利卡教堂结构，由于象征意义的原因，需要容纳一种拉丁十字架（见第120页"表6-2 十字架种类"），所以整个会堂呈矩形结构，水平构件要短于垂直构件。而这种改良是由袖廊（即十字形翼部水平构件）的发明所引起的。

教堂的中厅与侧廊由一排整齐竖立的高大石柱分隔开来，这些石柱并没有参照维特鲁威风格建造，因为人们早已遗忘了这种风格。两排石柱上方是一个半圆形的拱券。拱券所支撑的高墙上方都设有高窗（即中厅高墙上的开放式窗户，位于屋顶之上，紧靠着侧廊）。在后来的罗马式教堂中，这种拱券由对角交叉穿过中厅的肋柱进行支撑。

表 7-1 拱券类型

罗马式设计的特征之一就是采用半圆形或圆弧拱券，而哥特式设计（第8章）采用的是尖顶拱券。以下是拱券类型及相应名称对比表。

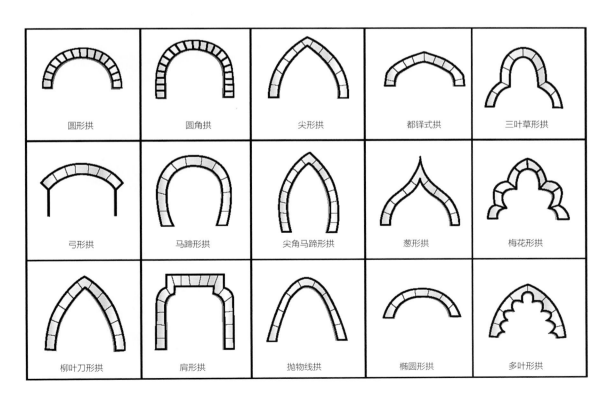

圆形拱	圆角拱	尖形拱	都铎式拱	三叶草形拱
弓形拱	马蹄形拱	尖角马蹄形拱	葱形拱	梅花形拱
柳叶刀形拱	肩形拱	抛物线拱	椭圆形拱	多叶形拱

法国韦兹莱，圣马德莱娜修道院教堂

这座教堂建于法国勃艮第地区韦兹莱村的一座高山上，是专为圣马德莱娜（抹大拉的玛利亚）建造的一座修道院教堂。860 年时人们曾在此址之上建造了一座女修道院，而保留至今的这座教堂始建于 11 世纪。1120 年，教堂失火，很多朝圣者葬身于此，建筑也被损毁。直到 1146 年，重建工程才竣工，重建后的教堂中厅采用哥特风格。同年的复活节前后，韦兹莱教堂的牧师是伯纳德·克莱尔沃（Bernard of Clairvaux，即后来的圣伯纳德），也正是他的布道激起了第二次十字军东征。

进入大门，即可看到中厅（图 7-2）顶部均为交叉拱顶。这种横向拱顶将承受的屋顶压力传导至支柱，这样即可在中厅两侧的高墙上层凿制窗户。拱券上的楔形拱石还以明暗两种颜色交叉呈现，这种处理后来在意大利变得极为流行。

英国，达勒姆大教堂

达勒姆位于英国北部，靠近纽卡斯尔，这里坐落着英国诺曼式建筑的一座重要里程碑——达勒姆大教堂。该教堂始建于 1093 年，建造时间四十年。后来进行的一些加饰主要是在教堂的东侧，加饰风格为哥特式风格。

达勒姆教堂整体呈正方形，其中三层式中厅（图 7-3）由两种相似的结构支撑：一是厚重的圆柱形支柱，二是带有许多细的半支柱的复合型支柱。前者在处理上十分灵活，可以雕凿沟纹、各种曲线图案，还可以喷涂对角棋盘图案。这座教堂的顶棚设计是一个伟大的尝试，甚至是史上第一个采用多个肋骨拱顶设计的教堂，这种设计在哥特式大教堂中应用普遍。

法国勃艮第，枫特奈修道院

1118 年，圣伯纳德在枫特奈建造了一座修道院。该建筑除了具有其本身的宗教功能外，还兼有经济角色，生产棉织品和铁制品。枫特奈修道院即使在罗马式建筑中也属于朴实简单的一座，中厅采用的是略微尖顶的拱廊，墙壁不加任何修饰也未设高窗。枫特奈修道院中还有一些其他的设计元素，包括过街楼、圣器收藏室（sacristy，即用来放置圣器及坛布等圣物的房间）、回廊、礼拜堂（图 7-4）、带有娱乐室的宿舍、厨房，以及锻铁炉。

▲图 7-2 法国韦兹莱，圣马德莱娜教堂的罗马式中厅。后来加建的圣坛端部设计属于哥特式风格
当地国家古迹信托局

▲图 7-3 英国达勒姆大教堂中厅（朝东拍摄），1093—1130
A·F·克斯廷（A. F. Kersting）

▲图 7-4 法国勃艮第枫特奈修道院西多会教堂分礼堂，约 1150 年
埃里希·莱辛 / 纽约，艺术资源

意大利，比萨大教堂

随着比萨人与东方贸易的不断增多，经济繁荣发展，1063 年时，他们开始了这项宏伟的计划——比萨大教堂。1118 年比萨大教堂始建，1172 年竣工，这座著名的建筑建于一大片空地之上（图 7-5），包括一个由墙围起来的墓地以及三座独立的建筑：十字架形大教堂、圆柱形洗礼堂及高大的钟楼，或称为"比萨斜塔"，以其斜立的状态闻名世界。这三座建筑的大理石建材均采自附近的一处采石场，今天这座采石场仍在运营，另外这些建筑都采用了大理石半圆形拱圈。

大教堂内（图 7-6），中殿的两侧各配有两道袖廊。中厅末端即为大型后厅处，而侧廊尽头也镶嵌了小型后厅。教堂的椭圆形圆顶下方为十字支撑结构，除圆顶之外，中厅屋顶还由平顶镶板进行装饰。内部装饰的主要效果

观点评析 | 安德莉·普特曼（Andrée Putman）与丰特奈修道院

安德莉·普特曼，曾主持设计了摩根斯酒店和法国文化部部长的办公楼（如图 21-44）。作为一位丰特奈修道院前业主的法裔后代，她依稀能够回忆起她幼年度假时期的丰特奈。她的先辈在 1791 年买下了这座废弃的修道院，随后以个人用途进行修缮。斯蒂芬·格歇尔（Stéphane Gerschel）曾在他 2005 年出版的《普特曼风格》（Putman Style）一书中写道，丰特奈修道院"能够体现出安德莉·普特曼价值观中最精华的部分：宗教建筑的宽广海纳、庄严肃穆，结构整齐有序、重点突出，没有一处多余的装饰"。这些特征在 20 世纪极为流行。

▲图 7-5 比萨洗礼堂、比萨大教堂及钟楼，由西向东拍摄，1053—1272

斯卡拉 / 纽约，艺术资源

▲图 7-6 比萨大教堂内，从中厅向后厅拍摄

爱德华·肖富里那（Edward Chauffourier）/ 纽约，艺术资源

取决于各色的大理石条纹，而不是精雕细刻充满人文情怀的雕刻艺术。在 12、13 世纪时，人们对这座教堂进行了一次很重要的修缮，14 世纪时，又在洗礼堂内有添加了许多哥特元素。

世俗建筑

　　罗马式与诺曼式世俗建筑很少留存至今，因为这些建筑在当时就以临时结构进行建造。但是今天在西班牙西北部还能看到一些岩石建造的谷仓，这些建筑物设计可以追溯到凯尔特时期。它们均采用干砌石结构、圆滑拐角、茅草屋顶，室内分为居住区和牲畜区（居住区位于上坡）。法国克鲁尼小镇上也有一处保存下来的民居建筑，其石制门面高贵典雅，内部宽敞，一层可以开设商铺。这座民居修建于 1150 年之前，其中的上等雕刻艺术品极有可能是当时来到镇上修道院工作的艺术家所作。城堡一样的罗马式建筑的厚墙内均设有窗缝，还有一些其他设施，包括盘梯、衣柜、私人礼拜堂（小礼拜堂）及小型卧室。

罗马式装饰

　　虽然罗马式建筑通常追求简洁理性的结构风格，但其中一些装饰却体现出了神秘与感性的特点。这种两面性贯穿了罗马式建筑的所有阶段。罗马式教堂所体现出

的坚固性与逻辑性也许可以迎合我们现代人的品位，但如果我们忽略其中装饰物的黑暗甚至怪诞的一面，那就无法正确理解罗马式建筑的精髓。

　　比如，韦兹莱圣马德莱娜修道院教堂的内部布满了装饰板刻画，石柱头上也随处可见圣人、怪物和其他人物形象的雕刻。不仅是柱头，入口处的每个半圆形装饰鼓版上都刻有各种人物，与罗马式教堂（和后来的哥特式教堂）中的内三角饰面异曲同工。中门上面的鼓板大概直径为 6 米，是教堂中最大且雕刻最丰富的一块装饰板（图 7-7），描绘的是衣衫褴褛的耶稣身边围绕着来自世界各地的人，而这些人已经聆听了上帝的福音。

　　为了劝诫人们，教徒们使用罗马式教堂中的装饰描绘出各类事物：圣经故事，如寓言场景，表达对美德的表扬和对邪恶的严厉惩戒（图 7-8），以及其他关于季节变化、历史事件和珍禽异兽的场景。支柱的柱头可能会以经典科林斯柱头的植物雕刻为主，与圣经中的人物缠绕在一起。一部分装饰柱为所罗门风格（布满螺旋式雕刻，与 1 世纪耶路撒冷建筑中的装饰方法相同，曾一度被认为是所罗门神庙）。另外还包括一些图案如棋盘、V 形图（曲线图）、圆花式图、雕花城垛和类似希腊枝状装饰的卷草纹图（图 7-9）。其他图案是指向性的：教堂地面上有一些为宗教仪式指引方向的图案，以中厅通道为中轴展开，直指圣坛。

　　罗马时期的一些建筑残垣仍可以作为建筑材料重新

▲图 7-7 韦兹莱圣马德莱娜修道院教堂入口，朝向后厅方向拍摄，照片上方为半圆形石刻鼓板。鼓板下方的中心石刻立柱称为间壁或间柱

斯卡拉 / 纽约，艺术资源

利用，但这些建筑中的支柱和装饰板通常会以新的方式进行再利用。比如古绿石支柱、斑岩或其他石柱都被切割成多个较薄的石片。这些石片可以组成图案用来装饰地面、墙面或者一些礼拜用具。其中最著名的装饰石制艺术品叫作柯斯马蒂（Cosmati）路面（图7-10），以罗马的一个大理石手工艺者家族命名。

罗马式家具

罗马式家具由多种本地木材打造而成，主要包括英国和北欧的橡木、胡桃木，德国南部的山毛榉、冷杉和意大利的柏树。也常用一种叫作"切割原木（riven timber）"的粗糙木料。

▲图 7-8 法国绍维尼圣皮埃尔大教堂角落石柱头上人们想象中有翅膀的怪兽，可能为斯芬克斯（狮身人面）。图中怪兽正在吞食一个有罪之人
索尼娅·哈利德（Sonia Halliday）摄影

▲图 7-9 英国林肯大教堂中三根刻有诺曼装饰图案的石柱，1185—1280 年
詹姆斯·凯拉韦·科林（James Kellaway Colling），《中世纪装饰艺术》（*Medieval Decorative Ornament*），纽约，米尼奥拉，多佛，1995 年

▲图 7-10 伦敦威斯敏斯特修道院，柯斯马蒂路面：主祭台前"最宏伟的铺砌路面"，由 1268 块大理石和镶嵌黑玛瑙的波倍克大理石组成，边长约 8.6 米

版权：威斯敏斯特修道院主持牧师及各牧师所有

▲图 7-11 13 世纪英式木箱上的三圆图案装饰

伦敦，维多利亚阿尔伯特博物馆／纽约，艺术资源

这种木料是将木材从外圈树皮向木材中心呈放射状切割（与第 37 页表 2-1 中所示斜切面切割方法相似），使用这种木材可以生产异常坚固的厚木板，但其表面略为粗糙。

但这种粗糙的表面通常会被雕刻所掩盖，最常见的一种雕刻方法叫作粗糙木刻，也就是在木材表面用凿子刻出一些图案。图案通常刻在圆圈或者椭圆的图案中。尽管这种木刻方法原始粗糙，但也可以制造一些有趣的效果（图 7-11）。

旋切工艺，或旋木切割工艺同样是经常使用的削木工艺之一。不仅在中世纪十分流行，今天的人们也经常使用。在切割木材（或其他材料）过程中，首先旋转器会使机床上的木材转动，转动的同时，将木材压向切割刀或其他切割打磨工具。这种方法尤其适合对细长家具组件如桌腿、扶手、延长杆进行装饰。后来这种工艺常用来对纺锤和栏杆进行加工。

座椅

整个中世纪最常见的座椅很有可能是一种放在地上的坐垫，但也存在一些其他的座椅形式。带有椅背或者半椅背的上等雕刻座椅只存在于贵族阶层和重大场合中。人们常使用的座椅一般是长椅或折叠板凳，与罗马人、希腊人甚至埃及人的座椅相似。

《坎特伯雷故事集》（*Canterbury Psalter*，图 7-12）中有这样一个场景："抄写员埃德温（Eadwine）"坐在一把精致的椅子上（用双手）撰写手稿。其座椅四角的支柱被刻画成为带有球状凸起的圆柱形式，而非经典建筑中的珠盘装饰（见第 76-77 页"表 4-3 古希腊线脚与图样"）。埃德温所用的椅子和写字台（有丝织

▲ 7-12 《坎特伯雷故事集》（*Canterbury Psalter*）中的"抄写员埃德温文士"，坐在带有迷你建筑装饰的座椅上，约 1150 年。
正在撰写手稿的埃德温，约 1150 年。《埃德温故事》（*Edwine Psalter*），约 1150 年
剑桥三一学院 / 布里奇曼艺术图书馆

覆盖物垂下）也展示了罗马式家具中另一种流行的装饰品：迷你建筑。椅子侧面的基座是模仿拱廊的结构设计，其上方则是两层带有圆顶窗户的迷你楼层，甚至可以看到杏仁形状的玻璃窗格。

床铺

在英文和法文中，"床"一词原意为我们现在床上用品的统称。到了中世纪时期，床的概念越来越为人熟知，但还是缺少其在现今社会所具有的私密性。无论家人还是陌生人，在旅途中都会几个人共睡一张床。因此，根据这样的现象我们能够推测中世纪的床尺寸应该很大。在大部分达官贵人的家中，床边通常挂有编织华盖，从上方框架垂下，将床与外部空间分隔开来。有一类床被称为桁架床（trussing bed），这种床比较小，

可折叠包装，便于移动运输。还有一种小床名为睡铺（couchette），同样可以折叠，有时加装轮子，可以从一间屋子直接推到另一间。

桌子

与中世纪的其他家具一样，大多数的桌子为临时用具，不需要时即将桌面斜放或拆下，与其他部分一起抵在墙面放置，不占据空间。桌子一词实际上仅指桌面，支撑桌面用的桌腿或桌脚都叫作支架，所以整个桌子应该叫作桌面和支架。我们所说的"准备酒席（set the table）"其实本意是在准备食物前组装好桌子，而不是上菜的意思。

不过，一些桌子的桌面是固定在基座上的，即设计为非移动桌子。这种桌子叫作静置桌（tables dormant）。另外，半圆形桌案（console table）一般靠墙放置，这也是延续了罗马时期的传统，这种桌子靠墙的一面略为粗糙，未经完全打磨，而与 18 世纪流行的桌案不同，半圆形桌案并没有与墙面相连。

箱柜

与大部分家庭中的箱柜一样，罗马式箱柜也是用斧头将厚重的木板砍断拼制而成，不是用木锯切割。人们一般在小型盒子中放置贵重物品（图 7-11），而特别贵重的宝物则存放在象牙或银制的盒子中。这些箱柜即使笨重，也是人们出门远行的必备之物，但自 15 世纪开始，人们倾向于携带小箱子出门，而大型柜子（大型立柜）则固定放置在家中。柜脚（标准）设计也随之出现，其作用是将柜子与潮湿的地面隔开。固定家具还包括其他的一些碗柜（存放餐具的柜子）、衣柜及脸盆架。这些家具都采用了我们之前提到的迷你建筑装饰风格，在家具设计中这种装饰风格源远流长。

罗马式装饰艺术

最具有迷人特性的石刻艺术是很多罗马式教堂中一种独立的艺术形式，比如柯斯马蒂路面。在装饰艺术中，罗马式艺术家们继承了拜占庭时期的牙雕艺术，将罗马玻璃艺术推向了彩色玻璃的时代，还进一步提升了金属艺术和纺织艺术的复杂工艺。

在 10 世纪到 12 世纪间，人们制作出了精美的搪瓷餐具、黄铜器皿和高档纺织物，这些商品很多是专供皇室或宗教礼拜仪式所用，不仅采用昂贵的原料，如厚丝绸，还要加饰精美的图案。修道士们终生都在富丽堂皇的材料上书写（图 7-12）。他们认为只要能够创作出流传千古的完美作品，给教堂增光添彩，付出任何代价都在所不辞。

金属制品

在罗马式风格时代后期，出现了一批工艺精湛的金属制品。人们用金属为很多木制家具，尤其是箱子和碗柜，加装了保护，防止其磨损，并且还用各种金属形状进行装饰美化。

11 世纪时，人们开始用铜制大门替代教堂正厅的雕刻木门。一部分金属门是用模具整块浇铸而成，另一些则是分成小块制作，最后用钉子嵌到木板上。但大多数都采用浅浮雕的方法将圣经场景，国王、先知、圣徒、动物等现实及想象中的各种形象雕刻在金属表面。铜制大门有时还会有镀层。而教堂内部，金属的用途更加广泛，包括设计多样的铁制窗格（图 7-13）以及礼拜仪式上所使用的稀有金属。

比如法国孔克修道院教堂中的圣弗伊塑像（图 7-1），这位年幼的殉道者塑像头骨处经过镀银处理。这座塑像制作于 9 世纪末期，镶嵌各类宝石、水晶球等。罗马式圣徒雕像大部分会添加这种非凡的装饰。

纺织品

罗马式风格时期留存至今的纺织品十分稀少，但通过对仅存样本的文字、雕刻及图案进行观察，我们能够推断出，罗马式风格时期纺织品要比家具的应用更为频繁且档次更高。

高档纺织品常见于教堂内部，如墙壁丝绸挂饰和坛布，但上等纺织物也出现在很多重要的建筑中。比如，人们为了遮挡房间内的炉烟，会在床边悬挂纺织品（或在壁龛处悬挂纺织物隔离烟雾），这些纺织艺术最能引起人们的注意。其他的一些纺织物多数起到覆盖作用，如墙面的挂饰、地面的地毯，以及长椅和椅背上垂下的纺织品。一般粗工制作的桌子也会覆盖一片桌布。

流传至今的罗马式纺织物之一就是贝叶挂毯（图

▲ 7-13 英国温彻斯特大教堂窗格
多佛出版公司

7-14），这是一件棉绣亚麻纺织品（从严格意义上来说并不是一件挂毯），描绘的是 1066 年诺曼征服的历史事件。尽管传统观点认为贝叶挂毯是由征服者威廉（William the Conqueror）的妻子玛蒂尔达（Matilda）王后及女仆共同制作，但也有人认为这件挂毯在 11 世纪末之前就已经制作完成，制作地点可能在英国的坎特伯雷或温彻斯特。贝叶挂毯现存放于法国贝叶的一处博物馆中，留存部分长 68 米，高 50 厘米，其中描绘的游行场景，为英国史学界提供了重要参考信息，也展现出了中世纪早期欧洲的日常生活场景。

总结：罗马式设计

罗马式设计最伟大的灵魂，也是值得其他风格学习的地方就是它的统一性与必然的和谐性。然而在和谐的外表下，罗马式装饰品也隐藏着怪异骇人的一面。

▲图 7-14 贝叶挂毯，约 1066 ~ 1082 年，亚麻和羊毛材质，51 厘米高，这一节描述了宴会的准备与祝福

埃里希·莱辛 / 艺术资源

寻觅特点

与早期基督教风格不同，罗马式风格建筑师倾向采用坚实厚重的墙壁，并且采用各种结构增加并突出墙壁厚度，如凸出物、壁龛、支柱、半支柱、壁上拱廊，以及开放式窗口。

而与拜占庭风格不同的是，罗马式风格追求简洁，而非神秘感。巴西利卡教堂的简单结构就是这一特征的立体体现：半圆形拱券、半球状圆顶及交汇于中央空间上方的交叉拱顶。各种材料制成的装饰物数量极大，几何结构精密复杂，且能与下方的构造保持和谐（并且结构清晰）。

探索质量

正如我们所观察到的一样，罗马式建筑元素相对较少。比如，绝大多数建筑（除勃艮第和西西里的一些建筑外）均采用同样的半圆形拱券。让人惊奇的是，这种单一建筑元素的重复使用并没有出现单调乏味之感，却让人们觉得整齐划一。世界上罗马式风格的建筑师们遵循着同样的建筑信条，建造出统一的形态（这些建筑内部比例中也存在着统一性），创造出了他们眼中的和谐天国。

做出对比

　　罗马式教堂属于坚固宏伟的大型建筑，其中也隐含着与罗马建筑（甚至希腊建筑）的对比，但罗马式建筑的特征史无前例，并非仿造。其采用的拱券、圆顶、圆顶拱廊均源自罗马，所以罗马式建筑不是如我们在文艺复兴时期所见到的经典建筑理念的"再现"。

　　与之前的早期基督教和拜占庭风格和后来的哥特式风格相比，罗马式建筑中采用的形式更加趋向于罗马人的建筑风格，但罗马式建筑师几乎没有将罗马人和希腊人精通的建筑秩序、规则及比例感融合进罗马式建筑中。也就是说，罗马式建筑最终不是对经典设计理念的继承，而是对饱含坚固、简洁、虔诚这些元素的建筑的创造。

8

哥特式设计

1132—约 1500 年

"伟大的建筑一如屹立的山峰，纵经沧海桑田，身影犹在……岁月才是真正的建筑师，我们只不过是代劳的工匠。"

——维克多·雨果（Victor Hugo，1802—1885），法国作家

罗马式设计主导时期的结束标志不是任何政治、军事或是社会事件，而是一系列建筑领域的发明：比如尖券（图 8-1）、飞扶壁及肋骨拱顶结构。这三种发明共同催生了一个新的建筑风格，也就是我们现在所说的哥特式建筑。所以，罗马式设计逐渐退出了历史舞台，人们建造更加恢宏的建筑成了可能。

"哥特式"一词后来在 15 世纪的意大利成为了贬义词，因为当时的人们处于文艺复兴的大背景下，更倾向于回归经典，纪念传统。人们认为哥特人就是"野蛮"人，在征服时期从北方来到这里，毁坏了很多经典的名胜古迹。因此，文艺复兴时期的思想家们都认为只有这些野蛮人才会偏爱极端感性的哥特风格，而不向往古希腊和古罗马的经典艺术。哥特式建筑在 12 世纪中期首次出现于法国，在 13 世纪的英法达到巅峰，一直流行到 15 世纪初的意大利中部（甚至西班牙和部分北欧国家）。在此期间，人们对于基督教的热情推动了教堂建筑的发展，更倾向于建造矗立不朽、流传千古的里程碑式建筑。

哥特式设计的决定性因素

哥特式设计的决定性因素多种多样，包括习俗、感性、信仰以及自然和历史因素。哥特式建筑最突出的一面是它超越了世俗对于宗教建筑的定义框架，追求以独特的方式表达对神域的信奉敬仰，而且哥特式建筑师们也并不在乎经典建筑中诸如和谐对称、比例恰当这类的"规定"，而是发挥无限的想象。然而他们的作品仍是基于人们自身的需求，遵循了基本规律。他们的成就从任何角度来说，都是伟大不凡的。

◀图 8-1 法国沙特尔大教堂中厅墙面细节图，约 1194—1260 年。图中的彩色光晕为彩色玻璃的投影（如图 8-21）

让·伯纳德（Jean Bernard），法国普罗旺斯地区艾克斯 / 博达斯出版社

哥特文化		
时间	文化代表人物及事件	世俗建筑
12 世纪	圣伯纳德；阿伯特·苏歇（Abbot Suger）；第二次和第三次十字军东征	
13 世纪	后期十字军东征；英国大宪章颁布；圣托马斯·阿奎那	锡耶纳市政厅
14 世纪	乔托（Giotto）；彼特拉克（Petrarch）；但丁（Dante）；薄伽丘（Boccaccio）；乔叟（Chaucer）；黑死病；英法百年战争开始	威尼斯，道奇宫（总督府）；肯特，彭斯赫斯特庄园

地理位置及自然资源因素

哥特式设计几乎成了当时整个欧洲的建筑设计蓝本，但各地的设计也因当地条件而各具特色。每个地区的自然资源都不尽相同：意大利出产白大理石和彩石，但法国和英国则只有劣石和灰色石。各地气候也对建筑产生了一定影响。尽管彩色的光能给人以视觉和心灵上的享受，但相比晴朗的南方，哥特式建筑还是与北方灰蒙蒙天气下的室外光线更加相配。另外，在一些多雨雪地区，教堂屋顶需要设计成陡峭的尖顶，防止积雪。

宗教因素

宗教表达是哥特式设计的核心，但除此之外，教会组织和礼拜形式也发生了历史性的变化。在哥特时期，教皇拥有极大的权力，神职人员在时间和精神事务上都成为重要人物，为教会带来了大量财富和权力。他们的人数随着集会规模的增加而增大，同时需要更大的内部空间来进行礼拜和游行。逐渐地，对教会富有的赞助人和圣徒的尊敬，进一步推动了小教堂和其他附属建筑的建设。

早期的基督教教堂很重视圣物。所以当时用来存放各种圣物的圣物箱均由黄金打造，涂以瓷釉，表面镶嵌珍贵珠宝。到了 10 世纪，这种物品被极端商业化，售价高昂，但很多都是赝品。此外，教堂意识到布道的方式急需变革，开始用圣母的形象来取代耶稣。因为耶稣过于庄严、肃穆，他的形象也自然只可远观。但圣母的形象谦恭可亲，充满爱意和怜悯，即使是最脆弱，罪孽深

重的人也不会因害怕而排斥她，所以人们的目光一下子都聚集到了圣母的形象上。人们为圣母所建造的大教堂和位于其他教堂中的圣母堂都体现了圣母在礼拜仪式和信徒心中日益提升的地位。圣母的形象一直是各类艺术家心中的理想作品之源，流行于基督教世界的每一个时期，虽然其表现形式各有不同，但主题从未改变。

历史因素

尽管在罗马式建筑时期，西欧建筑的国际化程度不高，但是从哥特式建筑时期开始，各对手城邦和国家间建筑风格的竞争，标志着西欧建筑从此走上国际化道路。这些激烈的竞争为教堂建筑的发展提供了很大动力。一些社会团体如骑士阶层、工匠协会和商人将各国教堂的元素结合起来，这种气氛带动了集体行为，为教堂建造的跨国合作提供了有力支撑。

历史背景也是重要因素之一。英国教堂展现的是其历史背景下的诺曼风格。意大利教堂则延续了罗马式建筑的比例统一，与法国哥特式教堂的高度大相径庭。西班牙教堂反映了摩尔文化，装饰多样华美。放眼欧洲，只有多米尼加派和方济各会的建筑采用了相对有限的装饰方法。

最终，14 世纪的一场经济危机和蔓延整个欧洲的黑死病瘟疫（单 1349 年一年就有三分之一的英国人死于黑死病，1347—1351 年间，欧洲共 2500 万人患病离世）扼杀了很多哥特式建筑的宏伟计划，哥特式建筑时期也随之终结。

哥特式建筑及其内饰

毫无疑问，当时的人们将自己的聪明才智、辛勤劳作、专注奉献都投入到了基督教堂的设计建造中，并创造出了独树一帜的建筑风格。然而，随着城邦的建设和统治阶层财富的积聚，世俗建筑和许多民居及内饰都体现出了精妙的哥特式风格。

哥特式教堂是基督教在中世纪的建筑巅峰，也是建筑史上最惊天动地的成就之一。其高耸入云的尖塔体现了当时工匠们的坚韧意志和奉献精神，几代匠人呕心沥血将自己的一生都献给了哥特式教堂。

哥特式风格并不是一成不变的，随着时代的发展和

哥特式教堂				
时间	法国教堂	英国教堂	德国教堂	意大利教堂
12 世纪	圣丹尼斯教堂；巴黎圣母院；沙特尔教堂	林肯教堂；伊利教堂		
13 世纪	兰斯教堂；亚眠教堂；博韦教堂；巴黎圣徒礼拜堂	韦尔斯教堂；索尔兹伯里教堂；威斯敏斯特教堂；约克教堂	斯特拉斯堡教堂；科隆教堂	锡耶纳教堂；佛罗伦萨大教堂
14 世纪		格洛斯特教堂	乌尔姆教堂	米兰教堂

各地间传播，哥特式建筑也在不停变化。从时间上，有学者将哥特式建筑时期分为早期哥特式（1160 年在法国取代罗马式风格，1175 年在英国和德国取代罗马式风格，1200 年在意大利取代罗马式风格，随后成为其他国家的主导建筑风格）、中期哥特式（1240—1350）、晚期哥特式（1350—1420）。在法国，人们将这三个时期的哥特风格分别称为：早期和盛期哥特式、辐射式、火焰式。而在英国这三个时期的哥特风格又有不同的名字：早期英式、装饰式、垂直式。

建筑部件

哥特式教堂采用的是故意夸张的建筑风格。与之前的经典建筑结构和其后来的文艺复兴建筑结构有所不同，并不过分在意建筑元素之间的和谐统一，而是追求极致的角度和比例。因此可以看出，哥特式建筑想表达的是强烈的情感，感性至上，而不是突出逻辑和理性。

但并不是说哥特式建筑不存在逻辑，这样宏伟的建筑结构还是需要精巧而高度系统化的构造作为支撑。19 世纪时，人们就非常赞赏哥特式建筑的这种建筑技术，而今这种技术也仍被广为传颂。但哥特式建筑没有重视内部和外部或者说是构架和空间的有机统一。其构架系统在支撑其宏大的内部空间的同时并没有将其轮廓清晰地呈现在人们面前。游客们在内部只能看见耸立显眼的高墙，而完全搞不懂它们是用什么支撑起来的。的确，如果从内部看不到清晰的支撑架构的话，就会给人一种虚无缥缈的错觉。从内部观察，支柱的垂直线条和各个拱顶线条都是向天国的方向延伸或凸起，这种设计不仅增强了高度感，还营造出一种神域之感。墙体表面用亮晶晶的镶嵌物和彩色玻璃装饰，从内部看，整座建筑显

得更加神秘莫测。

哥特式建筑的另一特性就是营造无重状态，建造高墙时所留下的有形支撑结构越少越好，这样更加强化了这种无重状态。除此以外，建筑师们还在墙上钻孔，并用一种新的艺术形式——彩色玻璃，将孔填上，以促成这种无重状态。所以，哥特式建筑的总体效果已经超越了之前的任何建筑，达到了近乎奇迹的地位。

哥特式教堂的设计大都延续了我们之前所提到的巴西利卡教堂结构。通常为拉丁十字形态，即水平构件要短于垂直构件（见第 120 页"表 6-2 十字架种类"）。垂直构件对应的是中厅，也就是自入口至礼拜仪式区（包括唱诗班席位、圣坛、祭坛或后厅，或是上述几样的组合）的教堂主体部分，入口通常位于建筑西端。较短的水平构件对应的是袖廊，也就是教堂中南北向的横向部分，以恰当的角度与中厅交叉。中厅一般由一对或几对较低的平行侧廊围绕两侧，这些侧廊周围有时也设有专供圣徒的小型礼堂。在一些特殊结构中，侧廊通道也能延伸构成半圆形的走廊，位于唱诗班所在区域后面，称为回廊（ambulatory），回廊周围也有一些分祭坛。法国亚眠大教堂布局非常典型（图 8-2），但其袖廊要比其他同类教堂稍短。还有一些教堂，如阿尔比教堂以及布尔日教堂，甚至将袖廊省去，阿尔比教堂还省去侧廊。

哥特式教堂的垂直构件（图 8-3）以中厅为主，也就是整个教堂最高的部分。中厅可以大致分为几层，最低的一层级叫作拱廊，第二高的（通常呈窄廊形态）叫作三拱式拱廊或看台，一般朝向中厅，每个拱廊架内有三条拱。有时人们将位于下半段构件称作看台，上半段构件称为三拱式拱廊。中厅墙高于侧廊结构的墙体上设有窗户，称为高窗。

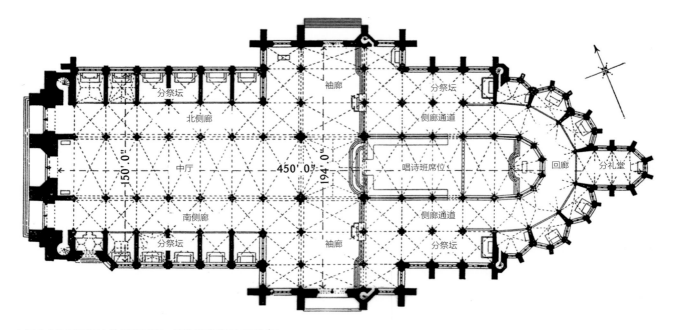

▲图 8-2 法国亚眠大教堂布局图，该教堂始建于 1220 年

巴内斯特弗莱彻爵士（Sir Banister Fletcher），《比较法下的建筑史》（*A History of Architecture on the Comparative Method*）（伦敦：巴茨福德出版社，1954 年出版，第 16 版）

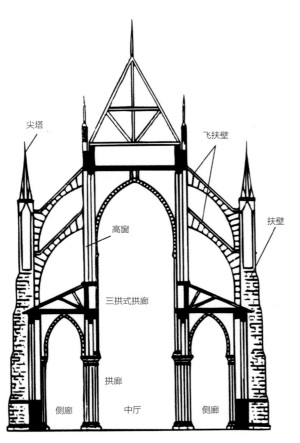

▲图 8-3 哥特式教堂或大教堂内的典型垂直构件。图中的两层飞扶壁与中厅上方拱廊相互支撑。高窗可以为侧廊顶部的中厅空间提供照明

吉尔伯特·维尔 / 纽约室内设计学校

有三项建筑发明成就了哥特式大教堂，分别是尖券、飞扶壁以及肋架拱顶。虽然这三种结构也曾在哥特式之前的建筑中得到应用，但哥特建筑师将它们完美地结合了起来，打造出了一种全新的视觉体验。

尖顶

哥特式设计中辨识度最高的就是其尖券设计了，在沙特尔大教堂（图 8-1）、亚眠大教堂（图 8-10）及韦尔斯大教堂（图 8-11）内部随处可见。尖券取代了罗马式风格建筑中的圆形拱。

这种尖券的形状在很早以前就曾出现，但直到哥特时期才被应用得如此广泛且显著。可能是由于设计师为了使各同高拱顶所跨宽度不同，尖券拱才出现在人们的视野中。中厅顶部的拱顶一般是 15 米宽，而两边支柱之间拱顶的平均宽度为 6 米，但这些支柱的高度基本相同。由于圆形拱顶的高度一般为其宽度的二分之一，所以在同一起拱线很难达到类似的高度（支柱高度，也是拱顶的起始高度）。而尖顶拱顶可以使不同宽度都与相同高度搭配，这样就满足了这一设计需要。

很多文字作品中都提到这种尖券指向天国，象征信仰。这种说法毋庸置疑，而且在比例上尖券拱比半圆拱券更加灵活，这一结构着实解决了哥特教堂设计中存在

的问题。

飞扶壁

重复采用拱券来减少支撑墙这种方法经常会给支柱造成过大压力，而将支柱底部加粗并在外部辅以扶壁的方法恰恰解决了这一问题。扶壁最初的设计是隐藏于侧廊上方的屋顶下的，并不是暴露在室外。到了 12 世纪末，人们逐渐接受了将这种支撑结构暴露在整个结构外的设计，而且扶壁与内部可见墙分离之后，中厅的设计方式发生了全新变革，装饰玻璃的数量大大增加了。

当单个扶壁不足以支撑指定重量时，需要在其外部不远处建造另一个扶壁，通过拱与桥墩支柱相连，这种结构，即对教堂墙壁起到一定支撑作用但又与其相隔一段距离的扶壁，称为飞扶壁（图 8-4）。通常在扶壁顶端设置一个重量相当的尖塔，或称小尖顶，可以增加扶壁的稳定性，这种尖塔一般被制作为精美的装饰形状。

肋架拱顶

哥特式拱顶与罗马拱顶不同，通常不是一体化建成的。哥特式拱顶的建造首先要将厚重的拱形岩石肋架与对面支柱相连。随后将其他支撑点的肋架按照斜纹方向逐一与对面支柱连接。肋架笼型结构完成后，再将砌体结构填充至肋架间的空间中。填充完毕后，通过砌体结构，肋架的轮廓仍清晰可见，形状酷似蛛网。肋架拱顶是哥特式设计的主要标志之一。虽然肋架有时在结构上可有可无，但从视觉上可以给人一种超值的享受。因为肋架结构会将人们的目光引向上方，让整个建筑都变得清晰，变得梦幻。

图 8-5 中的图解是由 19 世纪建筑师和考古学家尤金·维欧勒 - 勒 - 杜克（E. Viollet-le-Duc，1814—1897）所作，他重现了巴黎圣母院和亚眠大教堂的肋架结构；图中所示为岩石结构组成的肋架由支柱顶端分割成若干小型肋架。肋架拱顶在一些英式哥特大教堂和分礼堂建筑中得到了完美运用。例如，韦尔斯大教堂中的牧师会礼堂（图 8-6），之所以称其为牧师会礼堂是因为其中有一位圣经牧师每天负责为修道士们传诵经文。该礼堂为八边形布局，设有一中央支柱，支柱顶端便是向上以及向外展开的肋架拱顶结构，用来支撑屋顶。

后期的另一典型肋架结构教堂也是英式教堂，规模较大，是建于 1446 年到 1515 年间的剑桥大学国王学院礼拜堂，由建筑师约翰·沃斯特尔（John Wastell，1460—1515）和石匠大师雷金纳德·伊利（Reginald Ely，1438—1477）联手建造（图 8-7），该礼堂采用了扇形拱顶，即肋架结构以倒圆锥形展开。圆锥底边，也就是扇形底边在拱顶顶部相连，扇形中间形成的菱形区域以一种叫作垂吊凸台（pendant boss）的装饰物进行装点。图中唱诗台上方两个吹喇叭天使塑像是后期添加的装饰（图 8-7）。

▲图 8-4 法国沙特尔大教堂上支撑中厅墙的飞扶壁

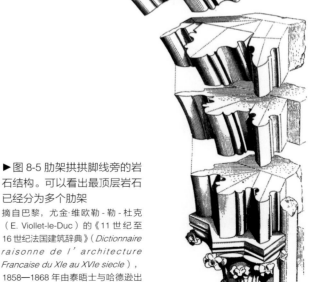

▶图 8-5 肋架拱拱脚线旁的岩石结构。可以看出最顶层岩石已经分为多个肋架

摘自巴黎，尤金·维欧勒 - 勒 - 杜克（E. Viollet-le-Duc）的《11 世纪至16 世纪法国建筑辞典》（*Dictionnaire raisonne de l'architecture Francaise du XIe au XVIe siecle*），1858—1868 年由泰晤士与哈德逊出版社出版

▲图 8-6 英国韦尔斯大教堂牧师会礼堂中央支柱顶端部分延展出来的肋架结构
© 安吉洛·浩纳克（Angelo Hornak）/ 考比斯版权所有

▲图 8-7 英国剑桥大学国王学院礼拜堂中的扇形拱顶
A·F·克斯廷

哥特式大教堂

各地的大教堂出现了相互竞赛的趋势，人们都争先建造更美观、更宏大的教堂建筑。这种现象也引发了一场追求高大建筑的潮流。

就最早的哥特式大教堂——1132 年建于巴黎附近的圣丹尼斯修道院教堂来说，其中厅高约 27 米，但四十年后建造的巴黎圣母院高度达到了 32 米。之后，同样位于巴黎附近的沙特尔教堂再创新高，达到 37 米，建于 13 世纪的亚眠教堂高达 42 米。此外，哥特式建筑在比例和尺寸上都有所改进：圣丹尼斯教堂中厅高度为其宽度的两倍多；亚眠教堂中厅高度则是其宽度的 3.5 倍。

虽然这些教堂建筑设计之初无法运用现代工程计算数据或者遵循其他建筑原则，但是有一部分建筑设计在现在看来相当大胆。例如博韦大教堂，最高拱顶高 48 米，建筑师本有意将其设计为世界最高的教堂建筑，但在 1284 年的一场狂风中博韦大教堂发生了坍塌，仅仅矗立了几十年。在所有教堂建筑都注重高度的时候，哥特的"英雄建筑师们"却没有像 20 世纪摩天大楼的建筑师一样尝试去突破最高纪录（比如，古埃及的胡夫金字塔高度是博韦大教堂的三倍），他们更在乎的是游客看到建筑时情感上的反应。这种观点并不能显示建筑师的高超技艺，但能体现出他们对神灵的敬畏与信奉。

从地理角度来说，哥特式建筑风格从其源头，也就是法国北部的巴黎附近传遍整个欧洲。比利时、荷

法国哥特式大教堂间的高度竞赛			
起始日期	大教堂名称	中殿高度	宽高比
1132 年	圣丹尼斯教堂	27 米	1：2.2
1163 年	巴黎圣母院	32 米	1：2.6
1194 年	沙特尔教堂	37 米	1：2.5
1211 年	兰斯教堂	38 米	1：3
1220 年	亚眠教堂	42 米	1：3.4
1225 年	博韦教堂	48 米	1：3.5

兰及奥地利都出现了哥特式建筑及哥特风格的室内装饰。本书第 14 章中将介绍位于西班牙的一些哥特式设计。法国境外的大部分哥特式教堂修建于英国、德国和意大利。

沙特尔大教堂

位于巴黎近郊的沙特尔圣母大教堂（即沙特尔大教堂，图 8-8）是世界上最著名的建筑之一。沙特尔大教堂始建于 1194 年，1260 年竣工。据传在哥特式时期中期开始向公众开放。之所以闻名世界，很大程度上是建筑上 180 块耀眼的彩绘玻璃窗的功劳（图 8-21），并且很多彩窗今天仍保存完好。沙特尔教堂的另一大亮点是它的西面（图 8-8），有两座风格不同的高塔，靠近南边的一座（入口处右手边）建造时间更早，外形上比较矮小，风格简约，另一座则多次受到鉴赏家的夸赞。两座塔中间有三扇门，门的上方是三扇高窗，均采用精致的尖顶拱顶。中门，也称作皇家入口（Porte

Royale），采用凹陷型设计，类似壁龛，配以浮雕，这种教堂入口成了后来教堂争相模仿的典型。入口两边侧柱上雕刻着拉长的人像，人像脚下是小型的精刻立柱，如图 8-18。入口和高窗上方为一面大型圆花窗。

沙特尔教堂的创新性在于不仅能将入口和高窗这种组合应用到西面，还在袖廊的南北末端添加了这种设计，而且在中殿顶部的每一道拱弯中都有一面小型花窗。另外，沙特尔教堂相对于之前的教堂建筑进步的一点是，它将中殿高窗的尺寸进行了扩大。这项改动不仅大大增加了着色玻璃的应用，还为外部扶壁和飞扶壁的建造提供了支持（见图 8-4）。

沙特尔教堂的中厅厅墙与一般哥特式教堂相同，包括三部分：底部，即一条拱廊通往其他侧廊，与中厅平行；中部，即三拱式拱廊（也就是小型拱廊），后方为通道；顶部，即位于侧廊屋顶上方的玻璃高窗。在图 8-1 中我们已经看到过沙特尔教堂三拱式拱廊的详图。

观点评析 | 亨利·亚当斯看沙特尔大教堂

美国历史学家亨利·亚当斯（Henry Adams，1838—1918）曾在 1904 年撰写了《圣米歇尔山教堂与沙特尔教堂》（*Mont-Saint-Michel and Chartres*）一书，在书中他将圣米歇尔山的罗马式风格教堂与沙特尔的哥特式教堂做了对比。以下是他的一项发现："如果你想完全领会沙特尔的美妙，那就一定……首先将'哥特式建筑是宗教阴暗面的一种表现形式'这种传统观点抛之脑后。对于光线的诉求是哥特式建筑的动力之一。哥特式建筑不仅需要光线，而且通常情况下对光线的要求更高，为了达到这一点，建筑师们甚至在建筑安全和一些传统常识上让了一步。哥特式建筑将高墙转化为高窗，抬升拱顶，缩短支柱，力度之大甚至使整个建筑都快要无法矗立。大家从博韦大教堂上能看到这种风格的局限，而在沙特尔，哥特式建筑的特点还不是那么显露无遗，但即使是在这儿，巴特尔圣母大教堂的祭坛之上，建筑师还是用尽了浑身解数来保证光线的充足。"

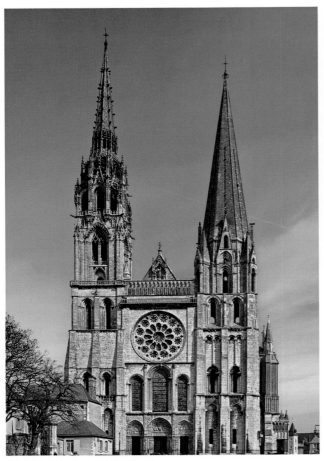

▲图 8-8 法国沙特尔大教堂西面
© 阿西姆·博诺兹（Achim Bednorz），科隆

▲图 8-9 沙特尔教堂中厅地面上的迷宫石砌图案
福托·马尔堡（Foto Marburg）/ 纽约，艺术资源

沙特尔大教堂中厅地面上的石砌图案是一种中世纪迷宫图案（图 8-9）。迷宫图案象征的是朝圣者通往基督的一条精神之旅，人们认为在迷宫上行走可以帮助他们冥想。建筑大师们在这个图案上的构思也源于神话中的前辈代达罗斯 Daedalus，他曾设计了克里特岛的米诺斯王迷宫。而沙特尔大教堂中厅的迷宫图案与其上方的圆花窗形状大小完全相同，直径与中厅的宽度相等，迷宫终点即中心，中心是一个六瓣的装饰图案（见第 161 页"表 8-1 哥特式叶形装饰"）。

亚眠大教堂

亚眠大教堂又名"亚眠圣经"，因为教堂的雕刻及窗户上面的信息都在启迪着驻足的人们，亚眠大教堂（如图 8-10）位于遥远的法国北部皮卡第大区。亚眠大教堂与沙特尔教堂、兰斯大教堂被奉为法国哥特式时期中期的三大教堂建筑杰作。著名的建筑师及修复师维欧勒－勒－杜克（图 8-5 的作者）曾表示他偏爱亚眠教堂的结构统一，比例严谨。亚眠教堂建于 1220 年到 1270 年之间，建筑材料为白色石灰岩，均来自附近的采石场。

与其他大教堂相比，亚眠教堂的袖廊较短，只是稍稍从教堂主体延伸出一部分（见图 8-2）。东端是整个教堂的最后一个主要部分，尽头是个壮观的礼拜堂以及一个由半圆形组合的唱红席（座位上的木雕极其精美）、回廊和七座呈散射型分布的分礼堂，其中六座分礼堂也呈半圆形。

但亚眠教堂最非凡的地方是其内部的面积和狭长的布局。中厅宽 12 米，长度达 145 米，更令人惊叹的是它的高度达 43 米，比韦尔斯教堂高出一倍多，相当于现代的一座十四层的办公楼那么高。除了未建成的博韦大教堂外，虽然米兰大教堂和塞维利亚大教堂（如图 14-8）规模都超越了亚眠教堂，但亚眠教堂仍然是第一高的哥特式大教堂。中厅采用常见的连拱廊、三拱式拱廊及高窗，但它的连拱廊相对较高，几乎与高窗和三拱式拱廊一样高，而且殿内集中安放的支柱都相对修长。教堂东壁的三拱式拱廊上嵌有彩色玻璃，可以接收外界光线。

亚眠教堂西侧与沙特尔教堂的基本模式相差无几，但尖塔更矮，几乎与中厅厅顶同高，而且南部的尖塔一直没有修建完。三扇入口大门却异常精致，上面的浅浮雕描绘出了五十二位圣人的集体像。

与沙特尔教堂一样，亚眠教堂的中厅地面上同样砌着迷宫图案，该图案于 1288 年完成，刻有三任建筑大

师的署名。第一位是罗贝尔·德·吕扎尔谢（Robert de Luzarches），他从 1220 年开始打造石砌迷宫图案（持续时间未知），并且据传他规划了亚眠教堂及其宏伟中殿的建筑构造。第二任建筑大师是托马斯·德·科尔蒙（Thomas de Cormont），据传他负责修建了袖廊和唱经席这些较低的部分。最后一任，也是托马斯的儿子，雷诺·德·科尔蒙（Regnault de Cormant），他负责修建了教堂较高的部分。

韦尔斯大教堂

12 世纪末期，英国开始出现大型的哥特式大教堂。与法国哥特式教堂不同，英国大教堂的选址不在城镇中心，而是建在较为空旷的地区，比如山坡或河岸，因此也成为了英国乡村一道独特的风景线。英国大教堂的中厅没有法国大教堂高耸狭窄的特点，但尤其侧重长度。

通常情况下，法国大教堂中厅长度是其宽度的四倍。而英国大教堂的底层布局要更加复杂：法国教堂中的袖廊都是稍稍从中厅延伸出一部分，但英式袖廊的延伸设计就比较大胆（如索尔兹伯里大教堂），甚至有些教堂在已有袖廊的基础上还增设一对小型袖廊。英国大教堂的复杂结构还归功于一些其他的设施元素，包括圣器收藏室、牧师会礼堂（修道士的集会场所）、回廊和带有门卫的围墙。法国教堂东端的拱点通常是半圆形，但在英国教堂中却是正方形。虽然英国教堂的内部与法国教堂相比高度较低，但却更为华丽。虽然少了一些理性因素，但英国教堂的装饰显得更加精美独特。

韦尔斯大教堂（图 8-11）位于萨摩赛特郡，在英国西南部。教堂由当地的石灰岩建造，分两个建筑阶段：第一段约从 1185 年到 1240 年，第二段约从 1275 年到 1350 年。韦尔斯大教堂采用厚壁结构，其中厅高窗深深嵌入墙壁内，从中殿地面仰视几乎无法发现高窗。中厅长 117 米，高 21 米，采用肋架拱顶，内部包含唱经席、祭坛，及东臂的圣母堂。中厅与袖廊交叉区上方的石塔建于 1315 年到 1322 年之间，起初是一座镀铅的木制尖塔，但于后期焚毁。人们认为新石塔会对下方的建筑结构造成一定压力，到了 1350 年，拉力拱桥的广泛应用解决了这一问题，这种拱桥建于支柱之间，分散压力，相当于扶壁但不是跨越构件。韦尔斯大教堂内有多对拱桥，上方的倒置拱桥用于构成 X 形结构。加上周围的模塑，这些 X 形结构不仅能够给人一种视觉冲击，还能够为建

▲ 图 8-11 英国韦尔斯大教堂中厅与袖廊交叉区域的"拉力拱桥"
佛洛莱恩·摩西姆（Florian Monhiem）/ 比尔达奇·摩西姆（Bildarchiv Monhiem）/ 美国 AGE 图库公司

筑提供有力的支撑。在图 8-6 中我们已经见过 14 世纪早期时增设在牧师会礼堂中的肋架拱顶。韦尔斯大教堂围绕入口的西塔建于 1370 年和 1410 年，而文艺复兴时期的讲道台是在 1547 年修建的。

锡耶纳大教堂

本章开篇提到，意大利是整个欧洲最抵制法国哥特式设计理念的国家。因此，意大利的著名哥特式建筑屈指可数。不仅数量稀少，意大利人对于哥特式建筑的态度也是不温不火。虽然其教堂中厅也是高而狭窄，相比法国教堂来说，程度上却是差一些；虽然也采用了尖券，但尖券的特点仍不突出。

即便情况如此，在 1245 年到 1380 年间建于托斯卡纳区的锡耶纳大教堂（图 8-12）仍成了哥特时期最伟大的建筑成果之一。如今其中厅长度为 98 米，但现在的中厅曾经只是作为袖廊使用，计划建于东南方向更长的中厅始终没有完成。锡耶纳大教堂可以说是一项宏伟的工程，但工期一再受到 1326 年饥荒和 1348 年的黑死病影响，被迫拖延。

锡耶纳大教堂几乎全部采用彩色大理石建造，包括来自普拉托的绿色大理石，来自卡拉拉（至今为止仍是白色大理石的主要产地）的白色大理石以及锡耶纳本地生产的带有紫黑条纹的深玫瑰色大理石。锡耶纳大教堂的外部构造与英国和法国大教堂大相径庭，没有扶壁，但在教堂中部设有圆顶。1263 年，人们将圆顶镀铜，此后将其称为 "mela"（"苹果"）。教堂内部，圆顶下方的十二边鼓型支柱由对角斜拱架构支撑，底部为八边形地面设计。与众不同的是，哥特式风格偏爱的垂直结构在锡耶纳大教堂中全部替换成了水平结构（如图8-12），其设计风格要归功于尼古拉·皮萨诺（Nicola Pisano，约 1220—约 1284），后来他还负责设计了比萨洗礼堂中的讲道台（图 8-22）。其子乔瓦尼·皮萨诺（Giovanni Pisano，约 1245—约 1319）继承他的事业，设计了锡耶纳大教堂的讲道台。

世俗建筑

中世纪的社会政治背景较为动荡，普通民居上几乎没有上等或者奢侈的装饰，但封建贵族的要塞城堡中情况却并非如此。这是哥特式时期早期的情况，也是早期基督教、拜占庭、罗马式时期的现实情况。绝大多数百

▲图 8-12 锡耶纳大教堂圆顶对角斜拱图，始建于 1245 年。支柱上的条纹为水平方向，与大多数哥特式内饰风格相悖
斯卡拉/纽约，艺术资源

姓居住在木头或者岩石建造的房屋中，屋顶用茅草覆盖。而且直到 13 世纪，中世纪的城堡才丢掉了一些要塞的色彩，添加了舒适宜居的元素。

这种改变的原因之一是武器技术的进步。人们非但没有建造更加坚固的城堡，反而舍弃了之前要塞城堡的建筑风格。政府的权力也得到了增强，随着法律力量的强化和效率的提升，人们无需将建筑物的坚固性摆在第一位，而越来越多地考虑到居所的舒适度。建筑的选址也发生了改变，从之前的山顶或者其他易守难攻的位置转移到了景色优美而适合居住的地点，既能够躲避恶劣天气又能种植花园和果园。

当时的居住条件仍很不理想。北欧的冬季不仅寒冷，还阴暗潮湿。15 世纪之前玻璃窗还没有在民居中普及。因此，这段时期人们都采用木质百叶窗，上面刻出小孔，

将云母、上蜡棉布或是动物的角等透明物体填充进去，这样便可达到透光的目的。

在普通百姓的房屋中，墙壁通常光秃无修饰，但也有人使用粗糙的石灰进行涂抹覆盖。1400年后，英法王室城堡中使用壁毯来覆盖墙面，这种纺织物也被挂在窗户和门上，有的将床围起来，或者用于分隔较大的房间，提供隐私区域。但在壁毯未出现之前，城堡中的墙面一般悬挂画有图案的织物，图案中描绘的一般是历史或宗教场景以及骑士时代的传奇故事。

房屋顶部可以看到房梁支撑结构，一般涂有彩色装饰。石灰顶上通常绘有金星图案，底色为蓝色或绿色。扁梁普及后，末端由延长装饰支架支撑，这种支架形态各异，有的还雕刻出人物形象。

以下我们对这些房屋建造技巧进行举例说明，按照时间顺序，依次为锡耶纳市政大楼、英国乡村房屋、威尼斯宫殿。

锡耶纳市政厅

锡耶纳市政厅始建于13世纪80年代，位于锡耶纳中央广场田野广场上，其中包括海关办公室、铸币单位及市长府邸。市政厅与锡耶纳大教堂仅相隔几个街区，虽然并不是一座宗教建筑，但其庄严肃穆之感毫不逊色，与其公共职能十分匹配。大楼地面由岩石铺砌而成，外部采用类似尖券设计，下面有窗，护墙上设有城垛。

其主要内部空间包含一座世界地图厅（以一幅14世纪固定在墙上的可旋转世界地图命名），一个房间（图8-13），被称为九人会议厅（因有九位议会成员得名），议会被推翻后，又重新命名为和平厅（Sala della Pace，以安布罗吉奥·洛伦泽蒂（Ambrogio Lorenzetti，1290—1348）所作壁画形象之一命名）。厅里的壁画创作于1338—1340年间，描绘的是世俗人

▲图 8-13 意大利锡耶纳市政大楼和平厅，街道生活的壁画由安布罗吉奥·洛伦泽蒂添加

加那利图片库

物，而并非宗教形象。画中包含多种象征：和平、冬季、共同利益、未来愿景、节欲、公正，以及信仰、希望和慈悲（这实际上也是基督教的信条）。壁画还描绘了锡耶纳居民在城市中的场景，可以看出城中的一些建筑极具哥特式风格，而其他则没有体现。壁画上下为装饰性植物条带，以四叶草为主（见第161页"表8-1 哥特式叶形装饰"）。房顶非拱顶而是平顶，支架上的房梁也进行了喷涂装饰。

这种室内装饰提醒着人们即使是在哥特式风格繁盛的时期，市政也与宗教事务同等重要，从某种意义上来说，这也预示着后来影响深远的文艺复兴的到来。

彭斯赫斯特庄园，肯特

位于英国肯特的彭斯赫斯特庄园建于约1340年，是伦敦富商约翰·普尔特尼（John Pulteney）的府邸。该庄园略经加固，周围分布多个庭院，庄园的主房间为其大厅。这间大厅不仅是这座庄园的中心，也是整个社区的核心所在，能够供人们用餐、娱乐、进行庭审等。同样，大厅也是地主和租户的集会地，因此一定程度上象征着封建权力。

横跨屋顶的是上等木屋架结构（如图8-14），据传是木匠托马斯·赫尔利（Thomas Hurley）的作品。即

▲图 8-14 两套中世纪盔甲上方为英国肯特的彭斯赫斯特庄园大厅屋顶的木屋架结构
弗莱迪·J·摩如（Fred J. Maroon）

使在岩石建筑构造主导的时期，也会有木质结构技术，因为岩石拱顶在建造时通常需要使用木制脚手架（也称拱架），当建造完成后，岩石结构稳定时，再将脚手架拆除（或直接拆毁）。彭斯赫斯特庄园大厅由多排平行构架支撑，多组木制构件共同受力。最长的构架称为弦架（chords），多个短构架与弦架结合成一张构架网。位于屋脊下面的庄园构架顶部的垂直构件（并非所有构架中都含有此构件）称为冠柱（crown posts）。

木屋架结构下方的两面石墙长20米，墙上设有开窗，面对庭院。因为庄园的建造时间早于玻璃窗的普及时间，所以人们当时可能只是使用浸油羊皮纸将窗子封起。

在一间房末端（如图8-15）有一面镶嵌橡木板，将门口与厨房和服务区域之间的通道围绕起来，木板上方是为演艺员们准备的"游吟歌手廊道"。房间的另一端摆放着高台（比地面高出一截的台子），一般房子的男主人和妻子就坐在台子上带有华盖的座位上。稍有倾斜的地面中间有一座八边形的炉台，这里曾经失火，从屋顶的天窗冒出滚滚浓烟。14世纪时，人们将这种中央炉台改造成了边墙壁炉，壁炉上方设有延伸排风罩，能将烟雾引到墙洞或是烟囱排到室外。排风罩通常设计成建筑或盾牌形状。壁炉前经常摆放一些椅子、长凳和小块地毯。从这个时期开始，炉火或炉台成了家的象征。

庄园的中央炉台周围有时散落着稻草、树叶和一种带有芬芳的灌木和药草，主人有时享受这些植物本身的芬芳，有时用它们遮盖其他的味道。13世纪时，近东地毯（详见第9章）首次引入英国，但很长一段时间内仍十分稀有。大厅内的家具屈指可数，只有需要时，主人才会将桌椅拿出来摆放，不用时再拆解存放起来。房间内墙壁上起初悬挂的是刺绣亚麻饰板，后来14世纪时换成了更加昂贵的挂毯。庄园内的新添饰物风格不一，包括都铎风格、詹姆士一世风格，以及文艺复兴风格。

卡多罗宫，威尼斯

虽然哥特式风格在意大利不温不火，但也建造出了举世闻名的哥特式建筑，其中之一就位于意大利东北部城市威尼斯。威尼斯与北欧贸易来往密切，对于北方时尚有着特殊的热爱。因此，威尼斯城中有大量的哥特式世俗建筑和宗教建筑，其中就包括道奇宫和卡多罗宫。

道奇宫位于圣马可教堂巴西利卡教堂与泻湖之间，是威尼斯宏伟城市规划中一个重要的部分。今天道奇宫

▲图 8-15 彭斯赫斯特庄园大厅。房间末端是一条由镶嵌橡木板围绕起来的通道，通道上方为游吟歌手廊道。岩石地面中心有一个炉台，墙边放置着简易桌椅

A·F·克斯廷 / AKG—映像

的正面建于 1309 年到 1424 年间，一、二层为开放式拱廊，白色和玫瑰色的墙上安装了哥特式窗户。道奇宫内的显著特点都出现在 1577 年建筑失火重建之后。

卡多罗宫（黄金宫）是威尼斯最恢宏的私人宫殿之一（图 8-16），该宫殿的主人是马林·孔塔里尼（Marin Contarini，1386—1441），他来自威尼斯最有名、资历最老的家族之一，曾任圣马可教堂教会官员。卡多罗宫之所以能称为黄金宫，是因为其讲道台的最后一道工序、石窗尖端、建筑角落处的狮子雕像，以及各种石制模塑都有金箔覆盖，这种奢华的加工处理在威尼斯湿润的环境中很难保养。

卡多罗宫于 1421 到 1436 年间建于大运河边，宫殿正面有一片石砌区域，宽广开阔。外部多孔墙壁均由拱廊支撑，这一设计概念相比下方墙壁设计更为精巧，设计意图贴近玻璃墙教堂，因而更为大胆。内部效果与彩色玻璃不相上下，透过石窗上的金丝装饰隐约可以看到大运河的景色（图 8-17）。这种石窗与伊斯兰和印度木窗十分相似，都具有遮阳功能（详见第 9 章和第 10 章内容）。其他室内空间均围绕一对室内庭院进行布置。宫殿中的一些细节装饰（入口大门、庭院拱廊和窗户、庭院两侧的开放式爬梯）均由雕刻家马泰奥·拉弗蒂（Matteo Raverti）亲手打造，他曾负责修建米兰大教堂的哥特式装饰构件，但这些装饰元素在 19 世纪的翻修过程中被丢弃。那时的卡多罗宫的主人是著名芭蕾舞演员玛丽亚·塔格里奥尼（Maria Taglioni），自 1927 年开始，卡多罗宫正式收归于威尼斯市政厅，目前是专门

▲图 8-16 意大利威尼斯的卡多罗宫，拍摄于大运河上
斯卡拉 / 纽约，艺术资源

▲图 8-17 透过卡多罗宫凉廊窗格拍摄的大运河
理查德·J·戈伊（Richard J. Goy）

展出其上任主人乔治·弗兰凯蒂（Giorgio Franchetti）男爵个人藏品的展馆，藏品包括文艺复兴时期画家安德烈亚·曼特尼亚（Andrea Mantegna）和乔万尼·贝利尼（Giovanni Bellini）的画作。

哥特式装饰

在之前的内容中我们已经提到过哥特式建筑结构的很多特点，包括尖券、飞扶壁、肋架拱顶，这些结构本身就具有装饰性。即使是哥特式建筑最简单的构造都要比之前的罗马式风格更加华丽。

哥特式设计注重垂直维度的运用，因此哥特式教堂中厅大都较高。另外，在教堂内部也通过支柱或肋架上的垂直条纹强调了垂直维度的重要性，而教堂外部的高塔、尖塔和尖顶都是垂直维度的体现。在哥特式教堂中，之前经典教堂所采用的水平构件和飞檐设计都已经被舍弃。取而代之的则是那个时代所中意的垂直设计，人们将这种设计看作信仰的象征，代表着人们在向上帝诉说着民间疾苦，垂直的设计也指向了他们未来在天堂的家园。

哥特式设计对垂直元素的偏爱不仅体现在其教堂中厅的比例与轴柱和肋架的频繁运用上，就连岩石上的人物雕像都将这一特点体现得淋漓尽致。例如，沙特尔大教堂西面入口两边的人物石刻（图 8-18）身材非常高挑，比例几乎与人体完全不符。这些人像竖直站立，手臂紧贴身体，衣服堆叠的形态也是垂直的。这些伸长了的人物形象不仅反映出了整座建筑的特点，它们本身也是这座建筑不可或缺的一部分，设计师们使用这些形象来装点建筑中的轴柱和肋架，既填补了空白又显得和谐美观。

正如人们期待的那样，这些雕像多为圣徒、先知或其他宗教人物、王室肖像，也包括其他一些形象，包括矮人、面带笑容的妖精、恶魔、猴子、毛驴，以及神兽。地沟尽头和排水口都雕刻成了奇形怪状的滴水兽石像。负责修建教堂的人物形象也成了装饰元素，包括思考中的建筑师、正在拉动绳子将石头抬起的石匠、手举锤子的雕刻家，以及拿着笔刷和画板的画家。这些雕刻形象很多都带有基督教历史意义或象征意义，比如拿着钥匙的圣人彼得、圣人乔治与龙、上帝造人、约拿与鲸、十位童女，以及最后的晚餐。对于中世纪的人们来说，几

▲图 8-18 沙特尔教堂西面入口处的石雕人像，与大教堂整体的垂直延伸风格相呼应
纽约，艺术资源

乎每一件石雕都有其象征意义，而这些教堂装饰就相当于刻在岩石上的百科全书。

人们在窗户上面的拱形竖框中发现了更多抽象的装饰物，这些装饰物一般都经过叶形装饰处理（见第 161 页"表 8-1 哥特式叶形装饰"）。

垂直构件的末端一般由卷叶形花饰或具有特殊风格的花蕾、树叶石雕作为装饰。人们将一些重要的雕像放在尖顶壁龛中，或是在这些独立雕像上方放置精美的华盖。诸如雕花、犬牙、V 形图案、曲折图形、城垛和锯齿图案这些几何图形一般用作边缘装饰。最常见的装饰图案包括家族徽章、名字字母组合、缠绕的枝叶，以及

橡树枝叶。

木制装饰板

无论是宗教建筑还是民居建筑都采用橡木装饰板来对建筑内部进行装饰，而且这种装饰板还能起到一定的保暖作用。哥特式建筑时期的装饰板一般尺寸较小，采用上蜡木材，通常垂直放置，这种装饰板被称为护墙板。护墙板后方的墙壁通常平整无褶皱，护墙板经常刻有仿亚麻饰面图案（图 8-19），这种图案模仿了纺织纤维垂直堆叠的形状。其他图案模仿的是哥特式窗格和自然事物，如橡树枝叶和橡树果。

装饰板支撑框架一般为矩形，由水平架和垂直框组成，每个框架的三边加装模具边框。顶部架与两条垂直框经过弯曲模具处理，底部架则平整伸展（向下倾斜）。木匠模仿了石匠的技艺方法，在窗户三边安装了调整模具，底部加装倾斜台防止雨水蓄积。

还有一些模具需要安装在护壁板或护墙板上方（因此这种模具也叫作护墙板盖或墙上木条，可以防止椅背对石灰墙壁的磨损），而且雕花通常要经过雕刻窗饰和尖券饰图案处理。哥特式装饰板的常见规格为 23 厘米宽，较单块橡木板要窄，60 厘米或 90 厘米高。

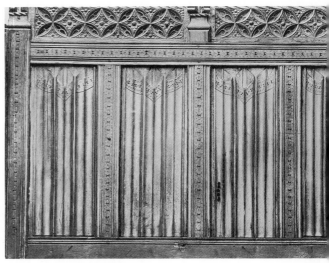

▲图 8-19 雕刻成线状图案的木饰板
维多利亚与艾尔伯特博物馆，伦敦 / 纽约，艺术资源

彩色玻璃

彩色玻璃不仅能够透光，而且具备与以往壁画、镶嵌画同样效果的装饰作用。彩色玻璃上描绘的圣人形象和圣经场景也能为广大信徒提供指引。

表 8-1 哥特式叶形装饰

在石雕、木雕、窗格装饰、家具设计中，有一种常见的哥特式装饰物叫作叶形装饰（树叶形状）。装饰板中的凸出部分称为叶形装饰，叶形装饰间的延长部分叫作尖点。含有三片叶形的装饰叫作三叶装饰，以此类推还有四叶装饰、五叶装饰等。下图六个示例中四种为匕首形装饰板，另两种为其他形状。

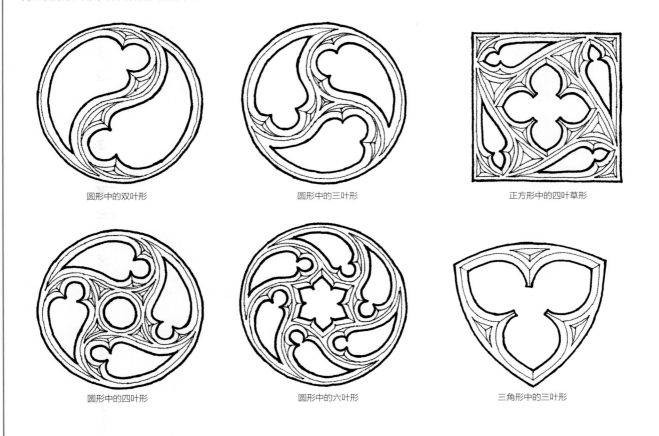

圆形中的双叶形	圆形中的三叶形	正方形中的四叶草形
圆形中的四叶形	圆形中的六叶形	三角形中的三叶形

罗马式风格时期的彩色玻璃仅限于在大型墙面上的小窗上使用。到了哥特式时期，墙体面积缩小，而彩色玻璃窗户的面积大大增加。哥特式时期所建造的上乘彩色玻璃很多都出现在早期，包括苏格院长组织修缮的圣丹尼斯修道院教堂唱经席区域的窗户，而沙特尔大教堂的重建过程中也采用了大量的彩色玻璃，苏格院长对教堂中彩色玻璃所营造的"奇光异影"深表赞扬。

而另一种着色玻璃，质地半透明而非全透明，可以完全隔离外部景观将圣洁的教堂内部与现实世界分隔两界。这种着色玻璃看起来不能透光，但会给人一种玻璃自身可以发亮的视觉感受，多种颜色混合时也可以营造出非凡的感官体验，这些光会使周围的建筑结构变得朦胧隐约，大

教堂建筑师更加侧重神秘感而非建筑结构的清晰程度。哥特式彩色玻璃的终极之作就是1242年建于巴黎圣母院附近的圣徒礼拜堂（图8-20）。该礼拜堂为皇家宫殿的一部分，设有上层下层两个分礼堂。其中上层礼堂的墙壁完全由坚实的窗格构成，内部充满光线。

哥特式时期晚期的窗户装饰完全由画家主导，彻底剥夺了玻璃艺术家在这一艺术形式中的作用。窗户大部分区域都被画家当作绘画区域，涂画一些圣经场景。这些后期的窗户装饰作品偏离了早期哥特式的精神性风格，提前反映出文艺复兴时期油画中的现实色彩。因此，早期哥特式彩色玻璃被认为是该类艺术中的上乘代表之作，如沙特尔大教堂的窗饰（图8-21）。

▲图 8-20 巴黎圣徒礼拜堂的上层分礼堂。分礼堂的墙壁几乎均由彩色玻璃构成

琴·伯纳德，法国普罗旺斯地区艾克斯 / 博达斯出版社

哥特式家具

哥特时期的家具延续了罗马式风格时期家具的主要特点，也就是在家具中加入建筑细节元素。因此，家具中罗马式风格的圆券自然要替换为哥特式风格的尖券，家具平面部分也增加了很多精致的装饰元素。装饰形式大致包括小型的雕刻建筑细节，如尖券、窗格、玫瑰花窗、扶壁、尖顶，以及叶形装饰。

家具制作的原料自然是当地木材，条件允许时人们偏向于选用自然橡木。偶尔也会选用胡桃木。王位或是象征荣誉的座椅通常带有精美的木刻，甚至镀金。形状多数为矩形，各部分元件比例与制作尺寸均经过精心设计。同时采用了榫卯结构而不是螺钉或铆钉的拼接方式，其中包含鸠尾榫以及阴阳榫，这两种拼接结构均源自埃及木匠工艺（见第 37 页"表 2-1 木材切割与连接"）。家具饰板与墙壁饰板一样，都刻有仿亚麻饰面图案。窗

▲图 8-21 沙特尔大教堂中的彩色玻璃窗。建于 1200 年后，高约 4.3 米

照片：乔斯（Josse）

摘自泰晤士河哈德逊有限公司帕顿·考恩的《玫瑰窗》，伦敦

彩色玻璃的制作工艺起源于罗马式风格时期。由于生产条件的限制，人们只能够制作小片彩色玻璃，随后将多片玻璃组合成形象化的图案。而将这些小片玻璃组合在一起就需要用到一种带有纹路的铅质条状结构，统称为铅板。铅板通常按照一定几何图案制作成形，也是窗户设计的一部分，增加了窗户的艺术性。

对于一些面积较大的窗户来说，需要使用一种名为窗中梃的石制分隔框来将彩色玻璃片和铅板固定在相应位置上。整个窗中梃所组成的图案叫作花饰窗格。最早出现的花饰窗格称为板制窗格，就是在拱肩（位于拱廊中，是拱券间类似三角形的区域，后指多层建筑中各层

窗户间的平板结构）上凿出圆形、四叶草形或者其他形状的开口并镶嵌彩色玻璃。后来，窗格工艺传至法国兰斯，演变成了铁楞窗格，即只由垂直隔框组成，仅见于带有尖券的窗户上。13世纪时，兰斯、布尔日、亚眠等地均出现了圆形散射状玫瑰窗格，形状如同车轮。到了14世纪和15世纪，窗格形状开始向尖券演变，边缘呈S曲线形态，如巴黎圣徒礼拜堂（如左图所示）。

每个隔框和铅板中的彩色玻璃均为纯色。与镶嵌画的模式相同，人们将不同颜色的玻璃片组合拼接成了各种形象。人们评价这种彩色玻璃为"具有珠宝般光泽的玻璃"，最常用的两种颜色是深蓝和深红。其他一些红色及黄色的玻璃是采用罗马人发明的多层贴色玻璃工艺（参见103页）制作而成。但其中最知名的要数沙特尔和约克教堂中采用的宝蓝色玻璃。而在西多会教堂中，采用了与哥特式玻璃的鲜亮颜色大相径庭的装饰方法，即无色玻璃（或称为弱色玻璃）的纯灰色装饰板。在哥特式流行的最后一百年内，大多数新型哥特式建筑中都以更为精妙的浅色玻璃代替了之前的深色玻璃。

此外，人们在教堂内部的玻璃表面添加了黑色或灰色的图案。起初，这些图案仅限于诸如眼睛、嘴和堆叠的衣物等图形。然而到了14世纪中叶，人们对于自然主义的热衷打破了这些限制，图案开始包罗万象。这种本属于彩色玻璃艺术家的艺术形式变成了玻璃艺术家和画家的合作作品。达到这种光影效果的方法多种多样，最常见的便是将深色颜料直接喷涂在玻璃上。

格装饰以及护墙板、模具装饰同样位于装饰板上方及两侧，装饰板下方为伸展边框。

门上面所需的硬件设施以及哥特风格的箱子家具均由钢铁打造，与木制品配合使用，镶嵌在木制品表面而不是内部。比如，门链、门锁及带有轴或把手的门闩。

大教堂、教堂及牧师礼拜堂中的礼拜用家具设计即为带有精致木刻的讲道台，如锡耶纳大教堂建筑师尼古拉·皮萨诺设计的比萨洗礼堂讲道台（图8-22），小石

狮后方为六根颜色各异的大理石外部支柱。其他一些家具，包括各类座椅、屏风及桌子（图8-23）也带有相应的木刻。

座椅及床铺

哥特式座椅一般为小型箱子加高椅背的组合（图8-24），并且只有重要人物才能坐在这类椅子上。椅背上的装饰板通常刻有各种图案，上方带有木质华盖。哥

▲图 8-22 意大利比萨洗礼堂中的尼古拉皮萨诺设计的大理石讲道台，1269 年

米兰，加那利图片库

▲图 8-24 法国 15 世纪的一把胡桃木座椅。刻有仿亚麻图案，上方为窗格装饰物。座位板可打开，下方是一个小型储物箱

由大都会艺术博物馆提供，"座椅，高椅背"。胡桃木。四分之三正视图

大都会艺术博物馆，修道院藏品。1947（47.145）。照片，版权所有，大都会艺术博物馆

▲图 8-23 索尔兹伯里大教堂牧师会礼堂中的一张 14 世纪的圆桌。桌面为后期替换品

英国遗产 / 国家纪念文物档案

特式座椅的主流设计线条笔直，座位为矩形，通常垫有椅垫，增加舒适感。

哥特式床铺同样带有精美木刻，并由从天花板垂下或由角柱支撑起来的华盖覆盖遮挡。有一些华盖要比床铺面积大得多，可以将座椅包裹其中（图 8-25）。图中可以看到来自比萨的克里斯汀（Christine）正向查理六世（Charles VI，即"疯王查理"，统治时期从 1380 年到 1422 年）的妻子——来自巴伐利亚的伊莎贝拉（Isabel）展示一本书，显示了当时的床铺是非常"公开的"。

人们通常把用来放置贵重物品的贮藏箱或储物箱放在床尾能看得到的地方，便于主人看管。华盖内部一般吊着油灯，床边摆放一张垫脚椅。床上由上等的棉纺床单覆盖，摆放着很多枕头。仆人或儿童通常睡在子母床的下半部分，这种床也称为拉床或脚轮矮床，白天可像抽屉一样存放于母床之下，到了晚上拉出即可。

▲图 8-25 画有皇家卧室中带有华盖的哥特式床铺的油画
来自比萨的克里斯汀正向来自巴伐利亚的伊莎贝拉展示一本书。来自比萨的克里斯汀（1364—约 1430）的"作品"缩影。英国伦敦，约 1413 年。哈利 4431 T.1 fol.3。纽约，艺术资源

箱柜

箱子（如图 8-26 左上）是居民家中最重要的一件家具，因其便于携带，所以在政局动荡的年代人们尤为重视这一特性。而橱柜即为带有柜脚的箱子。祭器台（credence），或称祭祀桌（如图 8-26 右下）一说最早来源于拉丁语词 credere，意为"去相信"，因为祭器台上摆放的食物在呈递屋主之前都要由仆人试吃，防止有人下毒。现今意大利语中的"祭器台"一词（credenza）指的是各式各样的箱柜。

哥特式装饰艺术

虽然壁毯作为凝聚了哥特式时期艺术精华的一种艺术形式，备受人们关注，但哥特式设计师也曾设计出其他优秀的艺术装饰。

金属制品

大多数由金银等贵重金属制作的哥特式制品都与宗教有关，比如十字架、圣餐杯及圣餐盘（弥撒庆典时盛装圣餐面包的碟子）。镴（铅锡合金）也曾用于制作此类器具。黄铜（铜锌合金）以及青铜（铜锡合金）曾用于制作门环、水罐、钟和香炉（焚香容器）。而铁常用于制作门链、门把手，以及其他安装在门上和家具上的硬件或是屏风、窗格、灯饰固定装置上的金属配件。

搪瓷制品

搪瓷工艺品是将玻璃状的物质，通常为彩色亮色玻璃，熔覆于金属制品表面或表面的凹槽中，在后面的章节中会进行详细介绍。搪瓷工艺常用于制作神龛或圣物箱等哥特式礼拜用具。自 12 世纪起，法国利摩日成了搪瓷工艺品的核心产地，后以生产相关瓷器产品闻名。世

橡木箱和窗饰雕刻

晚期的柱顶样式

早期玫瑰窗

有石制窗格的窗户

卷叶形的尖顶饰

束柱

仿亚麻饰面图案

祭器台

仿亚麻饰面、窗格和扶壁的椅子

▲图 8-26 哥特式建筑及设计细节
吉尔伯特·韦勒 / 纽约室内设计学院

界上的其他地方，如巴黎、奥地利、西班牙、英国等地都曾生产哥特式搪瓷工艺品。

壁毯

壁毯是哥特式装饰艺术中的一颗璀璨明珠，不仅装饰精美，色彩鲜艳，而且柔软细腻。悬挂在教堂、城堡或堡垒内部的光秃墙壁上，不仅可以起到装饰作用，还有一定的保暖功能。壁毯也非常易于携带搬运，这一特性使其深受经常巡游的中世纪贵族家庭的喜爱。

现存最古老的中世纪壁毯可追溯到 11 世纪末期的德国。到了 15 世纪中叶，壁毯在德国、法国、意大利、西班牙及英国的贵族群体中受到了广泛追捧。在 16 世纪前，也是哥特式风格向文艺复兴风格过渡的一段时间，佛兰德斯成了公认的壁毯制造中心，人们都将这里生产的壁毯奉为壁毯中的极品。

千朵花型（一千朵花）是哥特式壁毯设计图案的范式。在这个设计中，壁毯的背景和除了花朵之外的其他区域均由无数小型动植物、花叶图形等填充覆盖，如图 8-27。千朵花型设计壁毯具有一些特性。由于壁毯材质的性质，不能形成立体视觉效果，所以无法显示出绘画形象的深度。因此，壁毯图案中位于后方的物体没有采用缩小体积或是模糊轮廓的处理方法来呈现立体效果。图案远端物体未画出阴影，或是只有一点模糊的影子，图案边界靠近壁毯上缘，在颜色和图形上几乎或根本不存在渐变处理效果。整体效果虽然较为呆板传统，但也不失美观高雅。最精致的花瓶彩绘需要考虑花瓶的形状，同样，最雅致的壁毯也要注意到这些因素，比如避免戏剧性的透视效果，因为这会破坏墙面本身的平整性。

通过主题形象也可以对哥特式壁毯进行鉴别。哥特

制作工具及技巧 | 壁毯编织

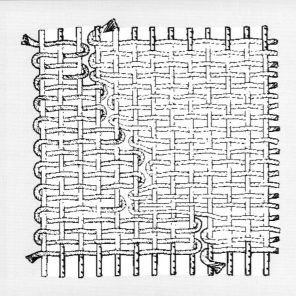

《东方地毯完整指南》（*Oriental Carpets, A Complete Guide*），小默里·L·艾兰（Murray L. Eiland, Jr.）和默里·兰三世（Murray Eiland III 著，1998 年伦敦劳伦斯·金出版社出版）。

壁毯的编织技艺有别于大多数衣物。在任何材质的编织过程中，都需要两组编织线。第一组叫作经线，包括多条与织布机较长一边平行的线。另一组称为纬线（也称为纬纱或填充线），包含多条跨越经线的平行线。编织时通过使用梭子或线筒将纬线与经线内外交织即可生成成品。

在壁毯艺术品（以及其他形式的编织艺术品）中，纬线被紧紧固定在一种类似齿梳的编织工具上，所以在编织过程中能够与经线完全吻合。壁毯中的纬线并不是完全按照织布机宽度进行编织，而是控制在一定宽度范围内，这样可以满足不同区域对颜色的要求，每一种颜色区域都是独立编织的。因此，不同颜色区域间会出现断层。如果断层较小，不明显，即可忽略不做处理；但如果断层较大，即需要使用其他编织线进行补充。解决断层问题的另一种技艺就是将原本是一条直线的边缘线条锯齿化，即可达到缩小断层的效果。

有很多种方法能将单一的壁毯编织技艺变得多样化、复杂化。粗糙的编织品采用大约每英寸 8 条经线的编织规格，而精良的编织工艺品采用的是每英寸 24 条经线的编织规格。编织物上面也可以出现编织图案。在使用金银线进行编织时，一些情况下会遵从一定的设计大纲，添加一种绫罗绸缎的效果。而对于棉织品，也可以利用丝绸点缀或人物面部刺绣等工艺为作品添加生气活力。

式壁毯主题以宗教为主。圣经、寓言及教会人物形象经常以哥特式建筑为背景出现。同时也有一些田园农耕、乡村生活的场景。除此之外，很多哥特式壁毯也有描绘猎人和猎狗追逐野兽或是囚笼中的野兽等图案。图中的独角兽壁毯（图8-27）就是七幅组图中的一幅，这七幅图案均出自同一名艺术家之手（姓名不详），约制于1500年的布鲁塞尔，这组图案描绘了从捕猎到擒住独角兽的过程。独角兽是一种身体像马，额头中央长着一只竖直的犄角，有着山羊胡须和狮子尾巴的神兽，象征着纯洁与力量。独角兽的意象不仅流传于中世纪欧洲，还流传于古埃及和古近东地区。

哥特式壁毯的美取决于其图案的质量，与绘画不同，

▲图8-27《猎获独角兽》之七：《囚笼中的独角兽》，一幅由丝绸、棉线、银线及镀银线编织的佛朗哥 - 佛兰密斯壁毯，约1500年生产。高3.7米。图案为囚笼中的独角兽配以千花背景
《囚笼中的独角兽》选自《猎获独角兽》七幅壁毯之一，由丝绸、棉线、银线及镀银线编织而成。高368厘米，宽251.5厘米
大都会艺术博物馆，由小约翰·D·洛克菲勒（John D. Rockefeller，Jr）捐赠，修道院藏品，1937年。（37.80.6）照片©1993大都会艺术博物馆

这种质量不是指绘画中的形似。壁毯上的图案质地极其特殊，是绘画装饰无法企及的。哥特式壁毯的设计概念要远远高于图案形象，这也是其令后来编织品无法望其项背的重要因素。

总结：哥特式设计

迄今为止，哥特式风格所达成的成就仍然使人们叹为观止，哥特式建筑师们的大胆开拓仍然让我们瞠目结舌。对于很多人来说，哥特式大教堂的尖塔雄姿犹在，至今还能给人以启迪。就算是不那么惊人的哥特式世俗建筑也与之前的罗马式风格和之后的文艺复兴风格大相径庭，独树一帜。哥特式风格设计要求其建筑师们有着极强的奉献精神和不懈的奋斗意志，而这些人为了建造宏伟的建筑，多数生活窘迫，衣食堪忧。如果没有这种顽强的信念，哥特式设计也不会在今天仍然屹立。

寻觅特点

哥特式设计最明显也是最与众不同的特点就是其尖券。而且尖券具有普适性，既可以作为结构支撑，也兼具窗框、门框、壁龛框架功能，甚至在家具上，尖券也可以作为雕刻艺术发挥装饰的作用。这种建筑元素在石制、木制，以及壁毯、玻璃或金属工艺品中都有所体现。对于大多数哥特式建筑来说，尖券不仅能够经济有效地解决结构支撑问题，同时其尖顶形态（指向天堂）也是精神性的一种特殊象征。

探索质量

哥特式大教堂中质量最上乘的设计自然是那些倾注了大量工匠的心血、想象、创造及财富的设计。这不限于教堂的内外结构，可以具体到构成整个建筑的方方面面：彩色玻璃、壁毯、雕刻、家装。但无论我们面对的是宗教建筑还是世俗建筑，都必须带着时代的眼光去探索它们的质量。哥特式时代是一个充满了神秘、魔力、信仰和热情的时代，因此我们不能以传统抑或是现代的品位标准去评判这个时代的作品。虽然我们知道世界上本没有独角兽这样的生物，但是哥特式时代的人们却对其深信不疑。

做出对比

之前我们提到过坚固踏实的罗马式风格与迷幻大胆的哥特式风格的差别。这里我们将法国哥特式大教堂与英国和意大利哥特式教堂进行对比。

通过比较罗马式和哥特式两种建筑风格，可以说这两种风格存在共同的特性，比如两种建筑中的中厅都要比侧廊高，而且墙壁上都设有玻璃小孔来为建筑中部空间提供照明。但是罗马式教堂与哥特式教堂的设计理念存在着明显差异：前者主要突出建筑的坚固性和稳定性，而后者则侧重于将坚固性和稳定性隐藏起来，给人一种空中楼阁的视觉体验。

另一方面，早期基督教风格或拜占庭风格建筑与哥特式风格之间并没有自然的过渡阶段。同时也存在着地缘差异，比如最具有罗马式建筑特点的建筑都建于法国西南部、意大利北部和莱茵河沿岸，而这些区域均非哥特式代表建筑所在地。哥特式建筑起源于法国北部的巴黎附近省份。因此，可以得出这样的结论：哥特式建筑是一种全新的建筑风格，与罗马式风格建筑有着明显差异。

在建筑设计史中最惊人的一组对比即为哥特式建筑与其后来的文艺复兴时期建筑的对比。由于当时激烈的文化和设计革命，我们不得不（在了解伊斯兰设计风格后）打破以往按照时间顺序进行研究的看法，而仔细研究古代东半球的建筑风格演变。随着中世纪人们对神灵的信奉逐渐转向了文艺复兴时期的人文主义思想，哥特式建筑风格最终也被一种新式建筑所取代。如果我们能回到文艺复兴时期的欧洲，就可以亲眼看见一种崭新思想态度的诞生以及其在新式建筑设计中的体现。

9

伊斯兰设计

622 年至今

"伊斯兰艺术是……天国之于现实世界的投影，正因如此，广大穆斯林才能通过投影领略天国风采，这风采既为艺术之源也是艺术的最高境界。"

——雅各布·伯克哈特（Jacob Burckhardt，1818—1897），瑞士艺术史学家

伊斯兰设计并不是指如罗马式设计等某一时间段内所出现的建筑设计，原因是伊斯兰设计自从伊斯兰教建立开始，也就是 7 世纪就已经出现了。另外，伊斯兰设计也并不像埃及设计一样局限于地缘，因为伊斯兰教影响范围广，在全球很多地方均有所体现。不过，这些伊斯兰设计的分支也具有一些共同的风格特点。伊斯兰设计又不如哥特式设计一样风格鲜明，作为一种能够覆盖全球且持续了十三个世纪的艺术形式，它的确经历了无数次改良与变化。最后一点是，伊斯兰设计并非像佛教设计或是基督教设计一样具有显著的宗教色彩，它涵盖了人们生活的方方面面，也包括世俗建筑、内饰及各种装饰元素。因此，伊斯兰设计的定义应更为细化：即伊斯兰设计是具有伊斯兰信仰的文化群体所创作出的设计产品。

伊斯兰设计决定因素

伊斯兰设计的共同影响因素与大多数设计的影响因素相同，包括文化因素、地理因素、宗教因素、政治因素及时代因素。

伊斯兰设计中的一些特性，比如总体上采用几何但也时常采用具象派装饰（图 9-1）也可以说是基于拜占庭基督教艺术设计或者是对希腊和罗马其他教派设计的一种继承，因此，最早期伊斯兰设计本身就是以一个继承者的身份出现的。另外，曾在阿拉伯半岛西南占据一席之地的波斯王国对伊斯兰设计也产生了一定影响。

地理位置及自然资源因素

土耳其人征服了君士坦丁堡（前拜占庭帝国）之后，他们即控制了亚欧两洲的重要交通要道，也就是现在的伊斯坦布尔。但伊斯兰设计的影响并没有局限在这里，不光是中东地区，包括北非、欧洲及亚洲都在其辐射半径之内。我们在下面的章节中会介绍建于印度和西班牙的一些著名伊斯兰建筑。

◀图 9-1 萨非王朝时期伊朗人的帐面，由丝绸和金属线头制成，约 1600 年。该图描绘的是一幅狩猎场景
大都会艺术博物馆，弗莱彻基金，1972 年（1972.189）
摄影 © 1994，大都会艺术博物馆

伊斯兰设计			
时期阶段	时间	政治、文化及宗教事件	艺术及设计成就
早期	662—约900	622年，穆罕默德（Muhammad）北上；632年，穆罕默德去世；哈里发统治阶段；领土大扩张；7世纪末叙利亚倭马亚王朝建立；762年，阿巴斯王朝建设巴格达	倭马亚狩猎屋及镶嵌画；691—692年耶路撒冷圆顶清真寺；848—852年伊拉克萨马拉大清真寺
中期	约900—约1250	909年，法蒂玛王朝开始；1062年，穆拉比特王朝开始；11—12世纪，柏柏尔人统治时期；成吉思汗（Genghis Khan）率领蒙古军队入侵，塞尔柱王朝灭亡	11世纪，开罗水晶雕刻；印度翡翠雕刻；西班牙象牙雕刻
后期	约1250—约1500	蒙古军队洗劫巴格达；马穆鲁克王朝；奥斯曼建奥斯曼土耳其帝国；帖木儿（Timur）建立帖木儿帝国；萨阿德王朝在摩洛哥建立；苏菲派	艺术家作为独立个体崛起；地毯工厂开设；伊斯法罕扩建；1473年托普卡帕宫于伊斯坦布尔开始建造
近代时期	约1500—约1800	1501—1732年，伊朗萨非王朝；1520—1566年，奥斯曼帝国苏莱曼一世在位；1588—1629年，萨非王朝阿巴斯一世在位；1798年拿破仑入侵埃及	伊兹尼克陶瓷；阿尔达比勒地毯；锡南的建筑；伊斯坦布尔苏莱曼清真寺，建于1552—1559年，伊斯法罕的阿里卡普宫建于1597年

早期的伊斯兰建筑大多是根据其发源地的传统、气候，采用当地材料就地建造的。这些当地条件也就是伊斯兰设计内部的本土决定性因素。在伊斯兰艺术中，植被或是农耕主题的装饰极为常见，而在近东的伊斯兰地域，当地人大都种植橄榄树、枣树、谷物、槐蓝及各种果蔬，规模之大，与埃及和摩洛哥人大面积种植的甘蔗不相上下。

此外，一系列不寻常的因素使得伊斯兰中部地区被称为地毯带。其中既有文化因素也有地理因素：如出于过去游牧民族的关系，个人物品须便携耐用，形成了手工打结的织造传统；当地具有适合绵羊放牧的地形和气候，也生产上等羊毛。

这里不仅有适合放牧的地形，还有用于种植亚麻的良田，亚麻可用于制造亚麻布。棉花从印度引进，大概时间可能在穆罕默德诞生之前，中国的丝绸在不久之后引进，这些因素都有助于形成优良的纺织传统。

宗教因素

伊斯兰意为"信奉神灵"。和犹太教和基督教一样是一神教，就像那些信仰一样，也基于一定的预言。伊斯兰教的先知是生于现在沙特阿拉伯的麦加市的穆罕默德。先知穆罕默德在622年创立了伊斯兰教，那时他自

称为穆斯林社区的领袖人物。那一年作为伊斯兰历的第一年，因此伊斯兰设计的出现一定晚于该年。

麦加的人们对穆罕默德讲道的反对促使他北上跋涉320千米，622年到麦地那市继续讲道，并开始组建第一个伊斯兰国家。穆罕默德去世后，632年，伊斯兰教影响力迅速扩大，军事力量将新宗教传入埃及、叙利亚、伊朗和伊拉克，最终进入北非，以及西班牙和中亚的草原。正如哥特式风格一直在努力宣传基督教一样，随着伊斯兰教的出现，其建筑设计也自然而然向世人宣传伊斯兰教。

穆罕默德的教义汇集于《古兰经》，也就相当于伊斯兰教的"圣经"。对于虔诚的信徒，教义规定了五项义务：虔诚信奉；帮助穷人，多做慈善；斋月期间白天禁食；在一生中至少有一次麦加朝圣；尽量每天在清真寺礼拜堂进行五次祷告仪式。清真寺有许多规格和形式，伊斯兰世界中最大的清真寺是9世纪建于巴格达以北的萨马拉（图9-2）大清真寺。长达444米，其尖塔与清真寺入口处在同一轴线上，高50米。

伊斯兰教有两个主要派别：逊尼派和什叶派。7世纪，伊斯兰教众对谁有穆罕默德的继承资格产生争执，随后分裂。逊尼派认为穆罕默德去世后，伊斯兰社会的领导应通过选举选出。而什叶派认为，伊斯兰领导层只能采

▲图 9-2 伊拉克萨马拉大清真寺的废墟，9 世纪。截止到现在，螺旋尖塔仍然矗立于此
西蒙空中胶片有限公司

取世袭制，也就是只有穆罕默德的直系后裔才有资格继承其统治地位。

这里不得不提的是在波斯和印度突出的苏菲派。苏菲派是 10 世纪末期出现的一个神秘而禁欲的派别，出现在什叶派，后来被纳入了一些逊尼派教派。它的名字源自伊斯兰神秘主义者经常穿着由粗羊毛制成的斗篷（称为 suf）。苏菲派延续了精美的工艺，认为艺术美感反映了内在的美丽，他们坚定信奉穆罕默德的一句话："真主本美而爱美。"苏菲派不仅倾向于重视艺术，而且还欣赏那些隐晦的带有喜悦之感、寓意丰富且富有不直接显露的宗教隐喻的特殊艺术。

历史因素

继穆斯林在 7 世纪至 14 世纪之间的军事征服之后，中东地区开始建立大型城市，这些城市也成为研习伊斯兰教义的主要地点，其中许多人负责保护古代的历史记录，而当时的西欧则处于混乱状态。麦加是信仰的中心；库法和巴士拉是阿拉伯神学的殿堂。大马士革称颂自己的诗歌、科学和工业。巴格达建于古巴比伦的废墟上，是世界上最骄傲的城市之一。只要提到那时的大不里士、伊斯法罕和撒马尔罕，人们就能回忆起《一千零一夜》的浪漫。印度的德里、阿格拉和巴基斯坦的拉合尔以及西班牙的科尔多瓦、塞维利亚和格拉纳达都是豪华和辉煌的中心，其魅力今日犹存。

当然伊斯兰设计也随着时代发展而改变。各个王朝及其统治者的口味和偏爱都有所不同，在所有伊斯兰国家，繁荣时期的结构和装饰与政治和经济衰退时期的结构和装饰千差万别。在繁荣时期，使用石头而不是泥砖作为建筑材料，甚至采用更高级和质量上乘的装饰，而且保存旧的建筑结构，而不是拆毁旧建筑来获取建筑材料。同样，贵重金属和半金属中的装饰物体在繁荣时期得以保存，但在其他时期均被熔炼。

伊斯兰教和伊斯兰设计的传播并不稳定，也非一项持续活动。例如，在 1000 年，西班牙当时产出伊斯兰艺术，但土耳其则没有；而到了 1500 年，土耳其成了伊斯兰艺术品的产地，西班牙却不再产出。

伊斯兰建筑及内饰

伊斯兰建筑最重要的类型是宗教建筑，如清真寺、神社、陵墓和宗教学校（图 9-3），世俗建筑如宫殿、城堡、集市、医院和有旅行车（caravanserai）停靠的旅馆。次级建筑包括桥梁和喷泉等结构，以及尖塔——一个连接到或靠近清真寺的细长塔，虔诚的信徒可以在那里进行祷告。一些尖塔是圆柱形的；有些由于高度原因设计为矩形；一些具有方形基部、八边形中心部分和圆柱形顶部；其中最美观的是螺旋式尖塔，如图 9-2 所示。

整个伊斯兰世界中清真寺内的伊斯兰教仪式都被严格规定且不可改变，要求室内必须包含几个基本要素。首先，设有中心区域，可以为开放式或有顶式，可以用于祷告。其次，设有一个祷告壁龛（图 9-4）用于表明信徒在祈祷中所面向的麦加方向。最后，在祷告壁龛附近设有一个宣讲台或敏拜尔（图 9-5），附近还有一个水池，虔诚的信徒在祷告前进行洗礼。壁龛可能源自罗马王宫的拱形设计，传统上是清真寺内部装饰最华丽的部分。陡峭的宣讲台通常与壁龛相邻，最常见的是采用木材建造，但有时也采用石头和砖块建造；宣讲台还装饰着丰富的面板和雕刻，通常载有纪念其建造期间在任的苏丹的铭文。

这些简单的构造自然需要通过更加精细的建筑元素才能结合到一起，如拱廊、大门和其他祷告厅。对于所需仪式的进行，这些并不是绝对必要的，但也逐渐成为

▶图 9-3 立面详图，17 世纪乌兹别克斯坦布哈拉的马德拉萨（宗教学校）。每个拱顶内都是一个学生宿舍
© 迭戈·莱萨马·奥雷佐利（Diego Lezama Orezzoli）/ 考比斯版权所有

▲图 9-4 伊拉克伊斯法罕的马德拉萨的壁龛，约 1354 年，高约为 3.4 米，琉璃瓦镶嵌
内幕的书法意为"清真寺是每个虔诚信徒的港湾"壁龛，14 世纪，约 1354 年。复合材料，玻璃，锯成形并组装成镶嵌画，高度为 342.9 厘米
大都会艺术博物馆，哈里斯·布里斯班·迪克基金会，1939（39.20）。照片 ©1982 大都会艺术博物馆

◀图 9-5 土耳其伊斯坦布尔的一座清真寺中的宣讲台。星期五祷告时，讲道从顶部开始
速伯斯托克公司

了人们的建筑习惯。虽然清真寺的结构简单、基础，但也会令人眼花缭乱。统治君士坦丁堡和土耳其全境的伊斯兰民众自然地发现圣索菲亚大教堂是君士坦丁堡城中伟大的建筑之一，而这座城是他们通过征服从早期的基督徒那里继承而来的。正如早期的基督徒毫不犹豫地采用异教古典主义的寺庙和大教堂供基督教使用一样，穆斯林毫不犹豫地采用这个基督教建筑的纪念碑以供伊斯兰教使用。因此，圣索菲亚大教堂的建筑元素在伊斯兰世界的许多顶级清真寺中得以体现，比如伊斯坦布尔的苏莱曼清真寺。

苏莱曼清真寺

苏莱曼清真寺（图9-6）是由伟大的建筑师锡南（Sinan，1489—1588）建造的（约1490—1588）。锡南在设计第一座建筑时已到了知命之年，但他一生共设计了136个清真寺和300多个其他建筑物。在奥斯曼帝国最辉煌的时期，他是几位强大的苏丹（苏莱曼一世和他的两位继任者）的首席建筑师。锡南早期曾做过技

工和工程师，因此他转行到建筑学之前就掌握了非常实用的建造知识。他大胆的建筑设计和巨大的圆顶结构的许多实验都以他的建筑逻辑意识为指导，而不是像意大利文艺复兴时期的建筑师布拉曼特和达·芬奇一样由几何组合和正式和谐的理论指导。锡南堪称不折不扣的建筑大师。

锡南为他的主要赞助人苏丹苏莱曼，也就是苏莱曼一世设计了这个伟大的清真寺。清真寺坐落在伊斯坦布尔山顶，俯瞰着形成港口的土耳其伊斯坦布尔海峡的金角湾。该建筑的大圆顶（图9-7）的直径有26.6米，为其高度的一半，立于四个大型支柱上。与圣索菲亚大教堂的朦胧之感不同，苏莱曼清真寺清晰明媚，支撑圆顶的结构系统清晰可见。整个巨大的建筑物一目了然。

内部的科林斯柱可能来源于较早的拜占庭风格建筑结构。内部表面镶嵌大量的瓷砖，建筑规模之大，是伊兹尼克瓷砖制造商的第一个大型工程。为清真寺专门定制的还有雕刻的百叶窗和门（图9-16）、彩色玻璃、地毯、清真寺灯，《古兰经》手稿和放它们的架子。据说有超过3500名工匠在清真寺工作。然而，这些装饰营造了一种朴素的气氛，也许是因为它的两个主要材料，也就是象牙色的石头外饰以及深灰色的屋顶，其色调过于简单。

苏莱曼清真寺的拱门（图9-6）几乎呈圆形，但有一点与众不同。在其他结构中，如图9-3中的马德拉萨，可以看到更为明显的尖拱。而伊斯兰建筑最具特色的是马蹄形拱形，也就是在直墩上方的半圆形，在其拱脚线（在这一假想水平线上拱形开始弯曲）之下进一步缩窄。马蹄形曲拱可以搭配圆顶或尖顶，有些是叶片或扇形，拱腹线内有小弧形或扇贝形。在摩洛哥的库图比亚清真寺，可以看到这样的拱门柱廊（图9-8）。

托普卡帕宫

托普卡帕宫靠近伊斯坦布尔的苏莱曼清真寺，俯瞰伊斯坦布尔海峡和金角湾，是15世纪中期至19世纪中期的奥斯曼帝国苏丹（包括苏莱曼）的居所。迷宫般的宫殿（图9-9）位于拜占庭皇帝宫殿的遗址之上。从1459年开始，托普卡帕宫的建设持续了几个世纪，16世纪时伟大的建筑师锡南又添加了一些设计元素，其中包括一个巨大的御膳房，迄今为止这座御膳房仍然是建

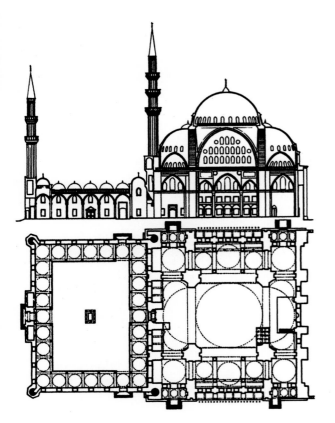

▲图9-6 伊斯坦布尔苏莱曼清真寺横纵剖面和布局。最高的尖塔的高度是83米

乔治·伯萨德

▲图 9-7 思南圆顶和两个相邻的半圆顶组成了苏莱曼清真寺的天花板
亨利·史提林，日内瓦

▶图 9-8 摩纳哥马拉喀什的库图比亚清真寺内一组马蹄形拱门，组成了一个柱廊，建于 1147 年
罗兰（Roland）与塞布丽娜·米肖（Sabrina Michaud）/ 阿歇特相片出版公司

▲图 9-9 从屋顶可以看到伊斯坦布尔的托普卡帕宫殿中的拱顶和烟囱，远处是伊斯坦布尔海峡
赖纳·哈肯伯格（Rainer Hackenberg）/ AKG—映像

筑群中最庞大的单一建筑结构。

托普卡帕宫的整体建筑效果是多种设计和风格的集合体，但它缺乏一种沉稳统一的形象，不过托普卡帕宫建筑结构鲜明：布局中包含散落布置的亭子、报亭、大厅、后院、图书馆和事务大楼，但这些建筑元素在三个连续

的庭院里的位置恰如其分。这三个庭院按照私密程度由低到高依次排列，只有苏丹及他的家人或是他最尊贵的客人和仆人才能进入最里面的内庭和皇室谒见厅。

宫殿后期所添加的但广受好评的一部分是最内侧庭院（图 9-10）内的穆斯塔法·帕夏开斋亭。亭子简单而开放，但有精细、模制，不乏精致的镶板和涂漆天花板。其内部略微升高的座位平台，被称为塔扎尔（tazar），在上面可通过宽敞的窗户欣赏到外部景色。

私人住宅

虽然当时很多财富是由皇室控制，用来建设宫殿，但也存在一些较为重要的房屋，这些房子归属于非皇族的中上阶层。不过从街上看去，私人住宅可能是最不起眼的，只在上层有一面带窗的空白墙壁，而内侧则建有四座庭院，庭院内设有喷泉，种植鲜花和果树。向这些庭院开放的主要房间可能有大理石地板和高的装饰天花板。如图 9-11 所示为 1707 年建于叙利亚大马士革的一处这样的房间，现在又采用其原始结构在纽约大都会艺术博物馆重建。一般情况下，此类私宅的院子入口与

▲图 9-10 托普卡帕宫中的穆斯塔法·帕夏亭。大窗户俯瞰大海。大部分座位就是一个略高的平台上的矮坐垫
选自《奥斯曼土耳其帝国》（*Ottoman Turkey*），亨利·史提林编（Henry Stierlin，Ed）。© 本尼迪克·塔森出版社，德国科隆。照片：埃杜华·魏德曼（Eduard Widmen）

庭院齐平，设有一个较低的大理石喷泉。此外还有主人和贵客的落座席，称为塔扎尔，座位严格按照等级进行排列，最靠近主人的座位地位最高，设有靠垫且距地面最远。

帐篷

除了之前提到的作为伊斯兰文化中心的伟大城市之外，游牧生活也是伊斯兰传统之一，游牧民族居住的并不是永久性建筑结构，而是帐篷。一些牧民的帐篷确实很简单，几乎不如遮阳板和防风林坚固，而一些皇家帐篷却非常精致。据说14世纪统治者帖木儿（也称Tamerlane）在撒马尔罕附近的一个平原上搭建的帐篷之一，足以容纳10 000人，但是这个结构存在的显性证据并没有保存下来。据说帖木儿的另一个帐篷设有大门、上层走廊、战壕和炮塔，并且内部由多种地毯、毛毯和丝绸靠垫进行装饰。如图9-12，一幅小型绘画描绘了一个更小的帐篷里的帖木儿在接受朝见，在他的宝座下是

一块地毯。伊朗帐篷面的残存部分见图9-1。

一些在外面举行的活动中，观众席上以及宴会和宗教服务中甚至不使用帐篷，但使用一些地毯和其他织物。如著名的长达11米的阿尔达比勒地毯（图9-28），因过长而不适合阿尔达比勒神社的任何房间，所以必须在外面使用。

由于帐篷不易保存，直到今天我们对游牧帐篷内部的研究仍然有限，只能想象一下，这些大型的帐篷空间大致是什么样子：色彩丰富的织物在裸露的结构元素之间飘动，在风中鼓荡，帐篷内的地面上覆盖着地毯。

伊斯兰装饰物

关于伊斯兰装饰品的文字资料十分有限。我们经常读到，由于宗教的限制，伊斯兰饰品很少采用具象化处理手法，因此依赖于几何设计。这种观点仅仅说对了一部分，将问题过于简单化了。事实上，很多伊斯兰艺术的特征尽管确实倾向于高度的风格化，但也包含丰富的植被形态装饰。而动物形式出现较少，人类形式几乎不存在，安拉神像更是闻所未闻。对一个伊斯兰教徒来说，把上帝描绘成一个有胡子的老人（如意大利文艺复兴时期的米开朗基罗的作品《创世纪》一般）是一种亵渎，是极其荒谬的。

几何图案是人类和动物图案的天然替代品。在几何图案的发展中，出现了最为复杂的线条交叉组合，如地毯细节（图9-1）和壁龛（图9-4）中所示。出现了正方形、矩形、六边形、八边形、星星和无数种不规则、重叠的图形。在陶瓷和纺织品设计中多采用玫瑰花形、珍珠形、圆点、钻石形、圆圈、星形、花瓶形等种类的图案。格图案——即菱形的棋盘格，通常细分为由椭圆形、圆形或扇形排列的线条或条带组成的面板。

伊斯兰教装饰品的突出表现是一种基于植物的作品，被称为蔓藤花纹（阿拉伯式花饰，图9-13）。该术语第一次出现于意大利文艺复兴时期，并神奇地被用于一些古典装饰品，如叶漩涡饰。而蔓藤花纹较为奇特，有葡萄藤、叶子和卷须，有时结合螺旋、绳结或圆雕饰。

如果我们从装饰的决定因素角度讨论伊斯兰教，就有必要区分两个分支，也就是逊尼派和什叶派的信条。

▲图9-11 叙利亚大马士革18世纪早期的房子里的接待室，面朝高出地面的塔扎尔方向。天花板高度为7米

努尔丁客房。大马士革房子的接待室。材料：木、大理石灰泥、玻璃、珍珠母、陶瓷、瓷砖、石头、铁、颜料、金。高6.7米，宽5.1米，长8.05米

大都会艺术博物馆，哈古普·凯沃尔基安基金所赠，1970（1970.170）。照片
©1995 大都会艺术博物馆

▲图 9-12 帖木儿在一个有花卉图案的帐篷下接见代表团，约 1600 年
HIP/ 纽约，艺术资源

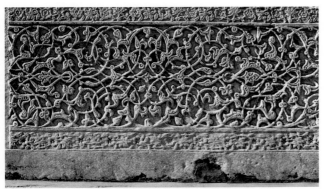

▲图 9-13 在乌兹别克斯坦撒马尔罕的帖木儿陵墓中的一幅蔓藤花纹石雕，15 世纪初
约瑟芬·鲍威尔（Josephine Powell）

逊尼派在土耳其、阿拉伯半岛和西班牙都严格反对在艺术品中添加带有生命的图案，因为这种图案具有崇拜色彩。而什叶派秉持更自由的艺术观点，允许在设计中添加花卉、动物和人类为主题的图案。在什叶派的设计中，真实和虚构的动物扮演着重要的角色：山羊是一个皇家象征，狮子代表权力。马术主题十分常见。人类、鸟类、叶子、花卉、常春藤和树木经常在图案或蔓藤花纹中结合呈现，而松果象征好运。在蒙古入侵之后，装饰图案也显示出中国图案的痕迹，如祥云、蝴蝶、玫瑰和牡丹花，以及岩石中生长的植物。

不管艺术家的教派如何，一些一般原则都适用于所有伊斯兰设计。所有图案的尺寸都相对较小，并且使用了许多常规化手法。即使在包含生物的具象化图案中，重点总是放在装饰品质上而不是图案所代表的意象上。

墙壁处理

按照现代人的标准来说，伊斯兰建筑设计的内部装修非常简陋，但又非常奢华。之前我们已经看到了一些带有特征的图案，如阿拉伯式花纹和一些几何图案，但是伊斯兰设计师能够采用不同的艺术手法呈现这些几何图案，例如使用石膏和灰泥、木制品和瓷砖。

石膏和灰泥是软材料的组合物，在铺展后硬化；处于可塑状态时，可以进行精美的雕刻和装饰。通常由石灰、石膏、沙子和水组成，有时会添加毛发。

灰泥是任何石膏的同义词，但有时它仅指成型较为缓慢的石膏。它可以在潮湿条件下定型、硬化，然后像木材一样被雕刻成型。因为它比较便宜，应用速率较快，所以非常受欢迎。其装饰效果跨度很广，从简单的交叉覆盖到精心制作的几何化植物形式。

此类材料出现于许多文化的建筑设计之中，包括米诺斯文化、迈锡尼文化和罗马文化，均将此类材料作为壁画的基础材料。当然，石膏和灰泥在伊斯兰设计中也很受欢迎。例如图9-14中9世纪伊拉克萨马拉的房屋废墟中的内墙装饰。

在伊斯兰装饰品中石膏的一种特殊用途称为穆卡纳（muqarna），也称为蜂窝结构。这种石膏造型由叠加的凹面形状组成，如相邻悬吊的巨大网络。例如阿里·卡普宫的音乐室（图9-15）。音乐室中所采用的石膏以类似中国瓷器和乐器的形状穿透，从图中我们无法观察实际的建筑结构。

木制品

木制装饰品是伊斯兰建筑和室内装饰的重要组成部分，尽管木材在一些伊斯兰地区还存在供应不足的问题。但当木材充足时，常用于制作多种建筑元件——门板（图9-16）、墙板、联系梁，也常用于制作较小的物体——家具、箱子、《古兰经》封面。不同的地区所采用的花卉图案丰富程度不同，它们的丰富程度通常受周围的几何框架（矩形、椭圆形、菱形）制约。而且在雕刻的木片中，常镶有象牙、骨头和珍珠母。

伊斯兰木质装饰品的一个特别之作是一种带有转动构件的开放格栅，有时用在清真寺将高贵的圣地与其他部分分隔开来。阿拉伯传统窗花（mashrabiya）或窗格（图9-17）中采用的转动格栅尤其有趣且应用普遍。这种格栅在整个伊斯兰世界随处可见，主要作为住宅或宫殿的女性宿舍的隐私遮蔽物，内部的女性可观察外面街面上的生活，同时防止她们被看到。顺便说一下，马什拉比

▲ 图9-14 在伊拉克萨马拉的一座房子废墟上的石膏墙壁装饰雕刻，9世纪
巴黎，阿拉斯泰尔·诺斯艾哲（Alastair Northedge）教授

▶图 9-15 伊朗伊斯法罕的阿里·卡普宫音乐室的壁龛，始建于 16 世纪末
保罗·阿尔马西（Paul Almasy）/ 考比斯 / 贝特曼

▶图 9-16 伊斯坦布尔苏莱曼清真寺的木门雕刻细节
F. 哥德雷·古德温（F. Godfrey Goodwin）/ 泰晤士 & 哈德逊国际有限公司

9-17 开罗的巴斯塔克宫，一扇带有许多图案阴影的格子窗，1334—1339 年

亨利·史提林，日内瓦

亚有效地遮蔽了室内的强烈阳光，给人一种神秘之感。

瓷砖

很难想象一种没有大面积使用釉面瓷砖的伊斯兰设计。釉面瓷砖像镶嵌画一样，建筑师一般将其覆于建筑外部和垂直及水平表面上。我们已经在一个壁龛（图9-4）和苏莱曼清真寺的圆顶（图9-7）中见识到了瓷砖平铺表面的辉煌装饰效果，这也是第一次主要使用多色釉瓷砖，而这些瓷砖来自土耳其伊兹尼克（Iznik），该地之后来以其陶瓷产品而闻名世界。

瓷砖的生产技术当然与陶瓷工艺相关，在接下来的章节中我们会进行简短讨论。而在这里，我们只需要注意，伊斯兰瓷砖的尺寸范围较大，在 8 ~ 100 毫米之间，质量惊人，显示出令人印象深刻的工艺水平。

瓷砖设计可分为两种基本类型：第一种是根据瓷砖本身的轮廓进行图案设计的瓷砖（图9-18），第二种是利用多块瓷砖组合拼接形成一个图案的瓷砖（图9-19）。在第一种设计中，瓷砖表面平整且呈偏心状，这种设计是从图案间的内部联系衍生出来的。在第二种设计中，瓷砖的形状简单，但表面覆盖着与瓷砖形状无关的复杂图案。

镶嵌画以及瓷砖设计也应用于建筑外部和内部、地板和墙壁。作为地面装饰使用时，镶嵌画设计有时模仿地毯或直接设计成地毯图案；在其他情况下，镶嵌画极其抽象且富有极强的创造性。在清真寺和宫殿这些宏伟的建筑中，人们使用了金玻璃马赛克。然而，即使是最普通的镶嵌画作品，制作工艺都相对复杂，成本较高。而采用瓷砖则更容易达到装饰和图案效果。

▲图 9-19 28 块伊兹尼克瓷砖组成的面板。虽然瓷砖都是正方形的，但是整体形象是一棵不朽之瓶中长出的生命之树，土耳其，1650—1700 年
伦敦，维多利亚阿尔伯特博物馆 / 纽约，艺术资源

▲图 9-18 伊朗各种形状的装饰瓷砖，13 世纪后期或 14 世纪
阿什莫林博物馆，英国牛津大学 / 布里奇曼国际艺术图书馆

伊斯兰家具

据说伊斯兰建筑内部并无任何家具。这种说法显然有夸张的成分，但与其他文化中大多数建筑相比，伊斯兰建筑中家具的数量一定是最少的，但人们更偏爱豪华的地毯和靠垫而不是座椅和长凳。许多伊斯兰地区都存在木材稀缺问题，但仍能找到一些木质家具的影子。

伊斯兰座椅中有一种低长凳，其中一部分还装饰着奢华的面料。阿拉伯语中称这样细长的座椅为"萨发"（suffa），显然英文单词沙发（sofa）就来源于此。这种座椅在托普卡帕宫内部（图9-10）和大马士革的接待室（图9-11）随处可见。人们经常坐在地毯上，使用称为"pushti"（意思是"背部"）的小垫子，这些垫子在传统意义上是靠墙放置的靠垫，只有大约60厘米×90厘米大小。还有与地毯编织方式相同的枕套，名叫"balisht"（意为"坐垫"或"枕头"）。这些枕头有时可以直接放在地板上，旁边经常摆放有一张相对较低的桌子。宝座一般仅限于统治者和权贵高官使用，如图9-10的左侧；二等官员可能会坐在统治者旁边的折叠凳子上。人们通常会习惯于躺在沙发上、垫子上或躺在铺地毯的地板上入睡，而不是床上。在餐食方面，传统上人们一般围坐一圈，将食物摆在中间，摆放食物的用具包括地板垫子或较低的木制或金属制餐桌。

民居中的家具通常包括低桌子和储物柜，用于摆放或储存家庭用品。伊斯法罕的音乐室（图9-15）在墙壁上设有可以存放物品的洞室，一些图书馆还设有可以上锁的铰链式木书柜。

在清真寺中，还有一种叫作敏拜尔的宣讲台、被称为穆卡苏拉（maqsuras）的屏蔽围栏，以及古兰经的阅读台（图9-20）和书柜。在伊斯兰世界，无论是民居还是清真寺都放有精心雕刻的木箱，用于存放古兰经的手稿。

伊斯兰装饰艺术

几乎无一例外的是，伊斯兰室内设计装饰极为丰富。即使清真寺、民居或其他建筑物外部显得格外朴素，内部却充满了富有想象力和创造力的细节装饰。这种细致与精

▲图9-20 13世纪，折叠状态下的木雕古兰经阅读台支架侧视图，饰以书法和花卉图案
格奥格·尼德迈尔（Georg Niedermeiser）/艺术资源/普鲁士文化遗产图片档案馆

巧的装饰有多种形式，有许多材料的作品，包括木材、金属、象牙、镶嵌画和瓷砖、绘画和漆器、玻璃和岩石水晶以及伊斯兰器物装饰的书法等，且广受好评。其中最著名的三种伊斯兰装饰艺术是陶瓷、金属制品和纺织品。

陶瓷

伊斯兰陶瓷种类繁多，工艺卓越至极，可谓达到了精妙巅峰。陶瓷等级跨度范围较大，从简朴的陶器到采用热熔工艺制成的质地坚硬、更加细腻的高档器皿。但由于找不到合适的黏土，传统的伊斯兰陶瓷没能复制中国瓷器的"白如玉，薄如纸"。然而，他们的一些陶瓷显示了非常精湛的装饰和丰富的技术创新工艺。

在各种类型的伊斯兰陶瓷中，人们发现了之前（以及我们在埃及和罗马的章节中）提到的简单的陶器件。一部分陶器是较为粗糙的棕褐色，但其他陶器表面都涂有一层光滑的白色薄片，并饰以书法（图9-21）。有涂层的陶器也可以在表面刻画装饰图案，然后覆以绿色、黄色或棕色釉面，釉料集于切口处。

石膏陶瓷（Fritware）是一种使用白色黏土、碎石英和玻璃料制成的白色陶瓷（图9-22，Frit是通过焙烧玻璃成分，然后研磨制成的粉末状物体，也可以用作釉料）。这种工艺出现于11世纪，仿制中国瓷器，虽然这

▲图 9-22 产自伊朗的 15 世纪蓝色釉底画瓷碗
伦敦，维多利亚阿尔伯特博物馆 / 纽约，艺术资源

种陶瓷与埃及彩陶成分相似，但外观相去甚远（图2-29和图2-31）。

"搪瓷"（Mina'i）是一种瓷器，曾被称为珐琅（haft rang），意为"七彩"，顾名思义，这类瓷器具有珐琅光泽，多彩。在制作时，需将一些颜料与黏土混合，上釉后烧制，即可呈现出更多的颜色变化。天青石（Lajvardina）陶瓷是一种与珐琅彩类似的瓷器。一般来说，天青石陶瓷使用（图9-23）比珐琅彩更加阴沉的颜色和更抽象的设计。但也有例外，人们将金子塑形成条，然后切成小块，覆于瓷器表面上。这两种瓷器都是奢侈品，只供展示观赏而不能在生活中使用。

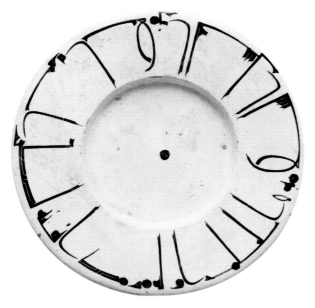

▲图 9-21 陶器碗上铅釉，饰以书法，撒马尔罕（位于现乌兹别克斯坦），9—10 世纪，直径为 37 厘米
蒂埃里·奥利维尔（Thierry Ollivier）/ 艺术资源 / 法国国家博物馆联合会

▲图 9-23 伊朗的天青石陶瓷碗，饰以上釉绘画，14 世纪初，直径 21 厘米
赫尔维·莱万多夫斯基（Herve Lewandowski）/ 法国国家博物馆联合会 / 纽约，艺术资源

伊兹尼克陶瓷是伊斯兰所有陶瓷中最著名的一款。伊兹尼克是西安纳托利亚（现土耳其）的一个重要的贸易站，位于古丝绸之路上，连接亚欧两洲。高价值的中国青花瓷经常在这里进行买卖交易，15世纪末，伊兹尼克陶工开始制作自己的蓝白色瓷器。到16世纪初期，生产质量和数量均提升到了很高的水平，并且建筑师锡南使用了大量伊兹尼克釉面砖来装点苏莱曼清真寺的墙壁。伊兹尼克工艺也曾用于生产烛台和清真寺内及家庭桌上的各种餐具，无论是对于清真寺还是民居都非常适用。伊兹尼克陶瓷的背景一般为白色釉料，而上面的图案常为蓝色，但也有例外，有时会采用灰绿色、绿松石、丁香、锰紫或番茄红等颜色。除了基本配色方案，伊兹尼克陶艺家还采用了一些中国设计图案，如祥云、波浪、葡萄和三球组合，并添加了一些自己的蔓藤花纹、卷轴、人字纹和其他几何和植物图案（图9-24）。他们也添加了一些粗糙的现实主义具象化图案，如船、兔子和郁金香（郁金香在引进到荷兰之前本产自土耳其）。他们也模仿了中国瓷器的耀眼光彩，开发出了90%的二氧化硅（玻璃）加10%黏土的配方。

▲图9-24 15世纪末期的伊兹尼克洁具盆，典型的蓝色和白色配色，直径为42厘米
伦敦，维多利亚阿尔伯特博物馆 / 纽约，艺术资源

金属制品

由于伊斯兰教仪式中祈祷前的洗礼是必要步骤，为此，用于洗礼的包括金属花盆在内的盆子须精巧美观，人们也使用金属打造箱子、灯具、烛台、香炉、暖手器、饰品、家具和首饰。这些金属需要经过铸造、压花、拉丝或我们之前看到的埃及人所使用的铸造玻璃的失蜡（cire perdue）技术（参见第36页"埃及彩陶和玻璃"）等一系列的工艺处理。

最非同寻常的金属制品，毫无疑问，都是用最贵重的金属——金和银制成的，这些作品经常带有其作者的签名，表明人们对这些艺术家个人才能的普遍认可。然而，最虔诚的穆斯林认为，使用贵重金属作为餐具会令人生厌，甚至是亵渎神灵的表现。因此，在制作餐具时更流行使用普通金属，如铁、钢、青铜和黄铜。

但在一个问题上，虔诚的信徒和其他人倒是达成了共识，那就是采用贵金属上才有的修饰工艺来丰富这些普通金属的外观。这种工艺之一被称为大马士革工艺（来自大马士革——叙利亚的古都）。大马士革工艺是一种嵌入式装饰形式，即将薄金或银线嵌入已经切好的普通金属表面的微小凹槽。凹槽形成的装饰图案也因此得到了突出（图9-25）。大马士革工艺最常应用于钢材，但也可应用于铁、铜或黄铜。镶嵌物除了金、银之外，也可以是乌银，乌银是一种有光泽的黑色银化合物。

▲图9-25 大马士革工艺的黄铜盘细节，撒拉逊，16世纪初。蔓藤花纹围绕中央迷宫
伦敦，维多利亚阿尔伯特博物馆 / 纽约，艺术资源

纺织品

　　伊斯兰世界继承了古代近东悠久的编织传统，大多数伊斯兰文化都是编织文化。女性年轻时就要接受纺织和编织工艺的训练，而男性则负责染色和营销。这些纺织品通过丝绸之路出口国外，成为伊斯兰经济的重要组成部分。

　　丝绸是伊斯兰纺织品贸易中的奢侈商品。土耳其宫殿和精美房屋的沙发、低沙发椅以及窗帘都采用布尔萨和其他地方编织的丝绸和天鹅绒织物。在只有少量硬家具的建筑内部，人们采用一些柔软的装饰，如坐垫、被子、窗帘和地毯，为座椅和寝具增添了色彩，同时能够保暖，增加舒适感。伊斯兰存储袋品种多样，但都至少有一面饰以地毯花纹，同时也可以用作枕套。

　　我们可以从伊斯兰纺织品对于西欧的影响力看出其品种和质量情况。在这方面，许多英文术语来自阿拉伯语：羊驼毛、上衣、雪纺、棉花、锦缎、马海毛、细麻布和缎。

　　伊斯兰纺织品的质量跨度也比较大，从满足基本需求的拙劣布料到真正供皇室使用的经过精密设计的丝绸。托普卡帕宫的被套（图 9-26）就是一个很好的实例，该被套由 49 块绸缝合在一起，每块边长约 15 厘米。人们在伊兹尼克陶瓷中也发现了以白色为背景色的相同图案。

地毯

　　地毯是伊斯兰设计中的标志产品。随着羊毛供应充足，编织文化的继承发展，地毯的产量迅速增长，地毯时尚传播到整个伊斯兰世界缺乏这些地毯的地区，并超越了伊斯兰世界，到了欧洲和美洲。所谓的东方地毯走出了它的发源地，在世界许多地方流行起来。

　　传统编织地毯有三种基本类型：波斯地毯、土耳其地毯和中国地毯（见第 11 章）。到达西方市场的第一批东方地毯是土耳其商人从伊斯坦布尔远道运来的。因此，无论这些地毯产自哪里，都被称为土耳其风格，就连欧洲和美国的仿制品也被称为"土耳其地毯"。后来，人们逐渐得知，许多地毯都产自波斯，也就是今天的伊朗，并由商队运送到伊斯坦布尔。"波斯风"这个词很容易让人联想到浪漫，所以一段时间内也适用于此类地毯。而今天人们知道这类名称指的是原产国。土耳其地毯比多数波斯地毯更加严格地反对在地毯上添加具象化

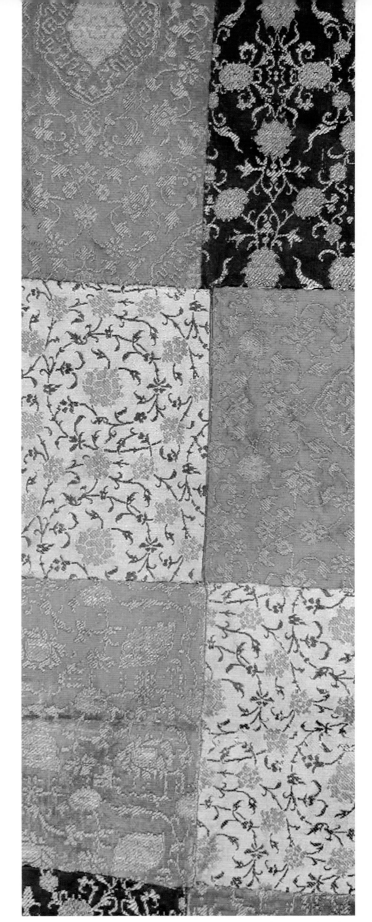

▲ 图 9-26 托普卡帕宫的丝绸被套细节图，由七种不同的小型图案制成，16 世纪初

托普卡帕宫博物馆

波斯和土耳其地毯的魅力延伸到了现代主义的最高水平。舒适剪裁和令人难以置信的色彩给内饰增添了柔软度和丰富度，如果没有了这些处理，室内看起来就会冷冰冰，上面的图案虽然抽象但不会与其他艺术作品冲突，甚至更多的是文字或具象化的设计；地毯制作遵照传统，但并不过时。密斯·凡德罗 1930 年于捷克斯洛伐克的布尔诺建造的图根哈特别墅里（密斯注意里面家具的每一个细节），在客厅的钢琴下和图书馆都布置了波斯地毯。斯蒂芬·卡洛维（Stephen Calloway）在《20 世纪设计》中写道："在（房屋内）自由流通的空间中，大面积采用新材料有助于实现整体效果，波斯地毯为房间的其他地方也添加了更加豪华的图案和鲜艳的色彩。"

的生物图案，因此更加风格化，多采用几何装饰图案。虽然一些土耳其地毯令人眼花缭乱，不过其制作工艺稍逊一筹。

人们一般认为波斯是上等地毯的编织中心，在 1505 年到 1722 年的萨非王朝期间达到了其最高制作水平。波斯地毯有许多类型，每个都有其特征（表 9-1）。大多数以产地命名，但有一些是以编织地毯的部落名称或者一些经常进行地毯交易的地名命名。

地毯生产

传统上，伊斯兰地毯采用手工编织的制作方法。直到今天，在一些有廉价劳动力的国家，仍然采用手工编织，但在其他地方，机器已经取代了人力，甚至引入了

表 9-1 伊斯兰地毯特征

名称	编织类型	针 / 平方英寸	所含纤维类型	经典图案
比佳毯 （Bijar /Bidjar）	对称	100 ~ 160	羊毛	团花与卷轴； 大红色及蓝色
费尔干毯 （Feraghan/Farahan）	非对称	60 ~ 160	羊毛，以棉为基料	边缘为葡萄藤或鱼类； 蓝色或绿色
哈马丹毯 （Hamadan）	非对称	40 ~ 100	羊毛和骆驼毛，以棉为基料	中央团花；以黄色或棕色为背景的红蓝花设计
赫里兹毯 （Herez /Heriz/Heris）	非对称	30 ~ 80	羊毛或棉	带有直线轮廓的圆形团花；红色和蓝色鲜花图案，边缘为亮色
伊斯法罕毯 （Isfahan）	非对称	最多为 750	马海毛或丝绸	花饰团花、动物或棕榈树；大红色，偶尔带有金银线头
卡尚毯 （Kashan）	非对称	200	美利奴羊毛或丝绸丝绒	中心团花，花饰边缘
萨腊本地毯 （Saraband/Sereband）	老式编织：非对称 新式编织：对称	不定	通常为羊毛或棉	多排布特（Boteh）图案，边缘为较窄条带状；深红和蓝色
大不里士毯 （Tabriz）	对称	40 ~ 400 以上	羊毛，偶尔采用丝绸	大型中心团花，周围围绕多个小型团花
德黑兰毯 （Teheran/ Tehran）	非对称	130 ~ 325	羊毛或棉	花式设计及松树图案
乌萨克毯 （Ushak/Oushak）	对称	不定	羊毛	团花、星星或白色背景

新的地毯编织类型（见第 20 章和第 21 章）。在机器普及之前，有四种地毯制作方式：刺绣、平织、毡织和绒头。伊斯兰世界的地毯是剪绒地毯，也就是说，它们的表面是由表面向上突出的纱线的切割端织成的。用于制作这些地毯的材料通常是羊毛和丝绸，基料为可见的绒毛和羊毛或棉花。因此，所有羊毛和全丝地毯至今仍保存完好。山羊毛或骆驼毛有时被添加到羊毛中，有时也用黄麻代替棉花作为基料。

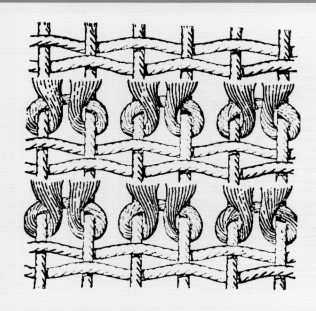

A. 对称结
小默里·艾兰（Murry L.Eiland Jr.）和默里·艾兰三世（Murray Eiland III）所著的《东方地毯完整指南》（*Oriental Carpets, A Complete Guide*，伦敦：劳伦斯·金出版社，1998 年）。

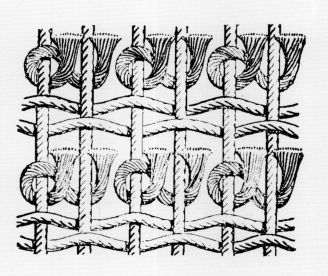

B. 非对称结
小默里·艾兰和默里·艾兰三世所著的《东方地毯完整指南》（*Oriental Carpets*，*A Complete Guide*，伦敦：劳伦斯·金出版社，1998 年）。

如大多数编织物一样，绒头地毯由经线和纬线组成，它们彼此呈直角缠绕。穿过织机表面的纬纱线与织机的长度相等，通过缠绕于经线内外进行编织。此外，短的切割纱线绕一根或多根经线打结，并通过一根或多根纬纱线固定。这些短的突出端会生成线桩。

不同地毯之间的重要区别在于打结方式。在伊斯兰地毯中，只有两种基本的结，但每个都有四个名字。

· 第一种是将短短的纱线缠绕在两个相邻的经线上，然后将它们拉下来（图 A）。被称为土耳其结、吉奥狄斯结（古代土耳其吉奥狄斯镇）、闭合结，或形象地称为对称结。

· 第二种是将纱线包裹在一根经线下方的相邻经线上，然后将纱线拉回两根经线之间并拉出（图 B）。这被称为波斯结、深纳结（源于波斯西部的深纳市）、开

放结或不对称结。不对称结使经线之间的每个空间中都有线桩的延长线，因此可以生成比对称结更密集和更均匀的线桩。

这些结的名称可能会产生一些误导，比如波斯结并不限于波斯地毯，土耳其结也不限于土耳其地毯，而在塞纳市制造的地毯也不会使用以其命名的塞纳结。

当成品地毯从绷紧它的织机上切割出来时，从顶部和底部边缘突出的经线的端部通过打结或编织形成边缘。地毯的两个长边没有凸起边缘，但具有当经线反向时形成的边缘；通常采用额外的纬线和经线（称为余料）对其进行加固。这些边缘，不仅在伊斯兰地毯，而且在大多数纺织品中，最初称为本边，后来称为布边（selvedges），现在则称为边缘（selvages）。

A. 古丽类型

道拉莎（Dowlatshaht），"波斯设计和图案，多佛"，1979 年

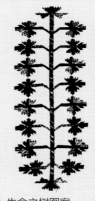

B. 布塔图案

道拉莎（Dowlatshaht），"波斯图案，多佛"，1979 年

C. 生命之树图案

彼得·德鲁克，《东方地毯辞典》，1997 年

D. 哈拉迪图案

彼得·德鲁克，《东方地毯辞典》

以下为几个伊斯兰地毯图案的简要介绍。

· 古丽（gul 或 gol）是一种几何图形。gul 在波斯语中意为"花"或"玫瑰"，因此可以推断出这种图案可能起源于花卉，但已经演变成八边形、六边形、菱形或锯齿状。许多游牧部落都有自己的"图腾"图案，传统上被用于地毯设计中（如图 A）。

· 布塔（boteh）是佩斯利图案中熟悉的图案。最开始可能起源于克什米尔，但后来以苏格兰的佩斯利镇命名。在 19 世纪的佩斯利，这种图案多见于披肩上。因为它的形状像梨，有时人们将其称为"梨"图，虽然也有人认为它的形状也像叶子、松果、杏仁或火焰。这类图案可能以独立形式出现在地毯设计中，但通常以整体图案堆叠出现（图 B）。

· 生命之树的图案以树的形式象征着生命力，有时树枝上还出现水果和鸟。许多文化中都有类似的图案且千变万化。但在伊斯兰地毯设计中，生命之树图案通常是以高度几何化的形式出现（如图 C）。

· 不朽之瓶与生命之树在意义和外观上略有相似，

图案中花枝从瓶子中伸展出来而不是从地面发芽。花瓶一直是所有古典和新古典主义风格中最受人们青睐的图案。在伊斯兰世界，大部分地区干燥炎热，而花瓶也象征着为人们供给生命之水，有特殊意义。

· 哈拉迪（herati）是一种由曲线或钻石形状代表的花卉具象图案。这种图案组成的线形图形系列称为哈拉迪边饰（如图 D）。

· 法蒂玛之手图案是以穆罕默德女儿的名字命名的，是一种出现在祷告地毯顶部的手形图案。可以用来指示信徒跪拜时双手的摆放位置，图案中拇指和伸出的手指象征着伊斯兰教的五根支柱。

· 正如我们所知，壁龛形状就是清真寺中带有拱顶的长方形。在地毯图案中，像在清真寺一样，这类图形的形状极具变化。

· 手掌莲是由莲花衍生出的一种花卉图案。其轮廓特征显示出图案底部为茎端，茎端上方延伸出开放的花瓣。与这里列出的许多其他图案一样，这类图案也常见于织物和地毯。

地毯质量

地毯质量一般不取决于所使用的结的类型，而是基于其密度。上乘的伊斯兰地毯中最低的密度约为每平方厘米4结，但是每平方厘米16结更为常见，精细地毯的结数可以再翻几倍，无论新旧。纽约大都会艺术博物馆的莫卧儿地毯的结数为每平方厘米390结，1970年前后在土耳其西部城镇海雷凯制作的全丝绸祈祷地毯，据说每平方厘米有676结，数量惊人。由于当时经验丰富的织布工每分钟只能打20结，可能需要数月或数年才能完成如此精细的地毯。考虑购买地毯的设计师通常会看地毯的背面，计算水平和垂直方向上单位长度内的结数，将它们相乘，便可得知密度。

虽然高结密度地毯通常是一种宝贵的财富，但一些比较粗糙的部落地毯可以在美观程度和价值上与城市生产的地毯相媲美。由于纱线吸收染料的不均匀，导致固有颜色的不均匀性（称为变色），被认为是一个巨大的卖点（除非效果太好像预先设计过一样）。随着时间流逝，毛毯轻微掉色的柔和效果也受到了消费者青睐。一定量的可见磨损通常被人们认为是一种美学特点，但前提是这种磨损没有破坏线条的完整性。

地毯形状与尺寸

许多类型的地毯具有特定的形状以及各种尺寸。形状有时由表示地毯长度除以宽度的形状比进行定义。例如，地毯360厘米×270厘米的形状比为1.33。

地毯尺寸多种多样，但局限于织机的尺寸。大于430厘米×730厘米的地毯称为"宫殿地毯"。传统的乡村地毯适合狭长的房间，通常是150厘米×365厘米，这种尺寸的地毯称为克雷毯（keleh）。还有一种狭长的地毯，被称为"奔跑者"（kenarehs），专门用于铺设走廊和楼梯。小于120厘米×180厘米的地毯有时称为"散布地毯（scatter rugs）"，小尺寸的地板纺织品也是如此。如果用作床或家具的覆盖物，它们可能被称为"抛地毯（throw rugs）"。

地毯尺寸与地毯摆放位置有关。现今人们通常把地毯布置在一个房间的中心，但在传统的伊斯兰教室内，地毯通常摆放在房间的一端，也就是在主人的座位处铺一块克雷毯，两块奔跑者毯与克雷毯呈直角沿着客人座位一侧的墙壁摆放。自19世纪中叶以来，地毯尺寸已经适应了西欧和美国的平房，现在常见的尺寸为200厘米×300厘米和275厘米×370厘米。

伊斯兰地毯中有一种特殊类型的小地毯，称为祷告地毯（图9-27），常用丝绸而不是羊毛制成。这是伊斯兰生活的重要特征，可以在清真寺中使用，使信徒跪拜更加舒适干净。它与其他较大的地毯不同，不仅体积小巧，只容纳一个人，而且采用非对称设计，一端通常绣有壁龛形状的图案，指示着麦加的方向。

地毯设计

伊斯兰地毯的设计包括几何或曲线，也可以是各种图形的组合。但对于部分地毯，由于其较粗糙的编织工艺，无法承载曲线设计，只能采用几何图案；城市编织的地毯，具有更精细的技术和更大的密度，往往更多采用曲线图案。

这些地毯的图案并不是由个体织造者发明的，而是从传统的图案中发展继承而来的，其中一部分图案对于现代人甚至现代织造者都十分陌生。一些地毯上大胆地设计了中央图案，周围是一些小型的、辅助图案。而有的全部由小型图案覆盖，但也有些图案分成了若干个部分，每个部分上有不同的图案。无论是哪种，图案边缘都有边框，而且都重复采用了标准图案。

许多地毯都具有重要的中央设计元素。如著名的阿尔达比勒地毯（图9-28），由于可能用于室外环境而在前文"帐篷"一节中提到，中央有16个椭圆形围绕的分辨的圆。它们中间和周围有无数旋涡状的蔓藤花纹。来自土耳其亚洲部分安纳托利亚的乌沙克地毯具有三种设计："星空"在其中心有一个八角星；"大团花"，即在其中心有一朵团花；而"纯白"则是将设计图案呈现在白色或米黄色的背景颜色上。

总结：伊斯兰设计

虽然大型清真寺的圆顶和尖塔会呈现出恢宏的外部效果，但即使是最大的清真寺也会将大部分的装饰品保留在建筑内部。内部装饰在伊斯兰设计中至关重要，但这种点缀很少能够起到强调或解释建筑构型的作用。甚至有时可能会掩盖或者否定其本身结构，给人造成失重和虚幻的感觉。在这方面，伊斯兰建筑与哥特式建筑可谓异曲同工，但单看内饰，我们很容易分辨出哥特式建筑和伊斯兰建筑的本质区别。可以说，这两种风格都注

▲图 9-27 产自土耳其布尔萨的祷告地毯，丝绸、羊毛和棉织物，16 世纪晚期，高约 168 厘米。该设计展示了一个清真寺的拱廊，清真寺灯挂在中央

土耳其的纺织地毯，大概在布尔萨，奥斯曼帝国时期，16 世纪晚期。祷告地毯，丝绸、羊毛和棉花。167.6 厘米 ×127 厘米

大都会艺术博物馆，詹姆斯·F·巴拉德（James F. Ballard）收藏并赠予，1922 年。（22.100.51）

▲图 9-28 阿尔达比亚地毯详图，可能是史上最著名的波斯地毯。带有马克苏德·卡沙尼（Maqsud Kashani）签名，于 1530 年在伊朗西北部完成。材质为丝绸和羊毛，长 11 米

伦敦，维多利亚阿尔伯特博物馆 / 纽约，艺术资源

重的是精神方面，而不是阐释物理形态或构造，但表现形式带有形而上学风格。

寻觅特点

伊斯兰设计最显著的特征就是其给人的秩序感。伊斯兰艺术表现出对于以往传统和现存艺术的遵从以及对将每一个细节分配在适当位置的内部组织程序的尊重。这种高度的秩序感与伊斯兰教一个重要的信条息息相关：由于所有事物的存在都是真主的意志，在安拉的神圣计划中占有一席之地，因此将这一计划的任何部分具象都是不守规矩、野蛮或混乱的形象是完全错误且不合时宜的。所以，伊斯兰设计的本质从来都没有过铺张浪费的元素，总是采取井然有序的模式，系统化地添加装饰。

而伊斯兰艺术的天才之处在于其至少自我实现了部分世界观。每个元素与其他元素都紧密相连，其中的丝状灯、瓷砖墙或地毯图案都值得我们对这种关系进行深思。人们受到相互锁定的角度和旋转的蔓藤花纹的冲击，几乎可以相信宇宙与我们所看到的艺术一样有序。

探索质量

也许正是这种非同寻常但近乎完美的伊斯兰模式，让国外研究者更加关注偶然出现的不足——如褪色、磨损、织机的不连贯性。但这些使人着迷的缺点与伊斯兰设计的主要理念无关，即精通于一种复杂而平衡的秩序感以及掌握能够呈现这些令人印象深刻的秩序感的技巧。伊斯兰设计者在展现高超技术、高水平的操控和抛光方

面表现出了非凡的兴趣。表达方式既可以大胆有力，也可以微妙精致，在两种极端情况下都能达到卓越的品质。伊斯兰设计的两个极端同样也服从传统，而伊斯兰设计中最优质的成果更加服从传统。所以伊斯兰设计这门艺术并不会将创新作为成功的衡量标准。

但人们并不是十分重视追求现实效果的建筑成果。伊斯兰设计的优势在于它的人工性，装饰性强，将自然形态转变为超自然的组合模式。伊斯兰设计不记录自然或人性，而是在其复杂的结构中体现神明之伟大。

做出对比

在伊斯兰设计中，我们可以做出如下几组对比：游牧部落的作品与城市居民的作品、旧技术的作品和新机器的成果、自发倾向与外来推力（或迎合外国市场的本土推力）、直线和曲线。

伊斯兰设计与同期中世纪基督教设计之间存在着巨大的分歧，正如伊斯兰教与基督教社会团体之间存在巨大差异一样。二者都非常注重自己的宗教，伊斯兰社会善于学习知识，追求艺术、科学和哲学。中世纪时期的伊斯兰世界展现了后来文艺复兴时期信奉基督教的欧洲所体现的大部分复杂性。

本章在书中的位置可能引出的另一组对比就是之前中世纪时期其他的设计风格与之后远东的风格包括印度、中国和日本之间的对比。伊斯兰设计介于这两个伟大的文化艺术之间，但与这两种风格大相径庭。

最重要的是，伊斯兰对精湛技巧、抽象和丰富性的尊重与那些崇尚简约，追求自然主义，甚至有一些粗犷的风格（包括日本的一些设计、震教派设计、19 世纪后期的工艺美术设计或 20 世纪现代主义的设计）完全相反。

在我们目前接触过的所有设计风格中，伊斯兰风格在地理和历史方面与古代近东的设计共同点最多。在所有设计风格中，伊斯兰风格与印度设计的莫卧儿阶段重叠最多。而伊斯兰设计所包含的异国风情和对细节的注重显示其深受拜占庭的影响。伊斯兰设计的产品之一——也就是最为著名的地毯——能够娴熟且有效地结合法国扶手椅或英式镶板或密斯·凡德罗沙发床的特点，但也保留了自己的风格。伊斯兰设计在一定程度上是一个自我的世界，能够自给自足，实现自我参考、自我延续。

最后，伊斯兰设计与其他设计风格相比较为严格传统。大卫·塔尔博特·赖斯（David Talbot Rice）在他的《伊斯兰艺术》（*Islamic Art*）的最后一句给出了结论，即伊斯兰设计"十分注重自身及自我表达，这一点使得现今西方艺术家非常痴迷，但这种对自我表达的高度关注并不一定是产出优质艺术的必要条件"。伊斯兰艺术和设计一般不关心创新性和个人视野。在这方面，它接近远东的很多艺术设计，这也是我们下一章要讨论的主题。

10

印度设计

公元前 2500 年到 19 世纪

"在所有形式的背后，都隐藏着一段神启音乐。"

——泰戈尔（Rabindranath Tagore，1861—1941），印度诗人

印度文化与大多数东方文化相似，一直以来被许多西方人认为是遥远且神秘的。在公元前 2 世纪之前，连接中国与欧洲贸易网络的丝绸之路尚未开始发展，因此，欧洲人对东方世界的奇迹也一无所知。直到出生于威尼斯的商人马可·波罗（Marco Polo，1254—1324）开始长途旅行后，这些奇迹才变得众所周知。自那以后，也许是因为东西方文化之间长期的陌生，东方与西方都对彼此表现出强烈的好奇心。

印度设计的决定性因素

与西方设计一样，印度的设计受到地理、宗教和政治发展等因素的影响。

地理位置及自然资源因素

印度次大陆，形状如同一块不规则的钻石，被喜马拉雅山和其他山脉隔开，从亚洲大陆延伸到印度洋。这种分离赋予印度文化和艺术上的统一，但在宗教或政治上的统一却几乎没有。从南到北 2500 多千米的跨度，使得印度充满了多样性，北方的沙漠为南方的丛林让步。印度还拥有广阔的平原，以及发达的河流系统，例如恒河——这条对于印度教徒来说无比神圣的河流。季风气候给印度带来了周期性的旱涝灾害。

印度拥有绝佳的建筑石材，包括德里和阿格拉的建筑物中使用的精美大理石（图 10-1）。然而，在加尔各答附近的低地和平原，石材并不丰富，在那里，人们将土壤制成泥砖作为建材。柚木是印度的主要木材，同时还有乌木、竹子和棕榈树。

◀图 10-1 阿格拉的泰姬陵墙上镶嵌的佛罗伦萨马赛克饰面的细节
弗朗西斯科·文丘里（Francesco Venturi）/ 纽约，考比斯

印度发展		
时间	历史发展	艺术发展
公元前 2500—公元前 1500	印度河文明的高峰	摩亨佐－达罗城
公元前 800—公元前 400	记录成文的《吠陀经》； 佛陀的一生，公元前 563—公元前 483 年	
公元前 400—公元前 100	孔雀王朝时期，公元前 322—公元前 185 年； 佛教与耆那教的传播	阿育王（Asoka）诏书石刻；桑吉大塔； 阿旃陀第一个石窟装饰
公元前 100—300	《博伽梵歌》的创作	
300—800	笈多王朝时期，300—540 年	阿旃陀、埃洛拉和象岛石窟寺
800—1100		卡杰拉霍宇宙群
1100—1400	穆斯林攻占印度北部，1192 年； 帖木儿洗劫德里，1398 年	德里的顾特卜塔
1400—1500		拉杰普塔纳的艺术复兴
1500—1600	巴布尔（Babur）建立莫卧儿王朝； 阿克巴（Akbar）的统治	德里的胡马雍陵； 法塔赫布尔·西格里城
1600—1650	贾汗吉尔（Jahangir）的统治； 沙贾汗（Shah Jahan）的统治	夏利玛公园（位于今巴基斯坦）；德里红堡 和阿格拉红堡；泰姬陵
1650—1700	加尔各答的建立	拉贾斯坦微型画
1700—1750	奥朗则布（Aurangzeb）之死	最后的莫卧儿清真寺；斋浦尔的建造；乌代 布尔的宫殿
1750—1800	英国东印度公司统治印度	焦特布尔的宫殿
1800—1850		阿姆利则金庙
1850—1900	英国王室任命印度总督； 维多利亚女王被指定为印度女皇	英国新古典主义建筑在孟买和加尔各答兴起
1900—1950	印巴分治，1947 年	在新德里建立新首都，1913—1931 年
1950 年以来	印度第一次大选，1952 年	昌迪加尔立法议会大厦；新德里手工艺博物 馆；艾哈迈达巴德的印度国家设计学院

宗教因素

印度的宗教，特别是印度教和伊斯兰教，是该国艺术风格，包括建筑风格的主要决定因素。印度土生土长的宗教还有耆那教、佛教和锡克教。从近东或西亚传入印度的宗教是伊斯兰教、基督教和琐罗亚斯德教。在某些时代，这些宗教共存共荣，而在其他时代，政治权力加强了某些信仰的统治地位，例如约 1000 年左右的伊斯兰教传入印度，以及在 18 世纪晚期和 19 世纪葡萄牙和英国对印度的征伐。

虽然印度是一个信仰多元化的国家，每一种信仰也都有其独特的艺术表现，但是印度人与其设计师都遵循着某种规则，这些规则掌管着现实世界与精神世界。因此，对现实中用于唤起精神情感的建筑物、空间以及物品，规则掌管它们的设计。印度设计通常是传统与宗教文化共同的产物，其基础是某种组织模式。印度设计也可能是灵感或技能的产物，但它永远不会是意外或奇想的产物。所以，至少在外人看来，印度宗教似乎是超然、神圣、不食人间烟火的，更加关心更崇高的存在状态。印度设计则看起来直截了当，吸引着人类的感官。

政治发展因素

与其他文化一样，印度有着丰富多彩的历史，各种族或和平共处，或战争不断。为了帮助大家研究设计，我们将印度复杂的历史简单划分为四大阶段：

印度的史前文明（约公元前 2500—公元前 1500），以印度西北部地区的印度河为中心。虽然大部分的城市尚未被发掘出来，但是人们认为，早在公元前 2500 年之前，这里就存在着许多制造陶器、青铜器、铜器和赤土陶器的人类定居点。我们对于这个文明的起源和衰落都知之甚少，但其可能与古代近东的苏美尔文化有联系。

在下一个时代（约公元前 250—1000），印度哲学的基础已经建立起来，印度三个最重要的宗教——印度教、耆那教和佛教——开始并存。在此期间的文化成就包括数学、天文学和语言方面的进步，设计方面的成就包括宗教古迹佛塔、第一批石刻陵墓，以及最早的寺庙。

在印度伊斯兰时期（约 1000—1750），古代近东的穆斯林将伊斯兰的文化和设计带到了印度，并在德里建立了苏丹国。从清真寺和陵墓的建造中，我们可以看到穆斯林对印度的影响。

1750 年之后，英国通过东印度公司对印度进行统治，印度也因此经历了巨大的社会和政治变革，从一个由各地王公统治的国家变为一个完全被外国势力控制的统一国家。设计不仅反映着印度王室的品位，也体现了英国皇家和政府官员的品位。印度与巴基斯坦一起在 1947 年宣布独立，并在 1952 年举行了第一次印度大选。

印度建筑及其内饰

印度建筑主要为丰碑建筑，有些赞美宗教形象，有些颂扬俗世的统治者。两类建筑可能都威风壮观，带有令人眼花缭乱的装饰，但也有理性的内涵。

宗教遗址与寺庙

作为所有设计图形中最理性的图形，网格往往是神圣的印度建筑的基础，这是因为网格，特别是格栅网格，被赋予了精神上的意义。这样的方格组合是许多印度建筑和建筑群的基础图形，包括印度教寺庙、伊斯兰清真寺和陵墓。人们认为，每个方格都被一个神所占据，而且方格的位置与占据它的神的重要性有关。在一个典型的寺庙设计中，位于正中心的方格被认为是梵天（Brahma）的居所，他和奎师那（Krishna）以及湿婆（Siva）是印度教的三位主神。

尽管这些建筑以简单的正方形和圆形为基础，但它们的外表却并不普通，而是点缀着繁复的装饰物。柱子的形状非常复杂，钟形基座，八角形轴，柱头为莲花形或蜂巢状。在许多寺庙的内饰里也发现了方格装饰图案，例如天花板的设计。圆形、八角形、等边三角形，以及其他几何图形也都带有象征性的意义。对于佛教徒和印度教徒来说，曼荼罗（mandala，梵语中表示"圆"）既是象征宇宙的图形符号，也可以帮助人们集中精神进行冥想。毫不意外，曼荼罗也是印度宗教建筑最早表现形式之一——佛塔（stupa）的基础。

佛塔

被耆那教和佛教采用的佛塔，是一个半球形的土堆，其中藏有宗教遗物（图 10-2）。佛塔顶上通常加盖一个多层次的装饰伞，称为伞盖（chattra），周围则往往围绕着一条通道，有圆形栏杆，或者是一个带门的方形围墙。印度伞盖加顶的佛塔可能是其他类似结构的前身，如中国和日本的宝塔、锡兰的舍利塔、尼泊尔和中国西藏的佛塔，以及爪哇岛上婆罗浮屠的阶梯式平台。

石窟寺

约公元前 250—700，包括许多佛教寺庙在内的大量庙宇被雕在石崖壁上。其中一些采用了巴西利卡的布

▲图 10-2 印度中部的桑吉佛塔，1 世纪。砖砌结构，直径 33 米
建筑 © 考比斯版权所有

局，这种布局我们在罗马和早期基督教建筑中可以见到，其特点是长长的、有拱顶的中央空间，与侧廊平行，侧廊与中厅被数列柱子分隔开。在印度石窟寺中（图 10-3），这些中央空间可能与佛塔类似，在顶上加装伞盖。其他寺庙可能有巨大的坐卧佛像雕塑，许多寺庙以其多彩的壁画以及柱子和过梁上的精致雕刻著称。最大的石窟寺群在阿旃陀，其中 28 座寺庙是在公元前 200—200 年建成的。在埃洛拉石窟，有 34 座寺庙是在 575—900 年建成的。

▲图 10-3 天花板和柱子装饰繁复的石窟寺，阿旃陀，印度，约前 100 年
让 - 路易·诺 /AKG 图像

北部寺庙

除了在岩石峭壁上开凿出来的庙宇之外，还有许多印度庙宇、神殿、清真寺和修道院在地面上修建。根据宗教、修建时间、地点和当地风俗的不同，这些寺庙也各有不同，但一般可分为两种主要类型：北部寺庙和南部寺庙。与埃及寺庙相似，但不同于基督教大教堂和伊斯兰清真寺，印度寺庙是供少数神职人员或僧侣使用的，不是用于大型集会。

印度北部的庙宇是典型的由石头建成的高尖形建筑。通常以不影响基本构型的方式精心雕刻，其中包含了为所有宗教仪式准备的空间。庙宇的外部构造十分厚重，因此它的内部空间不及外表显示的那么大。北部大型寺庙内部拥有一个大厅，四周环绕回廊，可从前厅进入。有些庙宇还有入口门廊，设置在大型平台上。在卡杰拉霍有一个杰出的建筑群（图 10-4）。这些建筑建于 9 世纪至 12 世纪之间，包括耆那和印度教的庙宇。人们认为，在卡杰拉霍可能有 85 座寺庙，但现在仅有 22 座寺，经整修后，保存良好。许多石雕本质上是充满色情意味的，展示了一组组扭动的人物；另一些则是精心雕琢的几何图形，对印度设计至关重要（图 10-5）。

南部寺庙

印度南部的庙宇更为简单，形式更加偏向矩形（或堆叠形式），顶部有一个小型拱顶（图 10-6）。它有一系列的室内空间，雕刻华丽。在帕塔达卡尔，有一座耆那教寺庙和许多印度教寺庙，所有寺庙在 700 年到 900 年之间建成。有些是典型的南方风格，另一些则结合了南北方的特点。印度南部的景点包括有着"七寺城"之称的马哈巴利普兰，那里寺庙和石窟寺，其历史可以追溯到 7 世纪。圣地甘吉布勒姆市，2000 多年来一直是重要的中心，在这里佛教、耆那教和印度教的信仰都得以体现。

城堡、宫殿和房屋

一些最令人印象深刻的非宗教印度建筑的例子，就是被称为城堡的大型建筑群，如阿格拉堡、德里红堡和斋浦尔附近的琥珀堡。令人惊奇的是，它们精美的内部装饰与宫殿内饰并无二致，因为它们原本就是皇室的住所。

宫殿建筑以及连着宫殿的城堡，均由许多不同的空间组成，如观众厅、王座室、男子宿舍和女子宿舍。每

▲图 10-4 卡杰拉霍的寺庙，其外墙被雕刻覆盖
阿伯克龙比（Abercrombie）

▲图 10-5 卡杰拉霍的天花板石雕
阿伯克龙比

种空间的设计通常都具有对称性，合乎标准且秩序严格，尽管整体布局随着时间的变化逐渐显得不那么有序。

宫殿的主要建筑材料是石头，有时是红色的砂岩，如法塔赫布尔·西格里古城（近阿格拉，约 1600 年）；有时是白色的大理石，如德里红堡内的枢密院。在杰伊瑟尔梅尔和其他地区，富商的豪宅由琥珀色或赭石色的砂岩建成，以内部庭院为中心，房屋有几层楼那么高。中产阶级的房屋可能是由烧制的砖瓦建成，普通的房子则是由晒干的泥瓦砖建成。

水是宫殿建筑中很受欢迎的元素。水上花园呈对称分布，并装饰有植物、台阶、喷泉和水道（图 10-7）。宫殿和大房子都围绕内部庭院，通常有几层楼高。房屋设计通常包括阳台和植被庭院，正如在埃及和近东，人们更喜爱屋顶露台。

建筑装饰品出现在窗户开口处，通常为石头雕刻的镂空屏风。当屋主预算允许时，房门和其他室内木工也要精心雕刻。另外，在宫殿和房屋的内墙和外墙上，通常会有精美的壁画。例如斋浦尔皇宫的接待室（图 10-8）。斋浦尔皇宫建筑群由以精确严谨的网格布局的城市和 1727 年由王公杰伊·辛格（Maharajah Jai

▲图 10-6 位于印度迈索尔的桑姆纳特浦尔的南部印度教庙宇，卡撒瓦神庙，13 世纪
© 谢尔登·柯林斯（Sheldan Collins）/ 纽约，考比斯

▲图 10-7 位于阿格拉的小泰姬陵的阶梯水道
阿伯克龙比（Abercrombie）

Singh）二世开始建造的宫殿组成。宫殿的接待室，用朴素的蓝白颜料画满了花形图案的壁画。但这些花朵、根茎和卷须并不是如自然生长般混乱无序的。相反，在有直角的直线和圆圈套圆圈的图案中，它们遵循着普遍的几何规则。

我们还应该注意到房间的扇贝形拱门和略带钟形的柱子，以及莲花柱头。与之前看到的佛塔和寺庙不同，这个房间是在伊斯兰征服印度之后创建的，因此房间也呈现出伊斯兰设计的特色。建造斋浦尔时，当权的是莫卧儿王朝，由成吉思汗的后裔巴布尔在 16 世纪建立。莫卧儿王朝对建筑、室内设计和其他艺术的发展有很大的影响。接下来我们来看看印度最著名的历史遗迹——泰姬陵。

泰姬陵

泰姬陵（其名意为"皇宫之冠"）由莫卧儿皇帝沙·贾汗建造，为了纪念其于 1631 年死于难产的妻子穆塔兹·马哈尔（Mumtaz Mahal），于 1648 年建成。在宽敞的花园里，喷泉、水道、植物和大理石小路将其装扮得美不胜收（图 10-9）。然而，它并没有像典型的皇家陵墓那样建在花园中央，而是被建在花园尽头，俯瞰河流。

泰姬陵是平衡建筑布局的写照（图 10-10）。它也是一个传世杰作，展现了莫卧儿建筑，以及印度建筑中装饰细节的重要性。整个建筑主体由白色大理石建成，镶满了各种颜色的宝石，拼缀成美丽的花卉图案、蔓藤花纹和伊斯兰经文。白色大理石的使用，在印度炎热的光照下尤为引人注目，这在沙·贾汗的父亲在阿格拉为其皇后的父母建造的小泰姬陵中已有先例（详见图 10-14）。

泰姬陵的中心是一个略微膨胀的高 66 米的洋葱形圆顶——一个具有伊斯兰传统特色的印度建筑，这也是其整体布局中最显著的特征。靠近主体结构的四角有四个小穹顶，在建筑物大理石平台的四个角落，都有一座高 44 米的尖塔，这种细长尖塔通常在清真寺中出现。这些尖塔被狭窄的阳台分隔开，在这里虔诚的信徒可以进行祈祷，这些阳台与主体结构的层高一致，有助于整个建筑的和谐统一。从花园看过去，在主体两侧各建有一个式样相同的建筑：一是清真寺，一是答辩厅。虽然建答辩厅的唯一目的是维持整体的平衡，以达到对称之美。

泰姬陵的内部也同样令人惊叹。整体布局为长方形，向两边对称，进入泰姬陵则是通过南侧的大门。内部被细分为九个正方形，游客见到的第一个空间是围绕中心的八个房间组成的圆圈。另外八个房间组成的第二个圆圈在楼上，通过镂空大理石屏风俯瞰中央空间。中央的八角形空间高达 26 米，顶部为圆顶，虽然很高，但是相比外部的大圆顶则显得更加人性化。主要材料为白色大理石，同样镶嵌有佛罗伦萨马赛克饰面（见图 10-1）。小泰姬陵的石头马赛克主要是几何形状的，而泰姬陵的佛罗伦萨马赛克饰面主要是花朵图形，显得优雅柔美。尽管泰姬陵的装饰丰富多变，但仍略显简单。装饰可以美化建筑，但永远不能主导建筑的形式。

▲ 图 10-8 绘有蓝白花朵图案的斋浦尔皇宫的接待室，1727 年开始建造

© 安东尼奥·马蒂内利（Antonio Martinelli），2004 年

▲图 10-9 世界最著名景点之一，位于阿格拉的泰姬陵，于 1648 年建成

阿伯克龙比

◀图 10-10 阿格拉的泰姬陵的垂直剖面。建筑外墙坚实厚重，使得内部空间比其外形显示的要小
阿伯克龙比

在中央空间内一个是 2 米高的八角形镂空大理石屏风。与屏风一道放置在中央的是穆塔兹·马哈尔的衣冠冢（马哈尔的遗体位于石棺下方的地下室）。在她旁边，是沙·贾汗自己的衣冠冢，他的遗体也在下面的地下室。这两个石棺都覆盖着镶有彩色宝石的白色大理石，这里的佛罗伦萨马赛克饰面的质量超越了泰姬陵中其他所有地方的饰面质量，甚至可能是世界上最精美的马赛克饰面。沙·贾汗的石棺装饰有火焰光环和高度几何化的植物形态，他妻子的衣冠冢也装饰有类似的植物形态和伊斯兰经文。

印度家具

传统的印度室内设计，无论是机构还是家庭，在使用家具上都很节省。座位一般在地上，铺上羊绒或棉织毯，更简朴的情况是铺草席。最常见的家用家具是绳床（char-pai，也叫 rope cot），有四条腿做支撑，床框上绑有可支撑寝具的绳子。富裕人家的床脚可能由黄金制成，绳子会被木板甚至象牙条所替代，但是绳床的基本形式仍得以保存。

椅子的使用并不普遍，但是重要人物会有特制的宝座。在印度的宗教典籍中，如《吠陀经》《罗摩衍那》和《摩诃婆罗多》提到了黄金宝座。木宝座（比黄金宝座更常见）通常以金、银、铜和水晶镶嵌。宝座上雕刻了狮子、马、大象、海螺贝壳、公牛、孔雀或莲花。此外，宝座也会被披上素丝或锦缎丝绸。

最富盛名的印度家具单品属于泰姬陵的建造者——莫卧儿皇帝沙·贾汗。这件家具被称为孔雀宝座，宝座顶部有华盖，由镶嵌宝石的金子制成，在华盖上还有两只孔雀模型。一幅约 1635 年的水彩画（图 10-11）展

观点评析 | 现代泰姬陵

在 1991 年 2 月份的《室内设计》（Interior Design）中，建筑师兼评论家彼得·布莱克（Peter Blake）曾经将泰姬陵与唐纳德·特朗普（Donald Trump）在新泽西州大西洋城的"特朗普泰姬陵"进行了比较。他引用了"特朗普泰姬陵"的设计师弗兰克·杜蒙（Frank Dumont）的话，说道："我们追求真实，并花费了数年时间研究……甚至研究到最细微的地方。"大西洋城版的泰姬陵拥有"四十多个五彩缤纷的尖塔"和"以忽必烈、达·芬奇，以及埃及艳后的风格装饰并命名的顶楼套房"，还有名为狩猎牛排屋、卡斯巴和新德里熟食店的餐厅。"我同时看了泰姬陵和特朗普泰姬陵。"布莱克写道，"前者可能是很神圣，但可惜没有熟食店。"

示了这一宝座，上面有褐红色和金色的靠枕，宝座放置在莫卧儿毛毯上。孔雀宝座在 1739 年德里遭洗劫时被带走，随后被带到德黑兰，并被拆除。

在 16 世纪至 18 世纪，许多印度制造的具有印度风格和欧洲风格的家具出口到西方。在欧洲受欢迎的印度家具工艺中，有用于宝箱、橱柜的漆面和象牙镶嵌，（图10-12）以及藤椅的椅座和靠背。藤（cane）是指棕榈藤的外皮；其较硬的内茎被称为藤条（wicker）。

印度装饰艺术

泰姬陵的马赛克饰面奢华无比，但类似的装饰处理也适用于那些更加低调的内饰。一种用于内墙表面的工艺是将形状规则（通常是六边形）的小块彩绘木材拼合在一起。有时，这些木材的组合也使用小镜面，称为马赛克镶嵌。同时，象牙镶嵌也很受欢迎，特别是在旁遮普地区。

▲ 图 10-11 《沙·贾汗在孔雀宝座上》，是描绘沙·贾汗皇帝在他的孔雀宝座上的小型画，约 1635 年
以水彩和金箔作画，高 16.5 厘米
作者戈瓦丹（Govardhan），印度，约 1634—1635 年。作品由不透明水彩和金箔作画，尺寸为 16.5 厘米 ×12.4 厘米
由阿瑟·姆·赛克勒博物馆提供，哈佛大学艺术博物馆，私人收藏，651.1983。摄影 © 哈佛集团

▲ 图 10-12 桌上写字柜，镶嵌象牙的木头把手和铰链为雕花银，18世纪，总高度为 156 厘米
橱柜和架子；玫瑰木镶嵌象牙；印度（维沙卡帕特南）；18 世纪中叶
伦敦，维多利亚阿尔伯特博物馆 / 纽约，艺术资源

印度的木雕和石雕都使用频繁且技艺高度发达。镂空的大理石或砂岩窗户屏风被称为加里斯（jalis，图10-13），使用复杂的几何图案，用于滤掉印度强烈的日照，但不影响通风。虽然这些屏风的材质和纹理与伊斯兰设计的木窗格不同（见图 9-17），但其内部效果相似。

沙·贾汗的父亲在阿格拉建造的小泰姬陵，墙壁上贴满石头马赛克，有着各式各样的图案，样式精美，令人印象深刻。即使使用的颜色并不丰富，形状也简单有限，但很多图案都各不相同，而且图案之间互相关联，没有一个图案显得突兀（图 10-14）。

整个印度非常流行在室内装饰中大量使用木雕，柱

▲图 10-13 在胡马雍陵内部，德里，约建于 1565 年，光线透过镂空大理石屏风
阿伯克龙比

子、门板、门窗框架、屋顶支架、阳台护墙、天花板面板、低矮的床头以及其他地方都会有木雕。雕刻的特色受到所用木材的影响，工匠们能熟练使用每种木材。20 世纪初，两位讲述印度手工艺的作家，瓦特（Watt）和布朗（Brown）指出：在印度，存在有"深度切割和雕刻的柚木、红木和核桃木，浅雕的印度玫瑰木和雪松木，雕刻设计的乌木，精细繁复的檀香木，粗犷大胆的娑罗双木和巴布尔橡胶木，以及其他纹理粗糙的设计和硬木"。

印度室内装饰还有配饰和小物件：佛塔状的小型木制容器，把手为伞形装饰；象牙雕刻的佛像和棋子；水晶杯、玉碗以及其他物件。关于印度的象牙雕，在印度文学中也能发现，早在 5 世纪，人们就已经使用象牙来装饰建筑内部的大门。象牙也用作柱子饰面，以及镶嵌木门、小木桌和乐器。象牙也被雕刻成佛像、棋子、玩偶、梳子和盒子。在莫卧儿帝国时代，还有水晶和玉石雕刻的杯碗。特别是在北部的克什米尔地区，还有一种印度彩色混凝纸（papier—mâché），这种混凝纸是由纸浆纸和胶水制成，在 17 世纪的法国流行开来。

▲图 10-14 小泰姬陵的三种石头马赛克图案，阿格拉
阿伯克龙比

Pietra dura 在意大利语中译为"硬石"，它所指代的通常包括各种石头，所以有些人更喜欢使用复数形式——pietre dure。该词可用于所有装饰用的硬质宝石，特别是色彩鲜艳的孔雀石（亮绿色）、碧玉（深绿色）、玛瑙（红色）、青金石（湛蓝色）或鸡血石（绿色带红色斑点）。这些石头硬度高，可以被高度抛光。更具体地说，该词指的是将彩色石块嵌入普通石头上凿出的凹槽内。在印度，石头常常被嵌入白色大理石片，尽管在印度伊斯兰时期的一些早期作品中，白色大理石就被用于镶嵌在红色砂岩的地面上。但由于意大利的佛罗伦萨在文艺复兴时期以 pietra dura 而闻名，因此这种作品有时被称为"佛罗伦萨马赛克"。

纺织品

无论是作为服装还是室内设计的特征，印度纺织品长期以来形成了丰富的技术，是设计和颜色的组合。从史前时代起，种植棉花和编织纺织品就已经成为印度文化的重要组成部分。这可从位于今天巴基斯坦的一个墓葬遗址中找到证据，这个墓葬遗址可以追溯至大约公元前 5000 年。在约公元前 1500 年编写的印度教经文《吠陀经》中，就提到了由棉花、羊毛和丝绸制成的纺织物和绣花织物，宇宙本身也被描述为由神编织而成的织物。在摩亨佐－达罗的遗址中，发现了棉布碎片、青铜做的针头，以及赤陶做的纺锤，摩亨佐－达罗是印度河流域文明中的一座繁盛的城市。其中一个碎片使用红茜草染色，这是一种植物染料，有时也被称为"火鸡红"，这表明印度很久以前就掌握了媒染剂和催化剂的使用，这些在棉布吸收所有染料时是必需的。这种工艺的早日完善使印度编织工获得了巨大的优势，而且娴熟地使用色彩鲜艳的染料也成为印度纺织艺术的主要特征。

外国人对此印象深刻。当欧洲游客第一次在印度见到棉花这种植物时，他们将其描述为羊毛树。在古代，棉花以及棉花织物都出口到埃及和罗马。在尼禄统治时期，印度的平纹细布（muslin，一种平纹编织的白棉布，以其起源地摩苏尔命名）成为罗马的潮流。这种精细、柔软，半透明的棉布全称为印度平纹细布。在印度，这种几乎透明的材料被赋予了诸如"流水""夜露"和"编织的空气"这样诗意的名字。这种材料比我们今天所说的平纹细布更加精细——一种结实、平织的棉布，用于制作衬衫和床单。一些早期的印度平纹细布上有金银线刺绣。

印度从中国进口了第一批丝绸。在中国，丝绸的制造工艺已经出现，但印度也生产了自己的丝绸。这种光亮的织物对染料吸收的亲和力与印度人对色彩的亲和力天然相配。中国饲养的蚕蛾不是印度原生的，但是印度的野生蛾吐出一种被称为柞蚕丝的独特节状丝，这种丝强韧但粗糙。由柞蚕丝可制成两种流行面料，一种被称为茧绸，柔软，重量适中，结节明显，并不平整；另一种被称为山东绸，同样纹理粗糙，因其制造地为中国山东省而命名。

印度纺织品在 17 世纪初由英国东印度公司开始分销。在接下来的两百年里，印度成了世界上最大的纺织品生产国和出口国。所有欧洲人都渴望印度纺织品，英国人尤其如此。在 17 世纪和 18 世纪，英国对来自印度的墙壁挂毯、桌布、床上用品和布匹的需求很大。床罩"palampore"特别受喜爱：这是一种手绘纯棉床罩，中间有一个圆形图案，四角有相关的图案，与一些波斯地毯的设计类似。许多印度面料对于今天的我们来说很熟悉，他们的名字（印地语来源）也同样熟悉。其中包括来自卡利卡特（Calicut，印度语，意为"印度"）的印花布，是一种比平纹细布重的棉布，以及印花棉布（chintz，意为"斑点图案"）、泡泡纱（seersucker，字面意思为"丝绸和糖"，表明了混合的纹理）和卡其布（khaki，意为"土黄色"）。

在印度，刺绣一般由女性来完成。绣法的类型，如缎面绣、链式绣法和十字绣，与设计和颜色一起，反映了不同地区的不同品味。虽然手工刺绣仍然存在，但现在在很大程度上已经被机器刺绣所取代了。

设计

绘画和木刻版印花是印度人将设计图案应用于纺织品所采用的两种技术，后者在木块上雕刻设计图案（图

10-15），然后印在布上。

与印度艺术和生活中的许多其他东西一样，印度的纺织品设计主要具有传统和象征意义。也许最基本的传统印度设计图案被称为布塔（boota），并且与伊斯兰地毯设计中所见到的布特（boteh）或佩斯利（Paisley）图案有明显的关联。它是一连串小的浮动的形状，大多数基于单个或带枝叶的花朵图案，背景通常比较简单。使用这种图案的手工编织棉布被称为布塔棉纱（boota muslin）。

其他经常见到的设计图案为本地的动物、鸟类或植物，如鹦鹉、鹅和莲花，每一个图案象征着一个特定的神或属性。孔雀现在是印度的国鸟，象征着各种各样的属性，包括爱情、求爱、生育和永生，可以在古印度河谷的瓦罐、佛教雕塑、莫卧儿微型画，以及纺织品中看到它。还有明显表现体力活动的狩猎场景，描绘追逐大象、老虎、兔子、鹿和其他动物的骑兵，这些在森林或丛林的场景中都可看到。

到目前为止，印度纺织品中最著名的设计图案是佩斯利花纹（图10-16）。当时它不如许多其他图案（不到300年前推出的图案）那么流行，但现在非常受欢迎。据艺术史家阿南达·库马拉斯瓦米（Ananda Coomaraswamy）的说法，它很可能起源于波斯，"几乎肯定是从波斯被风吹乱的柏树而衍生出来的"。在17

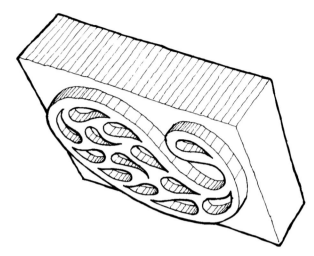

▲图 10-15 用于印染重复织物图案的雕刻木块
阿伯克龙比

世纪的莫卧儿时代，图案演变成花卉和生命之树。到18世纪晚期，它被编成今天我们熟悉的叶子形状，有着圆形底部和弯曲的顶端（有时将其比作阿米巴虫）。佩斯利花纹经常出现在克什米尔著名的羊毛披肩上。作为外贸出口中受欢迎的商品，佩斯利纺织品最终成为外国争相仿制的流行产品。最著名的仿制品来自苏格兰的佩斯利镇（因此得以命名），在那里有一个于1759年建立的织造厂。

制作工具及技巧 | 印度染色方法

动物纤维如羊毛和丝绸容易染色，但植物纤维如棉花或亚麻（可制成亚麻布）不容易染色。不过，可以利用媒染剂这种物质，在纤维和染料之间建立一个长久的桥梁。媒染剂是金属盐，可以浸透耐磨纤维，使之饱和，染料溶液随后与媒染剂发生化学反应，形成一种被称为色淀的不可溶的有色化合物。在18世纪之前，最常用的媒染剂是明矾——一种硫酸铝，但今天的媒染剂含有铁、锡、铝、铬或单宁酸。在使用媒染剂时需要练习，因为用量的变化可能会改变所得颜色的色调和亮度。

印度在许多方面都实现了对媒染剂和染料的应用，每种工艺都产生了自己的特殊效果。印度使用的复杂工艺如下：

· 防染染色涉及使用抗染色的物质处理部分布料。然后将整个布料染色，留下自然着色的图案。

· 扎染（tie-dyeing，有时叫作 tie-and-dye），有时叫作印花工艺（bandanna work），是一种手工生产，不依赖于化学反应的工艺。将小部分织物用线或蜡绳紧紧地捆扎在一起，然后将整个布料浸没在染料中，染料无法渗透紧密捆扎的部分。出来的效果就是在染色背景下，未染色区域形成各种图案。

· 绊织（ikat）是一种类似于扎染的工艺，这种工艺先将纱线施以捆扎纺染加工，然后再进行编织。如果以精心测量的方式，则随着编织的进行，设计好的图案开始出现。然而，编织图案的边缘不能精确地预测，因此边缘的轮廓略微模糊。

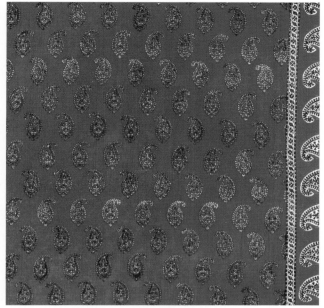

▲图 10-16 印度南部印染佩斯利花纹的棉布
伦敦，维多利亚阿尔伯特博物馆 / 纽约，艺术资源

色彩

在各种纺织品中，印度的纺织品一般都是充满了各式各样的鲜艳色彩：印度佩斯利披肩以 300 多种颜色制成。印度染料传统上是由天然物质制成的。红色来自茜草根、紫胶根和艾尔根（印度桑树）或胭脂虫——一种由特殊昆虫虫体干燥后制成的染料。黄色来自姜黄，现在是一种调味品。绿色来自石榴皮。黑色来自铁屑和醋的混合物。蓝色是所有染料中最强力的染料（非常强力，它们可以直接使用，无须媒染剂），来自靛蓝植物——木蓝。它可以制造出一种发紫的深蓝色，这种颜色在印度和整个东南亚都非常流行。

印度纺织品的颜色传统上有自己的象征意义。一些颜色表示特定的神：白色是湿婆的颜色，蓝色是毗湿奴或奎师那的颜色。在早期，颜色代表了种姓或社会阶层：红色或白色是婆罗门阶级的颜色，绿色是商人的颜色，黄色是宗教和苦行僧的颜色，蓝色的低种姓的颜色。对于印度人来说，颜色也具有主观意义：白色代表纯洁和悼念，橘黄色代表春天和年轻，红色代表早婚和爱情。

地毯及地板处理

与波斯一样，早期印度的地毯使用鲜艳的色彩绘制花朵、叶子和藤蔓装饰图案（图 10-17），有时还在树叶之间加入几只动物。在更早的时候，织布工人们小心

▲图 10-17 在拉合尔（现在在巴基斯坦）制造的莫卧儿地毯，约 1650 年，长 4.3 米。沙·贾汗统治时期，流行的设计是在纯色的背景上绘出具有艺术气息的花簇
纺织品——地毯。莫卧儿帝国，沙·贾汗时期（1628—1658）。17 世纪早期。花朵图案地毯，材质为棉和羊毛。4.27 米 ×2 米
大都会艺术博物馆，由佛罗伦萨特伯里和罗杰斯基金购买并捐赠
1970 年。大都会艺术博物馆。（1970.321）

仔细地处理这些花朵，仿佛它们是植物标本，但这些地毯几乎没有保存下来的。

印度地毯的编织技巧和独创性稳步提高。拉合尔地毯变得尤为精美，绒面通常采用克什米尔山羊毛，即我们所熟知的开司米制成，而非较粗的绵羊毛。拉合尔地毯的制作非常出色，其编织密度从每平方厘米 62 结到据称的每平方厘米超过 300 结顺理成章，这些地毯通常被称为印度精细编织毯。

重要的房间以拥有地毯而自豪，地毯的边角被金、青铜、大理石或雪花石膏制成的地毯压块（图 10-18）压住，有些压块镶嵌的图案使人想起泰姬陵的佛罗伦萨马赛克饰面。

除了地毯之外，印度人也会在地板上作画，用于一个名为阿尔帕那（alpana）的仪式上的特别活动和庆典。用米粉或白垩制成的白色糊状物（图 10-19）进行绘画设计，几何结构感很强。

总结：印度设计

印度的设计很难总结，就像它的地理、宗教和历史一样，印度设计是非常多样的。然而，也存在一些共同的特点。

寻觅特点

大多数印度设计都是为宗教服务，又主要通过装饰来实现这一目的。在任何规模上，装饰都是精巧细致、错综复杂的。这些装饰通常也是高度重复的：一排相同的佩斯利图案，一排相同的尖拱门。正如我们在古代近东看到的，这样的重复可以产生强大的、催眠般的效果。用不断重复的设计元素作用于意识，就如同反复吟唱的一首颂歌，可以达到与其精神主题相匹配的一定程度的超然性。在西方，我们已经将设计中的平和宁静等同于平淡空无，而印度的设计则是通过多样性来实现，精心安排，使其井然有序。

▲图 10-18 镶嵌宝石的雪花石膏地毯压块，约 1700 年，10 厘米见方。压块放置在地毯的四角，以保持平整

地毯压块，印度北部，可能为阿格拉，18 世纪。分解石雪花石膏嵌玻璃、玛瑙和青金石。高 9.5 厘米，宽 8.6 厘米，长 8.6 厘米

弗吉尼亚美术馆，里士满。保罗·梅隆（Paul Mellon）赠，喜瑞玛内克一家（Nasli and Alice Heeramaneck）藏。摄影：凯瑟琳·韦特泽尔（Katherine Wetzel）© 弗吉尼亚美术馆

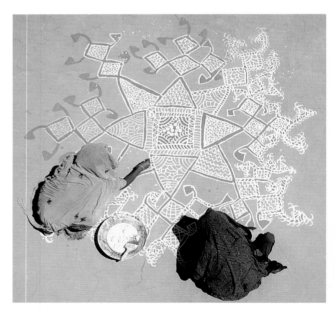

▲图 10-19 印度妇女使用米粉糊和彩色颜料装饰地板，为婚礼做准备

罗伯特·弗莱克（Robert Frerck）/ 奥德赛有限责任公司

探索质量

印度的传统内饰和家具并不总是符合我们当前对舒适和功能的要求，当然也无法满足现代主义所追求的形式简约、不加装饰的审美。能感受舒适的主要领域是纺织品——地毯、织物帘子和柔软的大垫子。然而，这些装饰还远远不够。当情况允许时，墙壁、地板和天花板装饰着复杂的设计，构思巧妙，技艺娴熟。这种装饰与建筑形式之间的关系也是值得注意的。形式通常非常强大，而对其装饰也要尊重形式。

做出对比

我们注意到，印度设计的多样性拥有催眠效果。但是，对涡卷形装饰和卷须图案的大量使用并没有要压倒建筑结构。相反，这种重复将装饰变成了在建筑形式上均匀分布的表面图案。相比少量的大型装饰，大量小型装饰的效果并不太会把我们的注意力从建筑结构上分散开来。

印度装饰在某方面与希腊花瓶画类似。两者都令人赞叹，但它们对装饰物品形状的顺应则更加值得称赞。装饰既不会太过大胆，以至于我们看不到物品的形状，也没有使用迷幻的立体效果，避免了在视觉上扭曲物品的形状。装饰顺从地依附在物品上，使我们可以同时观赏双耳喷口杯和它上面描绘的希腊战争场面，还有印度的石头镶嵌和它所装饰的建筑物本身。而且印度的石头镶嵌强化了它所装饰的建筑形式，这种建筑形式反过来又以几何构图为基础，几何又是神和其属性的象征。所以印度的设计层次十分丰富。

11

中国设计

公元前 4000 年—1912 年

"凿户牖以为室，当其无，有室之用。"

——老子，约公元前 571 年出生，中国道家学派创始人

中国人口约占世界总人口的四分之一，其规模和影响力都非常巨大，经过悠长的历史岁月，形成了连续稳定的风俗和艺术风格。在其强大的传统之下，我们会发现隐藏其中的丰富艺术形式和装饰工艺。如瓷器（图 11-1）和丝绸是真正的中国创造。

中国设计的决定性因素

中国传统力量的影像一定程度上来自全国文字的统一。虽然不同地区之间的方言差异很大，但所有受过教育的中国人都使用同一种文字。正如我们所见到的那样，传统感也来自共同的信念。除了这一因素外，设计的决定因素通常包括地理位置与自然资源因素、宗教因素、历史因素等。

地理位置及自然资源因素

中国由于幅员辽阔，拥有多样的地理环境：西部的山区、北部的草原和沙漠、南部的海洋，几大水系中最著名的是黄河和长江。北方成片的绿洲使得丝绸之路的建立成为可能，这条贸易路线对销售中国著名的丝绸至关重要。丰富的矿产资源，包括铁矿和铜矿，使中国成了一个富饶的国家。

中国的松树和竹子资源非常丰富，森林面积广阔，雨水十分充沛（甚至几个月阴雨连绵），这促进了宽飞檐这种建筑形式的发展，便于处理屋顶积水。松木和竹子也用于制作家具，比较讲究的家具木材是各种红木，最珍贵的红木是黄花梨——一种气味芬芳、光泽柔和透亮的木材。

在中国，可以找到制砖所需的泥土，制陶所需的黏

◀图 11-1 明代蓝色釉面青花瓷瓶，约 1430 年
伦敦，维多利亚阿尔伯特博物馆 / 纽约，艺术资源

		中国设计		
时间	朝代或时期	关键人物	宗教和政治事件	工艺和艺术亮点
公元前 2070—公元前 1600	夏	—	—	—
公元前 1600—公元前 1046	商	—	—	诗歌传统的开端， 青铜礼器， 玉器
公元前 1046—公元前 256	周	老子，孔子	道教与儒教的开端	铁的使用， 金银装饰
公元前 475—公元前 221	战国	—	—	—
公元前 221—公元前 207	秦	秦始皇，宰相李斯	征服并统一中国	兵马俑， 建造长城
公元前 202—220	汉	—	和平，扩张，佛教传入	造纸术， 丝绸之路的建立
220—589	三国两晋南北朝	画家顾恺之	战争	现存最古老的宝塔
581—619	隋	—	长安城的建造； 黄金时代的开端	佛教雕塑的繁荣时期
618—907	唐	画家李思训，王维，吴道子	为国家选拔人才建立科举制度	发明瓷器， 现存最古老的木刻版画， 现存最古老的印刷书
907—979	五代十国	—	混乱的时代	纸币， 中国典籍雕版印刷
960—1127	北宋	画家李龙眠	—	第一部长篇小说， 第一部中国百科全书
1127—1279	南宋	成吉思汗	入侵中原	传统绘画
1271—1368	元	忽必烈汗	蒙古统治	伊斯兰教的影响
1368—1644	明	明成祖	葡萄牙人定居澳门	已知最早的掐丝珐琅彩， 单色瓷， 精细家具， 兴建故宫
1636—1912	清	康熙皇帝 乾隆皇帝	满族统治，取消科举，广东开放对外贸易，义和团运动，1911 辛亥革命	图案精美的瓷器
1912—1949	中华民国	孙中山，蒋介石	皇帝退位	—
1949 至今	中华人民共和国	毛泽东	—	—

土，以及制造瓷器所需的高岭土和瓷石。总而言之，中国是一个自然资源丰富的国家，中国人在艺术上也获得极大的赞誉。

宗教和哲学因素

中国有两个主要的思想学派，一个是基于孔子（公元前 551—公元前 479）伦理教义的儒家思想，一个是约公元 90 年由印度引入中国的佛教。但是比两者都要早的是被称为道教的哲学体系，由出生于大约公元前 571 年的哲学家老子创立。早期的道教人士进行各种形式的冥想活动，包括一些类似瑜伽的练习。

同样重要的是中国儒家三大道德基础：孝敬（尊敬长辈，尤其是尊敬父母）、责任以及仁道。中国的宇宙理念——阴阳，是由一个圆圈来表示的，这个圆圈被一条 S 形的曲线分为黑白两部分，象征着一切对立事物的共存。阴代表女性、黑暗、静、偶数，以及虎。阳代表男性、光亮、动、奇数，以及龙。

与阴阳相关的是"风水"。这不是一种宗教，虽然它被称为"放置艺术"，但它也不是艺术，不过"风水"的应用可能会影响建筑物，主要是建筑元素和家具的方向。这是一个复杂的系统，其中一些原则有常识做基础（例如住宅在冬季应该朝阳，在夏季则要避阳）。

历史因素

在希腊或罗马拥有伟大成就之前，与埃及金字塔修建的同一时期，中国就已经在使用陶轮，以及用铜和铅制造青铜，并用木材建造拥有茅草屋顶的大型会堂了。拥有多样的技术和哲学理念之后，中国开始建立一个具有重要意义和知名度的文化。

中国历史，与埃及历史一样，是通过历代统治者的朝代来记载的，一般认为最早的朝代是夏朝，起始于公元前 2070 年。在各个时期都有精美的物品，但我们今天看到的大部分中国艺术品都制作于最后两个朝代，明朝（1368—1644）和清朝（1636—1912）。

中式建筑及其内饰

中国建筑非常传统，其基本形式重复了几百年。虽然其他建筑传统以高耸的结构和大胆的工程作为其空前成就的表现，但中国建筑表达的却是建筑者更为推崇的品质：舒适和遵循先例。

建筑物通常是组合式的，基于重复的相同单元，通常使用木头建造，一般是水平的。早期建筑中的构成通常是一个约 3 米 ×6 米的房间，但从 10 世纪起，非常重要的建筑物的房间面积可达 5 米 ×10 米。由于木质结构的原因，更大面积的房间不能实现，因为横梁无法达到更长的跨度。最常见的是，一座建筑物有奇数个房间，中央房间被认为是主要房间，有时中央房间比其他房间略大。

一个建筑群通常由大量的简单结构组成，这些结构通常围绕着庭院而建，通过有顶的走廊或通道连接。这些模块化的建筑元素一般为轴向分布，沿轴线或中心线呈对称分布。正如中央房间是一栋建筑中最重要的空间一样，位于主轴或两个垂直轴交叉点的中央建筑是一个建筑群里最重要的建筑。遵循"风水"这个理念，中国人选择将这个最重要的建筑物坐北朝南布置，其后墙可能是坚实的，或者在木质构架中加入夯土，或者由烧制的砖块建造。

中国建筑最具特色的部分是屋顶。屋顶比下面的建筑要大，延伸出来，形成宽阔的飞檐，通过支柱顶部伸出的木制斗拱支撑。这些支架有时被精心设计成令人眼花缭乱的复杂结构（图 11-2）。屋顶的另一个显著特点是，它向外伸展时曲线优美，使得原本状如矩形盒子的建筑物多了一分令人赞叹的轻盈和动感。

观点评析 | 卡罗琳·鲁看中国设计

卡罗琳·鲁（Carolyn Iu）是纽约公司 Iu 和 Bibliowicz 建筑事务所的创始合伙人，也是《室内设计》（*Interior Design*）名人堂的成员。她在中国香港长大，对中国文化非常熟悉。"在西方，"她说，"我们可以看着一个房间或一把椅子，说'那是 18 世纪的'或者'那是 20 世纪 50 年代的'，但中国设计演变得非常缓慢，所以鉴定风格所属的年代不太容易。我们自己的设计当然是现代的，因为它必须适应现代的功能和现代的审美。但是，我经常喜欢在设计中加入一些不同年代或不同地区的内容，以避免设计风格一成不变。我认为中国可以教给我们的是：永恒有时比时效更好。"

▲图 11-2 一个建于约 1000 年的典型寺庙的透视剖面图，展示了立柱与房顶之间复杂的斗拱结构

《艺术大辞典》（*The Dictionary of Art*）：第 34 卷，图 89 和图 11，编辑：珍妮·特纳（Jane Turner），版权所有 © 牛津大学出版社，2003 年

上面所描述的建筑特征适用于各种建筑类型——寺庙、宫殿、官府建筑，以及除了最简陋的住宅之外的所有建筑。我们先来看看中国官府和宗教建筑的例子，然后再去看看民居建筑。

寺庙和宝塔

中国宗教建筑的两大特色是寺庙和宝塔——一个塔状建筑，通常是寺庙建筑的一部分。我们已经见到过许多文化中的寺庙，呈现出各种样式，但我们要看的宝塔，只能在东方看到。

寺庙

中国寺庙只是组合式建筑的一个例子，房间为轴向组合，形成一个明显的建筑框架，规律排列的立柱为屋顶提供支撑。立柱之间的墙壁因此失去结构意义，可当作屏风使用。大多数传统的寺庙结构只有一层，但是其屋顶可能不止一层。大多数是由木头建造的，通常使用有香气的金丝楠木。

寺庙以其华丽的装饰与其他中国建筑区别开来。屋顶使用琉璃瓦装饰，有时会使用鲜艳的色彩（但是黄色屋瓦仅供皇帝使用），屋顶的支撑斗拱被雕刻并涂漆。由于寺庙的形式几个世纪以来基本没有变化，因此主要通过装饰的程度来鉴定中国寺庙的年代，因为装饰会随着时间的推移越来越华丽。

寺庙建筑群被外墙包围，为寺庙里的人提供隐私保护。进入寺庙要通过中间的大门（通常还要通过第二道门，即"灵扉"）。为了保护隐私，第一道门有时会偏离中间，只通向一个小前院，通过走廊连通到引人注目的中轴大门。公共场所更靠近大门，相对私人的地方（如皇室或寺庙人员的住所）则远离大门，甚至在房间的布局上也能看到等级制度，最尊贵的人的房间距离入口最远。

宝塔

中国的宝塔有可能是由印度的佛塔演化而来，也可以将宝塔看作是佛塔与汉朝的瞭望塔的组合，或可以将其看作一个垂直堆叠的小寺庙，每一层都有自己的飞檐。宝塔由木头、石头或砖块建成，屋顶使用琉璃瓦装饰。虽然一些早期的宝塔没有室内空间，只有象征意义，但是后来的宝塔具有了内部空间，以容纳佛像（图11-3）。

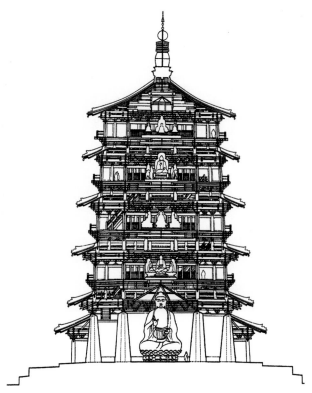

▲图11-3 山西应县佛宫寺释迦塔剖面图。大释迦牟尼像在一楼。往上四层楼，每层一组组合佛像
达维德中国艺术基金会。威廉·沃森（William Watson）著，《900年至1620年的中国艺术》（*The Arts of China 900-1620*），耶鲁大学出版社，2000年，第71页

紫禁城

所有中国建筑群中，最伟大的就是紫禁城（图11-4）。在明成祖（1360—1424）的统治下，大量的建筑活动开展起来，在北京城的中心地带建成了一个巨大的皇家建筑群。这个建筑群被称作紫禁城，因为它原本禁止除皇室成员及其奴仆和宾客之外的所有人进入。进入紫禁城要通过天安门，天安门实际上是由五个拱形大门以及上层的城楼组成的复杂结构。天安门广场后面，就是另一道大门——午门，再走过去还有一座巨大的庭院，院里一条水路流过五座桥，再过去又是一道门，即太和门。紫禁城包含将近一千个建筑，通过汉白玉砌成的基台连接，每层台上边缘都装饰有汉白玉栏杆，点缀着庭院、水道、桥梁以及更多的墙壁和大门。五百多年间，紫禁城一直都是中国的最高权力中心，先后历经了十四位明朝皇帝和十位清朝皇帝。

建筑物和区域可以通过与阴阳的对应来象征性地划分。一个内院象征着阴，而外面的庭院则象征了阳（例如，有三个门厅和五个门，个数均为奇数）。建筑物可以按大小划分，入口处为较大的建筑物，主要用于典礼、宴会、报告、供奉和接待来访贵宾，较小的建筑则远离入口，为皇帝的住所。其中最大的是太和殿（图11-5），位于中轴线的显要位置。太和殿宽长64米，宽37米，其屋

▼图11-4 紫禁城入口处附近，金水河与太和门
迪恩·康格/《美国国家地理杂志图像采集》（*National Geographic Image Collection*）

▲图 11-5 太和殿，紫禁城内主要的宫殿，北京，约 1420 年
© 里克·厄根布莱特（Ric Ergenbright）/ 考比斯版权所有

顶高度为 35 米结构为重檐式。它是中国最大的传统木质结构大厅，装饰也最为精美豪华。大殿内部中央为一个升高的台基（图 11-6），连接台阶，其上雕刻着云龙图案和莲花花瓣。台基上是鎏金九龙宝座，背后是一块相同材质的屏风，旁边是大象形状的青铜香炉。台基周围为六根盘龙金柱。顶部天花板的嵌板同样雕刻了蟠龙图案，整个大殿，包括门和窗框都闪耀着黄金的光芒。

内廷建筑规模较小，也更加私密，拥有独立的宫墙，与外庭设计相同：有皇帝进行私人会谈的乾清宫，有保存皇帝玉玺的交泰殿，只是规模较小，以及皇后寝宫坤宁宫。这些较小的内廷的室内装饰不如外庭那般令人惊叹，但这些装饰也绝非简单朴素，其中的一些摆设也是非同寻常。

紫禁城内的所有建筑装饰都豪华精美，琉璃瓦屋顶色彩鲜艳，样式复杂的木制斗拱也都施以亮漆。几乎每个内饰的每一个表面都被美化装饰过，主色调为红色、蓝色、绿色以及代表皇帝的黄色。尽管紫禁城规模极大，内容丰富，色彩生动，但它依然显得和谐统一。大概是

因为其建筑形式较少，建筑元素对称分布，建筑结构井然有序，使得整个建筑易于理解。

中式房屋

房屋不论大小，通常中央都有一个庭院，有时是好几个庭院。在较大的房子里，庭院景观都被精心设计，种植着垂柳、银杏、竹子和花丛，还配有小径、水池、苔藓岩、小桥和亭榭。鲜花的选择有荷花、牡丹、杜鹃以及菊花，不仅要看它们的外表和花期，也要看它们的象征意义。拱门和横梁上悬挂着彩色灯笼，用以点亮花园。

在这种自然环境中，大房子的卧室被安排在许多相关但不连在一起的房间中（图 11-7）。这些房间按照其规模和重要性划分等级，体现了中国家庭的父权传统，几代人同住一个屋檐下，年轻一辈要服从长辈。

房子的窗户传统上糊一层坚韧的白纸，而非玻璃。尽管其有热能方面的缺点，但它们却有重要的装饰特征，窗户内外还会用窄木条以几何网格图案填充。白天阳光

▲图 11-6 太和殿内部，台阶通向登基宝座
阿尔弗莱德·可（Alfred Ko）/纽约，考比斯

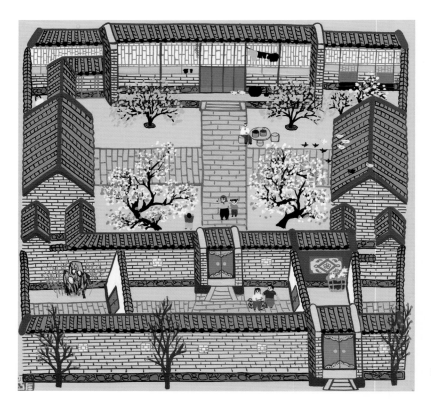

透过这些图案，在房间里投射出有趣的阴影；在晚上，房间内部的光亮在周围的花园墙上投下了类似的影子。

中国的房子和花园庭院交织在一起，组成不可分割的整体。房屋的设计，呈现出对称、规则以及轴向分布，可以说是符合儒家的伦理理念和等级思想，人与秩序社会的和谐统一。然而，花园的设计却不规则，其更具动态，更令人惊喜，符合道教中人与不可预测的自然之间的和谐。建筑和园林的总体构成，体现了中国生活和设计中对立力量——阴和阳的同化。

在中国和韩国的房子内，男女房间分开，家具和装饰风格不同。例如，在明尼阿波利斯艺术学院重建的 18 世纪的明代书房明显偏向男性化（图 11-8）。面朝花园的窗户上用木条装饰出格子图案，家具则显得克制且简约，只有几条优雅的曲线给刻板的家具增添一丝活力。天花板横梁上的题词为"欢语室"。

为了进行对比，一块制作于大约 1600 年的木刻版画展示了一个风格完全不同的室内部装饰（图 11-9）。这里展示的是女性的卧房。曲线形家具显得更加华丽，窗户开口不再用格子图案装饰，而是使用了垂坠飘逸的帘子。画中左下角的桌子，传统上用于焚香。

▲图 11-8 名为"欢语室"的学者书房，1797 年
"欢语室"，1797 年，清代，江苏省无锡。室内装饰材质有木头、瓷砖、石器、漆器以及岩石
明尼阿波利斯艺术学院，鲁思（Ruth）和布鲁斯·戴顿（Bruce Dayton）赠，98.61.2

房间内部的家具摆放是有严格规定的，与使用者的地位相关。在大房子或宫殿的接待室里，上位距离入口处最远，正对大门。非重要人物的椅子成对摆放，两把椅子之间放一个共享小桌子，围绕房间的墙壁，完全平行于他们后面的墙壁。而在房间中央摆放非正式家具组合的想法，对于中国的传统审美来说是不能接受的。

◀图 11-9 女子卧房的场景，来自戏剧《西厢记》中的木刻插图，南京版，明万历年间（1573—1620）
摘自《失落的内饰：木版画与中国家具的佐证》（Lost Interiors: Woodblock Prints and the Evidence for Chinese Furniture），作者：柯律格（Craig Clunas），发表于《美成在久》（Orientations），1991 年 1 月，第 22 卷第 1 号，84 页，图 5。

中式装饰

正如我们所看到的那样，支撑中式屋顶的斗拱既有结构性，又有装饰性，通常使用带鱼形图案或其他图案的琉璃瓦来凸显屋脊。在太和殿里，我们可以看到装饰精美的柱子和天花板的镶板（图 11-6）。房屋窗户覆盖着装饰网格。釉面砖也是中国建筑装饰的重要组成部分，可以用于装饰墙壁和屋顶，倾斜的屋檐。

颜色是中国建筑的一个组成部分，是社会组织的参照物。黄色是皇帝的颜色，紫色和红色代表仅次于皇帝的官僚阶层，蓝色、绿色代表较低阶层的人。

对于中国人来说，牡丹是富贵的象征，而一种叫"盘长"的图形（图 11-16）则被视为长寿的象征。但最具代表性的中国装饰图案是龙。我们已经知道龙代表阴阳中的阳，它也代表了春天的到来，这可能是因为有一种冬眠的鳄鱼在每个春天都会重新出现。同时，它也被认为是神仙的象征，而且尽管它的形象明显很是凶猛，但龙却被认为是神秘而善良的。龙袍是明清时代皇帝正式服装的主要部分，其设计有着严格的规定：长袍上描绘的龙的数量代表了穿戴者的身份，连皇帝也不被允许龙的数量超过九条，五爪龙代表的级别比四爪龙更高。在图 11-1 中，可以看到白色背景上的蓝色四爪龙。

稍后我们将看到 18 世纪在欧洲流行的中国风中反复出现的龙和其他中国元素的图案。

中式家具

按照现在的标准，在古代中国房屋里，即使在最重要的房屋里，家具也是稀缺的。但是现存的家具和装饰质量往往是最好的。而且在节日期间，会使用织物来装扮房间，铺上地毯，椅子披上锦缎椅套，桌子上则铺上装饰物。与中国建筑一样，中国家具类型几百年以来也一直保持延续性。

中式家具中木制品的组装不用钉子（除了以后的维修和附加五金件），胶水在中国家具中也很少被使用，榫卯（见第 37 页"表 2-1 木材切割与连接"）是家具的主要结构，因为相比其他连接方式，榫卯结构可以让木材的活动余地更大，这是很重要的一个因素，因为在中国，大部分地区四季明显，一年中温湿变化幅度大，因此木材在一年中也有一定的胀缩和扭曲变化。中式家具的木材涂装无可挑剔，达到了工匠的最高制作水准。

座椅

大多数东方国家，人们传统上都直接坐在地板上，有时人和地板之间只有一张垫子。中国人形成了坐在椅子上的习俗，这是非常特别的。这种习俗的起源一直是很多猜测的主题，原因可能是在 4 世纪的时候，椅子和折凳都从印度被带到了中国（之前可能是被亚历山大大帝的军队从欧洲带到印度的）。无论如何，到 9 世纪，中国的富裕家庭已经普遍开始使用椅子。椅子有带扶手和无扶手两种，中国椅子的座位通常都非常高，目的是为了将使用者的脚抬起来，远离冰冷的地板。椅子上的

管脚枨（连接椅子腿并起稳定作用的水平构件）通常都靠近地板。

一种样式的中式椅子，有一个搭脑（横跨椅背顶部的水平构件或板条）略微超出支撑它的垂直构件（图 11-10）。靠背板（椅背中间的垂直构件）通常是一个宽的素木板，但是稍微有一点漂亮的弯曲。这种椅子最初是为皇帝或高官设计的，而且突出部分最初是用黄金或黄铜制成，上面装饰着龙头。另一种形式优雅的中式椅子也有一个靠背板，但是靠背板的上部连接着一个马蹄形的椅圈，椅圈继续向下形成扶手，然后继续，形成前腿（图 11-11）。在示例中，券口牙子位于座椅下方，与牙条相垂直，牙条由略微弯曲的水平构件制成，通过短的垂直构件连接座椅底部。

皇帝和高级官员的宝座，并不是距离地面很高的座位，而是又低又宽的座位（图 11-12），以容纳两腿交

▲图 11-10 明红木官帽椅，16—17 世纪
椅子，红木，中国，明朝，16—17 世纪。伦敦，维多利亚阿尔伯特博物馆／纽约，艺术资源

▲图 11-11 明红木圈椅，17 世纪
扶手椅，中国，明朝，17 世纪，红木，85.4 厘米 ×58.4 厘米 ×63.6 厘米
© 克利夫兰艺术博物馆，诺韦伯（Norweb）收藏，1955.40.1.2

▲图 11-12 北京附近皇家狩猎小屋里的红漆宝座，清朝，18 世纪。乾隆皇帝（1736—1796 在位）宝座：红雕漆木，有底座，正面，中国（清朝），约 1775—1780
伦敦，维多利亚阿尔伯特博物馆 / 纽约，艺术资源

又盘腿的姿势。印度沙·贾汗在他的孔雀宝座上也是这个姿势（图 10-11），这种椅子是由中国最具特色的家具之一——炕演变而来。

炕

炕是一个睡觉用的很大的、较低的平台。在寒冷的北方，炕通常沿着墙设置，用砖砌成，下面有一个烟道，可以使用附近厨灶的热气来加热。在温暖的南方，炕通常独立放置，由木头制成（图 11-13）。即使在北部，炕最终也演变成了一个木制平台，为了隐私和舒适，一般会有立柱用于支撑悬挂的华盖。华盖有时是实木的，有时只有一个木框架用于支撑织物覆盖物。在任一情况下，织物的侧边可以垂直悬挂在华盖上，还可以使用屏风、草垫和绸缎靠垫。有时加上靠背，有时还有侧栏，将炕变成了有三面低矮围挡的沙发。

▲图 11-13 16 世纪的炕床框架，带 6 个立柱，支撑顶部华盖。床架主体为黄花梨木，配以少量红松木，床架高 196.1 厘米，宽 207 厘米，进深 120.7 厘米
费城美术馆：已购买

桌子

最终，没有华盖的炕变成了低矮的桌子。床和桌子都有一个特殊的细节，桌腿和床腿都会向内弯曲，形式优雅，使人回忆起中国屋顶两端山形墙的轻快曲线（图 11-4、图 11-5）。在明朝初期，桌子腿的形式多为马蹄腿，而在 18 世纪，卷云纹形式又取代了马蹄腿形式。

在正式的宴会上，按照习俗要为每个客人提供一张小型的私人桌子。然而在日常用餐中，则是使用矩形或方形桌子。正如我们看到的那样，按我们目前的标准，中国的椅子座位很高，因此桌面也同样很高。有一种细长型的桌子要居中靠墙（图 11-14）；还有写字桌、绘画桌、游戏桌、供奉桌、套几和琴台（为了放置中国古筝或古琴）。

储物家具

储物家具在中国非常发达，墙壁单薄的房屋内没有壁橱。柜子用于储存书籍和手稿，有成对的柜子、柜上柜和带开放架子的橱柜。存放衣服的高大的长方形橱柜（或衣柜）很常见，并且门的数量不尽相同，不过典型橱柜是有两扇门，有时在下面有一个单独的隔间。有种收纳箱（现在用于称呼储物家具的词）有一扇门，或者是可移动的盖子。许多箱子在侧面安装有拉手，便于运输，还有许多箱子配有精心设计的铰链、支架、提手和锁眼

盖，材质有镍银、黄铜，以及其他金属。由于经常被钻孔，因此它们的表面与木材或漆齐平。一个明朝的木橱（图11-15）展示了两个已有300多年历史的特点：顶面末端的向上弯曲的凸缘，使人联想起屋檐的曲线，以及储藏柜下方造型简朴的券口牙子的装饰。

最初并不是作为家具而制造出来的专用储物装置（虽然今天有人将其用作咖啡桌或茶几）是中国的嫁妆箱。传统上在婚礼前要抬着嫁妆箱在街头游行，嫁妆箱的数量和华丽程度表明了新娘家庭的财富和声望。婚礼仪式结束后，嫁妆箱被用于储存衣服。箱子由木头制成，表面覆盖猪皮，作为盖子的铰链。猪皮通常绘有婚礼场景或其他装饰。

▲图 11-14 明黄花梨炕桌，桌腿弯曲，以球形底座结束。高 30.2 厘米，长方形桌面约 58.4 厘米 ×92.4 厘米。中国炕桌，15 世纪，明朝（1368—1644）。雕刻黄花梨木，30.2 厘米 ×93.4 厘米 × 61.5 厘米
尼尔森 - 阿特金斯艺术博物馆，堪萨斯城，密苏里 [劳伦斯·席克曼（Laurence Sickman）遗赠] 图 88-40/51

◀图 11-15 明黄花梨木橱，高 90 厘米，约 1550—1600 年
木橱，花梨木，中国，约 1550—1600 年，明朝
伦敦，维多利亚阿尔伯特博物馆 / 纽约，艺术资源

中国装饰艺术

中国工匠擅长雕塑，也擅长装饰。我们先来看看陶瓷，这一中国表现优异的领域。

陶瓷

在中国设计中，没有哪一项成就能够超越精美的陶瓷的创造。这种成就既包括工艺技术，如瓷器和釉料的发明，也包括美学的巧思，如图 11-1 所示的白色和彩色区域的交错分布所形成的抽象图案。将代表玻化（玻璃状）陶瓷的术语称为 china（中国）是非常合适的。中国陶瓷装饰的风格也很广泛，包括精美多彩的场景和花卉图案，另一些则强调纯粹的形式和颜色，完全摒弃了装饰。相比在出口市场上，这些朴素的单色瓷器在中国更受赞赏，被许多人认为是中国文化最高的艺术成就。在宋代末期，在烧制过程中在釉面上可能出现的细小裂纹被称为冰裂纹，这种裂纹被人们认为十分具有装饰性，还会刻意去找寻这种瓷器。

赤土陶器（terra-cotta）

这个词的字面意思是"烧熟的土"。这种天然的塑性黏土制成的产品经过烧制之后，就会硬化。赤土陶器通常为浓郁的红棕色，这是黏土中丰富的氧化铁的作用结果。其他杂质的存在和烧制技术的变化可能会给产品带来其他颜色，但中国的赤土陶通常是暖灰色。

早在前 3 世纪之前，中国就开始使用赤土陶作为铸造青铜器的模具。然而，相比青铜器它更加脆弱，因此最早的赤土陶器文物几乎没有保存下来的。我们所知道的是具有功能性和仪式意义的。赤土陶的其他用途是用于屋瓦、小的墓葬雕像、真人等身的雕像、墓穴的建筑以及放置在墓穴中的房屋、宫殿、宝塔模型，以及日常生活的场景模型。

陶器和炻器

在很早期的时候，不仅在中国，世界各地都开始制造陶器，陶器是一种不透明的非玻璃器皿，在相对较低的温度下烧制，除非上釉，否则陶器是多孔的。有时陶器（earthenware）也被称为"pottery"，尽管这个词也被用作瓷器的同义词。大多数黏土都适合制作陶器，并且可以做成各种形状。由于烧制温度低，陶器不需要精密的窑炉。

最早的中国陶瓷可以追溯到大约 6000 年前，是红

制作工具及技巧 | 瓷器的秘密

一直以来，中国人都将他们的瓷器制造技术作为国家机密那样保存，随后的陶瓷历史上充满了试图复制瓷器的尝试，有一些成功了，有一些则失败了。中国瓷是一种具有特殊要求的瓷器，由中国本土产出的两种必需成分组成。第一个是被叫作高岭土或瓷土的白土；第二种是瓷石，它是一种由风化的花岗岩形成的小白块状的可熔结晶矿物。高岭土和瓷石有时被称为瓷器的"骨骼"和"血肉"。这种混合物在 1280℃的高温下烧制时，就会产生刚刚描述的玻化物。它有时被称为硬质瓷器（hard paste porcelain，或法语 paté dure）。

软质瓷(soft-paste porcelain，或法语 pâte tendre)，是西方在了解瓷器制造的真正配方之前，所生产的一种仿制品。它可以由许多材料组合制成，其中一种是白黏土和毛玻璃。它的烧制温度要比瓷器低得多，而且耐久性也不行。由于其极其脆弱，一些软质瓷已经变得非常稀有，价值更高。

被称为瓷器的物品通常含有高岭土，但不含瓷石。它们的烧制温度略低，并且可能会产生透明效果，发生玻化，也可能不会。有一种异常坚硬的类瓷器产品，是 1813 年，英国斯塔福德郡获得专利的硬质瓷器（ironstone），其韧性来自内含的玻璃状铁渣。

在硬质瓷器和软质瓷器之间，还有一种瓷器叫骨瓷，骨瓷比硬质瓷稍软，但是比软质瓷要坚硬，生产成本也更低。1748 年，英格兰的鲍（Bow）获得专利。骨瓷本质上就是在软质瓷器中添加了动物骨灰。以其令人满意的白度和透明度，骨瓷成为了 19 世纪英国陶瓷器皿的标准。

陶葬礼器皿。在墓穴中环绕着逝者，这些陶瓷器皿的顶部装饰着生育符号和其他彩绘图案。到公元前 2000 年，其他类型的陶器开始出现，包括坚硬、光亮、乌黑的陶器和用绳子和篮子图案装饰的灰色陶器。在商朝，风格化的动物出现在釉面陶器上，而在周朝、商朝的风格仍在延续，但加入了更加流动的曲线形式，从此代表着中国花瓶的特征。

后来发展的炻器是一种坚硬致密，相对无孔的器具，必须在高温下烧制。它由黏土和含长石（一种结晶矿物）的石头组成；在烧制中，石头玻化，黏土没有玻化。正如我们将看到的那样，炻器被用作韩国著名的青瓷的胎体。

瓷器

中国在 6 世纪发明的瓷器是装饰艺术的一个里程碑，虽然制作工艺历经了好几个世纪才逐渐完善。到了明朝（1368—1644），中国的陶匠使用一种在对着光时呈现出透明质感的材质，使瓷器拥有了高度洁白、薄透细腻的质感，敲击时发出浑圆的声响，即使不上釉也细腻无孔，质地坚硬，用钢刀也不会留下刻痕。

当然了，中国瓷器并不总是白色。在宋代时期，深受皇帝喜爱的定瓷釉面为象牙色，有时在口沿镶嵌铜边，以保护瓷器。在 14—15 世纪还有红铜色的釉下彩，以及很多丰富的彩釉，如棕色、黑色、粉蓝色、青色和一种在欧洲被称为公牛血的深红色，当红釉具有条纹效果时，被称为火焰红。其他微妙的颜色在西方被赋予了浪漫的名字，如桃花盛开（桃红色点缀着绿色），玫瑰灰（带灰调的玫瑰色）和月光（银蓝色）。在明朝，三色

和五色瓷器很受欢迎。在清朝，淡金黄色的单色瓷器仅限于皇亲使用，不过最受宠的妃子会被赐予外黄内白的瓷器。出口的瓷器，以及后来在欧洲生产的瓷器以色系命名：背景色为明亮的苹果绿的瓷器被称为绿色系，黄色背景的瓷器被称为黄色系，使用柔粉红色的瓷器被称为粉色系（图 11-16），以及在 19 世纪非常受欢迎的黑色系——使用一种棕黑色颜料制成的瓷器。最后，从 17 世纪开始运往欧洲的白色瓷制品，在那里它们被称为中国白。

所有中国瓷器中最有名的是青花瓷，其特征是深蓝色釉下彩配白色背景（图 11-1）。这些设计最初都是手绘的，但后来有些则是转印的。设计图案包括涡卷饰、花卉和水鸟的整体图案，其他则是更广泛的自然景观和人物场景，有时图案环绕在器皿上，但是看不出来明显的形状。著名的柳树纹样，其描绘了一对私奔的恋人，这个纹样起源于英国，而非中国。这个故事在 18 世纪非常流行，然而，被 100 多种英语资料模仿，最终导致它在中国也被复制了。

日本（伊万里瓷器）、波斯、中南半岛、英国（洛斯托夫特瓷）和荷兰（代尔夫特瓷），在这些地区，青花瓷受到了追捧并被模仿。一组在形状上交替变化，数量为三个、五个或更多（但始终为奇数）的青花瓷花瓶组合，在欧洲市场非常受欢迎，在 17—19 世纪，经常被摆放在客厅壁炉或门口处，用作装饰，被称为烟囱壁炉饰品。的确，由于 19 世纪欧洲对中国瓷器的热切关注（例如雅克马尔（Jacquemart）和布朗（Blant）的研究著作，1862 年巴黎出版的《瓷器的历史》（Histoire de

▲图 11-16 一对清代粉彩风格瓷碗。碗身绘牡丹和"无尽结"（左边碗中心）对碗。辛辛那提美术博物馆，凯瑟琳·J·阿普尔顿（Katherine J. Appleton）遗赠。1949.123.124

la Porcelaine），所以今天用来描述瓷器及其替代品的许多术语都是法语。

高丽青瓷

"青瓷"一词指的是柔和的灰绿色釉，但也适用于所有使用这种釉的陶瓷器皿，最常用于炻器或瓷器。虽然青瓷可能起源于中国，然后整个东方都开始制作，但与青瓷最为紧密相连的是高丽，在这里，有着完美的富铁黏土，并且随着精确控制釉料技术的发展，青瓷代表了高丽陶瓷成就的巅峰。高丽王朝的一些高丽青瓷据说会让人联想起"雨后天空的青色"，被赞为"影影绰绰如青玉，玲珑剔透如水晶"（图 11-17）。

青瓷的独特色彩依赖于氧化铁，其颜色从柔橄榄色到蓝绿色不等（氧化铜可以产生另一种的绿色釉）。青瓷只需烧制一次，但要高温烧制。据说，在青瓷艺术的

巅峰时期，十件作品中只有一件达到了高丽陶工严格的色彩标准，而那些未能达到标准的作品被毁掉了。

青瓷被用于制作许多器具：碗、杯子、碟子、酒罐和餐桌上的油瓶，书桌上的水瓶，佛教仪式中的水器，用来盛放梅花的小口高瓶，香炉，屋瓦，梳妆盒，甚至陶瓷枕头。

有两种常见的高丽青瓷制作方法：绘制和镶嵌。从中国的先例改编而成的绘制青瓷，是通过用铁溶液（有时是氧化铜溶液）先在未烧制、未上釉的素坯上绘制图案，然后烧制并上釉。镶嵌青瓷是高丽独有的青瓷设计，其制作工艺为先在素坯表面挖槽，雕刻出花纹，再用白色或黑色的陶饰土填充，然后进行素烧（在上釉前，以较低温度进行烧制）。在上青瓷釉之后，再次以较高的温度进行第二次烧制。常见的装饰图案有牡丹、莲花、云纹、飞鹤和龙。

金属制品

中国在金属制品方面的主要成就是青铜的使用，以及大量金属表面装饰处理的发展。

青铜器

我们知道的中国最古老的金属文物就是青铜器。中国早在公元前 2000 多年就用青铜制作了镜子，还有编钟和锣。青铜铸造的做法可能早在公元前 2000 多年就开始了，其工艺和复杂程度很快就达到了惊人的水准。中国青铜器可以分为功能性青铜器和仪式青铜器。功能性青铜器包括烹饪器皿、上菜器皿、水容器、酒罐和酒杯。仪式青铜器是用于重要的仪式和典礼，由于这些仪式涉及向已故祖先供奉食物和饮品，因此仪式青铜器的形状是按照功能性青铜器的形状设计的（图 11-18）。但是仪式青铜器比功能性青铜器制作要更加精心，拥有更丰富的装饰。装饰图案包括龙、鸟、牛、绵羊和山羊。铭文由祖先的名字构成，并以金、银、铜和绿松石镶嵌。图 11-18 中的花瓶为镶银花瓶。这种通过切槽将金银镶嵌到更为坚硬的金属中，并将金银线锤击到凹槽中的工艺被称为金属镶嵌法。

珐琅和掐丝珐琅

装饰金属的技术有珐琅、掐丝珐琅，以及掐丝珐琅的变体。珐琅具有好几种含义。它可以指一种薄的涂层，这种涂层在被烧制后，可以给另一种材料（例如陶器或

▲图 11-18 带盖镶嵌青铜鼎，战国时期，高 15 厘米。鼎，中国，公元前 4—公元前 3 世纪。青铜嵌银装饰
明尼阿波利斯艺术研究所。艾尔弗雷德·F. 皮尔斯伯里（Alfred F. Pillsbury）遗赠。50.46.76a，b.

▲图 11-19 景泰蓝叶状边珐琅盆，约 1600 年，直径 50 厘米
© 大英博物馆受托人

瓷器）提供耐用的光泽表面，在这种情况下，珐琅与釉同义。如今通常使用的是一种模仿这种釉料的油漆。在中国和日本的装饰艺术中，珐琅指的是一种比表面更厚重的糊状物，烧制后时玻化，质地变硬，呈玻璃状；随着这一过程的发生，这种糊状物与金属胎体融合。单色的表面装饰相对简单，但是多色图案就是一种挑战了。为了防止一种颜色渗透到另一种颜色中，在东方，人们研究出一种技术，在胎体表面做出小格子，然后将色釉填入格子中。其中最著名的技术是掐丝，使用金属薄片或细丝，掐成花纹，粘贴或焊接到胎体上，形成可以保持色釉的小隔断。中国的掐丝珐琅技术约在 1430 年完善，用于制作盆（图 11-19）、盘、罐、存冰盒，以及香炉等。

清漆和虫胶漆

漆是一种耐用、有光泽、坚韧的材料，可以做出鲜艳色彩和精美雕刻的作品。漆器制作需要时间、技巧和耐心。漆由漆树的树液制成，漆树种类很多，在中国和韩国都有分布，后来被引进到日本。原漆被收集和净化后，呈有光泽、半透明的灰色糖浆状质地，在暴露于空气中时，会产生聚合反应，其小分子组合形成较大的分子。这个过程使其硬化成坚固耐用的材料。因此，原漆必须储存在气密罐中，直至需要。

制作工具及技巧 | 青铜器的铸造与雕刻

青铜是复制精细装饰图案的绝佳媒介。它可以被模制或雕刻，能够在熔融状态下灌满模具，流入模具的每个缝隙，也非常容易雕刻。青铜是铜和锡的合金（其他常用于装饰艺术的合金有黄铜——铜和锌的合金，以及白 ——铅和锡的合金）。在古代中国的青铜器中，锡的比例从 5% 到 20% 不等。添加少量铅，可以使材料流动性更好，降低了合金的熔点，改善了成品表面。合金在陶器坩埚中加热，然后被倒入黏土模具或由失蜡法制成的模型中，失蜡法是指在蜡模中填入石膏或黏土，然后加热，将蜡融化，留下一个带空腔的模具，可用于合金制品的铸造和复制。中国青铜铸造的技术取决于陶器制作的技术，陶器制作技术更加古老。反过来，青铜器影响了后来的陶器，用较为低廉的陶瓷来复制这种金属容器的外形。

漆器制作是一种需要涂刷多层的制作工艺，每一层都要彻底干燥后，才能涂下一层。通常，漆是涂在木材或竹子编织的芯上，但是更加轻薄、精致的做法是通过交替铺刷的布和漆层，或将漆涂在布做成的基础模型上，稍后将其移除。

漆的颜色不是天然的，要添加矿物颜料，例如加入铁以产生黑色，或加入汞以产生红色，这是两种最传统的颜色。硫化汞制成的红棕色被称为朱砂，是深受人们喜爱的一种颜色。也可以做出多彩和雕塑的效果。不同层可以是不同的颜色，然后在外层雕刻，就可以显示出里面的颜色。漆器物品包括盘子（图 11-20）、碗、罐、马桶、托盘、橱柜、矮桌和折叠屏风。

在 18 世纪，西方对中国漆器有很大的需求，特别是浅浮雕的大屏风（而样式相同，尺寸小一号的屏风是为中国本土市场生产的）。大量漆器通过印度东南部的科罗曼德尔海岸的东印度公司贸易站运往欧洲、俄罗斯、麦加和世界其他地方，在英国，流行将漆器称为科罗曼德尔器皿。

由于真正的漆器生产成本高，中国以外的地方很难买到，所以出现了很多仿制品，如虫胶漆和树胶漆。其中最成功的是虫胶漆，通过将紫胶虫幼虫放入沸水中，直到其分泌液体，或通过采集紫胶虫沉积在树枝上的液体而得。虫胶液体涂在薄片上时会变硬，然后使用醇介质溶解这些薄片，就可以得到这种透明漆以产生漆状外观。然而，它并不像真漆那样耐用和防水。

虫胶没有在中国大规模使用，但在欧洲 18 世纪的仿漆器的涂漆中被广泛使用。纪尧姆·马丁（Guillaume Martin，于 1749 年逝世）和他的三个兄弟发展涂漆，使其在法国达到了最高水平；他们的产品，以及后来的仿品，被称为马丁漆（涂漆也可以指在一些金属制品上涂绘，例如马口铁，这将在后面的章节中讲到）。

纺织品

纺织品对中国经济文化的发展至关重要。在这里，我们将重点关注中国丝绸和中国地毯这两个最重要的纺织品。

丝绸

对于古罗马人来说，中国是"赛里斯（Seres）"——丝绸之地。传说中嫘祖在桑树下喝茶时，一颗茧掉了下来，在她的茶杯里开始散开光亮的丝线。丝绸的实际历史可能没那么富有诗意，但中国早在约公元前 3000 多年就开始为生产丝绸而饲养家蚕了。

丝绸是世界上最美丽的纺织纤维，质地柔顺，拥有无与伦比的自然光泽。对染料也具有天然的亲和力，可以染出各种鲜艳的色彩。蚕丝非常长，典型的长度为 1000 米左右，棉花丝长度为 25 ～ 50 毫米，羊毛丝长度为 25 ～ 450 毫米。蚕丝非常细但又非常强韧，只有尼龙才能超过蚕丝的强度。

然而，蚕丝也有一些缺点。由于它们非常细，丝线必须在一起纺成与人的头发丝粗细相当才行，因此 2500 个茧才能生产出 454 克的丝线。在经过几年强烈的自然光照之后，丝绸会褪色、分解。在潮湿条件下，纤维会腐烂发霉。蚕丝纤维能够燃烧（缓慢），并且会磨损（摩擦后变粗糙），特别是将蚕丝与其他高抗拉强度的纤维混纺的织物。虽然丝绸很有魅力，但也有另一个缺点，就是它那神秘的生产过程，这个过程是曾经中国人严防死守了几百年的秘密，而这也在很大程度上导致了丝绸生产不受现代化工业的影响。

丝织物有时被分类为平纹、花纹或刺绣。平纹丝绸是没有整体装饰或无图案的编织丝绸，花纹丝绸有一个整体图案编织在其中，刺绣丝绸通过针线将其图案绣在

▲图 11-20 明代漆盘，图画内容为 4 世纪的聚会场景，直径 49 厘米
© 大英博物馆受托人

蚕丝的生产从桑树的种植开始，然后开始选育和饲养家蚕的幼虫形态——蚕。这些虫子非常脆弱，巨大的噪声或强烈的气味都可能导致它们死亡，每天都要采集新鲜的嫩桑叶并切碎饲养，长大后它们从头部的腺体开始吐丝。如果茧中的蛹成熟，它就会咬断长丝，破茧而出。因此，必须加热蚕茧以杀死其中的蛹。抽丝是下一个艰苦的工作，传统上是把茧放在沸水中，然后同时抽六股或八股丝，并在卷轴上卷成一卷。接下来可以进行染色、编织和最后的整理了。

蚕丝有很多种类和等级。真丝最基本的类别有2种，产自上文中提到的家蚕的生丝，以及其他品种的蚕生产的所谓野生丝。在真丝中，最好的丝绸由最长的丝制成。在生产过程中，缫丝和织造之间的一个重要步骤是长丝的"甩"或捻，单位长度的捻数越多，产生的丝线就弹性越长。捻丝的类型包括假捻和加捻，两者都是比较松散地捻丝，还有绉丝、强捻丝，左边一股，右边一股，交替放置。双绉采用生丝制成的绉丝制作，这种丝绸没有清理蚕丝中的天然胶质蛋白质。胶的保留导致染料吸收不均匀，这种不均匀性可以在很多地方使用。另一种是由绉丝制成的丝绸，这种丝绸质地透明，纹理细腻，光泽柔和，被称为真丝雪纺绸。长丝太短，无法卷成捻丝，而被粗制成绢丝，质量较差。另一种使用更加不均的长丝制成的更加粗糙的丝绸被称为绵绸。

最著名的野生蚕丝是上一章中提到过的印度柞蚕丝。生产野生蚕丝的蚕以柞树叶、樱桃叶、无花果树叶或品种较差的桑树叶为食，产出的丝差异也很大。

表面（图11-21）。锦缎是一种花纹丝绸，由金银线交织出凸起的图案。还有一些由丝绸纤维制成的织物类型。包括缎面，其表面细腻光滑，背面黯淡无光泽，还有塔夫绸，一种双面光滑的丝质品，但是质感硬挺，易产生折痕。两者均由丝绸制成，但现在也有诸如人造丝等其他材料制成的锦缎和塔夫绸。

丝绸生产自推广以来，就一直是中国人生活和知识的重要组成部分（图11-22）。中国对生产过程的垄断一直到中世纪，大约550年，据传两名基督教传教士将

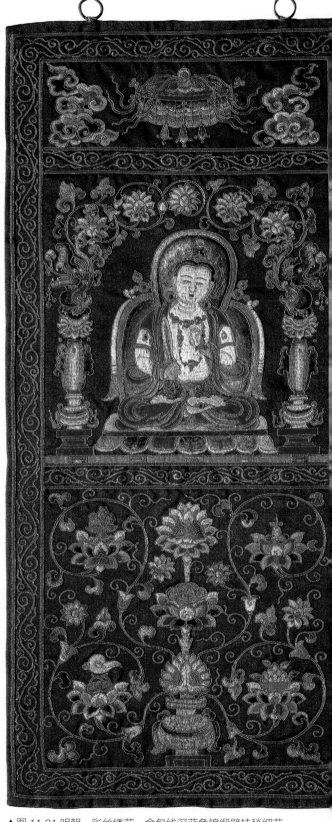

▲图11-21 明朝，彩丝绣花，金包线深蓝色锦缎壁挂毯细节
"文殊菩萨"，1368—1644。包金丝线。44.1厘米×44.7厘米
印第安纳波利斯艺术博物馆，玛莎·德尔泽尔（Martha Delzel）纪念基金。1992.66

几只家蚕幼虫从中国偷运到君士坦丁堡。

地毯

最好的中国地毯是由丝绸编织而成，仅供皇室使用，有时还会加入金属线。有时也会使用羊毛。虽然一些中国地毯的设计模仿波斯的样式，但很多地毯都是中国原创的设计。这些设计可能是象征性的（采用佛教、儒家或道教的符号）或为花卉图案，或两者皆有。从 19 世纪开始，一些中国地毯如同绘画一般，展现出现实的人物或景观。许多设计是在菱格背景或素色背景的毯子中央有一个圆形或八边形的图案，周围可能会重复中央图案的片段，而它们之间的边界通常较窄。

15 世纪之前的中国地毯没有保存下来，但有大量清朝初期的地毯一直保留至今。直到 19 世纪晚期，中国才开始大规模生产地毯。中国地毯主要使用不对称图案或波斯结（参见第 188 页"表 9-1 伊斯兰地毯特征"），而对称图案或土耳其结（见第 189 页的"制作工具及技巧：地毯编织"）有时会在边缘使用。一般来说，中国的地毯没有精细打结，每平方厘米为 5 ~ 20 结。

中国地毯中最受欢迎的颜色是黄色、棕褐色、蓝色和白色。红色有时也会使用，但从来不会使用明亮的大红色，而是选择软杏色或桃红色，或深柿子色。绒面经常被修剪为花形、人物或符号，使它们凸显出来。

中国有一种不同寻常的地毯使用方式，就是将其包裹在圆柱形的柱子上。这种地毯又窄又长，其图案通常为龙纹，当它们的边相连时图案对齐。通常称其为柱毯（图 11-23），用于中国青海、内蒙古和西藏的佛教寺庙里。地毯在中国的另一种作用是椅垫（图 11-24）。它们分为两部分，一部分用作坐垫，另一部分用作靠垫，靠垫通常做成梯形或扇形，以适应椅子的形状。长方形地毯也常用作炕盖。

总结：中式设计

在所有远东国家的历史上，中国的文化在每个阶段都是最古老和最先进的。它也有能力吸收和改变大多数外部因素，永远不会失去自己固有的特色。尽管经历了与印度、波斯等周边国家的交流，尽管后来随着丝绸之路的开通，中国开始接触西方，但数千年来，中国的设

▲图 11-22 宋徽宗摩张萱的绘画作品《捣练图》中的细节
照片 ©2007 波士顿美术博物馆

▲图 11-23 龙纹抱柱毯的细节，当毯子包裹在柱子上时，两个半龙合为一体

纺织博物馆，华盛顿特区，RR51.2.1 由乔治·休伊特·迈尔斯（George Hewitt Myers）所有，1927 年

▲图 11-24　打结羊绒制成的靠垫和坐垫，19 世纪。中间编织松散的地方会被剪断并重新缝合为两块。每 6.45 平方厘米有 49 个结

座椅和椅背盖毯；手工打结的羊毛绒；中国；约 19 世纪。伦敦，维多利亚阿尔伯特博物馆 / 纽约，艺术资源

计仍然保持着自己的尊严、独立和高度完善的艺术进程。

　　虽然中国面对外国的影响，依旧保持独立，但其本身对海外的影响是巨大的，特别是对其东边的邻国：韩国和日本。中国对欧美的影响虽然不太普遍，但是却更为显著。中国搪瓷和瓷器被非中国旅客带到欧洲，在整个 17 世纪和 18 世纪，东印度贸易公司进口了大量的瓷器和丝绸，激发了欧洲对复制这种严格保密的制作方法的热情。到 18 世纪中叶，中国风影响了欧洲家具设计室内设计和装饰艺术的每一个分支。在法国，中国风被认为与路易十五的洛可可风格很好地融为一体，而在尚蒂伊（Chantilly）城堡和其他地方的城堡，整个房间都被绘上法国人所谓的中国风。在英国，托马斯·齐彭代尔（Thomas Chippendale）是中国元素的热爱者，他融入中国元素创造出了一种被广泛模仿的新型混合家具风格。在美国殖民地，中国风的墙纸覆盖了威廉斯堡和费城的重要房间。

寻觅特点

　　中国美是宁静的美。它的本质是一个小而精细的形式完美的物体和一个宁静、整洁的空间，在这个空间里可以享受这种美。中国艺术也与东方的其他艺术一样，具有传统、象征性和高度程式化的特色，使得人们可以立刻将其与西方传统区别开来。偶尔地、有意识地将这种宁静、简洁、品质和个性介绍给西方的室内设计师们，对于丰富他们的设计理念来说将会非常有价值。我们也看到在中国设计中倾向于使用弧线和圆形：花瓶的膨胀，屋檐的曲线，桌腿的转弯，描绘的风景，从中都能够捕获到这种富有韵律的漩涡。与这种趋势相关的是，只要有可能，就会对连续性有明显的偏好。当玫瑰花、星星或其他小的图案被重复使用时，它们通常不是孤立的，而是通过诸如卷形花纹、带状花纹或树枝形状的连接元素紧密结合在一起。中国设计师仿佛在说，世界是一个连贯的整体，而且是一个充满活力的连贯的整体。

探索质量

　　即使是面对最微小的细节，或者更确切地说，尤其是在面对最微小的细节时，中国艺术家都是一个完美主义者。我们在许多艺术品和手工艺品中都能看到这一点，尤其是在精美巧妙的家具、光泽的丝绸和精致的瓷器中看得最清楚。在下一章中我们将看到，日本设计师推崇的，并在他们的作品中培养至一定程度的粗糙和不拘小节。一些韩国设计师也是如此，但是我们并没有在中国设计师里看到这样的趋势。所有中国艺术家和工匠们都秉持着一种理念，要做出完美无瑕的产品，而很大一部分人都具备实现这种理念所需的技术。

做出对比

　　中国设计是区别东西方设计品质的主要体现。当我们将本土的中国设计与出口到西方、遵循西方审美（中国人认为）的中国设计进行比较时，这种区别可能是最显著的。我们也可以将真正的中国设计与西方人模仿的、符合中国人审美（欧洲人认为）的中国风设计进行比较。出口版和仿制品本身会给我们这样一种印象，让我们认为"中国的设计往往是过度的、过于华丽的，中国的设计师都是感情用事的"，这是一种错误的印象。中国人对中国设计的感受是非常成熟且庄重的，既精致又素净。在他倾尽所有注意力的领域里，它是如此技艺精湛。

12

日本设计

593—1867 年

"木头的美丽是天然的……然而在高度文明的时代，日本人最了解它……简单的日本住宅栅栏和器皿就是对木头最好的诠释。"

——弗兰克·劳埃德·赖特（Frank Lloyd Wright，1867—1959），美国建筑师

中国深刻地影响了日本各方面设计，同样韩国、欧洲和波利尼西亚也影响了日本的设计。在大多数情况下，日本人把外国的风格和形式与自己的特点相融合。与中式设计中的拘谨和追求轴对称不同，日本人喜欢即兴发挥和追求不对称；不同于中国人对年龄、血统和永恒不变的欣赏，日本人更看重机缘巧合和变化；与中国人追求完美的想法不同，日本人与韩国人一样，有时珍惜变化，甚至追求不完美。

日本设计的决定性因素

日本设计具有纯朴、自然和专注细节的本色（图 12-1）。这种对细节的关注延伸到了其他文化领域，表现出了理所应当的苛求：茶道、插花、枯山水和书法等。

对于日本人来说，这些都与宗教和设计有着微妙的关系。

地理因素

日本由亚洲东海岸附近的一组岛屿组成。主要有四个岛屿，其中最大的是本州岛，奈良和京都这两个旧都以及现在的首都东京都位于本州岛。那里有近 4000 个小岛。日本的南面和东面是太平洋；北面和西面是日本海。山脉聚集在主要的岛屿上，其中许多是火山，这些岛屿被精耕细作且人口密集。在日本，各地都有大小不一的山峰，每处离大海都很近。

丰富的森林资源，再加上日本频繁的地震，使得木材和竹子成为建筑的主要材料，因为木质结构建筑物比笨重的砖石建筑物更安全。不过，花岗岩和火山岩经常被用于平台和地面建筑。

◀图 12-1 折叠屏风的嵌板细节，以金银和墨在纸上作画，作者：酒井抱一，约 1821 年，高 182 厘米

酒井抱一（Sakai Hoitsu），"夏秋的开花植物"。东京国家博物馆，TNM 图像档案，来源：http：//TnmArchives.jp

日本设计			
时间	时代	文化事件	艺术事件
593—645	飞鸟时代	首都位于飞鸟，从韩国引进了佛教，模仿中国	法隆寺净院
646—710	早期奈良时代	首都位于大津及其他地方	法隆寺被烧毁后又重建
710—794	奈良时代	首都位于奈良	正仓院御库的建立
794—1192	平安时代	首都位于京都，高庭文化，密宗	画卷，书法，《源氏物语》（Tale of Genji），平等院凤凰堂
1192—1333	镰仓时代	首都位于镰仓，吸收佛教禅宗，军事独裁	绘画，漆器
1338—1573	室町时代	首都位于京都，禅宗占优势地位，武家统治	水墨山水画，能乐
1573—1603	桃山时代	首都位于桃山及安土，首批西方人的到来	武家城堡，金屏风，神社，禅寺，乐陶器
1603—1867	江户时代	首都位于东京，日本采取闭关政策，从韩国引入陶瓷艺术，和平繁荣	木版画，桂离宫，"装饰匠人"，漆器
1868—1911	明治时代	日本对外开放；工业化	传统艺术与西方艺术并存

宗教因素

从印度通过中国传到日本的佛教，以及直接从中国传到日本的儒学，两者都成了日本的主要宗教或伦理体系。不过日本也有神道教——一个古老的本土宗教。在神道教的信仰中，诸神是超自然的神祇，对重要的人类活动和财富有极大的权力，例如保佑庄稼的丰收。

神道教的神仙们通常不用图符和形象来崇拜。因此，神道艺术的表现形式是有限的，如器皿和遗址。但一种独特的，简朴的，未被装饰的木质神龛，通常被建在宁静、优美的环境中。相比之下，佛教寺庙很多，而且经常建在城市的中心。有时神社是佛教建筑群的一部分，它代表着佛教宇宙观中本土的自然力量。

许多世纪以来，佛教、儒学和神道主义影响了日本人的思想和设计想法。例如，日本佛教派生出的个人主义教派，如禅宗，培养了自己的崇拜方式和艺术风格。禅宗佛教专注于个人的"内"佛。它起源于中国（在中国被称为禅），并于 12 世纪传入日本。它强调简单和自律，并提倡日常的冥想和体力劳动。这样一来，它吸引了被称为武士的职业战士阶层，他们为自己甘愿承受艰难困苦而自豪。

禅宗虽然仅用于启发精神，而不是用于生产人工制品的技艺，但它也影响了室内设计和景观设计。对禅宗佛教徒来说，花园是很重要的场所，因为他们要在花园里干杂务，如锄草和清理碎石，这是通向启蒙的必要路径。在园林设计中，禅宗影响对花草的审美，以及对自然主义效果的追求：乔木、不规则的垫脚石，以及用于洗手的低水盆等。在室町时期（1338—1573），禅宗开始研究茶道，我们能看到，这是一种独特的礼仪，需要一套独特的工艺，以及茶室独特的内部装饰。这种茶道的需求反过来又对日本陶瓷艺术产生了巨大的推动力。一般来说，禅宗追求的是不规则、不对称（尽管禅寺通常是对称的，但被不对称的花园所包围），同时还追求意外的或意想不到的效果（如图 12-5 所示的桂离宫宫殿里的蓝白棋盘墙）。

历史因素

在最初的几个世纪，日本是由相互竞争的氏族统治，随着大和民族逐渐变得比其他氏族更强大，奠定了国家统一和皇帝统治的基础。与韩国的距离，不到一天的乘船行程，两国的交流甚密。从 6 世纪到 8 世纪，中国唐朝有强大的影响力，也对日本产生了一定的影响。在日本，由于其他家族掌权，经过多年的内战，直到12世纪，被称为军事独裁者的幕府将军赢得了胜利。幕府将军们统治了日本长达七个世纪。

日本与欧洲的第一次接触是在1542年，葡萄牙船只抵达日本，与西方发达国家进行了少量的贸易往来。然而，在1638年，日本港口对所有外国船只实行闭关政策，约200年来，日本一直与世隔绝，发展本国的传统与工艺，不受外界影响。1854年在佩里（Perry）上将带领的美军舰队的迫使下，日本打开对西方世界的贸易大门。1867当时执政的幕府将军辞职，第二年，日本恢复了帝国统治，首都从京都迁到了东京（以前叫江户）。自那时起，日本逐渐成了世界上发达的工业国家之一。

日本建筑及其内饰

与中国建筑一样，木头也是日本建筑的主要材料。一排排的柱子——柱子间充满的是薄薄的、通常可以移动的木制品、灰泥或宣纸——成了建筑的主要结构。在中国和希腊的建筑中，框架结构一般是呈矩形的（垂直的和水平的）。然而在日本的建筑中，柱子轮廓、椽子、屋顶斗拱，以及它们所支撑的巨大的悬吊屋顶上都设计了优美的曲线。

由于这种木结构无法拥有大的跨度，日本建筑物基本上是小隔间的重复，不过重要建筑的中心隔间可能是一般小隔间的两倍大。建筑长度可能是三间、五间、七间或一些其他奇数间数的长度。大多数传统的日本建筑，无论是神圣的还是世俗的，都反映出某些相似的特征。元素之间有着固定的关系，随着一种元素的增加，其他元素也相应地增加。

在日本，建筑物周边的结构性建构之间，填充的材料要比西方的薄得多（尽管日本也有寒冬）。隔断的主要元素是障子（shoji），一种由轻木格子组成的滑动面板，糊上半透明的纸，可以作为门或窗户。

各个模块之间的内部区域和柱子周围的内部区域通常可以自由划分。空间部分通常由拉阖门、可移动的屏风或地板上的滑动面板组成。它们可以很容易地重新组装配置（图12-2）。就像外墙的障子，拉阖门通常是用

纸做的，但也有用丝绸制成的，有时是为了装饰使用。这些可滑动的面板，一般约为2米高，部分开放的区域可以装上宣纸或木格栅。

在典型的日本建筑结构中除了重复大小相同的隔间，房间的大小和形状传统上还基于一层铺在木板上的，被称作榻榻米的地垫（见表12-1）。榻榻米由稻草制成（但是在现代，会使用聚乙烯树脂来制作榻榻米），边缘包黑色胶带。大约5厘米厚，尺寸略大于0.9米×1.8米。由于日本人在室内不穿鞋，因此榻榻米能够保持干净，可供人在地上坐或躺。

在现代美国语境中所称的榻榻米如图21-65所示。

在房间里体现出等级制度的一种有趣的方式是在房间中打造出一个抬高区域，皇帝和幕府将军可以坐在上面接待贵宾。尽管都是坐在榻榻米上，他们坐的地方通常比其他区域要高。

日本的外饰和内饰中，装饰元素是建筑物的附属品，因此这些装饰元素只能在不掩盖建筑本身的情况下来装饰建筑。拿一个室内装饰的例子来说，壁龛或用于展示插花、卷轴或其他的艺术作品，既可以装饰重要的房间，又不会喧宾夺主。图12-2展示了如何设置壁龛（位于后部入口通道附近），放置壁龛的地板比房间其他地板要略微高些，部分被封闭起来以显示与它的不同，因此它自然变成了一个与众不同而低调的焦点，与现在许多

▲图12-2 活动屏风或拉阖门向一侧滑动，展示了桂离宫旧客厅的接待室。上面是宣纸或木格栅面板。在后台的左边是一个微微凸起的展示位，称为壁龛

照片版权 © 石元泰博（Yasuhiro Ishimoto）。东京国际画廊图片展

表 12-1 基于榻榻米的房间设计方案

对称布局，如左上的房间，只用于神龛或皇室住所。所有其他设计都避免了 4 条交叉线。这幅设计稿展示了各种尺寸的房间，从小的仅有 4 块半垫子的房间（适合做小茶室，半块垫子用于放火盆），到有 12 块垫子的房间。
引自德雷克勒（Drekler）

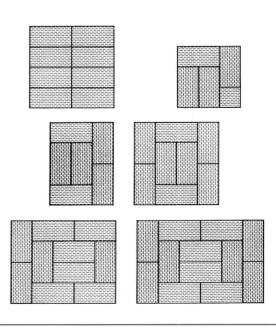

房间中的壁炉一样。

　　日式结构中的典型照明是漫反射的，一部分原因在于内部被深深悬垂的屋檐遮蔽，另一部分原因是主要空间通常处于结构的中心，没有直接照明，还有一部分原因是房间开口通常被木百叶窗或纸糊窗分隔，导致光线被略微过滤。

　　最后，精心设计的日本建筑使它的住户意识到周围环境如天台或周围的阳台是室内和室外之间的过渡空间。外墙有许多可用的突出物，可折叠或向上摆动以供观赏室外景色，这些部分通常被精心设计，以揽入一座远山或一个有趣的种植花园。只要有可能，这些景色就是房间设计的一部分。它们通常只是部分景观（例如小路或河流的一部分景色），将剩余的部分留给观者去想象。除了以植物为特色的花园外，还有禅宗式的由石头、鹅卵石和沙子构成的枯山水花园（图 12-24）。

　　日本的建筑类型包括佛教寺庙、神社、宝塔（总体上是正方形的，但有时是八角形的，通常与寺庙相连）、宫殿、房屋、旅店和茶馆。作为例子，我们将介绍一座寺庙、一栋房子和一个茶室。

佛教寺庙区

　　6 世纪，佛教传入日本之后，人们建起了寺庙。这些寺庙与中国的相似，但更具有独特的设计和布置。一个很好的例子是一座 7 世纪晚期位于古都奈良附近，叫作法隆寺（发音为"ho-ree-oo-gee"）的佛教寺院。

　　这座占地达 18.7 公顷的建筑群是日本最古老的佛教建筑。其中包括一系列大门、一个中央演讲厅、一座五层的宝塔，以及一个围绕的天台。相传最初的建筑被认为是在 6 世纪后期由韩国工匠建造的，但现在的建筑是在 670 年被烧毁后重建的。在 8 世纪，又增添了一个新的外门扇和一个八角形的屋顶结构，叫作"梦殿"（图12-3）。屋顶由一套精心设计的斗拱系统支撑，它是由中国的样式改进而成的，里面有一尊整材樟木雕刻的镀金观音像，为圣德太子等身像。

乡村别墅

　　由一位日本皇室成员建造的桂离宫独立宫殿是位于京都附近的一个皇家乡村别墅。建于 17 世纪早期，又于 1645 年扩建。主屋、茶馆和佛教寺庙的建筑群环绕着一

▲图 12-3 法隆寺梦殿的八角形内饰。前景为建造神社者的佛像雕塑
摘自《世界建筑》（*Architecture of the World*），日本，亨利·史提林，洛桑：本尼迪克塔森出版社，德国科隆。照片：由纪夫二川（Yokio Futagawa）

个不规则形状的池塘。

房屋主体由三个相连的部分（旧御殿、中间御殿和新御殿）组成，呈折线形布局，在日本被称为"雁行式"布局（图 12-4），打破了之前中国的长方形建筑模式。其结构为木质梁，屋顶用柏树皮和深屋檐盖住。主要的居住空间对着池塘，后面是厨房、服务区和仆人区。虽然新御殿的房间比前面两个翅膀形的两侧房间装饰更加华丽，但整体来讲三个部分的房间都简单朴素，尤其是以皇室标准来看（图 12-5）。房间以榻榻米为基础，让杂乱的构图形成一种令人愉悦的凝聚力。

这些空间通过滑动门的方式自由地相互开放。它们不仅彼此开放，而且还向外开放。许多空间——平台、走廊、入口门厅——是外部和内部之间的连接（图 12-6）。这种内部和外部的关系可能是别墅最令人钦佩的特点。虽然房间的布置和花园的景观都表现出一种明显的随意性，但两者及两者之间的关系都被设计得非常注重细节。

茶室

茶室为高度仪式化的沏茶和喝茶提供了各种各样的设施。有时，它们只是在一个为其他目的而建造的建筑物内的一个小空间里。在理想的情况下，它们是分开的，小的房间，作为茶室，并建造在风景如画的花园环境中。

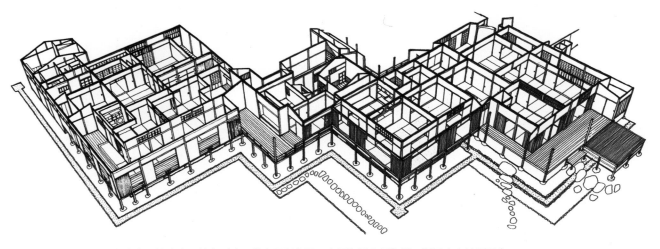

▲图 12-4 从去除屋顶的角度来看桂离宫。从左到右，依次是新御殿、中间御殿和旧御殿，以及突出的观月台
尼西和夫（Kazuo Nishi）和穗积和夫（Kazuo Hozumi），《什么是日本建筑？》（*What is Japanese Architecture？*），纽约，东京和旧金山：柯达

▲图 12-5 桂离宫内饰，京都附近，17 世纪。上方图为松琴亭茶室第一个房间壁龛后的棋盘墙，左下图为笑意轩入口，右下图为从松琴亭的第二房间看第一个房间

蒂伯·博格纳尔（Tibor Bognar）/ 阿雷米图片

▲图 12-6 桂离宫旧御殿的门廊外部和内部之间的入口
阿伯克龙比

▲图 12-7 桂离宫的松琴亭茶室，一个为茶道设计的艺术背景。
照片版权 © 石元泰博（Yasuhiro Ishimoto）。东京国际画廊图片展

在桂离宫别墅，曾经有五个茶室，其中四个仍然保存完好。这些茶室比主屋还要质朴。其中松琴亭（图12-7）的建筑面积非常大，有两间房间：一间不规则形状的房间，有 11 个垫子和 1 个壁炉，还有一间是 6 个垫子的矩形房间。除了茶室之外，还有一些附属空间。

它在其他方面也堪称典范，在伸进池塘的洲滨处，可以靠乘船或走石板桥来到茶馆。从石桥上走过后，沿小路经过池塘边缘的一个地方，可以在流水中洗手。而附近的其他花园景观包括池塘花园和室外休息地都各具特色。这就是日本的理论，即茶馆的理想环境是在花园中，有一条通往它的间接的迂回的道路，它可能沿着一条小溪的边缘，然后穿过一座拱桥，就像这里的桂离宫别墅。沿途可能有盛开的灌木，以及树木、石灯，还有远处山上的景色，终于到了茶馆，茶馆主人和客人弯腰走进来，因为门太小、太低，无法站直。

一旦进入室内，即使是客人，谈话也要低声细气。合适的话题是绘画、诗歌和鲜花布置。兰德·卡斯提尔

观点评析 | 克里斯托弗·德莱塞（Christopher Dresser）看日式房屋

英国设计师克里斯托弗·德莱塞（1834—1904）是现代主义的先驱（图 20-59），被称为第一个独立的工业设计师。1862 年，他第一次在伦敦展览会中看到日本的物品，1876 年，他成为第一个访问日本的欧洲设计师。欧洲首批关于日本设计的书中有一本就是他在 1882 年写的《日本：其建筑、艺术和艺术制品》（*Japan: Its Architecture, Art, and Art Manufactures*）。他对日本房子的印象是："日本人几乎要过一种户外生活，他们的房子与其说是房屋，不如说是高于地面的一层地板，带一个坚固的屋顶……周围有坚固的侧墙，窗户是由轻质框架组成的，里面装着精致而漂亮的且上面铺着薄纸的木质格子……地板上覆盖着垫子；天花板，就像窗扇一样，完全是没有涂漆的木头，而且整个房间里都有一种清洁和美丽的空气，这是最令人愉快的。……日本人跪坐在地板上，无论聚会还是娱乐。事实上，在任何一个日本当地的房间里，都没有椅子、桌子和任何被我们称作家具的东西。"

博士（Dr. Rand Castile），纽约日本社团创始董事，旧金山亚洲艺术博物馆主任，在他1971年出版的《茶道》（The Way of Tea）中写道："基本上，喝茶是一种平凡的经历，但茶道过程注意力总是如此集中以至于让一个人看见自己内心，并非发现了一个新的自我，而是发现常常被现代文明层层遮掩住的原本的自我。"

在松琴亭中，一个被精心设计的不对称构成元素是茶道的背景（图12-7）。线是直的，表面为长方形，除了由一个稍微弯曲的树干形成的结构支撑的墙平面。它从一个浅坑的一个角落升起，在那里，用火煮茶。在树墙支撑的墙外，有一对架子被悬挂在天花板上的竹竿支撑着，为一些茶具提供了一席之地。

日式装饰

就像在中国一样，建筑屋顶优雅地向上倾斜，在支架上有精致的悬挂屋檐。横梁末端是用装饰性的金属帽保护的。寺庙和其他重要建筑的门都有巨大的铰链，有装饰性的钉子，有些钉头的直径有7.6厘米左右（图12-8）。其他装饰性金属配件包括锁、锁扣、锁眼、铰链、把手、吊杆，以及用于滑动面板的手指孔。这些配件是用铁、黄铜、铜、银或银镍制成的，不过目前铁是使用最广泛的。

日本装饰品的图案取自自然。其中最受欢迎的是富士山的图案，它的顶部有雪，山脚有神社。它在艺术和装饰上与在自然景色中一样突出。其他的图案还有菊花（日本皇室家族徽章）、鹤（代表国家的卓越和个人的繁荣）、乌龟（长寿）和竹子（青春和力量）。在佛教

象征中，突出的是"生命之轮"，是信仰的象征。也有一些古典文学作品的主题，如12世纪的《源氏物语》（Tale of Genji），以及每个重要的日本家族都有的世袭的王冠。

日式家具

在传统的日本室内，重心很低，焦点在地板上。在灵活的空间里，家具是很小且可移动的，所以只要简单地把一张矮桌子搬出去，铺开一个日本床垫，一个房间就可以从餐厅变成卧室。

座椅及床铺

日本最流行的家具木材包括柏树泡桐、榉木、白桑木和栗树。直到最近，座椅在日本国内也只有短暂的受欢迎时期。通常，日本人直接坐在榻榻米上，或者他们用两种垫子，一种被称为蒲团，或"圆垫"，这种直径约为50厘米或55厘米，用稻草做成（像榻榻米），或用一些其他的编织草做成（图12-9）。17世纪之前这种垫子使用非常广泛，之后这种垫子主要用于寺庙和神社。现在比较流行的是方形的垫子叫拜垫。约60厘米见方，以棉花、亚麻布、丝绸甚至皮革做套。这种垫子经常用刺绣装饰以几何图案。具有易存储、易携带和易收纳的特点。有时还会加上木扶手来增加舒适感。

传统上，床在日本室内起到次要的作用，因为睡觉的地方一般都是日本床垫，这是一种薄的棉质床垫，在不用的时候就会被卷起并收起来。另外还会加上枕头和绗缝床单。

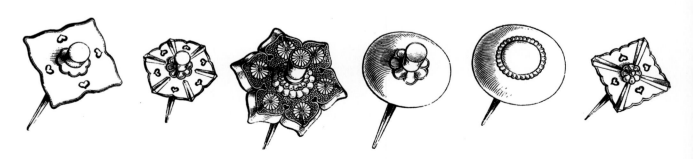

▲图12-8 克里斯托弗·德莱塞（Christopher Dresser，1834—1904）所画日式门的钉头装饰物

克里斯托弗·德莱塞（Christopher Dresser），《传统日本艺术和工艺品》（Traditional Arts and Crafts of Japan），纽约多佛出版公司，1994年，第114页

▲图 12-9 草编螺旋纹蒲团，置于草编垫上
照片：日本 / 阿雷米图片

桌子

小桌子天然便是席地而坐时的最佳陪伴物，和托盘一样。有些小桌子是中间支撑（图 12-10），有些是在宽基座上，带些装饰性的雕刻（图 12-11），有些则依靠四角的桌腿支撑。

也有小书桌或写字台，常用于写诗、读经书，以及其他学习活动。在美学、学术或虔诚的追求上，他们往往比日本其他家具更精致，显然是精心雕琢或装饰而成（图 12-12）。对书法艺术的强调，可能与对书法艺术的高度重视有关（图 12-22），书法艺术既有艺术价值，也有交流的价值。

储物家具

最受欢迎的日本家具是被称为橱柜的储物箱，它被认为十分有特点，有时这个词是整个日本细木工的代表。几个柜子的组合称为组合柜。该橱柜类似于中国和韩国的柜子，但日本的版本更多样，通常更复杂，内部配件更精致，且呈高度个性化和不对称性。最常见的是商人的货柜（图 12-13），还有衣柜（isho—dansu），但最引人注目的可能是楼梯柜子，具有双重功能，既可以储物，也可以用作通往卧室的楼梯（图 12-14）。

屏风

活动屏风是日本室内装饰的重要组成部分。一个单板屏风，齐腰高，靠支架站住，往往布置在房子入口（图

▲图 12-10 涂漆支脚茶几。高 20 厘米，桌面边长 30 平方厘米
摘自小泉和子（Kazuko Koizumi）所著《日本传统家具》（*Traditional Japanese Furniture*）。东京和纽约：讲谈社国际。1986 年和 1995 年

▲图 12-11 涂漆宽底座托盘桌，16 世纪，高 18 厘米
摘自《日本古董家具》（*Japanese Antique Furniture*）。东京和纽约：韦瑟希尔，1983 年。第五版印刷，1996 年。摄影：罗西·克拉克（Rosy Clarke）

▲图 12-12 涂漆读经台，17 世纪早期，高 20 厘米
摘自小泉和子所著《日本传统家具》（*Traditional Japanese Furniture*）。东京和纽约：讲谈社国际。1986 年和 1995 年

▲图 12-13 榉木货箱配铁质硬件。箱体擦米糠油以凸显纹理。19 世纪，高 87 厘米
摄影：杰·道森（Jay Dotson）

▲图 12-14 柳杉木楼梯柜，19 世纪，高 177 厘米
摘自《日本古董家具》（*Japanese Antique Furniture*）。东京和纽约：韦瑟希尔，1983 年。第五版印刷，1996 年。摄影：罗西·克拉克

12-15）。更重要的是折叠屏风，可以根据需要在房子周围移动，用于阻断开放式室内的视线、遮挡风、遮挡阳台，或对特殊空间区域进行标记，例如为客人提供一个睡觉区域。当它们有高反射率的黄金色背景时，可以把光线反射到昏暗的角落。

折叠屏风是用木头、帆布、纸或丝绸做成的。他们可能有偶数个面板，从 2 个到 10 个不等。小型屏风，高度低于 60 厘米，称为枕屏。有用来遮挡火盆的茶道屏风，还有屏风样式的衣架。然而最典型的例子是那些有 6 个高面板的屏风。屏风绘制的细节显示在图 12-1 中，图 12-16 中是有 6 个面板的屏风。今天我们认为日本屏风是艺术作品；然而对于他们最初的主人来说，它们主要是实用家具，只不过碰巧具有装饰性。

灯具及配饰

尽管日本家具的数量很少，它们中还是有很多用于增加舒适性和实用性的产品。带有半透明纸的照明设备在白天的时候对日式室内装饰非常重要（图 12-17）。对于那些勇敢地忍受着日本传统没有暖气的室内低温的人来说，有木炭火盆可供取暖。但这些不是为了给房间供暖，只是给坐在旁边的人暖暖手。

不过，在日本每户人家，最重要的可能是那些经常在茶道中使用的配饰。茶道利用了许多物品，每一个物品都可能是一件艺术品（图 12-18）。17—18 世纪，这些传统的日本茶道工具包括（图 12-18，左至右）：由一段竹竿制成的竹制茶搅拌器，一个装搅拌器的藤架，瓷制餐巾环，供收纳茶碗用的黑漆容器，带圆形象牙盖的陶制茶叶罐，陶制茶碗。

其他的工具可能包括一个广口罐，一个从罐子里取水的竹勺，一个用来加热水的铁水壶，一个可以放热水壶的圆形垫子，一个用于放置茶壶盖的铜制支架，一个装木炭用的浅筐，一对夹木炭的青铜夹具，一个用于除尘掸灰的羽毛刷，一盒香，以及一块用于擦拭茶碗的丝巾，最后还有用来喝茶的杯子。

日本装饰艺术

在日本，比在别的任何地方都难区分开艺术、工艺、技术和设备。比如插花的艺术追求，在日本已被提升到高雅艺术；另外比如制作茶，是日本最精致的手艺之一。

插花

插花艺术在日本已经取得了一定程度的成功，在室内设计中，插花艺术是一个重要的展示。它有一种强烈

▲图 12-15 1788 年出版的一本书中的插画，展示了一个支脚屏风。左边为折叠屏风的一部分，前面为音乐家在演奏，以及受过训练的猴子在表演

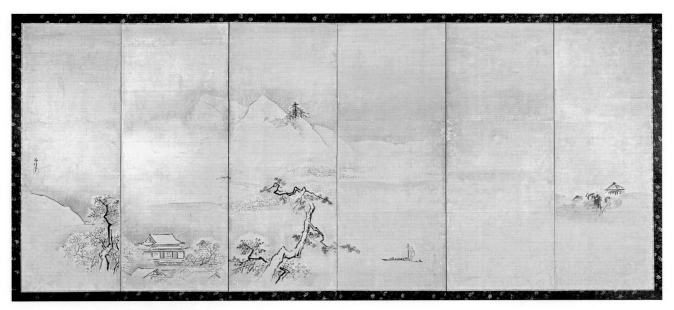

▲图 12-16 标题为"冬景"的 6 面屏风，卡诺坦尤（Kano Toun Masunobu）以金色和墨色在纸上作画，17 世纪下半叶，宽 351 厘米。大胆的高光和令人回味的留白是艺术家卡诺坦尤的风格

的美感和古老的血统，最早的插花学校是在 1300 年前由皇家宫廷的一名成员创立的，他试图为佛教设计合适的花卉。现在日本有 300 多家不同的插花学校，每一家都有自己的哲学和风格。但是，所有的人都有一个共同的原则，即花卉和植物材料的呈现方式要表明它们是如何自然生长的。然而，这种代表自然形态的目标，伴随

▲图 12-17 18 世纪的一幅绘画，展示了一位在石墨上研磨的女子。在她身后是一个折叠屏风，在她面前的纸灯笼与雕刻家野口勇的现代版本相似

西川　信（Nishikawa Sukenobu, 1671—1751）画作细节。史密森学会弗瑞尔艺廊赠送，华盛顿 F1899.19.

着严格而又相当复杂的规则，即在排列中要考虑主要花枝的数量（总是奇数），以及这些花枝的长度和形状。插花是日本人在艺术中运用人工规则来达到自然外观的又一个例子。壁龛（图 12-19）是用于展示花道和其他艺术珍宝的地方。

陶瓷

可能是由于茶道的长期流行，陶瓷在日本文化中占有特殊的地位。最早的日本土器可能是早在一万年前就出现的，而且可能是世界上最古老的陶瓷艺术品——由绳索缠绕潮湿黏土，成品带着绳子的印痕。陶轮可能是在 5 世纪被引入的，大约在同一时间，来自韩国的流动陶工生产出了日本的第一批瓷器。这种高温下烧制的炻器，不像早期的陶器，具有防水功效。

在 16 世纪，韩国陶工也在日本的萨摩藩建立了陶器作坊。萨摩产品有两种截然不同的类型：一种是为日本消费而制作的简单陶器，另一种是精心装饰的向西方出口的镀锡釉制品。

瓷器

到了 17 世纪，在日本发现了与中国黏土相似的黏土，日本人开始仿制中国和韩国的精美瓷器。一个重要的早期瓷器生产中心是肥前藩的有田，它的货物是从伊万里港运来的。今天，有田和伊万里用于指代该地区生产的瓷器。尤其是伊万里瓷器，在 18 世纪被大量运往欧洲，并且在 18 世纪和 19 世纪被欧洲的瓷器工厂大量模仿，如英国的德比和斯波德、法国的塞夫勒、德国的梅森。在德累斯顿，梅森工厂附近的茨温格宫，有一些伊万里风格的花瓶和带盖的大罐子。伊万里的设计（图 12-

▲图 12-18 日本茶道所需工具和容器，17—18 世纪
© 大英博物馆受托人

▲图 12-19 京都龙源寺的一处壁龛，展示了青铜花瓶中的插花艺术和卷轴书法
摄影：肯·斯特雷顿（Ken Straiton）

20）以日本的标准来看，显得浮华，通常以蓝色的釉料为基础，覆盖了部分色彩鲜艳的珐琅，更有的是深红色，还添加了镀金。

茶道制品

与日本精美瓷器非常不同的是茶道上使用的陶器。因为这种陶器自然的外观是特意追求的结果，而且最珍贵的部分是故意制造的粗糙和不规则。乐烧陶器（图 12-21）是一种起源于京都的模塑陶器。它是一种粗糙的，带有黑色、白色、棕色或粉色釉的低火陶器，通常没有把手。对于茶道的自然召唤，乐烧杯刻意的不完美被认为是完美的。它导热性差能使茶保持热度，杯子握起来舒适；黑色或深褐色的乐烧陶，被认为是与绿茶的颜色相辅相成的。其生产方法常常代代相传。这些器皿本身也从一代茶大师传给下一代茶大师，随着它们血统的一脉相承，其价值也不断增加。

漆器

前一章对中国漆器的发展进行了追溯，并指出欧洲仿制品被称为"涂漆"。许多关于漆器样式和技术的术语实际上是日语。这是很自然的，因为在日本从中国引进了涂漆技术后，日本人开始超过中国。日本漆器（图 12-22）是一个用于盛放书写工具的小容器，也是日本对所有与写作相关的物品都充满敬意的例子。它还展示了日本人如何使用艺术来将日常杂物提升到几乎与宗教仪式持平的水平。

▲图 12-20 伊万里瓷器盘，饰以珐琅青花，有田，19 世纪晚期
摘自《陶瓷：传统技术的世界指南》（*Ceramics: A World Guide to Traditional Techniques*），作者：布莱恩·森泰斯（Bryan Sentance），泰晤士 & 哈德逊出版社，伦敦 & 纽约

▲图 12-21 乐烧陶器茶碗，17 世纪早期，直径 13 厘米
茶碗，名为"玉虫"（金甲虫），日本江户时代，17 世纪初。黑色乐烧陶器，黑色的铅釉陶器。高 8.6 厘米，直径 12.7 厘米，底部直径 5.1 厘米
西雅图美术馆，大河内正敏博士（Dr. Masatoshi Okochi）赠礼，东京。摄影：保罗·麦卡皮亚（Paul Macapia）

纺织品

纺织品是日本内饰的重要组成部分，用来制作屏风、卷轴、靠垫和珍贵茶具的防护袋。在寺庙和神社里，纺织品也是宗教仪式的重要组成部分。最早的日本纺织品是由麻制成的，这是一种从植物中提取的木质纤维，如大麻、紫藤、桑树和苎麻（荨麻科中的一种）。2世纪，丝绸从中国引入日本，8世纪日本诗歌中显示丝绸已经

成了人们偏爱的奢侈布料，但平民继续使用麻布。棉花可能在15世纪从葡萄牙运到日本，不久之后在日本种植，用于服装、窗帘、毛巾、垫子和床上用品的制作。

逐渐地，日本人对纺织装饰的喜好被一种对表面装饰的追求所取代。日本的表面处理包括绘画、木版印刷、蜡染印花和扎染。染色最初局限于简单的染料，如不需要媒染剂的靛蓝，后来更多复杂的染料被应用进来。即使是今天有这么多化学染料，在日本，人们更喜欢天然染料。模板很受欢迎，日本的变体（在尼日利亚也有这种变体）将淀粉通过丝网印刷形成耐染色图案。在另一种变体中，通过模板将金粉、金叶或银片压在胶黏剂上。刺绣早在6世纪就被使用了，这幅17世纪的插图（图12-23）显示了一个大的木制框架，里面有长长的窄条布被染色，然后刺绣。一种似乎特别适合优雅日式的感性技术是——将丝绸拉伸，覆盖到雕花木块上，然后用花瓣来摩擦染色。

▲图12-22 一个漆木写字盒内饰，一个椭圆形铁制滴水器一个长方形的砚台，为墨和毛笔准备的隔间。17世纪，宽21厘米

写字盒内饰，莳绘设计。东京国家博物馆，TNM图像档案，来源：http://TnmArchives.jp

总结：日本设计

日本的设计在东方文化中是与众不同的，但这种区别并不容易界定。日本人对他们的艺术理想有一个词：雅致。这种理想通常是由一组对比的品质来定义：一个雅致的对象要安静但不懒惰，简单但不肤浅，漂亮但不浮华，原始但不奇特，清醒但不乏味。因此日本人的理想是一种艺术表达，它能达到一种谨慎的平衡，避免极

制作工具及技巧 | 日式漆器

日本漆器有时被称为"真漆器"。与许多仿制品不同，日本漆器使用的是一种被称为大漆的天然汁液，就像中国的漆器一样。从历史上看，日本漆的制作工艺有很多种。几乎都是用在木头上，但有时也用在皮革（如武士制服）以及金属、象牙和瓷器上。油漆层数也是可变的，最好的漆器经历多达60个阶段的涂漆和打磨，每一阶段都有1～5天的干燥时间。就像在中国一样，漆层可以有几种不同的颜色，可以在表面雕刻图案，露出下面的颜色。日本人还发明了一种只有一层的漆器，其中一些是透明的，可以露出下面的木纹。在一些漆器中，木头通常首先被染成黄色。在其他技术中，会在木头上反复刷清漆或用一块布打磨，然后擦掉多余的东西，防止表面堆积，但允许液体渗入木头里。

在使用的技术和材料上也有几十种变化，每个都有自己的名字。一种名为"莳绘"（Maki-e）的大的类别是在潮湿的表面撒上金银粉末。在这个类别中根据不同颜色，不同粒子大小，以及不同类型的打磨，可以分出许多不同的子类别。图12-18中间所示的茶碗，与图12-22中的写字盒一样，都属于莳绘。螺钿（Raden）指的是漆器中镶嵌有珍珠母贝，其他的漆器镶嵌有象牙、锡、蛋壳、玻璃或陶瓷，有些是用金箔或银箔装饰的。一些用于佛教仪式的漆器底层为黑色，上面覆盖几层红色，然后打磨红色层，露出黑色，以仿制漆器经历的岁月和磨损。

▲图 12-23 17 世纪绣云龙纹的仿丝绸织锦
沃纳·福尔曼 / 纽约，艺术资源

端。希腊的"没有多余的东西"的理想可能适用于这里，但希腊艺术的宁静和古典沉稳与日本艺术和设计相去甚远。

寻觅特点

日本的设计体现了对独特气质和自然和谐的尊重。它往往避开了中国设计所推崇的轴心和对齐，而倾向于不对称和少量偏心率。日本艺术家向我们展示了不完美——如果呈现出审美和克制——有时会比完美更有趣。

探索质量

如果日本艺术家看重不完美，那么我们在日本设计中寻求完美将是很奇怪的。虽然在日本的设计中，有很多完美的工艺，但我们发现了日本人志不在追求完美，当我们寻找一些细微的例外时，我们会发现茶碗釉面上的小气泡，竹制花瓶的旁边长出的小竹笋，木头上的不规则木纹。更具体地说，桂离宫茶馆的木桩（图 12-7）显然是自然的，但不完全是垂直的，不过这并不显得夸张或古怪，或使房间变得不庄重。这种在自由和纪律之间找到平衡的能力是日本设计质量的标志。另一个例子是在沙地上，有艺术感地放置一些石头（图 12-24）。没有其他文化会涉及这个问题；也没有别的文化能如此完美地解决这个问题。

做出对比

与日本设计形成明显对比的是中国和韩国的先例，这些先例对日本的设计产生了深刻的影响，而且在很多时候，这些先例都被盲目地效仿。

当然，这种对比是中国艺术与日本艺术中试图维护自己独立本质的那部分之间的一种比较。这样的对比可以用碗来举例。中国的碗可能是瓷器制作技术的杰作，是精细弯曲形态的杰作，是上釉的杰作。这是一种毫无疑问令人钦佩的物品。但日本艺术家，与韩国艺术家一样，并不总是试图模仿这样的物品，有时宁愿给我们提供形式更粗糙的物品，加上漫不经心的涂釉。中国的碗在其静谧的完美中是崇高的；日本的碗，以其自然的气质和令人满意的品质独树一帜。幸运的是，我们可以同时欣赏这两种艺术形式。

▲图 12-24 17 世纪京都龙安寺花园，沙石上放置了 15 块石头
阿伯克龙比

13

意大利：从文艺复兴到新古典主义

15—18 世纪

"凝视美丽的事物影响我的灵魂。"

——米开朗基罗·博纳罗蒂（Michelangelo Buonarroti，1475—1564），意大利建筑师、艺术家

文艺复兴的意思是"重生"，它标志着对古希腊和罗马成就的重新认识，始于 14 世纪意大利佛罗伦萨，并最终传遍整个欧洲。虽然回归到一千多年前的艺术与知识，看上去似乎并不是在进步，但是人们对意大利文艺复兴有这样一种感受：相比中世纪，古代的艺术成就和态度更适用于新的设计。虽然这一运动始于对过去设计的模仿，但后来发展出具有独创性的艺术作品（图13-1）。

意大利设计的决定性因素

意大利的文艺复兴不是一种进化，而是设计史上革命性的发展。它展现出的巨大创造力似乎是由于人类自身天然的深刻变化引起的，所以很难使人完全理解这究竟是如何完成的。不过，我们可以找出一些促成因素。

地理位置及自然资源因素

北部的阿尔卑斯山脉将意大利与法国，瑞士和奥地利区分开。在东北部，意大利与南斯拉夫接壤。这些边界之外，意大利是一个坐落在地中海的东部分支（亚得里亚海）与西部分支（第勒尼安海）之间的长靴形状的半岛。

文艺复兴时期，这个国家还没有统一，而是分为不同的城邦国家，每个地方都有自己的风俗习惯、方言及资源。其中最常提到的最重要的三个文艺复兴时期的涉及地，便是佛罗伦萨、罗马和威尼斯。

佛罗伦萨位于意大利中心的北部，在其经济和政治影响下的城市有热那亚、米兰和比萨。附近山区的采石场提供了无尽漂亮的大理石用于建筑。佛罗伦萨（甚至在罗马）明媚的阳光，让大窗户的设计显得没有必要，这促进了阴暗的庭院和柱子的建造；整个意大利少雪，

◀图 13-1 米开朗基罗为劳伦图书馆设计的楼梯细节，佛罗伦萨，1519 年
达勒·奥尔蒂 / 艺术档案馆

则使得陡峭的屋顶显得多余；温暖的气候，催生了高天花板和凉爽的瓷砖、砖或大理石地板的运用。

在罗马，主要采石场是那些比现在更丰富和完整的古代遗址。万神殿、斗兽场、广场和浴池都是用石灰华和其他大理石建造的，栏杆、柱子上都雕刻着装饰图案。

威尼斯是一个岛屿城市，几乎没有资源提供给建筑，但威尼斯共和国的海水从其他地方带来了大量的石头、砖块和木材。土地的匮乏使园林成为稀有的奢侈品，夏季的海风降低了温度，使得阳台和望楼很受欢迎。寒冷的冬天，取暖设施则成为必备，因此威尼斯的天际线比意大利其他地方多了很多烟囱。

宗教因素

中世纪，由于教皇在罗马，使得罗马天主教成为意大利非常强大的势力。但是随着权力的强大，教会当局的腐败和不当行为也随之而来。尽管罗马是罗马天主教教会的行政中心，但意大利人对教堂苛政的反抗，对教会当局过度征税、腐败的教会行为的反叛，还有科学发现的开端都削弱了人们对教会教义的信仰程度。

教会内的改革，则由多米尼加的修士萨沃纳罗拉（Savonarola，1452—1498，于 1498 年被以佛罗伦萨异端的罪名处以火刑烧死），还有 1520 年被教皇逐出教会的德国牧师马丁·路德（Martin Luther，1483—1546）发起。这些活动导致了改革和反改革，且在这些斗争中出现了许多新教。虽然罗马教会保留了一些以前的力量，且再生的一些最伟大的设计也将为教会服务，但其统治不再是绝对的。权力正在转移，世俗利益重新得到尊重。

历史与资助因素

在中世纪，意大利人认为自己比北欧的"野蛮人"更文明和聪明。14 世纪，意大利诗人但丁的《神曲》（The Divine Comedy，以意大利语写成的革命性作品，而不是用学者通用的拉丁语）给了这个国家一个民族自我做主的愿景，而不是注定成为教会或是国家的奴隶。但丁，以及诗人彼特拉克（Petrarch，1304—1374）和薄伽丘（Boccaccio，1313—1375），都是文艺复兴运动的一部分。文艺复兴参与者蔑视迷信，尊重古典知识以及

现代科学，关心人类的状况和艺术。他们的思想唤起了人们对自然的愉悦、设计之美、生活的快乐以及对个人价值的长期欣赏。

支持文艺复兴中的诗人和知识分子的是来自佛罗伦萨的现在著名的家族洛伦佐·德·美第奇（Lorenzo de' Medici）——一个从默默无闻的商人和银行工作者上升到财团的家族。最终，在美第奇家族里，有三位教皇、两位法国皇后和数不清的公爵。但他们最值得注意的，正如我们将在本章看到的，是他们对艺术的资助。

在文艺复兴时期资助艺术和艺术家的，美第奇家族并不是唯一的。其他开明的艺术家族包括佛罗伦萨的皮蒂（Pitti）、斯特罗兹（Strozzi），米兰的斯福尔扎（Sforza）、威斯康提（Visconti），罗马的博尔吉亚（Borgia）和贝佳斯（Borghese），以及威尼斯的福斯卡里（Foscari）、文德拉米尼（Vendramini）。家族之间的竞争，使得每个人都希望在华丽又卓越的宫殿装饰中脱颖而出。城市的发展之间也同样存在着竞争。家族和城市都小心翼翼地保护着他们最优秀的艺术家和工匠，慷慨的捐助者为他们提供工作室和车间。

然而，对艺术的兴趣并不局限于富人和权贵。据说，意大利文艺复兴时期，每个农夫和店员都可以是艺术鉴赏家。整个意大利都痴迷于对美的追求。

意大利建筑及其内饰

在前面的一些章节中，我们关注的是宗教建筑及内饰。意大利文艺复兴时期的宗教建筑仍有杰出的例子，但也有来自上层阶级的顾客，以财富和繁荣开始了雄心勃勃的住宅设计，他们的宫殿和别墅是意大利文艺复兴时期最好的成就之一。

因为在 15 世纪，欧洲军队对火药的使用大大增加，中世纪的要塞城堡、护城河、吊桥和闸门几乎失去防御价值。随着堡垒被拆除迁移到更具战略性的偏远地区，更豪华的城市住宅和郊区别墅建筑开始出现在古城城墙外。意大利人是住宅建筑的最早设计者，舒适、方便、美观是重要的考虑因素，不再是以前的安全、坚固及保护功能。因此，大多数学者认为，室内设计艺术的成熟始于一个国家的住宅建筑。

意大利文艺复兴			
时期和日期	政治、文化事件	主要艺术人物	主要艺术作品
文艺复兴初期（1300—1500）	黑死病，1348 年；薄伽丘的《十日谈》，1353 年；美第奇家族获得权力，1450 年；洛伦佐（Lorenzo，1449—1492）在佛罗伦萨的华丽突出，1469—1492 年	乔 托（Giotto，1266—1337）；伯鲁乃列斯基（Brunelleschi，1377—1446）；卢卡·德拉·罗比亚（Luca della Robbia，1399—1482）	达万扎蒂宫，佛罗伦萨，约 1390 年；伯鲁乃列斯基为佛罗伦萨大教堂设计的穹顶，1420—1436 年；伯鲁乃列斯基旧圣器收藏室，圣洛伦佐，佛罗伦萨，1421—1429 年
文艺复兴盛期和矫饰主义（1500—1600）	马丁·路德提出宗教改革，1517 年；瓦萨里（Vasari，1511—1574）的《艺苑名人传》（Lives of the Artists），1550 年	莱昂·巴蒂斯塔·阿尔伯蒂（Leonbattista Alberti，1404—1472），多纳托·布拉曼特（Donato Bramante，1444—1514），列奥纳多·迪·皮耶罗·达·芬奇（Leonardo di ser Piero da Vinci，1452—1519），米开朗基罗（Michelangelo，1475—1564），安德烈亚·帕拉第奥（Andrea Palladio，1508—1580，丁托列托（Tintoretto，1518—1594）	圣彼得大教堂，罗马，始建于 1506 年；米开朗基罗的西斯廷教堂天顶画和壁画，罗马，1508—1541 年；拉斐尔在梵蒂冈的凉廊壁画，罗马，1518—1519 年；法尔内塞宫，罗马，1517—1550 年；米开朗基罗在圣洛伦佐教堂的雕塑，佛罗伦萨，1519—1562 年；帕拉第奥设计的卡普拉别墅，维琴察，1565 年
巴洛克时期（1600—1720）	意大利歌剧诞生，17 世纪初；伽利略（Galileo，1564—1642）用望远镜观察星星，1610 年；伽利略的发现被教会禁止，1633 年	吉安洛伦索·贝尔尼尼（Gianlorenzo Bernini，1598—1680）	圣彼得大教堂，罗马，竣工于 1626 年；贝尔尼尼在圣彼得大教堂的作品，1624—1667 年
洛可可和新古典主义时期（1720—1800）	最后的美第奇统治者去世，1737 年；开始在赫库兰尼姆进行发掘工作，1738 年	菲利波·尤瓦拉（Filippo Juvarra，1678—1736），乔凡尼·巴蒂斯塔·提埃坡罗（Giovanni Battista Tiepolo，1696—1770），乔凡尼·巴蒂斯塔·皮拉内西（Giam Battista Piranesi，1720—1778）	蒂耶波洛（Tiepolo）的湿壁画；尤瓦拉设计的斯杜皮尼吉皇家狩猎行宫，1729—1735 年；皮拉内西的修道院圣母堂，罗马，1764 年

文艺复兴初期的风格

学者以不同的方式划分了意大利建筑的艺术奇观。在这本书中，我们将讨论其四个时期的风格：早期文艺复兴，文艺复兴和矫饰主义，巴洛克，洛可可和新古典主义。

一些历史学家追溯到 14 世纪初文艺复兴的早期，当时佛罗伦萨的画家乔托（Giotto，1266—1337）认真观察自然，并对其进行了真实的表现。这一阶段可以说一直持续到 15 世纪末，才被文艺复兴的盛期所取代。然而，早期的文艺复兴，因为它是显著不同的时期，不能完全说是在某一时刻或由于某一个艺术家的作品产生的。可见整个 14 世纪的艺术形式，是从缠绵的哥特式过渡过来的。其中一个例子即是建于乔托去世后半个世纪的佛罗伦萨达万扎蒂宫。

佛罗伦萨的达万扎蒂宫

建于 14 世纪后期，一楼正面有三座拱形开口的大门，与早期的小铁格栅开口不同。两个侧面的开口被认为是底层出售羊毛的商铺，但中心的拱形开口通向一个内部庭院四周都是凉廊，生活区就在那里。这种生活在商店的安排让人联想起古罗马岛。

内饰结合了旧的和新的元素（图 13-2）。绘制的木质天花板横梁可能被误认为是中世纪的设计。角落里的戴帽壁炉也是旧时代的遗物，它在后来的建筑设计里被类似于图 13-3 右上角的东西所替换，替代品有一个不太显眼的兜帽和一个更显眼的壁炉。达万扎蒂宫高大的房间墙壁已经被其分为几何带，最接近天花板的区域是令人愉悦的带有科林斯柱和拱顶的走廊壁画，拱顶是圆的，而非哥特式的尖顶。另一房间的壁画展示了一群鹦鹉，

▲图 13-2 达万扎蒂宫一间卧室的彩绘墙，佛罗伦萨，14 世纪晚期
埃里希·莱辛 / 纽约，艺术资源

还有一个房间画了孔雀。其他墙壁上，挂挂毯的挂钩是内嵌式的。新潮的便利还设施包括内置的橱柜和一个封闭的升降机，升降机可以用来提水或将其他物品供应到所有上面的楼层。

旧圣器室，圣洛伦佐，佛罗伦萨

1418 年，达万扎蒂宫建成仅仅约 20 年后，美第奇邀请佛罗伦萨建筑师菲利波·伯鲁乃列斯基（Filippo Brunelleschi，1377—1446）为其教区的教堂圣洛伦佐设计一座新建筑，距达万扎蒂宫只有几个街区。在他的作品中，我们没有看到中世纪历史的痕迹，而是一个完全由古罗马风格改编的建筑风格。

伯鲁乃列斯基出生在佛罗伦萨，是一个小政府官员的儿子，经过 6 年的学徒生涯即被命名为金匠大师。1401 年在竞争（对手洛伦佐·吉贝尔蒂 Lorenzo Ghiberti，1378—1455）为佛罗伦萨洗礼堂铜门浮雕设计的机会失败之后，伯鲁乃列斯基便前往罗马研究古建筑的第一手资料。1404 年，他加入了一个关于圣洛伦佐的咨询团，然后开始参与了漫长的建造工作，完成了使其设计达到顶峰的大教堂大圆顶——这个 1434 年完成的富有技巧和美学的杰作。伯鲁乃列斯基还有很多著名建筑，他被认为是早期文艺复兴的杰出的建筑师。1419 年他还设计了佛罗伦萨育婴堂，它的圆头拱门拱廊装饰着卢卡·德拉·罗比亚（Luca Della Robbia，1400—1482）设计的圆形饰物（图 13-22）。

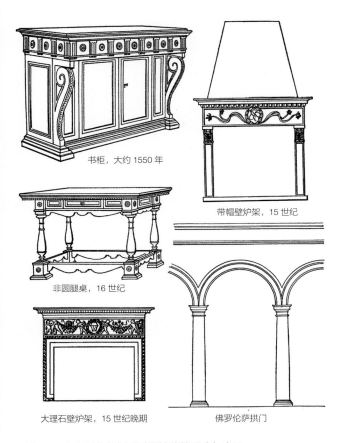

书柜，大约 1550 年

带帽壁炉架，15 世纪

非圆腿桌，16 世纪

大理石壁炉架，15 世纪晚期

佛罗伦萨拱门

▲图 13-3 意大利文艺复兴时期的建筑形式与家具
吉尔伯特·维尔／纽约室内设计学校

▲图 13-4 伯鲁乃列斯基的旧圣器室，佛罗伦萨圣·洛伦佐教堂，
1418—1429 年
斯卡拉／纽约，艺术资源

圣洛伦佐的教堂，从 4 世纪就取代了罗马式教堂，伯鲁乃列斯基在主教堂设计上的角色尚不明确，但在旧圣器室的设计上是无可争议的。1421 年开始，旧圣器室是新教堂第一个完成的部分，现在矗立在建筑群的西北角。它的内部（图 13-4）是一个完美的立方体空间（从每个角落的圆顶支持穹顶），顶部的半球形为十二瓜瓣穹顶。一个较小的连接性圣坛区，位于入口对面的墙壁中心，有自己较小的半球形圆顶。旧圣器室和教堂共享一个环绕周边的檐部，并与带凹槽的科林斯式壁柱连接。圆形装饰品填充穹顶中心，主穹顶每个裂片都有一个圆形的窗口。在圣器室中心是伯鲁乃列斯基的资助者美第奇和他妻子的石棺，所以这座小房子也是太平间。运用的材料和颜色是最少的。重要的观赏元素和结构——穹顶肋、穹隅轮廓柱顶和柱——灰色砂岩为主，但所有其他表面都是朴实无华的白色石膏。旧圣器室是伯鲁乃列斯基要完成的第一个建筑，它立刻为文艺复兴建立了一种高标准：巧妙地表达一个构思完整、连贯的空间，把它各个组成部分及其之间的相互关系巧妙表达出来。

文艺复兴盛期的风格和矫饰主义

伯鲁乃列斯基引领了文艺复兴艺术的盛行，从一开始一直持续到 16 世纪末。但是，后来米开朗基罗带领一些设计师走向一种不那么理性的设计，叫作矫饰主义，矫饰主义以不太传统的方式使用经典元素。

文艺复兴盛期其他重要的人物包括生于佛罗伦萨 1430 年搬到罗马研究古典设计的建筑师和理论家莱昂·巴蒂斯塔·阿尔伯蒂。阿尔伯蒂以设计了始建于 1470 年的曼图亚的圣·安德烈亚教堂而出名，它的正面以罗马的君士坦丁凯旋门为基础。多纳托·布拉曼特出生在意大利中部乌尔比诺，在伯鲁乃列斯基去世前两年。1502 年，为罗马的圣彼得神庙设计了微小但备受世人钦佩的"坦比哀多礼拜堂"。小安东尼奥·达·桑迦洛（Antonio da Sangallo，1484—1546）出生在佛罗伦萨，他的两个叔叔也都是建筑师；他与米开朗基罗设计的罗马宫殿法尔内塞宫，建于 1517 年，现在是法国大使馆。这三位建筑师都曾致力于设计最具纪念意义的项目，如我们将在巴洛克艺术部分中看到的圣彼得大教堂。

美第奇－里卡尔第宫，佛罗伦萨

据说，科西莫·德·美第奇（Cosimo de'Medici）——旧圣器室资助者的大儿子，委托伯鲁乃列斯基设计佛罗伦萨宫殿，但伯鲁乃列斯基拒绝了为这个作为普通公民的家族设计太过宏伟建筑的诱惑。伯鲁乃列斯基被米开罗佐·迪·巴尔托洛梅奥（Michelozzo di Bartolommeo，1396—1472）取代。美第奇家族在17世纪末期买下了它，并增加了几个新的相同的规模大小的隔间，所以宫殿现在被称为美第奇－里卡尔第宫。

它的三层楼顶上是一个巨大的檐口（图13-5），类似于罗马神庙，但距离地面21米高，并且随着高度的上升，石雕的纹理在每个层次变得更加平滑。上层的圆头窗户被精致的小柱子与科林斯式柱子分离。面向街道的窗户面积很小，但通往私人庭院的窗户面积很大。一层拱门的窗户最初面朝通向由拱廊包围的内部庭院的凉廊（图13-6）。这些窗户是米开朗基罗在16世纪加入的。朴素的美第奇－里卡尔第宫为佛罗伦萨和罗马的宫殿奠定了17世纪末及之后的模式。

▲图 13-5 美第奇 - 里卡尔第宫，佛罗伦萨，设计师：米开罗佐，始于 1446 年

斯卡拉 / 纽约，艺术资源

▲图 13-6 美第奇 - 里卡尔第宫的庭院，科林斯式柱子上方有圆形拱门

坎塔雷利（Cantarelli）/ 符号研究目录

所有这些宫殿的房间平面设计图都使用了三个指导原则。首先，所有文艺复兴时期的建筑师都主张对称原则。为了秩序清晰，这一原则规定了中央入口，通常是一个前庭直接通向一个中央庭院，两边都有相同的房间阵列。因为在旧城区有许多不规则的土地，阻碍了这样的建设，所以这一典范并不容易看到。

其次，阿尔伯蒂和其他建筑师支持的原则是：大多数公共房间都是从正门进入后最先到达的房间，越是深入的房子就越私密。这是一个遵循自然的原则，它的使用在许多文化中也是司空见惯的（例如在中国）。

第三个原则不如前两个那么明显，是把大房子或宫殿划分为公寓，每一个小组内连续的房间构成一个单人（或已婚夫妇，尽管一对夫妇有两个相连的公寓似乎更为普遍）私有的领土。这一原则在历史上是室内设计的重要依据。在第三个原则中，第二个原则也经常运用到：在公寓里，一个线性的房间，不管是直线的还是其他形式的，从大多数公共房间到最私密的房间。在该系列的中间的某个地方是影院或卧室，前面的空间可以接待客人，接着是壁橱、工作室、厕所，也许在楼梯尽头提供了一个私人出口。

房间的垂直分布也值得注意。最重要也是被装饰最好的空间是在一楼的主厅。一座宫殿的底层可能只有几处精心装饰的空间——入口前厅，当然，也许还有一个主人的夏季卧室，底层的厚墙有助于保持室内的凉爽。其他底层与住宅相连的空间可能包括厨房、工作人员洗手间和储藏室。在宫殿的最底层——至少在16世纪中叶前——是开口面向街道侧的商店，但不是其他内部空间。前厅楼上的空间，就像今天一样，专门用于不那么重要的家庭宿舍。

罗马，梵蒂冈城

梵蒂冈宫殿是一个巨大的，不规则的长达458米的建筑群。它是教皇的住所，但也有办公室、宗教图书馆和储藏世俗珍宝的博物馆。它是许多文艺复兴时期最伟大的艺术家和设计师的作品。其中由布拉曼特负责的贝尔维德雷庭院，贝尼尼设计的圣人彼得王座和连通梵蒂冈宫壁和圣彼得大教堂的皇家楼梯，米开朗基罗绘制的西斯廷教堂的壁画，还有拉斐尔负责的画室及凉廊。

拉斐尔·桑西（Raffaello Sanzio，1483—1520），也被称为拉斐尔，出生在乌尔比诺，是绘画和设计的标志人物。1508年，因对拉斐尔在佛罗伦萨所描绘的圣母像给教皇留下了深刻的印象，教皇邀请他来装饰梵蒂冈的签字厅。他高超的壁画技术留在墙上、天花板上、弦月窗（新月形区域）上。欣慰的教皇优利乌斯二世（Julius II）还要求拉斐尔装饰两间相邻的画室。1514年新圣彼得教堂首席建筑师布拉曼特去世后，在利奥十世（Leo X）成为教皇前的一年将他的工作给了拉斐尔。拉斐尔的大教堂计划是教堂最终设计的一个重要因素，尽管他在计划完成之前就去世了。

拉斐尔也为梵蒂冈宫殿设计了一些凉廊（"廊"或一边开拱廊或柱廊的房间）。这项工作是在1514—1519之间完成的，柱（图13-7）上引人注目的装饰图案是在古罗马的地下墓室（石窟）中发现的风格。所谓的古怪图案，在未来的装饰上有巨大的影响力（例如18世纪末法国壁纸，图15-41）。

▲图13-7 拉斐尔和他的助手装饰的梵蒂冈凉廊，1514—1516
斯卡拉／纽约，艺术资源

新圣器室，圣·洛伦佐

伟大的米开朗基罗的第一个主要建筑群是在佛罗伦萨的圣公会圣·洛伦佐教堂里，该教堂被认为是美第奇家族教区的教堂。米开朗基罗·博那罗蒂（Michelangelo Buonarroti，1475—1564）是一个里程碑式的人物，在建筑学、室内设计、绘画、雕塑和诗歌方面都出类拔萃。他独立且躁动，在生活及艺术方面都有着充沛的能量。他先是离开自己的出生地卡普莱斯到罗马，又到佛罗伦萨，最后回到罗马，在他的艺术生涯中，他脱离了文艺复兴盛期宁静的秩序，转向了动态的矫饰主义。

圣·洛伦佐教堂的外观模式从来没有建成过，但米开朗基罗在教堂的建筑群内进行了两项主要的室内设计工作。其中一项，始于1519年，即新圣器室，在美第奇礼拜堂内。这意味着与伯鲁乃列斯基在一个世纪前设计的旧圣器室形成了一个平衡的元素。新圣器室，和旧圣器室一样，也是美第奇家族成员的陵墓。房间高高的窗户变细了，侧面随着高度的上升而略有收敛。两个主要的雕塑群——一个献给朱利亚诺·德·美第奇（图13-8），包含象征性的"昼""夜"雕塑，一个献给洛伦佐·德·美第奇（"伟大的洛伦佐"），以及象征着"晨"和"暮"的雕塑，似乎是故意用灰色的石头墙壁把雕塑群框起来。新圣器室的建造工作一直持续到1534年，当时米开朗基罗已从佛罗伦萨搬回罗马。

劳伦图书馆，圣·洛伦佐

1523年，米开朗基罗被新当选的教皇邀请在圣·洛伦佐教堂设计一座图书馆以存储宫殿里的书籍。米开朗基罗持续为这座被称为劳伦齐阿纳的图书馆工作至1562年，直到去世前两年。图书馆对所有学者开放，也被称为欧洲第一个公共图书馆。

图书馆有两个主要元素：高大的前厅和一个巨大的楼梯。楼梯的顶部是一个阅览室，图书馆的前厅更古怪（图13-9）。它有一对托斯卡纳柱，柱子凹进壁龛，在螺旋形支架上，而不是在墙壁前面形成一个拱廊或支撑门楣。墙壁上的凹槽也是空的壁龛，形状如微型寺庙，搁在支架上。几乎填满前厅的楼梯从较低的一层开始，有三个平行的楼梯段，中间的楼梯踏步面是曲线的，两侧的楼梯踏步则是直线形。三段楼梯并行在中间合并，中间的楼梯被反常地分为三、七、五层，楼梯顶端的形状像椭圆形的垫子（图13-1）。

阅览室（图13-10）呈狭长形，入口在一处短边上。黑色的石头壁柱与白色墙壁形成规则的图案，米开朗基罗设计的天花板分三部分，两边比较狭窄，中间的比较宽阔。

新圣器室与齐阿纳图书馆曾被文艺复兴时期的建筑师和主要传记作家、艺术家乔尔乔·瓦萨里（Giorgio Vasari，1511—1574），赞为"打破了古老与现代传统的艺术"。这些房间，米开朗基罗打造的效果从来没有见诸任何论文，其高度个人化、充满活力的、充满情感的作品就已被认为是矫饰主义的本质。

卡普拉别墅圆厅别墅，维琴察附近

维琴察附近的一座小丘上伫立着卡普拉别墅，建于1565年，工期四年。它是由安德烈亚·帕拉第奥（1508—1580）设计的，也是其1570年出版了著名的——《建筑四书》（*The Four Books of Architecture*）中提到的建筑原理的一个建筑表达。它是一个双边对称的中央结构，显示在其外部有四面相同的门廊面（图13-11），这种结构经常被文艺复兴时期的建筑师考虑，但很少实际建造。房间内部的布置与外部一样有序和重复（图13-12）。在其中心，浅穹顶下，是一个圆柱形的大厅，即明显的房子的中心（图13-13）。四个前厅从四个门廊通往中央空间，但帕拉第奥没有做相等宽度的

▲图 13-11 维琴察附近的卡普拉别墅，由安德烈亚·帕拉第奥设计，1557—1583。四个相同的门廊处可以欣赏乡村全景
© 阿西姆·博诺兹，科隆

▲图 13-9 劳伦图书馆的门厅和楼梯
加那利图片库

▲图 13-10 米开朗基罗劳伦图书馆阅览室，楼梯顶端，佛罗伦萨，1523—1571
斯卡拉/纽约，艺术资源

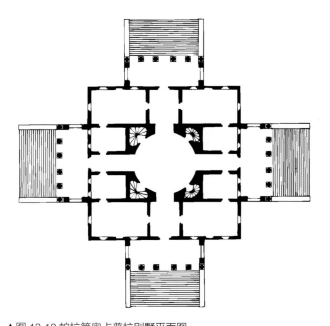

▲图 13-12 帕拉第奥卡普拉别墅平面图
摘自詹姆斯S. 阿克曼（James S. Ackerman）的著作《帕拉第奥》（*Palladio*），"圆厅别墅平面图"，图32（77页），巴尔的摩：企鹅出版社，1966年。版权所有：詹姆斯·S. 阿克曼，1966年

▲图 13-13 卡普拉别墅的圆顶中央室
皮诺·吉多罗蒂（Pino Guidolotti）

▲图 13-14 帕拉第奥 1546—1549 年改建的维琴察哥特式教堂的
"帕拉第奥窗"
皮诺·吉多罗托

前庭，而是允许它们有一定程度的变化。仔细思考了每一种关系：房屋与场地，房间与房间以及每个房间的长、宽、高，结果体现了一个理想的乡村别墅的凝聚力。圆厅别墅也因此时常被称为艺术和设计史上，少有的被客观地评价为完美的成就之一。

帕拉第奥是西方历史上最具影响力的建筑师之一。受他影响的包括法国的昂热－雅克·加布里埃尔（Ange-Jacques Gabriel，图 15-16），英格兰的伊尼戈·琼斯（Inigo Jones，图 16-9），美国的托马斯·杰斐逊（Thomas Jefferson，图 19-9）。最具讽刺意味的是，他的名字被许多人铭记，不是因为什么发明，而是一个图案，一个中央的拱形开口与两侧是较小的矩形孔的所谓的帕拉第奥窗（图 13-14）。这个图案由于出现在发表于 1537—1575 年间的塞巴斯蒂亚诺·塞利奥（Sebastiano Serlio）建筑论文《论建筑》（L'Architettura）上，但是，通常它被叫作威尼斯窗户。

帕拉第奥更好地被记住是因为系统性秩序知识在设计中的应用以及他对经典形式的戏剧性运用，他是第一个将古典庙宇正面用于别墅的人。而且所有比例系统和经典形式都融合了实用功能。除圆厅别墅外，帕拉第奥还有许多其他建筑其中有三座教堂、一座剧院、一些市政建筑和许多精致的别墅，大都坐落在维琴察和威尼斯。

巴洛克风格

如果我们把长方形看作古希腊设计的主要形式，而圆形作为罗马设计的主要形式，那么椭圆形则是巴洛克式的主要形式。椭圆不像其他形状那么简单，椭圆是围绕两点的复杂轨迹。巴洛克风格的墙面，里里外外，设计以活泼、错觉和华丽的装饰，描绘出令人惊讶的凹面与凸面来展现椭圆。巴洛克式的精神虽然仍在使用古典现代德国建筑师汉斯·夏隆（1893—1972）是柏林爱乐大厅的设计师。他的作品通常被称为表现主义，但是在1964年，他写到了对巴洛克设计风格的看法："在中世纪，设计与建筑服务于宗教象征主义的需求；巴洛克的设计则直接将人与室内空间联系起来……如今，艺术的发展不再依靠个人直觉，巴洛克风格也是如此。人类有了新的任务，然而如果不了解事物之前的历史，我们就无法完整地感知它。因此相当重要的是，我们应当关注巴洛克风格的作品，这些作品至今仍影响着我们。"

柱式，但与古典简约主义相去甚远，它充满了运动和情感。从17世纪初到18世纪的前四分之一它都占据意大利设计的主导地位。

米开朗基罗在罗马的作品法尔内塞宫是巴洛克式的，都灵的瓜里诺·瓜里尼（Guarino Guarini，1624—1683）也应用此风格。威尼斯的巴尔达萨雷·隆盖纳（Baldassare Longhena，1598—1682）设计的巴洛克式安康圣母教堂，它的穹顶由一圈巨大的涡卷形扶壁支撑。但巴洛克式设计中最伟大的缩影还是圣彼得大教堂。

圣彼得大教堂，罗马

圣彼得大教堂（图13-15）被称为意大利文艺复兴的巅峰建筑成就。与旧圣彼得教堂——这最重要的早期基督教结构（图6-3）占据相同的地点，新圣彼得教堂是建立在几乎不能以视觉测量其尺寸的巨大规模上。测量结果令人吃惊：这座建筑长216米，占地21000平方米。穹顶高137米，中殿宽26米，屋顶由一个宏伟的高46米的筒拱，与从地基到中央高26米的科林斯壁柱支撑而成。圣徒雕像龛高5米，"小"的小天使高2米。若非亲自观察，很难理解，圣彼得大教堂所表达的经典秩序是前无古人后无来者的。

圣彼得教堂始建于1506年，即文艺复兴时期的最初几年，直到120年后进入巴洛克时期。从事设计工作的人们构成了文艺复兴时期人才的花名册。第一个计划是1454年由阿尔伯蒂呼吁在巨大的教堂上镶嵌拉丁十字架。1506年布拉曼特以希腊十字架的巨大中央穹顶取代了阿尔伯蒂的计划，但实践布拉曼特想法的是受邀建造更宏伟的建筑以满足教皇更新更大需求的拉斐尔。米

◄图13-15 圣彼得大教堂与贝尔尼尼的柱廊广场。照片右边的建筑物是梵蒂冈宫的一部分，整个建筑被称为梵蒂冈城。在广场的中心是一个埃及方尖碑
意柯那（IKONA）

开朗基罗于 1546 年被任命为总建筑师，那时这项巨大的工程已经在 5 位教皇的指导下、6 位建筑师的努力下建造了 40 年。更复杂的是，同时进行的设计和施工在 1527 年罗马遭德国和西班牙军队洗劫时被迫停工，成千上万的人被杀害，教皇被囚禁，士兵总部设立在梵蒂冈的凉廊，把他们的马安置在最近的西斯廷教堂。直到 1534 年教堂才恢复建造。

瓦萨里写道，在之后的 18 年里米开朗基罗之所以会成功，是因为"团结促成了一个伟大而整体的机器"。米开朗基罗提出恢复布拉曼特的希腊十字架计划，他认为希腊十字架"清晰、全面、易懂"。对于布拉曼特和米开朗基罗来说，集中的计划暗示了上帝的普遍性。米开朗基罗死后，中殿由卡洛·马代尔诺（Carlo Maderno）继续设计，他重新选择了旧圣彼得大教堂的拉丁十字架，还增加了石灰华外观以及巨大的科林斯柱（图 13-15）。雄伟的柱廊（图 13-15）则于 1656 年由雕塑家、画家和建筑师吉安·洛伦索·贝尔尼尼（1598—1680）建成。它的外观像一个巨大的抓钳包围着圣彼得大教堂广场的古埃及方尖碑。

在米开朗基罗、马代尔诺完成的外形下，圣彼得大教堂的内部则宏伟地展示了拱、柱、壁柱，以及包含其他古典建筑细节的彩色大理石、壁画、马赛克、雕塑、窗花、烛台、油画、管风琴、镀金石膏装饰和镶嵌的工艺。雪白的祭坛和教堂都被装饰着黄金、水晶、珐琅。室内的宽阔空间很容易容纳这巨大的装饰财富。

贝尔尼尼，1629 年被任命为圣彼得大教堂的建筑师，负责精彩的青铜华盖（图 13-16）——在教堂中殿和耳堂交叉的十字架上的四柱顶盖。它高达 30.48 米，耸立在圣彼得墓的祭坛上。镀金的青铜柱被有凹槽的藤蔓扭曲缠绕（"所罗门式"）；它们支撑着巨大的柱顶，每个角落里都有一个天使，四个支架勾勒出一个开放的顶部，顶上有一个圆球，圆球上的十字架在大穹顶下居中。

后来，贝尔尼尼用作品"圣座的光辉"（图 13-17）来装饰圣彼得大教堂的后殿墙，覆盖了入口最远的墙壁。这个作品建造于 1647 年到 1653 年间，上方有云

端天使们的金色光轮和绘在椭圆形窗户上的圣神散发的光线。它的染色玻璃代表着圣光鸽。接下来的十年在同样的墙上加上了彼得的"宝座"（Cathedra Petri）。然而，贝尔尼尼所设计的宝座并不是一个不起眼的木凳，它是教皇的座椅。这个座椅由青铜镀金面做成，由四位鼎鼎大名人物的青铜像支撑。宝座的背面雕刻着耶稣的话语"喂养我的羊"，椅背上有两个小天使，手持开启天国的钥匙和教皇三重冠。在这下面，教会的两个希腊神父和两个拉丁神父的镀金青铜雕像站在一个巨大的，红色碧玉和黑色大理石制成的台子上。

洛可可风格和新古典主义风格

在意大利，和欧洲大部分地区一样，巴洛克风格在 18 世纪被洛可可（Rococo）风格所取代，它带来了新奇的趣味追求。设计变得更为轻盈、优雅，线条更倾向于弧线，而色彩也更是明丽欢快，这个时尚风靡大小沙龙。意大利洛可可风格的代表建筑师是菲利波·尤瓦拉（Filippo Jurarra，1678—1736），他跟随瓜里尼的脚步，成了都灵的杰出建筑师。尤瓦拉工作在都灵的苏佩尔加修道院（1727—1731）和斯图皮尼吉皇家狩猎行宫（1729—1735）。洛可可式建筑的其他代表建筑则是 1723—1726 年间的罗马西班牙台阶。在绘画中，洛可可式的代表人物是提埃坡罗，他的一些壁画出现在帕拉第奥的别墅里。

与意大利文艺复兴时期盛行的其他风格不同的是，洛可可风格在威尼斯受到了热烈的欢迎。比如威尼斯大运河上的萨格雷多宫（图 13-18）的卧室，隔壁是哥特式建筑卡多罗宫（图 8-16 和图 8-17）。萨格雷多宫殿始建于 14 世纪中叶，但是在大约 1718 年，其被萨格雷多家族购买后，其室内装饰完全以洛可可风格为主。在床上的壁龛之上，我们可以看到一幅壁画，上有镀金的小天使，坐在茂盛的树冠上。

在 18 世纪的中后期，意大利庞贝古城的挖掘深深地影响了设计风格，因而也引起了人们对古典主义的兴趣，反对洛可可的轻浮，去除了线条上过多的繁杂装

▶图 13-16 圣彼得大教堂十字架上的贝尔尼尼镀金青铜华盖，于 1624—1633 年增建。"圣座的光辉"抬头可见
斯卡拉 / 纽约，艺术资源

▲图 13-17 圣彼得大教堂后殿墙上贝尔尼尼作品——圣座的光辉，
在它下面是彼得的宝座
斯卡拉 / 纽约，艺术资源

▲图 13-18 萨格雷多宫的卧室，洛可可风格，威尼斯，1718 年
大都会艺术博物馆，罗杰斯基金，1906 年。（06.1335.1 a—d）照片 © 大都会艺术博物馆 1995 年

▲图 13-19 皮拉内西为罗马修道院圣母堂设计的新古典主义外观，
1764—1765
阿伯克龙比

饰。这一新古典主义风格被乔瓦尼·巴蒂斯塔·皮拉内西（Giovanni Battista Piranesi，1720—1778）和其他一些人所实践，期待着 19 世纪的复兴风格。皮拉内西是一位著名的雕刻师，但他同时也是一名雕刻师、建筑师、室内设计师、家具设计师、考古学家和理论家。他唯一的一所老式结构的建筑物，是罗马修道院圣母堂（图 13-19），在 1764 年为罗马阿文提诺山上的马耳他骑士所设计。他一生中最后的雕刻作品，装饰风格多变……1769 年的皮拉内西的出版作品，展示了 100 多件家具和 61 个壁炉，其中 11 个是埃及风格的，大部分都是新古典主义风格的豪华版本。

意大利装饰

意大利文艺复兴不仅因为它的建筑和室内设计而闻名，还有丰富的装饰品。伯鲁乃列斯基的旧圣器室（图13-4）表现出了由装饰石头勾勒出的早期文艺复兴的建筑形式。贝尔尼尼的青铜华盖（图13-16），他的"圣座的光辉"和他的圣彼得宝座（图13-17）体现了巴洛克风格的装饰；从威尼斯的萨格雷多卧室（图13-18）可以窥见洛可可风格的华丽。在文艺复兴时期的其他风格上，装饰效果异常显著，而14—18世纪的意大利，墙壁的装饰风格也非常有趣。

壁画

"mural"和"fresco"这两个词都表示"壁画"，有时可以互换，指的是"大墙"或"天花板"绘画。然而，更严格的用法是把所有的这些画当作壁画，而只有那些以特殊方式准备的壁画，才是真正的壁画绘画（意大利语为 buon fresco），壁画绘画是一门很高深的艺术，需要很长时间的准备和高效的执行力。

意大利文艺复兴时期的著名壁画作品包括拉斐尔的梵蒂冈画室的壁画，朱里奥·罗马诺（Giulio Romano，1499—1546）在曼图亚的德泰宫所做的《巨人的陨落》，当然，还有米开朗基罗从1508—1512年在梵蒂冈的西斯廷礼拜堂的穹顶壁画，在1536—1544年间，他在西斯廷教堂墙上绘制了撼人心魄的巨幅壁画《最后的审判》。有阿尼巴尔·卡拉齐（Annibale Carracci，1560—1609）为罗马宫廷门廊的拱形天顶绘制的经典湿壁画（图13-20），对戏剧化地展现经典主题。这一系列的壁画以神的爱为主题，把对现实的各种幻想交织在一起，甚至希腊的神也不例外。卡拉齐是来自博洛尼亚的一位著名画家，他在米开朗基罗所构筑的基础上将古典参考文献与自然画像相结合，将现实和虚幻相交织，这是文艺复兴设计的内在。

比湿壁画更持久的是蛋彩画（tempera），一种使用结合物质如鸡蛋、牛奶或胶的水彩画，其他的真正的壁画替代品被称为干壁画（fresco secco）和胶画颜料画（distemper）。这些都是干式的绘画类型。达芬奇在米兰画最后的晚餐时，尝试了一种用干膏和油颜料混合在一起的颜料；尽管这种作品具有艺术价值，但这种作品的保存问题一直难以解决。

细木镶嵌工艺

细木镶嵌是用小而薄的木材或木皮单板制作装饰图案或代表性场景的技术。古代罗马人使用了一种名为镶木细工的细木镶嵌，它包括将实心木材从小空洞掏空，并用精确尺寸的单板填充，这种工作是今天所谓的镶嵌。在中世纪，这种做法被废弃了，但在意大利文艺复兴时期又复兴了，另外还有一种几何形状类型的细木镶嵌，其中包括完整的表面与小块薄板组合，没有洞。

意大利文艺复兴时期的最早的镶嵌物存在于带有直边的镶板构成的几何图案中。后来，添加了具有适当透视效果的代表性场景，并且单板的形状更加不规则。在

制作工具及技巧 | 湿壁画

湿壁画一般涂在灰泥上，这种灰泥要先涂在砖或石头墙上。必须在石膏干之前涂抹，从而使得其与石膏表面融为一体。石膏是一种化合物，含有石灰和水。石膏仅有约6小时的操作时间，所以大型壁画分阶段作画。可以先在整个表面进行几层粗略的涂刷，然后等变干，但最后的精细涂刷只需要涂在立即作画的地方。土或矿物颜料与水混合（有些坚持只使用蒸馏水），然后涂到新鲜的石膏上。当石膏变干后，它会吸收空气中的二氧化碳，形成碳酸钙结晶，将所有材料结合为一体，变得坚固耐久，且可以反射出精美的色彩。湿壁画不需要像清漆那样的保护性布面；事实上，这样的保护层可能会破坏碳酸钙的天然透明光亮的表面。

湿壁画画家不仅要做到绘画过程快速、准确，他们还必须相当了解他们的材料，大量颜料涂在湿石膏上，彼此进行化学反应中，产生颜色变化。由于其高要求和作品的精美，真正的湿壁画是一种被高度重视的艺术形式。

13-20 法尔内塞宫画廊中阿尼巴尔·卡拉齐绘制的天花板壁画，罗马。
加那利图片库

15 世纪，细木镶嵌艺术家开始用着色木材，在水中用渗透性的染料在水中煮沸木片，从而为木片着色，增强现实感。阴影的错觉也是通过烧毁木头造成的。除了木材，镶嵌物有时用青金石、玛瑙、琥珀、象牙和水晶制成。

一个细木镶嵌的例子是，在 1476 年完工的，费德里科二世·达·蒙特费尔特罗（Federico II da Montefeltro）在乌尔比诺的公爵宫（图 13-21）里的一个书斋（小型书房，通常没有窗户）的墙饰。这些微小的单板构成了一幅真实的柜工作图景：一些虚构的柜门打开，可以展示书籍、雕像、音乐和科学仪器。一个细木镶嵌的面板描绘了一个通过古典拱廊看到的乡村景观。木材的选用包括胡桃木、橡树、杨木和少数的果树。细木镶嵌工艺有时归功于两名佛罗伦萨兄弟朱利亚诺·达·马亚诺（Giuliano da Maiano，1432—1490）和贝内德托·达·马亚诺（Benedetto da Maiano，1442—1497），他们也都被称为建筑师和雕塑家。

在下一章中，我们将看到法国工匠如何将意大利细木镶嵌工艺发展成镶嵌的辉煌展品。这项技术的不同之处在于，它需要切割两张或更多不同颜色的镶板，以制作出错综复杂的图案。镶嵌技术在荷兰，以及后来在英国都很受欢迎。

德拉·罗比亚的作品

意大利文艺复兴时期的一个重要的陶瓷产品是装饰性的牌匾或嵌板，被设计嵌入内墙或外墙。其中最著名的是由佛罗伦萨的德拉·罗比亚家族成员生产出来的。家庭作坊的创始人是卢卡·德拉·罗比亚（约 1399—1482），以发明的锡釉赤陶雕塑而闻名。他的大部分作品都是以一种纯洁的颜色，用淡蓝色的背景来凸显深浮雕的白色图案。卢卡的侄子安德烈亚·德拉·罗比亚（Andrea della Robbia，1435—1525）继承了作坊并

▲图 13-21 乌尔比诺公爵宫的书斋。细木镶嵌工艺描绘了装满书的柜子、关在笼子里的鹦鹉，以及乐器和科学仪器
斯卡拉 / 纽约，艺术资源

引入了更复杂的成分和额外的颜色。后来在不同时期掌管作坊的是安德烈的五个儿子，其中两个在 16 世纪，将德拉·罗比亚艺术带到法国，在那里他们曾为皇室工作。德拉·罗比亚艺术的典型主题是宗教，最常见的主题是圣母玛利亚和孩童（图 13-22）。常以圆环或圆形饰物来展示，配以简单的框架或花环、树叶和柑橘类的水果环绕四周。

意大利家具

在文艺复兴初期，人们很少使用家具，而且已有的家具都与房间的大尺寸一致。许多家具都是巨大的，家具的摆放逻辑是靠墙放置，在墙面的构图中占主导地位，墙上还有装饰性的牌匾、放在支架上的半身像、沉甸甸的框画或浮雕雕塑。到 15 世纪中期，人们对住宅里可移动家具的丰富性和舒适性提出了更高的要求，并且由于人们开始极大的关注娱乐活动，家具的总体设计和布局都是从这一活动出发的。到 16 世纪，意大利人已经研发出了各种各样的家具形式（图 13-23）。

座椅及床铺

座椅，有几种不同的品种，按照今天的标准来看，它们不太舒服，但比中世纪的标准还要好一些。扶手椅有长方形的，有正方形的，凳腿线条笔直。这些腿与支架连接，为了平稳地放在地板上，就像图 13-23 中左下角的例子一样。一个典型的特征是后腿向上伸展，以形成背部的支柱，最后以表示棘叶支架的图案结束。扶手的支撑通常以栏杆的形式出现。这是罗马人从未使用过的

设计细节，但在文艺复兴时期非常受欢迎。后背和座椅的装饰由丝绒、缎子或装饰皮革组成，用丝绸镶边装饰。在巴洛克时期，正如人们所预料的那样，扶手椅变得更加华丽，扶手和椅腿被雕刻成夸张的雕塑形式。

小的边椅和扶手椅是一样的，通常用木头做成，辅以简单的转折处理。座椅面是由灯芯草、木头或纺织品做成。装饰用的钉头与装饰性皮革搭配使用。

其他的椅子是折叠的或者是 X 形的，有三种类型。萨伏那罗拉椅（图 13-23 左中）是由交错的弯曲的板条组成的，通常有雕刻的木背和扶手。但丁椅（图 13-23 中右上）有沉重的弯曲的扶手和腿，而且通常有皮革或布的靠背和座椅。修道院的类型更小，却有交错的直八字木条组成。折叠椅是用锻铁做的，有黄铜饰边和坐垫。

斯卡贝罗椅（图 13-23 中间偏右）是用于宴饮和其他用途的轻木椅。早期的类型有三条腿，小的八角形的座位和硬的靠背。图上面的例子显示了两个支架或支撑，当雕刻被引入时，两个支架和靠背被精心对待。图 13-24 的一个斯卡贝罗椅是来自 16 世纪的佛罗伦萨，是这个类型中最精心雕刻的例子之一。斯卡贝罗椅也做了一个靠背，形成了一个低板凳。

床，通常是一个巨大的结构，上面镶有床头板和踏板，经常放在通风的地台上。我们已经在达万扎蒂宫看到了一个文艺复兴早期的大床（图 13-2），还有一个在萨格雷多宫（图 13-18）的文艺复兴晚期的床。其他的床则是有四根帷柱的床，它们有一个纺织物做成的华盖。这样的坠饰很常见，对保暖和保护隐私都很有用。许多床上都有雕刻、彩绘或细木镶嵌的装饰品。摇篮是用微型床或中空的半圆柱做成的，摇晃起来很轻松。

▲图 13-22 卢卡·德拉·罗比亚作品，上锡釉的赤土陶器圆形饰物，内容为圣母玛利亚、孩童和百合花，佛罗伦萨，约 1455 年，直径 1.8 米
大卢卡·德拉·罗比亚。"圣母玛利亚与孩童"，医生与药剂师协会的圆形饰物。上釉赤土陶，佛罗伦萨圣弥额尔教堂，意大利
斯卡拉 / 纽约，艺术资源

佛罗伦萨餐桌

萨伏那罗拉椅

烛台

但丁椅

斯卡贝罗椅

扶手椅

卡索奈长箱

卡萨盘卡长椅

▲图 13-23 意大利文艺复兴时期家具类型

吉尔伯特·维尔 / 纽约室内设计学校

桌子

　　桌子尺寸大小不一。大的长方形的餐桌通常都是由胡桃木的木板做成。它的支撑是精心雕刻的支架，矮的柱子，或者是栏杆的形式（图 13-25）。普通的和雕花横条木都被用到。小桌子通常有六角形和八角形的桌面，由雕花的中央底座支撑；一个例子是图 13-23 中左上角的文艺复兴样式桌。桌面的边缘通常有装饰物。

　　文艺复兴初期，一些富有的家庭经常从一个居所搬到另一个居所，桌椅就被设计得容易折叠和拆卸。在文艺复兴盛期，更多人选择定居在某处，可移动式家具逐

◀图 13-24 一把 16 世纪
中期仿大理石制作的座
椅，佛罗伦萨
苏富比图片库 / 伦敦

▲图 13-25 一个 16 世纪的胡桃木桌，带四个雕刻华丽的圆柱以及
三个栏杆柱
伦敦，维多利亚阿尔伯特博物馆 / 纽约，艺术资源

渐减少——佛罗伦萨尤其如此——而且桌面上竟然开始镶嵌彩色宝石（图 13-30），细木镶嵌工艺也开始使用。到 17 世纪，巴洛克风开始流行，这一时期的桌面上都用大理石或人造大理石（仿大理石，第 274 页中会提到）装饰，桌腿通常是用镀金的青铜制作，就算是靠墙布置的蜗形腿桌子，其木质底座也通常有浮雕和贴金。之后出现的洛可可桌喜欢用弧线和油漆。18 世纪末流行新古典主义风格，复古的古罗马式的大理石桌面和桌腿又开始流行（如图 5-31、图 5-32）。

收纳箱

在文艺复兴时期，储藏家具包括储存柜、餐具柜、可书写式下拉柜、衣柜、书柜、双层柜，及约 16 世纪以后出现的五斗橱。

在意大利，卡索奈是最重要的家具。它可以是任何样式的箱子或盒子，从小小的珠宝盒到巨大沉重的嫁妆箱不等。卡索奈也可以用作旅行箱，它的顶部有一个活动的盖子，如果关上，就可以作椅子或桌子用。卡索奈和现代橱柜用途一样。如果它的前板精心雕刻或粉刷的话，就极具装饰效果。图 13-23 展示了一个木雕的卡索奈，图 13-26 展示了一个由弗朗西斯科·迪·乔治·马尔蒂尼（1439—1501）——一个来自锡耶纳的建筑师和学者——所做的彩绘嵌板的镀金卡索奈。

卡萨盘卡（cassapanca，图 13-23 图右下角）是带靠背和扶手的放大版卡索奈，也就是一个长靠椅或沙发。因此，它上面可以坐，下面又可以储藏东西。卡萨盘卡在佛罗伦萨特别受欢迎，放上垫子坐起来会更加舒服。

中世纪的祭器台（图 8-26 右下）发展成为文艺复兴时期的书柜（图 13-3 左上），这种有门和抽屉的橱柜被用来储存亚麻布、餐具和银器。它有不同的大小，最小的那种被称为矮柜。这种书柜通常有一个从架子上升起的观赏性的木质后板。

与这些大号柜子相对的是一种小盒子，常被用来放置个人财产。它大多由核桃、柏树、象牙、琥珀制成，装饰以或手绘或镀金或两者兼备的灰泥和石膏浮雕。

照明

日落之后，除了篝火、蜡烛和灯笼照亮的地方，室内变得昏暗。蜡烛分许多尺寸、许多等级，最好的也许是威尼斯生产的蜂蜡蜡烛。烛台也分很多类型，很多品质。有些被叫作烛台，显然是吊灯和烛台的起源。

最常见的烛台是柱状的，一个扁平的底座上面有一

▲图 13-26 一个镀金卡索奈，面板由弗朗西斯科·迪·乔治（Francesco di Giorgio）所绘

伦敦，维多利亚阿尔伯特博物馆 / 纽约，艺术资源

个钉蜡烛的钉子。有时它们很小，用于桌面或壁炉架；有时它们高点，站在地板上；有时它们被贴在墙上（图13-27）。他们通常由黄铜或银制成，两者都能很好地反射烛光，但也可以用青铜、铁或木材。烛台也像如今一样用圆柱形的杯子制作，里面放着蜡烛。

灯笼的特点是周围有能保护蜡烛火焰不受气流影响的金属板，并从刺出的小孔透出光线。它们特别适合在天黑后行走时使用。还有一种烧油的油灯。

意大利装饰艺术

正如预期的那样，意大利的建筑、室内、装饰和家具在文艺复兴时期所取得的成就，与他们在装饰艺术方面所取得的成就完全一致，广受赞扬。对美的热爱深深渗透到意大利人的头脑中，即使是最微不足道的家居用品，也是精心设计的。

▲图 13-27 绘画"希律的宴会"细节图，1485 年，显示晚餐时客人背后挂的织物称为"斯巴利亚（Spalliera）"上面是一排烛台

纽约，艺术资源

陶瓷

在 14 世纪晚期和 15 世纪早期，在哥特式风格还萦绕不散的时候，意大利生产了一些美丽又朴素的陶瓷制品，在奶油色的底色上以绿色、黄色或深蓝色绘制出简单的设计图案。后来陶瓷开始应用于装饰。在文艺复兴盛期，陶瓷成为意大利人生活中非常常见的物品，也是意大利内饰的重要特色，这从德拉·罗比亚用来装饰建筑物墙面的作品中就可以看出来。

马略卡陶器

马略卡陶器起源于马略卡岛，马略卡岛位于地中海西端，靠近西班牙海岸。在 15 世纪，这种陶器第一次进入意大利时，被命名为马略卡陶器（Majolica），可能是由于人们认为这种陶器是在马略卡岛上制作的，但事实很可能是在西班牙制作的，然后由马略卡商人带到意大利的。到了 16 世纪，意大利陶工的技艺已经超越了西班牙工艺，但这个名字却保留下来：所有这种陶器的类型，包括那些已知不含有西班牙"血统"的陶器，都被称为马略卡陶器，甚至不是意大利语。这个名字一直持续到现在。

同其他艺术一样，意大利陶瓷的装饰主题主要也是古典主义。16 世纪的马略卡陶器上往往是复制经典场景的绘画作品，这些绘画作品有米开朗基罗或拉斐尔的绘画和壁画（据说拉斐尔本人在年轻的时候也有一个马略卡陶器）。动物、花卉和水果图案十分流行（图 13-28），还有小天使、海豚、稍显复杂的花环、阿拉伯花饰，以及一些奇特的图案。其他的主题还有半身像和贵族家庭的盾牌及武器。在平板上，这些主题有时被画在装饰性的圆形边界内，有时则占据整个表面。随着文艺复兴的发展，器皿的装饰性和功用性一样，变得越来越重要。盘、瓮、碗、罐、瓶以及药瓶继续被生产，作日常使用，但仅作装饰用的"展示盘"也出

▲图 13-28 威尼斯产球形马略卡陶罐，约 1545 年。装饰图案为弯曲叶蔓上悬挂的水果

一对陶罐中的一个。意大利，16 世纪。陶瓷，高 33 厘米，直径 33 厘米

弗吉尼亚美术博物馆，里士满。论诺兹（E.A. Rennolds）夫人为纪念约翰·科尔·布兰奇（John Kerr Branch）夫妇捐赠

© 弗吉尼亚美术馆 53.18.85/86

制作工具及技巧 | 意大利产马略卡陶器及仿制品

意大利产马略卡陶器及仿制品是一种陶器，最初采用不透明的白色釉去模仿来自中国的备受推崇的瓷器。较常见的透明釉由铅或硅制成，不透明的白色釉加入了锡。锡釉极利于彩色装饰，不仅因为它的洁白，还因为它在烧制时是稳定的，涂在它上面的颜料不会在窑中"乱跑"或模糊。事实上，在烧制时，颜料需要真正融合到釉中，这样才可使光泽永存。然而，这种技术有一个缺点，就是未烧制的白色坯釉上的笔触是不可撤销的，没有机会删除或修正。因此，陶器的装饰比之瓷器的装饰，常常显得更加自然和新鲜，有时甚至更幼稚和有偶然性，后者可以根据需要进行修饰。

在绘画中，只有有限种类的颜料在烧制时不会褪色。这些颜料主要由金属氧化物制成。人们通常用深黑紫色来装饰轮廓，后来用钴蓝色，到 16 世纪中叶，用的是褐黑色。还有其他颜色，如铜绿色、锑黄色、铁锈的橙色。艳丽的樱桃红会让陶器更加美观。早期伊斯兰和西班牙的商品中有彩虹色效果的光泽颜色，在文艺复兴时期的意大利也有运用，尽管这种有时需要额外的烧制。另一种装饰是对中国青花瓷的直接模仿，仅限于两种颜色。这种蓝色和白色的陶器被称为反青花。

马略卡陶器有一个变种被称为"Sgrafiata 陶瓷"，字面上的意思是"刮伤了"装饰物不是用涂料，而是用锋利的木头或金属工具，切除白色釉面，露出暗红色或黄色的陶器。如果在上釉前给陶器涂上颜色，这些颜色就会显现出来。

现了。这种直白的装饰物是意大利文艺复兴时期室内装饰的重要元素，后来在维多利亚时期，也被应用于家庭装饰。从 16 世纪开始，有一些马略卡陶器地板的例子，例如 1510 年威尼斯的圣塞巴斯蒂亚诺教堂和圣安农齐亚塔教堂。

瓷器

欧洲第一次尝试制造瓷器是在 15 世纪的威尼斯。在 16 世纪早期，美第奇家族支持这些尝试，终于做出一个像不透明玻璃的半透明的软质制品。它当时被称为"假瓷器"，但现在被称为"美第奇瓷"。它被用来当盘子、水罐和水瓶（图 13-29），饰以文艺复兴时期和来自东方的彩色图案。

现在仍然生产瓷器的最古老的工厂是卡洛·基诺里（Carlo Ginori）侯爵于 1737 年在多西亚建立的。这家工厂用硬膏制作瓷器。早期的石膏颜色灰暗，是浅灰色的，但随后 18 世纪的时候，就通过各种尝试变亮变白。这些产品有镂空装饰和浮雕图案。1896 年，这家工厂与米兰的理查德陶瓷公司合并，名字也变成了理查德 – 基诺里公司。

最后一个重要的工厂是那不勒斯国王——查尔斯七世（Charles VII）在 1743 年于卡波迪蒙特成立的。它生产出一种透明、白色、软质的瓷器。装饰包括中国风、战斗场面、农民形象，以及来自假面剧艺术——一种 16—18 世纪流行于意大利的一种喜剧戏剧形式，假面喜剧中有固定的类型角色，有些角色戴特定的面具。卡波迪蒙特制造出有用的餐具，以及鼻烟盒和小摆件。工厂执行的一项著名的任务是为波多黎各皇宫的小型陶瓷沙龙铺上彩绘和浮雕瓷砖。房间是由馆长乔凡尼·纳塔利（Giovanni Natali）设计的，瓷砖是 1757—1759 年铺设的。1759 年，工厂的赞助人由查尔斯七世变成西班牙国王——查尔斯三世（Charles III），工厂也经历了停工，又在马德里复开；我们将在第 14 章有关西班牙的内容中看到它的一些产品。

石雕和石雕仿品

尽管到了 14 世纪马赛克在罗马和拜占庭时期的意大利仍然十分重要，但它的主要作用被完成速度更快、更便宜、更有现实主义的壁画取代了。当马赛克作品越来越模仿画作，并且其作品分为两派——创作派和执行设计派时，它的质量下降了。著名的艺术家仍设计了辉煌的马赛克作品：乔托为圣彼得大教堂设计，拉斐尔为罗马的圣玛利亚大教堂设计，提香（Titian，1490—1576）和丁托列托为威尼斯的圣马可大教堂设计。

人们曾热烈追捧佛罗伦萨马赛克饰面（图 10-1 和第 207 页"制作工具及技巧：佛罗伦萨马赛克饰面"）。文艺复兴时期，这项技术用于装饰重要桌子（图 13-30）的桌面以及瓷砖和橱柜板。之后，这些二维应用与大花瓶、大口水壶、碗和嵌着黄金和珐琅的雕像结合起来。通常这些石雕颜色稀奇，价值不菲，流行的样式包括缟玛瑙、孔雀石、玛瑙和打磨过的石英。佛罗伦萨马赛克饰面的艺术中心是佛罗伦萨，1588 年，费迪南多·德·美第奇（Ferdinando de' Medici，1587—1609）大公在乌菲奇建了一个工厂，该工厂被称为硬石博物馆，其产品被称为佛罗伦萨马赛克。这个工厂至今还在营业。但是当相似的车间在意大利其他地区和欧洲其他国家形成时，地区之间品位会有所不同：意大利北部佛罗伦萨周围，最有影响力的是高度自然化的，刻画鸟、花、动物和风景。在罗马和南部，流行挑选颜色和纹理很特别的石头，然后让它们处于自然状态中。

▲图 13-29 美第奇瓷瓶，制作于佛罗伦萨，约 1580 年。高 26 厘米
J. 保罗盖蒂博物馆，洛杉矶，美第奇工厂，朝圣瓶，约 1575—1587 年，高 26.4 厘米；瓶口直径 4 厘米；最大宽度 20 厘米

▲图 13-30 为英国利奇菲尔德的厄尔（Earl）制作的桌面用彩色大理石嵌花的边桌，制作于意大利里窝那，约 1776 年
伦敦，维多利亚阿尔伯特博物馆；纽约，艺术资源

仿云石是模仿大理石的技术，在 17 世纪发展于意大利。人们将它用作柱子、壁柱、模型、桌面和壁炉四周装饰。之后，18 世纪英国对其应用甚广，并且至今依然在使用。它主要由嵌入大理石和其他矿物的细屑组成的石膏制成，特别是名为亚硝酸钠的石膏结晶体。有时还会上色，成品通常是经过高度抛光的。

玻璃和镜子

中世纪以来，意大利玻璃工业的中心是威尼斯，更具体是指位于威尼斯的穆拉诺岛（选它是为了避免火灾风险），那里现在仍然制作精美的玻璃器皿。在文艺复兴时期及之后，威尼斯因玻璃器皿的高质量而闻名，这的玻璃器皿可作装饰用也有实用价值。

威尼斯的玻璃大多是由吹管制作而成的。因其纤细，玻璃不是切割出来的而是用模型制出的，有时形状十分特别。有许多种威尼斯玻璃做成了高脚酒杯、花瓶、盘子、碗和烧杯。它们的颜色多种多样，最常见的有蓝绿色、翠绿色、深蓝色和紫色，装饰有搪瓷和镀金的海豚、花、翅膀、茎、叶或抽象的图案。其他表面图案有网状、裂痕状、蕾丝型和螺旋形。威尼斯特别的玻璃类型包括千花玻璃（意思是"一千朵花"和多彩的花），条纹玻璃（条纹型），玉髓玻璃（类似于浅蓝色或是灰色的珍贵玉髓），洒金玻璃（有闪闪发光的像矿物砂金石的颗粒），冰晶玻璃（像冰）和乳浊玻璃（像牛奶）。

据说乳浊玻璃是安杰洛·贝罗维埃洛（Angelo Barovier，约 1400—1460）创造的，他是玻璃制造商家族的一员，他们早在 1324 年就在穆拉诺岛工作了。1450 年，贝罗维埃洛完善了他最伟大的发明，一种叫克里斯塔洛（cristallo）的玻璃，这是最早的人造水晶。贝罗维埃洛的玻璃质量惊人——尽管如今很难看到它有什么新意——它是完全透明的。先前制作的玻璃没有这么透明过。制作克里斯塔洛玻璃需要从伊斯兰地区进口灰土然后不断煮沸，洗净杂质和其他成分。意大利人没有让克里斯塔洛玻璃器皿变得透明，或许他们认为这种玻璃作为奢侈器皿可能需要比较华丽的装饰，或它的透明度需要用不透明的地方来对比表现出来（图 13-31）。

中世纪，镜子是由高度抛光的金属制成的，但是在 1317 年，在威尼斯第一次用锡和汞（水银）制作出了镜子。早期的镜子十分昂贵和珍贵，人们通常要用丝布或木板盖上，十分重视镜框。16 世纪，镜子的面积变大了，人们也越来越爱凸面镜。在那个世纪，小块的镜子有时会镶入木墙板，在黑暗的室内会闪闪发光，让人意想不到。

意大利文艺复兴时期还有另一种玻璃工艺——埃格洛米斯（eglomisé），它的名字来源于 18 世纪的法

▲图 13-31 威尼斯文艺复兴时期的克里斯塔洛玻璃酒杯，制作于
1475—1525 年

伦敦，维多利亚阿尔伯特博物馆/纽约，艺术资源

国艺术家简－巴普蒂斯特·格洛米（Jean—Baptiste Glomi），他使用这种技术制作相框。罗马人知道了埃格洛米（eglomisé），并且在基督教和伊斯兰地区进行了实践，但是这种技术很久以后才在意大利流行开来。这项技术包括在玻璃背面作画，然后用薄薄的金属箔（如金箔）、清漆涂层或另一片玻璃来保护画作。

金属制品

意大利人在制作贵金属和普通金属方面都有非凡的能力。在 13—14 世纪，锡耶纳是青铜和铁制品的制造中心，制造油灯、铁质柴架和装饰性五金。在 16 世纪，优秀而又高品质的黄铜制品——盘子、杯子、香炉和烛台生产于威尼斯。在其他时期和

地区，用铜、青铜和锡做了大量的作品。16 世纪反宗教改革后，需要有大量的用于礼拜的金属用品，如烛台和十字架；其中有贝尔尼尼为圣彼得大教堂设计的镀金青铜制品。

信奉风格主义的意大利金匠、雕塑家本韦努托·切利尼（Benvenuto Cellini，1500—1571）是杰出的工匠，他曾在多个地方工作过：在家乡佛罗伦萨为美第奇家族工作，在罗马接连为几位教皇工作，在法国为国王弗朗西斯一世（Francis I）工作。他为弗朗西斯一世制作过一个小而精致的作品，是一个用黄金和珐琅做的盐罐（图13-32）。上面有海王星和地球图形，底部装饰着代表早晨、白天、傍晚和夜晚的小图形。切利尼的另一件著名的作品，规模较大，是珀尔修斯与美杜莎之首的雕像，位于佛罗伦萨的佣兵凉廊里，就在韦奇奥宫的外面。切利尼写了一篇关于金匠和雕塑的论文，他认为在他那个时代，米开朗基罗是杰出的金匠。

在意大利文艺复兴时期，小铜器对点缀室内起着特别重要的作用。熔模铸造法或失蜡铸造法生产的青铜雕像在装饰艺术中盛行，这种艺术用于充实壁炉架、书架，甚至雕筑为重要的大型雕像公开展示。有品位的贵族会在家中展示小型青铜器和雕像。这些物品包括奖章、花瓶、镜子、灯具、浮雕和纪念匾。

18 世纪，意大利金属制品受到了法国作品以及洛可可样式的影响。18 世纪有两个重要的由两个罗马家庭经营的工坊，银匠瓜尔涅里（Guarnieri）家族和瓦拉迪耶（Valadier）家族，瓦拉迪耶家族以朱塞佩·瓦拉迪耶（Giuseppe Valadier，1762—1839）为首，他是创始人的儿子。瓦拉迪耶不只是一名金匠，还是新古典时期罗马重要的建筑师，精细的古罗马遗迹考古图纸的绘图员。瓦拉迪耶家族因摆钟、餐具、圣所的灯和新古典主义风格的圣物箱而闻名，他们一直工作到19 世纪中期。

▲图 13-32 本韦努托切利尼制作的金珐琅弗朗西斯一世盐罐，约 1543 年，
宽 33 厘米
艺术史博物馆，维也纳，奥地利

纺织品

文艺复兴时期意大利的人们非常热衷于制作精细的织物和制作这些织物所需要的技能。例如，细花边是威尼斯的特产，从 16 世纪中期开始，一直持续到 18 世纪初。华丽的刺绣是意大利文艺复兴时代的另一个特色，用于亚麻窗帘和装饰边框这类室内装饰中。印刷术发明后，还出版了蕾丝花边和刺绣图案的书籍。

意大利文艺复兴时期的壁挂至少有两种类型：卡布来托（capoletto）和斯巴利亚（spalliera）。卡布来托起源于一种床帐，悬挂在床头的墙上（capo 意为"头"，etto 意为"床"），但这个名字后来用于其他悬挂物，例如餐桌上的桌布。斯巴利亚（图 13-27）原本是在餐椅后面悬挂的长条形横向挂件，目的是让食客可以将他们的肩膀（spalle）靠在比较柔软和温暖的东西上。除了这些壁挂和床帷，还有用于门口挡风的悬挂物，这些悬挂物被称为门帘（portiere）。门帘（来源于 porta，意为"门"）通常与壁挂设计相同，但有时也不一样。

从东方进口的地毯也用作室内桌子和地板的覆盖物。在 16 世纪的意大利，座椅家具的室内装饰取得了重大进展。这不仅是一种美学的进步，随着搭配的织物给房间带来视觉上的统一，这也是一种技术上的进步，新的技术如绗缝（以网格形式缝针）来保证衬垫的位置，从而保持其形状。

挂毯

挂毯的生产从中世纪开始直到文艺复兴时期，中间一直没有间断。而且进入文艺复兴时期之后，变得越来越大众化，更多的家庭可以负担得起挂毯。整个 14 世纪，挂毯的制作中心仍然是法国北部和弗兰德斯，尽管挂毯在设计上常带有意大利"血统"：意大利艺术家，如达·芬奇和拉斐尔经常绘制挂毯图案，然后送到北方进行编织。拉斐尔为梵蒂冈的西斯廷教堂设计了 10 个挂毯，但是一直没有被生产出来，不过其中 7 个设计现存于伦敦的维多利亚阿尔伯特博物馆。朱里奥·罗马诺——曼图亚的德泰宫的建筑师，为曼图亚公爵设计了一组 14 个挂毯，并且在公爵死后，继续为他的弟弟埃尔科莱·贡扎加（Ercole Gonzaga）设计。挂毯被叫作普蒂尼（Puttini），因为上面有许多带翅膀的小天使，他们是用金银包裹的纬线编织的。

到 15 世纪早期，一些意大利宫廷还是雇佣在北方受过训练的挂毯编织工。也许起初雇佣他们是为了保养宫廷已有的挂毯，但很快在费拉拉、米兰、乌尔比诺、那不勒斯，以及罗马教廷就有工人开始编织新的挂毯，来自北方的流动编织商也定居在了威尼斯和米兰。意大利语中的挂毯是 arazzi，源于法国北部的阿拉斯镇（Arras），尽管这种纺织品在很多地方都有生产。

丝绸

意大利文艺复兴时期用于窗帘和室内装饰的纺织品通常是丝绸，这个时期意大利成为丝绸生产的主导力量。但意大利丝绸的制作始于中世纪。丝绸从 8 世纪起就从拜占庭帝国传入威尼斯。在 11 世纪诺曼征服前的几年里，伊斯兰统治者也将丝织术引入西西里岛。1266 年西西里岛政治动荡后，许多西西里的丝绸工人迁至意大利北部城市卢卡。卢卡成为一个大型蚕桑中心和丝织中心，拥有超过 3000 台活跃的纺织机。在 13 世纪，随着印度的莫卧儿王朝的征伐以及欧洲与东方之间的贸易开放，意大利丝绸设计受到伊斯兰和东方理念的刺激：异国动物如龙和凤凰进入意大利人的视线，庄严的圆盘排列被对角线布局和更多富有活力的设计所取代。与 13 世纪的朴素丝绒相比，进入 14 世纪，丝绒织工添加了条纹和花卉图案，其中还包括中国的图案，如莲花和牡丹。波斯设计中流行的石榴图案也被意大利人所采用，稍后又形成了朝鲜蓟的图案，并成为文艺复兴时期的主要图案之一。在更多经典的图案中，反曲线（由凹、凸两部分组成，如图 5-24 中的正曲线和反曲线图形）被延长为 S 形的涡卷图案。

在 14 世纪的最后 25 年，也就是文艺复兴初期的前夕，卢卡在生产双绒头高度的三色天鹅绒。已割和未割的绒头相结合，已割绒头高于未割绒头，这种制作工艺成为流行，制作出来的产品被称为（ciselé）割线天鹅绒。ciselé 是法语词，意为凿刻、雕刻或切割，天鹅绒是一种织物（不一定是丝绸），质地丰盈柔软。在图 13-33 中可以看到在未割绒的金色丝线底色上用彩色割线丝线缝制的割绒天鹅绒，它反映了 17 世纪上半叶的巴洛克风格，可能编织于热那亚，虽然现在它被用作斯德哥尔摩的一个教堂的祭坛布。在其他的例子中，诸如异国野兽的头和脚这样的细节，通常用金色对比其他颜色的底色，使其凸显出来。

但是进入 15 世纪，威尼斯拥有了超过 10000 台织

▲图 13-33 金色底色，表面有凸起花纹的割绒天鹅绒的细节。热那亚，1600—1650 年

国家遗产局 / 瑞克桑提克瓦瑞埃姆博特（Riksantikvarieambetet）

布机。威尼斯金锦，使用金线绣在丝绸底上，甚至有更奢侈的威尼斯"金布"，用丝线绣在黄金底上。

除卢卡、佛罗伦萨和威尼斯之外，意大利第四大丝绸之城是热那亚，自 15 世纪起，在丝绸制造方面开始崭露头角。到 16 世纪，文艺复兴盛期末尾，热那亚生产的丝绸比意大利其他任何城市都多。其中著名的是始于 16 世纪的多色天鹅绒，采用涡卷和花卉图案进行装饰，在图案之间可以看出亚麻或大麻的材质，最后通常进行打蜡处理。从 18 世纪中期开始，法国凡尔赛开始仿制这些丝绸，在那里他们被命名为热那亚的天鹅绒。另一个热那亚丝绸特色被称为铁制品（ferronerie），因其精美花纹图案类似锻铁（ferro）而被命名。

17 世纪末期，法国丝绸超越意大利成为时尚，许多丝绸纺织工离开意大利前往法国工作，用自己的专业技能丰富了法国的纺织业。

总结：意大利设计

意大利文艺复兴时期，在人类努力的几乎每一个领域——当然包括每一个艺术和设计领域——都取得了杰出成就。欧洲及欧洲以外地区都深受这些成就影响。我们至今能感受到它们的影响。

寻觅特点

在意大利文艺复兴时期的设计中，哥特式极度以天为中心的风格被赋予了人性。理性取代了灵性，理解取代了神秘。人们又重新使用圆柱、基座、檐、台和装饰品这样经典的词语，它们和谐相融，比例这一经典系统也得到了回归。内部与外部之间有系统的连贯性。这种新的逻辑清晰明了，衔接存在于活跃的巴洛克式的设计和华丽的洛可可设计，就像早期文艺复兴时期静谧的设计一样明显。

探索质量

很明显，意大利文艺复兴的某些方面具备非凡品质：伯鲁乃列斯基的旧圣器室安静又简单，米开朗基罗为劳伦图书馆设计的楼梯具有力量美，帕拉第奥的卡普拉别墅十分协调。但这一时期的成就有更广泛的品质。意大利文艺复兴的目标可能是复兴古物，这一点没有完全实现，但是它实现了更有价值的东西：形成了观看建筑和建筑内部、家具和装饰的新方法，形成了将这些元素组成和谐整体的新方法。不论人们是否能将意大利文艺复兴恰当地认为是古典设计的复兴，我们必须承认，在意大利文艺复兴时期，我们有了自己的设计知识。

做出对比

意大利文艺复兴与其他国家同期的发展之间的比较值得关注。当时是 16 世纪，文艺复兴在意大利处于鼎盛期，欧洲其他国家仍在重复哥特风格模式。一个世纪过后，意大利走过了文艺复兴繁盛期，走向巴洛克风格，欧洲其他国家才开始理解文艺复兴设计的原理。在设计方面，不同地方有自己的时代。正如我们看到的那样，法国在哥特式大教堂最后繁荣时期处于领先地位，如我们所见，法国将在 18 世纪的改良中再次领先。但在文艺复兴时期，正是意大利，铭记着她过去的辉煌，将辉煌再生，带入现代世界，至今仍鼓舞、升华、温暖着我们。

14

西班牙：从西班牙摩尔风格到新古典主义

8—18 世纪

"对于居住在西班牙的人来说，生活从来都不容易……他们的气候'冰火交织'。因此强硬的西班牙人相比温文尔雅的美，更热衷于强烈犀利的美。"

——奥斯卡·哈根（Oskar Hagen，1888—1957），艺术史学家，
著有《西班牙艺术的模式与原则》（*Patterns and Principles of Spanish Art*，1948）

西班牙设计与众不同，但风格多样。它可以华美异常，如图 14-1，也可以简约质朴。不论如何，它都是有着不寻常的形式、尊严、力量和活力的设计。

西班牙设计的决定性因素

西班牙的设计不仅受到西班牙本国不同地区特征的影响，而且受到外国设计的影响，尤其深受意大利人、法国人和来自北非的摩尔人的影响。

地理位置及自然资源因素

西班牙和葡萄牙共享的伊比利亚半岛，是欧洲大陆最西端的一部分。在西班牙的东北角，它被比利牛斯山脉与法国分割开来。在南部，它由狭窄的直布罗陀海峡与非洲分开；在其他地方，它完全被海水包围。

西班牙的大部分地区多山，多岩石，且气候干旱。全年大部分时间天气炎热干燥。恶劣的环境要求西班牙人民以及他们的建筑物和文物都要强韧、耐久并坚韧不拔。山脉阻碍了交通，减缓了思想交流，将国家分成了不同的地区，形成不同的文化。强烈的光照和热浪，使得建筑物拥有厚墙和小窗户。

西班牙只有少量的森林资源，但有许多石头矿床，因此砖石建筑是西班牙最常见的建筑。红色砂岩来自比利牛斯山脉和南部的安达卢西亚，石灰石也来自南方，花岗岩来自北方。大理石在许多地区都有。至少在古罗马人的占领时期，黏土就已经开始被烧制成砖，我们从

◀图 14-1 阿尔卡萨尔宫镶木的天花板细节，塞维利亚，14 世纪
罗伯特·弗莱克 / 奥德赛有限责任公司

西班牙			
时间	时期	文化与政治事件	设计的发展
8—15 世纪	摩尔西班牙	宗教战争，《罗兰之歌》（Chansons de Roland）	宫殿、清真寺、木制天花板、瓷砖；科尔多瓦大清真寺；阿尔罕布拉宫，大教堂
12—16 世纪	中世纪	发现西印度群岛、北美洲和南美洲，驱逐犹太人，基督教重新征服西班牙南部，西班牙宗教裁判所	布尔戈斯大教堂、托莱多大教堂、塞维利亚大教堂和赫罗纳大教堂；哥特式与银匠式风格
16—17 世纪	西班牙文艺复兴	哈布斯堡王朝统治，西班牙舰队被击败，《堂吉诃德》（Don Quixote）	严谨装饰风格，埃尔·埃斯科里亚尔修道院，西班牙巴洛克风格：瓦伦西亚主教堂
18 世纪	法国和意大利的影响	波旁王朝的统治	马夫拉宫，马夫拉；马德里皇宫；托莱多大教堂

凯旋门，梅里达的圆形剧场，以及古罗马大渡槽中都可以看到，罗马的工程建造天才，一定承建过许多石头建造的工程实例。西班牙拥有铁、铜、锌和煤等矿产，这些矿产在很多方面都有用途。

历史因素

西班牙和葡萄牙与大海密切相关，它们缔造出一批世界上最出名的探险家。它们在非洲和亚洲部分地区设立殖民地，在 1492 年哥伦布的航海得到西班牙支持后，西班牙的统治也延伸至新世界。然而，西班牙和葡萄牙自己也经常遭到侵占。罗马人和西哥特人曾经占领这里长达几个世纪之久。在古代，几乎没有哪个强大的势力没有在伊比利亚半岛定居过。

最大和最持久的外部影响来自摩尔人——非洲北部的伊斯兰人。他们穿越直布罗陀海峡，在 711 年征服了在伊比利亚半岛上基督教封建国家，直到 1492 年，才被统一的西班牙王国取代。1085 年，与法国接壤的西班牙阿拉贡和纳瓦拉地区国王阿方索一世（Alfonso），夺取了摩尔人占领的城市托莱多，并开始了把摩尔人驱逐出西班牙的长期斗争。1492 年，摩尔人抵御基督徒的最后要塞——位于西班牙的格拉纳达王国沦陷了，从此结束了摩尔人长达 700 多年的统治，完成了西班牙的统一大业。外部影响也来自两大王室：从 1516 年到 1700 年统治西班牙的奥地利哈布斯堡王朝，以及从 1700 年

到 20 世纪统治西班牙的法国波旁王朝。

半岛内的文化生活也受到西班牙和葡萄牙之间差异的影响。1140 年葡萄牙摆脱了摩尔人的控制，在西班牙摆脱摩尔人控制的三个半世纪之前，葡萄牙与印度和中国等国有联系，而西班牙则主要与荷兰和美洲有联系。摩尔人在葡萄牙的影响力不如西班牙强大，然而东方国家的影响远强于摩尔人。在官方说法上，在一个王国的领导下，西班牙维持统一达几个世纪之久，但在政治上，它因地势问题长期保持着小国家的集合体状态。

宗教因素

伊斯兰教和基督教主宰着西班牙的历史，西班牙历史的一大部分就是它们之间的暴力斗争。西班牙设计深受两个宗教的影响。罗马天主教长期主导着西班牙的基督教。罗马教堂对典礼和仪式的喜好，被西班牙教堂的建筑、内部装饰以及装饰的丰富性充分满足。事实上，建于 11 世纪的中世纪圣地亚哥－德－孔波斯特拉教堂，是整个欧洲的重要朝圣地。

伊斯兰教的信仰提倡另一种丰富多彩的设计方式。有时在装饰上禁止使用人类图像和其他自然形态，它提倡错综复杂的几何形状和简单样式中小图案的多样性。西班牙的一些伊斯兰设计是不朽的：其中科尔多瓦大清真寺（图 14-2 和图 14-3）比以往所修建的任何基督教教堂都要大，与罗马的圣彼得大教堂一样大。

西班牙建筑风格及内饰

西班牙设计正如意大利和其他欧洲地区一样，遵守着大致相同的风格进程，但是在后期却存在许多差异。例如，我们已经在前面篇章目睹了意大利设计从古典主义设计复兴到更复杂巧妙的成就，然后到巴洛克风格的复杂性，再然后是新的，更具学术性的新古典主义。同时期的西班牙设计进程更加复杂，有时会在非常华丽和非常朴素的风格之间来回变换。为了便于比较，我们把西班牙设计分成各个阶段，与我们在讨论意大利时使用的时间段相同，但在风格的名称上，在合适的地方使用了西班牙语的命名。

西班牙摩尔风格

尽管受到西班牙的影响，摩尔人的伊斯兰建筑和他们在西班牙南部定居的室内设计仍带有许多在非洲西北部的建筑中所发现的特征。西班牙和非洲一样，这里出现了和摩尔建筑群相同的典型拱形，如马蹄铁形、尖马蹄铁形和 S 形（见第 131 页"表 7-1 拱券类型"）。被称为多叶拱形的另一种拱形（表 7-1 和图 9-8）也被发现以扇贝形、叶状或尖形的样式出现（图 14-4）。在西班牙的许多建筑中出现了一个接一个以托臂支撑，称为蜂窝拱的多重凹形天花板结构（图 9-15、图 14-4）。伊斯兰清真寺的两个不可缺少的特征，被称为"米哈拉布"壁龛（图 9-4）和被称为"敏拜尔"的宣讲台（图 9-5）。

西班牙摩尔建筑群的焦点总是在室内。空白、质朴和未装饰的外部表面，使初访者对其内部会出现装饰得富丽堂皇的奇迹并无期待。许多学者认为"普通的棕色

▲ 图 14-2 科尔多瓦大清真寺的双层拱顶
© 阿西姆·博诺兹，科隆

▲ 图 14-3 科尔多瓦大清真寺内部，圣龛前的圆顶
沃纳·福尔曼 / 纽约，艺术资源

▲图 14-4 格拉纳达阿尔罕布拉宫的狮子庭院。
© 艾迪·伯恩克（Eddi Boehnke，泽法）考比斯版权所有

包装"方法对摩尔人来说是一种安全措施，把他们内部宝藏隐藏在里面，难以被潜入的小偷发现。另一些人认为这是一个传统的一部分，起源于游牧的阿拉伯人的沙漠帐篷的传统，他们生活在帆布帐篷里，暴露在阳光、沙尘和风中的帐篷外表空白单调，然而里面充满了奢华的门帘、漂亮的毯子和五颜六色的衬垫。

从结构上看，摩尔人的别墅很简单，只有普通的外墙和几扇窗户。它们是围绕着一个庭院而建的，庭院外有房间。接待室、主人居舍和浴场都做了精心安排，还有一个带私家花园的单独隔离区，专门给妇女和儿童使用。摩尔人擅长园艺学，并充分使用这种艺术来增加生活的乐趣。他们的花园呈阶梯状和格子状，这与房子的构成密切相关，水池和喷泉令他们从高温中解脱出来，所以受到了热烈欢迎。

内墙用普通灰泥、具有几何图案的彩色瓷砖、砌砖、浮雕里的彩色石膏装饰物、装饰性皮革或这些材料的结合进行处理。木制品局限于门和天花板。地板由瓷砖、砖块或石头砌成，并被铺上以伊斯兰教样式编织的挂毯和绒毯等（图 14-31）。沉重的赤土陶器在架子和墙壁上排列。用于瓦作、石膏装饰物、油漆木制品，以及在丰富的羊毛纺织品里的颜色是游牧民族祖先遗留下来的绝妙原色。

科尔多瓦大清真寺

科尔多瓦的大清真寺是一个建筑群，在外观上看起来很广阔，但十分普通无趣。穿过一个有围墙的橘子树庭院，通往该建筑的路径令人愉快，但清真寺外面的朴实无华很难让我们为其内部富丽堂皇的景象做好心理准备。

观点评析｜一位意大利作家看科尔多瓦大清真寺

意大利作家埃迪蒙托·德·亚米契斯（Edmondo de Amicis，1846—1908）在 1873 年的著作《西班牙》（*La Spagna*）中描写了他在西班牙的见闻。这是他对科尔多瓦大清真寺的描述："想象一个森林，想象你站在森林的深处，而你只能看见树木。同样，不管你站在清真寺的哪一边，眼睛能看到的只有圆柱。这是一片无边无际的大理石森林……游客面前延伸出 19 个中殿；与其他 33 个中殿相交，整个建筑是由九百多根斑岩、碧玉、角砾岩和各种颜色的大理石柱支撑……这就像一个未知宗教、自然和生命的突然揭示，将你的想象力带到了……天堂。"

第一部分于785年完成，约占现存结构的三分之一。它取代了以前占领该地区的基督教教堂，并包含了教堂的石柱组合，而石柱中的一部分甚至是从该地区更古老的罗马建筑中回收利用的。其他石柱来自西班牙的其他建筑；有些从北非的迦太基运来，还有一些是从君士坦丁堡运来的。它们自然具有不同高度，所以用不同的基座来弥补高差。这里全是雕刻或镀金的大理石，但目前大多数都被混凝土复制品重新替换。

在接下来的两个世纪，人们做了三次增建，使清真寺达到目前120米×185米的庞大规模。有一个看似无限的大理石柱子支撑着由红砖和淡黄色石灰石交错组成的拱顶。这些拱门是内部最显著的特征（图14-2）。为了建成拥有更短柱身但理想高度为13米的天花板，设计师发明了一种不同寻常的双连拱设计。较低的拱门令空气在柱子顶部自由流动，显然支撑不了任何东西，但实际上却充当了在较高拱门上面托着廊顶的加固支架。这种多重相似元素令惊人的视觉效果增加了一倍。

清真寺的圣龛不仅仅是纯粹的壁龛，因为它保留了三个圆顶的系列。中央最大的圆顶（图14-3）以相交拱门为特征，形成了表面是金色镶嵌画的八角星造型。

格拉纳达阿尔罕布拉宫

于1309—1354年建成的阿尔罕布拉宫是摩尔人在被驱逐之前建造的最后一座西班牙宫殿，至今仍是摩尔式建筑和装饰风格的最高成就。阿尔罕布拉宫的规划是被许多有拱廊的庭院围绕，尽管它的外观非常质朴，但是自带花园、喷泉和倒影池，这是一种令人愉快的混合建筑。在这个复杂的环境中，游客常常听到泼水声或闻到茉莉花和橘子的香味。其封闭的墙壁保持着理想的隐居环境，而拱形的开口则为俯瞰远处的雪峰提供了视角。阿尔罕布拉宫的两个主要的庭院之一是桃金娘中庭，也就是倒影池，因为在水池中倒映出长35米的走廊，有时也被称为爱神木院。另一个主要的庭院是狮子庭院（图14-4），因12尊狮像围绕着的中央喷泉而得名，对禁止采用动物或人的形象作为装饰物的伊斯兰教建筑来说是个例外。这些狮子支撑着多边形喷水池，这是一个向四个方向延伸浅槽的水源。

周围房间的内墙用奇妙而细致的装饰细节覆盖，细节从属于整体效果。私人公寓透过装饰性木制格子窗空隙俯瞰着更多的公共庭院。壁龛可容纳一张床。在精心设计的浴池中，水龙头曾喷出冷水、热水，以及香水。大部分房间都用瓷砖护墙板装饰，这些护墙板高度约为120厘米且利用色彩斑斓的几何图案装饰，护墙板上方的墙面精美着色的全石膏装饰物覆盖（图14-17）。天花板附近的墙壁通常用带状装饰来处理，最常见的是借助丰富的装饰性草书铭文来处理，上面写着"万物非主，唯有真主"。

哥特式风格：穆德哈尔和基督教哥特式

西班牙到哥特时期之时，仍遭受伊斯兰和基督教之间争斗的折磨。摩尔人已经不再是过去那样强大的统治者了，但他们还没有被驱逐出去。穆德哈尔人和莫扎勒布人这两个群体，具有两种文化的共同特征。穆德哈尔人是改信基督教的摩尔人；然而，在改变他们的宗教信仰的过程中，没有必要改变他们的设计风格，而穆德哈尔建筑和内饰风格融入了伊斯兰装饰性细节和工艺。莫扎勒布人是居住在阿拉伯统治地区的基督徒。这两个群体创作出与基督教元素、最早罗马式建筑和后来哥特式细节混合的伊斯兰元素设计。

在摩尔人的装饰材料和图案中有许多美丽的东西，而那些正好摆脱了穆罕默德宗教意义的东西，都被哥特式时期的基督教建筑师们热切采用。在穆德哈尔人和西班牙莫扎拉布人的融合风格中，许多内部装饰共同展示了伊斯兰和哥特式的影响力，就像在马德里装饰艺术博物馆（图14-5）中改造的房间一样。

当西班牙南部的摩尔人正在修建他们优雅的宫殿和令人印象深刻的清真寺时，西班牙北部的基督教徒正在修建一种与我们在比利牛斯北部看到的与哥特式作品风格密切相关的建筑。基督教哥特式风格的两种主要表现形式是城堡和大教堂，而公共浴场则受到摩尔人的欢迎。

洗浴

虽然罗马人在西班牙建造了许多浴场，但在摩尔人统治下的西班牙修建的公共浴场最初是仿照伊斯兰土耳其浴室建造，而不是仿照罗马的大型浴场建筑群。这些人有时为了赚钱和源于部分宗教情结进行私人经营，但他们一直重视例行的洗礼和清洁。和罗马的浴场不一样，附近没有庭院进行体育锻炼，也没有任何提供冷水沐浴的冷水浴室。基本组成部分通常是一个圆屋顶（常带有镂空小玻璃窗）的入口大厅和一个有水池的加温室。赫

罗纳 12 世纪浴室的入口如图 14-6 所示。

城堡

在 8 世纪和 9 世纪，基督教贵族家庭开始了建造城堡的计划，尤其是在卡斯提尔（Castile，由于城堡数量很多而得名）。在西班牙这些设要塞的堡垒可能比其他任何欧洲国家都要多，它们中的许多都是在摩尔人逐渐征服西班牙的年代里修建的。拉莫塔城堡（图 14-7）就是一个例子，它建于 12 世纪巴利亚多利德北部中心，但后来在 15 世纪进行了改造。它包含有圆形炮塔的外部射口墙、有长方形炮塔的内墙、三层楼高的内部庭院，以及高大的方形角楼或内含住所的城堡主楼。西班牙的城堡大多修建在陡峭的高地上，不仅具有强大的防御力量，而且在他们的住宿区里也用哥特式细节精巧地处理。

大教堂

西班牙引进了意大利、法国和北欧技艺精湛的哥特式教堂艺术，主要是由西班牙克卢尼的西多会修士引进。教堂里有雕刻的大门和相邻的回廊，因雕刻的石柱和大写字母而闻名，沿着朝圣者前往圣地亚哥教堂朝圣的道路上升。13 世纪和 14 世纪哥特式教堂如布尔戈斯、托莱多大教堂、利昂大教堂、萨拉曼卡大教堂和塞维利亚

大教堂，时间比法国同类建筑晚，但它们反映了哥特式运动的所有辉煌和力量。

这些教堂和其他大教堂一样，有着极其巨大丰富的祭坛装饰品、浮雕形的雪花石膏、多色装饰的木制品、镀金的锻铁烤架和大理石坟墓，是装饰细节的宝库。因为南部太阳光很强且天气炎热，必须要根据南北部的气候差异来设计窗户，因此西班牙哥特教堂通常比北部那些教堂有着更小的门窗布局（窗户的整体设计和布置）。大面积的墙产生明显的朴素感，但这些大的表面广泛地借助摩尔式建筑风格的几何图案来装饰。马蹄形拱门经常被使用，哥特式尖顶拱门也是如此。墙壁和过道被透过彩色玻璃窗斜射进来的阳光照亮，室内的昏暗使它们的色彩更加明亮。在黑暗的角落里，烛光的使用令人印象深刻。

▲图 14-6 赫罗纳的公共浴场，建于 1194 年，于一个世纪后修复
岁月照片库／速伯斯托克公司

▲图 14-7 鸟瞰拉莫塔城堡，麦地那德尔坎波广场，15 世纪
罗伯特哈丁图像图书馆有限公司，阿雷米图片

在葡萄牙的圣玛利亚战役胜利修道院（或巴塔利亚修道院）就是一个令人印象深刻的哥特式建筑。它于1433年竣工，是为了纪念1385年战役，此战使葡萄牙脱离西班牙的统治，取得独立。

塞维利亚大教堂

根据建筑面积来算，塞维利亚大教堂是世界上第三大教堂，仅次于罗马的圣彼得大教堂（图13-15）和伦敦的圣保罗大教堂（图16-11）。然而，它的天花板很高，如果只计算封闭空间，塞维利亚的大教堂是世界上最大的。它长126米、宽83米、高30米，在中厅上的拱顶增加到更高的40米处。正如我们在第8章所看到的，一些法国哥特式教堂在它们最高顶尖处还能上升到更高，但是他们无法在如此大范围的区域上保持那种高度。1401年，塞维利亚大教堂被下令修建，它的修建花了一个多世纪的时间，并于1519年被奉为圣城。

32根成群的巨大支柱把大教堂的内部分成了一个中厅和双过道。此外，还有许多的侧边小教堂和堂区或教区教堂。彩色玻璃被充分使用且颜色大胆醒目。在高耸的天花板拱顶（图14-8）中，肋拱的排列方式与结构逻辑相比，更具有装饰性，而且在肋拱间具有突出浮雕或吊坠装饰物的纹理区，主要在肋拱的交叉处使用。这些铁格栅（rejas，发音为"ray-hass"）具有高度装饰性，祭坛屏风（retablos，发音为"ray-tah-blohss"）是在任何地方都可以找到的中世纪木工作品中最丰富的例子。

与大教堂相邻的是之前占领该地的清真寺的两处遗迹。其中一个是进入教堂前需通过的种着橘子树的前庭，另一个是希拉尔达塔。最初的塔高为60米建于12世纪是清真寺的尖塔。随着精致的大教堂钟楼被添加到这个简单的方形建筑中，整个建筑的高度达到了98米左右，钟楼顶端有一尊代表"信仰"的巨大雕像，这个雕像同时也是一个旋转的铁制风向标。

文艺复兴时期的风格：西班牙银匠式风格与严谨装饰风格

在15世纪后期，西班牙和葡萄牙的觉醒及对外国设计风格的探索对设计产生了巨大的影响。这两个国家的人们都喜欢用丰富的、小规模的装饰来覆盖广阔的表面。这种喜好似乎有两个起源：摩尔式建筑风格中装饰

▲ 图14-8 塞维利亚大教堂中的哥特式穹顶，高约30.5米
阿伯克龙比

的无数细节（但并不全是摩尔式建筑风格的精美）、巨额财富和外来货物涌入半岛。在西班牙，这个超级丰富的装饰时期被称为伊莎贝拉（Isabellina）时期，源于女王伊莎贝拉一世（Queen Isabella I），她从1474年到1504年在位。在葡萄牙与伊莎贝拉一世同一时期的国王是唐·曼努埃尔一世（Manuel I，1495—1521年在位）他统治期间的设计风格被称为曼努埃尔风格。它与西班牙风格不同的是，在起源和表现手法上更为混乱。曼努埃尔风格包括了对罗马建筑的回忆，哥特式拱门，阿拉伯和印度的建筑特色，以及似乎象征着葡萄牙航海命运的海洋装饰品。但在文艺复兴时期出现的西班牙银匠式风格和严谨装饰风格是更加重要的风格。

西班牙银匠式风格

随着大量的金银从美国的殖民地源源不断地流向西班牙，这让西班牙银匠有充足的机会展示精湛的技艺。此类金属制品的微小细节和精致装饰借鉴了西班牙银匠式风格，这与伊莎贝拉的区别仅为时间稍晚，而不是本质上的不同。其来源不单有银器匠的作品，当然还有建筑师的作品。透过其丰富的装饰，西班牙银匠式风格结

构从建设和体积来看既可以是哥特式的也可以是文艺复兴式的，但它是装饰本身定义的风格。1549 年雕刻的托莱多大教堂的圣器收藏室门和相邻壁柱就是一个例子（图 14-9）。装饰物包括了纹章盾牌、肖像勋章，以及描绘树枝状装饰、叶形装饰和花状平纹等意大利主题图案（表 4-2）。

西班牙银匠式风格主要用于建筑外观的处理、庭院、教堂和公共建筑里的正式房间，以及家具和配件设计。它并没有被广泛地用作为民居内墙的样式，但这一时期的内部装饰开始展现出更丰富的细节，家具类型的增加，以及现代意大利房间在舒适性和便利性的改进。在 16 世纪中叶，意大利建筑师兼理论家塞巴斯蒂亚诺·塞利奥（Sebastiano Serlio，1475—1554）关于古典建筑风格秩序的论文在西班牙首次发表后，西班牙银匠式风格开始有所减弱，缓和了与随之而来的非常不同的风格——严谨装饰风格的过渡。

▲图 14-9 托莱多大教堂圣器收藏室门和相邻壁柱，由格雷戈里奥帕尔多（Gregorio Pardo，1517—1557）以西班牙银匠式风格雕刻，1549 年

阿马特耶西班牙艺术学院，西班牙，巴塞罗那

严谨装饰风格

因其严谨而闻名，严谨装饰风格（Desornamentado，发音为"day-sor-nah-men-tah-do"）意思是"没有装饰"且是一种以朴素为特征的强势风格。这种风格仅限于法院、教会和公共建筑，从未被认为适合用于家庭。朴素的表面有着精细的比例。这一风格的伟大历史遗迹是埃斯科里亚尔修道院，由哈布斯堡王朝统治者菲利普二世下令修建。哈布斯堡家族是奥地利的统治王室，他们通过精心策划的联姻手段和查尔斯五世（Charles V，哈布斯堡神圣王朝罗马帝国皇帝菲利浦的父亲）的努力，夺取了对西班牙王位的控制权。菲利普二世（1527—1598 年在位）也继承了葡萄牙和意大利对那不勒斯和西西里岛的统治权。在他的管理时期，是西班牙艺术和文学黄金时代的开启，他的政权和个性都是形成建筑装饰新风格的决定性因素。

埃斯科里亚尔修道院，近马德里

埃斯科里亚尔修道院位于马德里西北 48 千米处，是建筑史上最伟大的原型之一，它的庄重、朴素和简洁几乎与它的巨型结构难以匹配。用邻近山脉开发出的坚实灰色花岗岩修建，测量为宽 175 米、长 228 米，不包括超出计划的约 3200 平方米的矩形的祭坛翼。在这个矩形区域内一个网格平面图。将环绕在建筑体周围的复杂庭院划分为正方形和长方形庭院，它集宫殿、大型教堂、修道院、养老院以及一大批西班牙君主所在的陵墓（如图 14-10 所示）于一体。城角塔高达 92 米的教堂圆顶使建筑体变得富有生气。它不断重复的窗户在朴实框架中被均匀地布置，外面和里面的细节都是少量而克制的。当应用古典式柱型时，它在大多数情况下，是质朴稳固的托斯卡纳建筑风格。埃斯科里亚尔修道院的计划始于 1559 年，在意大利受过培训的胡安·包蒂斯塔·德·托莱多（Juan Bautista de Toledo，约 1515—1567）来自那不勒斯，被菲利普二世任命为建筑师。包蒂斯塔死后，他的前助理胡安·德·埃雷拉（Juan de Herrera，1530—1597）继任了他的职位，胡安·德·埃雷拉是建筑师、数学家兼人道主义者，他接替包蒂斯塔的工作直到该建筑于 1584 年竣工。

埃斯科里亚尔修道院和以前所有的建筑风格一点也不像。我们可以想到促成其原始风格的四个因素：第一，是其赞助人菲利普理性、虔诚和严肃性格的表达；第二，

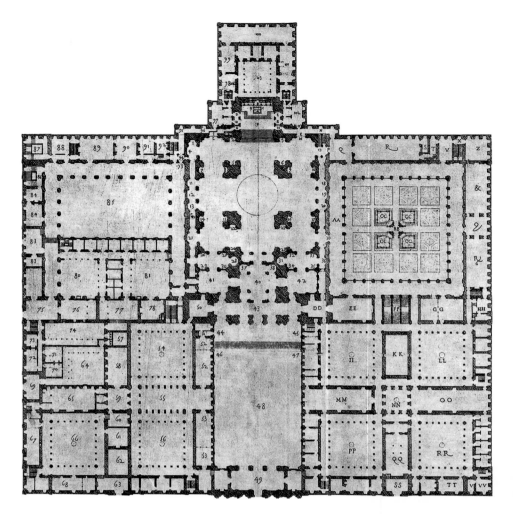

◀图 14-10 埃斯科里亚尔修道院一楼平面图。教堂位于最高的中心，国王的私人住所在远处凸出的地方。图书馆是在右下角的"MM"空间

摘自：乔治·库布勒（George Kubler）的著作《建造埃斯科里亚尔》（*Building the Escorial*）。©1982。普林斯顿大学出版社

对华丽的西班牙银匠式风格有时出现轻浮复杂性的反应；第三，一种信仰的表达；第四，在意大利文艺复兴时期包蒂斯塔和埃雷拉都对最近的成就感到钦佩。据说，包蒂斯塔在米开朗基罗的领导下曾在圣彼得大教堂工作过。在意大利文艺复兴时期，只有最微不足道和最实用的建筑才能像菲利普的宫殿一样质朴，但圣彼得大教堂和埃斯科里亚尔修道院所共有的是始终不变的比例感和对理性的深刻尊重。

在埃斯科里亚尔修道院中，菲利普将新的严谨风格视为一种理想宣言。由于去除了没有必要的装饰，这座建筑体现了当时天主教的严格纪律。它被誉为高度道德的建筑，真正的"布道石"。从这个意义上来说，这个巨大综合体最不符合严谨精神的部分是教堂本身，这似乎很奇怪，但表明了建造者的态度，即精神的事情是值得赞美的，而世俗的事情却不是这样的。

埃斯科里亚尔修道院的严谨装饰风格是一种道德宣言。这座建筑仅有的装饰华丽的地方是教堂和图书馆，它证明了宗教和宗教学习是值得赞美的，而不是世俗的事情。图书馆的大穹顶（图 14-11），在埃雷拉设计的黑檀木和胡桃木飞天书架的上方，书架里面有罕见的希腊语、拉丁语和阿拉伯语手稿，穹顶由半圆壁（半圆形框架开口）分隔，上面画着寓言壁画。

但埃斯科里亚尔修道院许多房间中，最具特色的是在突出的东楼的菲利普二世的私人公寓。它们特别简单。它们的门窗是用浅灰色大理石框起来的，地板是陶土瓦瓷砖，铺着釉面塔拉韦拉瓷砖壁板的墙壁经过了粉刷。一个睡觉的小壁龛（图 14-12）直接通往教会主祭台，所以晚年的国王即使痛苦到卧床不起时，也可以听到弥撒曲。实际上一张有帐子的床几乎占满了房间，它旁边是另一个作为国王书房的小房间。他的家具很简陋，适当配备有一把直背扶手椅、可以放他那被感染的腿的另一张椅子、一个书架，以及一张写字台。

▲图 14-11 埃斯科里亚尔修道院图书馆，1584 年。天花板壁画代表七种自由艺术

西班牙旅游局

▲图 14-12 埃斯科里亚尔修道院里的菲利普二世的小型私人卧室。床边看到的门通向教堂的祭坛

专辑，约瑟夫·马丁（Joseph Martin），艺术档案馆

巴洛克风格：西班牙巴洛克建筑风格

伊比利亚半岛的建筑和装饰在 1650—1750 年一百年间形成自己的风格。在这段时期出现了一种从未有过的风格，这可能永远也不会在其他地方产生的：西班牙巴洛克建筑风格。这是一种专注于表达西班牙人最热情性格的增添装饰风格。

西班牙巴洛克建筑风格

1597 年埃雷拉逝世后，一项针对严谨装饰风格的改革行动迅速发展起来。大众喜好回归至装饰的奢华使用上，以取代严谨装饰风格。在宗教改革运动后，罗马教会感觉需要重新树立权威，感受新风格对群众的情绪影响，因此他们大力提倡这一风格。

新的建筑观念是由一个拥有杰出的雕塑家、木工和建筑师的名为丘里格拉（Churriguera）的家族推动的。家族传统的创始人是"长者"何塞·西蒙·德·丘里格拉（Jose Simon de Churriguera），他于 1679 年逝世。加入他的事业的是他的五个儿子和三个孙子。他们

所培育的西班牙巴洛克式建筑风格主要是一种表面装饰的风格，而不是一种结构上的改变。应用于外部入口门道、宫殿内部装饰，以及教堂祭坛装饰（装饰性屏风或祭坛后面的嵌板）是其最显著的特点。它以一种相当平缓的形式出现在人们的房子里，在那里人们看到更多的家具和装饰物，而不是墙壁的装饰处理。

这种新风格不仅仅是西班牙银匠式风格的复兴，其规模更大，效果更立体。用于新的装饰图案的自然事物以大胆的浮雕形式呈现，并常常夸张的规模。在公共建筑的设计中，古典柱式以自由和非常规的方式使用。圆柱通常是所罗门式柱，具有螺旋轴；有时，它们用沉重粗糙的圆木假扮。柱顶线盘和线脚向上或向外凸出，断裂和滚动的三角形楣饰在扭动的螺旋形中终止，多立克柱后又出现了用毛茛叶装饰的科林斯柱式，悬臂是无支柱的，以金字塔形式达到顶点。灰泥装饰被塑造成模拟岩层、瀑布和垂褶花饰的样式，裸体女子像因沉重的载荷蜷缩起来，智天使和六翼天

使在石膏云中出现。宗教符号被大量使用，视觉幻象迷惑了他们的观察者，几十根蜡烛发出的光芒照亮了透明的雪花石膏雕刻品。银色、玳瑁色和乳白色的镶嵌丰富了其余的墙面。幻想统治一切。

其他著名的具有西班牙巴洛克建筑风格的设计师包括安东尼奥·托梅（Antonio Tomé）和他的两个儿子纳西索·托梅（Narciso Tome，1690—1742）和迭戈（Diego Tomé），他们负责瓦拉多利德大学的外观设计。托莱多大教堂里透明大理石雕像归功于纳西索·托迈。

托莱多大教堂

托莱多大教堂是一座典型的西班牙哥特式建筑，于13世纪开始建造，并在塞利维亚大教堂开始建造之前竣工。1721—1732 年，纳西索·托梅在教堂的回廊当中建造了圣坛。这或许是巴洛克式风格最极致的体现（图14-13）。在堆叠的柱子之间，天使沿着柱子盘旋而上，一座由青铜和大理石组成的华美雕像沐浴在透过教堂拱形天窗照进的阳光之下，其余地方围绕着更多的天使，里面也有壁画的元素。像一个世纪之前贝尔尼尼在圣彼得大教堂做的巴洛克式建筑，很难明确判定这是建筑还是雕塑。但毫无疑问，托梅的作品在传递戏剧感和能量这方面令人印象深刻。

◀图 14-13 托莱多大教堂的教堂祭坛装饰，由纳西索·托梅和他的家族设计，竣工于 1732 年
斯卡拉，纽约，艺术资源

洛可可风格和新古典主义风格

如我们在意大利所见（在法国也应当看到），在巴洛克式风格过时之后，新古典主义风格兴起之前，出现的是洛可可风格。不管是在重量还是颜色方面，它都比巴洛克式风格要轻淡。其丰富的装饰往往是不对称的，以 C 形和 S 形曲线为主。

在西班牙的早期设计中，我们发现，广阔而宁静的摩尔式风格与西班牙风格能很好地融合。我们能够看出，意大利文艺复兴时期和谐的比例，也与冷静的西班牙气质相得益彰，譬如在埃斯科里亚尔修道院的建筑之中，就有所体现。在洛可可时期，从意大利进口东西远没有后来这样受到限制，而且那时候的东西似乎并不符合西班牙的传统风格。实际上，它们的确是外来的。这些室内设计的客户是 1700 年从法国远道而来统治西班牙的波旁王朝，他们雇佣的大部分艺术家和工匠都来自欧洲其他地方，主要来自意大利和西西里岛。而且，你在这里看到的洛可可风格并不是来自意大利的洛可可风格（也不是来自法国的）。然而，更微妙的是，它有一种真正的西班牙的气势，正如马德里的皇家宫殿所表现出来的那样。在 18 世纪后半部分，西班牙风格转变成了一种更为严肃的经典风格，也就是新古典主义，它被认为是相较于文艺复兴风格而言，对古代经典原则更真实的表达。

1752 年，皇家圣费尔南多美术学院成立，开始每年往罗马输送 6 位艺术家去研究古代艺术。文图拉·罗德里格斯（Ventura Rodríguez，1717—1785），他曾当过尤瓦拉的学徒，并跟随尤瓦拉的继承人萨切蒂工作，刚开始他是一位秉承巴洛克风格的建筑家，但后来投向了新古典主义。而胡安·德·维拉纽瓦（Juan de Villaneuva）（1739—1811）则更近似于一位新古典主义风格建筑家，他的主要成就是马德里的普拉多国家博物馆。

马德里皇宫

马德里皇宫是西班牙伟大的洛可可式建筑，位于马德里河畔，摩尔人城堡和后建的阿卡萨尔宫均矗立在此。1734 年阿卡萨尔宫焚毁不久后，这幢新建筑于菲利普五世在位时期开始建造，马德里皇宫是西班牙皇室的住处，1931 年西班牙第二共和国宣布成立前它是西班牙权力所在。菲利普将建筑的设计工作交给了菲利波·尤瓦拉，他是来自都灵的意大利籍建筑师，建筑风格为洛可可式。但是尤瓦拉在 1736 年去世了，于是国王让他

的弟子乔瓦尼·巴蒂斯塔·萨切蒂（Giovanni Battista Sacchetti，1690—1764）接替，他也来自都灵。1760年，新王查尔斯三世撤下萨切蒂，让弗朗切斯科·萨巴蒂尼（Francesco Sabbatini，1721—1797）代为设计，他来自那不勒斯，四年后完成修建工作。尤瓦拉、萨切蒂、萨巴蒂尼一起创造了一个反映现代意大利风格的设计，结构精细的浅灰色石头围绕着一个边长大约为 51 米的正方形庭院。人们因其外围的广度和方正而印象深刻，但是内部的华丽程度在人意料之外。皇家宫殿在整体建筑上十分内敛古典，让人们都想不到这是洛可可风格的建筑，说宫殿内是洛可可式的倒是比较符合。西班牙为制造需要的大理石、青铜、纺织品、石膏板、瓷器、橱柜和装潢用品，建立了一整套车间，因此这些商品的贸易在西班牙变得制度化。这些车间的工作人员有意大利人、德国人和佛兰德的工匠，还有几个西班牙当地人。

意大利的洛可可画家乔瓦尼·巴蒂斯塔·提埃波罗（Gioranni Battista Tiepolo，1696—1770）在帕拉第奥别墅的几面墙壁上画了壁画，在他生命的最后 8 年，住在西班牙，为皇宫贡献了三面天花板壁画。作画地主要包括戟兵房侧面的楼梯间，楼梯间对面的墙壁是镶金边的红色天鹅绒。皇家教堂与套间的中轴线相同，但是隔着院子。然而，里面最有趣的地方是瓷器收藏室和格斯帕里尼之屋。

皇宫的瓷器收藏室（图 14-14）面积很小，用来做国王的内室。除了几面内嵌的镜子，墙壁上都是嵌入隐藏的木质结构的瓷板，这让墙面颜色不褪，散发出特别的光辉。这种效果有点像贴着瓷砖的屋子，但是并不相同：它的瓷板尺寸更加多样，很多比瓷砖要大；瓷板接缝更为隐蔽，并且比瓷砖更为立体；有的瓷制奖章、茶壶、丘比特、花环、帷幔超出壁面几英寸。多重装饰以及墙面的光芒经有限的色彩中和，瓷板的背景就成了奶油色，装饰品只有绿色和金色的。

这不是现存的唯一一间瓷器收藏室。桑托斯宫位于葡萄牙的里斯本，历史可追溯到 17 世纪中期，它可能受到了马德里皇宫瓷器间的启发，金字塔式天花板上镶嵌了中国的青花瓷，隐藏在木质结构中。西班牙阿兰胡埃斯皇宫有一间瓷器室与马德里皇宫瓷器收藏室处于同一时期，描绘了神话中被拴在石头上的安德洛墨达（Andromeda），在树上跳舞摇摆的中国人物及包着头

▲图 14-14 马德里皇宫的瓷器收藏室展出洛可可风格的瓷板
国家遗产，马德里

响的，但是同样明显的是这间屋子是西班牙的所有物。

最明显的特征是地板，大理石的颜色是多样化的，有铁锈色、橄榄色、淡蓝灰色、米色和金色，组成了热情洋溢的漩涡。它的天花板同样充满活力，在每一个角落都展示着真人大小的中国人像，它们之间是装饰华丽的乳白色地面。高釉使这些天花板具有瓷器的光泽，但事实上它们都是灰泥。天花板中央悬挂着一个巨大的吊灯（后来安装的），一个镀金的青铜狮子（象征着国王）趴在水晶吊灯中间。整个房间因其墙壁显得华丽又不显错乱。这些最显眼的色彩在地板和天花板之间达成了和谐，用金黄色和银绿色来进行更轻薄、丝绸刺绣设计更精致。这种织物充分地融入了房间的洛可可风格，但其相对简单和相对较小的比例巧妙地控制了其大胆的姿态。墙上的护墙板、檐口、门窗都是米色的大理石，在这样的背景下它们显得非常平淡，形式上也相当淳朴。墙壁织物和大理石装饰一起，保持着平面鲜明的区分，我们绝不会在这里迷失，因为墙壁、地板和天花板都作为独立的元素而存在。整个房间色彩往往很强烈，但颜色都是精心挑选的，数量上也有着严格控制。

普拉多博物馆，马德里

维亚诺瓦（Villannuera，1739—1811）设计的至高无上的新古典主义建筑，原先为自然科学馆；在费迪南七世（Ferdinand VII）的命令下于 1787 年设计，而后于 1819 年被命名为普拉多博物馆。它是由石头和砖建成的对称结构，多利克入口门廊令人印象深刻（图 14-16），它建构得很紧密，模仿了位于雅典卫城入口中心柱之间的较大间距（图 4-15）。一楼两边有交替的拱门和壁龛，龛位装的是瓦莱里亚诺·萨尔瓦铁拉（Valeriano Salvatierra，1789—1836）的骨灰盒以及他的艺术雕像，他曾在罗马学习，是皇家学院的成员。上一层有长长的爱奥尼柱廊，入口处的大型浮雕面板展示了费迪南七世的艺术保护者形象。两个垂直轴主导着内部，原计划建造自然历史博物馆的二楼现在是一片连续不断的大型画廊，在建筑的一端有一个单独的入口。

西班牙装饰

我们曾讲过西班牙设计可朴实无华，可装饰华丽。无论是自然形式还是几何形式，装饰物都十分复杂。正

巾的男人爬树以摆脱一只豹子。在意大利那不勒斯建了一间陶瓷房，但是随后就拆除了，在卡波迪蒙特重建起来。当然，这些屋子背后体现的是欧洲人对中国物品的痴迷：比如，南京琉璃塔由瓷砖铺墙，西方外交人员在 1665 年把这项设计介绍给欧洲后，它就在欧洲声名鹊起。

马德里皇宫最震撼人心、最绚丽、最成功的房间是由马蒂亚·格斯帕里尼（Mattia Gaspatini，死于 1774 年）设计的，这间最雄伟的房间是以他的名字命名的，即格斯帕里尼大厅（图 14-15）也称卡洛斯三世大厅。该屋原用作国王的更衣室，但是那时国王更衣不是私人的事情，而是一种宫廷庆典。人们可以称这间屋子为"洛可可式幻想"，更好的称呼是"fantasia"，意大利语和西班牙语都有这个单词，因为很明显它是受意大利影

▲图 14-15 马德里皇宫的格斯帕里尼之屋，由马蒂亚·格斯帕里尼（Matteo Gasparini）设计，建于 1761 年
国家遗产，马德里

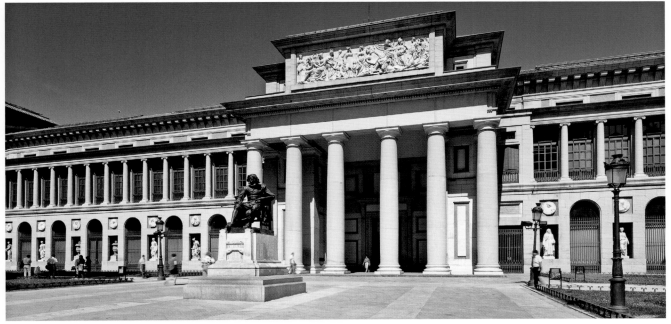

▲图 14-16 普拉多博物馆的外部细节，马德里，由胡安·德·维亚诺瓦于 1787 年设计建造
西畑平和（Hidekazu Nishibata）/ 速伯斯托克公司

如我们在第9章所见，一些伊斯兰教派是绝对禁止模仿自然形态的。因此，摩尔人从几何学中寻找灵感，摩尔人通常是优秀的数学家，他们在设计表面装饰时会运用独特的创意，设计出最复杂的交错线和曲线排列，一般不会设计成正方形和长方形，但可以设计成星形、新月形、十字形、六边形、八角形和其他许多形状。就像在中东一样，阿拉伯式和其他类似植物的装饰品也可以使用。

在摩尔时期，几何图形装饰运用到石膏、瓷砖和纺织品的设计中，并采用红、蓝、绿、白、银和金色等艳丽的色彩。松果和贝壳象征好运，广泛用作装饰图案，而贝壳则被作为圣詹姆斯和圣雅各的象征被融入基督教艺术中。摩尔装饰的一种特色是一种覆盖着细小石膏装饰的墙面（图14-17），运用各种不同的颜色精心着色。摩尔人还创作了小范围绘画模式。

随着文艺复兴影响扩大，绘画模式从教堂走向了世俗建筑，有时还与早期的元素同时使用，产生了摩尔风格、哥特式风格和古典风格融合的内部装饰。融合风格也运用于诸如陶器、纺织品、家具和金属制品等配件生产中。在这些融合风格中，瓷砖地板和低护墙板始终受到欢迎。尽管引入了绘画模式，多色装饰在几何图案中仍然存在。厚重的丝织物和小褶的绣品挂在墙上，充实了墙面。纹章式样的瓷砖经常用在天花板附近的墙壁上，而用意大利产花饰陶器和大口水壶来装饰房间也流行了一段时间，这些重要特征都是室内选色的标准。

通常，窗户很小，窗侧很深的建筑如果为窗户选玻璃的话，采用圆形或长方形的图案。厚重的木制室内百叶窗应用很普遍，其带有穿孔或旋转嵌板便于通风。西班牙百叶窗是一种软百叶窗，和现在的软百叶帘类似。有柱廊之处，柱帽通常由向两边延伸的支架组成，以支撑过梁。

壁炉开始沿用意大利文艺复兴时期风格，有防护罩，下半部分采用经典的建筑风格。画框一般挂在墙上，比壁画装饰更常见，陶器也广泛用于实用和装饰性用途。

16世纪早期，葡萄牙开始进入文艺复兴时期，在曼努埃尔风格装饰性图案中，庆祝葡萄牙人统治海洋的图案为海洋植物、贝壳类、帆、船首、绳索、旗帜、浑天仪和球型天文仪。西班牙巴洛克风格中，频繁采用的图案为柱，一种柱身自上而下逐渐变细的柱。

▲图14-17 塞维利亚的阿尔卡萨尔王宫，以石膏装饰的拱顶
乔恩·阿诺德（Jon Arnold）/速伯斯托克公司

天花板

有两种西班牙木制天花板。一种由几个巨大的木梁组成，木梁间有一定的间距，支撑与木梁成一定角度且紧密排列的较小的梁，所有国家中都可发现这个简单的结构排列。另一种天花板为浅木面板，排列成复杂的几何形状。整齐排列的几个模具可制造星星、六边形和不规则形状，通常比面板本身占据更大的面积。例子为塞维利亚的阿尔卡萨尔王宫（图14-18）内家庭餐厅的天花板，建于14世纪下半叶。这种摩尔木制品以木制天花板（工匠）著名，主要采用当地的雪松，这是一种细质的软木，有点像红松。镶木板的天花板和门通常出现在天然装饰的住宅和公共建筑内，有时有镀金或颜色。

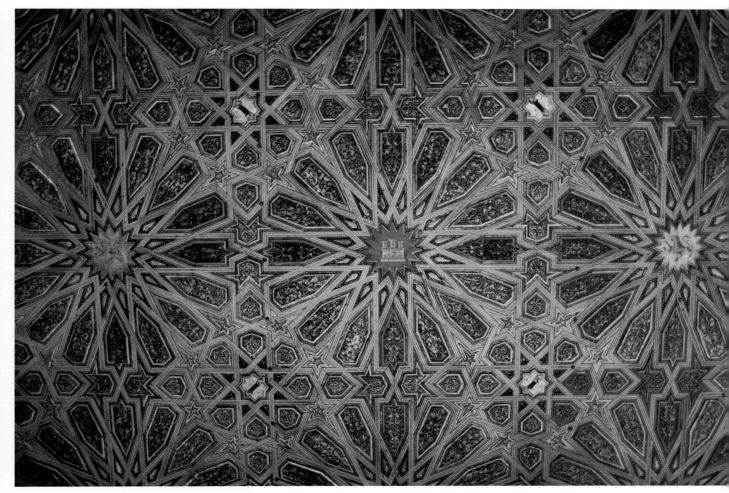

▲图 14-18 塞维利亚的阿尔卡萨尔王宫餐厅的木制天花板，14 世纪下半叶。另一个细节见图 14-1
罗伯特·弗莱克 / 奥德赛有限责任公司

门

　　装饰性的门面板和门框是许多时期西班牙设计的重要特点所在。正如预期的那样，这些装饰图案始于摩尔时代雕刻的几何图案及阿拉伯式花饰。

　　摩尔时代结束后的一段时间内，西班牙式门继续雕刻成木制天花板风格，与之前介绍的木制天花板设计相似。文艺复兴的西班牙银匠式风格阶段，人们用木头和其他材料制作装饰性工艺品。在托莱多大教堂我们已经看见了一对天主教教堂门（如图 14-9），展示了这种风格，比托梅的圣坛早建成 180 年左右。

　　在埃斯科里亚尔修道院的未加装饰的接见室里，毗连菲利普二世的私人壁龛，唯一奢华的装饰是五个镶嵌精细的门，这是德国艺术家巴托洛梅·魏斯豪普特（Bartolomé Weisshaupt）送给该建筑的礼物。菲利普卧室通向祭坛的更简洁的镶板门见图 14-12，另一个

例子见图 14-19 中部。经常出现在门表面的简单方形面板见图 14-22 左侧所示。

　　摩尔式房子内流行的独特装潢特色是壁龛的装饰。嵌入约 46 厘米，由护壁板顶部起，通常承受两个铰链式的门，与现代百叶窗相似。有时，门会被加上轮廓或在两侧绘上颜色鲜亮的图案。壁龛后面和侧面遍布带有颜色的瓷砖或绘有明亮的色彩，与非彩色的灰泥墙形成鲜明的对比。壁龛内装有架子，以支撑实用的和装饰性的附属物。

西班牙家具

　　文艺复兴之前，与欧洲其他国家相似，西班牙的房间里家具较少。从那些时代的绘画作品和资源目录可发现仅有的几件家具，有长凳、折叠式座椅、椅子、四柱床、

带支架的桌子

螺旋轴

支架桌写字台

钉花图案

皮革软垫椅

椅子

木板门

几何瓷砖图案

贝壳图案

烛台

窗花

摩尔式拱（马蹄拱）

▲图 14-19 西班牙家具和细节
吉尔伯特·维尔 / 纽约室内设计学校

简单的桌子、特殊场合使用的餐具柜和带有抽屉的橱柜。餐桌由不牢固的木板组装，放在支架上，铺有中东和远东国家设计的地毯。

西班牙的摩尔式房屋内紧贴墙处装有长凳。许多靠垫和草垫放在地板上，这是游牧时代保留下来的习惯。地毯大量用在地面、长凳上，或用来装饰墙面。皮制和木制柜橱用以储存衣物。炉具和餐具材料为陶器、青铜、铜。精致的刺绣、饰带、织机制作的纺织品带有颜色和图案。普通瓶子、酒瓶和香水瓶由闪光玻璃制成，十分漂亮。

许多西班牙哥特式家具绘有鲜艳的颜色和金色。细节源自基督教哥特式建筑元素，但是许多作品在几何图案的使用中显示出穆德哈尔的影响，采用整齐均匀排列的镶嵌物。面积大和结构牢固是建筑原则，比起面积小和优雅更为重要。各元素完美结合，经常用锻铁支撑。

随着文艺复兴的到来，奢侈品被西班牙人从意大利引入，带有许多新形式家具和装饰物细节（图14-19）。1500—1650年间，几乎所有西班牙家具的设计灵感均来源于意大利。尽管当地情况和传统影响设计，但很少产自本土。一些极好的家具用于教堂，其装饰物自然而然地含有神圣的特点，如教皇的主教帽和天堂钥匙的象征符号。

西班牙文艺复兴家具采用的木材基本为胡桃木（一种特别受人喜爱的材料）、栗树、雪松木、栎树、松树、梨树、黄杨木和橘树，镶嵌材料通常为黑檀木、象牙和龟甲。大约起始于1550年，西班牙人是最先以红木作为家具木材的欧洲人，木材从西印度群岛殖民地进口。它们经常被循环利用：因为红木材料面积大，这种木头最早作为西班牙大帆船的制造材料；当这些船只失事或不再营运时，这些木材便用作家具和较小建筑的材料。这种木材有时被称为西班牙红木。

直到1725年，西班牙和葡萄牙的上层阶级开始以法国风格装饰房间。房间面积开始变小，家具体积也随之减小。法国风格的西班牙式家具色彩更鲜艳，体积更大，更强有力，造型、颜色和装饰也更夸张。颜色总体趋势为白色和金色及彩色色调。镜子安装在护壁板内或安装在精致雕刻物内，挂在墙上。许多新款式家具被引入，如卡式摇床、操纵台、各种长沙发、钟表和衣柜。舒适的家具装饰品也被引进。西班牙继续沿用传统，使用皮制家具装饰品，也经常采用法国家具构架。

从18世纪起，英国经常给西班牙和葡萄牙运送大量家具。安妮女王（Queen Anne）风格逐渐流行，当地工匠艺人迅速模仿，然而椅背通常比英国式高些。18世纪后期，英国采用奇彭代尔式家具。英国制造了特色家具用于出口，许多英国家具用红漆，为迎合西班牙的品位。完成后，便宜的木材用于框架，以致桌子和椅子需要安装横档，许多椅子用藤做椅背和椅面。西班牙制的大部分家具中，英式和法式元素是结合的。西班牙在地中海的部分——瓦伦西亚、加泰罗尼亚、马略卡岛和梅诺卡岛的巴利阿里群岛——受威尼斯影响。

18世纪，威尼斯对西班牙南部影响强烈。这就解释了在这些地区发现的精美漆器家具最初是进口的，后来是本地复制的。椅子、操纵台、三角桌和橱柜经常被漆成红色、黄色、绿色，有时也为蓝色。表面的装饰，包括中国风或程式化的18世纪的图案，采用不同色调的金色，并用黑色线增强。

18世纪末，内部装饰和家具均开始受英国亚当兄弟的影响，亚当兄弟研究庞贝遗迹和其他古迹城市。椴木材质和涂漆的英国赫伯怀特式和谢拉顿家具也很受欢迎。古迹经典风格，来自为从1774年至1794年间统治法国的路易十六（Louis XVI）设计巴洛克式风格的法国设计师，而非文艺复兴建筑。直线代替了曲线或洛可可式建筑，淘汰了弯曲底脚，所有与路易十六和玛丽·安托瓦内特（Marie Antoinette）相关的伤感元素设计开始流行。

所有西班牙的家具类型也同样存在于葡萄牙，但是在葡萄牙，椅子和桌子的支撑柱和床头架的工艺尺寸和复杂性更夸张，螺旋和球形更常见。此外，葡萄牙人从中国引入编藤家具和猫脚型弯椅脚，他们是最早使用编藤家具和猫脚型弯椅脚的欧洲人。涂漆家具从远东引入，葡萄牙贸易者将东方纺织物和印花第一次引入欧洲西部。在曼努埃尔统治时期（1495—1521），像巴塔利亚和托马尔地区，受到东印度的影响十分强烈，并以极其丰富的细节表达自己，这是远东国家对西方艺术第一次产生影响。

座椅

西班牙语的无扶手椅叫作椅子；扶手椅叫作沙发。当然，每一种椅子都有很多不同的类别。Renacimiento

椅指的是文艺复兴时期的椅子。Cadero 椅指的是一个
有 x 形框架的椅子，仿照意大利的但丁式座椅（Dante
chair 或 Dantesca，图 13-23 顶部右上角），在 16
世纪早期的西班牙，这种椅子是最受欢迎的，经常用红
色天鹅绒镶边。有时被称为剪刀椅或髋部椅。不过，
最著名的西班牙椅子，就是弗雷罗扶手椅（sillón de
frailero），通常简称为弗雷罗。这种"僧侣之椅"是在
16 世纪晚期被引入的（图 14-20），因为它经常被用于
修道院，因此得名。它有一个方形或长方形的木制框架，
有时带转角，并且直靠背和座位分开，而且靠背和座位
经常用皮革装饰。这种皮革通常被用双排带有装饰头的
钉子固定在椅子框架上。有时两腿之间的横档可以拆卸，
这样椅子就可以折叠起来。它的扶手有时以巴洛克式的
蜗壳结束。葡萄牙的版本略有不同，有更高的靠背，更
精巧的转动腿，还有球爪脚（图 14-21）。

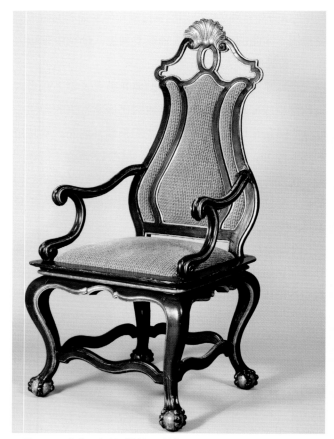

▲图 14-21 葡萄牙版的"僧侣之椅"
亚伯拉罕·罗素（Abraham Russell）

▲图 14-20 17 世纪西班牙扶手椅，带刺绣流苏软垫
西班牙装饰艺术国家博物馆，马德里

木门板　　　　棒状和柱状　　　金属支架腿折叠桌

▲图 14-22 西班牙家具的支腿和雕花
吉尔伯特·维尔 / 纽约室内设计学校

短棍棒（棒状的）在家具腿上和在两腿之间的横档
上很流行，在图 14-22 的中间图显示了一条棒状的腿。
使用斜面的或倾斜的腿也很受欢迎。在家具腿的末端，
使用了好几种脚，但最具特色的是西班牙脚（见第 440
页"表 19-3　家具脚"）。它的形状像蹄子或爪子，它
的表面切成狭窄的凹槽。它从腿部向外投射，然后在地
板上微微向内弯曲。西班牙和葡萄牙从 17 世纪起就开始
使用它，它也被用于 18 世纪英国和美国的家具。

马德里皇宫的加斯帕里尼之屋华丽的洛可可风格（图14-15）是加斯帕里尼设计的，由西班牙家具制造商何塞·坎普斯（José Canops，在1759年成名，1814年去世）制作的家具相配。郁金香木沙发和椅子（图14-23）在尺寸上比法国形式的更大，并拥有由非凡的蛇形曲线支撑的扶手，这条曲线扭转了它们的方向不止一次，而是两次。（这把椅子被称为"西班牙椅"，是一种低的、有软垫、座位和椅背是连接曲线的椅子，实际上根本不是西班牙，而是维多利亚时代的英国椅子）

床铺

　　床分为有角柱和没有角柱的。螺旋的角柱经常被使用，通常是安装织物帷幔的（图14-24）。床头板有时是与床分开的，固定在墙上，它们可以被精心绘制，被设计成建筑的山墙饰，或者刻有复杂的卷轴图案。床上

▲ 图14-23 马德里皇宫加斯帕里尼之屋，何塞·坎普斯（José Canops）制作的洛可可式扶手椅
国家遗产，马德里

▲ 图14-24 17世纪的西班牙床，带螺旋柱和华丽雕花的床头板
阿马特耶西班牙艺术学院，西班牙，巴塞罗那

经常挂着丝缎，装饰有条纹和流苏。在图14-12中可以看到菲利普二世的那张小而有锦缎悬挂的床。

桌子及镜子

　　西班牙的桌子有时用四条腿支撑，有时用两个支架来支撑（木制支架，通常是X形；见图14-19右上角）。在罕见的情况下，有些桌子由于太长，因此需要中间的双腿或支架。桌腿为直线型或螺旋的古典圆柱或栏杆。这些支架比意大利的支架要简单得多；它们通常被穿成一系列对比性鲜明的曲线，通常采用近似七弦竖琴的形状。桌腿和支架都是由一根斜角的木制或弯曲的铁片支撑着，它从桌面的底部开始，在连接着两条腿，

在靠近地板的横档上结束。这种弯曲的铁条被称为"担保（fiadores）"（图14-19右上）。在图14-25中可以看到一个有漆面的折叠版桌子。桌面通常有一个很长伸出部分，边缘是平的方形的。

▲图14-25 以铁条支撑的折叠桌，17世纪下半叶。漆器装饰体现了中国对它的影响
伦敦，维多利亚阿尔伯特博物馆／纽约，艺术资源

依据意大利人的品位设计成的靠墙台桌在西班牙很受欢迎。例如，1739年，由尤瓦拉（马德里皇宫的设计师）为马德里皇宫设计的40个玄关桌，在塞戈维亚外完工。玄关桌上方的墙上一般流行装饰上镜子。

由于各种形状和大小的镜子都很受欢迎，以至于在1736年，菲利普五世建立了一个皇家镜子工厂。它的产品包含迄今为止最大的镜子，比如，这面镜子含它的框架大约重达8.2吨。在18世纪末，一种特殊的镜子设计，以镀金木质的装饰物覆盖在大理石表面上，顶部有一幅小油画嵌在一个椭圆形浮雕内，被称为"毕尔巴鄂镜"（Bilbao mirror），以西班牙北部城市的名字命名。因为毕尔巴鄂是美国船只进出法国的常用港口，所以许多毕尔巴鄂的镜子都被带到美国。

收纳箱

在整个西班牙历史上，最常见的家具，几乎在每个房间都使用的是一个带有铰链盖的收纳箱。用来存放特殊场合的衣服，比如宴会、嘉年华、比赛和斗牛，但它也被用作座位、桌子或写字台。它有各种尺寸，并且有

许多不同种类的木头制作而成，经常包裹上有压花的皮革，用金属饰品装饰，并配有复杂的锁。

许多其他的收纳箱在西班牙也很受欢迎。拉动这些箱子抽屉的把手主要有两种类型：转动木把手和铁坠柄。这些收纳箱包括一个叫作方舟或黏土（arcaza或arcón）的大箱子，上面有一个扁平的表面，可以当作一个座位，盖上一个草垫可以作为床用。其他也有简单的盒子、箱子、餐具柜、衣柜、写字台以及书柜。

写字台

开始于16世纪的银匠式风格时期，如果没有被称为支架桌（vargueño，图14-26）的写字台，西班牙的家庭内饰就会被认为是不完整的。最早的写字台是简单朴素的盒子，顶部和正面都有一个铰链盖，都配有牢固的锁（图14-19左上）。把手总是设置在两端，这样写字台就可以很容易地被运输。内部被细分为许多抽屉和隔间，用来存放纸张、书写设备和贵重物品，还有一些隐秘的隔间，每一个细分的正面都装饰着金属铰链和装饰物，或者镶嵌着象牙、珍珠母和木头的镶嵌图案。从

▲图14-26 支架桌写字台，16世纪或17世纪。木把手和铁坠柄镶在天鹅绒小面板上。前翻桌板后面是许多小收纳隔间
库珀-休伊特国立设计博物馆，史密森学会

17 世纪开始，还应用了微型古典建筑主题。

滑行装置从箱子里抽出来支撑书桌正面的活动书写板，写字台的台身搁在各种各样的支撑上——在简单的支架上，在桌子上或在柜子上，用铸铁支架固定的转动腿支架上。在每一种情况下，写字台都与下面的支撑物分开。

写字台通常是由胡桃木制成的，但在 17 世纪早期，桃花心木曾被使用过。在后来的例子中，水滴盖的正面经常用镶嵌或类似蕾丝的金属支架装饰，镀金并在整个木制品上均匀分布深红色天鹅绒。有很多装饰性的锁、角撑、钥匙孔、螺栓和把手，并且经常用钉头、圆、几何形状等装饰品。写字台可以被认为是法国书桌（一种翻盖的桌子）的前身。

类似于写字台，但通常更小，而且总是没有活动书写板或书写面，是一个叫作纸篓（papelera，欧洲文艺复兴时期盛文件的小橱）的橱柜。它的特色是有各种各样的储物箱，它们的面也经常被精心装饰，而且是可见的，这也弥补了没有活动书写板的不足。这种橱柜有支脚，支脚有时是梨形的。

礼拜仪式物品

不是严格意义上的家具，但是却像任何家具一样都是经过精心设计的，为宗教用途而设计的许多物品，如圣体柜和圣幕，在西班牙则异常丰富。尽管这种习俗在法国、意大利和当时美洲属于西班牙殖民的地区也很受欢迎，但对圣人遗像的崇拜和精心设计的圣体柜在 16 世纪和 17 世纪的西班牙达到了顶峰。1583 年，阿维拉的圣特蕾莎修女的尸体被发现时，她的双臂和心脏被安放在西班牙一家修道院的祭坛上。许多的圣体柜和圣幕采用了微型建筑的形式，使用了丰富的材料（图 14-27）。

▲图 14-27 银匠多梅尼克·蒙蒂尼（Doménico Montini）制作的圣体柜，制作于 1619 年，材质有银、镀金铜和宝石，高 176 厘米。现存于马德里皇宫
国家遗产，马德里

西班牙装饰艺术

充满活力的西班牙精神体现在各种装饰艺术和工艺上。然而，在这里，我们将着重于讲述一些似乎最能传达西班牙人想象力的技术和材料。其中最明显的，我们在这一章的插图中已经见过，那就是瓷砖。

瓷砖及其他陶瓷制品

西班牙和葡萄牙的瓷砖在陶瓷历史上有着突出的地位。我们再一次看到伊比利亚的成就背后有一种摩尔人的传承。尽管在摩尔人到来之前，西班牙确实制造了陶器，但西班牙的摩尔人极大地扩大了陶瓷材料的使用范围，用于装饰和实用的目的，并增加了诸如铅、锡釉，还进行光泽技术（见第 302 页"制作工具及技巧：制造彩色瓷砖"）的改进。

摩尔人不仅用新的陶瓷技术，还用新的图案装饰了西班牙。或印或画在西班牙摩尔式陶器上的图案，包括几何图形和抽象图形，例如纹章、人物，以及传统的花卉。其中一个，类似于嵌在风车轮里的叶形图案被称为阿拉伯叶形（图14-28）。在摩尔人重新被西班牙和基督教征服之后，人类和动物的形象及基督教的象征在瓷砖图案中更为常见。

建筑使用

西班牙房间的地板上经常覆盖着小的石头，或者是一种暗红色的黏土砖。通常是由插入的琉璃瓦引入对比色彩。黑白棋盘的效果很受欢迎。砖砌的地面通常是方形或人字形的。

瓷砖也经常作为护墙板使用，就像在菲利普的宫殿卧室里看到的那样（图14-12），装饰高度为90～120厘米，都是不变的多色效应和几何图案。护壁板顶部的带层通常由一种重复的传统的松树组成，改变了该领域的模式。门和窗面、窗边框、座椅、台阶的升阶，以及壁龛的衬里也是用陶瓷材料制成的。

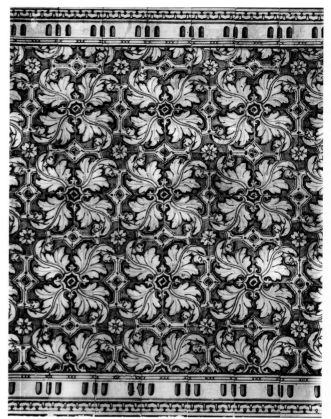

▲图 14-28 埃斯科里亚尔修道院带阿拉伯叶形图案的蓝白瓷砖，约 1570 年。每块瓷砖约为 10 厘米见方。
阿马特耶西班牙艺术学院，西班牙，巴塞罗那

制作工具及技巧 | 制造彩色瓷砖

彩色瓷砖的制作是复杂的，因为相邻的不同颜色的釉料在烧制过程中往往互相"碰撞"，容易产生浑浊的效果。西班牙的瓷砖生产厂家研制了相关的技术来解决这个问题：干线（cuerda seca）和谷（cuenca）。最后一种技术，虹彩（lustreware），给来自西班牙的瓷砖添加了美丽绚烂的光泽。

Cuerda seca，也就是"干线"，在 15—16 世纪被西班牙广泛应用。它包括在每个着色区域周围绘制线条，混合有深色陶瓷颜料和某些排斥水性釉料的油脂。线条用来区分不同区域，直到烧制时油脂被燃烧后，在玻璃区域之间留下一个略微凹陷的无釉线。用模具印在软黏土中的设计也可以得到类似的结果。用这种方法烧制的瓷砖从西班牙出口到意大利，梵蒂冈的博尔吉亚公寓也用这种瓷砖。

Cuenca，字面义为"碗"或"谷"，是后来的技术，每个颜色区域使用单独的模具。将模具印在软黏土中，就会在每个区域周围形成薄的脊。然后，脊中的凹槽用彩色釉料填充。显而易见，使用这种方法及上一种方法制成的瓷砖在烧制过程中需要保持水平，以保持釉料在其边界内。

Lustreware（虹彩）是在已经上釉的瓷砖或陶器上再上一层釉。第二层釉是由金属氧化物制成的颜料，其在较低温度（约 800℃）下焙烧。厚釉可以产生抛光金属的效果，而薄釉可以使下面的颜色显现，进而产生不寻常的虹彩效果。7 世纪或 8 世纪，光釉似乎在埃及实践了，9 世纪，在巴格达实践了。它被摩尔人带到西班牙，至少早在 13 世纪就被使用，主要范围是在马拉加（目前仍然被使用）。

墙砖通常为 12 ~ 15 平方厘米，在西班牙和葡萄牙都被称为瓷砖画。有人说这个词来源于阿拉伯语 al zulaich，意思是"小石头"；另一些人则说它来源于阿拉伯语 az-zulaca，意思是"明亮的表面"。它最早被北非的摩尔人用来描述他们在罗马城市的废墟中发现的马赛克路面，比如在摩洛哥的沃吕比尔斯和利比亚的大莱波蒂斯。摩尔人后来仿照这些罗马马赛克铺面进行他们自己的瓷砖生产。

这些纹饰锦砖，虽然起源于摩尔，但很容易适应基督教和世俗的用途。在西班牙，人们显然从未认为摩尔人的材料或图案不适用于基督教礼拜场所。例如，在 1503 年，位于塞维利亚的阿卡萨城堡的组塑或祭坛画完全运用比萨市尼库洛索（Niculoo）设计的纹饰锦砖。

非建筑用途

除了建筑和装饰墙砖的生产之外，还有大量的重型陶器、壶、花瓶、喷泉、洗手盆和水罐。这些物品是 13 世纪西班牙南部生产的，特别是马拉加和帕特纳，也有 15 世纪在巴伦西亚和塞维利亚生产的，被赋予了"西班牙摩尔式陶器"的名字（图 14-29）。它们构成了自古典时代以来欧洲生产的最好的陶器，是意大利花饰陶器（majolica）的直接和重要的灵感（图 13-28）。

▲图 14-29 西班牙摩尔式陶器，带光泽，可能在 15 世纪制作于巴伦西亚

迪·埃阿努代（D. Arnaudet）/ 法国国家博物馆联合会 / 纽约，艺术资源

这些器皿虽然不附在地板或墙壁上，但在当时的室内设计中却很重要。瓶子和花瓶都散落在架子上，各种大小的盘子都挂在墙上，有圆形，有曲线，还有其他的排列，经常会有令人眼花缭乱的外观。这些产品品质高超，以至于在 1455 年，威尼斯人的参议院颁布如下法令："巴伦西亚市的意大利花饰陶器应该被免税（对威尼斯），因为它们的品质是当地的窑烧制出的陶器所不能媲美的。"

金属制品

在西班牙，我们已经看到了几个金属制品的例子：在塞维利亚大教堂的希拉尔达塔之上的铁风向标，西班牙桌子铁支架的腿，在写字台锁周围的黄铜小装饰，还有西班牙椅子的座椅和椅背上的装饰性钉头。其他用途包括作为支架和托臂托住阳台和其他建筑元素，此外还有烛台、火炬支撑座、门把手、火枪、船闸和搭扣（紧固件由铰链板组成，适合突出的大头针或钉）。西班牙的门硬件发展到一个想象不到的程度。在穆德哈尔式建筑内部，门和讲道坛都是用铁皮打出来的。

然而，西班牙最令人印象深刻的、技艺精湛的金属制品出现在被称为雷亚（reja，发音为"ray-hah"）的格栅或光栅上，其中的金属制品被称为铁格栅（rejería，发音为"ray-hah-ree-ah"）。当这些格栅被用来保护窗口时，它们被称为窗口格栅（reja de ventana）。最精心设计的格栅保留在教堂和教堂的祭坛上，保护着他们的宝藏。这些铁格栅不仅仅是格子形图案的扩展，而且充满了宗教的象征和装饰。虽然是用基本的铁制成的，但却富含金银。一个精心设计的例子（图 14-30）是格拉纳达大教堂的格栅。除了镀金的铸铁格栅外，卡米拉皇家礼拜堂还保留着文艺复兴时期费迪南、伊莎贝拉和其他西班牙统治者的陵墓。

银和金有时以金银丝的形式出现，精致的镂空装饰品是用细长的金属线和细小的金属球做成的。金银丝饰品不仅用于铁格栅，还用于首饰、小装饰盒、餐具的把手、圣骨匣（用来存放圣物的器皿）、皇室王冠、微型家具和其他用途。西班牙以这样的制品而闻名，直到 18 世纪后期，威尼斯和热那亚也都是如此。在意大利，一些金银丝工艺品仍在生产，但主要是作为旅游纪念品。

▲ 图 14-30 格拉纳达大教堂皇家礼拜堂的铁格栅细节图，16 世纪
巴托鲁姆·奥登内兹，阿马特耶西班牙艺术学院，西班牙，巴塞罗那

开始在西印度群岛的殖民地开采银后，银开始在西班牙家具的设计中得到了相当广泛地的使用，一些木片完全用银包裹，还有一些用纯银制成的碎片。

西班牙和葡萄牙家具制造商热衷于使用铁和黄铜的钉子。他们不仅用大型的、精心制作的装饰材料来装饰木质框架，而且还用它们来装饰普通的表面。图 14-19 的中心位置有三种装饰钉头图案。也用于丰富铁或银制成的金属饰品，有圆花饰、贝壳或星星的形式，也有镂空的形式。

皮革制品

皮革这个词是指保存下来的动物的皮。这些兽皮（来自大动物如马或牛）和皮（山羊或蜥蜴等小动物）是由水和蛋白质组成的有机组织；如果没有预先保存，它们自然会腐烂。制作皮革在史前时期就已经开始了：埃及人在公元前 5000 年以前用皮革做包、衣服和凉鞋。

有三种保存皮革的传统方法，都被称为鞣革。最常用的方法是，在含有单宁的溶液中浸泡皮革，这种物质可以通过浸泡树皮、树叶或坚果获得。这个过程被称为植鞣。较少使用的是油鞣，包括将皮革浸泡在哺乳动物或鱼的油中，以软化它；矿物鞣制或解冻，包括将其浸泡在矿物盐（如明矾）溶液中。自 19 世纪以来，这三种传统方法都被化学鞣制工艺代替。新的化学过程更容易控制和生产皮革，可以接受比以前更明亮的染料，但植物鞣法生产的皮革比现代皮革更厚，更自然。旧的方法也能生产出非常坚固的产品：例如罗马士兵用植鞣法制的皮革制成的战斗盾。

西班牙人比其他国家的人更喜欢在室内使用皮革。他们不仅用它来做椅套和垫子套，而且还用来做大帷幔，覆盖整面墙甚至地板。衣柜通常都是用皮革包裹的（而家用的银柜子通常是用天鹅绒包裹）。如同编织座套可以被缝合成所需的形状一样，皮革可以用金属钉或装饰性的钉头来塑形，尤其是在安达卢西亚地区，用黄铜饰钉和小方格装饰的皮箱和盒子非常受欢迎。

在史前时期发现的铁，是地壳所有元素中第四丰富的元素。它是地壳的常见成分，但通常与其他元素结合使用，它在强热下可以分离。即使在分离之后，所谓的铁通常也是铁与其他元素混合的合金。早期的时候，铁水在砂床上形成粗糙的凹陷；所得的粗铸件称为铸型，这种未精制铁被称为生铁。如果生铁被重熔并浇注成更精确的形状或模具，则会形成铸铁。铸铁已经被广泛使用，特别是在19世纪，被用来生产立柱和其他建筑元素、机械、散热器、炉子和其他设备，但是铸铁是有限的可延展性的材料，既不能锤击也不能焊接。在中国，铸铁被用来作为制造青铜铸件的模具。

如果生铁在第二炉中重熔和净化，然后在滚轴之间挤压，则会形成锻铁。它比铸铁更纯净，更有韧性；它可以被焊接，因此适合于生产各种装饰品。锻铁广泛用于许多类型的家用家具。椅子、床、箱子、桌子、盥洗盆、烛台和其他物件通常都是用锻铁制成的，并且还与木材结合使用，比如做成椅子靠背和桌子腿之间优美的弯曲支架。

铁去除杂质并加以精炼就会得到钢，钢比较坚硬，可以与打火石碰撞发出火花。在西班牙托莱多生产的钢，其质量特别受人赞赏。当将大量的铬添加到纯化铁中时，则会炼成不锈钢，不锈钢防锈、防污、有光泽，被广泛使用。

将金属做成装饰和功能形状有三种基本方法。第一种，称为铸造，把熔化的金属倒入模型中。第二种，通过手工锤击或通过机器冲压来形成钣金。第三种，以前是手工操作，现在使用机器，通过逐渐变小的开口将细金属棒抽成线，进而形成可以用来装饰屏风的金属线。

有许多丰富金属表面的方法，比如蚀刻和抛光。其他金属加工技术在西班牙流行的是镶嵌和凸纹。镶嵌法同样应用于伊斯兰（图9-25），印度镶嵌技术是将金或银的细金属丝线打成槽的过程，槽是在稍普通金属（如钢铁，铜或黄铜）表面切割下的。凸纹装饰是通过锤击金属片的背面，使得期望的图案在前面突出。镶嵌，可以说是一种浮雕，凸纹可以说是一种压印。凸纹是早在公元前1600年，在克里特岛开发出的，可以说是最早开发出的金属装饰的方法之一。

西班牙人没有留下多少未被装饰的皮革。他们的装饰方法包括穿刺、刻痕、打孔、雕刻、染色、绘画、镀金、压花、烫金和成型（见第306页"制作工具及技巧：装饰皮革"）。

早在10世纪，西班牙科尔多瓦市就以生产一种叫盖达米斯（guademeci 或 guademecil）的软皮而闻名于世。这种软皮是有着凸起的图案和多彩的颜色，有时会添加金或银。它的名字源于利比亚的盖达米斯镇（Ghadames），那里产出类似的皮革。科尔多瓦皮革的认可度非常高，1502年伊莎贝拉女王曾经下令其他地方生产的皮革都不能冠以"科尔多瓦"这个名字。1570年，凯瑟琳·德·美第奇（Catherine de Médici）订购了四套盖达米斯软皮作为卢浮宫的装饰品。科尔多瓦革的名字就来自科尔多瓦这座城市，这是一种柔软细腻、绚丽多彩的皮革。瓦伦西亚、格拉纳达、塞维利亚及其他西班牙城市也产出了上好的皮革。

软木制品

软木与皮革一样，都有着柔软、有弹性的质地，但它与皮革的来源不同：前者来源于树木而后者来源于动物。这种树木叫软木树，是一种常绿的橡树，它的海绵状树皮可以制成软木。葡萄牙种植着大量软木树，意味着葡萄牙本国可以大量使用软木。（其实，所有树木中都有一层软木，但是在这些特殊的橡木中软木层非常厚。）软木富有弹性、质地轻软，耐化学腐蚀，有隔水性、隔声性和极佳的耐寒耐热性能。中世纪以来，就一直被广泛应用于瓶塞、钓鱼浮标、室内墙面、地板、桌面和座椅套。

现在葡萄牙仍然是软木的主要供应国。目前，软木用于室内装修时，大多做成弹性砖片，有时做成薄片。少量软木材料仍然是天然的，因为天然软木容易被切割和染色。而大多数的商业软木都是经过乙烯基层压或用乙烯基树脂浸渍过的，更加耐用。

有许多技术可以用于装饰皮革，冲压和模具是使用金属工具来装饰装订和小物品的技术，更重要的技术是装饰家具盖和墙纸的烫金、压花、焦化和成型。

● 皮革烫金，需要用热的工具将设计图案压制或雕刻到皮革表面。然后可以用黏合剂将一片金箔铺在它上面，例如打好的蛋白，可以用来做黏合剂。金箔会黏附到未雕刻的表面上，当多余的部分被擦掉时，设计就显露出来了。西班牙的这种技术很受欢迎，镀金皮革有时被称为西班牙皮革。另一种较便宜的方式就是使用银或锡箔，然后涂黄色油漆来模拟金。

● 皮革压花，将设计蚀刻到金属板中或者用螺旋压力机将木材块压到皮革表面上，有时反向设计的反模具会同时被压入后表面。或者，可以使用铲子来抹平表面的某些区域，使其他区域凸起。现在，皮革压花被设计专业人士称作gauffrage（发语词）。

● 皮革焦化，浅棕色羊皮与加热的金属短暂接触，就会留下棕色烧焦痕迹的装饰图案。一些古老的存货清单上列出"皮革锦缎"制成的物品，这些物品可能就是被焦化过的。

● 皮革成型，是一项从新石器时代开始被应用的技术，第一步是将皮革浸泡在滚烫的水中（因此出现了法语术语 cuir bouilli，意为"煮皮"），第二步是用木材，石头或金属的模，使湿皮革产生所需的形状，这种技术经常用于生产皮杯、水壶或烧瓶，为此通常要加上一层蜡或树脂。然后可以用上述方法中的任意一种，对成形的皮革进行装饰性地处理。

纺织品

像其他西班牙和葡萄牙的装饰艺术品一样，伊比利亚的纺织品通常有着鲜明的图案和靓丽的颜色。伊斯兰教在中世纪时期有着很大的影响力。后来，皇家宫殿和贵族豪宅的墙壁上常常使用佛兰德斯的挂毯，15世纪至18世纪现在属于荷兰部分的佛兰德斯是受西班牙统治的。在文艺复兴时期，意大利对纺织品的影响开始增加，大量布帘、靠垫和装饰纺织品要么从意大利进口，要么在西班牙编织成意大利设计的图案。18世纪，葡萄牙棉印花也在西班牙开始流行。其中伊比利亚纺织技术的特色是刺绣，织锦、地毯编织。

刺绣

西班牙刺绣起初受到秘鲁进口的前哥伦布时代的刺绣品的影响，这种精美的刺绣品是在1532年皮萨罗（Pizarro）探险中发现的。反过来，西班牙手工艺品又开始对欧洲其他地区产生影响，"西班牙作品"非常受欢迎。据说，16世纪初期，阿拉贡的凯瑟琳——西班牙费迪南二世和伊莎贝拉一世的女儿——在嫁给亨利八世做他的第一任妻子时，将这种艺术带到了英国。一开始，西班牙的技法是用黑线在白色布料上勾出轮廓，后来变成全部用黑线刺绣，有时也加入金银线。在西班牙，重金属刺绣被用于教会，有时也用来绣制穆里略（Murillo）及其他有名气的画家的作品。在葡萄牙，刺绣主要受东方的影响，花、鸟、蝴蝶和龙成为流行的图案。图14-20中弗雷罗扶手椅的椅套，以及图14-15中查尔斯三世时期的加斯帕里尼之屋中的丝绸墙纸都显示了西班牙刺绣的精致。

地毯

至少自15世纪起，地毯编织成为西班牙的重要产业。西班牙地毯一开始又长又窄，通常织有盾徽和其他纹章，作为菱形花纹背景的核心花色。颜色明暗度强，仅限于蓝色、红色、绿色和黄色。其他早期的地毯图案再现东方或摩尔人设计的花纹，其中一些花纹会让人回想起瓷砖。

西班牙有两个重要的地毯纺织中心：阿尔卡拉斯和昆卡。阿尔卡拉斯工厂在15世纪后期到17世纪中期营运，生产以未染色羊毛为基底的地毯。阿尔卡拉斯地毯主要是红色的，主要的设计图案为几何图形。自15世纪，昆卡的织工就一直活跃着，纺织以山羊毛为基底的地毯。昆卡早期设计模板是土耳其地毯，但是之后的设计模仿奥布松和萨伏纳里的地毯。昆卡地毯的特点是色彩柔和（图14-31），要指出的是，蓝色和象牙色在淡黄色底面上的平衡十分微妙。

许多西班牙地毯都是用一个独特的结织成的，只有

▲图 14-31 来自昆卡的地毯，大约为 17 世纪或更早，阿拉伯式花饰
纺织博物馆，华盛顿特区，R44.3.3。由乔治·休伊特·迈尔斯所有，1940 年

一圈经纱（有时两圈）。尽管其他地方的地毯也有这种结（比如中国新疆和埃及），这种结通常也叫西班牙结。它不同于对称结（土耳其结）和不对称结（波斯结），这两者都是连着两圈经纱（见第 9 章）。在其最常见的版本中（图 14-32），西班牙结系在一排的交替线和上面一排的其他线上，产生一种平滑对角线但有轻微锯齿的垂直和水平线的编织。阿尔卡拉斯和昆卡的工厂都采用了这种结，在昆卡，西班牙结于 17 世纪晚期被对称结

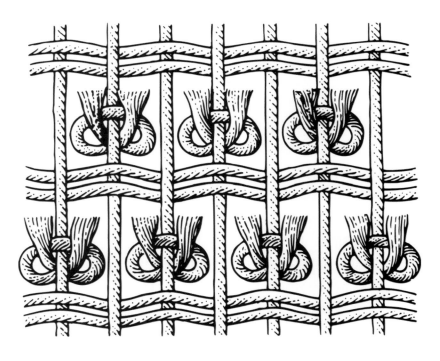

▶图 14-32 西班牙结或单一经纱打结编织地毯，每一个结缠一单股线
摘自《东方地毯，完整指南》（*Oriental Carpets, A Complete Guide*，作者：小默里·艾兰和默里·艾兰三世，伦敦：劳伦斯金出版社，1998 年）

取代。

在葡萄牙，以位于里斯本附近的阿拉奥洛斯小镇命名的针织品地毯早在 17 世纪就做出来了。阿拉奥洛斯的地毯原本是将羊毛织在亚麻布上的针织地毯，而后又织在亚麻布、黄麻纤维或麻帆布上。在设计上模仿了波斯地毯，做为一种经济替代品，有时，他们被放在昂贵的波斯进口地毯上以备特殊的场合使用。在 19 世纪，阿拉奥洛斯地毯产量下降了，到了 19 世纪末，这门手艺几乎失传了。

总结：西班牙设计

西班牙和葡萄牙的设计显然是欧洲设计发展史的重要组成部分，但西班牙的光辉却被意大利和法国所掩盖，即使西班牙本身的设计历史是更加悠久的。比如，早在西班牙南部摩尔人创造奇迹的时候，西班牙设计就已经开始发展了，它比当时欧洲其他地方制作的任何东西都让人惊奇。西班牙设计的影响也更加深远：正如我们将在第 18 章中看到的那样，几乎整个中美洲和南美洲以及西印度群岛的大部分地区都被西班牙或葡萄牙控制，并受到伊比利亚设计的影响。因此，西班牙设计是整个世界设计蓝图中最重要的元素之一。

寻觅特点

德国艺术史学家奥斯卡·哈根曾经表示，西班牙人及其设计的特征用"grandeza"和"sosiego"这两个西班牙术语来表达最为合适了。grandeza 可以翻译为"伟大或贵族"，sosiego 翻译为"冷静或组合"。这两个词共同向我们展示了一种严谨、尊严、安静、自信、严肃和强硬的民族精神形象。

西班牙艺术显示出大手笔和满满的激情，但这些手法通常受到固有元素的限制。西班牙在其民族性格和设计中力图表现出对情感力量的控制。这样的表现有时可能是忧郁或情绪化的，但更多的时候，它是真正的戏剧性和强烈感染性的。

西班牙品味的特点不仅表现在摩尔人的装饰风格上，还表现在华丽的西班牙哥特式风格上，还有文艺复兴时期的西班牙银匠式风格，以及巴洛克时期的西班牙巴洛克风格，其内部平面完全覆盖着有复杂的图案。然而西班牙精神不仅接受摩尔式装饰的整体平面装饰，还接受这样一个事实，即这种装饰通常服务于其装饰物的平面。摩尔和西班牙装饰广泛流传，但是在细节上异常保守。

探索质量

我们看到的西班牙建筑，室内设计和家具中的大部分是外来影响的本地展现。在许多情况下，西班牙版本的法国和意大利文艺复兴时期的家具，一些原件的细节、曲线的微妙或优雅的完整度似乎已经失去了，但是其添加的内容令人印象深刻。西班牙版本在表现更大的活力上几乎有相同的趋势，其比例更男性化，规模更大，构件越来越重，姿势往往更有棱角，表达方式更加大胆。我们在西班牙设计中发现的一个特殊的品质就是表达力。

但其中也有成熟和精致，可以在各种家具坚固的表面精雕细琢。弯曲的椅子臂可以扭转无数次，金属制品可以是丰富的镶嵌或惊人的细丝，还可以对皮革以意料不到的方式进行装饰处理，甚至可以在一个小尺寸几何瓷砖上创造美妙图案。

做出对比

最明显的比较是西班牙设计与意大利和法国设计之间的比较。意大利和法国的设计强烈地影响了西班牙文化，以致它被故意模仿。文艺复兴时期的意大利设计是历史上伟大的艺术成就之一，特别是其建筑与绘画；法国设计也取得了很大的成就，特别是在家具设计和装饰艺术方面。这两个国家都设定了非常高的标准来衡量其他任何成果。即使如此，我们还是在西班牙设计中看到了活力、力量和自豪的独特组合。最好的西班牙设计拥有贵族特性，与之相比意大利设计似乎显得轻浮，而法国设计则显得柔弱。在希腊罗马古典时期和开始于 18 世纪的现代期间，意大利和法国的设计可能会在完善细化方面超越所有其他欧洲国家的努力，但西班牙的设计让我们注意到，细化并不是唯一值得重视的品质。

另一个显而易见的比较就是西班牙和与之历史发展密不可分的邻居葡萄牙之间的比较。如前所述，这两种艺术风格的差异追溯原因可能源于摩尔人设计对西班牙的影响之久，以及东方设计对葡萄牙的影响之大。当然这两个国家对彼此的艺术活动非常了解，西班牙不免受到葡萄牙远东殖民地的影响；葡萄牙也不能避免受到西班牙摩尔设计风格的影响。

最后，需要在西班牙的风格内部进行比较。我们已经见识到西班牙的装饰品是最密集的，有时候似乎没有一个地方可以再装一个瓦片，或是一个卷轴——即使那样，还有一个不成文的规定，那就是尊重面（非平面）的完整性，并保证每个元素在其位置。即使是最丰富的，西班牙装饰品的核心仍然是静止的。西班牙的设计可能是非常热情的，但很少有混乱；可能是富有感情的，但很少有感伤；它有时可能缺少幽默和魅力，但从来不会缺少高贵和强大。

15

法国：文艺复兴到新古典主义

16—18 世纪

"若抹去法国，特别是其首都的奢华风格，那么法国商贸最为重要的部分也会随之消失；甚至可以说，这样会极大削弱法国在欧洲至高无上的地位。"

——奥伯基希男爵夫人（The Baronne d'Oberkirch，1759—1803），阿尔萨斯贵族，路易十六宫廷的传记作者

在法国，建筑师倾注心血，建造了一批享誉世界的哥特式大教堂，因此，相比于意大利，法国受哥特式风格的影响更久远。但是，当法国最终迎来文艺复兴运动时，也发展出了高超的建筑技艺和高雅的艺术风格，创造出了一些足以载入史册的东西，比如富丽堂皇的屋子、典雅的家具（见图 15-1）和奢华的装饰品。

法国设计的决定性因素

很多时候，我们在很多地方见到的室内设计都带有法老、国王、苏丹和教皇统治时期宗教和政治的烙印，但没有哪个统治者可以像文艺复兴对法国那样产生如此深远的影响。在 16 到 18 世纪诸多影响设计的因素中，"皇家品位"应该是欧洲各国首要考虑的决定性因素。

地理位置及自然资源因素

在欧洲，法国有着得天独厚的地理位置，三面临水，北侧是英吉利海峡，西侧紧挨大西洋，南侧面向地中海。陆地上有天然屏障发挥着国界线的作用：与意大利以阿尔卑斯山为界，与瑞士以侏罗山脉为界，与西班牙以比利牛斯山为界，莱茵河则流淌于它与德国之间。这里气候温和，土壤适合农耕，而且适合葡萄酒的酿造。

历史因素

对于法国历史，大部分我们已有所了解。曾经有五百多年的时间，它都是罗马帝国的一部分。诺曼人居住在法国北部的诺曼底，于 1066 年攻克了英格兰。法国是罗马式风格艺术的中心。在哥特时期，它创造的杰作数量没有哪个国家可以匹敌。在哥特时期到文艺复兴时期之间，法国也经历了艰难困苦：14 世纪中叶，黑死病在全国肆虐；与此同时，德法百年战争（1337—1453）

◀图 15-1 洛可可式蜗形腿台桌的转角设计是由尼古拉斯皮诺（Nicolas Pineau1684—1754）于 1725 年前后完成的。整体面貌见图 15-30 安德烈查尔斯布勒（Andre Charles Boulle）制作的"深蓝色的"五斗柜。乌木上镶嵌着精美的铜和龟甲，大理石的顶部，镀金青铜带有雕刻。1708—1709 年前后开始建造，为了路易十四位于大特里阿农宫的卧室所建，墨邱利厅。凡尔赛宫和特里阿农宫，法国凡尔赛
布洛（Blot）/莱万多夫斯基/法国国家博物馆联合会/纽约艺术资源

爆发。实际上，这场战争也推翻了法国的封建贵族统治，所有的法国人都希望路易十一（1461—1483 年在位）借助强大的皇权统治，实现全国的团结统一。

皇室品位

君主专制制度实现了法国的复兴，增强了其国际威望。路易十三（1610—1643 在位）的才能人们有目共睹，整个欧洲都对其充满敬畏。而他的儿子路易十四（1643—1715），不仅在位时间长，其统治时期的法国更是国力昌盛、一片繁华，令人印象颇深。法国的室内设计、家具和装饰性艺术品的风格一般都与法国统治者的名字相关，这很适当，因为他们在位期间都促进了标志性艺术风格的发展。幸运的是，当时的法国君王不仅有巨大的权力和财富，还有对于艺术敏锐的洞察力，他们将这些财富都转化成了极高的艺术成果。然而，大手笔的开销，即便是用于艺术价值极高的物品，也会招来不满，于是在多年后，法国人民揭竿而起，于 1789 年发动了大革命，改变了政体和权力与财富的分配方式。尽管如此，奢华的设计和对高品质生活的追求仍是法国驰名于世的标签。

尽管在文艺复兴和之后的一段时间内，皇权的影响依旧盛行，但文艺复兴时期的作家和哲学家们——拉伯雷、蒙田和笛卡尔——也与法国艺术设计的发展密不可分，因为他们是智慧的先贤，代表着宽容与民主。随着中产阶级的兴起，设计风格变得更加朴实亲民，也与中产阶级的生活方式更匹配。

装饰师的兴起

设计一个奢华的屋子，要使整个屋子看起来协调、各部分连贯自然，而完成这些设计就更具挑战性了，于是就需要一个懂行的监工。有时，建筑师会承担起这项任务，有时则要靠室内装潢师或者家具商来完成。在文艺复兴时期的法国，一种能够很大地改变未来室内设计程序的职业诞生了：装饰师。

装饰师的一项技能就是会雕刻——他们能构思出一种室内设计，并借助雕刻的方法，让客户明白自己的方案。这样一来，客户和工匠就可以做出更好的选择，设计更合适的家具、织物、地毯、墙面镶板、吊灯、烛台、钟表和其他装饰物了。许多这样的雕刻直接影响家具匠的设计和选择，因为他们的工作会与装饰师有交叉部分

（见 326 页"法国家具"部分）。装饰师，阿贝·乔伯特（Abbé Jaubert）在他 1773 年的著作《技艺词典》（Dictionary of Arts and Crafts）一书中写道："装饰师是唯一知道如何使每位艺术家都能各尽其才的人，也是唯一懂得如何布置家具精美部件并使它们处于最佳理想位置的人……艺术就诞生在我们眼前，为了能够在艺术领域有所建树，就要有敏锐的目光和扎实的设计知识，要特别了解每一种家具的特点，要展现它们的本质，还要去创造出一整套令人赏心悦目的家具。"

尼古拉斯·皮诺就是这一领域的设计家，他也是一名雕塑家和建筑师。除了他在法国的作品（图 15-35），他的客户还包括俄国的彼得大帝与其他人。其他著名的装饰师有贾斯特—欧勒·米修纳（Juste-Aurèle Meissonnier，也是建筑师和金匠），和让－查尔斯·德拉福斯（Jean-Charles Delafosse，1734—1791），他在 1768 年描述自己作品的一部出版物中称自己是建筑师、装饰师和设计学教师。

法国建筑及室内设计

尽管国王的审美是主要的决定性因素，但在皇位更迭之后，国家的审美标准并不会马上发生改变。事实上，确实有一些统治者所处的年代和以他们命名的风格的日期不相符的情况。比如，路易十五在 5—13 岁时处于由他人摄政的状态，但摄政风格（Regency）却开始的更早，持续时间也更长。路易十六风格开始的时间要比其加冕的时间早 14 年。因此，将之前以君王命名的词汇与在其他章节提到的时期结合起来，如文艺复兴、巴洛克、洛可可和新古典主义，也许不失为一条良策。所以，这些给出的年代日期通常是与法国一些风格相关的日期，而不是君王真正在位的日子。

文艺复兴与巴洛克（路易十四）风格

法国文艺复兴风格的细部（图 15-2）体现在几任君主统治时期的作品中：包括弗朗索瓦一世（1515—1547），他的儿子亨利二世（1547—1549），和来自另外一个家族的路易十三（1610—1643）的统治时期。在黑死病疫情和百年战争之后，一直到路易十四（紧随其父亲路易十三之后）统治时期的每个阶段，设计从开

路易十三储藏柜

蟆蜴造型灯

佛兰芒风格的路易十三储藏柜

亨利二世椅子

亨利二世储藏柜

亨利二世木质镶板

弗朗西斯一世椅子

▲图 15-2 法国文艺复兴时期的家具与细部

吉尔伯特·维尔 / 纽约室内设计学校

放的哥特式风格，即追求垂直式的结构与装饰向含蓄型的意大利文艺复兴风格转变，变得有规可循，看起来更加协调。在该时期末，传入了西班牙、荷兰、佛兰德元素（图15-2 右上）。中规中矩是该时期的主题。

商堡

该时期，皇室的建筑就是商堡（图15-3），这是一座位于卢瓦尔河谷的狩猎宫殿，也是一座半独立的城堡。它使处于低层的建筑物和位于高处的坡形屋顶、设计奇特的采光窗、烟囱和其他屋顶装饰浑然一体。城堡由弗朗索瓦一世于 1519 年开工建设，其儿子亨利二世于 1550 年完成建造。它外观宏伟，正面长 150 多米，八座巨大的圆柱形塔楼容纳了大多为矩形的房间。在封闭式的庭院里，有一块稍微小一些的、两边平行的空地，长 44 米，还有一个四边等长的十字形门廊。在交叉处修建了双旋梯，相互交错，层层衔接，上下行人互不影响（图 15-4）。

中心台阶的顶端是灯笼式的天窗，一只巨大的鸢尾（见第 325 页"表 15-1 法国装饰"）在上面鲜艳绽放，鸢尾花自第12 世纪开始就成为了法国王室的象征。灯

▲图 15-3 商堡，始建于 1519 年

托珀姆（Topham）/ 图片工坊

笼天窗四周的屋顶景观令人拍手称赞——有烟囱、小角楼、尖塔、老虎窗，这些都是中世纪的风格，但下层地板的几何结构和对称设计都源自意大利文艺复兴的风格。它的设计（特别是极具创造性的楼梯）主要基于了达·芬奇的图样。弗朗索瓦一世曾要求达·芬奇为法国设计另一座城堡，但很遗憾，开工之年达·芬奇就去世了。商堡成了路易十四的最爱。

路易十四，人称太阳神，在其长达七十二年的统治中，为法国带来了很多改变：政体上变成了君主专制；实施了严密完整的宫廷仪式礼仪；设计上强调奢华；提倡欣赏库普兰（Couperin，1668—1733）和吕利（Lully，1632—1687）的音乐、拉辛（Racine，1639—1699）和莫里哀（Molière，1622—1673）的剧本、洛兰（Lorraine，1600—1682）和普桑（Poussin，1594—1665）的画作，人们认为，以路易十四命名的

风格（图 15-5）从其执政开始（1643 年）一直持续到 17 世纪末，当然，他的统治时期一直持续到 18 世纪的前十五年，人们也称这一阶段为法国巴洛克时期。

路易十四的风格延续了文艺复兴早期中规中矩的特点，但也为其锦上添花——加入了更多雕刻和戏剧元素。有时以球根形状加以修饰，并在其他地方配以精美的线脚。设计依然很讲究对称性，但表面加入了更多华丽的装饰。在路易十四的朝廷之上，人们会感受到空前的奢华之风、很强的仪式感和众多的礼仪制度。这种丰富性与复杂性也反映在那一时期的建筑、室内、装饰物、家具和装饰艺术品中。

凡尔赛

路易十四的故事与凡尔赛紧密联系在一起。他的父亲路易十三将凡尔赛这个位于巴黎西南方 20 千米的地方作为另一处狩猎处所。路易十四于 1660 年前后决定

胡桃木凳子
展示了佛兰德尔的影响

椅子
约 1675 年

布勒橱柜

镶嵌转角

雕花木板

木雕
凡尔赛教堂门细节

凡尔赛壁炉架

◀图 15-5 巴洛克家具和内部细部
吉尔伯特·维尔 / 纽约室内设计学校

在凡尔赛修建用于纪念皇权的建筑，这一决定令所有人倍感惊讶。他在沃－勒－维贡府邸找到了设计师。这座府邸是由他的财政大臣尼古拉斯·富凯（Nicolas Fouquet，1615—1680）建造的。在参加一场向他表达敬意的聚会上，他对本次活动和其举办场地沃－勒－维贡府邸（图 15-6）展现出的恢宏气势和富丽堂皇十分觊觎。府邸里有带有穹顶的椭圆形画廊，其墙面被精心粉饰，挂满了 143 张挂毯。路易十四逮捕了富凯并将其终身关押，还将他花园里的花草树木与雕像搬到了凡尔赛，令富凯的设计师和工匠为自己服务，主要人员有：建筑师路易·勒沃（Louis Le Vau，约 1612—1670），室内漆工夏尔·勒·布伦（Charles Le Brun，1619—1690），以及园艺设计师安德烈·勒诺特尔（André Le Nôtre，1613—1700）。

路易十三的由砖头石块建造的狩猎宫殿与路易十四的宏图大志相比，显得又小又旧，但路易十四担心拆毁它可能会显得不尊敬父亲。勒沃提出一个令人皆大欢喜的解决方案——围护（enveloppe，法语），即在保证原建筑不变的情况下，在其外部进行全新的再修建。外表面全部采用白色方石切面，选用更为坚固的地板作为根基——高的第一层（美国叫作第二楼层，英国叫第一楼层，意大利叫作主层）。附属用房则采用短的顶层。许多爱奥尼亚式壁柱沿着主层外围整齐伫立。在主层中间，国王的套房就在北侧，配备有卧室、等候间、更衣室和三个办公室。南侧住着王后、子嗣以及国王的兄弟。在花园对面建筑长长的西侧，主层上有一个大理石平台连接着国王和皇后的住所。内部沿用了早期建筑特色，具有明显的意式巴洛克风格：几何图案的大理石墙板颇具奢华气质，墙上和天花板上有勒·布伦和其团队创作的玄幻般的壁画，大量雕像栩栩如生。

▲图 15-6 夏尔·勒·布伦奢华地装饰了沃－勒－维贡府邸的餐厅，1660 年
埃里希·莱辛 / 纽约，艺术资源

在 1678 年，新一轮的建造工作在儒勒·哈杜安－孟莎尔（Jules Hardouin-Mansart，1646—1708）的指挥下展开。他于 1681 年被国王任命为第一建筑师，他也是建筑师弗朗索瓦·孟莎尔（François Mansart）的侄子，双坡孟莎式屋顶正是以其命名的。哈杜安－孟莎尔之前设计了位于巴黎的荣军院——一栋巨大的建筑，供伤残和退伍军人居住。

哈杜安－孟莎尔将凡尔赛宫变成了规模空前的居住建筑群，还为其增添了三个重要的元素：大特里亚农宫，镜厅和小教堂。大特里亚农宫只有一层，外观采用白色石块和粉色的大理石堆砌，朴素而又典雅。路易十四在 1691 到 1703 年占用了其中的一间套房。内部装饰选取了凡尔赛宫和花园的 21 处景点为题材，由让·科特勒（Jean Cotelle，1642—1708）绘画完成。

哈杜安－孟莎尔的镜厅在凡尔赛宫可以说是最为宏伟的地方，也是室内设计史上的奇观，而此前，这一区域是一个大理石做的阳台。屋子有圆拱形屋顶，长 73 米，17 面镜子与 17 扇窗户"交相辉映，熠熠生辉"，令人眼花缭乱（图 15-7），镜子与窗户之间矗立着绿色

的科林斯大理石柱。楣构处连着半圆形拱形屋顶，上面有勒·布伦的画作。镜厅的两端分别是和平厅与战争厅，都由哈杜安－孟莎尔和勒·布伦在雕刻家安东尼·柯赛沃克（Antoine Coyzevox，1640—1720）的帮助下完成。在战争厅（图 15-8），有柯赛沃克创作的椭圆形泥

▲图 15-8 凡尔赛宫镜厅一端的战争厅
吉罗东／纽约，艺术资源

▲图 15-7 凡尔赛宫的镜厅，由儒勒·阿杜安—孟莎尔和夏尔·勒·布伦完成。始于 1678 年
阿特迪亚（Artedia）

塑像浮雕——国王坐在马背上，身穿传统的盔甲，所向披靡。这三间屋子占据了凡尔赛宫整个侧厅。

皇家礼拜堂（图15-9）是路易十四为凡尔赛宫加入的最后一元素。该教堂始建于1699年，但设计工作十年前就由哈杜安-孟莎尔开始了，在建筑师罗伯特·德·柯特（Robert de Cotte，约1656—1735）指导下于1710年完工。教堂有两层，第一层对朝臣和公众开放，上层最为重要，供国王使用，国王可以直接从自己的专属套房来到这里，科林斯柱环绕在四周，支撑起有图画的拱顶一端的楣构。

摄政和洛可可（路易十五）风格

1715年，路易十四死后将皇位传给了自己的曾孙路易十五，而路易十五当时还是个五岁的孩子。于是，在路易十五到达法定年龄之前，法国实行的是摄政，所以朝廷也暂时由凡尔赛搬到了巴黎。摄政风格是一种过渡状态——从华丽但有时也会烦琐堆砌的巴洛克到更加注重精美的洛可可，具有了一丝轻巧的格调。摄政风格依然讲究对称，但巴洛克注重的"刚、直"开始变得"蜿蜒柔美"，椅子腿的变化（图15-10）就说明了这一点。颜色和材料的选择更加简单，白色和金色的色调变得颇受欢迎。座椅也不再挨着墙，而是很随意地放在屋子中央。摄政风格大致从1710年开始，到1730年结束。一些学者将凡尔赛的皇家礼拜堂（于1710年建成，图15-9）归类为摄政风格建筑，但它却缺少其后的摄政风格所强调的朴素美和曲线美。

图15-11中的家具展现了典型的洛可可装饰风格。图中心偏左的木画板曲线有机统一，讲究非对称性，下方的衣柜轮廓优美，图片下方中心的装饰品充满了艺术家的奇思妙想。

公主沙龙

在巴黎玛黑区的特殊酒店，叫苏俾士府邸，洛可可的艺术特点展现得淋漓尽致。府邸是建筑师皮埃尔-阿列克西·德拉麦尔（Pierre-Alexis Delamair，约1676—1745）于1705年为苏俾士王子和王妃设计修建的，风格传统保守，室内屋子成行排列，还有一个带柱廊的荣誉广场。后来，王子想要将其扩建并加入一些最为新潮的东西，便于1732年找到了设计师热尔曼·博夫朗（Germain Boffrand，1667—1754），他为建

▲图15-9 凡尔赛宫的皇家礼拜堂，上层是留给国王使用的
法国凡尔赛宫 / 速伯斯托克公司（SuperStock Inc.）

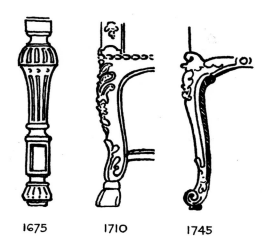

1675　　　1710　　　1745

▲图15-10 椅子腿外形的变化反映出法国设计风格的发展。从左到右：巴洛克，摄政，洛可可式椅子腿
吉尔伯特·维尔 / 纽约室内设计学校

玄关桌

法式高靠背扶手椅

单人椅

木镶板

大理石壁炉

弯腿式椅子腿

镶金铜的柜橱

以猴子和中式风格为主题的装饰图案

木镶板

▲图 15-11 洛可可家具和装饰
吉尔伯特·维尔 / 纽约室内设计学校

▲图 15-12 在巴黎苏俾士府邸，热尔曼·博夫朗
于 1736 年为苏俾士王妃设计了一家艺术馆。在
这里，所有浮雕都是镀金的，拱肩上都有画作
威利姆·斯旺（Wim Swaan）/ 盖提人类艺术史研究中心

▲图 15-13 弗朗索瓦·鲍彻为他夫人创作的肖像画，油画，1743 年
版权由纽约弗里克收藏馆所有

筑增添了一座两层的展馆，其中附带几个椭圆形画廊。
公主沙龙（图 15-12）代表了洛可可风格的轻盈、精
巧和运动之美。在装有镜子的壁龛之间放入框架弯曲
的拱肩镶板，上面绘有查尔斯·纳托瓦尔（Charles-
Joseph Natoire）的作品。皮尔－查尔斯·泰莫利耶尔
（Pierre-Charles Trémolières）和弗朗索瓦·鲍彻
（François Boucher，图 15-13，鲍彻的一幅作品）
都参与了展馆的绘画工作。如今，国家档案馆就坐落在
苏俾士府邸。

　　另一位娴熟的洛可可风格设计师是尼古拉斯·皮诺，
我们此前称其为装饰师。他的一件代表作是一面镜子的

法国文艺复兴与之后的发展			
阶段和日期	主要的统治时期和年代	建筑师、设计师、工匠家	艺术里程碑
文艺复兴早期 （1484—1547）	弗朗索瓦一世 1515-1547	莱斯科（Lescot）	商堡，始建于 1519 年； 枫丹白露始建于 1530 年； 改造卢浮宫，始于 1546 年
文艺复兴中期 （1547—1589）	亨利一世 1547-1559	菲利贝尔·德洛姆（De l'Orme） 杜塞尔索（Du Cerceau）	卢浮宫改造工作继续进行
文艺复兴后期 （1589—1643）	亨利四世 1589—1610 路易十三 1610—1643	孟莎尔	凡尔赛的狩猎宫殿，1623 年； 兰伯特酒店，1640 年
巴洛克时期 （1643—1700）	路易十四 1643—1715	勒沃；勒·布伦；勒诺特；儒勒·哈杜安·孟莎尔；勒博特尔；布勒；贝兰；佩罗	沃－勒－维贡府邸 1635—1661； 扩建凡尔赛； 凡尔赛的大亚特里阿农宫； 卢浮宫扩建完工
摄政时期 （1700—1730）	路易十五国王，但奥尔良公爵腓力二世为摄政王 1715—1723	德·科特；克里桑；德拉迈尔	凡尔赛国王礼拜堂 1699—1710； 罗汉酒店 1705 年
洛可可时期 （1730—1760）	路易十五 1723—1774	勃夫杭；奥本；皮诺；韦伯克特；梅松尼耶	重修凡尔赛宫的皇室部分； 苏俾士府邸，约 1740 年
新古典主义时期 （1760—1789）	路易十六 1774—1793	加布里埃尔；勒杜；布勒；卡尼耶德·拉隆德；里茨内尔；卡林；伦琴；德拉福斯；杜古尔	小特里阿农宫，1768 年；为凡尔赛宫增建歌剧院，1748—1770； 萨尔姆府邸 1783 年
大革命与督政府时期 （1789—1800）	督政府时期 1795—1799 执政府时期，1799	威斯威勒；雅各布；莫利托	塞夫尔瓷窑和萨伏内里地毯厂恢复生产

镀金缘饰（见图 15-35），其外形可以说是颇有趣味性，这与路易十四的风格完全不符。

路易十五到了 1722 年才搬到凡尔赛宫。从 1738 年开始，这位年轻的国王开始进行大规模的室内改造，在里面修建了许多温馨舒适的小屋子，一些屋子装上了由装饰家雅克·韦伯克特（Jacques Verberckt，1704—1771）与建筑师昂热－雅克·加布里埃尔（Ange—Jacques Gabriel，1698—1782）设计的富丽堂皇的白色和金色镶板。在 1748—1770 年间，加布里又为凡尔赛宫增建了一座歌剧院，它成为未来路易十六与玛丽－安托瓦内特举行婚礼的地方。

法国地方风格

洛可可风格中的高雅并不只适用于庄严的凡尔赛宫或高贵的巴黎。与巴洛克相比，洛可可更经济节约——小型的屋子、简单的家具，其实在那些室内设计预算较低，娴熟的技艺工人较少的小城镇和乡村，这种简约风格更合适。于是便有了法国地方（有时也称乡村风格）风格。

在法国乡村和城市的大房子中，木质镶板特别流行，但是档次较低的住宅通常只有一堵单独的墙装饰有镶板，其他墙面都只有绘画装饰或者贴了壁纸，有的甚至是用钢印去模仿墙纸。镶板和家具都会使用到天然的木头：蜂蜜色的胡桃木、山毛榉、栗子树、樱桃树或者苹果树。

在整个法国，在壁炉上面加一面镜子的做法都很流行，但是在一些地方，镜子是由小块窗格玻璃组成的，而非大城市中那些时尚的设计。当时木制品的涂料主要选用一些柔和的色彩，点缀了一些深颜色的醒目线脚。室内还专门修建了书架，卧室的床旁边还有壁龛。

尽管弗朗索瓦·鲍彻住在巴黎，但在他 1743 年为他夫人创作的肖像画中（图 15-13），设计简单的壁橱、床头柜还有凳子却都是法国地方风格。其他的一些法国地方风格家具（图 15-14）都表明了这一风格的本质：洛可可式的外部轮廓，但细节之处却极少使用洛可可的

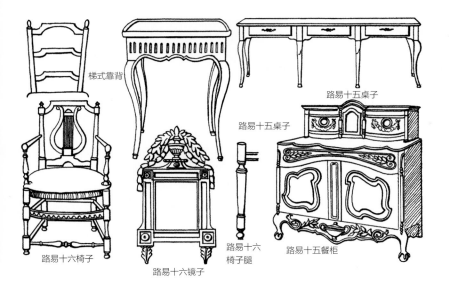

梯式靠背

路易十五桌子

路易十五桌子

路易十六椅子

路易十六镜子

路易十六椅子腿

路易十五餐柜

▲图 15-14 法国地方风格家具
吉尔伯特·维尔 / 纽约室内设计学校

风格。一些新古典主义后期（路易十六时期）的家具也受到了地方风格的影响（见图 15-14），但它并没有变得像洛可可风格那样普及，应运而生的还有样式简单但却很好看的编织物，比如之后会出现的约依印花布（图 15-40）。

对于洛可可风格，最低的评价是：显得很多愁善感，过于注重琐碎的东西；最高评价是：它是纯粹的乐趣，是最新颖最具特色的法式风格，在整整三十年内，深受法国社会各阶层喜爱。

新古典主义（路易十六）与督政府风格

到了 1760 年，在路易十五有影响力的情人蓬帕杜夫人（Mme. de Pompadour）喜好的指引下，法国已准备好采用一种更为拘谨朴素的艺术表现形式，而新古典主义恰好符合这一要求——既有文艺复兴、摄政风格和巴洛克风格所追求的对称、正式与古典主义柱式，又有洛可可风格的简约与高雅。新古典主义风格严肃，但绝不做作矫饰。图 15-15 就是一些法国新古典主义风格的家具与装饰部件。

单人椅

玫瑰形饰物

玄关桌

咖啡桶图案

有抽屉的柜厨

阿拉伯花纹

椅子腿

扶手椅

户外图形徽章，花环，绶带

▲ 图 15-15 法国新古典主义风格的家具和装饰
吉尔伯特·维尔 / 纽约室内设计学校

小特里阿农宫

1761 年，路易十五在蓬帕杜夫人的要求下，命令加布里埃尔在凡尔赛宫的基地上设计一座小楼阁。小特里农阿宫于 1762 到 1768 年间建造，是一座非常漂亮的以白色石头为材料的宫殿（图 15-16）。它代表了先前的洛可可风格：屋子都是方形或矩形的，没有任何圆角；屋顶是平的，没有凹陷处；装饰风格严谨保守，叶形装饰、扭索状装饰、花环和花冠都是传统设计；没有使用镀金或漆绘工艺；绝大多数屋子只刷一层淡淡的米白色或淡色调（图 15-17）。有些风格拘谨的镶板是由安托尼·卢梭（Antoine Rousseau）设计的。

小特里阿农宫有三层，但是第一层只有几扇圆窗户，从花园是看不到的。宫殿最大的一间房子在主层的中央，通向一个立着栏杆的阳台，旁边就是花园。有一块餐台可以从地下室升上来，皇室夫妇可以和宾朋在没有佣人打扰下享用晚餐，这体现了对于隐私和安静的追求，希望可以远离凡尔赛宫的纷纷扰扰。

就在施工要完成之际，蓬帕杜夫人去世了，于是宫殿就由国王的新情人杜巴丽夫人使用。她经常利用宫殿为国王和他的密友举办盛大的晚宴。1774 年路易十五去世，皇位传给了路易十六，新国王于是就把小特里阿农宫送给了自己的皇后玛丽－安托瓦内特。1789 年，法国大革命爆发，路易十六国王和玛丽－安托瓦内特（与杜巴丽夫人一起）于 1783 年被送上断头台。

▲图 15-16 位于凡尔赛宫所在地的小特里阿农宫，由昂热－雅克·加布里埃尔设计，于 1762—1768 年间建造
国家历史古迹和遗址基金会

▲图 15-17 玛丽－安托瓦内特在小特里阿农宫的起居室。乔治·雅各布设计的新古典主义的椅子
达勒·奥尔蒂 / 图片编辑部有限公司 / 克巴尔收藏

督政府

政治上的动荡使得艺术设计暂时搁置下来了，艺术家和匠人的行会被废止，这给了他们更多的自由，但最终却给技艺制定了更高的标准。1795 年，一种新的政治机构——督政府成立，但只存在了四年，这一时期的风格被称为督政府风格。像想象的一样，这种风格脱掉了之前法国风格奢华的外衣。家具显得更加严肃，有棱有角，然而外形仍然很古典。大片不加修饰的蜡质木板和画有图案的木头取代了精美的镶嵌工艺，并且减少了镶金铜的使用。民主希腊与大变革的法国有许多相似之处，因此希腊家具开始兴起。督政府风格只是一种过渡状态，它继承了新古典主义风格的形式，甚至变得更加朴素，但织品（图 15-18）却越来越精美，这一特点在下个世纪的帝国风格中仍将持续。

私人府邸

被称为"特殊酒店"的私人城镇府邸是法国城市生活的重要组成部分，时间范围几乎涵盖本章所有时间段。初期，Hotel particulier 这个词仅指城市贵族的家宅，在一块面积不大的地方，他们的房子簇拥在一起，只为

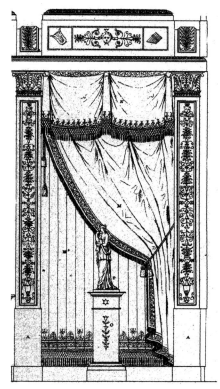

▲图 15-18 督政府风格的室内窗户设计
耶鲁大学出版社

可以离皇宫更近一点；到了后来，随着更为普通的联排屋与旅店变得越来越相似，"酒店"一词也开始用于称呼正在崛起的中产阶级所拥有的城市住宅。当时，盖了许许多多这样的房子，还出版了好多手册，用来指导建造，第一本由建筑设计师雅克·安德鲁·杜·塞尔索（Jacques Androuet du Cerceau, 1515—1585）于1559年出版。

法国的私人府邸与其他国家首都宅邸的两个显著不同点是：前后开放的空间和独具匠心的对称设计。尽管在伦敦和其他地方，不同类型的城市住宅都依界址线而建，但法国建筑只要条件允许，都会再修一个前院和一个后花园。这种布局按字面意思来讲，也叫作宅邸—庭院—花园，中间的主体建筑叫作住宅主体。狭长的侧厅沿前院的两侧延伸，两边还有小庭院，是参观者看不到的。

在设计过程中，每一个可以看得见的部分都倾注了设计师的心血。比如入口墙，从前庭和后花园可以看到的门面，都形成了完美的对称。然而，由于场地是不规则的，这种直接敞亮的风格创造出的整齐划一的感觉并没有得到很好地体现。

在这些时尚的府邸内部，有公众接待室，比如入口处的前厅和一个用于社交的客厅，还有几间私人房间，每位重要的家庭成员都可以享用一间，其中也包括主人和其夫人的单独隔间。每一个私人套房都包含一间卧室，一个衣橱，一到两间接待室，可以有多个橱柜。配套最完善的宅邸还包括画馆、书柜，集娱乐、游戏和音乐于一体的多功能厅和特别设计的餐厅。套房内的房子都是成行排列——门道排成一行，在空间上，构成狭长的景观。比如，在图15-19中，入口门、楼梯间的门和窗户都是纵向设计的。在右侧横轴的角之间，门廊处的两扇门，餐厅右侧的壁炉也是整齐排列的（当然，由于场地不规则，轴线在右侧房屋处出现了弯曲）。考虑到种种的规划要素，建筑师和理论家用了一个概括性很强的术语——布局，这是自洛可可时代起一个最受人重视的概念。

尽管法国室内设计的发展通常是由国王决定的，但是私人府邸却吸收了新的设计理念。朗布耶侯爵夫人生活在17世纪下半叶，她因其府邸（如今的财政部）引入了一种高的落地窗户而留名史册，这种窗户对于法国室内外建筑设计都具有重要的意义。

朗布耶侯爵夫人还创造了一种风格——在纵向排列的房屋中只使用单一或者特别和谐的色调，这样会看起来特别统一。郎布耶府邸中的蓝色房间是侯爵夫人款待宾客的地方，这里的墙、木制品和家具都是蓝色的。同样，使同一房间里的纺织品相协调也成了一种时尚：壁布、帷帐、桌布、椅子套和床上挂饰使用的织物可能都一样。

除了走廊和前厅处要铺规定好的石头和瓷砖以外，木质拼花地板是首选的地板类型（图15-20），东方地毯与萨伏内里或奥布松厂的产品（见第339页，"地毯"）总是用来铺在木地板上。挂毯一直都是一种墙饰。绸质或者棉质窗帘以及门口的门帘都会笔直地挂在套有金属环的金属杆里，织物分开两半，可以拉到两端。在帷帐和窗户之间，纯白色的薄棉窗帘可以挡住外面射进来的眩光。

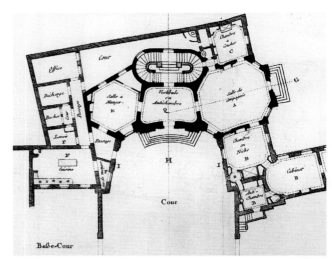

▲图15-19 雅克—弗朗索瓦·布隆代尔于1773年为一位男修道院院长的宅邸设计的图纸。尽管场地不规则，其正面仍给人以对称的直观感受
皇家建筑师学会图书馆，照片收藏

法式装饰

从文艺复兴开始，一直到新古典主义，法国创造出了世界上最为精美的装饰品。不仅在数量上非常可观，而且用料奢华大气。一直到法国大革命和之后的督政府时期，装饰都是法国不可分割的一部分，一个没有装饰的法国是无法想象的。

主题与标志

我们前面提到了长开的鸢尾花（见第325页"表15-1 法国装饰"），自12世纪以后，这种花就成为法

表 15-1 法国装饰

法国 17 到 18 世纪的几种装饰品：从左到右依次是女性头像装饰、鸢尾、束棒、丘比特、太阳脸。

图片：阿伯克龙比

兰西国王外套袖子上的图案，在法国的设计语汇里，鸢尾一直都占据着重要位置，直到大革命后期，在平民主义精神的影响下，这种图案才被临时禁止。

在文艺复兴早期，出现了从哥特式时代沿袭过来的主题风格——更轻巧、富于想象力的线条和花格图案，这一点来自怪诞（源于单词 grotto，意为"洞穴"，因为这类装饰品通常是在地下的罗马废墟中找到的，表示由各种图形、植物、人物以及真实存在但很神秘的动物组成的奇特古怪的图案，这与阿拉伯式花纹很像，只是还加了人物进去）的装饰品。十六世纪上半叶发生了进一步的变化：哥特式壁柱装饰被古典风格的带有柱头和底座的沟槽所取代。作为怪诞装饰的一个例子，蝾螈是一种神话中的蜥蜴，能够忍受火烧而不受伤害（图 15-2 中的左中），是文艺复兴时期国王弗朗索瓦一世（1515—1547 年在位）的象征。到了巴洛克时期，装饰自然同太阳王联系到了一起，比如相互交错的字母 L 和火红的闪闪发光的太阳脸（见本页"表 15-1 法国装饰"）。镜厅（图 15-7）的墙面装饰了镀金的纺织品样式的垂花雕饰，而盾牌、刀剑、盔甲、战利品、被制伏的战俘以及吹喇叭的天使都成了战争厅（图 15-8）的亮点。其他的巴洛克式装饰包括七弦琴、羊角状物，以及公羊与狮子的头部。

在摄政时期和洛可可时期，讲究正式和传统的设计风格被更加荒诞的主题形象所取代，比如丝带、花环、丘比特图案（见表 15-1）——即无翼的小天使。这种图

制作工具及技巧｜拼花镶嵌工艺

今天，人们用特别薄的装饰板来制作拼花和镶嵌工艺——单就镶嵌来讲，装饰板可能只有 0.25 毫米厚，但在 17 世纪，人们是在厚度相当于今天十倍的板子上第一次实现了特别理想的艺术效果。多种类型的天然木材被人们广泛使用，包括黄杨、雪松、山楂树、酸橙木、橡树、橄榄树、梧桐树和胡桃木。此外，在 17、18 世纪，人们还从热带地区引进了许多外来材料，比如青龙木、紫红木、乌木、红木和郁金香木。到了 18 世纪末，在法国供装饰使用的木材达到了将近一百种。把木料放到装有炽热的沙子的盘子里，其外形就会发生各种变化，就像被刻画或雕刻过一样。

通常都是将几层颜色反差很大的板子放在一起，一次切割成许多相同的小块。在 18 世纪，出现了一种脚踏式锯木架，人们也叫它"带回纹饰的辅助性刀具"，在切割时用它来固定几层板子。切割之后，为了将板子固定在支撑表面上，还要有两道工序：第一道程序今天我们还在使用，就是让刚刚粘好的板子在高温下承受重压，这些压板的表面采用锌和黄铜。另一种方法就是给每一层支撑物都涂上胶水，把板子弄潮湿，放在黏合剂上，用加热的烙铁熨烫，最后敲打入位即可。

20 世纪以前，这类黏合剂一般使用动物胶，不防水也不耐热，但是比较有弹性，随着温度和湿度变化，木头也会跟着膨胀或者收缩，正是由于这个原因，今天仍然有工匠喜欢用动物胶。

形在意大利也很受欢迎，叫作"小爱神"。在洛可可时期，室内设计还流行一些东方的主题：具有中国风的虚拟景观、室内情景、猴戏（图 15-11，中下）——装扮成人一样的猴子玩着音乐或纸牌。这些形象不仅被画在墙上，也出现在瓷器、镶嵌工艺和纺织品中。其他装饰还包括 C 形或 S 形的卷轴形装饰与女性头像装饰（也就是头部环绕着西班牙人可能穿戴的那种大花边衣领的女性头像，见第 325 页"表 15-1 法国装饰"）或者西班牙女性穿戴的大花边衣领。

到了新古典主义时期，洛可可风格被认为是肤浅轻率的，人们对中国风和猴戏更是嗤之以鼻，转而喜欢运用其他题材的东西：植物类（棕榈叶、花束、玫瑰花饰）、动物类、蔓藤花纹（图 15-15，右上）和圆形雕饰（图 15-15，左下）。1738 年在赫库兰尼姆发现的罗马废墟和 1748 年发现的庞贝古城推动了从 18 世纪 50 年代开始的几套雕刻艺术集的出版，它们对装饰艺术产生了广泛的影响。科林斯式柱头的叶形装饰再次出现，对称风格重获新生，矩形框架结构渐渐取代了洛可可时期留下来的奇特样式。墙通常与壁柱连接在一起（当然不是有史以来的第一次），装饰品开始为建筑服务，凸显了房间的边界和开端。

在督政府时期，装饰物出现了一些大革命的标志，比如束棒（见第 325 页"表 15-1 法国装饰"）——一捆绑起来的杆子，中间放一把斧子（束棒源于古罗马，杆子代表罗马社会不同的阶级，斧子则代表政府绝对的权力）。其他督政府风格的装饰物还有矛、鼓、弗利吉亚帽和新共和国国旗的颜色——以白色为主，有小面积的蓝色和深红色——都开始出现在边饰、镶边和线脚中。然而，总的来看，督政府时期房间与家具所用的装饰品数量都出现了大幅度下降，一方面是由于共和制代替君主专制后，鉴赏品味出现了变化，另一方面是经济上的原因——战争与革命使得法国经济千疮百孔，法国必须要同之前的奢华说再见了。

镶木工艺和镶嵌艺术

镶木工艺和镶嵌艺术是将一块块有形状的木头或者木板贴在物体表面。有时候，镶木工艺也用于几何图形设计，比如条纹、菱形、人字形图案，而镶嵌艺术主要用于写实的风格，比如花、树叶和鸟儿。二者主要区别在于前者主要用于地板，后者用于家具。因为地板更喜欢选用几何图案（图 15-20），家具则更注重写实（图 15-21）。

镶木工艺和镶嵌艺术都符合意大利细木镶嵌的几何标准（见第 265 页"细木镶嵌工艺"），但与镶嵌术或者镶嵌并不一样，镶嵌是指将单独的装饰板嵌入木头表面。细木镶嵌装饰结合了以上两种工艺，但也有区别——就是它会使用到反差特别大的材料，如黄铜、白蜡、象牙和珍珠母。这种将木头和其他材料结合起来的形式叫作布勒式方法，这是为了纪念家具制作大师安德烈 – 查尔斯·布勒（André-Charles Boulle，1642—1731），他创造了这项工艺（图 15-1 和图 15-30）。

镶木装饰的案例可见镜厅（图 15-7）的地板和凡尔赛宫的战争厅（图 15-18）。镶嵌工艺的案例有布勒为路易十四建造的衣柜（图 15-1 和图 15-30），让 – 弗朗索瓦·奥本（Jean-François Oeben，1721—1765）和里茨内尔（Jean-Henri Riesener，1734—1806）为路易十五设计的翻盖书桌（图 15-31）。

法国家具

法国，特别是在 17 和 18 世纪，制造了一些极为雅致的家具，享誉世界。这一时期还诞生了许多新的家具类型，每种家具形状都风格各异，而且环境复杂，结构精密的社会总是能在有微妙差别的家具中找到相匹配的影子。最好的范例超越了以前的所有产品——设计奢华，制造完美，使用舒适。当路易十五的女儿维克多公主（Mlle. Victoire）被问到要不要像她妹妹一样去修道院时，她回答说她"太爱舒适的生活了，"她指着舒适的围手椅说，"这种椅子就是我堕落的根源。"

职业分工

在法国，家具制造形成了完备详尽的体系，出现了很多工匠行会，其中的工匠擅长多种技艺。这些行会的标准高、入门难、分工明确。受雇的工匠还要肩负装潢工的职责——负责屋内的总体设计。我们先来了解下工匠行会以及一些它们完成的家具。

在中世纪的一段时间内，一部分工匠会去制作包括木质家具在内的木制品，他们从木匠行当中脱离出来，

▲图 15-20 布卢瓦城堡中的房间。路易十二于 1462 年出生于此。屋顶的大梁设计很新颖，但是在 200 年后，屋内的壁纸、织布门帷和镶木地板又按照路易十四的风格进行了重新设计

达勒·奥尔蒂 / 图片编辑部有限公司 / 克巴尔收藏

▲图 15-21 让 - 弗朗索瓦·奥本在 1760 年前后设计的使用了镶嵌工艺的桌子详图

丹尼尔·阿诺（Daniel Arnaudet）/ 赫尔维·莱万多夫斯基 / 艺术资源 / 法国国家博物馆联合会

形成了自己独立的行当，即木工，在其底下还有几个分类，有专门制作实木家具的，有专门制作木头饰板和镶嵌工艺的。到了 1743 年，后者也称自己是乌木木匠，或简称乌木工（该名字说明人们总是选用乌木作为首选木材），所以，这一行当就被正式命名为乌木工木匠。

1745 年，木工和乌木工的区别在行会法规的修订本中有了官方的定论：木匠主要负责制作实木的椅子、床和桌子，但不可以大量添加任何装饰性雕刻；后者主要从事装饰拼接工艺，比如镶嵌工艺和镀金的底座。在实际操作中，两者会有重叠部分，当然也有例外。乔治·雅各布（Georges Jacob，1739—1814）负责为玛丽 - 安托瓦内特打造家具（图 15-17），他是为数不多的两者皆精通的工匠。

一些技艺高超的乌木工会得到一项特别的殊荣：他们会被任命为乌木工大师或家具工大师。工匠一旦获此殊荣，其作品的质量就要在一年内受到多次检查，工匠还需要在其作品上打上个人的标记以便辨识。标记一般都看不到——要么在椅子座底下，要么在桌面的下方——但是在 18 世纪，这种做法对于家具的鉴定特别有帮助，并且今天仍在使用。（这一点也体现在今天的古玩市场上。尽管最上乘的物件，即皇室直接委托制作的物件，一般都没有打标记，但是带有个人印记的古董还是要比那些没有的价值高。）

在 18 世纪，有一千多名工匠被命名为乌木工大师，包括之前提到的安德烈 - 查尔斯·布勒、让 - 弗朗索瓦·奥本和让 - 亨利·里茨内尔。他们三位和其他几位乌木工大师之后又被封为皇家乌木工匠，这项殊荣让他们获得了国王的直接资助，并免于受到行会的限制：比如，只可以

从事一份工作。

其他重要的分支有油漆匠、小型家具师（制作一些小的但是复杂的物件，比如化妆箱），和沙发窗帘工（家具商，其中一些会设计制作帷帐，另一些会售卖他们布置装饰过的家具）。

座椅和床铺

文艺复兴早期，在弗朗索瓦一世的统治下，椅子依然是中世纪风格：很大，方形的样子，有时在安装合页的座椅下会有储藏空间。后来，弗朗索瓦一世的儿子亨利二世继位，其王后是来自意大利的凯瑟琳·德·美第奇，椅子的储藏功能就不复存在了，设计更为轻便，扶手下面空了出来，座位和靠背之间也是空的，椅子腿由接近地板的连撑器连在了一起。有的椅子还去掉了扶手，这是为了迎合女士穿的有裙撑的裙子。裙椅是一种更为轻便的家具，体型轻巧可移动，可以拉开，便于人们坐在上面闲谈，高声谈笑（图 15-22）。裙椅和意大利的矮木椅（图 13-24）很像，凯瑟琳在意大利时就知道这种椅子。卡鲁绸（平的方形垫子，带有流苏，方便携带）可以让椅子坐起来更舒服些，不那么硌人，这种垫子也可以铺在地板上。

到了 17 世纪，路易十三时期，文艺复兴时代接近尾声，出于对舒适度的要求，与垫子相比，人们开始更多使用座套，用装饰性的金属钉子将其固定在座椅和靠背上，椅子依旧是四方形的。在路易十四时代，扶手椅变得尺寸更大，比之前的更壮观舒适——与巴洛克风格的宏大息息相关，给人以深刻印象。高的带座套的靠背非常适合发型讲究的人使用。椅子腿更多地使用高雅的 X 形连撑器（图 15-23）固定，取代了之前的 H 形。扶手变成了弯曲的或涡形的。在之后的家具设计中，椅子将更多采用 S 形弯腿，即弯腿椅。

在扶手上加了衬垫，这种椅子就成了安乐椅，之后一直很流行。在文艺复兴时期，这种安乐椅是不加软垫的，但到了巴洛克时期，就加了软垫子，而且还把扶手直接置于前腿上方，而在摄政时期，扶手就更靠后了，椅子腿变得更短，使得座位也很低了。椅子变得越来越低，越来越轻，也就不再需要连撑器了。新古典主义风格安乐椅的代表见于玛丽–安托瓦内特位于小特里阿农宫（图15-17）的屋中。近些年来，安乐椅可以指任何装有衬

▲图 15-22 文艺复兴时期的木质裙椅，约 1575 年
奥斯陆装饰艺术与设计博物馆

▲图 15-23 17 世纪后期的胡桃木座椅。其椅子腿由 X 形的连撑器支撑固定
木制品，家具—法国—约 17 世纪末，路易十四时期。扶手椅，胡桃木，蜡质抛光
大都会艺术博物馆，J·皮尔庞特·摩根（J. Pierpont Morgan，1907 年，07.225.500）赠送

垫的扶手椅，包括剧院的一种椅子，但是严格地讲，只指扶手和座椅间空着的椅子。

如果空着的地方加上了衬垫物，这种椅子就叫作围手椅，源于摄政府晚期。新古典主义式的围手椅见图15-24，带有雕刻图案和镀金的山毛榉木材装饰，配针绣的花纹，由另一位乌木工大师让－巴蒂斯特·克劳德·塞内（Jean-Baptiste Claude Sené，1748—1803）于1780年左右设计而成，它被置于一条生产于1740年前后的萨伏内里地毯上。

当然也有很实用的椅子凳子，搁脚凳就是非常受欢迎的一种，起初是一种圆凳子（图15-5，右上），但从18世纪开始，就变成了矩形的带衬垫的座椅，椅子腿也变成了直的。路易十四时期，在朝廷上如果可以坐搁脚凳，会是一种荣誉。其他的凳子还有高脚蹬——比搁脚凳要稍微高点，及折叠椅——一种可折叠的、腿交叉的凳子。

在设计沙发和坐卧两用床时，法国人极具独创性，使舒适度有了前所未有的提升。双人弹簧座椅，也可以被视作简单的宽体围手椅，产生于洛可可时期，其空间仅够两个人坐下来亲密交谈。在图15-25中，乌木工大师路易斯·德拉诺伊思（Louis Delanois 1731—1792）设计的作品体现了洛可可风格。他为杜巴丽夫人在凡尔赛宫的房间提供家具。双人弹簧座椅有时也叫双人座椅（tête-à-tête）或者知己椅，如果再给它加上足够高的靠背和围挡，创造出舒适的私人空间，也可称其忏悔椅。长沙发则要更宽一些，但也还是为两个人设计的，这个叫法来源于17世纪，当时沙发上罩着沙发套，后来消失了。

斜扶手贵妃榻，也叫作恋人椅，在新古典主义时期非常流行，这是一种带着不对称靠背的沙发，一边高一边低。坐在上面的人可以把头靠在高的一侧，好好地舒展身体，也正是这个原因，它和坐卧两用椅和长椅（chaise longue）很像。在图15-13中，鲍彻夫人似乎很享受躺在上面。如果将坐卧两用床分为两个部分，像扶手椅和大的凳子那样，二者的结合就叫作安乐躺椅（duchesse brisée）。

在文艺复兴时期的路易十三时代，床开始用织物遮盖起来，织物不再像哥特时代那样吊在天花板上，而是像挂在四根木质柱子上的华盖一样，木柱每个床脚一根。也正是因为这些柱状的杆，这类床也叫作柱床，或者法

▲图15-24 围手椅，尚-巴蒂斯特·克劳德·塞内，约1780年
丹尼尔·阿诺／艺术资源／法国国家博物馆联合会

▲图15-25 洛可可风格的双人弹簧座椅（双人小沙发），有镶金边的木质框架，路易斯·德拉诺伊思设计，18世纪中期
路易斯·德拉诺伊思，围手椅或敞篷版的围手椅（一对），约1765。标记：路易斯 德拉诺伊思，OA6548
巴黎 卢浮宫，法国国家博物馆联合会／斯卡拉／纽约艺术中心

兰西床。

到了巴洛克时代，在路易十四的宫廷里和其他效仿其风格的地方，卧室不再像以前一样是一个私人的空间，而是一个开放的公共区域，主人为来访者在这举行盛大的卧室展。床作为展出的一部分，也是仪式性的，光鲜夺目。路易十四的床（图 15-26）靠近凡尔赛宫的中心，放置在一个稍稍抬起的台子上，与屋子的其他区域通过栏杆隔开（朝臣觐见的地方）。床上挂着深红色的丝绒，上面有金银两色的刺绣以及四根鸵鸟羽毛装饰物。

▲图 15-26 路易十四在凡尔赛宫的床，17 世纪后期

还有皇家式的床，披着穹顶一样的华盖；壁式床，长的一侧挨着墙，白天可以当沙发使用，床头、底座和靠墙的一侧高度都一样，有时也会盖上小块的连着墙的华盖。图 15-27 中的就是新古典主义时期壁式床的代表，带着帘子，由被涂为灰色的山毛榉木制成，饰有花锻，源于 1770 年前后。

桌子

中世纪样式的桌子——桌板支在架子上，盖着织布，在文艺复兴时期的法国依然在使用，只是看起来很过时了。渐渐地，中心支撑物上的桌面开始变为圆形、方形或者八角形的。还有一些桌面可以展开变得更大。这类桌子会很重，但看起来很华丽，随着巴洛克风的传入，桌子又开始变得很轻，桌腿由 X 形连撑器固定在一起。与其他类型的家具类似，受洛可可风的影响，桌腿变成了优雅的弯曲状，到了新古典主义时期，风格则变得传统保守。图 15-28，由御用木匠让 - 亨利·里茨内尔为路易十六在凡尔赛宫的书房制作的大圆桌子，其桌面是由一块单独的红木制成。

还有许多为不同的游戏专门设计的游戏桌。正方形桌面是最为常见的设计，供四个人玩耍，还有为三个人准备的三角形桌面，和五人用的五边形形状。装了铰链的桌子可以展开，这样玩的地方就更大了。基本上所有的外表面都遮盖了织布，有的桌角处会设计得凹下去一块，专门用来放烛台，或者有的直接配有和桌子同高的烛台架，也叫大烛台，这种烛台起源于 16 世纪，一直到电灯出现后才淘汰。

▲图 15-28 路易十六在凡尔赛宫的书房内带有新古典主义特点的圆桌子。桌面直径 2.15 米，由一块单独的红木制成
法国国家博物馆联合会／纽约艺术中心

▲图 15-29 托米于 17 世纪末设计的小圆桌，采用带雕刻的镀金青铜，0.8 米高
米歇尔·贝洛特（Michele Bellot）／艺术资源／法国国家博物馆联合会

小台桌，通常放在镜子底下，固定在墙上，由两根桌腿支撑着。图 15-13 鲍彻夫人旁边就是一个法国地方式桌子，带有一个抽屉。图 15-29 是一个柱脚桌，或烛台架，被称为烛台基座（gueridon），效仿古罗马风格。经过雕刻的大理石顶部是镀金青铜材料的，极具督政府时期的风格，这是皮埃尔－菲利普·托米尔（Pierre-Philippe Thomire，1751—1843）的杰作——著名的雕刻家、铜器制作家；他为凡尔赛宫设计了枝状的大烛台，用来纪念美国独立宣言的发表，据说他在大革命时期将自己的铸件用来生产武器。

箱式家具

安德烈－查尔斯·布勒是第一位杰出的乌木工大师，路易十四的首席家具师，布勒工艺由此得名，一对他为路易十四在大特里亚农宫的卧室设计的巴洛克风格的柜橱体现了他精湛的技艺（图 15-30），大特里亚农宫是凡尔赛宫的附属建筑。这个柜橱是一个有两到三个抽屉的储物箱，要比 1690 年开始流行的意大利的卡索奈长箱（图 13-26）更为小巧轻便。有的柜橱，圆形抽屉的正面采用了之前的石棺造型，人们也称其为坟墓式柜橱。但布勒制作的柜橱并没有完全采用凸面设计，在紧挨顶部以下的位置先是内凹，接着又明显的鼓了出去，而到了最下端，又凹了回去。这种波浪式的造型也成为半球式，在接下来的摄政和洛可可时代也都非常流行。布勒设计

▲图 15-30 安德烈－查尔斯·布勒用乌木镶嵌工艺做的柜橱，底座为镀金的，一共为路易十四做了一对。布勒用八条腿作支撑。亦见图 15-1 "深蓝色" 柜橱
乌木上采用龟甲和铜质镶嵌，镀金青铜带有雕刻，顶部为大理石材质。1708—1709 年前后制造，为路易十四在大亚里特农宫的卧室打造，墨丘利厅
法国国家博物馆联合会／纽约艺术中心

的一项奇特之处就在于用八条支腿作为支撑。

随着时间的流逝，出现了专门用于写字的桌子——书桌（办公桌的雏形），人们使用写字台上或者下面的橱柜，久而久之书桌也变得更为精致，结构更为复杂，成为单独的一类家具。"书桌"（bureau）一词来自比尔密绒粗尼（bure），这是一种羊绒织物，用来盖在写字台表面。最简单的书桌是一种平面办公桌，有四个腿，没有抽屉。还有许多其他的样子书桌，带抽屉和储藏空间。储藏部分有格子状的信函分拣台格架，可以存放文件，叫作文件柜，放在平面桌的桌面的一端。

圆弧形写字台前端圆弧形写字台算是最独具匠心、别致精巧的书桌了。合起来后，写字的台面就会被盖上半弧形木盖。（19世纪的样式，绷有刺绣的木板可以关上，也叫作拉盖书桌。）门面一打开，内部会有装置把写字的桌面推出来。这种极为精巧的家具起初由奥本于1760年开始为路易十五建造，其死后由里茨内尔接替，1769年完工，称得上是洛可可式家具典范（图15-31）；当它完工时，使用者已不需要打开门面了，因为它具备了一种精巧的系统——按下按钮，写字台面就会自动弹出。

里茨内尔为玛丽–安托瓦内特于1770年左右设计的新古典主义式的桌子（图15-32），样式简单，有活动板面（法语里叫作挡板写字台）。在大理石的桌面下，桌子外部有乌木料的板子，安了17世纪日本的黑白相间的漆器板，点缀有镀金的铜饰，这都是里茨内尔自己完成的。在桌面镶金的铜质装饰带上，有三处位置印有王

▲图15-32 新古典主义式的挡板写字台（板面可以活动的桌子），里茨内尔为玛丽–安托瓦内特设计，安装了带有日本喷漆的木板，约1770年。其背后的木板镶有卵箭饰线脚
大都会艺术博物馆，赫伯特·N·施特劳斯女士（Herbert N. Straus）于1942年捐赠。（42.203.1）图片©1995大都会艺术博物馆

后名字的首字母（MA）。写字的台面降下来，露出内部的饰板，点缀着紫柳和郁金香木的带子，此外内部还有一个保险箱和秘密隔间供女主人使用。

法国装饰艺术

法国室内装饰因其融会贯通的设计理念而闻名。室内家具与屋子相辅相成，还有一系列装饰艺术品，各元素都汇成一整套体系。

陶艺

在中世纪早期，法国陶艺主要用于为教堂铺砌瓷砖。到了12世纪，人们开始生产盆、碗、水壶等实用的陶器，查理六世的1399年库存清单中写道"博韦地区产的镶银的陶瓷大口杯"。到了15世纪末，法国开始生产陶瓷的炉子、喷泉、雕像和其他宗教器具，以及多种多样的

▲图15-31 路易十五的圆弧形活动面盖写字台（可以向上翻盖的桌子），由让-弗朗索瓦·奥本和里茨内尔于1769年完成，1760设计。有冬青树、黄杨和其他木材的嵌花
D·阿诺 / 法国国家博物馆联合会 / 纽约艺术中心

餐具，其中包括特制的餐碟。

在16世纪，烛台和碗都是由内嵌棕色与黑色混合物的细黏土烧制而成，外面覆盖一层透明的铅釉。装饰物体现了文艺复兴时期意大利传入的新潮流，比如风格奇特的艺术作品、阿拉伯式花纹和维特鲁威式波状涡纹。在这样一个平淡无奇的大环境里，一位独具眼光的艺术家创造了一些新颖出色的作品。

贝利希

伯纳特·贝利希（Bernard Palissy，1510—1589）在年轻的时候环游了法国，那时他是一位玻璃剪裁师，工作对象就是彩色玻璃。到了16世纪中期，他研制出一种釉质混合物——可以使陶瓷看起来像碧玉和其他奇特的石头一样，特别流行，生产出来的制品也叫作碧玉土。法国的文艺复兴女王，凯瑟琳·德·美第奇称他为"皇家乡村风格陶瓷制品的发明者"。他制造的乡村风格陶瓷制品通常都是椭圆形的大浅盘子，图案一般为蕨类植物、苔藓和贝壳，与立体的蛇、蜥蜴、龙虾、青蛙、昆虫和其他多种生物混在一起（图15-33）。贝利希为凯瑟琳装饰在巴黎杜伊勒里宫花园的岩穴时也用到了海洋类爬行动物的设计语汇，他的作品很有影响力，甚至到了19世纪末期，法国的许多陶瓷还在使用他的风格。

彩陶和米色陶器

14世纪，彩陶从意大利和由摩尔人统治的西班牙传入法国，到了16世纪，来自意大利法恩莎和其他地区的陶艺工人在法国非常活跃。在1603年，亨利四世为纳韦尔的康拉德三兄弟授予长达30年的彩陶生产的垄断权。纳韦尔兄弟的一些作品还涉及德拉·罗比

亚的风格。

在之后的一段时间内，本土风格的普桑（其实也是意大利风格）绘画，和1670年西方传入的蓝白器具，以及之后的素三彩都对当时社会产生了影响，但是意大利的风格依旧风靡。在17世纪末、18世纪初，波特拉家族在鲁昂发明了一种重要的彩陶技术——淡蓝色的陶器，点缀红褐色的装饰（辐射风）。

到了18世纪末期，人们的喜好由彩陶转向了英国的米色陶器——一种奶油色陶器，价格较为低廉，但是很适宜新古典主义风格。在1772年，巴黎的杜邦－奥克斯－舒厂宣布自己是模仿英国该类型的陶器方面的皇家生产商。来自英国斯塔福德的陶艺工人纷纷到法国建厂。到了1786年，米色陶器已经在吕内维尔和尚蒂伊开始生产，人们称其为精致彩陶器。

瓷器

从之前的奢华之风可以预料到，精美的陶瓷器在室内设计中占据着十分重要的地位。软质瓷（见第225页"制作工具与技巧：陶瓷的秘密"）在皇室的资助下最早于1672年于巴黎附近的圣克劳德开始生产，其产品包括白色和蓝白色两种瓷器，都是对中国的白瓷进行模仿，这里生产的一些瓷砖器皿也会供往凡尔赛宫。

在1740年，法国万塞纳建立了一家更为重要的厂子，它的成功离不开皇室给予的特殊待遇，它的第一位负责人就找到了一种生产拥有与以往不同的白色的软质瓷的方法，该厂早期最为重要的产品是一种瓷质花，可以嵌在铜鎏金的花茎上，

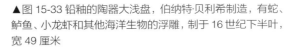

▲图15-33 铅釉的陶器大浅盘，伯纳特·贝利希制造，有蛇、鲈鱼、小龙虾和其他海洋生物的浮雕，制于16世纪下半叶，宽49厘米
椭圆形大碟，法国，伯纳特·贝利希或其属下，16世纪后期。华莱士收藏委托人授权

放在花瓶、墙面突出的烛台和枝型大吊灯上——这也是早期美丽的人工花。最初生产的餐具是黄色的，后来出现了浅绿色和浅蓝色，包括天蓝色。其产品最早的顾客都是皇室成员或者贵族，比如路易十五和蓬帕杜夫人，但到了1751年前后，一家店开始向普通大众中的富裕阶层售卖万塞纳器具，1756年，瓷器厂搬到了塞夫尔，塞夫尔也就成了质量上乘的法国瓷器的代表。

在塞夫尔，尽管在1769年之前没有高岭土，这家工厂依旧凭借出色的技艺而名声大噪。没有高岭土，就没办法做硬质黏土的瓷器（德国麦森的工厂可以生产硬质黏土）。而到了18世纪末，塞夫尔就可以为外界专供硬质黏土瓷器了。

塞夫尔因其人物像、小雕像与家具的陶瓷饰板而闻名，但它最为闻名的要属花瓶了。花瓶类型繁多，有新古典主义风格的（图15-34）、洛可可奇幻风格的、中国风的还有新颖的象头形状。

▲图15-34 新古典主义风格的镀金塞夫尔花瓶
伦敦，维多利亚和阿尔伯特博物馆/纽约，艺术资源

玻璃

法国的玻璃器皿受威尼斯的影响很大，一直到17世纪末，法国好多玻璃都从威尼斯进口，而且很多法国的玻璃制造商都来自意大利。文艺复兴时期，巴黎西部圣日耳曼昂莱市的玻璃器皿制作得到了亨利二世和其妻子凯瑟琳·德·美第奇的大力支持。而在巴洛克时期，奥尔良生产的玻璃器皿则得到了奥尔良公爵——路易十四的兄弟的资助。意大利人伯纳德·佩罗运用其独创的技术制作出玻璃陶瓷（像陶瓷一样不透明的白色玻璃）、红色古董（透明的红色玻璃，看起来很像年代久远的东西）和浇铸（而不是吹制）平板玻璃（当然，佩罗不是平板玻璃的发明者，古罗马人早就可以制作小块的玻璃了）。

镜子和平板玻璃在法国室内装饰设计中占据着重要的地位，其中镜子能反射光的作用——在当时一个要依赖烛光的时代，就显得极其有分量。路易十四决定要自己生产玻璃，而不是再去进口价格高昂的玻璃，于是在1665年巴黎郊区的圣安东尼，建立了一家雇佣意大利人的平板玻璃厂，这家厂子在1678到1683年间为凡尔赛的镜厅提供玻璃与镜子。1693年，又一家皇家玻璃制造厂在圣戈班建成，等到了1695年，这两家厂子合并成了法国皇家玻璃生产商。

尼古拉斯·皮诺，我们之前介绍到他是装饰家，他在1731年也曾为巴黎的维拉尔酒店设计镜子的镀金边框（图15-35）。如今，这家酒店搬到了伦敦附近的沃德斯登庄园，属于罗斯柴尔德家族的财产。

像花瓶和杯子这样小的吹制玻璃器皿，在17世纪末18世纪初的时候，流行的是在表面进行艺术性雕刻。1676年，含有大量氧化铅的"高铅水晶玻璃"（或称含铅玻璃）开始在英格兰生产，它是采用这种处理手法的完美材料。等到了18世纪，许多法国厂子也开始生产含铅玻璃，其中就包括著名的建于1764年的巴卡拉厂和建于1767年的圣路易斯厂。

漆器

包括中国漆器在内的中式装饰于17世纪开始风靡法国，在洛可可时期达到了高潮，有从中国进口的，也有自己仿制的，法国还将一些饰板、抽屉面板等其他家具配件送到中国做成漆器。到了18世纪，才有两个法国兄弟，纪尧姆（Guillaume，1689—1749）和艾蒂安－西蒙·马丁（Etienne-Simon Martin，1703—1770）在1730年发明了真正的模仿中国漆器的技术。1744年，他们获得了一项独家的权利——可以垄断漆

▲图 15-35 1731 年，尼古拉斯·皮诺为巴黎维拉尔酒店设计的镀金镜子边框，现在该酒店已经搬到英格兰。最初，镜子下面有一张小桌弗朗索瓦 - 尼古拉苏·皮诺，"带画的镜框象征着一位女先知，这是继圭多·雷尼之后的风格"，约 1731 年（维拉尔酒店），ACC3634.1
沃德斯登庄园（英国托管协会），图片：伊斯特和麦克唐纳德，1977 年

器市场 20 年。马丁家族的两代人为此付出了心血。很多人被授予了皇家油漆匠的头衔，其公司叫作"马丁漆器王室制造商"。

马丁制作的漆器使用的是典型的中国色——有黑色、深红色、深蓝色、浅黄浅绿和在洛可可时期风靡于法国的淡紫色。马丁制造的漆器类型多种多样，除了家具以外，大到马车、轿子，小至风扇和鼻烟盒应有尽有。专有名词"马丁清漆"一开始用于形容漆器，后来也用于指代他们设计的家具，再后来，在马丁享有的独家经营权到期之后，也用于指代其模仿者的产品。比如，著名的家具设计师雷内·杜布瓦（René Dubois，1737—1799）制作的新古典主义式的墨水台，表面就涂有绿色和金色的马丁漆（图 15-36）。马丁漆因其卓越的工艺而被凡尔赛宫的多个房间收藏，而中国器具的鉴赏家蓬帕杜夫人也订购过这种产品。

镀金和镀金物

在法国室内设计中，闪闪发光的金子能让整个装饰栩栩如生。镀金指的是给材料——木头、石膏、金属、陶瓷、玻璃、纺织品、毛皮甚至是纸加一层金色的表面涂层。在法语中，镀金物或磨碎的黄金是一种汞合金的生产过程——汞在加热后蒸发，与金子结合。（见第 336 页，"制作工具与技巧：金叶饰和镀金"）。这种工艺主要应用在金属品上，比如，门用五金、家具底座、壁炉、防火屏支架等诸多地方。同样，这个术语和技艺也可以表示给物体表面做银色涂饰，所以，这个词更多表达的是一项手艺，而非成分。

镀金一般有两种基本方法。第一种是用金叶饰，即用真金做成纸张厚度的薄片，早在公元前 1500 年，就有古埃及人使用过这种方法。第二种方法显得不是那么高级，就是镀金法，将金粉熔化成金液，用于涂料和漆器中。实际上，"金色"涂料通常都是黄铜或青铜粉做的，而"银色"涂料则是用铝做成的，质量看起来和真金白银比逊色许多。

镀金物是一种装饰用的金属制品，由烧制后的铜鎏金制成，本章提到的各个时期的法国家具，其成功之处大都要归功于铜鎏金的家具底座（比如把手、铰链、盾形物、抽屉拉手以及装饰用的圆形浮雕和嵌线）。镀金也可以叫作铜鎏金，英语直译过来为镀金的铜，法国人

▲图 15-36 雷内·杜布瓦设计的新古典主义式的墨水台，带绿色和金色的马丁漆
英国伦敦华莱士收藏馆 / 布里奇曼艺术图书馆

制作工具及技巧 | 金叶饰与镀金

金叶饰

金叶的镀金是用水或者油完成的。

水：表面覆盖基层石膏底——一种用粉笔或者石膏等白色物质混合胶水制成的黏状物，填充在表面不平整的地方，从而形成一个非常平整的基础面，胶水多少视情况而定。等石膏干了以后，把水在上面刷一遍。接着用刷子将早已裁剪成固定尺寸形状的金叶饰附到湿润的表面上。

油：先将表面密封起来，再涂上几层红色或黄色油料，然后再将油和胶水的混合物涂在上面，用几天时间晾干。工人师傅要特别小心，把握好干湿的平衡。此时，将叶饰拿出即可使用。油制要比水制复杂一些，但更为持久。

在叶饰贴在表面以后，可以使用任何一种方法（水制或油制）在表面压上柔软的材料或者用一些刷毛点缀，这样可以使每张叶饰之间的接缝不那么明显。

镀金物

镀金物的烧制工序依赖于加热后的水银与金子的融合度，即形成汞合金。在法国文艺复兴及其后时期，主要采用的方法有两种。

第一种：青铜（或者更为常用的黄铜）表面覆盖上水银，之后将薄金片盖上去并用力打磨光亮。第二种方法：在加热的水银上放入金子的锉屑，然后用铁棒搅，直至其变为黄油状，最后再刷到物体表面。不管哪种方法，最后都要通过加热蒸发掉剩余的汞。如果有需要，也可以加入化学品改变颜色或质感。这道工序，无论哪种方法，都会遇到许多困难，并且对健康造成伤害。之后，人们便一直采用电镀的方法了。

最好的镀金物并不是靠材料的质量和整体的设计取胜，而是靠加工的细节，比如雕镂——一种装饰方法，在金属表面做浮雕图案，可以借助冲压器、小锤子、尖头的凿刀等工具。好的作品在有无打磨光亮的地方上也有微妙的区别，反射亮度是不同的。

索性直接说铜质家具或者铜器。

真正的镀金物不该与低劣的仿制品混为一谈，镀金物的仿制品是把金属物放到酸中浸泡，然后再给他们刷上金色的漆。这种火法镀金的替代方法要相对便宜一些，而且一直到路易十五时期末，都用于很多家具底座的制造，人们称之为印金用清漆。后来，人们也用"镀金物"一词指代材料——比如加锡的铜锌合金——但只能说是和真金制作的效果比较接近。

在洛可可时期，许多卡菲里家族的成员在镀金艺术品方面都是杰出的行家，特别是雅克·卡菲里（Jacques Caffiéri，1678—1755，图15-37是他作品的详图）和他的儿子菲利普·卡菲里二世（Philippe Caffiéri II，1714—1774）。在洛可可时代的后期和新古典主义时期，艾蒂安·福雷斯蒂尔（Etienne Forestier，1712—1768）最为出名，他为布勒和奥本提供青铜的底座。而皮埃尔·古蒂埃（Pierre Gouthière，1732—约

1813）发明了当时特别流行的喷砂工艺。18世纪另一位出名的镀金工人是皮埃尔－菲利普·托米尔（Pierre-Philippe Thomire，1751—1843），图15-29有他设计的桌子，托米尔还是塞夫尔瓷器厂的设计师，在那里生产的许多装饰性瓷器的底座都是镀金的，还有一些表面装饰了金色涂层（图15-34）。随着法国君主政体走向灭亡，许多同时代的镀金器物也退出了历史舞台。

挂毯

文艺复兴时期，从14世纪到15世纪中叶，法国最重要的挂毯生产中心位于北部城镇阿拉斯，于是阿拉斯也指墙帷或屏风。到了17世纪，弗朗索瓦一世在枫丹白露建立了皇家挂毯工场，之后亨利四世又在卢浮宫的画廊里建了一家。

法国主要的三家挂毯生产中心分别是哥白林、博韦和奥布松，在不同时期，其地位有所不同。总而言之，

▲图15-37 雅克·卡菲里制作的洛可可式的镀金底座，安装在安东尼·戈德罗制作的柜橱的两个抽屉面板上，该柜橱是在1739年为路易十五在凡尔赛宫的房间设计的
安东尼-罗伯特·戈德罗，"柜橱" 法国，1739年，中心装饰的详图。© 华莱士收藏馆，委托方，伦敦

哥白林是为国王服务的，博韦主要针对的是贵族，而奥布松则是为兴起的中产阶级服务。但是在法国大革命之后，挂毯的生产规模已经变得很小了。

哥白林

自 1607 年开始，人们就开始在巴黎的哥白林编织挂毯。在 1658 年，路易十六的财政大臣，尼古拉斯·富凯建立了一家专门为自己宏大的生产挂毯的工作坊，当时沃－勒－维贡府邸爵城堡正在建设中。三年后，路易斯逮捕了富凯，他查抄了工作坊和城堡。国王的首席大臣柯尔贝贝（Colbert）于 1663 年在哥白林建厂，为皇室成员生产包括挂毯在内的多种奢侈用品。这家工厂官方的名字叫作"皇家家具制造厂"，但"哥白林"这个坊间的叫法却广为人知，哥白林和阿拉斯（Arras）一样，基本上都有挂毯的意思。

画家夏尔·勒·布伦是这里的艺术指导，在他手下，有 300 多名工人和学徒在挂毯生产室工作。勒·布伦会挨个审核每张挂毯的主题和质量，这些都是为了提升太阳王路易十四的形象。有的设计布伦还会亲自参与，比如，"国王的故事"这一主题系列挂毯（图 15-38），于 1665 年开始编织，1678 年完工，其中的一张画面描绘了国王参观哥白林，查看各种奢侈品的情形，这些奢侈品和这组挂毯一样，应该都是为凡尔赛宫准备的。

在 17 世纪的最后十年，战争的巨大开销让哥白林呈现出一片萧条的景象，但是在 1699 年，皇室新任命的监工，建筑师儒勒·哈杜安－孟莎尔却又为其带来了勃勃生机。为了迎合洛可可的风格——屋子要更小，更温馨，于是哥白林也开始追求小而精的特点，作品内容除了再现历史场景，也开始更注重描绘每天快乐的生活。18 世纪出现了以肖像为题材的挂毯，路易十五是第一个对象。到了 18 世纪后半叶，新古典主义之风也吹到了哥白林。

博韦

在 1664 年，即哥白林成立的第二年，柯尔贝尔在博韦——巴黎西北部的一个有大教堂的城镇，成立了一家挂毯生产车间。最初的 60 年里，博韦举步维艰，但自从弗朗索瓦·鲍彻（图 15-13）来到这里任首席画家以后，

▲图 15-38 哥白林的挂毯"路易十四到访哥白林"，夏尔·勒·布伦设计，编织于 1667 年前后
勒布隆工作室（继夏尔·勒·布伦之后）：路易十四到访哥白林工厂，1667 年 10 月 15 日。哥白林挂毯，君王历史系列
法国国家博物馆联合会／纽约，艺术资源

厂子才吃了一颗定心丸。博韦涉及的主题有青翠的植物（枝繁叶茂的植物）、具有中国风格的元素、意大利即兴喜剧中戴面具的人物以及田园和神话场景。除了挂毯，博韦还制造编织的家具套，主要用来和墙壁挂饰匹配。路易十五对博韦在资金上给予了大量支持，还购买它的挂毯作为外交礼品，这对于博韦来说是巨大的荣誉。

奥布松

位于法国南部的奥布松和费勒坦在 16 世纪就成了挂毯的生产中心。17 世纪初，在皇室的支持下，挂毯在从奥布松运往巴黎的过程中，关税得到减免，到了 1637 年，有两千多名工人在奥布松工作，像哥白林的工人一样，他们工作地点都是在家，而不是在厂子里。到了 18 世纪，产品质量有了进一步提升，鲍彻也开始为奥布松提供设计服务。图 15-39 是一条在奥布松编织成的由夏尔·勒·布伦设计的挂毯，布伦还参与了沃－勒－维贡府邸和凡尔赛宫的室内绘画工作。

▲ 图 15-39 奥布松的挂毯，由夏尔·勒·布伦设计，主题："亚历山大的胜利，阿贝勒斯战役"，17 世纪
夏尔勒布伦（1619—1690），"亚历山大大帝的胜利，阿贝勒斯战役"。夏尔·勒·布伦设计的奥布松挂毯，约 17 世纪
圣日耳曼·乌路艾德博物馆，法国佩兹纳斯。/ 纽约，艺术资源

地毯

早在 15 世纪，法国就开始生产从近东地区进口来的地毯的复制品，而法国生产的绒毛地毯则被列在 16 世纪弗朗索瓦一世的库存清单内。然而，萨伏内里和奥布松这两个闻名于世的地毯厂直到 17 世纪初期才建立起来。

萨伏内里地毯

到了 1608 年，在文艺复兴时期，有了亨利四世国王的支持，一家工场在卢浮宫（巴黎中心区最大的宫殿）大画廊的下面建成了，这家工场主要生产的是土耳其风格的地毯。在 1627 年，工场面积又扩大了四分之一，扩大到了巴黎城外一家萨伏内里（法语为"肥皂厂"）的所在地，后来"萨伏内里"这个名字就用来指工场的产品。

萨伏内里使用从邻近孤儿院得来的廉价劳动力，厂子发展得很好。因此，它和在卢浮宫的厂子都获得了可以专门生产地毯 18 年的权利，并且期间禁止从外进口。萨伏内里这个名字也用来指代卢浮宫内的制品，在 1663 年，柯尔贝尔把所有的地毯生产都纳入了哥白林的管辖之下。

这时，法国文艺复兴时期流行的伊斯兰式设计被巴洛克风格所取代。哥白林的负责人夏尔·勒·布伦要求地毯的设计必须要与当前流行的家具风格相一致，即在乌木上大量镶嵌花朵主题图案和阿拉伯式花纹。典型的作品就是一块带有花朵植物类主题图案的羊毛毯，每端都有美丽的饰板，中间是团花图案，象征着路易十四，他在万丈光芒之中，是太阳神。这类毯子详见图 15-25、图 15-28、图 15-31。布伦要求生产 100 张这类毯子，用于装饰凡尔赛宫和杜伊勒里宫的屋子，有的人认为这些是欧洲最好的毯子。编织时，要放在垂直的织布机上，打上互相对称（土耳其式或吉奥狄斯式）的结（见第 189 页"制作工具及技巧：地毯编织"），每平方厘米 14 个结。此外，萨伏内里长还生产墙帷、门帷、床罩和椅子沙发套。

在 19 世纪早期，拿破仑宣布萨伏内里为帝国的工厂，要它生产具有新古典主义帝国风格的上等产品。在 1825 年，萨伏内里并入了哥白林，而那时奥布松的光环已使它相形见绌。

奥布松地毯

我们之前把奥布松定义为重要的挂毯生产中心。奥布松厂在 1743 年实行了重组，还增加了地毯制造的业务，新制造厂获得了国王长达 3 年的财政支持。那时，萨伏内里的所有产品都专门供王室使用，但是奥布松发现了贵族和中产阶级间的潜在市场。一些土耳其式的地毯被送到奥布松进行复制，但是到了 1750 年，为了体现洛可可的风格，萨伏内里也要将毯子送到奥布松加工。相对来说，奥布松的样式要更为简洁，既可以在水平的织布机上编织锦地毯，又可以在垂直的织布机上织毛绒毯。颜色一般都很淡雅：粉红色、鸽灰色、浅褐色、淡棕色和浅黄色。凡尔赛宫里一些较小的屋子中都有奥布松地毯，奥布松的产品还出口到北欧乃至美国。

其他的纺织品

除了挂毯和地毯，在文艺复兴时期，法国还制作有趣的花边饰物（主要用于衣服）、刺绣（用于床罩、墙帷和衣服）、丝绸和印花棉。

丝绸

在文艺复兴早期，在皇室的支持下，法国尝试建立了本国的丝绸业，但与意大利特别华丽的丝绸和丝绒相比，法国的技术特别平庸。一位才能突出的织者于 1604 年从米兰来到里昂，教授法国人新的技艺，帮助他们调整织布机以达到最佳编织效果。1665 年，路易十四的大臣柯尔贝尔为丝绸生产制定了一套标准，包括每年必须生产新样式的产品；在 1667 年还出台了进口禁令。

到了 18 世纪，法国一直把握着时尚的脉搏，这也使得它的丝绸很受欢迎。里昂成为欧洲最重要的丝绸之都。在巴黎，丝带编织工艺蒸蒸日上。在 18 世纪早些时候，摄政时期刚开始，花团锦簇的图案一直是设计的主题，等到了 18 世纪 20 年代，几何条带和菱形花锻成了主流，而自然主义的效果却风靡于 18 世纪 30 年代，再过十年之后，洛可可风格出现了，不规则的树枝状植物占据了主导地位。18 世纪后半期，鲍彻的绘画极具影响力，而人们对中国风的图案也展现出极大的兴趣。里昂的织工，菲利普·德·拉萨尔（Philippe de Lasalle，1723—1804）赢得了良好的国际声誉：俄罗斯的凯瑟琳大帝委托他为宫殿制作锦缎，玛丽-安托瓦内特也定制了一部分（尽管她生前从未见过那些锦缎）。

约依印花布

"toile"一词可以翻译为亚麻布或者帆布。约依印花布，是一种印花棉布，最早产于凡尔赛附近的法国村庄约依若萨。在 16 世纪末，法国进口了印度的印花棉布和其他类型的棉布。在 17 世纪的巴洛克时代，法国人对印度棉布进行复制。无论印度的原版本还是法国的复制版本，两者都很受欢迎，以至于威胁到了精心培育的丝绸业和羊毛业，于是很多针对棉布的法律限令于 1686 年开始实施。据说，是路易十五的情人，有手腕、懂时尚的蓬帕杜夫人劝说国王于 1759 年解除了禁令。

新法案出台后，克里斯托弗-菲利普·奥贝坎普（Christophe-Philippe Oberkampf，1738—1815）抓住机会，在 1760 年开了一家约依若萨工厂。不久之后，他摒弃了木板印刷法，采用了一种使用大的铜板得新工艺，这是爱尔兰纺织艺术家弗朗西斯·尼克松（Francis Nixon）发明的。到了 18 世纪末，奥贝坎普的时尚做法已经取得了成功，继其 1815 年死亡之后，一直持续到 19 世纪 40 年代才结束。他成功的关键主要在于他坚持选择高质量的材料、好用的染料、优秀的工匠、专业的版画技艺，而且使用了最为先进的技艺，包括在 1797 年引入的法国第一台铜滚筒印刷机。

在奥贝坎普聘请的艺术家中，成就最高的要属让-巴普蒂斯特·休伊特（Jean-Baptiste Huet，1745—1811），他的约依印花布设计很讨人喜欢，主题包括田园类（图 15-40）、神话类、历史类和寓言类。还有一些真实记录了生产约依印花布的场景。所有的设计都是用细线完成的，以便印花时只使用一种颜色——蓝色、红色、绿色、深褐色、深紫色或者黑色——映衬在淡黄色的背景上，这样生产出来的产品很受欢迎，广泛应用于家具装饰材料、窗帘和墙纸中。直到今天，虽然他的印花工艺已经为滚筒印花所替代，但人们依旧在模仿其设计内容。

壁纸

人们最早于 15 世纪后期，在一家法国城堡的墙上发现了带有图画或者印花的纸张。早期的壁纸都是先将木板放在纸片上，然后再用单一的颜色印刷而成。到了 17 世纪的巴洛克时期，人们会通过不同的模板为纸张上色，纸张也不再只用于墙和屋顶上，还会用在抽屉的内衬里。

▶图 15-40 让 - 巴普蒂斯特·休伊特设计的田园风格的约依印花布，约 1797 年
设计图书馆

选择这类纸张的顾客大都是新兴的资产阶级。他们很懂皇室贵族所追求的时尚——诸如墙面粉饰、壁画、挂毯、木质饰板、大理石和皮制品这些奢华墙饰用品，但是却无力购买，而这些昂贵用品的仿制品——装饰性纸张，却将问题完美地解决了。在洛可可时期，法国还高价从中国进口漂亮的纸张进行模仿。

帕皮永

让 - 米歇尔·帕皮永（Jean-Michel Papillon，1698—1776），在他生命的最后几年，完成了第一部关于壁纸的史书《木质雕刻版画制作指南》（*Traité historique et pratique de la gravure sur bois*）。关于他的父亲，让·帕皮永二世（Jean Papillon II，1661—1723），他这样写道："我们应该感谢他发明了挂毯式纸张，因为这在 1688 年引领了一种新的风尚。"他的父亲在大的雕刻木板上制作可以多次使用的图案，在加入单独的图像时，每个部分都可以相互匹配，木板上覆盖了不同的颜料，接着再把纸一压上去即可。每种板子对应一种颜色，这样一来，帕皮永就可以制造出多种颜色的印刷品了。

让 - 米歇尔·帕皮永还在书中就如何悬挂纸张讲述了一些实用的信息，甚至是在环形屋子和楼梯周围这些非常困难的地方。他还介绍了多种根据洛可可和摄政风格研发的纸张：毛面纸、木质饰板仿制品、割绒仿制品以及屋顶的花朵图案、风景、边饰、横饰带、玫瑰花形饰物。

雷维永

到了 18 世纪后期，让 - 巴蒂斯特·雷维永（Jean-Baptiste Réveillon，1725—1811）家族的成就使得帕皮永家族黯然失色。在帕皮永离开壁纸业，投身木制品雕刻之后，雷维永于 1752 年开始了自己的事业，他们二人技术方法大致一样，但是雷维永业务的规模更大，手下一共有 300 多名工人。他有自己的造纸厂，以便掌控纸张的质量，同样他对使用的颜料要求也非常严格。他并不亲自参与设计，而是组建了设计师队伍，一些设计师恰巧就是来自之前的哥白林挂毯厂。

雷维永设计的产品多为怪诞的风格（图 15-41），这种风格是拉斐尔于 250 年前从罗马模型中引入的，当时应用到了梵蒂冈凉亭的设计中（图 13-7）。此外，伊斯兰艺术中讲究的看起来更加自然的阿拉伯花纹也是雷维永的主要风格，但是他对室内装饰最大的贡献就是他把不同的主题和各种元素完美融合，以适用于各种大小形状的屋子。大面积的墙面可以用大的饰板，小的可以

◀图 15-41 两种宽度的雷维永壁纸饰板，怪诞式图案在木质嵌线之内。存放于亚眠附近的弗吕库尔城堡，约 1780 年

来源：莱斯利·霍斯金斯编辑的《壁纸墙》，新的增补版。© 泰晤士＆哈德逊出版社，伦敦，纽约。私人收藏

用于门口装饰，狭长垂直的板子能够针对不同的高度，比如壁柱的高低，进行调节，细长的条纹则可以用作边框装饰。这些元素可以依据不同房屋进行自由组合，不一定要体现最新的潮流，还可以弥补原本缺乏的建筑秩序。

路易十六在 1784 年为雷维永颁发了皇家资质证书，从那时起一直到 1789 年的法国大革命，他制造的壁纸都会打上"王室制造"的印记。在他的努力下，他的工厂成了贵族品位的代表，却又不幸成为大革命早期的牺牲品。尽管他的厂房遭到了破坏，他原创的一些木板依旧保存了下来，人们今天还在复制他的设计。

总结：法国设计

文艺复兴时期，法国的室内设计体现出前所未有的制度化特点：政府会出台政策规定设计风格；奢华富裕成为国家宣传的主题；有关设计的产品和技艺成为国民经济的一部分；国家来确定谁胜任哪一类设计工作；几乎法国社会的每个阶层都在精美的房屋家具设计中体会到了快乐。路易十四则留下了最为宝贵的艺术遗产：他教给法国人民生活的艺术。

寻找特点

在法国的设计中，我们见到了多种多样的艺术表现形式：文艺复兴的正式，巴洛克的华丽与力量，摄政风格的精美，洛可可的热情活力，新古典主义的拘谨和督政府风格的简朴。从根本上讲，所有的风格都体现出法国人思维的三个特点：爱浪漫，守规矩，追求心灵的解放。尽管法国在修建哥特式大教堂方面走在前列（展现其对浪漫的追求），但从文艺复兴开始，法国人就勇于承认人性的本能，而这一点在中世纪总是会受到压制。像人们之前就意识到的一样，法国人的思维和著作为近现代民主思想奠定了一个良好的基础，贵族的支配性地位所来的影响也被追求自由平等的激情所抵消，相应地，法国的室内设计不仅追求新潮和艺术的统一，而且还特别注重舒适度。

寻找质量

我们说过，洛可可设计讲究的是纯粹的快乐甚至是更为简单的东西。在任何时候，任何地点，设计中都会出现不同程度的品质变化。然而，不管哪一种法式风格，对于细节的重视都是始终不变的。上等的材料，紧密的加工，一丝不苟的工艺成为全法国，甚至是地方性设计的名片。即使出现了鲜有的不成功案例，原因只可能是过度追求细节，而非忽略细节。一些法式风潮，正是由于"过剩"的特点，今天的人们才可能觉得不够完美。即使那时的风格在今天看来，和我们的品味可能会不搭，但是，法国 16 到 18 世纪的室内装饰、家具、装饰艺术品在品质上，可以说还没有人可以超越。

做比较

不同风格的差异主要有：洛可可比巴洛克要更轻松，更注重情感表达；新古典主义则最为拘谨传统。法国、意大利和西班牙风格的差异也是比较明显的：和意大利比起来，法国风格相对缺乏激情和运动感，但也不及西班牙风格的庄重与严肃。在第 16 章和第 19 章谈到英格兰和早期美国的时候，我们就可以了解到法国的风格是如何以润物细无声的方式与其他文化融合的。

法国，特别是巴黎在艺术鉴赏和文明方面享有的权威地位是不可动摇，无可比拟的。长久以来，世界都在从法国的文化，特别是室内设计中汲取艺术的滋养。

英格兰：文艺复兴至新古典主义

15 世纪到 18 世纪

"这一个君王们的御座，这一个统于一尊的岛屿……这一片幸福的国土，这一个英格兰……"

——威廉·莎士比亚（1564—1616），英国诗人、剧作家

尽管长期以来，英国的设计和装饰都采用哥特式的风格，但是文艺复兴的影响还是穿过英吉利海峡，从欧洲大陆来到了不列颠群岛。经过一段时间的探索试验，在"复兴"精神的指导下，英国产生了不少著名的室内设计装饰成果（图 16-1 中，罗伯特·亚当设计的吊顶），一批家具设计师也闻名于世。

英国设计的决定因素

影响设计的事件有很多，有些看起来和设计并没有什么关系。在文艺复兴时期，火药的使用越来越频繁，这不光改变了战争的性质，也使得之前构筑的严密的防御工事没有了意义，从而改变了乡间宅邸的样子：庄园

替代了城堡，后来又流行庄严宏伟的宅邸。印刷工艺的出现，加上 15 世纪英国印刷商威廉·卡克斯顿（William Caxton，1422—1491）的影响，市场上大量出现了印刷而成的带图解的书籍，极大地促进了经典设计的流传。

地理位置及自然资源因素

英格兰是英国四个地区中面积最大的一个岛国。它四面环海，与多国的船舶运输贸易开展得如火如荼，但也形成了自己独立鲜明的民族特色。在设计方面，前者为它带来了很多外来的影响；后者却将这些影响转变成了自己的鉴赏品味与传统风格。它和意大利之间的距离也许可以解释为何相比于其他国家，文艺复兴思想和设计风格要传入地晚一些。

大量的石头是唾手可得的建筑材料。比如著名的波特兰石，是由建筑师伊尼戈·琼斯和克里斯托弗·雷恩爵士（Sir Christopher Wren，1632—1723）所使用的来自波特兰岛的石灰石；建造了威尔斯哥特式大教堂（图 8-6 和图 8—11）的道尔丁石灰石；约克郡和西米德兰兹郡的砂岩；德文郡和康沃尔郡的花岗岩；波倍克

◀图 16-1 罗伯特·亚当（Robert Adam，1728-1792）为皇家梯田区 5 号设计的新古典主义式吊顶的详图，位于伦敦阿德尔菲，建于 1771 年。房子的主人是演员、剧作家和剧院经理大卫·加里克
伦敦，维多利亚和阿尔伯特博物馆 / 纽约艺术资源联盟

岛的大理石。萨塞克斯、兰开夏与其他郡的上等的林木还提供橡木。但是，木材的使用比例却在下降，一是人们担心会发生火灾（特别是伦敦 1666 年大火），二是好多林地都用来种庄稼了。早在罗马时期，人们就就用河谷的黏土制作砖头。在 16 世纪，意大利工匠把赤陶带到了英格兰。

英格兰气候温和但潮湿，多风多雨也会下雪，因此屋子需要斜式屋顶、被遮挡的门廊和壁炉。强光照比较有限，所以窗户修得很大。

宗教

在古罗马控制时期，基督教传到了英格兰，并成了主要的宗教。即便这样，在教堂与君主之间，在同属一个宗教信仰的罗马天主教和新教之间依旧存在许多斗争与矛盾。甚至新教内的加尔文教、路德教、福音教、清教和其他分支之间也会有分歧。

其中一个对设计产生影响的分歧就是 16 世纪 30 年代的宗教改革——英国国王亨利八世反对教皇的统治，建立了自己领导的英国国教。罗马天主教的修道院关闭了，其土地被没收与出售，许多建筑被替换或者经过整合后变成了新的私人住宅，供给贵族或者越来越多的富裕商人居住。宗教的财产也被社会化。但更大的影响在于与罗马教会的割裂也暂时阻断了英国同意大利的联系，割断了经典设计思想的来源。一段时间内，传入英格兰的思想都来源并筛选自荷兰、德国以及佛兰德斯（一个低地国，曾被法国统治，现已消失，国土包含法国北部的部分地区、比利时西部地区和北海沿岸、荷兰西部部分地区）。而且，荷兰对英国设计的影响在很多地方都有体现。

历史

亨利八世来自统治了英国长达一个多世纪（1485—1603）的都铎家族。在他的统治下，教会与国家之间建立了新的关系，而且经济繁荣发展，英国海军力量大幅提升，学术研究与文学欣欣向荣。莎士比亚时代的大幕由此拉开。在建筑和设计方面，都铎特指在 16 世纪前半叶，在亨利八世、他的父亲（亨利七世）和他的两个孩子（爱德华六世和玛丽一世）在位时期诞生的设计和成就。亨利八世的第三个孩子——伊丽莎白一世，于

1558 到 1603 年统治英国，伊丽莎白风格由此命名。她在位期间，英国击败了西班牙的无敌舰队，这推动了英国的独立，探险家弗朗西斯·德雷克爵士（Sir Francis Drake，1540—1596）和沃尔特·雷利爵士（Sir Walter Raleigh，1552—1618）在探索新世界方面有了重大发现。

在都铎王朝之后，是斯图亚特王朝，同样，从 1603 年到 1714 年，也持续了一个多世纪。在设计方面，17 世纪前半叶的时候，国王詹姆斯一世用自己的名字命名了詹姆斯一世风格设计，体现出对意大利文艺复兴时期作品的推崇。詹姆斯特别支持古典主义建筑师伊尼戈·琼斯，继琼斯之后，经过了詹姆斯之子查理一世的统治时期，这种风格一直持续到 1649 年才结束。在查理一世在位期间，第一部关于欧洲艺术的英文作品集编纂完成。

然而，这种世界主义却被英国内战（1642—1649）与接下来的英联邦时期（1649—1660）所打破。查理一世被送上了断头台，君主制被推翻，受军队控制的清教领袖奥利弗·克伦威尔（Oliver Cromwell，1599—1658）成了护国公。英联邦时期社会的动荡剧变使大多数艺术活动被迫终止。克伦威尔于 1658 年去世，英国尝试实施的共和政体也难以为继。

在王政复辟（1660—1688）阶段，君主制得以重新建立，斯图亚特的新国王查理二世因为有在路易十四宫廷生活的经历，就将自己对法国设计的了解也带到了英国。（王政复辟阶段有时也会叫查理阶段，来源于国王的名字，有时也会用王室的名字命名——斯图亚特阶段，但是王政复辟这个说法更为常用。）在此期间，宫廷的生活方式得以恢复，国家又展现出了对建筑、设计和艺术的兴趣。

威廉和玛丽风格（1689—1702），是以斯图亚特统治者威廉三世和玛丽二世命名的。威廉三世是英格兰查理一世的孙子，英国玛丽公主的丈夫。在 1689 年，他被从尼德兰召回，与妻子一起接受了王位。因为他们没有任何子嗣，所以在去世后（玛丽于 1694 年逝世，威廉于 1702 年逝世），王位便传给了玛丽的妹妹安妮，安妮女王时代由此开始。但是在安妮女王死后，没有任何子女在世，斯图亚特王朝的统治也随之终结。

于是皇位传到了汉诺威王室，这是一个与詹姆斯（曾于一个世纪前统治英格兰）相关的德国王室家庭，汉诺

威王朝从 1714 年一直持续到了 19 世纪。第一任汉诺威国王乔治一世接替王位开启了乔治时期，历经乔治二世与三世，于 18 世纪末结束，是英国文艺复兴的鼎盛时期。

英国建筑与室内设计

英国的设计史大致分为上述八个阶段，大多都是以当时统治的君王命名的。我们可以将其简化一下，大致合并成四个时期，以便和意大利、西班牙和法国的情况相符：文艺复兴早期、文艺复兴盛期、巴洛克和新古典主义时期。这样，我们就可了解到，在这些主要的时间段内，不同的文化在影响设计方面的差异性和相似性。

在这四个主要时期内，若按照君王划分为更加简短的时间段，则会有很多不同的风格变化。比如，文艺复兴早期开始于都铎王朝，之后就是伊丽莎白时期。文艺复兴鼎盛时期也包含詹姆斯时期和取消了君主立宪的英联邦时期。巴洛克时期开始于君主王政复辟期，经过了威廉与玛丽统治时期和安妮女王时代。最终，到了 18 世纪，新古典主义阶段是没有具体分支的，只包含乔治王时期。

确实有一些历史学家会把洛可可阶段放到 18 世纪中叶的几十年内，但是在英国设计中，洛可可只占有次要地位；尽管英国的一些室内装饰，比如灰泥天花板、家具（比如托马斯·齐彭代尔 Thomas Chippendale，1718—1779 年的一些设计）以及相框和烛台等装饰配件有洛可可风格的，但是英国还没有一栋洛可可式的建筑。虽然学者都承认有中国式的风格存在，但是在英国很多时候它都同其他元素结合在了一起，所以我们无法明确辨别中国风阶段是哪个时期。

文艺复兴早期艺术风格：都铎和伊丽莎白

文艺复兴初期是一个转折点——从之前的英国哥特式更多地向古典主义设计转变，同时，早期房屋防御公示性的特点被打破，人们更加注重隐私和内部舒适。文艺复兴初期可以涵盖 16 世纪前后的整个时间段，包括 1485—1558 年间的都铎风格，和 1558—1603 年间的伊丽莎白风格。

都铎风格实际上处于一种过渡阶段，包含了哥特式风格的元素——比如大厅和带有小窗格玻璃的窗户，也结合了文艺复兴的元素——比如一些古典主义的柱式的设计特点。都铎风格的外部设计起初采用了高大的山墙设计（三角形墙体，另一端是倾斜式屋顶），顶部是小尖塔。下面的墙体有时候是砖石结构，有时候是半砖木结构的，这种结构有一部分采用了大型木头，内外都可以看到。此外，偶尔还会有一些像对角线一样排列的木梁起到支撑固定的作用，牢牢地连接着支撑固定装置，

英国文艺复兴和后期发展			
阶段和日期	统治者	主要的设计师	设计里程碑
文艺复兴初期 1485—1603	亨利七世、亨利八世 爱德华六世、玛丽一世、伊丽莎白一世	罗伯特·斯迈森	康普顿维内迪斯府邸，1520 年；内坛屏风，国王学院小教堂，剑桥，1533 年；哈德威克庄园，1590—1596
文艺复兴盛期 1603—1649	詹姆斯一世、查理一世	伊尼戈·琼斯	肯特郡诺尔庄园的楼梯，1606 年之后；白厅宫的国宴厅，1619-1622；威尔顿宅邸，1630—1650
巴洛克时期 1649—1714	奥利弗·克伦威尔、查理二世、詹姆斯二世、威廉和玛丽（威廉三世和玛丽二世）、安妮女王	克里斯托弗·雷恩 约翰·范布勒	雷恩设计的伦敦大教堂，1670—1711；伦敦圣保罗大教堂，1675—1711；布莱尼姆宫，1705—1716
新古典主义时期 1714—1800	乔治一世、二世、三世	百灵顿伯爵，威廉·肯特，托马斯·齐彭代尔，乔治·赫伯怀特，罗伯特·亚当，托马斯·谢拉顿	伦敦百灵顿伯爵大屋，1725—1730；赛昂宫，1760—1770

这些木梁与其他木头之间往往会相隔60厘米的距离，空缺处用灰泥或者砖石填起来，在质朴的乡村建筑中，间隔处一般会建起抹灰篱笆墙，它由编在一起的细枝、黏土和泥巴混在一起制成。建筑物一般形状都不规则，庭院是完全封闭或半开放的。铅玻璃窗户是标准配置，还流行将木材绑在一起建成的屋顶（图8-14），以及都铎式拱（见第133页"表7-1 拱券类型"），它和哥特式的一样，上面是尖的，但却更为低矮，弧形也更为圆润。窗户、门和壁炉上方都建有这种拱。亨利八世的宫殿汉普顿宫、亨利八世建造的小教堂、以及剑桥和牛津大学的一些学院都在不同程度上体现了都铎风格。

康普顿维内迪斯府邸，沃里克郡

遗存的一条壕沟曾围绕着该地一座13世纪的房子，而现在的结构建成于1520年。这是为威廉·康普顿爵士建造的，在亨利八世还是一名年轻的王子时，他就是王子的侍者，房子中的一间卧室是专为接待国王而设的。康普顿维内迪斯府邸从外部看（图16-2）是一栋美丽的都铎式乡间宅邸，屋顶用当地的石料建成，配着粉色的砖墙，顶端有烟囱和城垛。每一个立面都是不对称的，主入口也不居中；很明显，建筑的形式、门窗的布置都

是由内部的功能决定的。大厅（图16-3）的木质仿亚麻饰面屏风上面，有一个室内小眺台，大厅还是沿用了200多年前建造的彭斯赫斯特庄园（图8-15）的传统。从大厅的侧墙和两面山墙就可以看到房子的半木质结构。绝大多数的窗子都是方形的，但是都铎式拱却用在了入口门（图16-3）和大厅的窗户上方（图16-3左侧）。

国王学院礼拜堂

剑桥大学成立于12世纪的早期，是英国最为历史悠久的名牌大学之一。它分为几个寄宿型学院，每个学院都建在它方形中庭的四周，采用的是中世纪庄园的样式。其中，国王学院建于15世纪，它在16世纪建造的礼拜堂（图8-7）完全采用哥特式晚期风格——大块的有色玻璃上方是扇形的拱顶结构。然而在1533年，一个重要的建筑元素建立，展现出对古典主义的新兴趣，这就是大橡木做的唱诗班屏风（图16-4），由英国建筑师约翰·李（John Lee，1507—1533）设计完成。屏风横跨整个教堂，支撑起一个巨大的管风琴，屏风有一部分较低，呈拱形，中央是一处有两个开间宽度的开口，连通唱诗班。在拱廊的上面，是一个弯曲的拱腹，支撑着屏风的上部。不管是上部还是下部，都雕刻有文艺复兴

▲图16-2 都铎时期的康普顿维内迪斯府邸的外观，位于沃里克郡，于1520年前后建成
英国遗产／国家博物馆记录

▲图 16-3 康普顿维内迪斯府邸。侧墙为半木质结构，下端为仿亚麻饰面的木质屏风
乡村生活图片图书馆，英格兰，伦敦

▲图 16-4 约翰·李设计的都铎式木质连拱廊屏风，为剑桥国王学院礼拜堂所建，建于 1553 年
英国遗产 / 国家博物馆记录

式的装饰和圆形的拱门，从而代替了都铎式的拱门（就像之前都铎式的风格取代哥特式的一样）。在每个拱门之间有壁柱，上面的花环和瓮使人想起了拉斐尔为梵蒂冈凉亭（图 13-7）设计的风格。还有一些其他的细节特点总是拿来和意大利文艺复兴时期的建筑师和理论家塞巴斯蒂亚诺·塞里奥的设计做比较。

相比于都铎风格，伊丽莎白风格加入了更多的文艺复兴的元素，对哥特式元素保留的则较少。典型的设计是大块玻璃加笔直的过梁，取代了之前的拱形样式。烟囱由多根古典主义式的柱子组成，还出现了圆柱和壁柱。在地板和前脸设计中，开始讲究对称性。大房子虽然还是要修建在庭院的四周，但更多的是 E 形和 H 形结构。伊丽莎白风格的屋子的墙面通常都会嵌有饰板，至少低处会这样，而且灰泥天花板的设计取代了之前裸露在外的木质框架。中世纪式的大房子的大厅，在这一时期，随着住宅内新增了餐厅、客厅、书房、画廊、楼梯间、多个卧室等这些单独的屋子，大厅的重要性逐渐减弱，最终从人员聚集的主要空间变成双层高度的入口大厅。

在 16 世纪的英国房屋中，地面楼板选用的材料都是石板或者板岩。而上层的楼板则用宽度不等的橡木板制成，尺寸一般就是在伐木时的原始大小。到了 16 世纪末，甚至还有一些特别宏大的房子沿用中世纪的习惯，在屋顶洒满灯芯草，布满草坪。哈德威克庄园是文艺复兴初期，伊丽莎白时期一栋重要的私人庄园，也最符合时代的特征。

哈德威克庄园，德比郡

伊丽莎白·塔尔博特，也被称为哈德威克家的贝丝，因其雄心、精明和性情而闻名。她有过四段婚姻，并因此获得了一大笔经济赔偿，还接手了几个建筑项目，其中最大的就是哈德威克庄园，项目在 1590 年开工建设，那时她已七十岁了。它与一座庄园主的宅邸相邻，塔尔博特出生在那里，并且后来对其进行了扩建，之后又拆除了一部分，剩下了可以供仆人和宾客居住的地方，因此新建的哈德威克庄园（图 16-5）就只设置了供家庭成员使用和接待公众的房间。哈德威克庄园由土生土长的英国设计师罗伯特·斯迈森（Robert Smythson，约 1534—1614）设计，他的作品还包括位于威尔特郡的伊丽莎白风格的郎利特庄园。

"哈德威克庄园，玻璃比墙还要多"，这是当时人

▲图 16-5 罗伯特·斯迈森设计的哈德威克庄园，完工于文艺复兴初期伊丽莎白时期的 1596 年，位于德比郡，其立面安装了许多玻璃。塔楼上端雕刻着其所有者伊丽莎白·什鲁斯伯里的名字首字母
© 埃里希·克赖顿／考比斯 版权所有

们总挂在嘴边的一句话，确实，在这座石头房子中，窗户占的比例特别大，而砂岩墙的面积骤减到还没有窗户框大。在当时那个窗户玻璃还非常昂贵的年代，这一定让很多人感到吃惊。房子的平面图就是一个简单的矩形，连接着六个塔。重要的房间，包括贝丝自己的房间都在二层，而设计高大的屋子则在三层。还有一间场廊，长49 米，安有 20 扇大窗户，十分明亮（图 16-6），它的主要作用是接待宾客，完全可以容纳来访的王室成员以及他们随行的侍者，在下雨天，主人可以在这里散步。人们会拿这种长廊同修道院的回廊作比较：在恶劣的天气，都可以遮风挡雨，供人活动。

哈德威克庄园内，有两张布鲁塞尔的挂毯，特别华丽壮观，挂毯描绘的主题是尤利西斯的故事，在庄园还没有开工之前，这些挂毯就被买来了，又高又大的房间

和旁边的长廊都专门留有空墙面，专门用来布置挂毯。此外，一种新装饰方式——会激怒纺织品爱好者，但能给人留下一种奢华的印象——就是在价格不菲的挂毯上再挂上大量家庭或者皇室成员的肖像画。在高大的房间（图 16-7）内，挂毯只能盖到墙体的下半面，上面则都是石膏做的展现森林美景的壁画，其中描绘的动植物都与实物大小一致，而且为了追求现实主义，还将从小树上取下来的真实树干嵌在石膏上。壁炉四周都是雪花石膏修成的，嵌有黑石，看起来特别气派。地板上铺的蒲席，都是嵌毛针织品，在别的地方已经有了仿制的版本，叫作哈德威克草席。

文艺复兴盛期风格：詹姆斯一世

文艺复兴盛期主要是指 17 世纪，这一阶段的设计

▲图 16-6 哈德威克庄园的长廊。其长度和高度在设计的时候都考虑到了之后要布置挂毯的因素，有的挂毯上面还挂有绘画作品

安德里亚斯·冯·爱兹德 / 国家托管图片图书馆，英国 伦敦

▲图 16-7 哈德威克庄园内的高大房间。墙的上半部分是带有图画的石膏制横向雕带，并嵌入了真的树干；墙壁的下半部分挂有挂毯。地板铺着蒲垫

约翰·贝瑟尔 / 国家托管图片图书馆，英国 伦敦

展现出更多的自信。之前就开始使用的古典主义元素在这一时期应用地更为广泛，并且人们更加注重其编排布置、比例构成以及角色作用。英格兰文艺复兴主要包括1603—1649 年的詹姆斯一世时期，以及 1649—1660年的英联邦时期，其实在后一阶段，设计活动由于社会动荡已经中断。

詹姆斯一世风格建立在文艺复兴初期的古典主义之上，并且吸收了荷兰、佛兰德斯以及意大利设计的影响。这一时期，英国还与东方建立了贸易往来，因此在有些设计中加入了东方元素。在雕刻和嵌线工艺方面，开始讲究三维的立体效果以及奢华的装饰。色彩选择更加靓丽，与哈德威克庄园光滑平坦的天花板不同，詹姆斯一世风格的天花板使用的则是石膏浮雕。

诺尔庄园，肯特郡

肯特郡诺尔庄园历史悠久，原有部分始建于 15 世纪。在之后的几个世纪内，不断增建，在它七个庭院周围，有多种侧厅，房屋数量估测有 365 间，所以从外观上看很像一座小村庄。诺尔庄园孕育了连续五任的坎特伯雷大主教（英格兰国教领袖），并于 1535 年由亨利八世购得。在 1566 年，伊丽莎白一世将它送给了自己的堂兄弟托马斯·萨克维尔。在其山墙之上，有雕刻成豹子形状的小尖塔，象征着萨克维尔家族。

我们在图 16-8 中看到的大阶梯是萨克维尔增改后的作品，始建于 1605 年，正值斯图亚特国王詹姆斯一世在任的第三年，并于五年后完工。这是第一部直线爬升的楼梯，中间是一块开放的正方形区域。这里没有采用都铎式的拱，而是用古典主义式的圆形拱代替。多立克柱用来支撑低处的楼板，爱奥尼亚柱则支撑着二层楼板，在拱之间有科林斯柱。天花板全部采用了石膏材质的连环浮雕花纹样式，而墙上的灰色模拟浮雕画则演化自佛兰德斯的印刷工艺。在楼梯的端柱处，有一只雕刻而成的象征萨克维尔家族的豹子，它期初还抱着一盏提灯，而在其正对面的墙上，还印有这只豹子的图像。

伊尼戈·琼斯

尽管今天我们称伊尼戈·琼斯（1573—1652）为著名的建筑师，但是在他那个年代，琼斯则以为查理一世和詹姆斯一世的斯图亚特宫廷筹办娱乐活动而闻名。他的舞台设计和建筑才能得益于一次偶然的欧洲之旅——1598 到 1603 年间，他在意大利的威尼斯和其他地方学习，期间他买到了帕拉迪奥的《建筑四书》的复制版。在掌握了帕拉迪奥介绍的实例之后，琼斯将英国文艺复兴盛期的设计带到了一个新高度——更具准确性和一致性。尽管他所有成熟的作品，以及他大部分的成年时光都处于詹姆斯一世时期，但他的设计完全没有时代的特

▲图 16-8 肯特郡诺尔庄园的楼梯间，于
文艺复兴盛期，詹姆斯一世早期重新设
计完成。拱廊呈圆形，之间的拱肩为带
箍线条饰
安德里亚斯·冯·爱兹德 / 国家托管图片图书馆

征。在他去世的十年前，英国内战爆发，他的工作受到
很大限制，但是依旧对英国 18 世纪的新古典主义风格产
生了重大的影响。在他的家乡伦敦，国宴厅是其建筑的
杰作，而另一旷世佳作——威尔顿宅邸也体现了他的建
筑技艺。

国宴厅，伦敦

伊尼戈·琼斯设计的国宴厅（图 16-9）于 1619 开
始建造，1622 年完工，为雄伟的白厅宫的一部分。白厅
宫坐落在伦敦泰晤士河河岸，始建于 16 世纪 30 年代，
经过多次扩建，白厅宫的面积已经超过了凡尔赛宫。然而，
1698 年的一场大火让这座古老的宫殿化为灰烬，琼斯设
计的有 76 年历史的国宴厅是唯一保存下来的建筑。

琼斯设计的房子要可以供王室成员娱乐，举办假面
舞会时要表演寓言故事，演员们会戴上面具。波特兰石
是一种乳白色的石灰石，用它建成的七开间的立面有两
层重叠式柱子，科林斯柱在爱奥尼亚柱之上，底下有粗

琢的底座。柱子按照最佳的比例分布，柱身有古典主义
样式的凸微线。内部（图 16-9）是双立方体构造（长度
为宽和高的两倍），和外面一样有科林斯柱和爱奥尼亚柱。
屋子四周是一圈带列柱的阳台，由从墙面突出的支架支
撑起来，平坦的天花板横跨在上面。天花板的绘画和石
膏嵌线围绕由佛兰德斯画家彼得·保罗·鲁本斯（Peter
Paul Rubens，1577—1640）完成，于 1635 年安放入位。
由于这些绘画作品备受推崇，这里之后再也没有举办过
化装舞会，因为这些表演需要用到火把，而火把烧出的
烟雾会给艺术品带来损坏。之后，人们将国宴厅用作皇
室的小教堂，再后来就成了军事博物馆。尽管建于英格兰，
但国宴厅应该是当时最能体现由帕拉迪奥所阐释的希腊
与罗马设计风格的建筑了。

威尔顿宅邸，威尔特郡

17 世纪 30 年代的威尔顿宅邸是威尔顿修道院古
建筑群新增建的主体部分，也是伊尼戈·琼斯的杰作，

▲图 16-9 文艺复兴盛期，伊尼戈·琼斯设计的位于伦敦的国宴厅（1630—1635），内部为双层结构。天花板绘画由鲁本斯完成

伊尼戈·琼斯 / 皇家历史宫殿企业有限公司

但是今天人们认为琼斯只是发挥了监督的作用，而实际设计是由在英格兰工作的法国设计师艾萨克·德·考斯（Isaac de Caus，1590 — 1648）完成的。

不管职责如何划分，他们还是合作完成了著名的南面正墙的设计——长度为 130 米，每端都有一座风格庄重的凉亭，其对面是一个花园，花园原先的布局设计也是由德·考斯完成的。1647 年的大火吞噬了南侧新修的建筑，内部重建工作由伊尼戈·琼斯的学生约翰·韦伯完成。

威尔顿宅邸内部一些结构布局均衡合理的房间是其一大亮点，特别是单立方体大厅，和长度为其两倍的白色、金色双立方体大厅（图 16-10）。尽管这些屋子看起来非常漂亮，但其几何结构却比国宴厅要复杂不少，因为在威尔顿，天花板下弯曲的穹隆（连接天花板和墙面的凹面）也算立方体体积的一部分。顶部镶板的边框雕刻精美，朱赛佩·塞萨利，爱德华·皮尔斯等都在这镶板上面留下了浓墨重彩的绘画，中间椭圆形的饰板描绘了一个虚构的圆顶。装有松木饰板的墙被刷成白色，还装饰了带有雕刻图案的镀金花环和帷帐。两个屋子都挂有安东尼·范·戴克（Anthony van Dyck，1599—1641）为皇室和家庭成员创作的肖像画。后来，双立方体房中巴洛克风格的家具是由 18 世纪的建筑师与家具设计师威廉·肯特（William Kent，1685—1748）完成的（图 16-24）。

詹姆斯一世时期之后便是在英国历史上占有重要地位的英联邦时代，但是已经发展了几百年的英国设计在此期间却暂时停滞，不过不久之后，英国设计又重获新生，继续向前发展。

▲图 16-10 威尔顿的双立方体大厅。在伊尼戈·琼斯的监督下，艾萨克·德考斯设计了屋子最初的形状；约翰韦伯负责壁炉架；威廉肯特负责家具

A·F·克斯廷

巴洛克风格：王政复辟，威廉与玛丽两王共治，安妮女王

与之前的设计风格相比，巴洛克风格更加注重重量感，讲究动态变化，也包含更多戏剧元素，但是与意大利和西班牙相比，英国的巴洛克风格还是显得比较沉稳庄重，这一风格开始于王政复辟时期（1660—1688），在威廉、玛丽两王共治（1689—1702）与安妮女王执政时期（1702—1714）达到成熟。

英联邦之后，英国进入王政复辟阶段，不光君主政体得以恢复，艺术与设计也开始重新追求奢华风格。一种新的自由观念取代了之前的清教主义，解除了联邦对于军队的控制。新任国王查理二世在流亡法国的时候，对当时欧洲最为前沿的设计有了一定的了解，于是他将这些知识以及一些工匠一并带回了英国。同样，之前因为支持君主政体而到荷兰避难的保皇主义者也将最新的荷兰设计风格带回了英国。

在威廉与玛丽统治时期，威廉三世从荷兰回到了英格兰，他对荷兰风格的设计有深入了解。但其实，法国对英国的设计也产生了巨大的影响，法国于 1685 年出台法律否定新教教徒享有平等的公民身份，导致大量法国难民逃到了英国，其中就包括许多设计师和匠人，即使没有这一事件所带来的的影响，始建于1661年的路易十四的凡尔赛宫依旧成为展示皇室盛况的国际典范。此外，中国和其他东方国家的设计风格也吸引了很多人的兴趣。这些都催生了英国巴洛克风格内涵丰富、包罗万象的特点。

威廉与玛丽的继任者——安妮女王是斯图亚特王朝最后一名统治者，当时皇权正不断地衰弱。安妮女王的设计也属于巴洛克式，但与威廉与玛丽时代相比，风格更加简洁朴素。比如安妮女王式椅子（图16-31），靠背的整体造型就是巴洛克的风格，但是靠背的面板却没有进行任何装饰。相比于建筑与室内设计，家具与装饰艺术则可以更好地体现出威廉与玛丽与安妮女王风格的特点，对于此类设计，我们都可以用巴洛克这条术语概括。

克里斯托弗·雷恩爵士

在英国历史上，克里斯托弗·雷恩爵士是最伟大的巴洛克风格设计师、同时也是最著名的建筑师。他的父亲是一名乡村牧师，在他的影响下，雷恩培养起了对数学、机械、结构学的兴趣，在他还很年轻的时候，就成了天文学的教授。在1660年，他创建了伦敦皇家自然知识促进学会，至今该学会依然存在。在1663年，他为剑桥彭布罗克学院设计建造了一座简单的小教堂，前面带一个古典风格的寺庙，这也是他的第一件设计作品。在1665年，他在法国进行了为期九个月的旅行，期间他参观了在建的凡尔赛宫，并分析了法国当时的文艺复兴设计。在君主政体恢复后的第六年，即1666年，一场大火在伦敦肆虐，他肩负起城市重建的重任。他准备在城市修建宽阔笔直的街道，但这一计划并没有实施，在1670年到1711年间，他在伦敦设计建造了52座各具特色的教堂，大多数至今依然存在，但他最大的成就还是建造了新的圣保罗大教堂。

圣保罗大教堂，伦敦

遵照惯例，巴洛克风格的圣保罗教堂的所在地之前是一座罗马教堂，奉献给信徒圣保罗的第一座教堂建于7世纪，之后还陆陆续续新建了许多次，那场大火烧毁的是一座14世纪的建筑（伊尼戈·琼斯于1628年进行了修缮）。

在1673年，雷恩根据自己的设计，为新的大教堂制作了一个木制的模型，有近5.5米长；今天，在教堂里还可以看到这个模型。实际建造工作开始于1675年，大体完工于1710年，那时雷恩已做了很多设计修改。一个巨大的圆形屋顶成为最终的版本里最引人瞩目、令人印象深刻的设计。

圣保罗大教堂的前面有两层两两排列的科林斯柱，上面是山形墙饰，在其两端是钟楼，塔底带有圆形的开口（圆孔），上部则是带有许多柱子的亭子。建筑物的正面并没有采用平整结构，而是极具穿透感、复杂感、层次感，这正是浓郁的巴洛克风格。在内部（图16-12），有三条走廊的中殿从教堂十字形平面的中央向西延伸，而与中殿同样大小的圣坛则向东延伸。天花板的穹隆表面铺着带色的大理石，教堂内装饰华丽的唱诗班座位、风琴屏风、主教的桌子都由格林林·吉本斯（Grinling Gibbons，1648—1721）用木材雕刻而成。

布莱尼姆宫，牛津郡

布莱尼姆宫始建于1705年，人们称其为"送给英格兰最伟大人物的最好的房子"。"最伟大的人物"指的是约翰·丘吉尔，他是马尔博罗第一位公爵，这栋房子是皇室送给他的礼物，以感谢他于1704年在布莱尼姆村对法取得的军事胜利。安妮女王请他自己挑选设计师，于是他选择了时年41岁的约翰·范布勒爵士（Sir John Vanbrugh，1664—1726），他是一位剧作家、一位智囊、一位极具天赋的人，还担任女王建筑工程的主计官（对克里斯托弗·雷恩爵士负责）。范布勒还选择经验丰富、才华横溢的尼古拉斯·霍克斯穆尔（Nicholas Hawksmoor，1661—1736）作为自己的助手。

布莱尼姆宫（图16—13）是围绕着一个大型的入口式庭院与两个小型的用作厨房和马厩的庭院建造的，这三部分通过柱廊连接在了一起。整座宫殿约有187间屋子，其中有几间特别大。从一个带有天窗的拱廊（高20.5米）就可以来到宫殿里面，左拐或者右拐之后就可以看到气派的楼梯了，在另一侧是对称排列的国家公寓的套房，这些套房都是为到访的王室准备的，每间都带有卧室、前厅和会客厅。入口的正前方，在花园前立面的中心位置，有一个朝南的接待厅。尽管这间9米高的屋子（图16—14）距离厨房有0.3千米，但从古至今，每逢重大国事活动，这里都是举办宴会的地方。按照家庭规格设计的供家庭成员居住的房子沿主楼西侧而建。另一处重要的室内区域就是布莱尼姆长廊，从主楼西侧

▲图 16-11 雷恩设计的圣保罗大教堂的正面，远处有大圆顶

▲图 16-12 雷恩设计的圣保罗大教堂圆屋顶的下方
A·F·克斯廷

▲图 16-13 空中视角下的巴洛克风格的布莱尼姆宫的俯拍图，约翰·范布勒设计，位于牛津郡，建在几个庭院的周围，1705—1720 年
Aerofilms 公司

开始，一直延伸 55 米。和高高矗立的门廊一样，长廊的建筑比例比较夸张，并没有采用经典的比例，却体现了巴洛克的戏剧性设计风格。建造之初，这里是一个画廊，有提香、鲁本斯和拉斐尔的作品，建成不久之后，这里变成了一座舒适的图书馆。

布莱尼姆宫的壁画师有詹姆斯·桑希尔爵士（Sir

▲图 16-14 布莱尼姆宫的接待厅。有路易斯·拉盖尔创作的壁画，画中人物代表四大洲，向下注视着正在用餐的贵族。门和壁炉的边框都是大理石制造的

A·F·克斯廷

James Thornhill，1675—1734）和路易斯·拉盖尔（Louis Laguerre，1663—1721），首席雕刻家是格林林·吉本斯，在这里，他主要从事的是石刻，而非之前一贯的木质雕刻。在这个公寓中，挂有布鲁塞尔的墙毯。这里的规则式花园，起初是由范布勒和亨利·怀斯（Henry Wise）布置的，到了 18 世纪的 60 ～ 70 年代，英国景观建筑师"万能的"朗塞洛特·布朗（Lancelot Brown）以更为自然的风格，重新设计了花园，在同一时期，威廉·钱博斯（William Chambers，1723—1796）也对宫殿的内部进行了重新设计。温斯顿·丘吉尔爵士（Winston Churchill，1874—1965），是第七代马尔博罗公爵的孙子，也是英国二战时期的首相，就于 1874 年出生在布莱尼姆宫。

新古典主义风格：乔治王朝时代

在 1714 年，汉诺威皇室准备将皇位交给乔治国王。新成立的辉格党势力很大，并且拥护国会的权力，反对皇权，因此它极其排斥巴洛克风格，因为这种风格带有君主集权的影子。他们开始寻找一种更加民主的政体，于是，希腊和罗马的共和政体成了一种典范。在巴洛克的戏剧性风格之后，乔治王朝时代到来了，设计风格转向更加讲究得体、恭敬、沉稳的古典主义。之前在内战和英联邦时期，被迫暂停的以国宴厅为代表的伊尼戈·琼斯推崇的帕拉迪奥式风格得到复兴，而且还吸收了帕拉第奥风格的鼻祖——古希腊罗马设计元素。当时，采用这种风格的人称其为"古代的方式"，但今天我们称其为"新古典主义"式。英格兰的新古典主义更具高贵的气质，而且对合理的设计元素展现出了很强的自信，其中一部分设计理念就来自苏格兰建筑师科伦·坎贝尔（Colen Campbell，1676—1729）的《维特鲁威布里塔尼古斯》（1715 年），和帕拉第奥本人的《建筑四书》，该书于 1751 年有了英文版。

在独立式的房子里，简单的正方形和矩形体块取代了之前的 E 形和 H 形平面，有的建筑主体中间还会有微微突出来的小开间。内部的房间同样也会使用这些简单的形状，在城市里，会有一排排连栋的房屋，他们有些是平直的体块，有些是新月形的。门窗大多也是矩形的，也会有一些帕拉第奥式的窗子，即两个矩形的窗口中间是一个拱形的窗口（图 13-14），但是拱形的窗口和拱廊已经很罕见了，只是一些特别重要的门道上部会安装一些半圆形窗户，即扇形窗。而且窗户一般会嵌在双悬的框格里。此外圆柱和壁柱也随处可见。天花板上有装饰性石膏浮雕，浮雕位置很低，但是造型高雅。

伦敦，百灵顿伯爵大屋

理查德·波义耳，百灵顿伯爵三世，是百灵顿大屋的主人，也是那个时代最大的艺术赞助商。他与建筑师、设计师威廉·肯特（1685—1748）一起设计了百灵顿大屋（图 6-24）。在众多完成了对欧洲城市和历史古迹的访学的英国贵族里，他称得上是先行者。一回到英格兰，他就为许多画家和雕刻家提供了大力支持，资助了肯特

和科伦·坎贝尔的建筑、亨德尔的音乐、贝克莱主教的哲学、乔纳森·斯威夫特的讽刺文学以及亚历山大教皇的诗歌。

在设计方面，百灵顿伯爵热衷于帕拉第奥式风格，代表作就是始建于 1725 年的百灵顿大屋，由百灵顿伯爵和肯特在帕拉第奥卡普拉别墅的基础上设计而成（图 13-11 和图 13-12）。百灵顿主要负责大屋的外部（图 16-15），他模仿了帕拉第奥之前的构想——设计了四处对称但不完全相同的凸起部分。在一个八边形的鼓状物上安有"保温"窗户（即半圆形窗户，顶部为圆形且带有平直的窗台，和古罗马浴室与温泉浴场中的窗户一样），一个圆屋顶盖在上面。尽管英国降雨量很大，但屋的其他部分的坡度却很小。在百灵顿大屋屋顶的两边，各有四根烟囱，形状就像方尖碑。在屋子外部，古典柱式只是出于结构的需要，而非用于装饰。许多墙面风格都极为简朴。

室内的部分（图 16-16）主要肯特负责，尽管基本布局的排列顺序、比例分配与几何结构极为清晰，但是相对于外部，还是增加了更多的装饰，也更具有巴洛克特色。肯特将他对伊尼戈·琼斯的设计理解运用到了自己的作品之中。大屋的第一层是百灵顿伯爵图书馆；主楼层则用于娱乐和展览百灵顿收藏的画作，并且通过设置一些相互连接的区域，使得整个结构实现贯通。这里的屋子很小，但都显得很庄重，旨在以其完美的形象取

胜，而非靠面积大小。房子的中央是一个有穹顶的大厅或者说是"审议庭"，成八边形，高度很大，其中的四面是带有山墙的门道，此外大门之间的托架上有半身雕像。入口的对面，穿过花园，就是由三间屋子组成的画廊，中间的一间是矩形，每端呈半圆形（图 16-16，如教堂突出的半圆，凹面），其他两间分别为圆形和八边形。周边的几间屋子，即红色天鹅绒、蓝色天鹅绒和绿色天鹅绒房间，面积都更小，但装饰则更加精美。它们的名字都来自最初墙上布置的挂饰，那些挂饰如今则为毛面纸所取代。房屋设计采用了多种几何结构，颜色选择也十分多样，但是都具有典型的帕拉第奥式古典主义风格。在肯特专门为这栋建筑设计的家具、护墙板材以及线脚上，使用了极具奢华气息的镀金工艺。

在室外，肯特设计的花园开启了一种新的潮流：从原先的几何形式主义到现在更多追求自然的风光。"万能的"布朗在布莱尼姆宫和其他地方的作品中都推广了这一新的特色。在小庭园的映衬下，百灵顿伯爵大屋宛若一颗明珠。

罗伯特与詹姆斯·亚当

在 18 世纪的最后几十年，英格兰复兴中的古典主义加入了严肃的风格。建筑师和设计师都开始研究希腊和

▲图 16-15 伦敦新古典主义风格的百灵顿伯爵大屋东侧，始建于 1725 年
© 阿希姆·贝德诺兹，科隆

▲图 16-16 伦敦百灵顿大屋的画廊
A·F·克斯廷 /AKG- 图片

尽管亚当取得了很多成就，也产生了比较深远的影响，但在逝世后的 20 年内，他的风格就逐渐过时了。为了帮助亚当恢复名誉，约翰·索恩爵士（1753—1837）——19 世纪出色的设计师（图 20-8），在雷恩爵士协助成立的皇家学会演讲时，多次提到了亚当。在 1815 年，索恩对学会说道："如果开化的大众可以接触到高水平的艺术，高雅的鉴赏力就可以越来越普及。参照古罗马浴室和别墅的设计，亚当创作的作品有简约大气的装饰品以及天花板上多种隔断，这些风格不久就体现到了椅子、桌子、地毯等其他家具上。我们很感激亚当为建筑家具装饰做出的贡献，也很赞赏这场艺术革命所爆发出来的巨大力量。"

罗马的古建筑且按照精确的标准仿制最初的模型，其中最杰出的就是罗伯特·亚当（Robert Adam，1728—1792）。他出生于一个著名的苏格兰建筑师与设计师家庭。他的父亲威廉（William Adam，1689—1748）在 1925—1950 年间是苏格兰首席建筑师。后来，他的哥哥约翰（John Adam，1721—1792）接手了父亲的业务，还带着罗伯特一起到公司工作，之后约翰便只身一人赴爱丁堡工作。罗伯特的弟弟詹姆斯（James Adam，1732—1794）起初加入了家族在苏格兰的业务，后来便来到伦敦和罗伯特合作。和罗伯特一样，詹姆斯也游览过意大利，他的很多作品都是在英格兰和罗伯特合作完成的，但在罗伯特死后，他用两年时间在苏格兰独立完成工作。

在与詹姆斯合开的公司里，罗伯特是首席设计师。罗伯特对于先前古典主义设计的研究，以及在此基础上的文字著作有力地促成了古典主义在英国设计史上的支配性地位；他的设计作品（图 16-17）开始于 1773 年，甚至比他的书出版还要早，却为英国古典主义增添了无限荣光。琼斯、百灵顿以及肯特等人将帕拉第奥的古典主义风格中的拥有理想比例的立方体和矩形设计引入中国。罗伯特·亚当为英国带来了许多技艺精湛、设计复杂的内部装饰类型，而自罗马建筑之后，这些装饰方法就再也没有被运用过，因此，罗伯特就有了同样丰富的装饰表达方法（见图 16-1）。

然而，促成亚当风格的元素并不只有罗马的古建筑。由伊尼戈·琼斯引入英国的帕拉第奥主义也对其产生了重要的影响，同样还有来自法国的一些设计理念，比如使用相对成行排列的方法，使得套房房间的门道排成一条直线，从而形成远景。意大利的新古典主义建筑师、

设计师皮拉内西（图 13-19），也对亚当产生了很大的影响。亚当在意大利时两人就有接触，亚当这样写道"绝妙的想象总能给人以启迪，为建筑爱好者逐渐灌输创新的理念，"在回伦敦时，他还带了两幅皮拉内西（Giovanni Battista Piranesi，1720—1778）的作品。

1773 年，亚当已经掌握了各种建筑装饰的原理要素，于是他和他弟弟开始出版他们的作品：《罗伯特与詹姆斯·亚当的建筑作品集》，一共三卷。受此影响，古典主义风格成了每个社会阶级都能够负担的改变生活方式

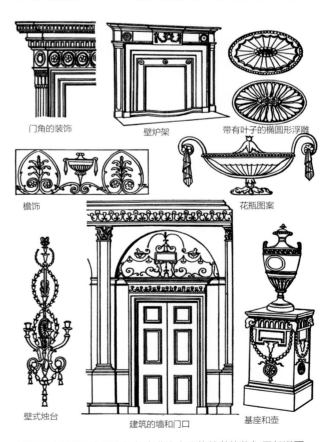

门角的装饰　　壁炉架　　带有叶子的椭圆形浮雕

檐饰　　花瓶图案

壁式烛台　　建筑的墙和门口　　基座和壶

▲ 图 16-17 罗伯特·亚当的新古典主义风格的装饰物与局部详图
吉尔伯特·韦勒 / 纽约室内设计学院

的选择，此外它影响范围大到建筑，小到家具部件，十分广泛。于是亚当风格开始风靡于全社会，这带来的最大好处就是室内设计达到了空前的统一，罗伯特·亚当自己就是最好的例证。他对建筑物以及每个屋子的长宽高、比例分配、室内墙面与天花板表面的装饰都做了设计，包括门窗框架、壁炉架、家具、地毯、灯架、纺织品、银器、瓷器以及金属制品，他设计的地毯风格总是和天花板相一致。

伦敦，赛昂宫

在 1760 年，亚当开始了他在赛昂宫的建造工作，旨在使赛昂宫成为 18 世纪时髦入时的住宅。这里最初是都铎王朝时期的女修道院；在建筑顶部和每个角的塔部，都有城垛穿过，这是无法改动的。但是内部设计就可以说是亚当的杰作了，在中心方院的四周，是一组空间布局多样的房屋。亚当想要在方院里建一个大型圆形大厅，但是其造价太高，即使亚当的客户——富裕的诺森伯兰公爵也难以承受。

即便没有这些引人注目的设计看点，赛昂宫依旧具有大量的戏剧性视觉效果。一进入由约瑟夫·罗斯（Joseph Rose，1745—1799，亚当最喜爱的工匠之一）粉刷装饰过的大厅（图 16-18），可看到一端是一个带花格镶板的半圆形后殿，另一端是一个遮起来的壁龛，两端都有古典主义式的雕像，并且都配有通向相邻屋子的楼梯，这是因为在旧建筑里面，楼面都不平整。而亚当却利用了这一点瑕疵。用他自己的话说就是，"处理后，虽然楼面不平整却能增加景观效果和动感。"在门廊的设计上，亚当经常使用的是多立克柱式，而颜色的选择只限于白色、米黄色和黑色（大理石地板）。

在距离大厅几步远的地方是两个前厅，一个在北面（入口的左侧），通往一间私人的餐厅，另一个在南面，通往一个大型的服务国事活动的餐厅。南面的前厅（图 16-19），起初面积为 11 米 ×9 米，高度为 6.5 米，之后通过在贴近墙壁的位置安置呈网格布局的柱子，使得柱子围合的区域形成一个规矩的正方形，这样房屋的结构就得到了重新修正。柱子是从意大利海运来的铜绿柱，柱子之间的墙面饰板上有镀金的战利品标志，这个主题图案是亚当从皮拉内西那里借鉴来的。天花板旁边花状平纹的雕带采用了蓝色的背景；天花板样式与地板的几何图案相呼应，淡黄色中点缀着金色。地板材质为颜色

▲图 16-18 从一对多利克柱看向新古典主义式的门廊（位于伦敦，罗伯特·亚当设计的赛昂宫）。前景中的铜质雕像"临终的高卢人"是以古希腊时期/希腊化时期的以希腊风格为原型的仿制品
A·F·克斯廷

鲜亮的人造大理石——意大利于 17 世纪发明的大理石的仿制品（见第 274 页）。

亚当和他的兄弟作为皇室的建筑师，接到的很多委托都对建筑设计有特别的要求，需要大量使用古典柱式。只有在很少的情况下，对内部墙面的装饰处理才不需要壁柱或者圆柱，但即便这样，依然需要檐部、拱门、圆顶、拱顶和装饰板来实现古典主义的效果。亚当还将发明于 18 世纪早期的半圆状拱形壁龛用作石膏铸件的框架，或者是古代雕塑和容器的大理石仿制品的边框。亚当设计的屋子，大都建有半圆形的、分段的或者八边形的端墙，装饰有建筑柱式—— 一种模仿古罗马建筑原型的设计方法。

却装饰得特别奢华。

我们首先要了解带状装饰，这种装饰品在英格兰文艺复兴早期特别流行，然后，再去了解在整个文艺复兴时期一直都特别重要的两种装饰材料：木头和石膏。

带状装饰

带状装饰物总是令人错误地以为是从一块平整的皮革或者金属片等材料上截取下来再复杂交织而成的。不管是以石膏、木头还是银做材料，带状装饰物（像在它之前的布褶皱纹饰木质饰板一样）总感觉像是在仿一些更有弹性的材料。在英格兰的伊丽莎白时期——文艺复兴初期之后，和开启了文艺复兴盛期的詹姆斯一世时期，带状装饰物都非常流行，有人将其视为 18 世纪的齐彭代尔椅的长条木板上饰带的灵感来源。诺尔庄园楼梯间（图 16-8）的拱门上面的拱肩就有石膏制的带状装饰物。还有就是一块由橡木雕刻而成的涂漆的饰板（图 16-20），由佛兰德斯设计师、画家、建筑师汉斯·弗雷德曼·德·弗里斯制造（Hans Vredeman de Vries，1527—1606），在多种语言的书籍中都有对他建筑与装饰技艺的介绍。

▲图 16-19 赛昂宫的南前厅，毗邻门廊
理查德·布莱恩特 / 阿卡伊得

英国的装饰物

与建筑和室内设计一样，英国装饰物从 15 世纪开始发展，一直到 18 世纪，从哥特式向古典主义式过渡——起初是带文艺复兴特色的古典主义，后来就成了希腊罗马式的古典主义风格。一些室内设计，比如伊尼戈·琼斯的国宴厅（图 16-9）风格就特别朴素，但威尔顿宅邸的双立方体大厅（图 16-10），虽然监工是同一个人，

▲图 16-20 文艺复兴盛期，詹姆斯一世阶段（约 1600 年）的橡木制的雕刻饰板，带有佛兰德斯设计师德·弗里斯制造的带状装饰物
伦敦，维多利亚和阿尔伯特博物馆 / 艺术资源，纽约

木制品

与法国和其他国家不同，英格兰拥有高质量的林木资源，所以英格兰也有许多技艺高超的木工艺家能够生产出木质饰板、精美的木质家具以及其他一些木质装饰品。他们的成就也都载入了英国室内设计的光荣册。

木质饰板

布褶纹饰的饰板通常都是小型的带有边框的镶板，和很多无边框的平板材一样，都是从哥特时代流传下来的（图8-19），并且在英国文艺复兴初期的嵌板（图16-3）制作中还会用到它们，但是一些更具古典主义气息的装饰主题却渐渐取代了这些饰板。在巴洛克时期，尽管从为路易十四修建的凡尔赛宫中流传出了许多新的设计方法，使得饰板要比之前大很多才能从护墙板的顶盖装饰线条一直够到檐板，但是绝大多数室内墙面还是会选择用饰板装饰。板子一般都是矩形的，边框上有凸嵌线一样的装饰线条（从相邻表面凸出的线脚）。在威尔顿宅邸（图16-10）内，矩形饰板周围的装饰线就是例证。

门洞设计一般显得比较正式，都带有木制镶边和完整的楣构，包括柱梁、雕带和山形的檐口。门窗开口的边框偶尔会有木制或者大理石做的凸嵌线。

人们通常会把制作这些木质装饰的橡木或者胡桃木放到天然的蜡质抛光剂当中，当然也会加入罂粟油和亚麻籽油。有时还会用散沫花的根把木头染成红色。如果按照大理石的样式去装饰木制品，则能产生华丽的效果。若使用冷杉或者松树这类廉价的木料，通常会为其制作出木纹以模仿胡桃木或者橄榄的样式。嵌线和装饰物有时会镀金。在没有使用木质镶板的地方，石膏墙面会挂上延展开的天鹅绒或锦缎。

在威廉与玛丽时期，巴洛克风格的镶嵌工艺经常选用精美的花朵图案（图15-21）。为了创造华丽的效果，还会使用带有颜色的木料以及着色的象牙板。在威廉与玛丽和安妮女王时代，一种高度普及的镶嵌工艺就是海藻镶嵌（图16-21）。它由两块看起来完全不同的木料制成，上面有复杂的阿拉伯式设计——纤小的叶子和海藻卷须一样的枝蔓。据推测，海藻镶嵌和金属镶嵌一样，都是由家具匠格里特·延森（Gerrit Jensen，死于1715年）引入英国的。他曾为威廉和玛丽工作，为肯辛顿宫制造过一些家具。

▲图 16-21 17 世纪，英国的一款长壳钟上的海藻镶嵌图案
布里奇曼国际艺术图书馆

除了镶嵌工艺，被称为"涂漆"（见第247页"漆器"部分）的漆器仿制品也是木质家具和其他木制品的一种流行的装饰方法，特别是在17世纪末期，有时甚至整面墙上都是经过涂漆的板子。部分镀金是另一种常用的方法，即只将部分地方镀金，而不是整个表面镀金。

在安妮女王时代，在框架和饰板边缘装饰中会用到一种当时非常流行的方法——交叉条纹。交叉条纹就是使饰条的纹路与框架或者饰板的边缘处垂直，木料的纹路就会与饰条交叉。（今天，在胶合板制作中，这个词还有一个意思：将垂直纹路的木板放到芯板中，以防木头收缩。）但是，英国文艺复兴时期最出色的木制品还属浅浮雕，有时候也会出现令人惊艳的高凸浮雕。

格林林·吉本斯

格林林·吉本斯（1648—1721）出生于鹿特丹，是那个时代最为著名的雕刻家，也是17世纪末期英国巴洛克装饰风格的主要创造者。《日记》一书的作者约翰·伊夫林（John Evelyn，1620—1706）声称他于吉本斯在伦敦雕刻丁托列托（Tintoretto，1518—1594）的《耶稣受难》的木质仿制品时发现了他的过人才华，还把吉本斯引荐到克里斯托弗·雷恩爵士那里工作，之后吉本斯为雷恩创作了一件浮雕肖像。

吉本斯的木质雕刻品最为出名——最多的是以苦橙树和橡树为材料，但也会用到黄杨树与松树——他还会在青铜、大理石或者石头上进行雕刻。他的高浮雕和其他的浮雕作品都特别具有想象力，也很精美，对于细节刻画极其真实。雕刻的主题包括水果、蔬菜、花朵、战利品、乐器、动物、鸟儿、鱼，在饰板、垂花饰、花环以及花冠中，还会以捕获的猎物为雕刻对象。在壁炉架、壁炉的饰架、门框、门头装饰、画框、风琴屏风、内坛或者墓碑上，都会出现其作品。他接到的来自皇室的工作委托有温莎城堡（1677—1682年间吉本斯在这里工作，图16-22）、汉普顿宫、圣詹姆斯宫、白厅以及肯辛顿宫。一件留有吉本斯签名的著名作品就是一座

椴木浮雕《艺术的特性》，由查理二世于1682年赠与托斯卡纳大公科西莫·德·美地奇三世。作为雕刻家，吉本斯主要的竞争对手就是与他同时代的爱德华·皮尔斯（Edward Pierce）——我们在威尔顿宅邸（图16-10）的双立方体大厅见过其父亲的绘画作品——以及后来新古典主义时期的雕刻家托马斯·约翰逊（Thomas Johnson）。

灰泥制品

在文艺复兴初期以及伊丽莎白时代，地板都是由硬质灰泥做成的（比如在哈德威克庄园底层的一些房间中），但到了16世纪中期，都铎时代接近尾声，人们开始用灰泥制作天花板和墙面。从中世纪沿用下来的屋顶重型横梁以及精美的桁架也都会在外层加上灰泥制品。起初，灰泥都会做成以前横梁的样子，后来人们就会把灰泥做成墙面饰板的矩形形状，然后抹在墙上。然而不久之后，灰泥制品就出现了自己更加灵活的装饰风格。

在早期，诺尔庄园楼梯间（图16-8）天花板上的连环造型就是一个简单的例子。后来罗伯特·亚当设计的天花板更为精美（图16-1）。亚当的灰泥制品也许只限于几何形状，但在始建于1760年德比郡的凯德尔斯顿庄园中，他复兴了一种意大利风格——先将绘画作品固定，然后在其周围用灰泥进行装饰。其他更为技艺精湛的作品包括水果、花儿、花环、器皿、花卷、丝带以及丘比特的儿童形象，当然这些作品也可被归类在几何形状的范畴中。从17世纪早期开始，灰泥制品也开始以经典的神话或者圣经故事为主题。

这些奇特的装饰与意大利息息相关，还有好多意大利泥水匠到英格兰去帮助制作灰泥制品。比如著名的朱赛佩·塔里（Giuseppe Artari，1692—1769），就为建筑师约翰·范布勒、詹姆斯·吉布斯（James Gibbs，1682—1754）以及科伦·坎贝尔提供泥灰制品。但是英格兰自己也有技艺精湛的水泥匠。查尔斯·威廉姆斯（Charles William）在意大利学习技术之后，就受聘到

◀图16-22 格林林·吉本斯雕刻的壁炉饰架，在伯克郡温莎城堡的国王餐厅内，雕刻时间为1677—1678年。饰架围绕的是查理二世的妻子凯瑟琳往后的肖像画，创作者为雅各伯·惠思曼

在古埃及文明、克里特文明、迈锡尼文明、伊特鲁尼亚文明、罗马文明、印度以及中华文明中，内外墙的保温、防水以及墙面的光滑处理都离不开灰泥。施工时，必须先把灰泥抹到质地粗糙的表面，这样灰泥才能在变干之前牢牢地粘在墙上。为此，在16世纪早期人们发明了木板条（紧密平行排列的狭长木条）。人们通常用连续涂层的方式涂抹灰泥，而且要等一层干了之后才能继续下一层，但是要实现装饰的效果，就必须通过雕刻（或者必须抹平后才能实现表面的光滑），尽管这时外层还没有完全干掉。

灰泥主要是由沙子、石灰和水制成，但也会加进去一些其他东西。一种由纤维或者毛发制成的黏合剂会加到最里面的一层，使得泥灰在变干之前能够牢牢抓住板条。为了延缓变干的过程，可以加水，或者加入石膏加快水分蒸发，亨利八世专门从法国进口了大量的石膏用在自己宫殿的灰泥制品上。为了达到更加柔顺的效果，还可以加入胶水或者杏仁油，大理石石灰也可以用作外层的最后一道涂饰材料。还有一些独特的材料混合方法已经成了专利。

"粉饰灰泥"是一个意义比较模棱两可的词语，有时可以用来指代各种灰泥制品，有时仅指有装饰性浮雕或者质地较为厚重的灰泥，有时甚至也有外部面层的意思。当用于室内装饰时，主要还是指一种质地比较粗糙的灰泥。用于室外装饰时，主要指的是由石灰、沙子和水组成的一种外部面层，但为了拥有理想的质地，也会加入砖灰、石粉与焚烧后的黏土块。灰泥石是一种大理石的仿制品——在潮湿的表面撒上颜料，再按照大理石的纹路粉刷。粗涂灰泥是使用木质工具和梳子雕砌过的泥灰。

将灰泥制作成用于装饰的形状可以有几种方法。使用压制模具可以制造出相同的图案——将木料切成想要的形状，按在潮湿的灰泥上。也可以将灰泥放到木质或者金属的模具里（模具已经加入了大理石灰或者凡士林，使得移除过程更为容易），铸件在干了之后，就可以通过薄薄的一层灰泥黏贴在墙上或者天花板上了。使木质或者金属模板沿着潮湿的灰泥表面来回移动，就可以制造出连续的装饰线了。在高凸浮雕中，单独的装饰图形可以用手或者抹刀做出来。然而今天，人们都是用聚氨酯制作复杂的灰泥制品。

德比郡的查特斯沃思庄园的大宅中，为用木材建成的天花板涂抹泥灰。17世纪末期著名的泥水匠有约翰·格鲁夫（John Grove）和其子（也叫约翰），他们负责伦敦雷恩教堂的内部装饰，而且从巴洛克时期之后，萨里郡汉姆屋的灰泥制天花板和装饰也都是由约翰父子完成的。

在安妮女王期间，设计风格趋于朴素，灰泥装饰物遇冷，一种平整的，不带任何修饰的天花板再次流行开来，哈德威克庄园（图16-7）的天花板就是一个很好的例子。到了18世纪末期，随着以寓言故事为主题的天花板和壁画的风靡，比如伊尼戈·琼斯设计的国宴厅（图16-9）和威尔顿宅邸（图16-10）的天花板样式，灰泥制品也逐渐淡出了人们的视野。

英国家具

从哥特时期开始，一直到18世纪末，英国家具经历了从笨重型到轻巧型的巨大转变。文艺复兴初期伊始，

建造的家具看起来都比较笨重，有很多由木栓、木钉和铁钉连起来的部件。

在伊丽莎白时代，文艺复兴早期的家具支座通常是球状的，就像一个大甜瓜，体积很大，只能露出支座最上面或者最下面的部分。圆鼓鼓的部分上面有精巧的刻纹圆线条装饰，即一条有对应蛋形或者卵形的带子，在底部有叶形装饰；支座上部的样式大致模仿了爱奥尼亚式或多利斯式的柱头。在哈德威克庄园，桌子的球形腿是那个时代的典型样式（图16-7）。在詹姆斯一世时期，低矮的直线形或者螺旋形柱子和扭绳状造型取代了球状的支柱。哈德威克庄园的一份家具目录里提到了一种"海豹式"的桌子，由三条很粗的神秘海洋生物造型的桌腿支撑起来。

在文艺复兴初期，箱体家具和柜类家具的结构与护墙板相似。然而栏杆和门庭的表面一般都带有凹槽设计，受古典主义树枝状装饰、阿拉伯式装饰和扭索状装饰的启发（见第76—77表4-3古希腊线脚与图样），

要么是在不同的木头上放入一块狭长的嵌体，要么加入方格图案，要么是放入一块粗略雕刻的浅浮雕。饰板通常会配有布褶纹式的雕饰，如康普顿维内迪斯府邸（图16-3）所示，或者是盾徽图案。随着意大利风格影响的加深，饰板上会刻有或者嵌上阿拉伯的图案，有的则会有圆形浮雕或者低矮的拱形装饰，后者被称为拱形板（图16-4）。在詹姆斯一世时期，饰板变得越来越大，四端还有嵌线，背景都很朴素，形状一般有菱形、十字形、六边形、双矩形以及其他几何形状。

到了十五世纪末的都铎时期，薄的饰板都通过榫卯结构（见第37页"表2-1 木材切割连接"）套在了框架里面，这种结构更加轻巧，而且不易变形；细木工匠也逐步取代了木匠，成了主要的家具匠。但依然需要旋工，在1605年伦敦还引进了一批旋工（见438页"表19-2 旋木"）。在更早之前，英国还引进了一批家具装饰工，亨利八世1547年的存货单中就提到了经过装饰的家具。但对于部件的装饰则出现在16世纪中叶，在文艺复兴思潮完全取代哥特式设计之前。

除了镶嵌艺术品、简单的浅浮雕以及带状式雕刻，断裂纺锤体装饰也经常应用于家具之中。它通常由一块短的经过了木旋加工的乌木组成，把乌木劈成两块，再用于橡木做的橱柜或者衣柜的竖框面上，是模仿墙上的半个柱体或壁柱的迷你样式。椅子靠背上端的圆形把手与抽屉把手通常会刻有人物头像的漫画形象。意大利奇形怪状的雕刻品、人物面部轮廓像、以卷轴和树叶为背景的人体的上半身图像也都是家具装饰的元素。

1660年的王政复辟阶段是巴洛克风格的开端，家具变得更加精美，可谓百花齐放。英国再也不需要学习国外的家具风格了。在英国，即使乡村匠人们还在生产笨重的橡木家具，但伦敦技艺高超的家具匠为室内装饰提供了多种服务与家具选择，其中就包括新潮的胡桃家具。从巴洛克到新古典主义阶段的家具以及家具部件实例见图16-23。

巴洛克式的家具深受法国和佛兰德斯的影响。家具设计开始更加重视个人舒适度，形式和装饰也更加丰富。之前的浅浮雕样式还在使用。家具腿和连撑器的折转型设计变得更加普遍，最具特色的是佛兰德斯S形或者C形曲线，也称作佛兰德斯卷轴形装饰。家具腿、连撑器、立式扶手、靠背、遮板以及脊饰都有佛兰德斯卷轴的设计。

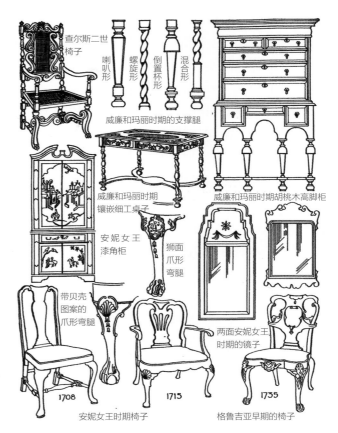

▲ 图 16-23 巴洛克到新古典主义阶段的家具和部件
吉尔伯特·韦勒 / 纽约室内设计学院

在新古典主义时期最开始的几年，出现了狮面装饰，并于1725年开始流行。这种图形一般设计在家具的弯腿处（图16-23中部），也常见于桌子的遮板、小桌子和其他家具上。与此同时，狮子爪抓着球的样式取代了爪形足图案。此外，家具底座上半人半羊和人面的图案也有了新变化。新古典主义式的家具更加轻巧，还沿用了古典主义的设计比例与美学标准。

到了1725年前后，在家具设计中，东方的元素越来越少，尽管后来齐彭代尔短暂地恢复过中式风格的设计，但也无济于事。漆器也随之消失了。

家具木材

英国在建造家具时使用的木材都具有其独特的魅力，所以在不同时代使用的木材都在一定程度上决定了家具设计的特点，因此这里要提四个阶段。

橡木时期（1500—1660）

在欧洲哥特风格中，橡木占有特别重要的地位。到了16世纪早期，纹理更加漂亮的胡桃木因为可以用来制造精美的嵌线和精雕细琢的装饰品，所以在很大程度上替代了橡木。但是由于英格兰胡桃木资源匮乏，所以从16世纪中期开始，英格兰大量种植了胡桃树，但在接下来的一个世纪里，橡木依旧很受欢迎。

胡桃木时期（1660—1720）

在巴洛克初期，英国有大量的胡桃木可以用来雕刻，所以胡桃木就成了这个时期首选的家具建材。但它从来没有完全取代过橡木，而且由于胡桃木特别容易遭虫咬，所以在18世纪初期，红木出现之后，人们就不再使用胡桃木了。

桃花心木时期（1720—1770）

桃花心木是从加勒比地区进口来的，而产自圣多明各的暗红褐色的桃花心木则是最为上等的木料。当时除了省级区域以外，其他地方的桃花心木都用来制造家具了，由此可见其流行程度。桃花心木树可以长得很高大，有了桃花心木做成的宽板，装饰面板就显得多余了。桃花心木抗病虫害能力强，比胡桃木更加结实，可以制造出形状更加优美的家具部件，比如家具腿。而且由于桃花心木硬度适中，用它进行雕刻也会较为容易。

椴木时期（1770—1820）

在18世纪的最后几十年与19世纪初期，在家具设计师乔治·赫普怀特（George Hepplewhite，1727—1786）的普及下，外来的椴木变得深受人们喜爱。椴木取自生长在印度、佛罗里达和西印度群岛的树种，其颜色淡雅，外表面光滑，外形优美。印度的品种——木质坚硬、带有香气、呈淡黄色，是最为上乘的木料。椴木只用在最精美的作品中，特别是镶嵌工艺上。人们还经常把它和别的外来木料一起使用：斑木、郁金香木、西阿拉黄檀木、染色槭木（染成灰色的梧桐树）和青龙木。人们也会将椴木与由氧化铜染成绿色的山毛榉或梨树制作的饰板一起搭配进行装饰。

家具设计师

在18世纪，英国有五位杰出的家具设计师：威廉·肯特、托马斯·齐彭代尔、罗伯特·亚当、乔治·赫普怀特和托马斯·谢拉顿（Thomas Sheraton，1751—1806）。在连续一个世纪的时间里，他们五人先后成了英国家具设计界的中流砥柱。他们产生的影响更为深远——不仅在于彼此，更在于社会大众。公众至少可以买到一本关于这五人中任何一人设计的图书。而且对他们设计的大量模仿更是巩固了他们受欢迎的地位。

威廉·肯特

威廉·肯特是英国第一位在室内和家具设计方面都擅长的建筑师。他首次提出将建筑与其内部装饰和家具看成一个美学整体。在这些方面，他是罗伯特·亚当的榜样。一开始，肯特于1709—1719年的十年间在意大利学习绘画，期间他遇到了百灵顿伯爵理查德·波义耳，这个人也成了他一生的赞助人，在这位伯爵的引荐下，肯特就接到了一份委托——为乔治一世的肯辛顿宫内的国室厅进行装饰。作为一名家具设计师，他的作品包括一个参照科林斯式柱顶设计的镀金桌案（图16-24），和房子一样，同样体现出对古典主义的遵从。后来肯特从建筑物与其内部装饰相统一的美学角度出发，为威尔顿宅邸的双方立方体大厅（图16-10）设计了一整套家具。

肯特还为诺福克郡的霍顿府邸进行了室内和家具的设计。这是一栋巴洛克风格的建筑，归英国政治家罗伯特·沃波尔爵士所有。房子起初是由詹姆斯·吉布斯设计的，

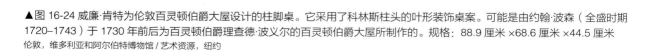

▲图 16-24 威廉·肯特为伦敦百灵顿伯爵大屋设计的柱脚桌。它采用了科林斯柱头的叶形装饰桌案。可能是由约翰·波森（全盛时期1720–1743）于1730年前后为百灵顿伯爵理查·波义尔的百灵顿伯爵大屋所制作的。规格：88.9厘米×68.6厘米×44.5厘米
伦敦，维多利亚和阿尔伯特博物馆／艺术资源，纽约

由科伦·坎贝尔完工。肯特设计的家具很大、精美、厚重而且浮华，正符合房屋的气质。同当时那些简单的设计相比，这类家具确实引起了轰动，因为它背离了当时的主流风格，但是也开启了一种新的潮流，也使肯特被任命为工部的高级木匠。

托马斯·齐彭尔代

在家具设计史上，最著名的就是托马斯·齐彭代尔（1718—1779）。他的设计基本上是新古典主义式的，但其实他的设计风格可谓兼收并蓄，博采众长。有洛可可风格的，有法式的，也有中式的。他的父亲是一名细木工人，齐彭代尔在跟随父亲学习木工之后，二十多岁就搬到伦敦，并于1753年开始在圣马丁巷干起了家具制造的营生。

第二年，他的著作《绅士与家具师指南》（*The Gentleman and Cabinet-Maker's Director*）的第一版问世了，这让他拥有了许多仰慕者和模仿者。那是一个流行模仿的时代（的确，那时仿制前人的设计是最高的目标），齐彭代尔对此很支持，因此他拿出很多绘图

和规格数据，为仿制他的家具提供清晰的指导。

齐彭代尔设计最具典型性的代表就是椅子。他设计的椅子风格多样。带板靠背（图16-25、图16-32）设计与之前的带状装饰很相似（图16-20）。他还设计了多种家具，包括简单的洗漱台、气派的书柜、桌子、沙发、钟表、琴盒、四柱床、支架、长凳、装饰柱、镜子和餐桌（图16-25）。齐彭代尔早期的风格与安妮女王式的设计很接近，椅子、凳子和靠背沙发都带有弯腿造型，腿脚经雕刻而成，这也是安妮女王时期设计的主要样式。后来，他更倾向于直线形的桌椅腿和一种叫作马尔堡腿（图16-26）的造型——以块状桌脚为支撑，腿部为直线形设计，接着齐彭代尔为了使家具桌腿可以承受更大的力，又重新加入了连撑器（一种撑架）。此外，他推行的靠背样式有的采用了哥特式繁复的花饰图案，有的则是以中国的栅格结构为背景，有的则以竹子、缎带和梯子板条为对象，曲线造型十分优美。

齐彭代尔主要设计的装饰物有希腊和中式的叶形装饰、回纹装饰、凹槽装饰、涡卷装饰、皿形装饰、带有

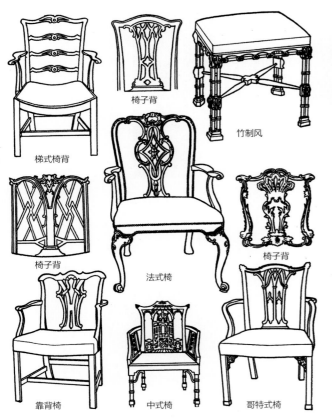

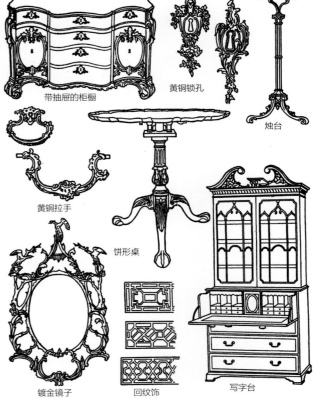

▲图16-25 齐彭代尔设计的家具、家具部件以及家具五金
吉尔伯特·韦勒/纽约室内设计学院

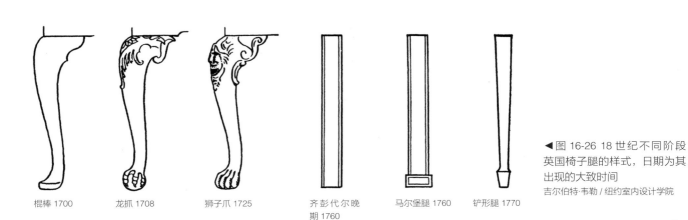

◀图 16-26 18 世纪不同阶段英国椅子腿的样式，日期为其出现的大致时间

吉尔伯特·韦勒 / 纽约室内设计学院

棍棒 1700　　龙抓 1708　　狮子爪 1725　　齐彭代尔晚期 1760　　马尔堡腿 1760　　铲形腿 1770

散落叶子的圆形或者椭圆形浮雕（图 16-17 的右上角）。他的设计风格来源多样，有古典主义、路易十五式和哥特式，而且他还能将中式特色与装饰完美地结合。尽管在 1765 年之后，也有一些椴木、红木或者其他木料的家具出自齐彭代尔之手，但是在绝大多数情况下，齐彭代尔都对桃花心木情有独钟，此外，他还制造过一些经过彩绘、镀金或者涂漆的家具。总体而言，齐彭代尔的设计品结构牢固，比例均衡，经久耐用。图 16-48 是齐彭代尔设计的屋子。

罗伯特·亚当

罗伯特·亚当和之前的威廉·肯特一样，对家具设计、建筑以及室内装饰（图 16-17）都很擅长。他设计的五斗柜、茶几、桌案、橱柜和书柜最为出名，但是他的设计还包括镜子、烛台、银器（图 16-44）、砚台、轿子、壁炉、门用五金和窗饰。亚当还有一项成就就是发明了餐边柜——一种较宽的桌子，带有抽屉，在餐厅倚墙而放，

▲图 16-27 罗伯特·亚当于 1750—1775 年间为米德尔塞克斯的奥斯特利庄园的餐厅设计的镀金餐边柜，新古典主义风格，其两侧为带有容器的支座

供上菜使用（图 16-27）。但是他很少设计椅子、长沙发和床。在他的著作《建筑作品集》的前两卷里，就有很多关于他家具设计的内容。

亚当推广的最具特色的家具装饰有希腊金银花样式的格子细工、带凹槽的雕带或遮板、圆盘饰、圆花饰、器皿以及支架。支架要么是垂花饰的，要么就带有吊悬装饰，而且通常还会系上缎带。亚当的设计都很精美，对细节的处理也非常好（评论家都说他过于追求细节）；他的浮雕都是样式典雅的平面浅浮雕。

乔治·赫普怀特

尽管乔治·赫普怀特是个家喻户晓的名字，但是让人惊讶的是，大家对他却了解甚少，甚至连他的出生年月都不知道。早在 1760 年，他就开始在伦敦制造家具，他还是新古典主义家具风格——追求优美线条和匀称比例的引领者。赫普怀特逝世于 1786 年，他的设计图册《家具匠与装饰师指南》（Cabinet-maker and Upholstere's Guide）于两年后出版。

椅子是最能体现赫普怀特设计风格的家具，而且几乎他制造的所有家具都采用了和椅子相同的样式与装饰。他还对桃花心木和椴木建造做了具体的说明。赫普怀特设计的家具腿通常都是直线形细腿样式，截面为圆形或者正方形，从上部到腿脚逐渐变细，有时最下面是铲形物（见第 440 页"表 19-3 家具脚"），而他设计的椅子靠背则有五种不同的形状：盾形、骆驼形、椭圆形、心形和车轮形（图 16-28）。每种造型都至少采用了一种曲线设计。他设计的桌子和箱式家具的顶面、山形顶饰、遮板以及床顶盖也都带有曲线样式。

他的家具雕刻装饰主要由小麦花、圆盘饰、丝带、凹槽、刻槽、花瓶以及花饰构成，但这些却很少使用。装饰的图案——人物、女神、丘比特的儿童形象——都会雕刻在椅子靠背和窗间镜上（图 16-48）——一种挂在窗间墙（或者两扇窗户之间的墙面）上的镜子。绘画装饰品的主题包括威尔士王子的带有三根鸵鸟羽毛的王冠、自然界的花朵和经典人物形象。郁金香木、梧桐木、紫衫木、冬青木、梨木、乌木、紫檀木、樱桃木和西阿拉黄檀木的家具制品都会有镶嵌细工装饰。

英国家具设计有三种特色要归功于赫普怀特：1765 年之后椴木制品的普及，用于表面装饰的描画图案以及更加优美的线条轮廓。有时候，他建造的家具并不结实，

▲图 16-28 赫普怀特和谢拉顿设计的家具
吉尔贝特·韦勒／纽约室内设计学院

一部分是由于造型过于追求纤美，或者是因为这些家具是用软木的木屑胶合而成的。但是结构不够结实的家具往往装饰更加漂亮，样式更加高雅。

托马斯·谢拉顿

可能托马斯·谢拉顿从来没有自己的一家家具工厂，但他出版了包括《家具匠和装饰师的图画本》（The Cabinet-maker and Upholsterer's Drawing-book，1793 年）在内的几本书。谢拉顿的设计风格典雅、明快简洁，反映出了 18 世纪新古典主义的特征。他用段

状曲线和直线代替了赫普怀特（谢拉顿也深受其影响）的 S 形线条设计，就和路易十六风格用直线样式代替了路易十五风格的曲线造型一样。实际上，适逢新摄政风格风靡之际，谢拉顿的设计在法国很流行。人们总是将他与赫普怀特相提并论，确实，他们两人的设计都具有理性和高雅的特质（图 16-28）；而且都从罗伯特·亚当的新古典主义风格那里汲取了营养，并运用到了小型室内装饰物的设计上，图 16-33 中，谢拉顿制造的椅子就是一个例证。

谢拉顿明确规定了红木和椴木建造与家具设计的关系，指出红木偏"阳性"，适用于餐厅和图书室，椴木偏"阴性"，适用于女性的会客厅和更衣室。对于郁金香木、斑木和西阿拉黄檀木这些外来木料，他也对其适合的家具类型做了具体规定。谢拉顿还会用精美的镶嵌花纹、花朵图案、羽毛、叶形装饰和古典风格的器皿来装饰木制品。在英格兰，他第一个提议将装饰用的陶瓷饰板用在家具上，使得英国的韦奇伍德饰板和法国的塞勒夫圆形浮雕一样新潮。

谢拉顿制作的椅子腿和赫普怀特的很相似。但是他设计的座椅靠背更多是矩形的（图 16-28 最上面的一行所示）。椅子的两条后腿会向上抬起，以便可以在侧面为靠背提供支撑（图 16-28 第三行所示）。在椅坐附近，椅背的两根竖杆之间，有一个水平的横杆，最上面是装饰性的横杆。横杆之间设计了装饰性条板，最中间的一个有时会采用细长的花瓶造型。谢拉顿的很多设计主要是用于餐厅的家具以及试衣间和闺房内的小型家具摆件。

座椅

在文艺复兴初期以及盛期伊始——詹姆斯一世阶段，最具有代表性的座椅就要属镶板椅或者饰板椅了，这样叫是因为其靠背都带有雕刻或者镶嵌工艺，与墙壁装饰用的饰板很相似。这种椅子体型较大，通常坐板都为长方形，离地面较高（因此需要一个脚蹬），椅子腿为列柱或者折叠样式，扶手会带有简单的雕刻装饰。还有一种詹姆斯一世风格的设计叫作旋转椅（图 16-29），坐板是三角形的，扶手、靠背与椅子腿则又短又粗，呈旋转状。在詹姆斯一世时代，椅子坐板还加装了软垫，靠背也钉上了一个矩形框，旨在提升舒适度。

在巴洛克时期，椅子发生了一些明显的变化。出现

了由藤条做成的靠背和坐板，还装上了宽松的垫子，前腿的连接要么是用叫作佛兰德斯卷轴的 S 形或者 U 形的涡形装饰物，要么是通过雕刻精美的横档。另外椅子也配上了样式奢华的纺织或皮革座套，有带图案的，有未经装饰的。还出现了镀金的木制品。大椅子的靠背为了坐起来舒服，采用了倾斜的样式。有的椅子则采用了翼背设计，翼背指的是座椅靠背两端朝前突出的部分，使坐着的人不会受到风吹。在巴洛克时代早期，凳子和长椅也是非常重要的两种家具，做工都和椅子一样精致。

在巴洛克时期的威廉与玛丽阶段，最有代表性的是一种由山毛榉和藤条做成的无扶手椅，如图 16-30 所示，这种家具可以追溯到约 1690 年。桌椅腿又重新开始采用直线形设计，但是在路易十四引领的潮流之后，也出现了正方形和锥形的。很多家具都有大的蘑菇形、钟形或倒立的杯子形转腿。横档多采用平面样式，椅子底脚有球形脚，也有扁平球样式的脚蹄（见第 440 页"表 19-3 家具脚"），若这两者之中任意一处雕刻成了裂片的

样子，则称其为瓜形底脚。脚蹄与椅子腿处于同一条轴线上，但如果扁平球体偏离了中心，像高尔夫球杆一样向一端突出，这种设计就变成了变形底脚。如果最下端有一个小型的平圆盘，则称之为垫脚，安妮女王风格的椅子（图16-23）就是这种设计样式。像拧起来的绳子一样的大麦型螺旋样式在很多地方都得到了应用——比如图16-30中，威廉与玛丽式的椅子。喇叭腿造型（见第438页"表19-2 旋木"）——像喇叭口一样向外张开，同样也很流行。在威廉与玛丽时期还出现了一种长靠椅，这种长靠椅往往带有两到四个靠背。

相比于室内设计的其他方面，安妮女王风格在家具设计领域发生的变化最为明显。细木工匠与家具匠的作品都特别精美，主要的亮点有：曲线形设计（成了最主要的样式），桃花心木材质（第一次使用），弯脚造型以及漆器工艺（发展很快）。图16-31中的扶手椅（即使表面没有涂漆）就是一个很好的例证。这种约定俗成的膝踝样式包括未经装饰但极具曲线美感的靠背，别致的S形扶手、弯腿造型和底部的垫脚。有的椅子一侧的扶手连接着一个可以调节的书架，另一侧是连着烛台，可见这一时期的家具设计对于舒适性和便利性的关注。

在1725年之后，椅背上的条板经过镂空和雕刻工艺之后，变得更加精美。有的椅子靠背上面采用了轭形样式，带有双S曲线设计，与牛轭很像，与图11-11的

▲图16-30 于1690年前后制作的威廉与玛丽样式的胡桃凳，椅腿与横档为C形和S形。可活动的坐板上为织锦座套

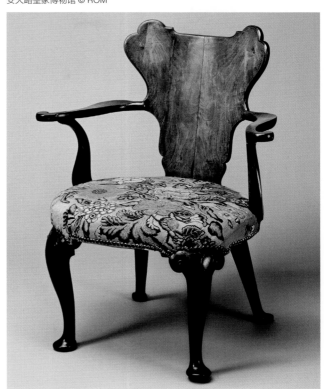

中式马蹄形椅背也有一定的相似性。后来，设计师用叶形装饰取代了18世纪早期的贝壳造型。翼状靠背椅、带软垫的座椅、凳子、长凳和沙发变得更加流行。

乔治王朝早期（大约始于1720年）是新古典主义式家具的鼎盛时期，安妮女王的朴素风格被舍弃，人们开始追求更加奢华的样式。18世纪中期出现了齐彭代尔设计的肋条靠背（当时写作"木桁靠背"）无扶手座椅（图16-32），该设计源自齐彭代尔于1754年出版的《家具指南》，这本书对这一新的设计理念做了阐释。安妮女王时代的椅子（图16-31）的弯腿设计依然存在，但对外层进行了装饰。椅背的条板也保留了下来，但是之前死板的样式现在却因为采用了环绕丝带的造型而变得特别精美。像布褶纹饰和带状装饰一样，这也是一个用木材模仿更为柔软的材料的例子。

后来又出现了谢拉顿式的椅子（图16-33），由涂漆的椴木、山毛榉和桦木制成，带塔夫绸的坐垫。这种椅子设计于18世纪的最后十年，与齐彭代尔的设计相比，它更贴近新古典主义的风格，虽然并没有盲目参考任何希腊、罗马或者文艺复兴的实例，却很自然地体现出古典主义所追求的正直、沉稳与自律。谢拉顿对于装饰的

▲图 16-32 由桃花心木雕刻成的带木桁靠背的椅子，设计风格源自齐彭代尔于 1754 年出版的《家具指南》
维多利亚和阿尔伯特博物馆／艺术资源，纽约

▲图 16-33 带有彩绘的椴木椅，设计样式源自谢拉顿的《图集》，1791—1793
英国的木制家具。1795 年，18 世纪，无扶手座椅，谢拉顿风格。由西印度椴木、山毛榉、桦木制成，带彩绘装饰和现代塔夫绸坐垫
高 88 厘米，宽 50 厘米，直径 44 厘米
大都会艺术博物馆，弗莱彻基金，1929 年。（29.119.3–4）

把握，用一句希腊语讲就是"一切都恰到好处"。

温莎椅

温莎椅（图 16-34），由于显而易见的原因，之前也叫作细条椅，它风格独特，颇受欢迎，值得给予特别的介绍。它第一次出现应该是在 18 世纪早期，到了该世纪中叶已经被人们广泛使用了。温莎椅的坐板很结实，为了使人坐着舒服专门设计成了勺子的形状，微微凹下去一点。坐板由笔直的转腿支撑，腿脚微微向外张开，后腿直接插到了坐板底部，而没有与上面的靠背连起来。很多温莎椅的椅腿之间都有横档，最常见的是 H 形，X 形的则很少见。曲线造型的扶手从靠背直接延伸出来，中间会有轴杆。

温莎椅的样式多种多样。带梳子形靠背的温莎椅会设计等长的轴杆，与最上端的直横杆相交。有的温莎椅靠背为弓形，会有不等长的轴杆与弯曲的靠背部件相连，还有的靠背像披肩一样，就是在梳子形靠背基础上，对最上面的栏杆做了弯曲的设计，使之能够搭起来一个展开的披肩。

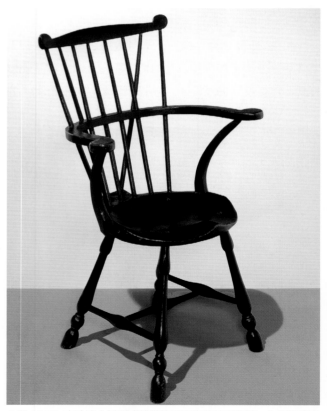

▲图 16-34 由涂漆木料制成的带梳子形靠背的温莎椅，为剧作家奥利弗·戈德史密斯（1728–1774）所有。最上面的栏杆末端向上弯曲呈"耳朵状"
伦敦，维多利亚和阿尔伯特博物馆／艺术资源，纽约

床

　　以今天的标准来看，那时贵族家中摆放的床都很大，而且在众多家庭中，床都是一种重要的家具。床一般都有四个角柱或者两个用作床脚的柱子，并且带有床头板。支撑的柱子通常会用球茎装饰物进行美化，柱头上有木制的华盖，即简单的柱顶盘。到了晚上，挂在华盖上的丝绒帷帐会拉下来，既可以保暖，又可以营造私人的空间。如图16-35所示，这些帷帐越来越精美，最后发展成为床的一大装饰特色。华盖和屋顶上的宝塔一样，都体现了18世纪中叶的中国风。

　　床底部的四面木制框架上会有钻孔，在里面穿上绳子之后可以把床垫放在上面，根据家庭的经济情况，床垫里可能填有灯芯草、羊毛、羽毛以及绒毛。在18世纪，带有织物顶罩而非木质华盖的床开始流行。天使床是指一种顶篷悬挂在墙上或者天花板上的床。

▶图16-35 威廉林内尔（William Linnell）在新古典主义时期，1755年前后制造的由松木雕刻而成，经喷漆的床。现存放于格洛斯特郡拜明顿庄园的中式卧室
伦敦，维多利亚和阿尔伯特博物馆／艺术资源，纽约

桌子

尽管在 16 世纪，人们仍然在使用折叠搁板桌，但不可折叠的桌子也成了家具的一大亮点。大的长餐桌桌面由结实的橡木制成，比普通的型号更大，供豪华宴会使用。桌面（图 16-23）还会用到日本漆和镶嵌细工（图 16-21），这些装饰越来越流行，并于 17 世纪后期，巴洛克时期达到巅峰。

可以折叠边缘的桌子在不使用时，两扇面板就会合起来，成 90°，这种类型的桌子因为大小可以调整，所以在小房子里面很多见。有一种很流行的折叠桌，可以通过旋转门式的结构将抬起的桌面支撑起来。虽然有单门的，但最常见的还是双门样式。图 16-36，就是一张四门的大折叠桌，体现了巴洛克时期威廉与玛丽阶段的设计风格，它的转腿与门板样式都很奢华，与不带任何装饰的桌面形成了鲜明的对比。在新古典主义时代后期，更加简单轻巧的活动翻板取代了折叠桌，这种桌子即折面桌（图 16-37）——横条雕带（里面可能包含两个小抽屉）与托架相连，托架支撑着桌面。

在巴洛克时期（开始于王政复辟阶段，该时期人们乐于交际，追求享乐），圆桌和小型的桌子最为常见，咖啡、茶与巧克力也开始流行。期间出现了一种小型的桌子——竖面桌（图 16-25），有三条桌腿，铰接的桌面可以折成 90°，既具有装饰效果，又能节省空间。饼形桌（图 16-25）也是一种圆桌，带有木质的扇形饰边。有的餐桌加上了木质或金属的由金银丝细工装饰的围挡，

以防止东西掉落（图 16-38）。升降桌（图 16-38）有两到三层桌面，三条桌腿，每一个圆形桌面都会从中心柱凸出来，有的桌面在上菜时还可以绕着支柱旋转。

正如我们在关于法国的章节里所提到的，托脚桌长的一侧要挨着墙，桌子才可以支起来。有时候，除了前腿不需要支撑物以外，整个桌子都要依附于墙面，但是在极少数情况下，甚至连桌腿都没有，只有一个装饰性的支架在起作用。

箱式家具

起源于中世纪的木质的大柜子和大箱子在文艺复兴早期和盛期依然存在。但是在以王政复辟为开端的巴洛克时代之后，新式的橱柜、钟表、写字台、梳妆台和镜子就逐渐取代了这些箱式家具。王政复辟时期出现的最重要的家具就是高脚柜。图 16-23 右上部，就是威廉与玛丽样式的一个高脚柜，柜腿为喇叭状。如果上部与下部相互独立，并且可以取下来，这种组套家具就叫作立式柜，如果下部可以单独用作一个梳妆台，这就是矮脚柜。在接下来的安妮女王时期，这种橱柜采取了弯腿设计，柜腿之间是雕刻成的围挡，最上端是带顶尖的三角楣式。如果写字台面可以落下去（合上后是垂直的）或者设计成了一个斜面（合上后还会有一些角度），而且实心门和玻璃门后的书架取代了上面的抽屉，高脚柜就可以变为写字台（图 16-39 与图 16-25 的右下部，法国的写字台与英国的不一样，法式设计没有上面的柜子）。

▶图 16-36 由榆木雕刻而成，带有转腿的桌子，制作于巴洛克时期的威廉与玛丽阶段，1700 年前后

桌高 79 厘米，直径：213 厘米和 223.5 厘米

大都会艺术博物馆，乔治·惠特尼夫人于 1960 年捐赠（60.25）

▲图 16-37 新古典主义时期，1800 年前后的折面桌，椴木材质，镶嵌乌木，谢拉顿样式
大都会艺术博物馆，拉塞尔·塞奇夫人于 1909 年捐赠

▲图 16-38 谢拉顿于新古典主义时期，18 世纪末期制作的双层桃木心木质升降桌，最上部为一圈镂空的黄铜装饰围栏
玛丽特和索恩古董有限责任公司。伦敦 / 布里奇曼国际艺术图书馆有限责任公司，伦敦 / 纽约

不管在哪一种艺术时期，人们都会制作餐柜和橱柜来摆放外来的器皿。我们之前已经在图 16-27 中见过了罗伯特·亚当的一个餐柜。从安妮女王时代开始，箱体家具，比如瓷器柜、书柜、写字桌都是双开门的，而且最上端的面板还设计了断断续续的曲线。玻璃制品的边沿和之前威廉和玛丽时期一样，都采用的是斜面坡口样式。

在新古典主义时期，小桌子、衣柜、带抽屉的柜子、墙桌、餐柜、梳妆台与五斗柜（图 16-25，最上面中间）变得更加普遍。一种小书桌——带有储物抽屉和可用来写字的倾斜桌面，也变得非常流行。还有一种分层储物架，可以放在钢琴旁边当乐谱架，也可摆在餐桌旁边放餐具，和我们今天的杂志架很像。

▶图 16-39 巴洛克时期安妮女王阶段（1705—1715 年左右）的写字台。最上端的带顶尖的中断三角楣饰极具特色，表面有红色和金色涂漆，装饰主题以中国的风土人情为主
大都会艺术博物馆，安妮·C·凯恩于 1926 年遗赠。（26.260.15）

英国装饰艺术

在这一时期，英国房屋内部与家具的装饰可谓多姿多彩。石匠、泥水匠、木雕工、纺织品设计师以及画家都喜欢以古典神话为创作主题，展现出神、英雄人物、神兽和缪斯女神的形象。在墙面、门头装饰、壁炉饰架和家具上都可以看到意大利画家的作品，有人物主题的，有描绘意大利风景或希腊、罗马神殿废墟的。在 18 世纪的新古典主义时期，对装饰艺术品的使用变得更加广泛。镜子、钟表、雕像、铜质和大理石质的半身像以及多种从国外旅游带回来的装饰品都成了富裕且开化的家庭中摆放的装饰品。

陶瓷

在中世纪，英国生产的陶瓷都很结实与实用，主要有碗、带柄大杯、水壶、罐子、锅、夜壶、烛台以及酿啤酒用的水箱。但是到了 15 世纪末，人们才开始普遍使用杯子啜饮，而不是碗。16 世纪又出现了几种新的陶瓷制品：粥碗（单柄小碗），陶制大酒杯（多柄的大杯子，或者有两个紧挨着的手柄），牛奶罐（用来装牛奶、麦芽酒或酒），甜食盘（用来装蜜饯）和保暖锅（放在餐厅用来加热食物）。为了制作出更好的桌子，还特意从德国和意大利引进了粗陶和彩陶。

17 世纪末，威廉和玛丽离开荷兰到英国接替皇位，英国也随之进入讲究华丽装饰的巴洛克时期。他们还带来了荷兰代尔夫特和中国的瓷器，使得英国社会更加热衷于陶瓷制品。此外，跟随威廉和玛丽来到英国的还有设计师丹尼尔·马罗特（Daniel Marot，1661—1752），本书在介绍法国摄政风格的时候曾提到过他，而且他在荷兰的时候就为威廉和玛丽工作过。在设计这对皇室

夫妻的汉普顿宫的时候，他提出盘子不仅可以用在桌子上，也可以放在墙上——沿着檐口或者壁炉架排成行布置，还可以摆在橱柜里——开启了一种沿用至今的样式。

除了这些从外引进的陶器，英国本地陶瓷厂生产的陶瓷制品也近乎完美。据说在安妮女王时代，巴洛克后期，陶瓷业占有十分重要的地位，每个英国人都是"茶壶和龙形装饰的鉴赏家。"到了 17 世纪末，伦敦兰贝斯区的一些陶瓷厂开始生产代尔夫特陶瓷的仿制品，而整个英国（有的厂子会使用进口的黏土和先进的烧制工艺）都在努力仿制中国瓷器。这些陶瓷生产活动一直持续到了 18 世纪，那时英国又有了德国麦森和法国塞夫尔陶瓷的复制品。有了这些经验，英国在 18 世纪新古典主义时代的中期，建立了陶瓷业，不仅经济效益可观，还在工艺与艺术上取得了成功，其生产的陶瓷制品通常会按照产地进行标识分类，比如布里斯托尔、德比、伍斯特、洛斯托夫特、科尔波特、博、切尔西以及斯塔福德郡。但是最为著名的工匠制作的陶瓷器则以自己名字命名，即韦奇伍德。

博

博陶瓷厂位于伦敦东区，于 1748 年最早生产出了软质瓷。博制造的白色瓷器及其人物形象深受中国白瓷（欧洲对中国进口白瓷的叫法）的影响（见第 226 页，图 11-16）。该厂还生产了珐琅质外釉和底釉彩瓷。博选取的装饰主题主要包括中国家庭的画面（图 16-40）、竹枝和李树枝、鹧鸪、奇形怪状的动物和带着小红花玩耍的孩子。早期的餐具边沿都是棕褐色的。博厂瓷器的釉面随着时间的流逝如今都已变色，大多变成了彩虹色或已褪色，这里生产的瓷器大都重实用，淡装饰；但切尔西的厂子生产出来的瓷器在造型与装饰上都要更加精美一些。

切尔西

切尔西制造的瓷器可谓别出心裁，

▲图 16-40 博厂于新古典主义时期，1765 年前后生产的软质瓷碟，棕褐色转印，彩釉
伦敦，维多利亚和阿尔伯特博物馆 / 艺术资源，纽约

但和博的产品一样，都在模仿中国的白瓷，希望用细腻的湿黏土做出绸缎般质地的未经装饰的瓷器。切尔西其他的陶瓷制品则受到了法国万塞纳和塞夫尔陶瓷的影响——丰富的底色，深蓝或暗紫色，以及绘有田园生活场景、花束或奇珍异鸟的镶片。尼古拉斯·斯普里蒙（Nicholas Sprimont，1716—1771）是切尔西厂早期的（也可能是第一任）经理。他是一名经过培训的银匠，他的许多产品设计都建立在金属制品的基础上。

在 1769 年，德比的一些制陶工人购买了切尔西厂，他们的设计大都是日式风格——以花枝、昆虫和其他一些日式图案为主题的绘画作品。后来，随着古典主义的复兴，更加简单的设计取代了切尔西瑰异的样式（图 16-41），但就装饰而言，出现了天青石、金带、圆形浮雕和淡黄色浮雕。

斯塔福德郡

几百年来，位于英国中西部的斯塔福德郡一直都是重要的瓷器生产地。由于制造的瓷器质量高，种类多，当地的黏土颜色明亮，用于烧制的煤炭供应充足，再加上入海河流多，交通便利，斯塔福德瓷器独占鳌头。在 17 世纪晚期，这里的陶瓷厂则因施釉瓷器（在陶器表面施以薄薄的釉浆——一种由水和泥土构成的混合物）和粗陶器而闻名。到了 18 世纪早期，厂子开始生产盐釉瓷，而且还发明出多种珐琅彩用于盐釉的涂饰。斯塔福德郡著名的陶艺家托马斯·明顿（Thomas Minton，1765—1836）和约西亚·斯波德（Josiah Spode，1755—1827）都在特伦特河畔斯托克城经营着自己的厂子，并因仿制中国瓷器而出名。到了18 世纪末，又开始生产瓷器。

韦奇伍德瓷器

约西亚·韦奇伍德生于斯塔福德郡的一个制陶工人家庭。他在 29 岁的时候就成立了韦奇伍德陶瓷厂，不久之后便将其发展壮大，最后还让自己的儿子和侄子也加入了进来。他发明了一些制瓷的新工艺，比如找到了一种可以准确控制窑内温度的方法，也因此在 1783 年成为了皇家学会的会员。韦奇伍德著名的陶瓷制品有按照新古典主义样式设计的淡黄色瓷器（因为得到了王室的资助，也叫作"王后御用陶瓷"）、完工于 1774 年的为俄国女皇凯瑟琳制作的一大套餐具、仿制古希腊器皿的黑炻器、紫砂器（也叫紫罗红）和一种白炻器（也称作赤陶）。当然韦奇伍德最出名的还是碧玉细炻器。

为了研制碧玉细炻器，前期有记载的实验就多达 5000 多次，这种瓷器质地紧凑精密，为白色的陶瓷素烧坯，既可以整体上色，又可以表面涂色。淡淡的钴蓝色是最受欢迎的颜色，但也要经过橄榄绿、鼠尾草绿、黄色、淡紫色、棕色、灰色以及黑色调制而成。彩色的底面装嵌（或印有枝状花纹）白色的装饰物、饰板、圆形浮雕和浅浮雕图案。常见的装饰对象有希腊主题、玩耍的孩童、身披长袍的经典人物形象。图 16-42 中的花瓶就以《对荷马的礼赞》中的神话故事为主题，上面的白色浮雕图案源自新古典主义时期的雕刻家约翰·弗拉克斯曼（John Flaxman，1755—1826）制作的一块饰板。弗拉克斯曼建造的教堂纪念碑以及他对荷马和但丁作品中插图的精美描画，让他名气大增。韦奇伍德雇用的艺术家还有戴安娜·博克莱尔夫人（Diana Beauclerk 马尔堡公爵的女儿）和因画马和动物出名的乔治·斯塔布斯（George Stubbs，1724—1806）。

碧玉细炻器除了有桌面摆件和珠宝，还有很多用于室内的装饰品：半身像、钟表、枝状大烛台、瓷砖、用于家具和钢琴的圆雕饰、用于插入泥灰墙上的饰板、壁炉架的圆形雕饰乃至整个壁炉架。在罗伯特·亚当等人的推动下，这些饰品与新古典主义风格实现了很好的互补。

▲图 16-41 切尔西厂制造的软质瓷花瓶，镀金画珐琅，1760—5
伦敦，维多利亚和阿尔伯特博物馆 / 艺术资源，纽约

▲图 16-42 约西亚·韦奇伍德于新古典主义时期（1786 年）制造的碧玉质细炻器花瓶，浸蓝的胎体上刻有白色浮雕。高 46 厘米。浮雕图案源自约翰·弗拉克斯曼制作的饰板

图片经韦奇伍德博物馆信托有限公司许可，英国，斯塔福德郡，巴拉斯顿

玻璃

　　威尼斯人雅各·维切利尼（Jacob Verzelini，1522—1607）是英国玻璃之父，在 1575 年，伊丽莎白一世女王授予其专利并准予他拥有临时的玻璃生产垄断权。第一家英国自己的玻璃制造企业是由乔治·雷文斯克罗夫特（George Ravenscroft，1632—1681）于 1673 年在伦敦成立的。在 1676 年，雷文斯克罗夫特改进了铅晶质玻璃，即一种含氧化铅的玻璃。铅晶质玻璃晶莹剔透，对光线的折射效果好，但是比威尼斯水晶要更厚重一些。凭借着铅晶质玻璃，英国在全球玻璃市场中拔得头筹，在 20 年内就有一百多家玻璃厂生产这种玻璃。

　　玻璃的样式造型主要是靠吹制工趁着玻璃还在发热

且可塑的时候完成的。而英国从 16 世纪开始到 18 世纪，研发了两种方法（德国较早前已经开始使用），可以直接对已经冷却的玻璃进行装饰：雕刻与凿刻。二者都要靠旋转的机轮水磨而成。雕刻（维切利尼就是用此方法为伊丽莎白的玻璃制品进行美化的）可以进行刻字或者做出徽章和具有中国特色的样式。而凿刻则可以做出扇形、菱形、锯齿形、凹槽、沟槽与刻面效果。

　　由于铅晶质玻璃重量较大，所以很适合凿刻工艺。有钻石面的玻璃制作的枝形大吊灯特别华丽大气，烛光在棱柱的反射下，变得璀璨夺目，整个房间都熠熠生辉。这就是一盏新古典主义风格的枝形大吊灯，每一个面都是钻石刻面，里面是球形和花瓶形状的玻璃，六个分支环绕四周（图 16-43）。这盏灯可能产于伦敦，是为爱尔兰基尔肯尼郡的教区教堂设计的。

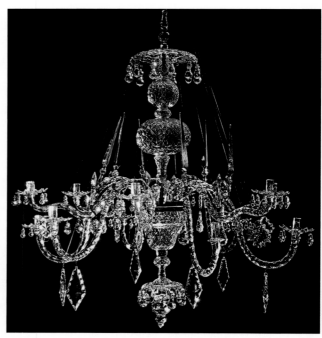

▲图 16-43 爱尔兰一教堂内的新古典主义式的铅晶质雕花玻璃枝形吊灯。可能产于伦敦，于 1765 年前后制成，高 1.4 米

伦敦，维多利亚和阿尔伯特博物馆 / 艺术资源，纽约

金属制品

　　从 15 世纪到 17 世纪，尽管大多数贵族家庭都会有一个专门的橱柜用来摆放金银制品——并不具体指盘子或镀金的金属制品，而是指所有的金银制品，但其实只有皇室才会大量使用金银器。在皇室的餐桌上会摆放银质的大浅盘（用来切肉的盘子）、食盘（用来盛肉的盘子）、固定的盐碟（精美的盐瓶，可以体现出主人的位置）、碟子、

碗、喝水用的容器、勺子和刀具。在 17 世纪，人们在吃
甜食时开始使用叉子。一位佛兰德斯的家具匠为诺尔庄
园（图 16-8）制作了银质家具，诺尔庄园便拥有了可以
拿来炫耀的银壁炉。

到了 18 世纪新古典主义时期，餐桌礼仪甚至受到
中产阶级的重视。银质器皿大量流行，代替了锡铅材
质，新式的桌子都会带有银质盖碗、船形调味汁碟、枝
状大烛台和分隔饰盘（桌子中央摆放的装饰性托架，中
间是大碟子，还有一些小支架托着小一些的碟子）。船
形调味汁碟是罗伯特·亚当设计的厨具八件套之一，从
它就可以看出 18 世纪末英国餐具有多么高雅（图 16-
44）。银匠马修·博尔顿（Matthew Boulton，1728—
1809）和约翰·佛吉尔（John Fothergill）都参照了亚
当的设计。餐厅和其他精美的房屋都会采用银质的枝形

▲图 16-44 罗伯特·亚当于 1776—1777 年设计的新古典主义式的银
质船形调味汁碟，长 25.4 厘米
伦敦，维多利亚和阿尔伯特博物馆 / 艺术资源，纽约

工具和技术 | 银器制造

金属元素银容易成形且光泽度高。在装饰领域，它是仅次
于金子的第二贵重的金属材质。人们已知的最早的银器是
在近东地区被发现的，可以追溯到公元前约 2500 年。尽
管银是以天然状态存在的，不与其他元素化合，但是它通
常会形成混合矿，只有通过熔炼的方法——用高温将混合
物分离，才可以把银提取出来。然而得到的纯银过于柔软，
并不适合使用，所以一般要和铜形成合金，这样可以增加
其硬度。银币中，银的含量一般为 90%，铜为 10%，而
标准纯银的银含量为 92.5%，含铜 7.5%。

1743 年发明的一项工艺使得银的价格更易为人所接受。
谢 菲 尔 德 的 托 马 斯·波 索 尔（Thomas Boulsover，
1705-1788）发明了一种方法——将薄薄的镀银层放到
铜质的基底上，便会得到谢菲尔德镀银铜板。这得益于波
索尔的一次意外发现——将银铜两张薄片放一起加热，在
温度接近其熔点的时候，两张板的接触面会融合在一起。
后来，马修·博尔顿对这种方法进行了改进，并从 1765
年开始在其位于伯明翰的厂子里使用谢菲尔德镀银铜板制
作烛台、碗、茶壶、咖啡壶等器皿。博尔顿提出的一项改
进之处就是沿着器皿的边缘加入纯银丝线，使得物品经久
耐用。到了 1770 年，镀银器皿在英国已经很普遍了。在
19 世纪中叶，成本更低廉、操作更安全的电镀工艺取代

了谢菲尔德的方法。从那以后，镀银都是在镍基底上完成
的。银片通过锤打或者模压（现代的方法）可以做出凹形
器皿，而不是扁平的餐具。

银器主要的装饰方法有蚀刻、冲压与镶嵌。在中世纪，人
们装饰盔甲的时候就大量使用了蚀刻术，即使用酸和抗腐
蚀剂——诸如蜡、松脂和柏油这类抗酸的物质。在银的表
面涂上抗腐蚀剂，等到蚀刻时，再将这部分切去露出需要
的部分，然后再把物体浸到酸中，酸便会侵蚀裸露的表面。

冲压（参见关于中国瓷釉和西班牙银器的部分）就是用锤
子和其他的工具给金属表面塑形。浮雕制作是冲压的一种，
即通过敲击金属背面从而制造出凸起的部分（圆形凸起），
雕镂同样也是冲压的一种，但是它是通过小型工具敲击金
属正面来进行最后的修饰，产生的效果与雕刻很像，但不
会破坏银的表面。

镶嵌是指将另外一种物质插到物体表面之中。乌银镶嵌
是银器装饰常用的方法，即把黑色的装饰物添加到色彩
明亮的基底金属中。之前黑色的物质一般都是硫化银，
现在则普遍使用银、硫磺、铜和铅的混合物。最后，再
把铸成的银饰物和多种造型的柄状物与银器的主体部分
焊接到一起。

大吊灯、壁式烛台和多枝烛台，即枝状大烛台，通常会加入垂饰设计，有时还带有镜子。

像黄铜这样的贱金属在英国室内装饰中也发挥着重要的作用。在灯饰、五金制品和门窗的镶边中，黄铜都得到了广泛的应用，这些家具配件有的也进行了精美的装饰。在不太讲求奢华的房子里，大都会使用铜来替代银制作餐具，此外还会有铜质的烛台、枝形吊灯、壁式烛台、烟盒、鼻烟盒、钟表、胡桃钳和三脚火炉架。铅锡合金器皿虽然不如在中世纪时期那么流行，但也一直有人在制造，而且由于是在重复使用的模具里浇铸而成，其风格样式更是经久未变。铜和铜合金则用来制造大一点的结实的器具，比如盆子、桶、壶和锅。而门、炉算、铁栅和栏杆则多为钢铁材质的。

纺织品

1685 年之后，正值文艺复兴时期向巴洛克时期过渡之际，为摆脱迫害，胡格诺派教徒（加尔文新教徒）从法国逃到了英国，他们的到来使得英国纺织业获得了很大的发展。纺织品的颜色更加鲜艳，丝绒、锦缎、织锦、双线刺绣、针绣都得以应用。在 17 世纪晚期，印花棉布也成了用于室内装饰的一种织物。

印花棉布

在 17 世纪后半叶，印花棉布（原产于印度的彩色棉布）和手绘媒染床罩（印度的一种由印花棉布做成的床罩，见第 207 页）都进口到了英格兰、荷兰和法国，三个国家各自也会对其进行仿制。1676 年，英格兰的威廉·舍温（William Sherwin）获得了一项专利——在印度技艺的基础上，给棉布印花和染色。英国产的印花棉布在很大程度上还是使用了印度的样式，即复杂的花卉图案（图16-45）。印花棉布经常作为台布、座套、床帷和窗帷使用，在英美今天都可以见到。

在欧洲，印度产的印花棉布很受欢迎，一是因为印度纺的棉纱质量好，二是因为印度在媒染剂（用于染色的金属盐，见第 10 章）的使用上走在了前列。印花棉布色彩艳丽，而且还不会褪色。除此之外，在用蜡和淀粉上釉之后，或者经过压光（更多用于工业化时代比较发达的工业化国家）——放到中空的金属滚筒之间热压，从而产生光亮的表面，印花棉布会更加漂亮。未经上釉和压光的印花棉布，叫作闷光印花棉布。因为不管是印

▲图 16-45 1690—1710 年，制作于巴洛克时期的英国棉麻床帐，带羊毛刺绣图案。创作灵感来源于印度的印花纺织品，花朵图案是亮光印花棉布上的典型样式
伦敦，维多利亚和阿尔伯特博物馆 / 艺术资源，纽约

度产的还是英国仿制的印花棉布，一般都会采用鲜明醒目、色彩艳丽的花卉图案，所以印花棉布这个词也可以用来泛指其他具有类似图案的织物。

印花织物

在 17 世晚期，伦敦的一些厂子开始制造刻板印刷的棉布和亚麻制品。到了 18 世纪中期，都柏林的拉姆康德拉印花厂最早开始在织物上进行铜板印刷，随后萨里郡莫顿地区的厂子也开始纷纷效仿。铜板印刷也是一种制造印花布的方法，将铜质刻画模板要雕饰的地方加满颜料，模板在重压之下便会与织物紧密接触，后来新的工艺是将织物直接放在铜质雕刻滚筒上。有的铜板印刷可以同时印刷出六种颜色，其高速度高效率引发了整个行业的变革。

在 18 世纪，许多英国的纺织物都出口到了美洲，其中就有蓝白印花布，其底色中要保留的白色部分在浸到蓝色染料之前会涂上一层蜡质防染剂。

刺绣

在英国，刺绣有着源远流长的历史。我们看到的罗马风格时期的贝叶挂毯，其实就是用羊毛和亚麻做成的刺绣品，而非编织物。几百年来，对绝大多数女性来说，刺绣都是一项她们需要掌握的技能。从英国文艺复兴开始，刺绣就被应用到墙帷、床帏、台布、套垫乃至衣服当中。

刺绣的主题图案也在不断发生着变化，从 16 世纪中

叶的枝状花纹，到 17 世纪早期的经典场景与《圣经》中的故事情景，再到 17 世纪晚期极度非写实的卷形枝叶。图 16-46，就是一个非写实样式的例子，由羊毛丝绸材质刺绣而成的长沙发座套是典型的巴洛克风格，但是到了后来的新古典主义时期，主题的风格则变得更加拘谨，到了 18 世纪末，花绸基本取代了刺绣。

墙面、床与窗户装饰

在文艺复兴初期乃至盛期的詹姆斯一世时期，英国的家具并不多，在室内装饰领域，人们主要的兴趣在于墙面织物的设计，要么是带有图画的挂毯，要么是带有刺绣的墙帷。如今尽管这种兴趣已经逐渐衰减，但是通过哈德威克庄园（图 16-7）和诺尔庄园（图 16-8）墙面上残存的织物，我们依旧可以知道在伊丽莎白和詹姆斯一世时期，织物在室内装饰中所扮演的重要角色。

一个世纪之后，在文艺复兴盛期就要结束的时候，墙面装饰开始使用纺织品壁挂来代替挂毯和刺绣品。比如，在伦敦奥斯特利庄园的画家卧房里，罗伯特·亚当就用带抽褶状丝绸的檐板代替了之前的护墙板。有的屋子在夏、冬两季装饰的墙帷都不一样，还有的则同时使用质地和颜色都不同的织物。在里士满郡汉姆屋的（设计于巴洛克时期的王政复辟时代）绿室内（图 16-47），墙板和帷帐就都使用了织物。这间屋子之前用来存放古玩珍品，就是一个小型的私人博物馆。花锻板上面的天花板和穹隆都有莫特莱克挂毯厂的艺术总监弗兰兹·克莱恩（Franz Cleyn，1582—1658）创作的蛋彩画，这些画作也都做成了漫画形式的挂毯。

▲图 16-46 巴洛克时期，威廉与玛丽时代的 1695 年前后，为赫特福德郡汉普顿宫制作的丝质长沙发套，带羊毛刺绣装饰。沙发腿为胡桃木
伦敦，维多利亚和阿尔伯特博物馆／艺术资源，纽约

　　在我们今天看来，床边那些精美的织物装饰（图
16-35）会很奇怪，但是我们必须要知道当时英国大多
数卧室是特别寒冷的，而织品可以防止透风漏气，起到
保暖的作用。当时社会流行一种风俗，就是重要的人物
要在早晨，在床上接见来访者，奢华的挂饰则被认为是
其地位的象征。一般而言，床的四个面都会装饰这样的
帷帐，挂在华盖上面的圆环内，距地至少有四五米，看
起来特别壮观。在这些可以拉合的帷帐的前面和上面，
还设计了其他的织物帷帐，以增强高贵的视觉感受，为
了凸显奢华的效果，垂饰织物还可以加上流苏造型，当然，
在每个角的顶端都点缀鸵鸟羽毛要算是最豪华的装饰了。

　　窗子的装饰同样很复杂，并且有一套今天我们在进
行传统风格的室内装饰时还可以用到的标准。巴洛克时
期之初，双侧对称且可分开的扯帘开始广泛应用于床和
窗户之中。

　　托马斯·齐彭代尔的家具设计师身份更加为人所知，
但是从其商业交易的记录中不难看出，他曾负责了西约
克郡韦克菲尔德的诺斯特尔小修道院中皇家卧房的全部
装饰工作，其中就包括床和窗户上高雅精美的帷帐（图
16-48）。金绿色的挂饰和装饰墙布都选择了具有中国
特色的主题，这是齐彭代尔的最爱，而房屋的整体风格
则为新古典主义式的。

▲图 16-48 托马斯·齐彭代尔于 17 世纪中叶为西约克郡韦克菲尔德的诺斯特尔小修道院设计的织布装饰
© 彼得·阿普拉哈米安 / 考比斯 版权所有

经过 18 世纪的发展，窗户装饰变得愈发重要，也愈发复杂。有的样式需要用到三组窗帘。第一种是最靠近玻璃的，通常选用薄的和半透明的（有时是部分透明的），而且要垂直悬挂，这种窗帘叫作窗纱。第二种窗帘要更重一些，不透明的穿在杆里面，可以拉起来，这种窗帘叫作扯帘。第三种是厚窗帘，挂在最外面，只要经济条件允许，就尽显奢华。厚窗帘也需要固定，但可以装饰出好多种花彩图案。新古典主义家具设计师托马斯·谢拉顿于 1791 年出版的《家具师与软包师图集》一书就收录了上百种床和窗户帷帐的设计样式（图 16-49）。

地毯与铺地板布

英国第一批绒毛地毯大约是在文艺复兴初期从近东和西班牙进口来的。到了 16 世纪中期，据说亨利八世已经收藏了 800 件织品，从几件由德国画家小汉斯·荷尔拜因（Hans Holbein，1497—1543）创作的亨利八世的肖像画作品中可以看到在地板和桌子上铺着的土耳其地毯（因此也叫作"荷尔拜因地毯"）。地毯也可以用作箱子罩和沙发座椅的座套。与此同时，英国开始生产

383

N°17. pt.1.

A Summer Bed in two Compartiments.

Plate. 41.

Feet and Inches

Sherston Del.

Published as the Act directs by G. Terry.   June 20.th 1792

Barlow Sculp.

在大麻经纱基础上制成的羊毛毯。这些毯子的设计虽然有的会采用一些英国家庭的盾徽样式,因为毯子就是为他们制作的,但主要还是模仿了近东和中东的设计。土耳其挂毯(见第 187 页)价格昂贵,不仅可以用作地毯,也可以用在体积稍小一点的物体上,比如装饰面板和垫子套。一直到 17 世纪末期,土耳其挂毯都很流行,从土耳其和波斯进口的地毯也越来越多。

由于一直是从近东和中东进口地毯,所以英国的地毯生产一直处于停滞状态,直到 1750 年,在来自法国萨伏内里地毯厂的织布工路易斯·泰奥和皮埃尔·普瓦雷的帮助下,英国才开始重新生产打结地毯。他们先是在富勒姆和埃克塞特建立了一些编织工场,但是并没有持续太久,后来又在穆尔菲尔德新建了一家,并于 1763

年获得了皇家授权,为威尔士王子(后来的乔治五世)和其他一些皇室成员生产地毯。罗伯特·亚当还让穆尔菲尔德工厂为赛昂宫(图 16-18、图 16-19)和奥斯特利庄园专门生产与其设计的天花板风格相匹配的地毯。

与此同时,德文郡的织布师托马斯·威蒂(Thomas Whitty)也开始在阿克斯明斯特用立经式织布机生产土耳其式地毯,效果要比之前的水平式织布机好,阿克斯明斯特地毯则是服务于齐彭代尔的设计。

除了手结地毯,英国还有一些价格相对低廉的地毯可供选择。16 世纪末期,基德明斯特的一些个体织工发明出一种结实的平织精纺羊毛地毯,1735 年,那里还成立了一家工场专门产生基德明斯特地毯,也叫苏格兰地毯,其产品颜色略微单一,但是都是长款。

还有一种布鲁塞尔地毯，长度也很大，比基德明斯特地毯还要耐用，并且在 1741 年还获得了专利。这种地毯是成条编织的，可以根据不同的地板面积进行剪切缝制，由于其极为实用，法国还进口了这种地毯，并称之为绒头地毯。后来，布鲁塞尔地毯上的环形物被去掉且被做成了一种新的绒毛织物，即威尔顿地毯。基德明斯特的工厂对这两种工艺都进行了仿制，所以在 18 世纪的后半叶，基德明斯特地毯和威尔顿地毯形成了直接的竞争关系。

如果经济吃紧，人们便会选择带有图画的帆布来替代地毯和其他价格较高的铺地材料，即铺地板布，其设计风格总会去模仿地毯、瓷砖、大理石和镶木地板的造型样式。在 18 世纪以前，这些图案都是手绘的，但大约在 1700 年之后，就改为了模板印刷。在 1755 年，伦敦的史密斯和巴贝尔开始用木板来印刷铺地板布。在初期，图案选自《多种地板装饰……实用设计……石材或者大理石材质，或者带图画的地板布》（Various Kinds of Floor Decoration... Being Useful Designs... Whether of Stone or Marble, or with Painted Floor Cloths，1739 年出版）。很多铺地板布都从英国出口到了美洲的殖民地（图 19-36），而且在铺地用的油毡和塑料出现之前，风靡了整整两个世纪。

挂毯

在那个时代，挂毯要属最昂贵的织品了。因此好多人对其望尘莫及，但是因为挂毯能够提升威望，所以一直到 18 世纪末期，挂毯都是奢侈品的代表。英格兰第一家挂毯厂位于沃里克郡的巴彻斯顿，第二家位于伍斯特郡的伯尔德斯利，两者都是由威廉·谢尔顿于 1560 年前后成立的。谢拉登的厂子虽然也会编织一些大件的织品，但它们的产品大多数都是垫子和座套。产品一般都是羊毛或者丝绸材质的，英国不同郡的地图图案要属它们设计的最有趣了。在英国挂毯市场，荷兰和佛兰德斯一直占据着接近垄断的地位，直到 1619 年，詹姆斯一世和他的儿子（后来的查理一世）在泰晤士河河畔，伦敦附近的莫特莱克成立了一家工厂，这种局面才打破。查理一世把许多佛兰德斯的织工都带到了莫特莱克，为了创作《使徒行传》（Acts of the Apostles）的系列挂毯，他还购买了拉斐尔的画作，几组挂毯由此编织而成。

在威廉与玛丽和安妮女王时期，英国一直在进口佛兰德斯挂毯，但是在伦敦索霍区也有一些在运营的工厂，其产品叫作索霍挂毯。其中最有影响力的是老约翰·万德班克（John Vanderbank the Elder）所有的工厂，他在 1689 年被任命为皇室挂毯制造者。万德班克的作品有的仿制了布鲁塞尔和哥白林地毯的样式，而在为伦敦肯辛顿宫设计挂毯时，他则加入了中国的元素。其工厂的贡献就在于为英国生产了设计精美的挂毯，而且其价格也更易为人所接受。到了 18 世纪末，长期受人们喜爱的挂毯由于壁画和壁纸的出现而相形见绌。

壁纸

据确切的日期所示，英国最早的壁纸出现在 16 世纪的第一个十年，当时用在了剑桥大学基督学院院长住宅的天花板上。然而在 17 世纪末期之前，英国大部分壁纸都是从法国进口的。1666 年的严重火灾之后，伦敦急需大规模重建，这极大地促进了壁纸行业的发展（就像对其他方面的影响一样）。大约在 1720 年，英国的壁纸迎来了它的春天——建筑师威廉·肯特（在为乔治一世的肯辛顿宫的大客厅做装饰时）选择用带图案的墙纸代替丝绒墙帷来装饰墙面。这立即使壁纸的地位跃升了一个台阶。

在英国壁纸流行的 18 世纪，有两种款式最为重要。第一种是毛面纸，丝绒质地，制作方法是先在纸张表面将想要的图案用胶水定型，再将剪下的羊毛进行精心的筛选，然后洒在纸张表面上（法国也生产类似的纸张）。还有一种和毛面纸类似的亮光纸，其表面洒满了粉末状的鱼明胶（一种矿物水晶，我们今天称为云母），从而产生一种和银线刺绣的丝绒质地类似的效果。尽管如今毛面纸的热度已经有所下降，但是其生产工艺一直在提高。（今天的毛面纸是用静电将人工合成的物质与纸张结合而制成的。）

18 世纪的第二次风潮是从中国进口图纸和风景纸，以及当进口费用难以承受时，英国对中国墙纸的模仿。这次的风潮与建筑、家具以及其他的装饰艺术风格相辅相成。

18 世纪末期，仅在伦敦就有 70 多家墙纸公司（俗称"纸张着色工"），而且这种公司在英国其他地方也很常见。这其中，响当当的人物是约翰·巴普蒂斯特·杰克逊（John Baptist Jackson，1701—1773）。他的一些墙纸复制了威尼斯大师提香和皮拉内西的作品，其他作品的主题包括皮拉内西风格的景观、雕像、奖杯和泥制树叶。有的是围绕树枝或花环边框的一些小的圆形和椭圆形图景。在这些墙纸中，尤其是一些大型的风景墙纸（图 16-50）中，其作品的规模和篇幅与当时中国流行的墙纸之精细形成了鲜明的对比。杰克逊在技术方面也进行了创新，在印刷墙纸之前，他先把几张纸捆在一起，从而发明了自己的大型装饰面板。他用油画颜料制成的墙纸表面，在必要的时候可以被擦拭干净。

英国于 1753 年取得了另一项技术革新，这归功于爱德华·德顿（Edward Deighton），他用一个刻有图案的金属板在圆压平印刷机上印刷纸张，然后手工进行上色。这种手工着色的工艺至今仍为一些高端制造商所使用。

杰克逊的主要竞争对手和重要的接班人都来自克雷斯家族（Edward Crace），该家族是英国的墙纸制造商，也提供完整的室内设计服务，就像那时的一些法国的室内装潢师一样。爱德华·克雷斯（James Wyatt，1746—1813）是一位马车制造商的儿子，后来成为了一名马车装饰师，并于 1752 年在伦敦考文特花园地区开了一家店面。但到了 1768 年，他已经步入了房屋装饰行业，两年后，他接到了一个重要的任务，为詹姆斯·怀亚特（James Wyatt，1746—1813）设计的位于伦敦的万神殿进行室内装饰，但如今该万神殿已经毁坏了。在万神殿的装饰过程中，他主要负责提供灰色嵌板、人造大理石石柱以及镀金家具。在接下来的几十年里，爱德华·克雷斯的后代把这家公司发展地更加壮大（拥有 100 名员工），且取得了突出的成就（为考文特花园地区的歌剧院、温莎城堡和布莱顿的英皇阁设计墙纸和装饰）。

▲图 16-50 约翰·巴普蒂斯特·杰克逊设计的新古典主义式墙纸，描绘了意大利风格的建筑废墟景观

伦敦，维多利亚和阿尔伯特博物馆／艺术资源，纽约

总结：英国设计

英国设计在哥特时期和 19 世纪之间取得了巨大的成就，特色鲜明，品质卓越。

寻找特点

正如我们所看到的，这一时期英国设计的特点是以之前的古典主义风格为基础的，但也特意加入了一些哥特式元素。英国设计所取得的成就是一个很好的例证，证明了过去的风格可以被诠释的如此具有多样化和独特性。由帕拉迪奥诠释，再由伊尼戈·琼斯或威廉·肯特重新诠释的古典主义风格，产生了一种结果；而由罗伯特·亚当直接诠释的古典风格却产生了另一种结果。人们对这些变化的反应很好地证明了随着时间的变化，品味也会随之改变，任何一种表现方式，无论多么完美，都不可能永久地满足需求。

但是和法国、西班牙及德国相比，这些英国的版本在某种程度上都体现出一个特点：像英国绅士一般高雅谦和，果敢刚毅，富有冒险精神，但又不失修养以及对艺术的敬畏。英国的设计高贵典雅，绝非刻板无力。斯迈森设计的哈德威克大厅的巨大玻璃幕墙，雷恩设计的圣保罗大教堂的大圆屋顶都展现出英国人非凡的胆魄。

寻找质量

英国的乡间别墅和城市宫殿为高雅的室内设计树立了一个从未被超越的标准。若不是因为英国人不爱装供热设备，恐怕我们大多数人今天都很乐意住在这样的房间里。英国的家具，尤其是安妮女王时期和新古典主义时期的家具，达到了一种卓越的水平，与路易十五和路易十六时期的法国家具一样，是有史以来最可靠、最和谐、最高雅的家具。一些艺术家——有的现在很出名，有的则名不见经传——水平很高，甚至取得了更出色的成就：如亚当在建筑平面设计中体现出来的空间和装饰创造力、安妮女王风格座椅上完美的曲线组合、吉本斯精湛的雕刻工艺。

做对比

法国和英国的设计有许多相似之处，最主要的是两者都从意大利汲取了经验，并且赋予意大利文艺复兴时期的颠覆性思想以新的意义。一个不同之处在于，法国的艺术标准——及艺术风潮——是在巴黎和邻近的凡尔赛确立的，而在英国，人们对乡村的热爱和对户外生活的向往阻止了伦敦——这个伟大的城市——扮演同样的主导角色。另一个不同之处在于，英国的装饰艺术从来没有像在法国那样成为一个行业，也没有得到同等程度的皇家赞助。也许最大的不同在于，英国的保守主义以及对传统的尊重使得艺术潮流无法获得其像在法国那样的重要地位，英国人以一种更缓慢、更保守的方式接受风格上的变化。

然而，对正在风行的时尚不太上心的态度促使一些英国设计师发展个性，甚至是怪癖，而这一特点在英国比在其他国家更为人所接受。英国设计师——琼斯、齐彭代尔、吉本斯、韦吉伍德——基本上都是按照自己的想法来工作，对于他们所取得的成就，我们今天都颇为赞叹。

17

非洲设计

史前到现在

"我的艺术品就是我心中的智慧,来自之前的生活。"
——卡塔拉·弗莱·摄皮帕(Katala Flai Shipipa,1954—),安哥拉隆加的画家

图17-1中的椅子无疑是本文中最引人注目的家具,关于它的身世,我们可以看出很多。它看起来特别威风有气势,旨在表达其使用者的重要地位。它是由一整块木头切开雕刻而成的,这说明附近有一片原始树林。它的制作体现出独特的风格(比如座位和椅子腿之间复杂的连接结构),表明这是一种源远流长的工匠技艺。它只有三条腿,这是设计师有意为之——用于不平的地板或户外(正如希腊人制作的桌子一样,图4-29)。

当然,最为引人瞩目的是靠背上雕刻的人物。它不是写实的作品,人物躯干和脖子又瘦又长,手却是异常的大。面部表情很机警,显得小心翼翼,两双举着的大手像是在做保护动作,椅子是其使用者的守护神。在创造了这个关于椅子的文化里,人们特别敬重神灵,这是位于非洲东海岸的坦桑尼亚。在非洲大陆的大部分地区,这种对于神灵的敬重处处体现在设计之中。

非洲设计的决定性因素

直到20世纪中叶,非洲人口密度很低,相对隔绝的人口聚居地形成了多种具有不同设计传统的文化。随着人口流动性的增强、科技的进步、城市化的发展(自1970年之后,有四分之一的非洲人生活在城市,预计到2025年,非洲会有一半的城市人口),非洲大陆正经历前所未有的人口和经济增长,极大地改变着几百年来的农村生活方式。

地理位置及自然资源因素

非洲大陆四面环水,陆地面积为世界的五分之一。北非国家埃及独特的地理位置使其能和尼罗河和谐相处,免于水患。但是,非洲大陆的面积就决定了非洲会有多种地理气候类型:沙漠、山地、热带雨林、草原和热带稀树草原林地。

当然,充足的水源、肥沃的土壤这两大最为根本的资源决定着聚居地的类型。谈到建筑材料,赞比亚和津巴布韦盛产花岗岩;塞拉利昂、几内亚和刚果河河谷的

◀图17-1坦桑尼亚,布鲁库,苏丹王座的前后视角图,19世纪后期雕刻而成,高107厘米
海尼·施内贝利/普鲁士文化遗产图片档案馆/艺术资源/普鲁士文化遗产图片档案馆

低地有软石，森林之中硬木头丰富，开阔的草地则有很多的软木。若要捆绑木材，做垫子、篮子、绳子和鱼栅，可以用藤条、攀缘植物、棕榈、芦苇、灯芯草和纸莎草。人们还用兽皮做帐篷、袋子、衣服和皮鞭。大象可以提供象牙，在尼日利亚北部的诺克地区，有大量的铁矿石。几内亚的沿海部落也已经开始了铸铜业。总之，非洲富饶的自然资源足以保证这里的人们在相当长的时间里生活幸福繁荣。

宗教

世界两大宗教，伊斯兰教和基督教都在非洲有很好的体现，17 世纪阿拉伯人的入侵带来了伊斯兰教，而葡萄牙人则在 15 世纪入侵的时候就带来了基督教。但是非洲当地也有许多形式的宗教，影响着多种设计风格，总的来说，那些有神秘力量的人总是受到更多的关注，比如死去的祖先或部落首领，但也可能是活着的人。这些神灵一般都保持着人的样子（也会变得有些抽象），但有时也可能是动物的样子。不论哪种表现形式，宗教在非洲设计中都占有支配性地位，很少有非洲的设计能和宗教元素脱离开；很多设计都用于社会、部落或者神话习俗，有的设计还会参考神灵的需求喜好。

历史

位于非洲北部的埃及是世界上最早的文明古国之一。但在此之前，在非洲的莱索托，人们在洞穴中发现了史前人类图画的痕迹。其实，设计活动在非洲要出现的更早。迄今为止发现的最早的设计活动是在一块赭石上，上面画有很多条对角线，呈现菱形的形状。这块岩石是在非洲南端的布隆伯斯洞穴内被发现的，距今至少有 65 000 年，比之前提到的带涂画的洞穴还要早一倍，据说是世界上最早的有意的图形设计活动。

还有许多其他的文明入侵过非洲，并留下了各自的不同影响：比如公元前 2000 年的米诺斯文明，公元前七世纪的亚述文明，公元前 1 世纪到公元 4 世纪的罗马文明以及从 7 世纪到 20 世纪的阿拉伯文明。葡萄牙探险者在十五世纪到达好望角，并在非洲沿海地区建立了沿海驻地从事贸易，其中就包括奴隶贸易。接着荷兰人在好望角地区（今天的南非共和国）设立了殖民地，塞拉利昂有了英国的殖民地，而法国人则在西非和北非都设立了殖民地。巨大的钻石和黄金储量分别于 1865 年和 1886 年被人发现，吸引了许多欧洲来的勘探者。到了 1912 年，除了埃塞俄比亚和利比里亚之外，整个非洲大陆都沦为了欧洲的殖民地。到了 20 世纪 50 年代，民族主义运动兴起。今天的非洲有 53 个独立的国家。尽管有着长时间地被殖民史，但是非洲人民依旧坚持着许多自己的社会模式和设计传统。

保护

留下来可以供我们研究非洲设计的历史遗留物很少，许多古时候的人工木制品受湿度、热度和昆虫的影响，都不幸遭到了破坏。我们只能假设：本章我们看到的近代的设计品都体现了源远流传的传统风俗，但假设毕竟只是假设。上了年纪的非洲人对古物的保护工作并不重视。如果一个物体，不管有多么贵重，遭到了腐蚀或者白蚁的侵蚀，复制再造都是不可少的步骤，给新的版本注入同样的灵魂，而这些灵魂其实早就融入了之前的东西里。在修建建筑物时，我们也秉持同样的态度，一些建筑每年都要翻修。

非洲建筑与内部设计

有的非洲民族，比如南部的布西曼人和位于刚果河谷的俾格米人都有迁移的传统，他们逐猎物或者新鲜的草场而居，以喂养羊群牲畜。然而，也有许多人过着农耕生活，有自己永久的居住地。他们以泥巴、石头为材料盖房，有的泥制房屋以石头为地基，还有木质框架的房子，墙面上盖着涂染过的泥巴或者编织的垫子。

尽管设计有所不同，但在非洲还是有一个关于聚居地的宏观结构：各大家庭是生活的单位。同宗的几代人一起生活，并由一位德高望重的老者负责，厨房和庭院都是共享。屋内房门更多地与私人空间连起来，而且有等级差别，长者住在最里面，外人不方便进入的地方，年少者住在最外面。

我们先来了解居住地，然后再看大型宗教建筑，最后了解宫殿。

非洲	
时间	文化艺术事件
65 000 年前	布隆伯斯洞穴的图形设计
30 000 年前	莱索托的带有图画的山洞
公元前 4500 年—公元前 30 年	古埃及文明
公元前 3 世纪	埃塞俄比亚成立
公元前 1 世纪	北非成为罗马的一个省
7 世纪	阿拉伯人入侵；非洲伊斯兰化开始；科普特人的基督教艺术
8 世纪	尼日利亚的卡诺古城
11 世纪	加纳的皇家石屋
12 世纪	突尼斯和摩洛哥的丝绸编织
13 世纪	基尔瓦的胡苏尼·库布瓦宫
15 世纪	葡萄牙人入侵；非洲基督化开始
18 世纪	俄塞俄比亚开始生产中国丝绸
19 世纪	埃米尔王宫，尼日利亚卡诺
20 世纪	马里，杰内；大清真寺，加纳；南卡尼大院，肯特布

加纳，南卡尼大院

位于加纳北部的西里古就是非洲众多群体集中生活的一个代表。在那生活的南卡尼人是一个庞大的家庭，他们的传统宗教崇尚祖先，长者是村子里的管理者和决策者。土地拥有者会协助长者工作，他们负责分配盖房子的土地。

由太阳晒干后的泥土混合砖瓦制成的房子（图17-2）主要有两种居住类型：建筑平面为圆形的供女性居住；矩形的供男性居住。两种都有泥做的水平房顶，由木构件所支撑。每个成年人都有自己的房间，如果一个家族的首领有多个妻子，那么他的原配夫人就住在女性大院里最中心的屋子里，其他妻子围绕于其四周。户外的厨房（图17-2，前景位置）一般都是女性的领域。也有专门的家畜养殖区（牛、山羊、猪），还有圆锥形的屋子，房顶用稻草铺成，用作粮仓。

男性负责基建部分，而女性负责内外墙的装饰。女性设计的壁画通常有三种颜色（黑、白、红），都来源于自然界的材料，比如白土、树叶、树皮和牛粪（尽管商业油漆的出现正在改变这一传统）。图形有几何形的，

如图17-2中反复出现的三角形，但也可能加入有象征意义的动物，比如牛（代表繁荣），巨蟒（代表守护），鳄鱼（代表部落）。有的墙上还有雕刻或者浅浮雕。

西里古的女性同样也擅长制作陶器、缝毯子和织篮子。篮子很有特点，大体呈圆锥形，底部是正方形的，上面的开口是圆形的。和希腊的花瓶一样，篮子要么是红底配黑色点缀，要么就是反过来，黑色为主，搭配红色。

马里，杰内的大清真寺

位于马里的杰内城最晚成立于11世纪，而大清真寺尽管于1906—1907在建筑师伊斯迈拉·特拉奥雷（Ismaila Traoré）的指导下进行了重建，但其历史则可以追溯到14世纪。伊斯迈拉·特拉奥雷当时还担任泥瓦匠行会的负责人。今天我们看到的就是重建后的大清真寺（图17-3），建在一个长宽都是75平方米的平台上，高出整个城镇的其他建筑，几千米以外都可以看到。它是撒哈拉沙漠南部最大的泥浆建筑，它的东面（图中的左侧）有三座宣礼塔，一个里面安有楼梯，通向平坦的房顶。在每座塔顶峰的上部，有一盏现代造型的电灯，

▲图 17-2 20 世纪，位于加纳西里古的住宅大院，供庞大的南卡尼家族居住

观点评析｜毕加索谈非洲艺术

巴勃罗·毕加索（Pablo Picasso）于 1907 年在巴黎的特罗卡迪罗博物馆里第一次发现非洲的艺术，当时他 25 岁。这对他和他的艺术产生了深刻的影响。他这样描述他的感想："人们制造这些面具和物品的原因是十分神圣的，这是人类和自身周遭力量的一种中介。那时我就意识到这就应该是绘画的内涵。绘画不是在审美，它好像一种魔法，在这个陌生而又敌意的世界和我们之间进行斡旋：它通过展现我们的恐惧和欲望来帮助我们获取力量。当我领悟到这些后，我知道自己已经找到了方向。"

▲图 17-3 大清真寺的东北角，马里杰内，在 1907 年按照 14 世纪的风格进行了重建。近处有一个帐篷市场
盖提图片股份有限公司——图库

由附近发电厂供电，此外塔尖还放置着鸵鸟蛋，象征着繁荣与纯洁。木制大梁从墙上突出来，不仅是为了呈现阴影的造型效果，也是为了支撑起每年都会竖起来的脚手架，用于墙面的重新批荡。

在清真寺内部，有九列砖坯结构的柱子，每列有 11 根，支撑着棕榈木材质的高度为 10 米的平直天花板。地板由浅柔沙铺成，人们赤足在上面行走，跪着做祷告。清真寺后面，是一个四周有墙的院子，和清真寺几乎一样大，这是女性祷告的地方。

埃米尔王宫，尼日利亚卡诺

宫殿在非洲建筑史上占有特别重要的地位。自 15 世纪开始，埃塞俄比亚酋长的宫殿都拥有圆形平面，由干砌石墙建成。在 11 世纪的加纳，出现了一片壮观的建筑群——石头砌的房屋，木制的屋顶。大津巴布韦的椭圆城如今已是一片废墟，但当时可能是一座宫殿；内部设施包括睡觉的台子、长凳和炉台，都由造型精美、描画精致的黏土制成。东非的斯瓦希里人在基尔瓦建造了一座悬壁宫殿——胡苏尼·库布瓦宫，配有一条雄伟

的中心长廊，采用的是一系列的圆形屋顶，从那里可以俯瞰印度洋，在 13 世纪建造时，它是当时南撒哈拉最大的建筑。

距离我们年代更近，并且今天仍在使用的是埃米尔王宫，位于尼日利亚的卡诺。这里是豪萨族的领土，该种族人口现有 6000 多万，是西非最大的民族。卡诺城建立于公元前 900 年，一直因其纺织品和皮革制品而出名。到了 19 世纪 40 年代早期，埃米尔（亦称上王或酋长）雇了巴班·吉瓦尼（Babban Gwani 杰出的的建造师）建造宫殿。最终包括牧场在内，宫殿面积达到了 13.3 万平方米。宫殿四周都是 9 米高的墙，可以容纳一个庞大的家庭，包括仆人和卫士，总共约一千人。主要的出口都朝向一个大的公共空地。如今整座城市的民众有时会聚在这里，向埃米尔表达他们的忠诚，每周五，埃米尔就会带领着队伍从宫殿前往附近的清真寺。

宫殿外面的接待大厅（图 17-4）保留了最初的土制结构，这也是重建过程中，为数不多的几个没有采用更加持久的材料的地方。矩形屋内的天花板很高，由相交的拱形结构支撑，拱形结构由泥块制成，这些石泥构成

▼图 17-4 接待大厅，埃米尔王宫，位于尼日利亚卡诺，始建于 1840 年前后
© 詹姆斯·莫利斯 1999/2000

了托臂，但是由于泥巴涂上石膏，使得人们看不到托臂（凸出于其下方结构的泥块），最终营造一种连续曲线的效果。拱形结构相交的位置有装饰性的黄铜板。拱形结构上、墙上和天花板上布满了栩栩如生的装饰品，这些装饰可以追溯到 20 世纪 30 年代。一些画图的设计完全是几何图形，还有的采用抽象的图形表现如剑、矛、步枪等可以反映埃米尔实力的武器。

非洲装饰

正如我们已经了解到的那样，很多非洲的设计都会有意去使用一些具有象征意义的装饰来趋利避害。在非洲的雕像、面具、头饰和服装当中，装饰被人们广泛应用，但这些与我们这里要讨论的话题关系不大，我们的重点放在建筑装饰和室内装饰上面。

很多大规模的建筑，像马里多贡的一整个村庄，都在试图反映人体的样子，每个中心都代表着人们的一处器官。往小了说，也会有许多用到象征性标志的地方。有的是把一些占有重要地位的君王、首领或者祖先的肖像画做夸张处理，有的会刻画一个畸形或者反常（一条腿，两个头）的人物，以指代反社会的行为或某种非自然的力量。

动物的形象多具有隐喻的含义，而且在不同部落之间，其意义都有所不同。但在整个非洲，大象和豹子都象征着权威和领导地位。

土制装饰

建筑装饰的重点对象就是墙，而墙的主要材料就是泥土。能用这种常见的建筑材料建造出复杂精致的房子成了非洲建筑设计的一大特色。我们之前看到了在加纳南卡尼大院里面的墙绘（图 17-2）。有的墙面装饰则可以体现出社会地位。贝宁在 1960 年才摆脱法国的统治，获得独立，自 15 世纪开始就一直占据着达荷美王国的土地。达荷美国王的宫殿也同样是由泥巴建造的，但是墙不但又厚又高，还进行了特殊的处理——在墙的四周，水平分布有连续突出的凹槽纹饰。首领的房子也可以在外部做凹槽纹饰，但只有地位很高的首领的内部墙面可以有凹槽纹饰，平民则不可以有任何这类装饰。由于国王房间的墙很厚，所以在凹槽之间可以有凹下去的洞，用于储藏或展示。

在阿尔及利亚阿古尼盖尔海因（Agouni Guerhane）的一幢泥制房子里，墙基、高于地面的台子、其他的建筑细部——包括一些大的泥做的储物罐——都涂成了蓝色。更别出心裁的是，整个屋子的墙板上——有的还专门修了用于储藏和展示的壁龛，都有代表着动植物和昆虫的图形（图17-6）。

墙体的修建以及维护，既是为了装饰效果，又是出于结构安全的需要，而且这种建造也属于砌石结构。这种建筑物在非洲已经有几百年的历史了，西里古（Sirigu）的大院、杰内的清真寺以及阿尔及利亚的这栋房子，尽管修建方法有所不同，但用的材料都是泥土。

在尼日利亚，人们用手或者木制模板做出砖的形状，砖头不经烧制，只是等到太阳晒干后就用来建造两层甚至是三层的房子。这些土制墙体很厚，热量散发很慢，这样一来，屋内晚上就会比较暖和，白天则会凉快一些。

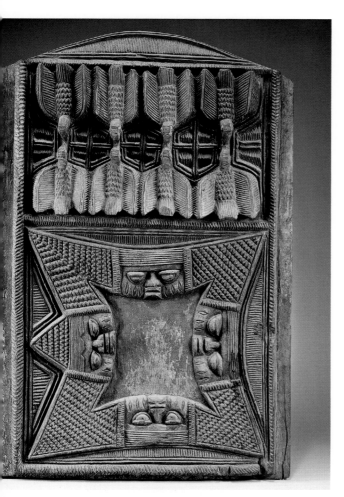

▲图 17-5 来自尼日利亚埃多宫殿的雕刻木制饰板
弗兰科·凯里 / 非洲国家艺术博物馆 / 史密森尼协会

工具和技术 | 土石建筑

成型的砖头是由草、水和含有大量黏土的泥做成的。在很久以前，人们用水稻和糠（谷物的种子壳）代替草；还会用绵羊和山羊的粪便。砖头铺好后，会在其内外都抹上一层类似的物质，其成分与砖头基本一样，只是用的黏土较少，而加入了更多的沙子，使得覆盖的墙体更加光滑平整。之后，加入了黏土和水的装饰用颜料都会涂在表面上，通常颜料颜色是渐变的，地板用深灰，天花板用白色。

未经烧制且完全裸露的泥制建筑不会存在太久，除非经常维护，最好是每年一次。比如杰内的清真寺，宗教团体每年都会召集几千人赶在春雨来临前，连续两个周末对备受人们尊敬的建筑表面进行维护。尽管筹集材料、准备泥土是举全市之力，但抹泥的工作却是由泥瓦匠完成的。非洲很多的地方都会按照泥瓦匠的技术和资历把他们分成不同的等级，编入行会一样的团体里。

▲图 17-6 阿尔及利亚，阿古尼盖尔海因中的房子，高于地面的台子和泥土做的容器都涂成了蓝色，墙上的装饰都具有象征意义

玛格丽特·考尼特 - 克拉克 / 考比斯 / 贝特曼

木制装饰品

在非洲这块木材资源十分丰富的大陆上，木制品（图 17-1 中的椅子）都是由一块单独的木头切割后制成的。即使锯子和钻孔机这些现代的工具引进之后，人们也仍旧主要使用有多种型号的刀和扁斧（像斧子一样，手柄和刀片互相垂直）。有时候扁斧的刀片可以取出来，当作凿子使用。由于扁斧可以进行大刀阔斧式的切割，所以人们首先用它为物体削出一个轮廓，接着再用刀做细节修改。在现代的磨光工艺出现以前，最后一道程序都是用沙子或者粗糙的树叶完成的。

因为木制品要为宗教仪式服务，所以从树还未被砍倒开始，在不同的制作阶段，都要有相应的仪式。雕刻一般由男性来完成，尽管在肯尼亚，有些女性的雕刻水平也令人钦佩。

木质雕刻品包括精美的仪式用品和建筑物内的重要部件，比如位于尼日利亚西南部，伊凯雷国王（King of Ikere）宫殿的门（图 17-7），这些门是由著名的约鲁巴人雕刻家，伊斯的欧勒维·爱适易（Olowe ofIse,

▲图 17-7 伊凯雷宫殿的一对雕刻木门，位于尼日利亚的埃基蒂高度为 2.3 米，约 1906 年制成

维尔纳·福曼 / 纽约艺术博物馆

1873—1938）完成的。高浮雕像中，一位英国官员正在拜访国王；右上方的雕刻中，他正坐在轿子里去见国王。木质雕刻品还包括一些简单实用的东西，比如碗、研钵、锄头柄、奶桶、头枕、烟灰缸、鼓等。即便是最为简单的东西，像图 17-8 中的勺子，其表现的形象也是活灵活现的。

▲图 17-8 科特迪瓦的丹人制造的木勺，长 49 厘米

©abm- 档案 巴尔比耶 - 穆勒埃工作室 费拉齐尼 - 布歇，日内瓦

▲图 17-9 刚果（金）赫姆巴人的女像柱凳子，高 53 厘米

© 桑德罗·博卡拉与维特拉设计博物馆

非洲家具

　　非洲风格的室内设计，绝大多数都很简单。椅子和凳子是最常见的非洲本土家具；凳子比椅子还要多见一些。很多木质凳子（图 17-9），底下都是靠雕成女性形象的木头撑起来的（也有少数选择男性人物）。选用女性人物的凳子叫作女像柱，尽管从人物的姿态来看，女像柱和希腊卫城中，支撑埃雷赫修神庙（图 4-21）的穿着礼服，神情庄重的女性形象没什么共同之处。图中家具来自刚果（金）的赫姆巴族，背靠背两个人的头饰和腹部的纹饰表明，她们来自上层社会，也可能是使用这个凳子的首领的祖先。

　　喀麦隆有一种凳子（图 17-10），其造型更为罕见：底座上是珠子装饰的工艺品，坐面有玛瑙贝。这一次，用于支撑的人物形象不再是骄傲的祖先，而是恭敬的仆

▲图 17-10 喀麦隆巴蒙（Bamum）的国王凳，表面采用珠饰工艺，高 57 厘米

桑德罗·博卡拉与维特拉设计博物馆

人。他们的脸遮上了用锤子捣平的薄铜板，佩戴着珠子装饰的兜帽。

加纳的阿桑特人（Asante）还有一种特别的样式，即木头外面完全罩上黄铜，有一种脚凳就是这种设计。在有些地方，比如加纳，脚凳（图17-11，鳄鱼造型的脚凳）是为首领准备的，这样他们的脚就不会挨地，在当地人看来，地面意味着污染，触碰地面会给整个族群带来霉运。在日本，坐在地上的人通常会使用便携式靠背，而在刚果（金），靠背就更为常见了。

尽管脚凳比椅子使用频率更高一些，但也有非洲式的椅子。有的特别低，和地面挨得很近，这把由科特迪瓦或利比里亚的丹人做的木头椅（图17-12）就是这样。坐板就是一个简单的平面，靠背就是一条优美的曲线。

床一般都是指放在平台上的垫子，对于游牧民族而言，都是直接就把垫子放在地上。通常还会有配套的木制头枕，在一个对发式有严格要求的社会中，这无疑是必需品。首领的床架一般都是木头或者竹子做的，上面盖着垫子。

▲图 17-12 来自利比里亚或科特迪瓦的丹人的木质低凳，高 33 厘米
奥尔多·图西诺／纽约艺术博物馆

桌子很少见，但北非由于延续了阿拉伯的传统，会有小桌子（或者是支架上面的盘子）。墙上的壁龛（图17-6 所示）或者挂网通常用来储物，物品可以被挂在墙上的吊钩上，也可以被戳入屋顶的茅草中。后来出现了箱子，19 世纪，在尼日利亚的贝宁，人们模仿编织的筐子雕刻箱子，这表明他们在编织物制造方面是先行者，这样的一个实物现今收藏于大英博物馆。

非洲装饰艺术

非洲的设计展示出一种对于装饰的热爱，这一点也体现在建筑、家具、器皿、陶瓷、金属制品、木制品、纺织品乃至非洲人的身体上。人们不光使用木头和金属制作乐器、手镯和发簪，还会把象牙当作原材料。编织物有许多用途，色彩鲜艳的陶瓷珠、玻璃珠、珍珠、玛瑙贝、羽毛和植物纤维在许多装饰工艺中都经常用到。

▲图 17-11 加纳的阿桑特人制作的凳子和搁脚物，木头材质，黄铜表面。凳子宽 46 厘米
海尼·施内贝利／© 桑德罗·博卡拉与维特拉设计博物馆

陶瓷工艺

制作陶器的陶土，在每个地方其成分都有所不同，有的是灰色，有的是粉色，但大多数都是粗颗粒的。像其他地方一样，制作器皿，要么是通过塑造泥土块，要么是通过缠绕黏土的带子。器皿在烧制前要预热——有时是将其放在火上来回翻转，有时是在里面放入稻草，再将稻草点燃——以把器皿烘干，使得烧制过程不用太长，温度也不用太高。

装饰陶器皿的方法包括加入带颜色的混合物（器皿和墙面一样，通常使用黑色、白色和红色）和使用一些诸如棍子和凿子的工具，在器皿表面雕刻出沟槽图形。有的陶器最后会刷上清漆变得特别光亮，有的则会涂上石墨变得很黑。人们认为，陶器制作是一项只适合女性从事的工作。

图 17-13 中的陶土器皿是用来存放棕榈酒的，用吸管便可从中呷酒，它是由刚果（金）的芒贝图人于 12 世纪早期制作的，芒贝图的贵族妇女当时就梳其上端的那种扇形发饰。

金属制品

在非洲，金属制品的历史源远流长，还带有一丝神秘的气息。因为在金属制品的加工过程中，需要在高温下对金属材料进行转化，所以就流传下来一些神秘的故事。因此金属匠总会参与到殡葬、割礼和祭祀活动中。金属匠（一般为男性）既受人尊重，又让人敬畏。

在非洲，储量最丰富的金属有铁、铜和金，其次有锡、铅、银和人造铜合金。图 17-11 中的凳子中就用到了铜，凳子被完全嵌入一块薄的黄铜板内。黄铜还可以做成砝码来称金子的重量。多种金属都用在了珠宝和礼器的制造中。直到 10 世纪，利用冶炼炉从矿石中提取金属的做法在非洲广为流传。人们也会炼钢，偶尔会熔炼铸铁。西非有失蜡铸造法。500 多年来，贝宁人在金属铸造方面一直保持着精湛的技艺，创造了独立的人物形象、高凸浮雕用的饰板以及铁制的祭坛。

纺织品

在 7 世纪阿拉伯人入侵非洲之后，阿拉伯商人将中国丝绸——来自以桑树为生的桑蚕——引入了非洲，并用于为穆斯林的统治阶层做纺织品。但非洲人最常用的

▲图 17-13 刚果（金）芒贝图人生产的陶土盛酒器皿，高 32 厘米
埃里克·赫斯默格 / 普鲁士文化遗产图片档案馆 / 纽约艺术中心

是一种野蚕丝——非洲丝。它来自以无花果树为食的蛾子，这种蛾子可以用层层茧结成一张大网。还有一种非洲原产的蛾子，主要以酸角树为食，它能够产出一种粗糙、颜色暗淡的丝线。到了 12 世纪，突尼斯的突尼斯城与摩洛哥的菲斯城都建立了丝绸编织中心和行会。1492 年，格拉纳达地区被基督徒统治，犹太人被驱逐出西班牙，他们当中的很多人都来到非洲，带来了十分精湛的编织技术。

在非洲的一些地方［比如刚果（金）和东非］，编织往往是由男性所从事的，只有在很少的地方（比如马达加斯加岛和北非），才有女性从事编织。而男女混织就更少了，即使有，也是使用不同的织布机（比如尼日利亚的豪萨族男性用水平织布机编织窄布条，而女性用垂直式织布机编织宽布）。但是这项活动基本上是由男性

完成的，而刺绣就交由女性负责。

埃塞俄比亚编织中国丝绸的一个实例（图 17-14）为 18 世纪的一块挂毯（最初三块之中的一块），供教堂使用。挂毯上的人物是为国王送葬的队伍。

窄带织布机可以编出的布条（可以是丝的、棉的、亚麻的或者羊毛的）宽度可能只有 10~20 厘米，但却可以很长。人们在马里找到了这种长期以来在非洲很受欢迎的织布机，其历史可以追溯到 11 世纪。如果窄带织布机编织出的是一整根都带有颜色的线条，那这就是经面织物，因为弯曲的长线是主要的部分；倘若带色的线条是横向排列，人们就称之为纬面织物。这些布条会放在一起编织、剪裁以及缝合，布边都会相互对齐，创造出各种令人眼花缭乱的图案，比如加纳阿散蒂人制造的仪式用肯特布（图 17-15）。

▲图 17-15 加纳阿散蒂人于 20 世纪生产的肯特布，宽 3.2 米
纽瓦克博物馆 / 纽约艺术中心

绗缝是非洲穆斯林人居住地区内广为人知的纺织技艺，自 14 世纪开始，那里的人们就开始制作绗缝的床罩。同样，他们也会使用贴花技术，特别是在刚果（金）的库巴人，他们能把从拉菲亚树布（由酒椰纤维制成）上裁剪的几何图形缝到同样材质的底布上去。刺绣也是纺织工艺的一部分，技艺精湛的豪萨人不仅在精美的衣袍上刺绣，连垫子套也会成为他们刺绣的对象。

总结：非洲设计

非洲这块广袤的大陆，历史悠久，文化璀璨，但谈到设计，其不同地区也有一些共同的特点。

▲图 17-14 中国丝绸的挂毯的详图，埃塞俄比亚，18 世纪
© 大英博物馆的委托方

寻找特点

传统的非洲设计总是与宗教息息相关，这是其一大特色，但是其风格并不严肃，也不显得过度虔诚。非洲的设计很直接、很生动，与其祖先、英雄和他们延续至今的崇高地位都保持着紧密的关联。非洲设计所展现出来的活力，很少有其他风格的设计可以与之相匹敌。

寻找质量

非洲设计的品质，不论对制造者还是使用者来说，都与体现出的美无关（即使美确实存在），而是与安抚神灵的能力息息相关。与神灵世界紧密的关系也会有现实的应用：治疗疾病、诅咒敌人、促生产促繁荣、确保庄稼和牲畜健康或是（图 17-1 中的椅子那样）保护设计品的使用者。此外杰内雄伟的清真寺，卡诺接待大厅里栩栩如生的绘画，生动活泼的雕刻木凳，色彩鲜明的纺织物，不论以哪一种标准评判，都是伟大的成就。我们难以再次还原那些让人们对这些物件心怀敬意的仪式、音乐、韵律、典礼和心态，但这些东西依然传达了强大的艺术能量。

做比较

杰内的清真寺在风格上与古代近东地区的清真寺不同，刚果（金）的女像柱与支撑希腊神庙的柱子也有所不同，来自埃塞俄比亚的中国丝绸与原产于中国的丝绸也不一样。这些对比清楚地表明：非洲设计带有自己鲜明的特点，并没有受到外界的影响。

因此，非洲设计和其他很多设计一样，不受外界干扰，极具个性特征。在非洲，设计的一个目的就是取悦处于统治地位的神灵，所以设计的重点也就放在了上面，但这也正是其魅力所在。对于我们来说，其设计很有活力，令人兴奋。尽管非洲设计风格很传统，时间跨度也大，但是在 20 世纪，它对现代艺术运动和爵士乐都产生了巨大的影响。它使绘画与雕刻，以及建立在这两者之上的建筑与室内设计，都呈现出一派生机勃勃、活力四射的景象。非洲元素就像新鲜的血液，没有它，全世界的设计都会显得苍白乏味。

18

前哥伦布时期的美洲设计

16 世纪以前

"当一个女婴降生到你的部落，你应该去找一张蜘蛛网然后把它粘到女婴的手和胳膊上。这样，当她长大后织布时，她的手指和胳膊就不会感到疲倦了。"

——纳瓦霍人传说《蜘蛛人》（*Spider Man*）

从 1492 年开始，克里斯托弗·哥伦布（Christopher Columbus）及其随从的探险改变了人类对自身的看法。两种重要的文明第一次相遇，以前他们从不知道彼此的存在，而现在所有人都意识到世界永久地变大了。北美大陆和南美大陆以及连接它们的中美地峡拥有一系列迷人的文化景象（图 18-1），而它们在同欧洲文明接触前已经闪耀了数个世纪。

因为本章所包含的地理范围过大，而且这些地区的文化纷繁复杂，所以只简要地关注一些主要的文化，以及这些文化中我们已经知道的设计。虽然关于它们的历史及工艺品的含义还有很多疑问，但是我们可以满怀迷恋和敬仰地学习他们设计文化的艺术形式和就地取材的聪明才智。

中美洲和南美洲

人们认为，最早的美洲人是在大约冰河世纪末期，从东北亚穿过白令海峡到达了现在的阿拉斯加。当时的海峡还是一片陆地，后来冰雪融化，沉入了海平面之下。因此，他们应该是北美的第一批定居者。而有一部分人继续向中美和南美迁移。尽管南美是最晚的定居地区，但是这里的文化却最先被欧洲探险家发现。

中美和南美设计的决定性因素

中美和南美的地理范围，是从墨西哥一直延伸到智利的合恩角。这里有着多样的降水、植被和地质——干冷的高地和潮湿的低地。赤道穿越了南美的厄瓜多尔、哥伦比亚和巴西，但是其他地方却有白雪覆顶的山脉。和世界其他地方一样，自然资源影响设计的类型和风格。这里有铜、金、银、锡等金属，有铁矿石、板岩、缟玛瑙、黑曜石、玉石和绿松石。纺织的主要原料是棉花、美洲驼毛、小羊驼毛和羊驼毛，但是在干旱地区，人们也用龙舌兰纤维来制作粗糙的织物、绳子和麻线。

◀图 18-1 玛雅陶制香炉，描绘了一个科潘的统治者，科潘位于现在的洪都拉斯，是玛雅人学习天文的中心，7 世纪，高 105 厘米
埃里希·莱辛 / 纽约，艺术资源

前哥伦布时期的美洲			
时间	南美	中美	北美
公元前 500 年以前	公元前 1200—公元前 400 年安第斯山脉的查文德万塔尔文化	玛雅初期，公元前 1500—公元前 500 年；拉文塔的奥尔梅克文化，出土奥尔梅克玉雕，公元前 1200—公元前 400 年	编筐文化
公元前 500—公元前 1 年	秘鲁的前印加、纳斯卡和奇穆文化	萨巴特克人在墨西哥创立了阿尔万山城邦；奥尔梅克人发明了球类运动；特奥蒂瓦坎的太阳金字塔	前期普韦布洛人
1—500 年	秘鲁莫切人的陶器；秘鲁帕拉卡斯半岛的彩绘织物	玛雅人的仪式中心；阿尔万山城邦重建；在奇琴伊察、蒂卡尔和帕伦克建立的玛雅城市	北美中部的土墩建造者
500—1000 年	在蒂亚瓦纳科的巨型雕刻；哥伦比亚的带有彩绘的地下墓葬；库斯科山谷的前印加文化	玛雅的乌斯马尔城建立；米斯特克人占领了阿尔万山城邦并且建造了米特拉城	普韦布洛人村落文化开始在犹他、科罗拉多和亚利桑那州出现；明布雷斯陶器
1000—1500 年	库斯科城建立；印加文化发展；秘鲁的奇穆文化和莫齐卡文化	阿兹特克人建造了特诺奇提特兰城；许多玛雅城市被遗弃	在科罗拉多州的崖穴文化；新墨西哥州的阿兹特克大地穴

和我们在别的地区看到的一样，宗教为建筑设计打上了深深的烙印。在 16 世纪欧洲侵略者把他们自己的基督教信仰强加给当地居民之前，中美洲和南美洲有着多样的宗教信仰。一些（如秘鲁的印加文明信仰）崇拜世俗社会统治者的权利；一些（在缺少独立供水的地区）崇拜雨神；有的宗教崇拜蛇、美洲豹或者其他的生物。有些宗教使用迷幻性药物，还有一些用活人祭祀。不管这些宗教是什么类型，为他们而建的这些规模宏大、形式复杂的纪念碑以及倾心虔诚的仪式，都向信众展现了他们强大的力量。

奥尔梅克人（公元前 2000—公元前 300）

最早成熟的重要的中美洲文明是奥尔梅克人（意思是"橡胶之乡的人"）创造的。在公元前 10 世纪到公元前 4 世纪之间，他们分布在现在的墨西哥湾最南部沿岸湿热的热带低地和山麓，取得了很高的成就，然后就突然悄无声息地消失了。

奥尔梅克人被称为中美洲文化的重要创始人，他们也被称为美洲豹民族，因为作为雨的象征的美洲豹是他们的主要崇拜对象。他们创造了历法，但是没有记录下来；他们没有发明轮子，却能把巨石运到很远的地方；他们

没有制造陶器的轮车，却善于制作陶器。在墨西哥的塔巴斯科州和韦拉克鲁斯州，他们建立了许多大的聚居区和仪式中心，其中最著名的是拉文塔。

拉文塔

拉文塔建在托纳拉河中一个不足 1.6 千米长的岛上，四周环绕着大片红树林沼泽，它是我们所知的最早的以庙宇为中心的城市类型，这种类型在中美洲蓬勃发展。它的仪式中心超过 308 米长，主建筑是一个巨大的土夯金字塔，其基座是两个规整的正方形，一直斜向上延伸 30 米，到最顶端是一个正方形的平台。

中心的其他建筑沿着金字塔的中轴线对称排列着。最北面是一个大约有现代足球场大小的球场，是在中美洲发现的球场中最古老的一个，这佐证了一个观点，即奥尔梅克人发明了类似篮球的运动，他们使用硬橡胶球。这既是一项体育运动，又是一项仪式，在很多前哥伦布时期的文化中非常流行。也有一些小的金字塔、冢丘、排列着巨型廊柱的庭院和广场，以及高达 2.8 米的巨型石刻人头像（图 18-2），这些人头像仿佛是用来保卫岛上的神圣领土。每个雕像都雕有贴身的头盔，如同很多中美洲和南美洲文化中流行的仪式性球类运动中戴着的头盔。有了这样的保护，拉文塔成了一个适合聚会、游

▲图 18-2 一个奥尔梅克巨石头像，约公元前 1200 年，2.85 米高
© 沃纳·福尔曼 / 考比斯版权所有

行和举行复杂仪式的地方。

奥尔梅克人的其他不朽的石制作品还包括石碑，上面有刻着历法符号的浅浮雕，有可能是纪念一些天文事件。他们也建造巨大的整块祭坛，上面雕刻着美洲豹神、戴着精美项饰和头饰的祭司，以及要被祭祀的童男童女。同时也发现了不少砂岩石棺。

奥尔梅克人雕刻的东西很多，也包括小的玉件、无色水晶和没太大价值的石头。有些雕成了斧头，有些雕成了面具，有些是纯粹的装饰品。他们似乎使用了以后发展起来的所有技术：磨、凿、钻孔、打碎、抛光（利用成粉末状的石头）。题材包括美洲豹神、美洲豹牙、美洲豹和人的部分轮廓、鹿下颚、黄貂鱼尾、贝壳、蝙蝠，以及人身体的某部分，例如手、脚趾和耳朵。小块扁平石头也制作成马赛克风格，用来铺地。然而，奥尔梅克人最精美的作品是玉雕。

玉

我们曾经提到过中国人做的象征天的玉盘，奥尔梅克人也最爱玉。玉摸起来清凉，有光泽，有时晶莹剔透，能够很好地抛光。它很硬，即使用钢也很难划伤，由此开采和雕刻难度也增加了玉的价值。有一个可能有宗教意义的玉雕立人像，现在少了一条腿（图 18-3），手持的可能是一个超自然的东西，或者是一个即将被祭祀的戴面具的小孩。

▲图 18-3 奥尔梅克人的玉雕立人像，手持超自然物或者祭祀品，雕刻于公元前 800—公元前 500 年，高 22 厘米
布鲁克林博物馆借自罗宾·马丁（Robin B. Martin）的收藏，L47.6

405

玉石指两种矿物质，软玉和硬玉。他们都是硅酸盐矿物质，在成分方面略有不同，但是在外观和特性方面基本一样。人们切割玉，是用绳子沿着玉表面不停地前后拉动，直到形成了玉槽，然后把玉放在水中，使用硬石砂增加摩擦力，继续把玉槽加深。人们也用骨钻甚至硬木来打磨，同时里面加入细碎的石头和水作为摩擦剂。玉非常坚硬，使用这些方法要简单地把一块约 0.03 立方米的玉切开，就需要花费几个星期。这需要极大的耐心和高超的技巧，但是奥尔梅克的工匠能够完全胜任。雕刻题材中最重要的是美洲豹和许多超自然形象。这些形式的玉器用来做玉坠和在宗教活动中使用。在南美洲，从事玉雕制作的不止奥尔梅克人，还有玛雅人和阿兹特克人。在其他地区，中国人、奥斯曼土耳其人和新西兰的毛利人也从事玉雕生产。玉石除了产自南美洲和中国外，还产自缅甸、西伯利亚和阿拉斯加。

其他的奥尔梅克艺术

奥尔梅克人的其他装饰性艺术还有壁画，在洞穴里发现了一些遗迹；还有陶器，上面装饰有类似蜥蜴的形象，但是蜥蜴有手而不是爪子。虽然没有一个前哥伦布时期的美洲民族像中国那样驯养家蚕，织出光滑的丝绸，但是在墨西哥的瓦哈卡地区有一种蚕，它们吃臭椿叶，能生产绉纱纤维（长丝紧紧地缠绕在一起）。人们经常把这种纱线染上鲜艳的品红色，称其为美洲丝绸。

特奥蒂瓦坎（公元前 250—900）

特奥蒂瓦坎不是一个族群的名称，而是一个城市名称。它坐落于墨西哥谷大平原中心湖的东北部，靠近现在的首都。特奥蒂瓦坎是一个阿兹特克词，意思是"诸神之都"。但是在公元 750 年之前，这个城市突然被遗弃了。很久之后，阿兹特克人在公元 1400 年左右发现并统治了这片地方。和中美洲其他的一些只作为仪式中心而不居住的遗址不同，特奥蒂瓦坎是一个真实的城市（图 18-4）。在 6 世纪，它可能有 20 万人口，是美洲人口最多的城市，也是当时全世界人口第六多的城市。

这个城市最明显的特征是庞大的仪式中心，大约 3.2 千米长，中轴是一条 40 米宽的"死亡大道"。沿着这条中轴线建设的是成百的石台和许多的石房子建筑，整个布局排列十分有序。三个巨型建筑最为突出：在死亡大道的最南端是羽蛇神庙（长有羽毛的蛇），大道最东边是太阳金字塔，在最北端是月亮金字塔。这些建筑的表面有精美的石雕，涂有一层层的白色和红色的灰泥。

在整个仪式建筑群中，一个典型的特色是框架式的砖石建筑面。它的表面很长而且垂直，从金字塔的倾斜面悬垂下来（图 18-5）。这种大量重复的面，让建筑有明显的凝聚力。这种框架式的表面通常用作装饰，绘有壁画。在庙宇中，这种装饰尤为复杂，一般不是用绘画，而是在石头上雕刻一些形象。总的来说，这些形象描绘了两种神的头像：一是羽蛇神，是一个有尖牙，会吐火，长有羽毛的龙的形象；二是雨神特拉洛克，是一个戴着几何形状面具，眼睛上有圈的形象。这些石板的背景是海洋图案（如贝壳和海洋生物）和代表羽蛇神的弯曲图案。沿着金字塔的斜坡排列着更多的羽蛇神石雕像。

特奥蒂瓦坎的建筑十分规则地排列着，统治者的房子坐落在中心之外的高台上，这些高台围绕在广场或者长方形的庭院边。这些房子的外面是匠人和农民的房子。这个城市缺少围墙或防御工事，事实上他们没有敌人，这也证明这个社会十分强大。

在特奥蒂瓦坎发现了大量装饰性的和实用性的陶器，包括碗、雕有人物肖像的陶盆和香炉（焚香的容器）。陶器上的装饰性图案包括鸟、蝴蝶、花和可能跟历法有关的抽象图案。最早的陶器是手工制作的，在城市神秘消失前的 350 年，他们就开始使用陶模了。

萨巴特克人（公元前 500—800）

在特奥蒂瓦坎高原东南方 321 千米是群山，这里的早期文明是萨巴特克人创造的，这里海拔 1.6 千米，如今是墨西哥的瓦哈卡古城。海拔 400 米，是古城蒙特阿尔万（意为"白色大山"），是萨巴特克人的神圣都城。

经过多年营建，山顶建立了卫城，四周是悬崖峭壁，

▲图 18-4 特奥蒂瓦坎的仪式中心。太阳金字塔及其广场在最前面，死亡大道和月亮金字塔在后面

▲图 18-5 羽蛇神庙的石板雕刻，特奥蒂瓦坎，墨西哥

可以保护卫城不受敌人侵犯。这个人造的高地上建造了恢宏复杂的庙宇。和特奥蒂瓦坎不同，阿尔万古城似乎不是一个有大量人口居住的真实城市，而是一个有远方的朝拜者来祭拜的寄居神灵和亡者的城市。

以南北为轴，它的中心广场有 260 米宽，接近 1600 米长。在它的中心和周围，排列着十二个巨大金字塔墓（图 18-6），在它们的下面是几百个小墓，其中的许多没有被发掘。如前文所提，这里也有大球场来举行仪式性体育活动。

像古代埃及人一样，萨巴特克人似乎把他们最好的设计都献给了亡者的建筑空间，有些墓的内部绘有对我们现代人来说很神秘的神和祭司的精美壁画。建筑外面涂有彩色灰泥，在清澈的天空和耀眼的墨西哥阳光下，这一定会产生光彩夺目的效果。甚至一些本要埋在地下的墓，外表也是精心雕刻的。

▲图 18-6 阿尔万山城的中心广场球场，周边有成排的庙 / 墓
阿伯克龙比

玛雅人（前 300—1521）

玛雅文明辉煌了 1800 多年，直到 1519 年—1521 年被西班牙的征服摧毁。玛雅人占领了中美洲的低地和高地，他们最早的重要城市之一帕伦克位于墨西哥南部，距离奥尔梅克人的领土不到 160 千米。早在公元前 300 年就有人在帕伦克居住，在 600 年—900 年间这座城市的重要性达到顶峰。图 18-1 所示的陶瓷香炉就是在这里发现的。其他重要的城市和仪式场所有位于今危地马拉的瓦哈克通和蒂卡尔，位于洪都拉斯的科潘，位于墨西哥南部的波南帕克，以及位于墨西哥尤卡坦半岛的乌斯马尔和奇琴伊察。

奇琴伊察

奇琴伊察（图 18-7）是玛雅人举行仪式的重要地点，从大约 900 年起一直辉煌直到西班牙入侵。这个名字的意思是"伊察井口"，是指这个城市的一口圣井，是一个用来放祭品的深池，在这个池里面发现了玉器、金器、

▲图 18-7 爬上卡斯蒂略金字塔的四道阶梯之一，奇琴伊察。在可见的结构里面隐藏着一个更古老、更小的金字塔
科斯莫·孔迪纳（Cosmo Condina）/ 盖提图像公司——石头全览

木器、纺织品和瓷器。这个城市的球场（图 18-8）有 166 米长，是中美洲最大的，有立体雕像的石板，上面的雕刻为胜利的队伍拿着对手的头颅。运动员只能使用上臂和大腿，把硬橡胶球扔进侧壁上的石环中。在城市的其他建筑中，有一个三面的建筑叫修女院（可能不正确）。还有一个圆塔名叫"蜗牛"，是一处椭圆形天文台，它有一个螺旋的楼梯间，一直通到一个观测室，它的窗户是用来观测金星的运动的。

奇琴伊察的中心是叫作卡斯蒂略的四面金字塔。它有 24 米高，每个面都有由蛇头守卫的阶梯。塔顶部的神庙有 6 米宽，四面各有一扇门。考古学家发现，这个金字塔是建在一个更古老的保存完好的小金字塔上的，小金字塔的塔顶和神庙也被包在里面。在神庙的前厅里面发现了一个查克穆尔，这是一个宗教仪式用器，是一个半躺的人形，通常为石雕（图 18-9）。它被放置在祭坛或祭司座右前，头部朝向祭拜者，膝盖抬起，在腹部端着一个放祭品（如人祭的内脏）的容器。

在前厅后面的室内发现了一件统治者专用的家具。它是一个石灰岩雕成的美洲豹王座（图 18-10），涂上朱砂，有白色燧石制作的牙、玉石制作的眼睛，身上有大量的玉盘饰。

波南帕克的壁画

波南帕克在玛雅语中的意思是"绘画的墙"。波南帕克是一个仪式中心，建在帕伦克附近的热带雨林里。那儿的一个三室的建筑，内部呈金字塔形，墙上绘有壁画。由于雨水侵蚀了原本的壁画，在墨西哥城的国家人类学博物馆和盖恩斯维尔的佛罗里达大学自然历史博物馆里对它进行了仔细的修复（图 18-11）。壁画描绘了 790

▲图 18-8 奇琴伊察的球场上的石环，位于在地面之上约 7.3 米
© 莫尔顿·毕比（Morton Beebe）/ 考比斯版权所有

▲图 18-9 被称为查克穆尔的石灰岩祭坛，长 1.5 米
萨维诺 / 图片工坊

▲图 18-10 在卡斯蒂略出土的美洲豹王座。用石灰岩制成，上有玉饰
© 哈佛大学，皮博迪博物馆，54-34-20/34151 C36288

◀图 18-11 位于墨西哥波南帕克的复原玛雅壁画，可能绘制于 790 年—800 年
图片来自佛罗里达自然历史博物馆的档案馆

▲图 18-12 一个用于磨碎食物的石桌子，来自哥斯达黎加的梅赛德斯，800 年后
耶鲁大学出版社

年和 791 年的两个事件：第一个，展示了一个王室家庭把一个孩子介绍给一群贵族；第二个，是载歌载舞的盛装庆祝会。壁画画在湿灰泥上。原色为主色调，但是也掺杂着棕色、粉色和其他的色调。在主色区域加入了黑色轮廓和高亮的白色。每个房间都有单独的门，长凳连续摆放在墙边空闲处，以便贵族或者祭司集会。

玛雅家具

跟其他前哥伦布时期的文化一样，在玛雅的雕刻和绘画中很少出现家具，除非是王室所用。我们看到了美洲豹王座，也有一些类似的王座，有的有美洲豹头，有的没有。也有一些凳子和平板样子的祭坛桌。人们把更多的精力放在了设计脱粒石和磨碎食物的桌子上，可能是因为准备食物是一种令人尊敬的仪式。有些桌子有三条腿（在不平的地面上要比四条腿更稳固，希腊人和非洲人也知道这个）。在现在哥斯达黎加的梅赛德斯发现了一个雕刻成美洲豹形状的桌子，腿之间雕刻着猴子（图 18-12）。也有些是蛇、双头鳄鱼和其他怪兽的样子。

莫切文化（100—750）

莫切文化始于 100 年，位于现在秘鲁北部海岸的干旱沙漠地区，繁荣于 500 年，并且持续了两个多世纪。莫切人建造金字塔和灰泥墙的宫殿，上面绘着彩色壁画，但是现在他们最著名的可能是令人印象深刻的陶器。莫切人的器皿上画了水果和蔬菜、动物、猎鹿人、战斗中的战士和活人祭祀。有些肖像器皿（图 18-13）的顶部有独特的马镫型嘴，这在中美和南美之外没有见过。莫

▲图 18-13 有马镫形嘴的陶制肖像器皿，秘鲁的莫切人制作，200 年之前，高 23 厘米
内森·卡明斯赠，1958.737 ©2000，芝加哥艺术学院版权所有

观点评析 | 弗兰克·劳埃德·赖特谈玛雅石头建筑

弗兰克·劳埃德·赖特（Frank Lloyd Wright）经常在他的建筑中使用前哥伦布时期的美洲样式，包括 1919 年的位于巴恩斯德尔艺术公园的别墅和 1924 年的恩尼斯住宅，它们都位于洛杉矶。赖特在《建筑实录》（*Architectural Record*，1928 年）中的一篇文章中写道："大多数建筑的石头像是一张美丽的纸，可以在上面剪裁合适的图案……书写想象的痕迹……玛雅人根据石头的自然形态和周围环境的特色进行建造。他们的装饰基本都是用石头垒建的，雕刻出的效果像我们经常在风景画中见到的那样，展现了石头表面丰富的自然状态。"

切人也铸造铜器、银器、金器和其他的合金器皿，用织布机纺织棉花和羊毛。然而到了1200年，莫切文化和这个地区的其他早期文化都被一个新族群——印加人所统一和统治。

印加文化（1000—1476）

印加人占领了现在南美的秘鲁、厄瓜多尔、玻利维亚和智利的部分地区，在太平洋沿岸和安第斯山脉的高地居住。这个地区有不同的生态，从温暖干燥的海岸，到凉爽的高地，再到湿热的内陆山麓，这需要不同的建筑类型和建筑材料。在海岸使用土坯，高地使用石头，东部山麓使用木材。然而在所有重要的公共建筑上，印加人使用石头建造，他们的技巧非常有名。

马丘比丘

印加的首都是库斯科，是印加帝国统治者的家乡，现在它仍然是一个繁荣的秘鲁城市。在那儿，印加人建造了太阳神庙，使用黄金饰品来装饰。然而他们最伟大的建筑成就是马丘比丘的山顶城堡（图18-14），建造于1450—1530年间，位于海平面2800米之上。西班牙人没有发现它，没有被打扰也不为人所知，直到1911年才被年轻的美国历史学家海拉姆·宾汉姆（后来成了康涅狄格州参议员和州长）发现。

它周围环绕着农田梯田，居住地是在一个椭圆形的中心广场上，这是唯一一块平坦的地面。有墓穴、仓库、神龛和大量的被认为是用作宗教仪式的建筑，包括太阳神庙和三扇窗神庙（图18-15）。在这最后的建筑遗址中，我们可以看到印加人的一些杰出的石雕作品。

▲ 图18-14 马丘比丘的印加城堡遗址，在有梯田的山顶上有神庙和房屋；1450—1530年，秘鲁

▲图 18-15 马丘比丘遗留的三扇窗神庙的内貌
米雷耶·沃捷（Mireille Vautier）

花岗岩石来自当地的采石场，通常尺寸巨大，超过 6 米。有时候石块形状不规则，这些石块非常光滑，不需要砂浆就可以垒砌在一起，它们相互结合得很紧以至于刀片都不能插入。这些墙做了不容易被立即发现的处理：它们向内倾斜大约 5°；随着墙升高，石头的体积逐渐变小；它们有一点点隆起，就像我们所见的希腊神庙的柱子那样。这些处理隐约地增加了力量感和高度感。印加人也用石头来铺路，做排水系统，制作诸如碗一类的小物件。

大约有 60 多座马丘比丘的建筑被认为是住宅。印加人的房屋的基座基本是长方形的，建成了一个有茅草屋顶的小屋，屋顶上有孔能够散去取暖或者做饭产生的烟。别的地方的住宅的墙是土坯做的，房屋里面的雕刻的龛里盛放家用物品。兽皮或者席子铺在夯实的地面上，其余的席子铺在门口。

纺织品

在印加文化之前，秘鲁中部海岸的莫切文化和昌卡文化（Chancay），以及安第斯中部的帕拉卡斯文化，对纺织品的设计和生产很都熟练。

印加人没有丝绸或者亚麻（织亚麻布的纤维），有棉花和大量优良的美洲驼毛（由于寒冷的气候），以及更好的羊驼毛和小羊驼毛。事实上，这些羊毛非常优良，他们的纺织技术也非常高超，以至于最先入侵的西班牙人将它误认为是丝绸。棉花和羊毛有不同的颜色，有白色、黄褐色、黄色、棕色，还使用动植物染料染出更多的颜色，用槐蓝染蓝色，用软体动物染紫色，用胭脂虫染红色（图18-16）。有时候也在纺织品成品上绘画。

印加人的纺织不仅技术高超，而且使用了非常优良的线和纱。他们的纺织品种类非常多，几乎包括了工业时代之前的各地所有的纺织技术：平织、提花、织锦、

▲图 18-16 印加羊毛毛毯的细节，有自然色和染色
米雷耶·沃捷

辫绳和穗带、斜纹、扎染、双层布、纱布、棱纹平布、桩结、刺绣和浮花纺织。通常用的织布机是脊框式，框架固定在树枝或者别的支撑物上面。织工（通常是女性，但也有例外的）能够通过轻轻地向前或者向后倾斜来调节织布机的张力。

室内的纺织制品包括铺在床上或者地面上的类似于台面呢的厚重羊毛织物。最不常见的纺织品，可能是那些将丛林鸟彩色羽毛加入经线当中的纺织品。金粒、金镯和小铃也加进了印加的纺织品中。然而最精美的纺织品只有经过培训的"被选择的女人"才能纺织出来，使用了上等的小羊驼毛，供给印加统治者使用，而每一件只穿一次。

米斯特克文化（1200—1521）

大约 1000 年，米斯特克人征服了米特拉的萨波特克，并把这儿变成了皇家墓地。现在我们所见的被损坏的宫殿群建于大约 1400 年。米特拉没有蒙特阿尔班或者马丘比丘那样的恢宏遗址，但是这儿有细心的布局、规划良好的公共广场、有趣的内部空间、无与伦比的装饰板。在米特拉有五组建筑群，它们都有长方形结构（遮住下面十字形的墓穴），环绕着中心广场。保存最

好的一组称为圆柱群，包括建在矮金字塔堆上面的建筑，它们围绕着两个广场正相交，中轴线相互平行。这两个广场的角和一边敞开，跟其他的建筑群不一样。经过一个屋子进入面向两个广场北部的中心建筑（图 18-17），这个屋子现在有六根巨大的火山石圆柱，人们据此给它起了一个现代的名字——圆柱厅。最初这些柱子是用来支撑平木屋顶的。

这一组建筑的外表和院墙使用水平的雕带来装饰，上方的雕带稍微伸出于下方的雕带（图 18-18）。这些重复的图案让我们想起希腊，希腊的图案有主回纹、螺旋回纹，叶旋纹和回文波形饰，但是这儿使用的是刚硬的几何图纹方式，绝大多数是有棱角的雕刻形式。这种形式有两种构造，有些是在大块石板上雕刻，有些是把小的石块嵌入黏土中形成马赛克的样子。

北美

跟中美洲和南美洲的一些地方不同，跟欧洲的接触并没有立即瓦解北美当地文化，但是这经常带来毁坏和改变。例如，16 世纪引入的马和火器，以及野牛的灭绝，给一些部落的生活带来了革命性变化。

北美设计的决定性因素

北美的文化地图要比中美和南美更加复杂。开始是划分为九个地区（比如西南区、平原区、高原区和北极区等），各自都有自己独特的地理、气候和资源。这些地区又进一步划分为二十二个语言群（比如阿尔贡金语、穆斯科格语、爱斯基摩语和苏语等）。然后更精细地划分成超过 180 个部落（比如切罗基人、阿科马人、霍皮人和祖尼人）。这些部落的神话和宗教不相同，但是很多都相信万物有灵论，认为现实的世界是由不可见的神灵支配的，他们都跟萨满教有关，每个部落都有一个萨满或者"药师"，他们能够跟这些神灵进行神秘交流。

北美的建筑及其内饰

北美的部落建筑主要有三种样式：防御性建筑、仪式性建筑和民居，同时还点缀一些墓葬和储藏建筑。为了防御敌人的入侵，部落建造防御土墙和垂直的原木栅

▲ 图 18-17　位于名为圆柱群的宫殿群中的圆柱厅，米特拉，14 世纪。六根圆柱，每一根都是一块单独的石头，用来支撑现在已经不存在的木制屋顶

速伯·斯托克公司

▲ 图 18-18　石制装饰性雕带的三种类型，圆柱群，米特拉，14 世纪

阿达尔伯托·瑞欧思·盖提（Adalberto Rios）图像公司。相片光碟

栏。同样的围墙也建在一些仪式中心的周围。关于民居，游牧部落发明了像圆锥帐篷这样的轻便结构，更多的定居部落用木材、石头和土坯来建造永久性建筑。

普韦布洛和大地穴

有一种群居形式在很多部落中都很常见，即普韦布洛。同时，一种仪式性的房间也被广泛地使用，即大地穴。西班牙人称一些美国西南部的原住民为普韦布洛人，普韦布洛也被用来称呼他们的部落社区和这个社区的群居地。普韦布洛在 9 世纪到 14 世纪得到了发展，是一个大的、有平台的、由多个房间组成的公共房屋，有着多种用途。有一个实例是位于科罗拉多州梅萨沃德自然公园的"悬崖宫"（图 18-19）。这是阿纳萨齐部落的核心地带，这儿最早的住宅是井屋，从房顶进入。当它们被地上结构代替以后，这些井屋就作为大地穴使用。由于是母系

▲图 18-19 被称为"悬崖宫"的聚居区细节，位于科罗拉多的梅萨沃德，1150 年。呈圆形的是大地穴，现在已没有了屋顶
© 凯文·弗莱明（Kevin Fleming）/ 考比斯版权所有

社会，房屋的所有权和继承权属于女性。大约 1150 年，在悬崖下面的峡谷壁上建了更多的防御性区域，由石头建造的梅萨沃德村有 220 个单间房屋和 23 个大地穴。这里大地穴与住房相比，比例很高，梅萨沃德可能是几个村落的仪式中心。人们认为在 1350 年这里被遗弃了，可能是因为农作物歉收或者其他部落的入侵。其他的容易接近的普韦布洛是多层的"民居公寓"，居民们共用石墙或者土坯墙，有作为主要生活区域的屋顶露台（图18-20），每个单元的入口都有梯子。

大地穴是举行仪式的房子，通常建在复杂的社区建筑里面。居民们不仅在这里举行宗教典礼，也在里面讲故事、纺织和教育儿童。大地穴通常是在地下，通过梯子从屋顶进入。一般是圆形的，但有些不是。梅萨沃德

的普韦布洛遗址（见图 18-19）中可以看见这些圆形的大地穴墙（现在已经没有屋顶了）。

大地穴的装饰有石块或者土坯砖，包含一些典型的基本特色（图 18-21）。在它的中心和低矮处有一个小的沙坑，称为"斯帕普（Sipapu）"，它象征着普韦布洛居民的史前时期的发展。在它的旁边是一个更大的坑，当举行仪式的时候在这里面生火，象征着传说中孕育生命的火。通向外面的通风道在火坑旁边有一个开口，能够排出室内的烟（尽管屋顶放梯子的口也是开着的），一块石板或者土坯立在火坑和通风口之间，用来阻挡气流。几层座位环绕着中心，祭司坐在最下面一层的最靠近中心处（展示他们的虔诚），新信徒坐在更高的一层上，而观众坐在最高层。

▲图 18-20 位于美国新墨西哥州西部的祖尼部落，拍摄于 1899 年
国家人类学档案馆

▲图 18-21 在一个圆形的大地穴中我们看到：在照片底部，是一个
火坑；它的后面是一个长方形的墙，用来阻挡气流；再往后，是敞
开的通风口；环绕在周围的是座位台

© 戈登·惠顿（Gordon Whitton）/ 考比斯版权所有

住所

北美最大的民居是长屋，是早在 14 世纪由东北部文化区的易洛魁和休伦部落建造的。它们是木制框架（基本是弯曲的树苗），上面覆盖着树皮，超过 30.5 米长，在纽约的雪城附近发现了一个超过 91.5 米长的。他们本质上是一种棚屋，在两端有成排的卧铺，中间过道用来做饭和做其他的家务。一个大家庭一年到头生活在里面，也能加长房屋来安顿新结婚的夫妇。

对北美的人们来说更典型的是单个家庭生活在单个屋子里面，这从一些社会设施中可以看出，比如大地穴。此外还有许多类型的房屋，而其中最有特色的是圆锥帐篷和棚屋。

圆锥帐篷在一些部落中很流行，比如克劳人部落、黑脚部落和平原地区的苏族部落。这是由木杆撑起来的圆锥形的帐篷，上面覆盖着野牛皮（图 18-22）。通常在顶端有一个开口，以便让生火产生的烟从中间散出去。它很容易搬运，适合这些部落的半游牧生活。

棚屋是一些中西部部落使用的一种房屋类型，比如齐佩瓦部落和温尼巴戈部落。通常是圆形基座，有穹顶（图 18-23），由绑在一起的小树做成圆拱，在上面盖上芦苇席、树皮或者茅草。棚屋的直径从大约 2.1 米到 6.1 米不等。席子中间的空隙通常装上烧硬的黏土来防火，也作为一个散烟孔。睡觉的席子铺在中央的火旁边，其

▲图 18-22 一对圆锥形帐篷，里面住着克劳部落的人。左边的这个把一半的覆盖物去掉了，以便通风
国家人类学档案馆

▲图 18-23 一个温尼巴戈部落的棚屋，上面覆盖着芦苇席
内布拉斯加州历史学会

他的家具可能包含陶罐、木桶、枫木碗、硬木研钵和杵。如果迁移到另外一个宿营地，屋主人可能会把棚屋的框架留下，只带走家具和席子。

其他的房屋类型包括棕榈叶顶棚屋，这在美洲东南部很流行，是一种一边开口的小屋，有很宽的茅草屋檐和高出地面的起居平台；还包括纳瓦霍人的泥筑木屋，有时用石头建成，有时用木桩建成。

在北极地区的冰屋是用雪块砌成的螺旋形圆顶建筑。通过一个低矮的拱形通道进入，拱道的两端都挂有兽皮来做遮挡。在一个大的冰屋里面，地面通常是两层的，上层供女性使用，以及摆放她们的家居用品，下层供男性使用，以及摆放他们的工具。雪墙里面经常内衬兽皮，用绳子从屋顶挂起来，拴到外面的纽扣上。

北美装饰艺术

美国原住民中艺术家和工匠的技艺体现在很多材料当中。他们擅长制陶绿松石雕刻、篮筐编织和纺织。他们的其他才华包括木雕、岩画、沙画、内外墙的壁画，以及制作牛角匙子、锡管、铁工具和鹿角（鹿骨）工具、珠饰品和皮革饰品。

陶瓷

对大多数部落来说，当然也包括北美的西南和东部的部落，陶瓷（确切地说是陶器，因为没有制作瓷器的材料）是日常生活、仪式和交易中的重要部分。有制陶传统的主要包括史前西南地区的霍霍坎人和莫戈隆人，以及后来这个地区的阿纳萨齐人。新墨西哥州西南部的明布雷斯人制作的陶器是其中最好的。第一批明布雷斯陶罐（图 18-24）看起来制作于大约 200 年，最后一批制作于大约 1100 年。在这期间，他们从朴素的棕色陶发展到了光亮的红色陶。650 年，在建造大型的仪式建筑时，他们制作了到现在还被人们所欣赏的彩绘陶碗。这些陶碗从几何图形样式发展到抽象图形样式。很多碗上的绘画表现了动物和鸟，有些则展示了人（可能是祭司），他们穿着蝙蝠样式的服装，或者头戴着鹿角。在所有的实例中，图像很简单但是情感热烈。

我们不能完全理解明布雷斯的碗的意义。在死者的脸上倒扣着陶碗，被埋葬在他们住房的地下。我们也知道，陶器制造者觉得完成一件陶器就是把生命注入里面。当陶碗到了使用寿命或者它的制造者去世时，就在中心打一个洞，"杀死"这个陶碗。阿科马和拉古那部落的制陶人现在仍然使用一些明布雷斯样式。

绿松石

绿松石（图 18-25）是一种半宝石，它的名字来自一个称呼土耳其的法语词汇，因为这种石头是从波斯经土耳其进口到了欧洲。正如很多中美洲和南美洲人尤其是奥尔梅克人喜爱玉器一样，很多北美人尤其是西南部的诺瓦霍人和霍皮人都喜爱绿松石制品。他们认为绿松石可以抵挡魔鬼。在现在的美国新墨西哥州、内华达州、亚利桑那州、犹他州和科罗拉多州都发现了这种石头。它看起来跟玉相似，但是没有玉透明，比玉更有光泽。

含铜量高的绿松石可以呈现明亮的天蓝色，这种价值最高；含铁量高的呈现灰绿色，价值要低。它比玉要软，更容易做成珠宝、护身符或者装饰性镶嵌品。

▲图 18-24 这个明布雷斯碗的底部有一个孔，表明它已经被"杀死"了
明布雷斯碗 #4278。史蒂芬·勒布兰克赠，加利福尼亚大学，洛杉矶 / 明布雷斯基金会 / 皮博迪人类学博物馆

制作工具及技巧 | 编织篮筐

编织篮筐是世界上最古老的手艺之一。埃及出土的存放谷物的篮筐可以追溯到公元前 5000 年。篮筐在传统上是用根茎、草、细枝、秸秆或柳条这些植物材料编织的。有两种基本技术，编织和盘绕。编织有两种元素（跟纺织一样），即经线和纬线，相互穿插结合在一起。盘绕有一种元素，即螺旋缠绕，通过缝纫结合在一起。当然，这两种技术可以变化组合成无数的样式。在格子编织法中，经线平行排列，纬线按照正确的角度缠绕。瓦状绕法中，在绕圈的前后都填充长条的软性材料。通过使用不同颜色的材料，可以设计成各种样式，有十字形、星形、西洋棋盘形，也经常出现希腊的回纹样式。可以把其他的材料编织进植物材料里面做装饰，比如兽皮条、羽毛、昆虫翼、牙齿和壳。每个北美原住民的篮筐都有它的象征意义或者故事，而这只有编织者才完全明白。

用坚硬的经线和柔软的纬线编织

格子编织法

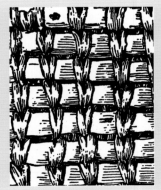

瓦状绕法

用一根纬线和两根相交的经线编织

奥蒂斯·塔夫顿·梅森（Otis Tufton Mason），《美国印第安人篮筐编织》（American Indian Basketry），多佛出版社，纽约，1988 年，第 68、71、73、101 页。

▲图 18-25 墨西哥面具，上面有马赛克状的绿松石和贝壳，15 世纪，高 17 厘米
© 大英博物馆受托人

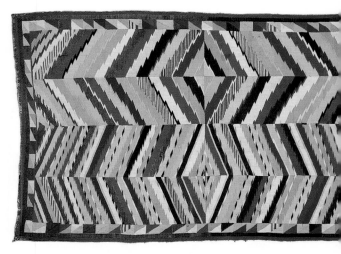

▲图 18-26 一个来自亚利桑那州皮马人的绕制浅盘篮筐，上有迷宫样式，直径 24.8 厘米
史密森尼博物院 11/0415（CDT00077）。大卫·希尔德（David Heald）拍摄

篮筐

原住民所达到的最高水平的装饰艺术是篮筐，这是他们最早发展起来的手艺之一。事实上，他们的第一个陶器就是把篮筐压在潮湿的黏土上，通过烧黏土或者黏土内的篮筐来做成了一个不怕火的做饭器皿。外覆黏土的篮筐甚至被用来制作居住和储藏谷物的屋子。

每个部落和普韦布洛都有自己的制篮传统。但是其中最杰出的可能是在亚利桑那州南方的皮马人制作的篮筐（图 18-26）。所有这些篮筐都是女性制作的（女性还做许多其他的劳动）。

纺织品

前哥伦布时期的北美纺织品有很多不同的表现样式。其中包括西北海岸文化的"渡鸦尾"流苏长袍，以及后来奇尔卡特人的毛毯或者他们的"跳舞袍"。阿纳萨齐人的彩绘布料非常有名。在卡罗莱纳州，有负鼠毛纺成的毛毯。从俄亥俄州到伊利诺伊州，有渥太华的嵌毛芦苇垫和齐佩瓦人的灯芯草坐垫。

现在最著名的是亚利桑那州东北部的诺瓦霍人的纺织品，他们是美国现存的最大的部落。我们可以在纳瓦霍人用挂毯织的毛毯中见识他们杰出的纺织品。这是一块小的纳瓦霍地毯（图 18-27），从西班牙式毛毯披肩发展而来。这些都在 19 世纪达到了高峰，至今仍在生产这种优良的产品。

▲图 18-27 挂毯编织的纳瓦霍羊毛地毯。新墨西哥州，19 世纪末，长 1.2 米
© 大英博物馆受托人

总结：前哥伦布时期的美洲设计

我们看到，中美洲和南美洲是许多文化的摇篮，而北美有许多部落。他们有自己的独特性和成就，也有着一些共同的历史和特点。

寻觅特点

除了克里特岛上不幸的米诺斯文明这种罕见的例外，我们至今为止所见到的文明很少有突然结束的，而是随着时间流逝，他们缓慢地发展和变化。前哥伦布时期的文明和后来代替它的基于欧洲的文明之间的裂痕，对前哥伦布时期人们的生活方式改变很小，他们被认为融入了我们现在所熟悉的世界。甚至在这些美洲文明繁荣的时期，他们在某种程度上也是彼此相互隔绝的，并且跟其他的大陆完全隔绝（人们普遍这样认为）。由于不受外部世界的影响和干扰，这里的人们深深地感觉到同形而上学世界的联系，这种世界对他们来说是永恒的和普遍的。这种联系影响了他们的所有设计。

探索质量

从城市中心和建筑群组的规模来看，我们从开放空间的理念以及这些建筑和周围环境的关系看到了高质量。南部的例子是特奥蒂瓦坎和阿尔班山，北部的例子是梅萨沃德。在单独的建筑及其内部，尤其是那些用作公共仪式的建筑，比如金字塔、祭坛和大地穴，我们从仪式的精心准备中看到了高质量。但是对于这里的很多人来说，没有一个地点或者事物是完全世俗的。他们设计的所有东西，比如石墙、玉件、帐篷、罐子、篮筐、地毯，都表达了对这些与看不见的神灵相联系的物品的敬意，尽管我们不能完全理解它们的设计者所想表达的意思。

做出对比

我们强调了前哥伦布时期设计的超自然意义，因此把它们跟其他与宗教紧密结合的设计做比较很有意思，比如哥特式和伊斯兰式设计。它们都寻求实物建筑的非物质化，用来强调另外一个世界，然而前哥伦布时期的设计想表达蕴藏在现实世界中的精神。它更爱感触自然，更喜爱石头、黏土、绿松石或者芦苇的真实自然的感觉。前哥伦比亚时期的艺术，对于原材料本身的敬重是首要的。

在下一章中，我们将会讲述在这片同样的地理、资源和气候的美洲大地上，另一群不同背景的人所创造的全新风格的设计。

19

早期美国设计

16 世纪至 18 世纪

"我呼吁新世界存在，以恢复旧世界的平衡。"

——乔治·坎宁（George Canning，1770—1827），英国政治家

1565 年，北美洲大陆上第一个欧洲的永久殖民地由西班牙人建立于佛罗里达州的圣奥古斯丁，这里后来逐渐发展成了美国。1607 年，第一个英国的永久殖民地在弗吉尼亚州的詹姆士敦建立。在接下来的两个世纪里，来自法国、德国、荷兰、瑞典以及芬兰的移民也加入进来。"早期美国"成了移民文化中最常用的词，尽管在此之前，这里生活着许多其他种族的人群。

早期美国设计的决定性因素

在这些最早的殖民者组成的社会、风俗和设计风格中，最明显的决定因素是他们的本民族特性。这些殖民者的文化的各个方面都来源于他们的故乡，但是在对新大陆的设计上，这种民族烙印里面又掺杂了这片新土地的风情（图 19-1）。

◀图 19-1　汉弗莱斯故居里的彩绘地板细节，仿羊毛毯，马萨诸塞州多切斯特，1634 年
新英格兰历史博物馆提供

地理位置及自然资源因素

最初的殖民地是沿大西洋海岸建立的，即从现在的佛罗里达州到缅因州。对这些长期居住在欧洲的到访者来说，美洲一定是令人恐惧但充满自由的地方，这里有高山、大河和平原，大部分是广袤的未经开垦的土地，大量的土地没有被占据。虽然开发这片土地是艰难的，但是它能提供大量的硬木、软木、制作土坯的黏土、盖茅草屋顶的芦苇、制砖瓦的泥土以及石头。有些石头和砖是作为船的压舱物从荷兰运到纽约（以前叫新阿姆斯特丹）的。制作玻璃的原材料都是现成的，包括熔炉用的木材。有些地方有用于制作石灰的牡蛎壳，但是所产的泥灰质量不好。寻找金银是开拓殖民地的目标之一，而银匠成了许多殖民地移民中的一流工匠。与此同时，人们也发现了铁矿和铜矿，并从中提炼出白镴、黄铜和青铜。注重农业是出于最基本的需求，事实证明这片未被开发的土地非常肥沃、富饶。在殖民历史的早期，殖民者们从原住民那里学会了种植烟草，并在与欧洲的烟草贸易中获得了丰厚的利润。

宗教因素

获得宗教上的自由是许多殖民者的另一个目标。宗教团队对早期美国的设计起到了主要作用，虽然他们都被称作基督徒，但却有其独立的风俗和文化。来自德国的门诺派教徒（也称作阿米什人）在宾夕法尼亚定居了下来，他们以色彩斑斓的被子、刺绣、地毯和家具而闻名。来自捷克和斯洛伐克一带的摩拉维亚教徒在宾夕法尼亚和北卡罗来纳定居，他们在那里制作瓷器和家具。来自英国的震颤派最早定居在纽约，他们的教义催生了令人敬佩的约束禁欲的室内装饰和家具。宾夕法尼亚是威廉·佩恩（William Penn）在1692年建立的，作为贵格会教徒的殖民地，教徒们开始在这里建造简陋的集会所。最有影响力的可能是来自英国的清教徒，他们想把新教教堂从非宗教活动区中解放出来。到了1640年，在新英格兰地区有三十五个清教教堂。清教徒崇尚节俭、自律、自足和勤劳，因此他们的设计是比较庄重和严肃的。整体来说，早期美国的宗教信仰不崇尚幻想和轻浮。

历史因素

美国的多数殖民者是对欧洲不满的。对于欧洲某些方面的持续不满，导致了美国革命和独立战争（1775—1783），期间这些殖民地宣布他们成立美利坚合众国。

这个年轻的国家没有长时间偏安于东部沿海地区。1803年，托马斯·杰斐逊从法国人手中购买了路易斯安那地区，这使美国的领土增长了将近一倍，然后开始了朝太平洋方向的西进运动，这是19世纪美国人痴迷的话题。旧的聚居区开始享受不断增长的文明和精美的设计，在一个多世纪里，这里一直是美国的前沿社会。

最初的殖民地的设计观点是尽可能地跟欧洲相同，但是事实上，殖民地的设计被新的环境所融合，这种新的环境要求能够提供新的方案。随着美国的统一，那种作为欧洲人的优越感开始消失，取而代之的是以身为美国人和他们自己的设计成就而自豪。

早期美国建筑及其内饰

如果说原住民深爱着这个国家，并且感受到同这个国家在精神层面的交流，那么对于新美国人来说，他们对这个国家既认同又恐惧，因为它既是可以利用的资源，又是需要克服的挑战。他们决意不屈服于自然，而是让自然听从他们充满渴望的内心。这是理性的、可操作的，来源于他们祖辈的期望和经验中。新美国人设计的首要目标是征服并改造他们的新环境。

尽管早期美国人对待自然的态度是同样的积极，而且最终实现了政治上的统一，但是他们的设计风格是各不相同的。在城镇化的东部，其设计不同于西部边陲。在北部殖民地使用最多的建筑材料是木材，在宾夕法尼亚州是石头，而在南方则是砖和土坯。北方向有大量中产阶级的工业化经济迈进，南方向蕴藏着大量财富的种植园经济发展。在寒冷飘雪的地区，房屋有陡峭的屋顶；在炎热的地区，房屋有遮阴的阳台。

随着国家的发展和繁荣，以及时间的推移，更多戏剧性的变化也随之而来。有些学者把早期美国的设计划分为三个阶段：殖民时期、乔治时期和联邦时期。而有些专家则根据风格传承的影响来划分，由于这是影响主要来自英国，故将这段设计历史分为：17世纪的雅各宾时代、18世纪前二十五年的威廉和玛丽时代、第二个二十五年的安妮女王时代、第三个二十五年的齐本彭代时代和最后的联邦风格时代。对我们而言，我们可以简单地区分为殖民时代（1776年《独立宣言》公布以前）和之后的联邦时代。第一个时代的美国设计师主要受英国影响，第二个时代的美国设计师虽然仍受英国影响（还有法国的影响，因为法国在独立战争中给予了美国帮助），但是他们对自己的品位产生了信心，从欧洲选取想要的元素，融入他们自己创造出来的元素中。

殖民时期（1565—1776）

根据包括在1608年和1609年任詹姆斯敦首领的约翰·史密斯（John Smith，1580—1631）上尉在内的殖民者的记录，第一批来自英国的定居者用黏土、泥、树皮和树枝盖起了小屋或者搭起了帐篷，其顶部用茅草覆盖。殖民地的第一个教堂是用烂帆布搭起来的帐篷。瑞典殖民者在自己的故乡时就是居住在小木屋里面的，他们1638年在特拉华定居，人们认为是他们把这种小屋传到了美国。因此，欧洲人在移民定居美国的第一个世纪里，建筑和内饰是朴实无华的，除了最实用的基本需求之外，基本没有什么设计。在这些早期殖民者的木屋里，所有的房间都是多功能的，很少能见到里面没有床的房间。在17世纪初期，所有的房屋里面都有一个多

时间线	欧洲人在北美		
时期	政治事件	设计成就	建筑师、设计师和工匠
殖民早期，1720年前	詹姆斯敦殖民地，1607年；普利茅斯殖民地，1620年；马萨诸塞湾殖民地，1630年；英国人从荷兰人手中夺取纽约，1644年	雷恩楼，威廉斯堡，1695—1702；总督府，圣菲，1610年；议会大厦，威廉斯堡，1701—1705；总督宫，威廉斯堡，1706—1720	约翰·科尼（John Coney，1655—1722）；卡斯帕·威斯塔（Caspar Wistar，1696—1752）
殖民后期或者乔治时期，1720-1787	美国独立战争，1775—1783；《独立宣言》，1776年；建立第一块震教徒殖民地，1776年	威斯多佛种植园，1730—1734；法纳尔厅，位于波士顿，1740—1742；红木图书馆，纽波特，1747；国王礼拜堂，波士顿，1749；帕朗热，路易斯安那，1750；圣米歇尔教堂，查尔斯顿，1751；加利福尼亚初建，1769；最初的蒙蒂塞洛庄园，1769—1782；弗农山庄，1757-1787；弗吉尼亚议会大厦，1785	彼得·哈里森（Peter Harrison，1716—1775）；威廉·萨弗里（William Savery，1721—1787）；约翰·戈达德（John Goddard，1723—1785）；"男爵"斯蒂格尔（"Baron" Stiegel，1729—1785）；约翰·汤森德（John Townsend，1732—1809）；保罗·列维尔（Paul Revere，1735—1818）；约翰·弗雷德里克·阿梅隆（John Frederick Amelung，1741—1798）；托马斯·杰斐逊（Thomas Jefferson，1743—1826）；塞缪尔·麦金太尔（Samuel McIntire，1757—1811）
联邦时期，1787年以后	美国制宪会议，1787；美国宪法诞生，1789；美国第一次国会会议，1789	白宫，1792—1801；美国国会大厦，1792—1830；马萨诸塞州议会大厦，1795—1797；蒙蒂塞洛庄园二期，1796—1809	威廉·桑顿（William Thornton，1761—1828）；詹姆斯·霍本（James Hoban，1762—1831）；查尔斯·布里芬奇（Charles Bulfinch，1763—1844）；本杰明·亨利·拉特布罗（Benjamin Henry Latrobe，1766—1820）；邓肯·法伊夫（Duncan Phyfe，1768—1854）

功能房间，这个房间里面有一个巨大的壁炉，既用来做饭，又用来取暖。

在大多数的北方殖民地，房屋结构都是木制的。最早的细木工艺很简单，使用榫卯来连接硬木（见第37页"表2-1 木材切割与连接"）。竖着排列的木头称为柱，有时候用夯泥来填充柱之间的空隙。用细楔形木板来将几根柱牢牢固定住，这种板称为墙板。将墙板叠在外面，使用手工打造的足够长的粗平头钉子把墙板钉到柱上，也可以用木瓦墙板来代替墙板。来自荷兰的移民比英国人更多地使用木瓦板。跟现在工厂切割出来的木瓦板相比，这些木瓦板更大、更粗糙且不规则。最早的殖民者的屋顶是茅草或者稻草席，可是茅草不耐用，下大雨时容易漏雨，而且在干燥季节容易着火。在17世纪最后的25年里，木瓦板屋顶成了标准制式。

早期砖瓦结构的建筑也会有渗漏的问题，因此也会在外部加上墙板。制砖技术变得越来越熟练，到了18世纪，砖建筑成了中部和南部殖民地的一种标准。砖能够提供不同的装饰效果：可以烧成不同颜色，浅黄色、红色、深褐色，可以上釉也可以不上釉，而且垒砖的样式也很多（见第426页"表19-1 砖的砌筑形式"）。

这时候已经有了石灰，但是很昂贵，只有房屋外墙的内部表面才使用它。两间屋的房子取代了只有一间屋的房子，中间的墙仍然覆盖木板，最初使用橡木，到了1700年之后使用松木（图19-2）。因此，每个房间的三面墙涂抹石灰，而另外一面是木墙，成了有两间屋的房子的特色。

木墙就是一些竖直的木板。这些原始木材是从美国的原始森林中砍伐的，直径很大，有时候超过1米。为了对抗木板的收缩，人们沿着木板边切出榫头，把榫头放进相连木板的卯眼里，有时候用一些简单的装饰性的模型制品盖在连接处。所有的木制品都保留了木头的原始风貌，由于松木会随着岁月的流逝而变红，因此墙会

表 19-1　砖的砌筑形式

垒砖方式主要有两种，如果外面能看到长边，称为顺；如果外面能看到短边，称为丁。这两种形式可以组合成不同的样式，称为砌筑形式。全顺砌筑称为普通砌筑，一层顺一层丁的方式称为英式砌筑（中式叫法为"一顺一丁"式），每一层都是顺丁相间隔的方式称为法式砌筑（中式叫法为"梅花丁"式）。有一种英式砌筑的变形，相邻的两个顺层不对齐，这样斜线相交形成了一个菱形，被称为荷兰式十字砌筑。

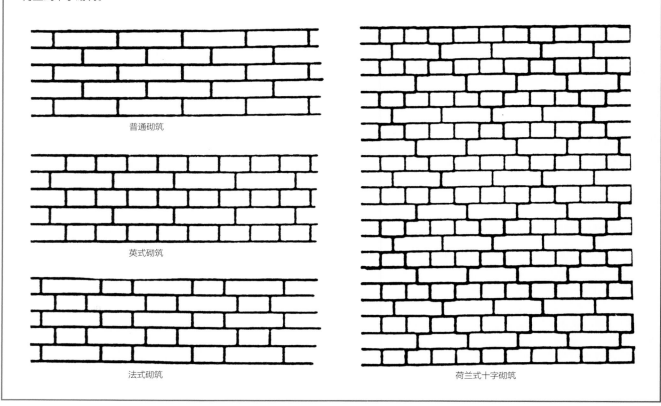

普通砌筑

英式砌筑

法式砌筑

荷兰式十字砌筑

▲图 19-2　殖民时期美国建筑内饰，约 1675 年。壁炉墙表面有垂直的松树木板，外露的结构有一个角柱和一个支撑天花板的大梁
吉尔伯特·沃勒（Gilbert Werlé）/ 纽约室内设计学校

变成暖色调，并且有些发暗。为了方便建造，这些房子的天花板很低，很少高过 2.1 米。

起初的窗户是窗扉的形式，直到 1700 年以后才出现双吊钩滑窗，窗格是长方形或者菱形的，使用铅条或者木条分隔而成。在还没有玻璃以及玻璃还很昂贵的时候，人们用云母来填充窗格或者用油纸糊在窗格上，这就像我们见到的英国哥特式设计一样。而有些窗户没有这些，只是用窗帘或者百叶窗来遮挡。

最初的室内地面是土的，但不久之后就开始用不同宽度的松木、橡木和栗木来铺地面，有些情况下会用石头。那些只有两间屋子的最简单的房子里，每个房间的木墙中间有一个壁炉，两个壁炉共用一个中间的烟囱。如果房间很大，就会在天花板的中间处架设一根大梁，大梁的一头架在砖石烟囱上，另外一头架在外墙的柱子上。通常在斜房顶下面是一个由陡峭的楼梯连接的阁楼。

霍顿故居（Horton House），纽约绍斯霍尔德

本杰明·霍顿故居 1649 年建于长岛北福克的绍斯霍尔德，但是十几年后被搬到了卡查格附近。它被认为是纽约州现存最早的房屋。从外面看（图 19-3），我们的第一印象是上面覆盖着大量木板，上面有几个小窗。这说明不是房屋主人喜欢很阴暗的房子（应该不是），就是做大窗户会超过房主的预算。有段时间，房子的后面增加了一层建筑，但没有保留下来。这种把附属空间建在主屋顶下的形式在早期的新英格兰很常见，像霍顿故居一样，房子前部的屋顶很短，但是后屋顶很长，快接近地面了，在后屋顶下面建一个附属建筑。这种形式的房子以前叫作盐盒，因为看起来形状跟盐盒类似。霍顿故居的屋顶是木瓦板制的，但是我们所见到的木瓦板已经不是当初的木瓦板了。

霍顿故居的前门和砖烟囱稍微偏离房屋中心，这样让上下两层都分隔成一大一小两房间。一层的大屋是起居室（图 19-4），小屋用来供做饭、吃饭和其他的一些家庭活动。二楼的两个房间都是卧室。上下两层通过一个旋转的楼梯连接，并且楼梯一直通到一个开放的阁楼上。

起居室是一个大约 36 平方米的房间，由一根坚固的角柱和一根大梁支撑着房屋的中心。外墙在壁骨之间抹有石灰，托梁和天花板之间也抹有石灰（在其他的屋子里，壁骨和托梁上面也抹有石灰）。地板是由各种宽度的木板铺成，而且作为一种典型风格，地板上没有铺设地毯，因为人们觉得太精细不适合行走。所谓"地毯"，在那个时候就是一块床单，而"毛毯"在那时候就是一块桌布（图 19-24），在一扇小窗旁边是一个手纺车。在 17 世纪的美国房子中没有壁橱，因此需要箱子和橱柜。在折叠桌椅周围是曲腿椅，椅子上设计有条板背和扶手（图 19-15）。这些家具的年代可能比房子要晚一些。

17 世纪中期，除了住房及其附属的各种外屋，其他的建筑类型还包括学校、商栈、酒店、旅馆、防御工事和集会建筑。用来防御原住民的防御工事是堡垒和碉堡，堡垒可能是由粗笨的原木建成碉堡通常由方形的地基和

▲图 19-3 霍顿故居，1649 年建于纽约绍斯霍尔德。它复原后的外观展示了木瓦板墙面以及三扇窗扉的小窗的原貌

斯坦利·P·米克森（Stanley P. Mixon）/《美国历史建筑调查》（*Historic American Buildings Survey*），美国国会图书馆印刷品和图片部

▲图 19-4 霍顿屋起居室。大梁支撑着低矮的天花板，家具包括桌子和椅子等
斯坦利·P·米克森 /《美国历史建筑调查》（*Historic American Buildings Survey*），美国国会图书馆印刷品和图片部

金字塔形顶部构成。用于集会的建筑包括会议厅，这是新英格兰村庄中心建筑的普遍形式。在星期日，它被用来做教堂，而平时每隔一天则作为社区中心。通常来说它是一个很朴素的建筑，因为哥特式的装饰装修会冒犯了清教徒。弗吉尼亚建立了圣公会教堂，而聚居在佛罗里达的西班牙人有罗马天主教传统，他们认为教堂只能用于宗教目的，而且他们喜爱精美的装饰。

视线转回英国，詹姆斯一世（1603—1625 年在位）时期的风格被命名为"雅各宾"风格，他监督了其统治时期的主要建筑杰作：伊尼戈·琼斯（Inigo Jones，1573—1652）设计的位于伦敦的国宴厅（图 16-9），它很大程度上受到帕拉迪奥（Palladio）的影响，展示了古典主义的设计元素。这种发展在遥远的殖民地并没有被立刻影响到。直到下个世纪，美国才出现第一批可以称为帕拉迪奥风格的建筑，例如位于南卡罗来纳州查尔斯顿的德雷顿庄园（建于 1738—1742 年），拥有两层柱状门廊；以及彼得·哈里森（Peter Harrison）设计的红木图书馆（Redwood Library，建于 1749—1750 年），位于罗得岛州的纽波特。

在 18 世纪，房屋开始变大，设计也变得复杂。发展出四室单烟囱的房子，每个房间的角落都有一个壁炉；后来从中央玄关设计出来一个房间，在两边各有一个烟囱；再后来发展出更大的房子，不同的房间有各自的功能：起居室、餐厅、厨房、卧室。开始使用可以拉动的窗户（见第 451 页"制作工具及技巧：窗户和窗户玻璃"），长方形窗格代替了早期的菱形窗格。墙镶板很流行，有时使用上文提到的石灰。

在英国，雅各宾风格被更注重装饰的威廉和玛丽风格取代，这种风格之后也传到了美国。安妮女王风格带来了新的质朴的设计，然而直到 1714 年她结束对英国的统治之后，这种风格才在美国成为一种主导风格。早期风格里面精美的线条和装饰，开始被认为是花哨而过时的，安妮女王风格里的曲线样式被认为是清新靓丽的。这种新的风格强调形式和轮廓，而不是装饰性的细节。雕刻和镀金必须同美国房屋的大小和富丽程度相衬，看起来要赏心悦目。

我们需要知道另外一个术语"乔治时期（Georgian）"，尽管在此我们不应该用它来表示美国设计的一段历史时期。历史上，它是指英国被乔治国王统治的时期，即从 1714 年乔治一世加冕到 1830 年乔治四世去世（乔治五世和乔治六世直到20世纪才统治英国）。在风格上，它经常把古典元素融入设计中。事实上，到了1670年，在弗吉尼亚和南方的其他州就开始建造砖房了，在他们的室内设计中也有古典元素的迹象，这种细节后来传到了新英格兰殖民地。在18世纪末，室内的木墙从竖直的木板发展到了有建筑特色的长方形墙板。在这个时期，除了最简陋的房屋，所有房子的房间都有了自己的特定功能：卧室、厨房、餐厅，甚至缝纫室和书房。美国建筑和室内装修开始展现出令人惊讶地精美典雅。建于1649年的霍顿故居和1706—1720年建于弗吉尼亚州威廉斯堡的乔治风格的总督宫，诞生于仅仅相隔半个世纪的同一个国家，这让人难以置信。这表明在半个世纪里，早期美国的财富得到了极大增长，舒适性和设计的复杂性得到了极大提高。

这种增长还在持续，到了18世纪早期，这个新兴国家的经济状况得到改善，驯服荒野的斗争也基本结束。在1730—1760年，北美殖民地的人口增长了一倍多，他们的财富也得到了增长，于是这里又吸引了一批新的移民，包括技术娴熟的工匠、木匠和家具师，这群人主要来自英格兰和苏格兰，他们对殖民地不断奢华的室内装饰起了重要的推动作用。

总督宫，弗吉尼亚州威廉斯堡

威廉斯堡是1699年作为弗吉尼亚州首府而建设的，直到1799年一直是弗吉尼亚州首府。这里有大量早期的著名建筑，其中许多是在小约翰·洛克菲勒（John D. Rockefeller, Jr., 1874—1960）的资助下于20世纪30年代重建，修复建筑师来自佩里、肖恩和赫伯恩（Pery, Shaw & Hepburn）公司。城市的主干道叫格洛斯特公爵大街，有30米宽，是这些殖民地中最宽的大街。大街

的一端是威廉玛丽学院的雷恩楼，建于1695—1702年，可能是根据克里斯托弗·雷恩爵士（Sir Christopher Wren, 1632—1723）的设计图而建（他从未来到过美国）。大街的另一端是州议会大厦，建于1699—1705年。这种强调学校和政府的布局，显示了民主主义，摒弃了他们欧洲祖辈的传统——以前这种荣耀的地点是用来建宫殿和教堂的。只有一条十字街通向建于1706—1720年的总督宫。

由于这座建筑花费了巨资，十分奢华，因此人们第一次用总督宫这种有嘲讽意味的名字来称呼这个政府建筑（图19-5）。它建于州议会大厦建成的下一年，但是比州议会大厦更有乔治时期特色，一对半圆柱形的塔让人想起中世纪的建筑。其中一部分设计是亚历山大·斯波茨伍德（Alexander Spotswood, 1676—1740）完成的，他在1706—1720年间任弗吉尼亚殖民地总督。

总督宫的这种建筑形式被称为"双叠式"，因为它有两排屋子，中间是一个中央大厅。总督宫的外景是古典有序的，门厅有胡桃木的墙板和黑白相间的大理石地面。门厅和其他房间里有大理石壁炉，在建筑的后面还加盖了一个翼楼，是1749—1751年间根据理查德·塔里亚菲罗（Richard Taliaferro）的设计而建的。它有一个大舞厅和一个小餐厅，这两个厅有高耸的拱顶、水晶吊灯和其他富丽堂皇的细节。不过我们现在看到的许多都是根据推测建造的，因为总督宫和州议会大厦曾在火灾中受毁。有人可能会对那些供殖民地上流社会人士娱乐用的公共空间感兴趣，这些房间很精美，楼上的私人卧室也非常精美（图19-6）。壁炉架上，是一组陶瓷饰品，很可能是从中国进口的（见第226页的"瓷器"部分）。床挂是一种棉制的印花帆布，应该是18世纪后期从法国

观点评析 | 罗伯特·斯特恩（ROBERT A. M. STERN）谈殖民时期的威廉斯堡

建筑师罗伯特·斯特恩现在是耶鲁大学建筑学院院长，他在1986年的著作《自豪的地方：建筑美国梦》（*Pride of Place: Building the American Dream*，源自他的同名电视节目）的最后一章写道："尽管很理想化，过去的威廉斯堡还是非常实用的。作为建筑师和城市理论家，莱昂·克里尔（Leon Krier）惊讶于建筑在社会中的作用，他说当代的城市应该依据欧洲工业化前的样式来建造。美国建筑师和城市规划专家杰奎琳·罗伯逊（Jacquelin Robertson）也同意这种观点，他说：威廉斯堡是20世纪的最佳新城镇……殖民时期威廉斯堡基金会的箴言是'以史为鉴'。很显然，威廉斯堡本身不仅是一节引人入胜的历史课，也是启迪未来的教科书。"

▲图 19-5 总督宫，位于弗吉尼亚州威廉斯堡，建于 1706—1720 年。我们现在所见的是 20 世纪 30 年代重建的建筑

▲图 19-6 总督宫二楼的卧室

殖民时期威廉斯堡基金会，弗吉尼亚威廉斯堡

购买来的，这种纺织品在法国很流行（图15-40）。然而，即使是在这种精美的房间里，也能感受到殖民时期的节俭：地毯是沿床而铺的，不是方形而是 U 形，这样昂贵的织物是不会浪费在床底下的。

在当时，总督宫应该是殖民地中最精美的建筑了，但并不是只有它如此精美。仅在弗吉尼亚州的殖民时期的精美建筑，就包括 1725—1730 年在波托马克河边建造的李氏家族的斯特拉特福庄园；1730—1734 年在詹姆斯河边建造的韦斯托弗庄园（其中的一些装饰我们可以在图 19-13 中看到）；1750—1753 年在詹姆斯市郡建造的卡特农场园林别墅。华盛顿总统于 1757 年开始建造弗农山庄，1769 年杰斐逊总统开始建设蒙蒂塞洛庄园。这两个庄园直到美国联邦时期才建成。所有这些实例中，学术观点中的一些经典建筑形式体现了出来，比如重要房间的壁炉架（图 19-7）。

联邦时期（1776—1800）

美国独立战争吸引了殖民者所有的注意力和资源，设计的发展也停止了，而此时英国正进行着快速的风格转变。直到重新取得和平的几年后，美国的设计才开始反映别国已经完成转变的设计风格。

新诞生的美国很喜爱亚当（Adam）风格，同时也继续受赫普怀特（Hepplewhite）和谢拉顿（Sheraton）

的影响。为感谢法国在美国独立战争的援助，美国人非常支持法国争取民主的斗争，1803 年杰斐逊总统的路易斯安娜购地案使许多法国定居者成为美国公民，法国风格成为时尚。但是美国的设计并没有抛弃以前的英国风格，而是经常把这两种风格融合在一起。

在 18 世纪末，一种完全不同的建筑和城市设计风格被引入了美国，即新古典主义，极大地影响了室内设计。在美国，这种风格的展现形式被称作古典复兴风格，在18 世纪末和 19 世纪早期的官方建筑中流行起来。

这起源于托马斯·杰斐逊。当时他还不是美国总统，而是驻凡尔赛路易十六宫廷的美国大使。在法国建筑师查尔斯 – 路易斯·克莱里索（Charles-Louis Clérisseau，1721—1820）的帮助下，杰斐逊遍访欧洲的古典建筑（以前克莱里索曾经指导过英国建筑师罗伯特·亚当）。在周游法国时，杰斐逊在尼姆见到了古罗马建筑梅宋卡瑞神庙（Maison Carrée），他据此在1785 年为里士满设计了新的弗吉尼亚州议会大厦（图19-8），那时候州首府刚刚从威廉斯堡迁到里士满。这不仅仅是美国的，也是全世界第一个纯粹的古典复兴风格的建筑。我们已经在凡尔赛的小特里亚农宫（图 15-16）和伦敦的国宴厅（图 16-9）见到了新古典主义的设计，但是他的这个设计更加激进。杰斐逊不仅仅使用造型、壁柱和椅子腿来展现古典主义建筑，还用罗马式

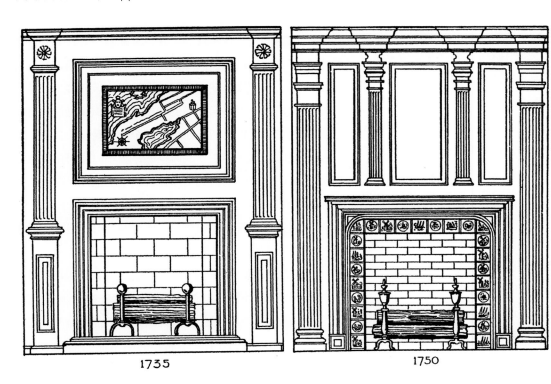

1735

1750

◀ 图 19-7 两个 18 世纪的美国壁炉，展示了早期对于壁柱和模型制品等建筑元素的使用
吉尔伯特·维尔 / 纽约室内设计学校

▲ 19-8 弗吉尼亚州议会大厦，里士满，1785 年，托马斯·杰斐逊根据罗马风格设计
弗吉尼亚旅游公司

的庙堂来实现现代功能。弗吉尼亚州议会大厦开创了一个运动，这将主导下个世纪的上半叶的建筑风格走向。

在 1789 年，独立战争结束八年后，国会投票决定为这个年轻的国家建造一座首都，地点要处于南方和北方之间。华盛顿指定皮埃尔-查尔斯·朗方（Pierre-Charles L'Enfant，1754—1825）作为总设计师。朗方出生于巴黎的一个服务于法国宫廷的艺术家庭，从小熟悉凡尔赛中由安德烈·勒·诺特尔（André Le Nôtre）设计的大花园，熟悉里面长长的景致和辐射形的道路。朗方来到美国参加独立战争，为美国独立而战，后来定居下来。根据对凡尔赛的记忆，朗方设计了华盛顿现在这样的城市布局，以一个中心圆为中心，宽阔的道路成放射状散开，切割了已存在的长方形的街区。我们基本没想过按照某种主义来设计城市布局，但是朗方的设计是明显的新古典主义。在这里，他设置了两个重要的建筑，一个是于 1792 年开始建造的总统官邸（白宫），另一个是于 1793 年开始建造的美国国会大厦。这两个建筑的内部装修在 19 世纪才完成。

蒙蒂塞洛庄园，弗吉尼亚州阿尔伯马尔县

蒙蒂塞洛庄园是杰斐逊的私人庄园，建在夏洛茨维尔附近的弗吉尼亚山顶上。这和他的弗吉尼亚州议会大厦一样，都展示了他不喜爱乔治风格，而是钟情于更精确的古典主义。这反映出他对当时欧洲最新的设计潮流

以及帕拉迪奥所总结的原则，有着很好的品位和知识。这些是他读帕拉迪奥于 1570 年所著《建筑四书》（Four Books of Architecture）的 1715 年英译版所了解到的。

蒙蒂塞洛庄园的雏形始于 1769 年，那时候杰斐逊 25 岁。一直到 1826 年杰斐逊去世，庄园几乎一直不停地修建和改造。建造的第一阶段大约完成于 1782 年。最初的想法是建造一个中央大厦，在入口和花园前各有一个两层的门廊；1777 年，在大厦的后面加盖了半八角形的隔间。

第二阶段开建于 1796 年，那时候杰斐逊已经从法国回来，有着各种新的思想。他把原先的建筑拆除，只保留了中间的三间屋，把房子从 8 间屋扩大到 21 间屋，房子变成只有一层，这样看起来更加稳重，在前花园的客厅上面加盖了一个穹顶。第二阶段的设计、内部装修和外部样式都很独特，我们对这很熟悉，因为它出现在美国五分镍币的图案上。

在空间上，主要的公共房间（门廊、客厅、餐厅和茶室）和在一层的杰斐逊的私人卧室的天花板都很高。房间的形状都很有创造性，由各种方形、八角形和半八角形组合而成。跟帕拉第奥一样，杰斐逊对基本几何形状很痴迷（他后来的杨树林农舍是美国第一个八角形建筑；他为弗吉尼亚大学设计的圆形大厅，像罗马万神庙一样，形状为一个球体放进一个圆柱里面）。这个建筑不仅是展示一种几何语言，也展示了古典秩序。帕拉第奥和其他的作家阐述了这种理念，并且影响着杰斐逊。餐厅中运用了多利斯风格，门廊使用了爱奥尼亚风格，而在客厅和三楼的圆顶屋使用了科林斯风格。通向楼上卧室和圆顶屋的是一对狭窄陡峭的楼梯，可能杰斐逊认为宽楼梯太浪费了，也可能是他想让整个建筑看起来还是一层楼。屋里的陈设不是学院风格的，更多的是折中主义。比如，门廊中收藏有北美原住民的手工艺品，这种当时被称作"印第安屋"。其他的家具摆设中有一些十分精美，是杰斐逊在旅行当中收集的，而有一些可能是在他的授意下由蒙蒂塞洛的奴隶制作的。

在杰斐逊能够负担的条件下，这些东西都极尽精美。墙纸是从法国进口的。杰斐逊卧室的窗帘和床帏由深红色锦缎制成，有浅绿色的天鹅绒内衬和金色流苏。客厅地面由樱桃木和山毛榉木制作的镶木地板铺成几何形状。地板铺设于 1804 年，是美国首批镶木地板之一（图

▲图 19-9 蒙蒂塞洛庄园的客厅，壁炉上的钟表是法国的。在左面，大的穿衣镜下面是杰斐逊女儿的钢琴
罗伯特·罗特曼（Robert C. Lautman）/ 托马斯·杰斐逊基金会

19-9）。

　　杰斐逊自己独特的喜好随处可见。在他自己的住处，床放在两头敞开的房间里面，一面通向他的卧室，一面通向相邻的书房（图 19-10），这样方便他在任何时候起床，进行创造性工作。这些聪明而实用的设计，还包括门厅和客厅之间的双动门（两扇门由地板下的链条连接，当打开一扇门时，另外一个也会自动打开）；三扇式推拉窗（当打开下面两扇窗时，上面的跟门一样高的窗面向阳台打开）；从入口门廊和入口大厅都能看时间的双面钟表，它能显示今天是星期几；一边带有支架的通向餐厅的旋转门；由于杰斐逊身份等级的改变，在餐厅壁炉旁边建了一个升降机，可以把葡萄酒瓶从楼下的侍餐区取上来，侍餐区在房内是看不见的。建造旋转门的支架、升降机和侍餐区，是为了尽可能少地受到仆人的打扰，享受舒适的生活。

▼图 19-10 杰斐逊的房间床，一边通向卧室，另一边通向书房。床上方是一个壁橱，通过一个窄梯子上去
蒙蒂塞洛 / 托马斯·杰斐逊基金会

杰斐逊也发明家具，比如四重奏的折叠音乐台、温莎椅、餐桌、钟表和银餐具。蒙蒂塞洛的设计者是美国最有趣和最才华横溢的人之一，直到现在它仍然是美国最有意思和才情的建筑之一。

西班牙传教所（1769—1823）

在东部海岸的都市中心之外，人们开始实践一种不同的设计风格，既不同于殖民时期，也不同于联邦时期。美国西部移民的遗产是西班牙人留下的，而不是英国人。在 1607 年第一批英国移民定居詹姆斯敦的两年后，西班牙开拓者开始从墨西哥渡过格兰德河向北推进，并且在新墨西哥州的圣塔费建立村落，以前那里是普韦布洛部落。圣塔费现存的最早的西班牙建筑是 1610 开始建造的总督宫，使用土坯（将稻草和土混合，然后晒干）制的砖建造，这种土坯普韦布洛人已经使用了好多世纪了。在 18 世纪，西班牙人在墨西哥、新墨西哥州、德克萨斯州（尤其是圣安东尼奥的阿拉莫）、亚利桑那州和加利福尼亚州（这里可能最令人印象深刻的）建造了许多教堂和传教所。

朱尼皮罗·塞拉神父（Junipero Serra，1713—1784）是方济各会的传教士，于 1749 年从西班牙来到美国，负责在加利福尼亚海岸划分出 21 个西班牙传教区。第一个也是最南端的一个是 1769 年在圣地亚哥建立的圣地亚哥阿尔卡拉传教所。最后一个也是最北端的一个是 1823 年在索诺玛县建立的旧金山索拉诺传教所。其中最具代表性的是位于旧金山的旧金山阿西斯传教所，人们更多地称之为多洛雷斯传教所，这个名字取自附近的一条河流。

在 1776 年《独立宣言》在这片大陆遥远的另一边签署的 5 天前，这里的第一个简陋的建筑开始建造。现在的多洛雷斯传教所始建于 1782 年，于 1791 年完工。它的土坯墙有 1.2 米厚，它的屋顶结构是由生皮带和木楔子来固定连接的，而不是钉子。尽管是这种结构，但是它经受住了地震的考验，比许多现代建筑抗震水平都高。室内设计最引人注目的是一系列的红木屋梁，长 35 米，欧隆部落的工匠用红色、青灰色和赭色在上面绘制了锯齿形图案。美国原住民也在后殿墙上面绘制了祭坛背壁（在祭坛后面的装饰性屏风），屏风上面有一个假石拱。但是在 1796 年，绘画被来自墨西哥圣布拉斯的

▼图 19-11　多洛雷斯传教所，旧金山，1782—1791。屋顶木梁由美国原住民画家绘制
© 理查德·康明斯（Richard Cummins）/ 考比斯版权所有

木制高浮雕屏风盖住了。1920 年，建筑师威利斯·波尔克（Willis Polk）精心地修复了多洛雷斯传教所。

早期美国装饰

除了一些西班牙传教所，北美原住民部落的设计并没有对所有殖民者的设计产生冲击。有一些特殊情况，比如杰斐逊的蒙蒂塞洛庄园，可能会收集并欣赏原住民工艺品，但是直到多年后它们才被当作一种设计来源。相反的，殖民者在装饰方面以极大的热情追随欧洲。可能正因为欧洲移民最早在美国建造的很多的建筑能利用的资源有限，只能很简单地建造完成。他们力求一有能力负担，就增加装饰。

主题

在一些早期的殖民时期建筑里，我们能看到人们用不同的垒砖方式来做装饰（见第 426 页"表 19-1 砖的砌筑形式"），只在一些砖上面（比如砖丁）上釉来强调造型，而不加别的方式。通常在早期的房子的烟囱上，砖工垒出了大师级的水平。比如，在霍顿故居里（图 19-3），烟囱不是一个简单的长方形，而是做成了一个精美的壁柱。

早期的美国不是一个安全的地方，殖民者受到原住民起义的威胁，英国统治者受到殖民者起义的威胁。很多的陈设，比如挂在墙上的枪和猎刀，就是为了警告说表明房子的主人有能力反击。如同路易十四的战争厅（图 15-8）陈设着战争场景和战俘一样，1770 年在威廉斯堡总督宫门廊的墙上排列着大量的军刀、手枪和旗帜，在天花板上排列着一圈 64 只燧发步枪，刺刀都指向中间镀金的勋章。随着独立战争的爆发，军事主题变得更加流行。

在 1782 年，独立战争到了最后一年，鹰成了官方的国家象征。在这之前，鹰一直就是流行的装饰物，比如在镜子（图 19-16 中心靠右处）上，而现在鹰无所不在。在图 19-14 的奥蒂斯别墅，一只鹰落在壁炉的装饰烛台上。鹰也出现在钟表、相框和重要门的山形墙上。代表了最初的十三块殖民地的由十三颗星组成的环也开始流行起来。

在战后的联邦时期，美国设计的主题主要有三个来源。第一是来自英国的一系列流行风格，尽管英国曾经是美国的敌人，但是仍然被许多美国人认为是故乡。最具影响力之一的是罗伯特·亚当的新古典主义作品。第二是来自法国的展示反抗和自由的主题：火炬、束棒（见第 325 页"表 15-1 法国装饰"）和自由女神像。法国大革命受到了美国独立战争的影响。从托马斯·杰斐逊的例子中看到的那些古罗马风装饰，包括涡卷、垂花、蛋、箭装饰等，这些都成了美利坚合众国的设计元素。

1784 年，随着"中国皇后号"商船从纽约航行到广东，第三个设计源泉传入了美国。随着跟远东的贸易开通，美国人开始进口茶叶、丝绸、瓷器和其他代表着中国设计和装饰的商品。有了这些，美国人开始吸收中国风（可以在图 19-26 中看到这样的壁纸）。

样式著作

美国人对于欧洲的设计风潮有极大的热情，但是欧洲距离太远了，去欧洲旅行既漫长又艰辛。因此，设计思想，包括装饰思想，主要是由书籍特别是样式书籍传输进来的。这些书籍上面有设计和细节，建筑师和工匠可以借鉴。著作包括从木匠使用的有实用小技巧的便宜小册子，到豪华的记录有典范性建筑及其装饰细节的大开本书，有时候这种豪华书籍甚至涉及了建筑理论和构筑原则。伦敦的木匠亚伯拉罕·斯旺（Abraham Swan）在 1758 年出版了美国的第一本样式书籍。他 1745 年出版的《英国建筑》（The British Architect）主要介绍了帕拉迪奥风格的建筑外部和洛可可风格的室内装饰，许多美国的建筑都模仿了他的装饰细节。例如，他的壁炉架设计出现在弗吉尼亚的费尔法斯克县的两座精美建筑中，即在 1760 年之前建造的威廉·巴克兰（William Buckland）的冈斯顿庄园，和建成于 1787 年的乔治·华盛顿的弗农山庄。

英国伟大的家具设计师和时尚创造家托马斯·齐彭代尔（Thomas Chippendale）出版了《绅士和橱柜制造者指南》（The Gentleman and Cabinet-Maker's Director）一书。第一版出版于 1754 年，内含 161 页雕花板，展示了洛可可式、哥特式和中式风格的家具设计，以及一些简单的英国家具。在 18 世纪 50 年代后期，这本书影响了美国。主要受这本书流行的影响，美国开始从英国进口中国瓷器、漆器和中国风的壁纸，以及模仿印度棉布的英式印花棉布。在 1792 年的第二版中，齐彭代尔介绍了新古典主义风格的设计。

真正成书于美国的第一本样式著作是 1797 年的《国家建筑师辅导》（Country Builder's Assistant），由康涅狄格州建筑师阿舍·本杰明（Asher Benjamin，1773—1845）所著。他最开始的时候是爱奥尼克式立柱柱头的雕刻师。他的第二本也是最著名的著作是 1806 年的《美国建筑师手册》（American Builder's Companion）。1797 年，本杰明自己设计的位于马萨诸塞州格林菲尔德的科尔曼 - 霍利斯特故居（Coleman-Hollister House），里面有美国最早的椭圆形楼梯之一，这是他从伦敦出版的著作样式中借鉴的。

壁炉架、天花板和饰条

根据这些有关装饰和风格的出版物，早期美国的建筑师发挥他们的天赋来装饰房屋、公共建筑和教堂（如果宗教允许的话）。最开始，尽管房间的镶板是木制的，但经常被设计成石制的样子，有时候涂上石头的颜色。造型比例自然很重。

英国建筑师和家具设计师威廉·肯特（图 16-10 和图 16-24）的著作，让使用更轻饰条的后期的帕拉迪奥风格变得流行起来，引入了壁炉架、门框和窗框的新式样。饰条变小了。尽管大部分饰条是在美国制造，但是也有一部分是从英国船运来的。

在联邦时期，英国的罗伯特·亚当的影响非常重要，后来，法国的佩西耶和方丹的影响也很重要。法国建筑师安东尼·戴斯戈戴斯（Antoine Desgodets，1653—1728）写了《古罗马建筑》（*Les edifices antiques de Rome*），于 1682 年出版，1779 年再版。托马斯·杰斐逊根据里面的一幅画，在蒙蒂塞洛设计了一个壁炉雕

带，这比他的绝大部分选材更有学术性。为了使整个形象完整，他选了一个真人大小的大理石制阿里阿德涅侧卧像，即传说中克里特岛国王米诺斯的女儿。

通过研究殖民时期和联邦时期的室内装饰细节，可以说明早期美国装饰的质量和精美程度。殖民时期的韦斯托弗庄园（始建于 1730 年），是由事业有成的烟草种植主威廉·伯德二世（William Byrd II）建造的。他是一个伦敦金匠的孙子，出生在殖民地，但是在英国受的教育。这个庄园建在詹姆斯河岸边，距离威廉斯堡只有 40 千米，是伯德庞大种植园的社交和行政中心。最初它的前门面向河流，而河流是到达庄园的主要路径。跟总督宫的双排建筑一样，从外面看来，它十分对称地以中间区域为轴向两边排列，但是内部不是完全对称的，中央大厅稍微偏离中轴线，这样使得一边的房间大，一边的房间小。这个大厅（图 19-13）以其简单的镶板墙、朴实的木地板、有精致扶手的优雅楼梯（见 438 页"表 19-2 旋木"）而著名，其中最重要的是洛可可风格的

◄图 19-12 门廊壁炉，蒙蒂塞洛。托马斯·杰斐逊根据一本法国建筑样式书籍中的古罗马设计而做的装饰
朗敦·克雷（Langdon Clay）

19-13 韦斯托弗庄园楼梯间的精致扶手和石膏吊顶装饰。
长靠椅是齐彭代尔式，楼梯平台上还有一个高落地钟
米斯·兰恩（Mills Lane），《老南方建筑》（Architecture of the Old
South），第44页，佐治亚州萨凡纳，蜂鸟出版社，1997年，贝琪斯贝

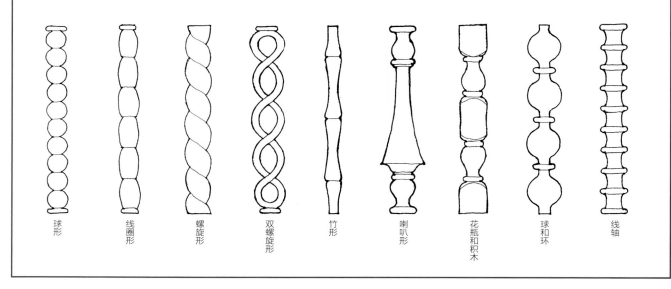

表 19-2 旋木

旋木是用凿子把木销子嵌入木板，然后旋转木销子而制成。通常用这个来装饰椅子和桌子腿与腿之间的支架、椅子背杆（见图 19-21）以及楼梯的栏杆柱（图 19-13）。旋木可以以不同方式完成，从而形成各种造型。下面展示的是简单的弯曲形式，是单一形式的重复，或者几种形式的组合。

旋木也可以应用在高脚酒杯、碗、圆盒上面，用象牙、骨头和木头来制作。

球形　线圈形　螺旋形　双螺旋形　竹形　喇叭形　花瓶和积木　球和环　线轴

石膏天花板饰件，它的预制模型可能由伦敦船运而来。在楼梯平台上安放着一个 18 世纪流行的高落地钟，在下面放着一个齐彭代尔式长靠椅。

在联邦时期，位于波士顿的哈里森·格雷·奥蒂斯故居（建于 1795—1796 年），由建筑师查尔斯·布尔芬奇（Charles Bulfinch，1763—1844）设计，体现了当时的审美原则。在客厅里（图 19-14），我们能够看到壁炉和天花板上有精美的石膏浅浮雕，跟韦斯托弗庄园的曲线和洛可可风格不同，这些是几何形状的和新古典主义的。沿着这些浅浮雕的檐口、台座或者护墙板的上方装饰着壁纸带。在地毯、椅子背面、圆形壁炉栏和天花板浅浮雕的中间都有大勋章，它们都可能是借鉴于英国的罗伯特·亚当设计的天花板（如同我们在图 16-1 见到的）。从一些样式书中看来，窗帘的设计好像来自法国内阁执政时期风格（图 15-18）。

早期美国家具

随着越来越多的新房主需要家具来装饰，而从英国和欧洲大陆进口家具又慢又贵，于是美国工匠开始使用本土丰富的木料来制作第一批美国家具。他们的木工技术是从英国、荷兰以及其他地方的学徒那里学来的。不只是每个城市，甚至每个社区都有自己的细木工、车床工、雕刻工、制椅工和制柜工。到了 17 世纪 90 年代，只是在波士顿地区，波士顿手工业者协会就注册了四十多家室内装潢商和六十多家家具制造商。

在 17 世纪，尽管也用山胡桃木和白蜡木，但橡树木和松树木是最丰富和流行的家具木材。家具的类型包括椅子、柜子、凳子和长椅（图 19-15）。有扶手的长椅叫作手扶椅，它可以上面是椅子，下面用来储物，用铰链连接起来。制作家具的技术包括用合页榫卯（见第 37 页"表 2-1 木材切割与连接"）一样的结构来连接木材。也用折叠结构，木材不是用钉子钉在一起的，而是用小木暗销连接。家具可能被雕刻，或者仿照黑漆涂成乌木色。在美国，尤其是新英格兰州地区的制柜工，借鉴了来自远东的漆器家具。其中有些家具模仿玳瑁壳喷漆，有些喷金属漆来装饰。

在 18 世纪前 25 年里，人们也经常使用胡桃木和枫木。在 18 世纪的第二个 25 年里，开始使用樱桃木和桉木。镶花薄板和镶花饰面（见第 325 页"制作工具及技巧：拼花镶嵌工艺"）也开始出现，尽管在美国从没有像在

▲ 图 19-14 查尔斯·布尔芬奇设计的哈里森·格雷·奥蒂斯别墅，波士顿，1795—1796 年，在壁炉和墙板上有精美装饰条
凯文·弗莱明（Kevin Fleming）/ 考比斯版权所有

英国和法国那样流行。威廉和玛丽风格（图 19-24 左边的椅子）在 25 年前就在英国流行了，随着这种风格的引入，旋木的技术（见第 438 页"表 19-2　旋木"）被更广泛地使用，用来制作不同形状的椅子腿和桌子腿。

在 18 世纪的第三个 25 年，随着齐彭代尔风格成为潮流，红木家具成为时尚。同时，人们用各种新家具装饰更大更豪华的房屋，甚至一些老式的家具被装上新的精美雕饰，配上闪闪发光的黄铜五金件。

在 18 世纪的最后 25 年里，尽管红木仍然是最受欢迎的家具材料，椴木和弗吉尼亚胡桃木也开始进入了家具用木的词典。同时，作为齐彭代尔风格的简化替代品，亚当、赫普怀特和谢拉顿的新古典主义风格（图 19-16）开始出现。最时尚的家具不是使用装饰性雕刻，而是用其他的技术，比如镶花面、镶嵌和小凸槽嵌线（用

两边一样宽的平行凸饰条来装饰表面）。同时，人们更加关注用精湛技艺雕刻的家具腿和各种不同风格的脚（见第 440 页"表 19-3　家具脚"）。

家具设计师

除了来自英国设计师的影响，美国最初的设计师们在波士顿、纽波特、纽约、费城、查尔斯顿等地工作，制作自己设计的精美家具。但是在这些有天分的人崭露头角之前，有一些宗教教派，比如震颤派，他们寻求用室内设计来展示他们恪守的宗教信仰，这对室内设计做了极大的贡献。

震教教徒

一些拥有自己的社群和习俗的宗教团体对美国的家具设计和装饰艺术做出了贡献，被称作震教徒的基督新

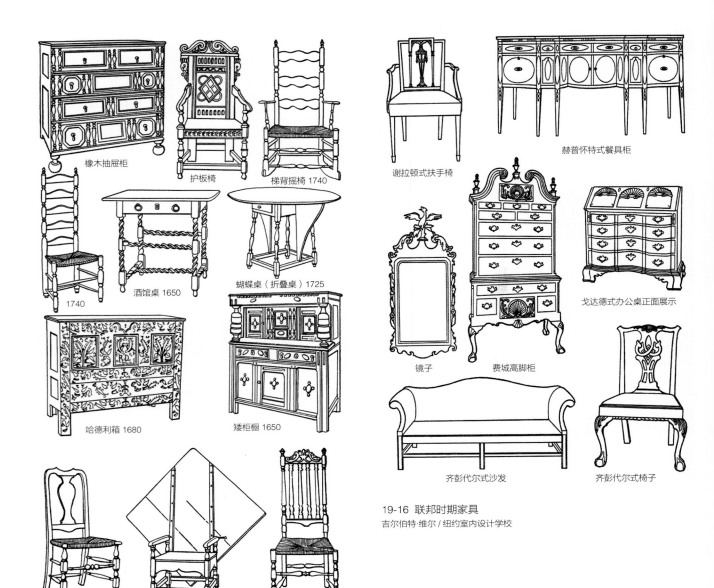

橡木抽屉柜

护板椅

梯背摇椅 1740

谢拉顿式扶手椅

赫普怀特式餐具柜

1740

酒馆桌 1650

蝴蝶桌（折叠桌）1725

戈达德式办公桌正面展示

镜子

费城高脚柜

哈德利箱 1680

矮柜橱 1650

齐彭代尔式沙发

齐彭代尔式椅子

19-16 联邦时期家具
吉尔伯特·维尔 / 纽约室内设计学校

小提琴背椅 1715

椅桌 1700

栏杆背椅 1725

▲图 19-15 17 世纪和 18 世纪早期美国家具类型
吉尔伯特·维尔 / 纽约室内设计学校

表 19-3 家具脚

椅子、桌子和柜子等家具腿上面经常做出脚来分散承重，家具脚要比腿稍微大一些，或者仅仅是作为一个优美的装饰。有许多种装饰性样式，下面所展示的样式从左到右依次为铁锹形，箭形，球形，发髻形，大头菜形，衬垫形，拖鞋形，鸭蹼形，西班牙式，球形兽掌形。

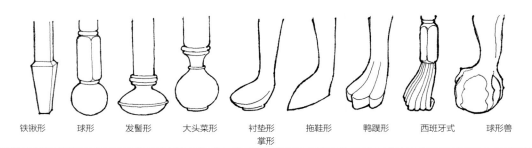

铁锹形　球形　发髻形　大头菜形　衬垫形　拖鞋形　鸭蹼形　西班牙式　球形兽
　　　　　　　　　　　　　　　　掌形

教教徒就是其中之一。尽管门诺教和阿曼门诺教也创造了他们自己对于室内装修和家具的审美，但是震教创造了线条干净简单的装饰和家具，在当今仍然能感受到这种设计的影响。

震教是 1747 年始于英国的一个贵格派，于 1776 年在纽约的瓦特弗利特创建了一块殖民地，位于奥尔巴尼附近。后来在纽约的新黎巴嫩、康涅狄格州、马萨诸塞州和从缅因州到肯塔基州的其他一些州也建立起了殖民地。1785 年，他们在新黎巴嫩建造了第一个会议厅。现在震教事实上已经灭绝了，一部分原因是它的教徒宣誓独身生活。

曾被拿来与日本人比较的震颤派（Shaker）美学是令人钦佩的，它的禁欲主义源于对世俗奢侈的反对。该教派的法律规定，"不得使用奇怪或奇特的建筑风格，也不得制作串珠、饰条和飞檐。"同样，震颤派历史学家爱德华·德明·安德鲁斯（Edward Deming Andrews）引用了震颤派风格创始人安莉（Ann Lee）的话，她曾要求马萨诸塞州的一位女主人："我不要银勺，也不要桌布，但是你的桌子要洁净，以便在吃饭的时候可以不用戴餐巾。"

像震颤派桌子一样，震颤派地板通常是抛光的。内墙是光滑的灰泥，并有与眼睛齐平的木栏杆，栏杆上面有钉子，用来悬挂椅子、钟表和其他家用物品（图 19-17）。墙壁留白或只涂上特定的颜色，如会议室蓝色、棕色和绿色。绿色也被指定用于床架，蓝色用于毯子，白色、蓝色或绿色用于窗帘，但不是"格子、条纹或花的"。震颤派家具制造商不屑于使用经过良好处理的枫木、松木和樱桃制成的贴面板，认为这是"罪恶的欺骗"。在震颤派风格的房间及其家具中，形式的美和物件的优雅轻盈充分弥补了装饰的不足。

约翰·戈达德

在罗德岛的纽波特，诞生了十多位技艺熟练的家具制造师，并且制作了一些美国最优秀的家具作品。其中，最著名的是约翰·戈达德（John Goddard，1723—1785）和约翰·汤森德（John Townsend，1723—1809）。约翰·戈达德的父亲丹尼尔·戈达德（Daniel Goddard）是一名木匠兼造船工，他把纽波特的贵格会群体组织到了一起。约翰和他的兄弟詹姆斯都是著名家具制造师乔布·汤森德（Job Townsend）的学徒，并

▲图 19-17　位于纽约新黎巴嫩的一间震教房屋的内饰，建造于 1787 年。一把梯子状椅背的椅子和稻草帽挂在木板挂钩上。下面有个刷上颜色的松木毛毯柜，上面放着两个椭圆形木盒
大都会艺术博物馆购买，艾米莉·查德伯恩遗产，1972 年（1972.187.1-3）。保罗·沃彻（Paul Warchol）拍摄。©1995 大都会艺术博物馆

且都分别娶了汤森德的女儿。1748 年，约翰·戈达德在纽波特开了自己的店。他主要以安妮女王时期风格来制作家具，并且在里面加入了齐彭代尔、赫普怀特、谢拉顿的一些元素和他自己的想法。他设计了斜盖桌、秘书桌、书架、钟表箱甚至棺材。在他死后，他的生意由儿子史蒂芬和托马斯以及他的孙子继承发展。

约翰·汤森德

跟随父亲做学徒的日子结束之后，21 岁的约翰·汤森德在纽波特开了自己的店。他生产箱子、下面可以容纳双腿的桌子、斜盖桌、高座钟表和带抽屉的高柜。当今他最有名的是正面槽形镶板的柜子，上面雕饰了海扇壳，被称为扇壳格家具（图 19-18）。正面槽形镶板是指家具的正面竖直地分成了三片，中间的稍微凹陷，两边的稍微凸出来。这种样式也被称为桶形或者膨胀形家具，在新英格兰很流行，但是再往南就很少见了。

塞缪尔·麦金太尔

麦金太尔（Samuel McIntyre，1757—1811）的父亲、爷爷和两个叔叔是建筑师，两个兄弟是木匠，因此他很

▲图 19-18 红木的扇壳格抽屉柜，1765 年约翰·汤森德制作于纽波特，高 87.6 厘米
木制家具，美国罗德岛纽波特，18 世纪，1765 年。抽屉柜。制作者：约翰·汤森德（1732—1809）。红木、郁金香木、杨木、松木。高 87.6 厘米，宽 93.3 厘米，深 48.3 厘米
大都会艺术博物馆，罗杰斯基金，1927 年。（27.57.1）

自然地从事了家族的传统事业。他不但继承了这项工作，而且做出了超越。他学习绘画、艺术和建筑，成为了一名雕刻家和优秀的建筑师，甚至堪比同时代的查尔斯·布尔芬奇，后者是他钦佩并效仿的对象。事实上，在布尔芬奇 1795—1799 年为塞勒姆商人伊莱亚斯·哈斯科特·德比（Elias Hasket Derby）设计的房子中，麦金太尔就设计并雕刻了里面的壁炉、门口以及其他的室内细节和一些家具。除了设计自己的家具（图 19-19），麦金太尔也为其他人设计的家具提供雕刻。

麦金太尔能够把房屋的所有要素和谐地组合到一起，包括外饰、内饰、装修和家具，很多人认为他的杰作是 1805 年完成的位于马萨诸塞州塞勒姆的加德纳 - 平格里住宅。在这里麦金太尔的设计反映了罗伯特·亚当的影响，包含一些在壁炉架和门上的非常精美的雕刻。

邓肯·法伊夫

邓肯·法伊夫（Duncan Phyfe，1768—1854）是早期美国最有名的家具设计师。他出生在苏格兰，在 1783 年或 1784 年来到美国，在英国承认美国独立不久后定居在奥尔巴尼。大约 1792 年，他移居到纽约，开设了他自己的家具制造店，然后把自己的名字改为法伊夫，可能这样看起来更像是时尚的法语。他的顾客包括纽约的阿斯特、特拉华州的杜邦。萨凡纳的一个代理把他的家具销售到了南方，主要是查尔斯顿。

他的家具最初是齐彭代尔式的，很快变为谢拉顿式的（图 19-20），法伊夫喜爱的一些主题来自亚当，比如他用在椅子条板、桌子基座和装饰性雕刻上的里拉琴

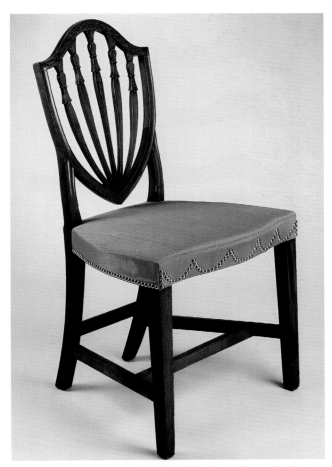

▲图 19-19 塞缪尔·麦金太尔做的赫普怀特风格的盾形背椅子，马萨诸塞州塞勒姆，约 1800 年。一排贝壳形的铜钉镶嵌在座椅垫上
一把赫普怀特椅子（一对中的其中一把），1790 年，塞缪尔·麦金太尔制作。红木、紫罗兰小卵石纹织物坐垫（后来被替换），高
97.79 厘米
洛杉矶艺术博物馆，艾伦·鲍尔奇夫妇基金。拍摄 © 博物馆联盟 / 洛杉矶艺术博物馆

▲图 19-20 邓肯·法伊夫设计的谢拉顿风格红木窗椅，1800 年
窗椅，红木。邓肯·法伊夫设计。来自霍利家族。1810—1815
© 纽约城市博物馆。阿德莱德米尔顿格鲁特（Adelaide Milton de Groot）小姐赠礼。
36.352.17

▲图 19-21 山胡桃木和白蜡木做的布鲁斯特弯旋木构件扶椅，制作
于新英格兰，1650 年
木器 - 家具 - 美国。17 世纪，1650 年。布鲁斯特风格手扶椅。山
胡桃木和白蜡木。高 113.7 厘米，宽 82.6 厘米，深 40.0 厘米
马萨诸塞州大都会艺术博物馆，因斯莉·布莱尔（J. Insley Blair）夫人赠，1951 年。
（51.12.2）

形状。他的产品使用来自加勒比的优质红木，设计很优雅（如果不总是非常具有原创性的话），技艺令人羡慕。法伊夫是一个有头脑的商人，他迫不及待地使用了来自欧洲的很多新的家具样式。

座椅

　　早期美国时期的椅子、桌子和其他家具表现了前述的各种样式，也有一些美国独特的新式家具。最早的殖民时期的座位是放在没有椅背的高脚凳，或者被称为样式的长凳上。在 17 世纪上半叶，这些逐渐地完善，并且被椅子（或者"有椅背的高脚凳"）所取代。17 世纪的椅子有三个主要类型：旋木构件椅、护板椅和条板靠背椅。

　　最早流行的是旋木构件椅（见第 438 页"表 19-2 旋木"），可以分为两种：卡弗椅和布鲁斯特椅，都是以早期新英格兰总督的名字命名的。布鲁斯特式（图

19-21）有高的椅背杆，顶端有尖顶饰，在椅背杆、轴杆和椅子腿上面有纺锤形圆棒。更简单的卡弗椅只有较少的旋木构件。这两种椅子都有编织的灯芯草坐垫。

护板椅（也叫组合椅或者大椅）比旋木构件椅更贵、更稀少。它的高椅背通常是像护墙板那样的木板，有时候在上面有精美的雕刻（图19-15的上中部）。通常是用橡木制作的，但是有时候也用胡桃木。它的座面是一片平板，上面不用灯芯草，而是放上更舒服的坐垫。

17世纪末期，人们开始制作更舒适的条板靠背椅。在整个19世纪，美国的很多地区一直使用这种椅子，在阿巴拉契亚山脉地区甚至使用到20世纪。它们也叫作梯背椅（图19-15右上方和图19-22）。它们绝大多数有三个或者更多相同的水平板条，轮廓稍微弯曲，而最漂亮的板条在形状上有细微不同。跟旋木构件椅一样，条板靠背椅也用灯芯草坐垫。

在18世纪，条板靠背椅得到了发展，并且引入了栏杆背椅、波士顿椅、美国温莎椅和小提琴背椅。栏杆背椅（图19-15的右下方和图19-4的霍顿客厅的椅子）有四根或者五根垂直的条板（典型的是边椅上用四根，扶手椅上用五根），这样有弯曲的轮廓感。然而在它们的椅子腿、支架和座面上面有旋木构件（见第438页"表19-2 旋木"）。

小提琴背椅（图19-15左下方和图19-29）有着受人喜欢的样式。它的椅背形状像小提琴或花瓶，来源于安妮女王时期的椅子，但是椅子的其他部分是来自传统的旋木构件椅。它前部的结构让人想起威廉和玛丽风格，灯芯草垫跟条板靠背椅一样。弹性的藤条作为一种座椅材料加入灯芯草垫和衬垫中。樱桃木、松木和枫树木都

▲图19-22 一个灯芯草垫的梯背椅或者条板靠背椅。在这个例子中，每根背板有不同的形状和尺寸

手扶椅，美国，18世纪。山胡桃木和白蜡木，高111.8厘米

沃兹沃斯艺术博物馆，康涅狄格州哈特福德。华莱士纳丁收藏。约翰皮尔庞特摩根赠。欧文·布鲁姆斯特兰德（E. Irving Blomstrann）拍摄

▲图19-23 早期美国的温莎椅

吉尔伯特·维勒 / 纽约室内设计学校

作为家具木材。有时候将这些材料染色，看起来像是价值更高的胡桃木。此时美国开始进口和使用来自加勒比的红木，也使用来自百慕大群岛的香雪松。

轻便、结实而舒适的温莎椅在 18 世纪 20 年代出现在英国后不久就进口到了美国，很快取代了那里最流行的条板靠背椅。到 18 世纪 40 年代，这些椅子在费城生产，并一度被称为"费城椅"。温莎椅（图 19-23）在美国的不同变种包括成为 19 世纪"船长椅"基础的矮背

椅，顶部平直的高背椅或者扇背椅（图 19-23 左边），在顶部有弧形的圈背椅或者麻袋背椅、圆顶椅。梳子椅在椅背的中心上部有一个类似梳子的部分（图 19-23 中间）。还有带有写字扶手的温莎椅、温莎摇篮、温莎高椅和温莎长靠椅。在美国独立战争之后，它们更加流行，而且不止在费城生产，还在纽约、康涅狄格和罗德岛生产。在 18 世纪早期，这种椅子基本都被染成绿色，因此也被称为绿椅。但是据说在 18 世纪末，美国的政治家、科学

▲图 19-24 约翰·温特沃斯屋内部，新罕布什尔州朴茨茅斯，1695—1700 年，我们可以看到威廉和玛丽风格的手扶椅，左边是花瓶和钟表，右边是有坐垫的安乐椅。中间是铺有桌布的椭圆形桌子

大都会艺术博物馆，塞奇基金，1926 年。（26.290）。拍摄 ©1995 年 大都会艺术博物馆

家和作家本杰明·富兰克林购买了一些白色的，托马斯·杰斐逊购买了一些黑色和金色的。

总体来说，在18世纪，椅子变得更加多样，更加舒适。1710年开始使用安乐椅（图19-24右边），它比之前所有的美国椅子更简便。其中的一种是法国安乐椅的美国版本，是有大坐垫的翼椅（如图19-24所示），因为两侧或者"脸颊"的样式，所以被称为翼椅，它能够让脸免受壁炉中的火焰或气流的伤害。除了椅子腿和支架外，翼椅和安乐椅上面都覆盖着大量的衬垫，且衬垫通常是由精良的纺织品做成的。衬垫坐垫可拆卸，被称为"矮胖子"。这种类型的椅子在接下来的200年里持续有很高的价值，并且摆放在房屋中最好的房间的显著位置。

床

北美殖民时期最早的床是简单地用木板或者树条撑起床架，然后放上填充稻草或者羽毛的床垫。图19-25展示了早期美国床最常用的样式。围绕在床周围的床帷能提供私密性和挡风。开始的时候床帷是挂在（通常很低的）天花板上的，后来挂在床的四个角柱所撑起的架子上。小孩的滚轮床很矮，通常在哥特式的室内装饰中能够看到，白天放在成人床的下面，晚上拉出来。日间床（座面加长的椅子）出现在17世纪的末期。

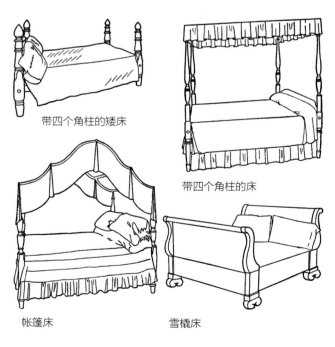

带四个角柱的矮床

带四个角柱的床

帐篷床

雪橇床

▲ 图 19-25 早期美国的床
吉尔伯特·维勒 / 纽约室内设计学校

桌子

17世纪最大的桌子是可拆卸的支架桌，这种设计也是来自哥特时期。它的桌面支撑在木质结构（通常是X形）上，通常称为支架，长达2.5米或者更长。酒馆桌是小一些的长方形桌子，有四条用支架连在一起的桌腿，桌面下面的桌围处有一个或者几个抽屉（图19-15中间）。到了18世纪，折叠样式和蝴蝶样式（图19-15中间右侧）开始流行起来。折叠样式的桌子通常有一个椭圆形桌面，我们能在霍顿故居的客厅中看到（图19-4）。小的折叠桌可用来做牌桌。一种特殊类型的桌子是两用桌椅（图19-15中下方），既可以当桌子又可以当椅子。矮几安放在墙边。

对殖民者来说，喝下午茶和打牌成了时髦的休闲方式，因此茶几和牌桌也开始变得时尚。茶几（图19-26）放在一群坐着的人的前面，有的有托盘或者桌面有凸出的桌边。斜面桌（图19-26）有能够倾斜或者移动的桌面，当不用的时候能够很简便地放到一边；通常用一个三脚架支撑在中间。牌桌通常是折叠起来存放，下拉桌在美国北方流行，而手帕桌（它的铰链是安在正方形桌面的对角之间）在美国南部流行。

在17世纪，人们开始做烛架。在18世纪，开始形成独特的样式，在一个由三个弯腿构成的三脚架基座上面放一根花柱（跟斜面桌类似），上面放蜡烛。

储藏柜

我们注意到，17世纪早期的美国家庭中没有壁橱，所以只有用箱柜来存储物品。在早期殖民地制作的箱柜类型中，有放圣经和有价值的家庭文书的小盒子，有更大的装床罩的被毯箱。它们有各种不同的尺寸和设计，有一种跟圣经盒类似的折叠桌很有意思，可以把它放在腿上，在盒子上面有一个可以书写的倾斜盒盖。有两种被毯箱很受欢迎，两者都来源于康涅狄格河谷。一种是哈德利箱，形式很简单，但是雕刻和绘画很丰富（图19-15中间左边）。箱的前面是镶板，中间的镶板上有主人姓名的首字母；这种箱子通常被作为"希望箱"或者"嫁妆箱"，当姑娘出嫁的时候把物品放到箱子里面，上面写上姑娘名字的首字母。另外一种样式是康涅狄格箱（图19-27），上面有三层板，刻着郁金香和向日葵的图案。两层板之间使用半纺锤形的染色枫木，这样看

▲图 19-26 鲍威尔屋的一个房间，费城，1765—1766 年。一个红木斜面桌茶几，外带齐彭代尔式椅子

鲍威尔屋。图中是萨缪尔·鲍威尔（Samuel Powel，1738—1793）居住的二楼的一个房间，费城南三街 244 号。洛可可风格的家具生产于费城，家具组成了一个客厅样式。现在有中式的壁纸，但是最初的时候没有。十字纺织的羊毛毯（1980.1）是 1764 年产自英国。视线面向窗户和关闭的门口

大都会艺术博物馆，罗杰斯基金，1918 年。（18.87.1-4）
拍摄 ©1995 年 大都会艺术博物馆

▲图 19-27 一个康涅狄格风格的橡木被毯箱，上面为松木，用了染色的半纺锤形枫木，1680—1700 年
布鲁克林艺术博物馆提供，乔治·普拉特（George D. Pratt）赠，15.480

起来像是乌木。下面设有抽屉。

矮橱柜和双层橱柜的尺寸更大，更精美，使用在大而精致的房间里面。在 17 世纪很时髦。它们都是分成上下两部分，有各种各样的门和抽屉。通常上部有凹角，使用一个大的旋木角柱来支撑类似檐口的顶端（图 19-15 中右）。矮橱柜是从英国引进的家具样式，很少高于 1.2 米，它的名字可能是来自法语"宫廷"，意思是"矮的、低的"。它的底部通常有一个或多个敞开的架子。双层橱柜也被称为壁板碗柜，和矮橱类似，但它的上部和下部都有门和抽屉。写字台是一种写字桌，有向下折叠的倾斜面以便于书写；在它的上面可能有一个书架，也可能没有。尽管这些名字是来自法国，但是也用在英国。

人们认为餐柜是英国人罗伯特·亚当发明的，它代替早期的边桌或者送餐桌，成了美国餐厅的重要组成部分。美国的通常是赫普怀特风格（图 19-16 右上角）或者谢拉顿风格，有时候是这两种风格的混合。在美国南部的州，餐柜稍微高而窄一些，被称为猎柜。

早期美国最精美的家具中有 1755—1790 年制作于费城的高柜：高脚柜（图 19-16）、秘书柜和边角柜。一个产自费城的高脚柜（图 19-28）在一段时间给美国家具制造商威廉·萨弗里（William Savery）带来了名声，精心挑选的有特色的木材，点缀上精美的自然主义雕刻。它被叫作"蓬帕杜"柜，因为三角形楣饰涡卷之间的半

▶图 19-28 产自费城的红木"蓬帕杜"高脚柜，1765 年。顶部有带两个涡卷的三角墙，中间是半身雕像
美国木制家具，宾夕法尼亚，费城。18 世纪，1762—1790 年。高脚抽屉柜。齐彭代尔风格，顶部有"蓬帕杜"半身雕像。红木和红木板，掺有黄松木、郁金香木和北方白雪松。高 233 厘米，宽 108.3 厘米，深 57.2 厘米
大都会艺术博物馆，约翰·斯图尔特·肯尼迪基金，1918 年。（18.11.4）

身雕塑像被认为是路易十五的情妇蓬帕杜夫人。

秘书柜是一个带有向下折叠的写字面的高脚柜。在 18 世纪，一个有六个或者更多的不同尺寸抽屉的高柜，被称为"高爸爸柜"。也有一种斜顶桌，与秘书柜不同，它的上面是斜面，下面是储物柜。角柜在 18 世纪开始流行，用来安放在屋子的角落中，在上面有敞开式的架子，用来摆放家居用品，下方有门。

卡斯是美国版的衣柜或衣橱，制作于荷兰，在那里它被称为"卡斯特"。它深受在哈德逊河谷和特拉华河谷定居的荷兰人的欢迎，它很高大，有两扇板门，下方有两个抽屉，上面有檐口，柜子腿为球形。它典型的装饰处理是大胆地按比例缩放了灰色的花饰和水果，可能是模仿荷兰人原先的浅浮雕（图 19-29），但是有许多的衣柜没有绘画或者是将表面绘成木纹或者乌木色。

▶图 19-29 位于纽约阿尔斯特县的哈登伯格别墅的卧室，1762 年建，很著名的是在右方远端的装饰有浮雕绘画的衣柜。也有曲折腿的桌子、小提琴椅背的椅子和有华盖的床。在衣柜上面的是瓷瓶
温特图尔博物馆提供

钟表

钟表既有装饰性又有功能性，在刚刚建立殖民地的时候用于家庭，最大的钟表完全可以称为家具。钟表可以追溯到古埃及新王国时期，那时候埃及人使用水钟，通过控制水从一个容器的孔中流出的多少来测算时间的流逝。古代也出现了沙漏和日晷。著名的钟表有 13 世纪装在坎特伯雷大教堂的钟和 14 世纪装在斯特拉斯堡大教堂的钟。直到 16 世纪初期发明了更小巧的盘簧装置（简称"机芯"），才使得钟表更小、更轻，而且便宜到可以用于一般生产。在 17 世纪中期，大量的钟表从英国运到了美国。最初的那批只有时针，因为运转不精准，所以分针就没有意义了。18 世纪早期，由于改进了精确性，在美国开始制作有两个指针的钟表。

然而，早期美国钟表中著名的是落地钟，我们在韦斯托弗的楼梯平台上看到一座。它出现在大约 18 世纪初期，那时候在钟表中使用了长的钟摆，因此需要大的钟表箱来保护它。这些新的钟表被安放在地板上，而不是桌子、壁炉架、柜子或者架子上。这种经典的钟表分为三个部分：顶部包裹钟表机芯和刻度盘的表帽、装钟摆的箱体，以及由箱体和基座组成的部分，它提供的能量通常可以一次运转八天（直到 19 世纪末期，高箱钟才被称为落地式大摆钟）。

联邦时期最有名的制表人，是来自马萨诸塞州安多佛的丹尼尔·博纳普（Daniel Burnap，活跃于 1780—1800 年），以及威拉德家族。博纳普以雕刻表面闻名。威拉德家族的成员（从 1743 年开始活跃了一个多世纪）

制作小型钟表，一种更小的上面带有玻璃铃的表，被称为"灯塔"，以及各种壁炉架钟。大约 1800 年，西蒙·威拉德（Simon Willard，1753—1848）发明了班卓琴钟，是一种挂在墙上的小钟，做成了类似班卓琴的形状。班卓琴表的变种是里拉琴钟，这是一种流行的谢拉顿家具。康涅狄格州的伊莱·特里（Eli Terry，1772—1853）为美国制表业引入了大规模廉价生产。开始他的表的运转部件是木制的，后来是铜制的。特里的合作者赛斯·托马斯（Seth Thomas，1785—1859）在 1812 年开设了自己的工厂，极大地扩展了美国制表业。威勒德家族、特里和托马斯生产的钟见图 19-30。

早期美国装饰艺术

早期的美国生活看起来是重装饰的。在无数的让生活更舒适或者更有趣的物品中，有茶叶盒、盐瓶、酒柜（存放酒的柜子，放在边柜下面）、烟斗架和刀盒。还有用象牙或者骨头雕刻的小装饰品被称为骨雕或贝雕，以及许多其他的用雕刻或者弯曲的木头制作的装饰性或者实用性木器。

陶瓷

正如我们看到的，尽管北美原住民拥有自己的制陶传统，但是殖民者从欧洲带来了他们自己的品位和技术。根据记载，在 1610 年之后不久，弗吉尼亚的詹姆斯敦就开始制作上釉和不上釉的陶器，可能是红色器皿，

伊莱·特里的早期木制挂钟

威拉德的班卓琴钟

特里和托马斯制作的谢拉顿风格座钟

威拉德风格座钟

赛斯·托马斯的晚期风格的座钟

◀图 19-30 早期美国的墙钟和座钟
吉尔伯特·维尔 / 纽约室内设计学校

制作于红色或者红棕色的黏土。在建立了制砖业的地方（1650 年在弗吉尼亚和新英格兰，1685 年在宾夕法尼亚），砖窑也用来制作陶器和瓦。在 1685 年，来自伦敦的丹尼尔·考克斯开始在他位于新泽西州伯灵顿附近的陶器厂制作更坚硬的陶瓷。

美国早期的陶器装饰包括使用陶片和粗糙雕刻，通过在陶片上刻画显示出里面不同的颜色来形成图案。费城的亚伯拉罕·米勒（Abraham Miller）被认为生产了美国第一个表面有银色光泽的陶器，这种陶器的釉上有金属质感。他也试制了硬瓷（见第 225 页"制作工具及技巧：瓷器的秘密"），但是从来没有商业化生产。早期美国唯一的瓷器生产商是位于费城的博思和莫里斯工厂，它从 1770 年开始生产缀有蓝色的器皿（图 19-31）。但是由于不能跟从国外进口来的低价产品竞争，1772 年工厂倒闭了。

戈特弗里德·奥斯特（Gottfried Aust，1722—1788）是出生在德国的一位制陶大师，他是美国摩拉维亚社群的重要成员，起初住在宾夕法尼亚州的伯利恒，后来在北卡罗来纳州的塞勒姆。他的作品主要是用彩带装饰成花卉或者几何图形的陶器。奥斯特培养的大量学徒，运用他的风格在北卡罗来纳州的皮德蒙特地区组成了陶工学校。

▲图 19-31 贝壳形状的软质瓷甜品容器，饰有钴蓝，由博恩和莫里斯工厂制作，费城，1770—1772 年，高 13 厘米
甜品盘，1770—1772 年，宾夕法尼亚州费城，古斯保林、乔治安东尼莫里斯，美国瓷器工厂，软瓷，上釉，13.3 厘米 ×18.4 厘米 ×18.4 厘米
布鲁克林博物馆，45.174。博物馆收藏基金。

1785 年，约翰·诺顿上尉和他的全家从康涅狄格州移居到佛蒙特州的本宁顿，在那儿他本打算开设农场。在发现他自己和邻居对简单的家用瓷器有着巨大的需求之后，他于 1793 年在本宁顿建立了一家陶瓷厂。他制作陶器，后来制作中温陶瓷，他的工厂在 19 世纪逐渐壮大并且越来越有名气，并存在至今。

玻璃

1608 年，詹姆斯敦的定居者中有玻璃制造匠，他们是北美殖民地最早的工匠之一。由于对于窗户玻璃、瓶子以及饮器等器具有着大量的需求，再加上这里有充足的木材燃料供应，所以玻璃制造业蓬勃发展。早期美国的绝大多数玻璃工匠是无名的，但是也有几个人到现在也很知名。

卡斯珀·维斯塔

卡斯珀·维斯塔（Caspar Wistar，1696—1752）在二十一岁的时候从德国移民到费城。他的第一笔生意是做铜纽扣，但是 1739 年他在新泽西的南部开了一家玻璃工厂，称之为维斯塔堡。他是在殖民地中第一个在金融上取得成功的玻璃制造商，但是他的产品主要是实用性的：窗户玻璃、瓶子和科学实验仪器。他生产了一些很简陋的餐具，但是在上面精致地染上绿色和蓝色。在独立战争后不久，为维斯塔工作的斯坦格兄弟在同一个地区开了一家新的玻璃工厂。有时候，维斯塔和斯坦格的产品一起被称为泽西玻璃。

亨利·威廉·斯蒂格尔

一代人之后，亨利·威廉·斯蒂格尔（Henry William Stiegel，1729—1785）像维斯塔一样在 21 岁从德国移居到费城，并且在 1763 年开了一家玻璃工厂。施蒂格尔"大亨"的第一批产品是玻璃瓶和窗户玻璃，后来他逐渐加入更多的艺术性产品。1769 年，他在曼海姆开设了美国燧石玻璃工厂，生产含铅玻璃的餐具（在美国是首次）和彩色玻璃，包括涅白色、翠绿色、紫水晶色、棕色和宝石蓝色。施蒂格尔将蚀刻和搪瓷作为装饰方式，雇用了已知的第一个玻璃雕刻师拉扎勒斯·艾萨克（Lazarus Isaac）到美国工作，以 1773 年从伦敦来到费城。斯蒂格尔的产品包括玻璃酒杯（图 19-32）、平底玻璃杯、马克杯、玻璃酒壶、佐料瓶、奶油罐和烛台。斯蒂格尔的玻璃王国的产品归属，在今天看

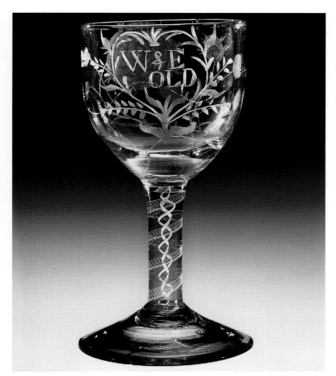

▲图 19-32 蚀刻的含铅玻璃酒杯，1773 年斯蒂格尔"大亨"值他女儿与威廉·欧尔德结婚之际制作，高 17 厘米

高脚酒杯，1773—1774 年，美国。亨利威廉斯蒂格尔的燧石玻璃厂，宾夕法尼亚州曼海姆。拉扎勒斯·伊萨科蚀刻。无色，涅白玻璃；吹制；铜轮蚀刻。高 17.2 厘米，直径（杯体）8.4 厘米，直径（杯脚）9.1 厘米

康宁玻璃博物馆，纽约州康宁。由斯蒂格尔的后代罗兰（Roland C.）和萨拉凯瑟琳卢瑟（Sarah Katheryn Luther）、罗兰·卢瑟三世（Roland C. Luther III）、埃德温·卢瑟三世（Edwin C. Luther III）和安·卢瑟·德希特（Ann Luther Dexter）联合赠送。87.4.55a

来不像以前那样明确。现在大多数专家用施蒂格尔风格来称呼他生产的所有类型的玻璃器皿。在匹兹堡地区和俄亥俄河谷也生产仿制的施蒂格尔产品，被称为中西部玻璃。

1784 年，约翰·弗雷德里克·阿梅隆（John Frederick Amelung，以前叫约翰·弗里德里希 Johann Friedrich，1741—1789）来自德国的不来梅。他在马里兰州巴尔的摩附近的新不来梅建立了一家玻璃工厂，有接近七十名工匠，他们都是从德国携带工具来到美国的。他的玻璃工厂生产窗户玻璃、实用性的家居物品，以及一些非实用性的轮刻的展示物件，用来当作礼物赠送给乔治·华盛顿总统和其他的重要人物。

镜子

在 1700 年之前，镜子在美国殖民地非常稀少，但是一旦有了之后就很快地流行起来，用来加强昏暗的烛光和灯光。早期有各种质量的镜子。最劣质的是冕玻璃制作的，从一大块吹塑的玻璃顶部上切割下来，在熔炉里面退火，然后切成块状。其中最扭曲的是中间的一块，被称为牛眼，是吹玻璃的人用铁棒杆划出来的，它也应用在窗户上，那里采光要比清晰的视野更重要（参见451 页"制作工具及技巧：窗户和窗户玻璃"）。冕玻璃镜经常在背面镀银。最好的镜子是用在一片光滑的大理石或者金属上倾倒做出的玻璃而制成，背面的镀层为

制作工具及技巧 | 窗户和窗户玻璃

在马萨诸塞的塞勒姆和普利茅斯聚居点的早期房屋里，窗户又少又小（不超过 0.1 平方米）。窗户玻璃被称为平玻璃，在英国很贵，重税让它在美国更贵。尽管如此，在 17 世纪中叶，除了最穷的人的房子，这种非常薄（大约 0.16 厘米）的英国玻璃在整个殖民地的所有房子中都很普遍。这种玻璃并不总是很透明，矿物杂质经常让它产生紫色或者琥珀色。

早期的窗户一般是竖铰链窗，在窗户的边上有铰链，像门一样打开，有用铅条（细的有沟槽的杆）构成的小的棱形格（如同哥特式的彩色玻璃）。然而有些窗户不能打开，尤其是卧室的窗户，因为人们认为晚上的空气不卫生。

大约 1700 年，竖直的推拉窗在英国开始普及，不久后在美国也流行起来。它有光亮的木制窗框（镶着长方形的玻璃）、机械拉绳、平衡物和滑轮。他们被称为双挂，因为它们有上下两层的窗框，这样可以穿过一个窗户去打开另外一个。在 18 世纪早期，推拉窗至少被用在了威廉斯堡的三个建筑上：威廉和玛丽学院、州议会大厦和总督宫。这些最早的美国推拉窗有小的分割面，在 18 世纪这些分割面逐渐增大，从十二面加十二面（上下两层窗户分别分成十二面）到九面加六面到最终的六面加六面。

汞或者锡箔。

最早进入美国的是安妮女王时期风格的墙镜和梳妆镜，有朴素的胡桃木镜框或者漆镜框，有独特的断曲线顶饰。经常把玻璃边磨成斜边，而且通常是两片（为了经济性），直到大约1750年，才开始使用单片的大玻璃。

简单的亚当风格和齐彭代尔风格的镜子有长方形、椭圆形或者盾形的镜框，使用帕特拉（圆形或者椭圆形的装饰盘）、经典人物、外皮花环、水滴状、阿拉伯样式，甚至我们在图19-16中间左侧看到的鹰来做装饰。它们可以挂在墙上，或者放在桌子或者书桌上面的小抽屉盒上。

装饰烛台镜（girandole）始于1760年，在美国独立战争之后流行，是镜子和灯具的结合体，一直跟烛台一起制作。（"girandole"在18世纪用来称呼没有镜子的枝形吊灯和枝状大烛台，19世纪用来称呼有圆底座的班卓琴钟。）镜子周围通常有凸出或者凹进去的表面。镜框很重，上面的雕刻很华丽，或有镀金，通常顶部有一只鹰。装饰烛台镜放置在餐厅或者客厅的显著位置，如同位于波士顿的哈里森·格雷·奥蒂斯别墅那样（图19-14）。

金属器物

美国早期的壁炉部件，比如柴架、火钳、火铲等是用铁制成的。炒锅、大铁锅、锁、铰链、烛台和灯也是铁制的。在殖民者中，现在所知道的最早的铁匠是詹姆斯·里德（James Read），1607年在詹姆斯敦工作。铁制五金件，比如在图19-33中所展示的那些，应用在了像1649年霍顿故居（图19-4）之类的房子中。最早的炼铁炉于1664年建立在马萨诸塞州的索格斯，它运行了接近二十年。到了18世纪，大多数的殖民地都建立了铸铁厂。本杰明·富兰克林在1742年发明了一种用铸铁做的火炉，它的铁制炉膛延伸到屋内。"富兰克林火炉"有一个空气箱，在这里面把室内的冷空气烤热，然后进行空气循环。它比以前的明火的加热效率更高，因此很受欢迎，做了很多的装饰样式。1756年宾夕法尼亚的斯蒂格尔"大亨"制造他自己设计的火炉，后来成为著名的玻璃器皿生产商。

殖民时期的锡器匠在铁上面镀一层锡，制作各种类型的厨房和家居用品，也从英国进口表面镀锡的五

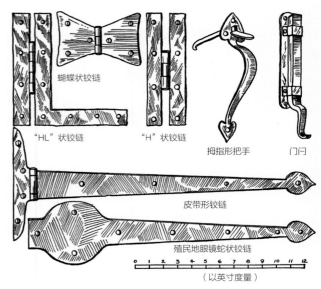

蝴蝶状铰链
"HL"状铰链　　"H"状铰链　　拇指形把手　门闩
皮带形铰链
殖民地眼镜蛇状铰链
0 1 2 3 4 5 6 7 8 9 10 11 12
（以英寸度量）

▲图19-33 殖民时期的门用铁制五金件实例
吉尔伯特·维尔/纽约室内设计学校

金件。最早的锡器匠可能是波士顿的闪·卓恩（Shem Drowne，1683—1750），他制作烛台、盘子和灯具。他也制作蚂蚱状的铜风向标，现在还放在波士顿法尼尔厅的上面。打孔是装饰锡器产品的一种方法，尤其在新英格兰流行，然而在17世纪的宾夕法尼亚，弯曲形的制品很时髦，这是通过沿着金属的表面用凿子敲打，形成锯齿状的沟槽，这种技术也用在白镴和银器当中。

然而锡器最流行的处理方式是上漆。上漆的锡器和镀锡铁器在18世纪早期产自英国和法国。英国的被称为澎堤池（Pontypool）锡器，名字来自于出产大量锡器的镇。法国的被称为马口铁器，美国通常也这样命名。两种样式都用来做相框、灯具、托盘、茶壶、水缸、水桶、茶叶罐、面包篮和许多其他的物件。这种物品最初是涂上棕黑色的柏油清漆，然后放在火炉里面烘干。如此就会有黑亮的表面，然后在上面镀金或者绘彩色。彩绘有时候利用模板，有时候用手绘。

黄铜是由青铜和锌制成的，在殖民时期的美国用来制作抽屉拉手、箱子把以及铰链，也制作长柄暖床器、煎锅、脸盆和水壶。马萨诸塞州林恩的约瑟夫·詹克斯（Joseph Jenks，死于1679年）是有记录的美国最早的黄铜匠，但是他以及后人不得不主要靠重新利用熔化的旧黄铜，因为英国人限制美国的黄铜器制作（一直到美国独立战争），以便为英国铜器产品扩展市场。18世纪的黄铜颜色要更浅更黄，比今天的黄铜的锌含量要高，

而青铜的含量要低。殖民地有两种跟黄铜类似的合金，跟黄铜一样是由青铜和锌组成，但是比例不一样。一种称为薄黄铜，被做成了薄片，通常用来制作匙；一种叫作王子金属，被认为类似于黄金，用来装饰铸造物。

白镴是由锡、青铜和铅组成的合金，在殖民地时期可能制作于银器之前（图 19-34）。罗马人、古代中国人、中世纪的法国人和英国人，以及很多其他时期和地区的人都使用过它。白镴中的锡含量从 60% 到 90% 不等，含锡量低的白镴表面黯淡无光，而且质地很软，比较容易在上面产生凹陷。含锡量高的白镴表面有光泽。在 17 世纪和 18 世纪的美国，含锡量低的白镴被大量使用，但是由于它的价值低（跟白银相比），很多在独立战争期间被做成了武器。独立战争之后，白镴绝大部分被镍、银、银板和瓷器代替。然而，在那个年代里，白镴在殖民地中很重要，白镴制品包括咖啡壶、茶壶、灯、烛台、盘子、罐、餐具（比如刀和叉），以及用来吃谷物或者浆果的小浅粥碗。白镴大啤酒杯在殖民时期的北美很常见（见图 19-34）。

所有的这些物品也用银来制作。最早是南方富裕的种植园主大量地拥有银器。早期美国的最著名的两个银匠是约翰·科尼（John Coney，1655—1722）和保罗·里维尔（Paul Revere，1735—1818），他们都来自波士顿。

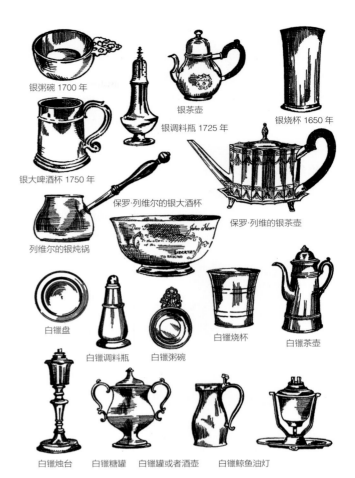

▲ 19-34 美国银器和白镴器皿
吉尔伯特·维尔 / 纽约室内艺术设计学校

约翰·科尼

波士顿的约翰·科尼是杰里米亚·杜默的小舅子，后来成了雕刻家、银匠和金匠，制作了殖民地最早的货币印刷版。他是一个杰出的匠人，设计紧跟英国款式，是把一些英国样式引入美国的第一人，比如巧克力壶和大银碗——一种有凹口的碗，将酒杯放在凹口上，用碗里的水冷却。

保罗·里维尔

跟科尼一样，保罗·里维尔也是一个雕刻家和银匠，也在波士顿工作。19 岁的时候，他接手了他父亲的生意。他父亲跟他同名，是一个银匠，曾经是科尼的学徒。小里维尔的最著名的设计是一个银制大酒杯（图 19-35），这是他为一个叫作"自由之子"的团体设计的（里维尔本人也属于这个团体）。简洁优美的器

▲图 19-35 被广泛仿制的"自由之子"银碗，保罗·里维尔设计，1768 年，14 厘米 ×27.9 厘米。侧面刻有"纪念光荣的 92 名成员"
"自由之子"碗。1768 年。保罗·里维尔，美国人，1735—1818 年。银器，14 厘米 x 27.9 厘米。表面不平
弗朗西斯·巴特莱特基金及会员费捐赠。波士顿美术馆提供。©2000，波士顿美术馆

型来源于一个从中国进口的瓷碗，它有各种尺寸的仿制品。里维尔制作的有名的器物还有银制咖啡壶、茶壶、大啤酒杯和大水罐。他也建立了一个生产教堂钟的小铸铁厂和一个制作青铜片的作坊。1802 年，他的青铜被用来覆盖位于波士顿的马萨诸塞州议会大厦的穹顶，这个大厦由查尔斯·布尔芬奇设计，当时已经有五年的历史了。里维尔铜公司今天还在运营。然而，他作为一个著名的金工技工的名气，被他作为一个独立战争英雄的名誉所掩盖了，他把英军逼近的消息传递给了当地民众，这个不朽的事件记录在亨利·沃兹沃斯·朗费罗的诗中："听着，我的孩子们，你们应该听到 / 保罗·里维尔的午夜狂飙……"

纺织品

第一批移民者从欧洲带来了丝绸、锦缎和天鹅绒。从 1638 年开始，大批的棉花从西印度群岛进口到波士顿和赛勒姆。可是，第一批在美国生产的纺织物很朴素简单。

1640 年，马萨诸塞州最高法院要求在国内生产羊毛布和亚麻布，有记录以来最早的生产始于 1641 年。1643 年，来自盛产羊毛的约克郡的二十户家庭，定居在了马萨诸塞州的伊普斯维奇附近的罗利，建立了美国第一个专业的纺织品作坊。这个作坊一直经营到 19 世纪，生产羊毛宽布，后来生产棉花和亚麻制品。

英国开始认真地把它的殖民地看作竞争对手，在英联邦时期（1649—1659），下令英国生产的羊毛只能在英国本土使用。后续有更多的限制性法规，到了 18 世纪情况更糟。那时候殖民地的所有地方都生产纺织品，在乔治亚州和卡罗莱纳州生产丝绸，在费城印制棉布，在哈特福德制造羊毛制品，在波士顿生产亚麻制品。1792 年出生在马萨诸塞州的伊莱·惠特尼（Eli Whitney）发明了棉花轧花机，能更简便地从棉籽上分离出棉花纤维，由此给 19 世纪早期的纺织业带来了变革。

床上用品和窗帘

最早和最简单的殖民时期的床上用品和窗帘是手织的羊毛制品。最易得的染料有红色、棕色和靛蓝，但是也制作了黄色和绿色的手工织物。早期殖民者也有亚麻，一种由亚麻和羊毛混合起来的织物也很受欢迎，叫作亚麻羊毛。这种织物粗糙不紧密，通常染上鲜亮的颜色。

床边毯放在床上，可以用来取暖，看起来像是挂毯，但是背面是更重的帆布而不是亚麻，羊毛的编织结的线头也没有剪掉。人们也制作被子、床罩和各种床上用品，可以在威廉斯堡（图 19-6）和蒙蒂塞洛庄园（图 19-10）中看到。它们有些是在小的手摇织布机上纺织的，有的是将小片拼接起来的，有的上面做贴花。

家具装饰

家具装饰的发展始于 17 和 18 世纪。有时候使用皮革，但是更经常使用的是纺织物（图 19-14、图 19-24 和图 19-36）。家具衬垫里面的填充物通常是马尾毛和马鬃毛，也有用奶牛尾毛的，把这些毛清洗晒干，使之更柔韧。

波纹织物是 17 和 18 世纪的一种更厚的羊毛装饰材料，使用羊毛做经纱，用羊毛、亚麻或者棉花填充。这个名字可能是源于它的制作过程，趁湿的时候把它用烙铁烫成波纹状，就跟波纹丝绸的外观一样。它通常被染成浓重的色彩：深红色、绿色、蓝色或者黄色。其他流行的装饰材料是毛哔叽和马毛。毛哔叽是一种由羊毛或羊毛混纺织成的扁平织物，带有精细的斜纹花纹，跟今天的棉牛仔布类似。马毛是一种光滑、坚韧而有光泽的纤维，通常是黑色的，用棉花、亚麻，偶尔是丝绸作为经线，用马毛作为纬线一起纺织（在 20 世纪早期，用人造纤维代替了马毛）。在 18 世纪末，产自英国或者法国的印制棉布是很流行的家具装饰进口材料。

我们从印刷的书籍和家具装饰制作商的账单中得知，沙发套有时候也被用来制作很多早期北美的椅套，但是现在都不存在了。

毛毯，地毯和地面布

令人惊讶的是，美国第一批被称为毛毯和地毯的物品，竟然不是铺在地面上，而是用作桌布、床罩，被铺在箱子、橱柜、壁炉架、架子甚至窗台上，用作装饰和防护。

铺在地板上的针勾编织地毯在欧洲北部的国家很流行，可能是由来自苏格兰、斯堪的纳维亚半岛和荷兰的移民引入了殖民地。将一块粗糙的亚麻地毯底撑在一个框子上，使用小的编织针把窄布条穿过它。有时候外露的布圈被剪掉，有时候不剪。地毯的样式有几何图，也有船、动物和花。

也有铺在地板上的编织地毯。不同颜色的布条编在一起，编成的辫子螺旋地缝在一起，做成圆形或者椭圆形的地毯。也可以把几排这样的布辫加入到针勾编织地毯的外面，作为地毯的最后一个程序。把针勾编织地毯或者编织地毯放在刷油漆的地板上，是普通美国房间的标准配置，这一直持续到 19 世纪中期。我们今天仍旧能够看到这些地毯，这是殖民复兴风格的标配。

我们能够在威廉斯堡的总督宫（图 19-6）看到周围被地毯呈 U 型围起来的圆床。

地面布是绘制的帆布，我们在关于英国设计那章中提到过，在美国被大量地使用（图 19-36）。除了用来代替精美的地毯来铺设大片的地面，它们也被做成小块，放在餐桌或者边桌的下面，以便保护下面的地毯不被掉下的食物污损；这种小块的地面布被称为碎屑布。地面布有时候也作为更沉重的粗糙地毯的夏季替代品，甚至用在地毯下面，使地面表面更平滑，并且阻挡可能从地板开裂处漏出来的风。地面布有各种尺寸，通常是绘成

典型的几何图形，有些是模仿马赛克或者大理石砖。

镂花涂装和壁纸

在美国生产印制的壁纸之前，大量地采用了镂花涂装技术。在 18 世纪早期，从英国和法国进口纸张，印制的壁纸开始取代镂花涂装。

早期美国人在没有地毯或者地面布的时候，就使用镂花涂装来处理地板，直接把木地板涂成地毯的样式（图 19-1）。如果想用镂花涂装来做整个背景色的话，经常是选用褚黄色。有时候把地板喷涂成大理石而不是地毯的样子，用羽毛而不是刷子轻轻地描绘来画出大理石纹理。用一根棍子在湿的刷子上滑动，让颜料散落，从而形成一种溅落的效果，这在新英格兰很流行。重复的样式用在大的墙面上，沿着墙的顶端和楼梯，在边上做镂花涂装（图 19-37）。在壁炉的饰架上有大的镂花涂装，

▶图 19-36　一个联邦时期的餐厅里的绘制地面布，来自马里兰州巴尔的摩市，这个餐厅现在是纽约大都会艺术博物馆的时代展室
大都会艺术博物馆，罗杰斯基金，1918 年（18.101.1-4）。
摄像 ©1981 年，大都会艺术博物馆。

镂花涂装是一种设计的再生产，使用叫作模板的面具状物体来引导绘图的位置。镂花涂装和一些史前洞穴里使用人手作为轮廓的绘画一样古老［图 1-4，在史前洞穴绘画技术中，绕着（而不是穿过）一个物体绘画称为消极镂花涂装］。镂花涂装大量应用在中国和日本的纺织品装饰中，在中世纪的欧洲使用这种方式制作扑克。它被用来制作标语和活页乐谱，也被尤为显著地用在殖民时期的美国的墙上和地面上。在 19 世纪，是一种装饰家具的流行方式。

镂花涂装绝大多数情况下是坚硬的薄片，在防水的材料上面，比如刷油的硬纸板（今天经常使用塑料），刻上想要的形状样式的孔。通过孔可以刷上或者搓上（如今是喷涂）颜料、油墨或者染料。

早期美国著名的镂花涂装艺术家是新罕布什尔州的巡回教士摩西·伊顿（Moses Eaton，1753—1833），现在我们还能看到他的成套的模板、刷子和木制隔块；后来跟他同名的儿子（1796—1886）使用了这些。伊顿的镂花涂装是用刷油的硬纸板制作的，他的颜料是用干颜料混合酸牛奶做成。

▲图 19-37　在伊莉莎·史密斯屋中的楼梯墙上面的镂花涂装边，罗德岛斯蒂尔沃特，1696 年
珍妮特沃宁（Janet Waring），《早期美国墙上的镂花涂装：起源，历史和应用》（*Early American Wall Stencils: Their Origin, History and Use*），纽约，威廉斯科特（William R. Scott）拍摄，1937 年。多佛出版公司提供

而在奢华的房间里一般是挂一幅画。很多美国人的墙面镂花涂装是业余爱好者自己在家做的。也有在天鹅绒上做镂花涂装的习惯，通常是女士的一种艺术性娱乐。

人们认为美国第一个壁纸制作者是费城的普朗克特·弗里森（Plunket Fleeson），他在 1739 年开设了自己的工厂（弗里森也是一个装饰材料商）。在 18 世纪中期，美国的很多城市报纸都开始为壁纸这种廉价的装饰方法做广告。壁纸制造商威廉·佩恩特尔（William Payntell）提供了 4000 种图案的壁纸，其中的一些纤维绒面，跟我们见到的在英国使用的一样。花色有很多种，几何图形的、风景的、花卉的，或者把它们结合在一起的。其中的很多是很受欢迎的中国风格（图 19-26），或者法国进口品的仿制品。

总结：早期美国设计

在前面所有的章节中，我们看到一个时期和地方的设计影响到之后的时期或者其他地方的设计。在早期美国，移民尽管离开了欧洲，但是他们与各自的欧洲背景有着很强的联系，这种影响不同寻常地巨大。早期美国的历史，有时候是一段反映了从前的影响的鲜活记录。最开始，殖民地的人渴望重塑他们的过去，但是经常缺少资源去做。一段时间之后，他们开始逐渐地善于模仿，但是很快地超越并拒绝欧洲模式，喜爱更加务实地解决方式，有时候甚至寻求完全独立于欧洲的模式。

寻觅特点

在两个半世纪的历程中，美国殖民者尽管非常渴望政治上的独立，但是在室内装饰、家具和装饰艺术上，他们同样非常渴望尽可能跟他们的欧洲背景靠近的特色。在这方面，他们有时候很成功，以至于有时候很难说一把椅子或者一面镜子是制造于美国还是制造于欧洲。

在早期的美国，故意独立于欧洲时尚的设计特色，可以在那些被迫离开欧洲的某些宗教团体中看到。最令人尊敬的是震教徒，他们展示了这样的独立特色。他们的设计正直、简朴、直接，在精神层面上是真正的美国人。这种设计受到广泛的尊重，后来发展成了一种具有真正美国特色的表达。这种独立的特色，可以在美国早期历史中最重要的设计领袖托马斯·杰斐逊身上看到，他设计的弗吉尼亚州议会大厦和蒙蒂塞洛庄园，不是简单地遵循现有的标准。他设计了新的准则，美国的设计遗产因为这样的创造精神而更加丰富。

探索质量

在18世纪，殖民者"勉强对付"的设计是功能性的，很少浪费。引人注目的是，在18世纪，他们已经取得了足够的进步，制造出这样的产品，这里仅举一例，约翰·汤森德的扇壳格抽屉柜（图19-18）。尽管是建立在实用性和便利性的基础上，但是美国的设计还是迅速成熟了，它的最优良的设计，可以跟其他任何地方的最好的设计在质量上媲美。

做出对比

欧洲殖民者的设计和当地原住民的设计是一个明显的对比，因为两者利用了很多相同条件，但是结果大相径庭。由于他们的传统不同，这两种人跟这片土地建立了不同的联系，有着不同的人口密度倾向，不同的社会和家庭结构，对于自然世界和精神世界有着不同的理解。

很自然地，他们设计了不同的房屋、家具、容器和纺织品。

我们也可以将英国殖民者相对朴素耐用的设计与西班牙和法国殖民者的相对注重装饰精美的设计做比较。我们可能以为工业化的北方殖民地比农业化的南方的设计更出彩，但是我们会吃惊地看到，由于南方种植园的繁荣和它所能提供的奴隶劳动力，产出了一些最精美的设计。

在研究美国人如何采纳和适应欧洲风格的时候，我们很有意思地发现他们没有选择采纳。除了几个特例（比如齐彭代尔风格的椅背和泥灰的天花板），美国人没有采用影响广泛的法国洛可可的抒情风格。他们也没有对英国巴洛克风格的重彩镀金表现出兴趣。甚至在他们最富裕和无忧无虑的年月里，早期美国人也在传达他们在新大陆最初岁月的艰辛，并且不忘宗教信仰的约束。他们最终为自己创造出美丽舒适甚至优雅的环境，但是几乎一直（至少是到18世纪末期）在避免任何过量的装饰。

对于早期美国人来讲，主导他们意识的是他们和欧洲对手之间的比较。用新世界来衡量旧世界，刚刚讲到的这个卓越的进程，很自然地在某种程度上是跟被美国人留在身后的世界做比较。与他们的欧洲背景相比，他们的设计如此的优良，并且经常超过了欧洲，这给我们留下了深刻的印象。

20

19 世纪设计

"我们无法抛弃传统，无法随意抹杀它。"

——埃德温·鲁琴斯（Edwin Lutyens，1869—1944），英国建筑师、设计师

和其他领域一样，19 世纪的设计充满思想碰撞。两股相反的力量展现了不同的形式：面向未来与回到过去；手工制品的精美与工业制品的效率；美观与实用；喜爱材料的自然形态与喜爱精美的外表（图 20-1）。

纵观整个 19 世纪，我们都会看到二者激烈的碰撞，有时候一方占优势，而有时另一方占优势。

19 世纪设计的决定性因素

19 世纪设计的决定因素跟以前不同，不像以前是跟地理、政治和宗教有关，而是跟英国新时代的扩张、更频繁的交流和新技术的发明有关。这些因素使得设计的全球化开始成为可能。

◀图 20-1 橡木和玛瑙制的壁炉外围细节图，可见钟表和日历镶嵌在雕刻的橡木中。位于奥尔巴尼的纽约州立法院中，由理查德森于 1876—1881 年设计
赛尔温·罗宾逊（Cervin Robinson）

历史因素

早期的历史由统治者的继承、征服和他们的影响构成。但是到了 19 世纪，英国成了主导因素。尽管本土面积小，但是这个帝国统治了全世界四分之一的人口和三分之一的土地。早期强大的帝国，像西班牙、葡萄牙、奥斯曼和莫卧儿，都衰落或者消失了，一个占主导地位的统治者在这时出现了。在强大的英国有一个君主，她的统治几乎延续了整个世纪。她就是出生于 1819 年的维多利亚女王，她从 1830 年到 1901 年统治着大英帝国。

19 世纪就自然地被称作维多利亚时代。可惜的是，"维多利亚"这个词意味着古板的举止和烦冗的装饰。这种情况虽然是存在的，但 19 世纪的总体状态远远不止这些，跟"维多利亚"所意味的古板印象不同，这是一个多样的、有气势的、充满惊喜的世纪。

交流因素

石版印刷极大地促进了书面交流。这种印刷技术是基于油水不混合的原理，由一个德国印刷工于 1798 年

发明的，首先是用来印刷乐谱。后来出现了彩色石版印刷和其他的新的印刷技术，应用在了传播设计理念的书籍和近代印刷杂志上。另外，巴黎画家雅克－曼德·达盖尔（Jacques-Mandé Daguerre）在 1837 年首次发明了达盖尔银版法（一张他自己的工作室的照片）。在 19 世纪 50 年代，现代的摄影技法被广泛使用，当然这对设计思想的传播很有用。

1807 年，英国建筑师和收藏家托马斯·霍普（Thomas Hope, 1769—1831）撰写了具有 18 世纪早期传统风格的著作《家居家具和室内装修》（Household Furniture and Interior Decoration），里面的版画展现了他在一个位于伦敦的罗伯特·亚当风格的房屋（图 20-2）中为自己而做的室内设计。房间是很折中的，主要是新古典主义，但是也有埃及、印度和其他外来风格的因素。这本书也展示了霍普的家具设计（图 20-39 和图 20-40），据说这本书的标题引入了"室内装饰"一词。受到霍普的影响，1808 年乔治·史密斯（George Smith）撰写了《家居家具和室内装修设计汇览》（Collection of Designs for Household Furniture and Interior Decoration）。

1868 年，查尔斯·伊斯特莱克（Charles L. Eastlake）编著了《家居家具品位指南》（Household Taste in Furniture, Upholstery, and Other Details），极大地影响了当时的设计。伊斯特莱克的设计是哥特式风格的精简实用版，他认为这样的建造成本不高。他在著作中阐释了这种设计理念，被称为"伊斯特莱克风格"，在美国被广泛地运用。从 1875 到 1890 年，美国的建筑、装饰和家具设计充斥着这种风格。这是安妮女王复兴风格的豪华版，饰有大量支架、垂锭、圆轴、折弯和把手（图 20-3）。

技术因素

19 世纪的历史是发明创造的历史——蒸汽机、铁路、轧棉机、汽车、电话、电报、照相机、电灯和人造纤维。1794 年，第一份电报从巴黎发到里尔；1876 年，亚历

◀图 20-2 托马斯·霍普绘的他的画廊，里面展示了约翰·弗拉克斯曼的雕刻作品
摆设映在墙上的镜子里，墙基本被有蓝色、橙色和黑色斑点的窗帘遮挡着
多佛出版公司

山大·格拉汉姆·贝尔（Alexander Graham Bell，1847—1922）在英国和美国申请了电话专利；1818 年，"萨瓦纳"号蒸汽船横渡大西洋。在陆路交通方面，铸铁轨道建造于 1767 年，尽管最开始只用于马拉的车。在 19 世纪前几十年里，设计了叫"火箭"和"普芬比利"等名字的火车头。在英国，1830 年从利物浦到曼彻斯特的约 55 千米长的铁路线开始投入运行。

随着通信和交通的改善，新的设计不再局限于本地受众，而是开始变得全球化了。新技术迅速而广泛地传播，不仅影响了室内装修相关产品的制造方法，也影响了室内设计的功能。人们广泛使用大规模生产的新方法来制造建筑材料和家具。技术以史无前例的力度塑造着设计。有时候，设计的变更是出于对新技术的激烈反抗和怀疑，这也证明了技术是设计思想的主要催化剂。

19 世纪的建筑及室内设计

受到技术变革和设计思想快速交流的影响，19 世纪是一个许多昙花一现风格相互碰撞的时期，它们争相吸引人们的注意和好感。绝大多数可以粗略地划分到两类中，一是继续推崇古典希腊和罗马的设计，二是力求恢复更具异域风情的设计。那时也有一些更加独立的新运动、新建筑工具和全新的建筑形式。

帝国风格

帝国风格是根据皇帝拿破仑·波拿巴而命名的，他带领法国军队横扫欧洲大部，然后在 1799 年成为第一

执政官，最后于 1804 年加冕称帝。他的第一帝国持续到 1814 年，他被迫退位并被流放。尽管拿破仑的主要才能是在军事而不是艺术，但是他意识到艺术的宣传价值，并下令建造了巴黎的法兰西艺术院、巴黎美术学院、新的拱形排列的里沃利大街以及凯旋门。他翻新了被遗弃的法国皇家宫殿，宫殿的许多物品被剥离掉，以便更贴合他的新政府的风格。这个政策重新实践了室内装修和工艺品摆放，给枫丹白露、杜伊勒里宫和爱丽舍宫的装修带来了新生，形成了新的装饰风格。

佩西耶和方丹

定义帝国风格的主要实践者是查尔斯·佩西耶（Charles Percier，1764—1838）和皮埃尔 - 弗朗西斯 - 莱昂纳德·方丹（Pierre-François-Léonard Fontaine，1762—1853）。二人在法国的一个工作室当学徒的时候认识，然后一起去罗马旅行。他们在罗马的绘图于 1798 年和 1809 年出版。拿破仑妻子约瑟芬·波拿巴（Josephine Bonaparte，图 20-4）居住的马尔梅松城堡，是他们的室内装修任务之一。这项工作助推了他们的事业，1804 年，拿破仑封佩西耶和方丹为"卢浮宫和杜伊勒里宫建筑师"。

佩西耶和方丹认为，古希腊和古罗马的设计，尤其是从古希腊花瓶上吸取灵感的设计，十分适合于新法国。复原古典设计并不新奇，但是佩西耶和方丹比之前我们所知的法国人更苛刻和准确。他们在 1801 年出版的《室内装修汇编》（*Recueil de decorations intérieures / Collection of Interior Decorations*）中，阐述了新风格的基础原则，实际上在帝国建国前三年定义了我们现

▲图 20-4 马尔梅松城堡中约瑟芬皇后的音乐室，位于巴黎附近，1800 年建成。佩西耶和方丹设计了室内装饰、家具、甚至乐器

吉罗东 / 艺术资源，纽约

在称之为帝国风格的东西。"一次对造型的徒劳的探究，"佩西耶和方丹写道，"要找到比我们从古代继承的形式更好的形式。"跟 1795—1799 年执政内阁时期风格一样（见第 15 章），他们的帝国风格事实上是基于古代的实例。二者都是使用简练的线条，家具形状通常是棱角分明的，但是在这种形状的风格里添加了更丰富的装饰，来保持造型和装饰的独特性。其中的雕刻主题包括狮身人面像、鹰、天鹅、蜜蜂、女像柱、组像（立在基座的男性半身雕像），有翅膀的火炬和有翅膀的鹰头狮身兽，也有月桂花环围绕着组合的字母"N"。

然而，帝国风格最有特色的元素是这些物件的背景，即墙。墙顶部有楣勾（起码是檐口），由柱子或者壁柱连接，用石膏砌成哑光面，或者使用更引人注目的帏帘。最极端的处理墙饰的方式，是从檐口的顶端一直到台座或者地基，用舒展的、有褶皱的或者松散的下垂织物覆盖整片区域，织物的中间用穗和金色坠儿束起来。由佩西耶和方丹设计的马尔梅松城堡（图 20-5）里的约瑟芬的卧室是圆形的，设计展示了罗马皇帝军帐的内部装饰。墙上由垂下的红色丝绸覆盖，丝绸由军帐的柱子支撑；

▲图 20-5 约瑟芬皇后在马尔梅松城堡里面的帐篷状卧室，由佩西耶和方丹在 1810 年装修。家具上面有法国家具木工雅各布 - 德斯马尔特和比内斯的签名

吉罗东 / 艺术资源，纽约

天花板由织物覆盖，上面装饰着金色贴花。作为很多帝国风格卧室的代表，约瑟芬的床的长边挨着墙，床上也有类似帐篷的垂帷。

帝国风格的门上面，要么是有中间玫瑰花结的正方形木板，要么是中间镶有钻石形状的长方形木板。窗户上面挂着两幅或者三幅复杂的窗帷，饰有精美的帷幔、穗、流苏、绉襞和贵重饰品。织物有丝绸的、羊毛的和棉的，这三种织物经常一起来遮挡一扇窗。大理石壁炉架是非常经典的，上面有平直的台子。在宏伟的屋子里，台子下面的壁炉架雕刻华丽，立在女像柱或者矮柱上面。在一般的屋子里，壁炉架通常不做雕刻，只是旁边有简单的壁柱，趣味点体现在大理石的颜色和纹理上。壁炉台上面通常放有一座镀金时钟，可能装饰有希腊雕像和玻璃顶。地板通常是光面的，上面是黑白相间的方形大理石样式，或者镶木地板。部分地面也有可能铺设奥布松花毯或者来自远东的地毯。

查尔斯·加尼尔和法兰西第二帝国

拿破仑·波拿巴的侄子拿破仑三世，是1852—1870年法兰西第二共和国的君主，他和他的妻子欧仁妮一同享受了现在被称为第二帝国的荣耀。第二帝国延续帝国风格的设计，但是又结合了来自文艺复兴时期和巴洛克时期的元素。它仍然崇敬古风，但是更加浪漫和随性。欧仁妮皇后在装修她在贡比涅城堡里的房间时，混合了帝国风格、路易十六风格和一些其他风格。

在拿破仑三世统治时期，乔治-欧仁·奥斯曼（Georges-Eugène Haussmann，1809—1891）男爵开始把巴黎中世纪的街道系统改建成了我们现在所知的宽阔的成放射状的大街。维斯孔蒂和勒弗设计的新卢浮宫纪念性建筑也于1853年开建。卢浮宫使用了第二帝国特色，例如双重斜坡屋顶（一个屋顶有两个坡度，下面的更陡峭），山墙屋顶窗，外部和内部墙表装饰有法国文艺复兴的细节。

第二帝国风格更重要的一个例子是巴黎歌剧院，由查尔斯·加尼尔（Charles Garnier，1828—1898）于1861年设计。它没有双重斜坡屋顶，但是详细地表现了第二帝国风格的另外一个重要趋势：把画家、雕刻家和装修师的作品融入室内设计中。内部的戏剧性感受绝不局限于它的舞台甚至观众席，如平面图（图20-6）所示，观众席只是处于中心的一小部分，而四周是繁杂的大厅、

休息室、门厅和大楼梯间（图20-7），这所有的一切成了展示法国社会的舞台。那里上演着法兰西第二帝国的戏剧，甚至本身也融入了表演当中。

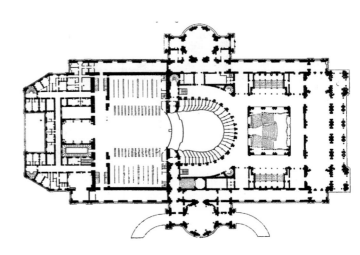

▲图20-6 巴黎歌剧院平面图，查尔斯加尼尔于1861—1875年设计。观众席在平面图中间，大楼梯间在它右侧
霍尔顿档案馆 / 盖提映像

▲图20-7 查尔斯·加尼尔设计的巴黎歌剧院里的大楼梯间，1861—1875，周围环绕着大理石柱和镶板，青铜雕像和华丽的灰泥制品
存货联系分销处 / 阿拉米影像

摄政风格

英国国王乔治三世1811年发疯之后，他的儿子作为摄政王子开始统治英国。在1820年父亲去世后，他成了乔治四世国王。因此，他实际摄政了接近十年。但是在设计领域中所说的摄政时期，通常开始于1780年，直到1830年乔治四世去世。

帕梅拉·班克曾经是麦克米伦和派瑞士一哈德利两家 20 世纪重要设计公司的副总裁。在 1999 年，她在纽约开创了帕帕拉·班克联合公司。在一篇发表在《设计师看设计师》（*Designers on Designers*，麦格劳 - 希尔，2004）的采访文章中，描述了她第一次参观约翰·索恩爵士故居，她说："我看向其中一个凸出的镜子，看到了中间渺小的自己，屋子不断在我的周围延展。这些镜子把光聚在脚下，晃动、跳跃……许多屋子里都有至少一面大镜子，白天反射阳光，晚上反射灯光。所有这些取光的想法都很棒，让房屋充满生气；它绝不会随着光线不停地在里面律动而变得老旧和枯燥。"

摄政风格的主要年代记录者是托马斯·霍普（图 20-2）和乔治·史密斯，他们的著作对这个时代产生重大影响。典型的摄政风格房间，有朴实无华的石膏天花板，但是许多也会用弯曲的拱形来连接天花板和墙。檐口、门框和窗框都是笔直的古典筑模，古板的壁炉架上面可能仅仅装饰了雕板或者有凹槽的雕带。窗户通常很高，向下面延伸到地板。用古典英雄或者哲学家的大理石半身像作为房间的装饰，通常被安放在矮基柱上。

约翰·纳什

约翰·纳什（John Nash，1752—1935）是这种风格的两个杰出建筑师之一，他是皇家指定的建筑师，在布莱顿为摄政王子建造皇家别墅。皇家别墅（图 20-18 和图 20-19）展示了摄政风格的经典对称美，但是也沉溺于一些花哨和古怪的细节，我们将把它作为一种叫作英式印度的东方风格的例子，在后面会讲到。

我们能在纳什的一系列静肃的泥灰砌墙面的一排排建筑作品中（在英国被称为露台），看到他的严格而明显的摄政时期风格。在 1812 年到 1827 年间，在伦敦的摄政公园建设了很多这样的建筑。纳什在伦敦设计了赫马基特剧院，并把白金汉府改造成白金汉宫。

约翰·索恩

纳什的最大对手是约翰·索恩爵士（1753—1837）。索恩的伟大作品是位于英格兰银行伦敦总部，建成于 1823 年，后来被毁掉了。他的另外一个著名的设计是他自己的房子（图 20-8），位于伦敦林肯法学院区，后来他捐赠给了国家，现在是索恩博物馆，里面展示他收藏的建筑图纸精品。在这两个建筑里面，索恩都以大师级的水准，融合了暗影穹顶、拱顶、灯饰和隐藏光源，用空间和光打造了绝伦的装饰。

尽管索恩设计的房间是摄政时期最精美的作品之一，

但是由于太过于古怪，所以并没有被当作典型，也没有被广泛地借鉴。但是，这些作品促进了装饰风格的变革：即从亚当风格风格的灰泥装饰，到用棕色或者深红色等暗色来粉刷平滑的灰泥墙。

其他的古典主义风格

随着新古典主义的观点席卷欧洲，两个伟大的古典主义风格——法国的帝国风格和英国的执政风格——依次影响着其他国家的其他风格，例如爱尔兰、德国和奥地利。我们已经看到，在美国，新古典主义绽放成了联邦风格，一直持续到 19 世纪，并且诞生了杰斐逊和其他一些名家（见第 431 页）。

爱尔兰的新古典主义

詹姆斯·冈东（James Gandon，1743—1823）和詹姆斯·怀亚特（James Wyatt，1746—1813）是爱尔兰新古典主义设计的引领者。威廉·钱伯斯（William Chambers，1723—1796）是詹姆斯·冈东的老师，1781 年开始在爱尔兰生活。詹姆斯·怀亚特从 1790 年开始在弗马纳郡建造库尔城堡。城堡于 1797 年建造完成，在 19 世纪的前二十五年装修。小约瑟夫·罗斯（Joseph Rose，Jr.，1745—1799）承担抹灰泥工作，他曾经给罗伯特·亚当工作过；伦敦雕刻师理查德·韦斯特马克特（Richard Westmacott，1775—1856）承担了壁炉工作；都柏林的最重要的家具商约翰·普雷斯顿制造了家具。这些比例均衡的房间里面，椭圆形的大厅（图 20-9）是最为出众的。

德国的新古典主义

弗里德里希·威廉二世（Frederick William II，1859—1941）于 1786 年开始建造一系列的新古典主义风格的建筑，雇用建筑师卡尔·戈特哈德·朗汉斯（Carl

▲图 20-8 约翰·索恩爵士房屋里的早餐室，位于伦敦，1812—1813 年修建。它的复杂光影效果来自一系列的天窗和镜子

理查德·布莱恩特（Richard Bryant）/ 阿西德

▲图 20-9 詹姆斯·怀亚特的椭圆形大厅，位于爱尔兰弗马纳郡的库尔城堡，1797 年建成，内有都柏林的约翰·普莱斯顿于 19 世纪初和 19 世纪 20 年代设计的嵌黄铜的希腊式家具
帕特里克·普伦德加斯特 / 国家信托影像图书馆，英国伦敦

Gotthard Langhans，1732—1808）设计位于柏林附近的夏洛滕堡宫的冬季行宫装修。从 1795 年开始，行宫的墙板没有粉刷，装饰很简单。在 1803 年的波兹坦城市宫殿里，路德维希·弗里德里希·卡特尔（Ludwig Friedrich Catel，1776—1819）和弗朗茨·路德维希·卡特尔（Franz Ludwig Catel，1778—1856）兄弟设计了一个伊特拉斯坎式房间，描绘着取自希腊花瓶的形象。

德国的伟大的新古典主义者，同时也是 19 世纪杰出的建筑师之一的人是卡尔·弗里德里希·辛克尔（Karl Friedrich Schinkel，1781—1841），在 1803 年和 1824 年去研究了罗马遗迹，1826 年他去英国伦敦参观罗伯特·斯莫克爵士（Sir，Robert Smirke，1780—

1867）正在建设的大英博物馆。最能体现他设计风格的是夏洛滕堡宫的皇家夏季行宫。最初叫作新馆（现在叫辛克尔馆），里面有一个悬挂着蓝白相间的斜纹织物的帐篷房，以及辛克尔在 1809 年设计的路易皇后的卧室（图 20-10）。卧室的墙纸是粉色的，上面垂着优美的穆斯林风格的白色真丝薄绸。皇后的床的主题造型来自羊皮卷，是佩西耶和方丹设计的。

奥地利的彼得麦风格

上面提到的早期十分精确的新古典主义渐渐让步给一种更自由的风格，即彼得麦风格。在 19 世纪的奥地利，闲适的家庭生活和家庭美德被一个叫"彼得麦老爹"的虚构的喜剧形象拟人化了，这是一个强壮的、沾沾自喜的而总是误传消息的形象。彼得麦风格在德国和斯堪的纳维亚也很流行，屏蔽了对庄严和古典先例的狂热抄袭。

▲图 20-10 辛克尔于 1809 为路易皇后设计的梨木家具和悬挂织物，位于柏林的夏洛滕堡宫
©舒伦堡的弗里茨——《室内档案》（The Interior Archive，题目：帝国 / 夏洛滕堡宫）

它的装修、家具和装饰有时候很迷人，有时候很笨拙，有时两者兼具（图 20-42）。在装修上，家具并不是靠在墙上，而是根据功能，把沙发、椅子和桌子成组摆放，追求便利、舒适而不失礼节。彼得麦风格也有让人耳目一新的简练。墙经常刷成单色，或者贴竖条纹的壁纸，上面有喷绘的或者贴纸的腰线，以及颜色与之呼应的檐口。植物是彼得麦风格装修的一个很受欢迎的元素。

瑞典的古斯塔夫风格

古斯塔夫三世（Gustav III）从 1771 年到 1792 年统治瑞典。古斯塔夫风格就是以他的名字命名的，他在 18 世纪晚期首先把新古典主义的思想引入斯堪的纳维亚。不像其他的名字被用于艺术风格的统治者，古斯塔夫对视觉艺术很感兴趣，对发扬与他同名的艺术风格起了极大的作用。当他还是王储的时候，他命令从巴黎学成回国的吉恩·埃里克·雷恩（Jean Eric Rehn，1717—1793）装修了一个画室。雷恩也给古斯塔夫的兄弟姐妹做室内设计。以古斯塔夫风格作为基础，新古典主义在瑞典深深扎根。最具代表性的建筑师是卡尔·弗雷德里克·森德沃尔（Carl Fredrik Sundvall，1754—1831），他在 1800 年装修了一个大的庄园别墅，即位于内尔彻的斯蒂松德，有大量的雕刻神龛和喷绘的浅浮雕雕带。曾经在国外学习的弗雷德里克·布鲁姆（Fredrik Blom，1781—1853），设计了罗森达尔宫（图 20-11）和皇家乡村别墅罗萨斯堡宫的装修。

宗教复兴风格

有很多的风格，试图恢复古代或者异域的风格，通常被叫作维多利亚风格，意味着这种风格流行于维多利亚女王统治时期的英国，某种程度上流行到美国。然而，尽管她统治了很长时间（1837—1901），这 64 年里设计风格多变，但维多利亚风格仅仅是一个模糊不清的概念。如同古典主义一样，宗教复兴主义风格没有模糊不清，它试图恢复比例和结构的永恒原则；他们试图恢复旧的形式，因为那些形式或者很新奇，或者很迷人，或者在哥特复兴主义眼中它们跟宗教有联系。

哥特复兴

哥特风格自从在 16 世纪达到顶峰之后，在欧洲从来没有消失过。历史学家称 1750 年之后的哥特风格为哥特复兴，而普金（A. W. N. Pugin，1812—1852）是哥

▲图 20-11 斯德哥尔摩罗森达尔宫的大厅，1823—1827 年由弗雷德里希设计。墙上悬挂着丝绸，下面是法国进口来的雕带，角落里的白色柱子是火炉

亚历克斯·斯塔克（Alex Starkey）/ 乡村生活图片图书馆，英国伦敦

特复兴的著名学者和拥护者。

普金最著名的作品是伦敦的议会大厦的装修，他在 1836 年到 1852 年和议会大厦的建筑设计师查尔斯·巴里（Charles Barry，1795—1860）共同设计，并且得到了约翰·乔治·克雷斯（John Gregory Crace）的帮助（图 20-12）。克雷斯是一家家族装修公司的家族成员，在 1768 年到 1899 年共 131 年间，该公司绝大部分时候都是英国最重要的装修公司。克雷斯对英国议会大厦的贡献有壁纸、地毯、装饰性绘画和一些家具。

1860—1880 年的英国哥特复兴主义者认为他们是改革派。跟普金和克雷斯的豪华装饰不同，他们发展出

▲图 20-12 位于伦敦的威斯敏斯特宫上议院，由普金和查尔斯·巴里、约翰·乔治·克雷斯设计，完工于 1847 年
英国信息服务处

一种装饰风格，在护墙板和家具上面用简单的橡木雕刻。在墙上，他们不用明亮的风格，而是挂铁锈色、赭色和土绿色的深色柔和的羊毛织物。墙壁下端的护墙板也很流行，有大理石花纹和镂花涂装。哥特风格改革派的代表有建筑师乔治·埃德蒙·斯特里特（G. E. Street，1824—1881）和理查德·诺曼·肖（Richard Norman Shaw，1831—1912），设计师威廉·莫里斯（William Morris，1834—1896，莫里斯很快摒弃了改革派哥特风格，但是他发展出工艺美术风格，保持了改革派哥特主义的质朴）。

美国太年轻，没有自己的哥特主义历史，但是它热情拥抱了这种风格。一个著名的例子是位于纽约塔里敦的林德赫斯特城堡，这是由戴维斯（A. J. Davis，1803—1892）在 1838 年到 1842 年设计的。在美国建造了数不清的哥特复兴风格的教堂，其中由小詹姆斯·伦威克（James Renwick Jr.，1818—1895）设计的位于纽约的圣帕特里克天主教堂（1855—1888）达到顶峰，这种设计巅峰会一直延续下去。

很多人采用了哥特复兴风格，其中之一是美国的建筑师弗兰克·弗内斯（Frank Furness，1839—1912）。作为弗内斯和翰威特公司的首席设计师，他在 1876 年为费城的宾夕法尼亚美术学会（图 20-13）设计了一系列著名的展廊和循环空间。建筑内除了哥特复兴风格的拱形，还融入了法国孟莎式屋顶、希腊式由三竖线花纹隔开的雕带、拜占庭风格砖瓦，以及看起来像工业机械制造的巨型活塞样子的成对的柱子。

▲图 20-13 费城的宾夕法尼亚美术学会，弗兰克·弗内斯于 1876 年以混合风格设计

鲍勃·克里斯特（Bob Krist）/ 考比斯版权所有

希腊复兴

所有的新古典主义，包括帝国风格和摄政风格，都是对希腊设计原则的部分复兴，直到 1790 年，人们才关注那些以前通过罗马实例展现出来的希腊设计原则。希腊复兴是一个独立的风格，摒弃了罗马案例，而是喜欢希腊先辈设计的庄重、有力、质朴。尽管从来没有从对宗教狂热的哥特复兴风格中脱离出来，但是人们认为希腊复兴风格是市民道德的合适表现形式，因此也是政府建筑和装修的正确风格。米黄色和粉蜡色是合适的室内颜色，大理石、镀金、模板和装饰性的灰泥作品也被使用。

新希腊风格跟希腊复兴风格是不同的，但是由于新古典主义所蕴藏的希腊和罗马样式，新希腊风格在法国意味着第二帝国时期风格。新希腊风格格外强调庞贝风格，并且有一些埃及复兴风格的影子。

埃及复兴

最早效仿古埃及特色风格的是埃及的征服者罗马人，通过罗马人的效仿，狮身人面和方尖碑等形象被纳入了古典主义和新古典主义中。

19 世纪的埃及风格复兴要归功于拿破仑。拿破仑 1798 年入埃及作战，并取得了战役胜利，这令法国极为兴奋。拿破仑点燃民族的热情，他不仅仅带去军队，还带去勘探员、学者和艺术家。由此出版了著名的《埃及志》（*Description de l'Egypte*），一共二十卷，用详细的插图说明。也制作了合适风格的书架来摆放《埃及志》书稿（图 20-14）。

很多人迫不及待地用这种风格来做设计。佩西耶和方丹也在他们 1801 年的出版物中，设计了埃及风格的字体和钟表。查尔斯·佩西耶设计了一系列的家具。法国的瑟夫勒瓷器工厂制作了一个埃及风格花瓶，在 1810—1812 年生产出整套埃及风格的餐具。路易十八把一套埃及餐具赐予第一代惠灵顿公爵，现在存放于英国的阿普斯利邸宅。甚至连壁炉、炭架、钟表、烛台、玻璃器皿和银器也做成埃及风格的样子。这种风潮从法国传到德国、英国和其他的地区。

▲图 20-14 书架一角的木雕，由法国国家具木工查尔斯·莫瑞尔制作于 1813 年到 1836 年，由埃德内 - 弗兰确斯·若尔当设计
书架一角的雕刻，书架设计用来摆放二十卷《埃及志》。位于巴黎国家图书馆
图片来自纽约公共图书馆

罗马复兴

罗马复兴风格借鉴于其 11 世纪和 12 世纪的样式，这种风格的装饰品很少，制造大的砖石建筑结构，有圆顶的拱和桶状的穹。在这个牢固的建筑的内部，装饰有原木护板、彩色玻璃、装饰性瓷片和壁画。这种风格主要跟一个美国建筑师亨利·霍布森·理查德森（Henry Hobson Richardson，1838—1836）的工作有关。理查德森可能受法国人埃米尔·沃德雷默（Émile Vaudremer）的影响。埃米尔设计了蒙鲁日圣伯多禄教堂，教堂建造于 1864—1870 年。理查德森也可能受到原始的罗马风格作品的影响。1860—1865 年，他在巴黎美术学院进修时见到了这些作品。

理查德森回到美国后，他的第一份主要的工作是在 1872—1877 年重建波士顿三一教堂（图 20-15），教堂有罗马风格的圆顶拱。然而，跟以前任何其他的罗马风格建筑相比较，它有更多的装饰品，有艺术家爱德华·伯恩－琼斯和亨利·霍乐迪绘制的彩色玻璃。从美国东北部到中西部，理查德森的作品促进了住宅建筑模仿罗马风格城堡。位于奥尔巴尼的纽约州地区法院，建于 1876—1881 年，我们已经从中看到了（图 20-1）理查德森式细节。理查德森的其他著名的作品包括芝加哥的马歇尔·菲尔德仓库（1887 年），以及后来的一些住宅建筑，这些作品的简练的形式、不正式的规划、随意散漫堆放的物品，形式自由的开窗、宽敞的不规则延伸的阳台，都展现了这种风格的迷人之处。

▲图 20-15 理查德森的三一教堂，1872—1877 年建于波士顿，以罗马复兴风格重彩装饰
赛尔温·罗宾逊

新文艺复兴

新文艺复兴是指 19 世纪主要借鉴意大利文艺复兴作品的建筑、装修、家具、瓷器和珐琅，首要的代表作品是意大利的法尔内塞宫，但是在实践上它是很折衷主义的。这种风格特别受俱乐部建筑欢迎，比如伦敦的查尔斯·巴里旅行者俱乐部（1829—1832）和改革俱乐部（1837—1841）。麦金（McKim，1847—1909）、米德（Mead，1846—1928）和怀特（White，1853—1906）是 19 世纪著名的建筑师，他们设计的位于纽约的世纪俱乐部（1891）和大学俱乐部（1899）就是采用新文艺复兴建筑风格。

麦金 - 米德 - 怀特公司也把这种风格运用到一些住宅作品中，比如纽约的维拉德别墅，建造于 1882—1885 年，有六栋住宅，其中最大的一栋是亨利·维拉德的。音乐厅（图 20-17）是其中最豪华的一间，在 1998—2004 年用作"马戏团 2000"餐厅，由亚当·蒂豪尼（Adam Tihany）设计。

德裔的古斯塔夫（Gustare，1874—1954）和克里斯蒂安·海特 Christian Herter 是这种风格的设计师。海特兄弟成立了海特兄弟公司，从 1859 年到 1906 年经营期间，他们提供室内装修设计服务和产品（图 20-43）。在 1878 年他们宣传他们的产品为"家具、装饰品、煤气设备……进口法国精品和英国壁纸。精美日本丝绸锦缎，珍贵东方刺绣，法国机织棉绒地毯"和"室内装饰品和帘幕帐材料"。他们的那些土豪客户包括约翰·皮尔庞特·摩根（J. Pierpont Morgan），威廉·范德比尔（William H. Vanderbilt）和旧金山的约翰·斯普雷尔斯（John D. Spreckels，图 20-20）。他们位于康涅狄格州诺瓦克的由德特勒夫·力诺（Detlef Lienau）为勒格兰格·洛克伍德（LeGrand Lockwood）修建的文艺复兴城堡（1869 年）、纽约的联合俱乐部和圣·雷吉斯酒店提供室内设计。白宫里面的所有主要公共房间的装饰性灰泥工作和木工都是他们提供的。

▼图 20-16 位于纽约的大学俱乐部图书馆，由麦金 - 米德 - 怀特公司设计，建成于 1900 年
纽约城市博物馆，麦金，米德和怀特公司藏品

▼图 20-17 麦金 - 米德 - 怀特公司设计的维拉德别墅内镀金的音乐厅，1882—1885 年建于纽约。圆弧顶里面的绘画由约翰拉法奇（John La Farge）绘制
赛尔文·罗宾逊

东方风格

19 世纪能看到一些重叠的风格，这些特征来自远东和近东。

英国皇家别墅位于英国海边小镇布赖顿，由约翰·纳什为摄政王子设计，在摄政时期的 1815 年至 1822 年建造，有着显著的英印度风格。原址上以前是农舍，后来由亨利·霍兰德在 1786 年改扩建，作为威尔士王子的帕拉迪奥风格别墅。纳什将建筑扩大了一倍，改变了它的外观。建筑外观（图 20-18）是印度特色，有精巧的弧形拱顶、尖塔、石头格架。内部装修包括最大的穹顶下面的宴会厅（图 20-19），里面巨型的枝形吊灯从一簇铜棕榈叶上垂下。其他的屋子以黑色和金色或

人造竹子装饰，一个餐厅和一个音乐室的天花板模仿帐篷的样式。在技术上，纳什的作品是最先进的，他使用铸铁结构来支撑复杂的形式，为皇家浴室提供了五种洗浴的方式。除了他自己的工作，纳什还在约翰·克里斯和索恩公司指导室内装修事宜，与普金和巴里共同装修议会大厦（图 20-12），后来为温莎城堡做装饰性绘画和镀金。

英皇阁跟英印度风格紧密相连。19 世纪的摩尔风格更多地关注非洲北部和西班牙南部的穆斯林居民（摩尔人）而不是印度的穆斯林的建筑和装饰。摩尔式设计的魅力长期存在，1856 年，英国建筑家欧文·琼斯（Owen Jones）在他著的《装饰的语法》（*Grammar*

▲图 20-18 位于英国布赖顿的皇家别墅外观，约翰·纳什于 1815—1822 年重新设计。最大的穹顶位于宴会厅之上

▲图 20-19 皇家别墅的宴会厅，位于布赖顿
英皇阁图书馆和博物馆，位于英国英格兰布赖顿

of Ornament）中说，是摩尔人发明了对形式和颜色运用的基本原则。琼斯为明顿陶瓷厂设计了摩尔风格的瓷砖和吊顶板。摩尔风格被广泛应用于西方世界的宾馆、剧院和犹太教堂等建筑。在内部设置供男性休憩的场所是非常恰当的，比如吸烟室和台球厅。一个实例是 1900年海特兄弟为旧金山的斯普莱克尔斯公馆设计的土耳其屋（图 20-20）。

▲图 20-20 约翰·斯普莱特公馆的土耳其屋，位于旧金山，海特兄弟在 1900 年前设计
旧金山公共图书馆历史中心

工艺美术运动

　　19 世纪的复兴有时候应用得相当纯净，但更多时候它们相互混合在一起，就如同用餐厨里面的各种材料烹调出的菜肴。然而在这个世纪末期，产生了两种相对独立的、原创的和纯粹的风格：工艺美术运动和新艺术。连接两者的是美学运动。这些运动中的设计，为即将到来的现代主义奠定了基础。

　　工艺美术运动也可以看作是另外的一个复兴运动，这不是任何特定的视觉上的表达，而是一种工作方式：在工业化进程不断推进的年代里，它重新寻求手工技艺，提升工匠个体的快乐，他们认为这种快乐不可能在工厂中获得。画家及设计师沃尔特·克兰（Walter Crane，1845—1915）说，这个运动的目标是"把艺术家变成工匠，把工匠变成艺术家"。最终，它发展出了它自己独特的视觉特色——简单、稳定，更像在乡村的小屋中而不是城市的大厦中。利用自然橡木和红木；色彩是明亮的大地色（绿色、黄褐色、锈色）；地面铺设木地板，装饰性瓷砖、油毡和小块的地毯；家具简单、结实并且相对较少。

工艺美术运动的思想和审美观点来自英国的一群画家和设计师，他们被称为前拉斐尔派，由威廉·霍尔曼·亨特（William Holman Hunt，1827—1910）、约翰·埃弗里特·米莱斯（John Everett Millais，1829—1896）和但丁·加百利·罗塞蒂（Dante Gabriel Rossetti，1828—1882）在 1848 年创立。他们展示了一丝不苟的现实主义技法，真心对待自然的决心，和对拉斐尔以前的意大利绘画的崇拜。他们的思想得到了艺术评论家约翰·拉斯金（John Ruskin，1819—1900）的支持和年轻设计师威廉·莫里斯的赞赏，莫里斯从他们那里得到了中世纪相当浪漫的观点。

威廉·莫里斯和菲利普·韦伯

威廉·莫里斯不是一个建筑师，但是他是工艺美术运动的一个主要拥护者。在 1859 年，莫里斯的朋友建筑师菲利普·韦伯（Philip Webb，1831—1915）为莫里斯和他的妻子设计了伦敦市郊的红屋，这是即将到来的（1887 年后）工艺美术运动的第一次展示。红屋以它红色的砖和瓦而得名，虽然它不是历史主义的（尽管有些简单的哥特式的影子），但是它不寻求完全颠覆传统。红屋的造型和装修不是源自实际使用的需求，而是源自于利用新事物，比如铁制的梁和上下推拉窗，是源自分享对于精良手艺的热爱（图 20-21）。

韦伯、莫里斯和他们的朋友在红屋里面的通力协作，使他们在 1861 年成立了莫里斯、马歇尔与福克纳公司。这个公司为他们的客户生产彩色玻璃、墙帷、壁纸、织物、壁炉、护墙板和家具。在 1875 年之后公司被称为莫里斯公司。莫里斯继续为他自己的乡村住宅、凯尔姆斯科特庄园、萨塞克斯的斯坦登庄园进行室内设计，同样由菲利普·韦伯（图 20-22）设计。莫里斯为伦敦的圣詹姆斯宫装修了军械库、绣帷室、皇冠室，并做了其他的室内装修。他为南肯辛顿博物馆即现在的维多利亚和阿

▲图 20-21 1859 年菲利普·韦伯在伦敦为莫里斯设计的红屋的上楼梯厅
国家信托影像图书馆

▲图 20-22　威廉·莫里斯在萨塞克斯的斯坦登庄园设计的北卧室，建于 1892 年。房子是由菲利普·韦伯设计
国家信托影像图书馆

尔伯特博物馆设计了餐厅。

莫里斯在 1861 年转向纺织品设计，起初设计了超过五十种样式，1879 年他开始设计挂毯。莫里斯的最伟大的艺术成就可能是他精巧的平面图案，灵感通常来自植物并制作地毯、织物（图 20-60）、墙纸（图 20-67），甚至工业材料如像油毡的合成地毯（图 20-64）。他在 1880 年一篇名为"生命之美"的演讲中表达了他恒久的信念："在你的家中不要留有任何你不知道有什么用处的东西，或者你认为不美的东西。"

古斯塔夫·斯蒂克利和使命风格

尽管比英国晚一些，但美国人们对工艺美术运动有很大的热情。它似乎从理查德森的强劲的罗马复兴风格很自然地转变到了这种风格，并且符合美国人对简约和力量的品位。工艺美术运动的作品于 19 世纪 80 年代在费城和波士顿展出，1897 年芝加哥工艺美术学会成立。在芝加哥，大量的银匠和金属制造工运用了这种风格。在辛辛那提和其他的地方，这种风格的陶器工厂迅速崛起。然而，美国工艺品的主要人物是古斯塔夫·斯蒂克利（Gustav Stickley，1858—1942），他于 19 世纪 90 年代前往英国旅行。他把他的工艺美术运动风格的版本称为工匠风格，但是后来也被叫作使命风格。在 1901 年，他开始出版《工匠》（Craftsman），这是一本专注于工艺美术的杂志，第一期献给莫里斯，第二期献给拉斯金。

格林兄弟

跟纽约的工艺美术运动表达相关的有伯纳德·梅贝克（Bernard Maybeck，1862—1957）、欧文·吉尔（Irving Gill，1870—1936）、格林兄弟，即查尔斯·萨姆纳·格林（Charles Sumner Greene，1868—1957）和亨利·马瑟·格林（Henry Mather Greene，1870—1954）的西海岸作品。格林兄弟的西海岸作品源于那里人口和财富的突然增长。1893 年，他们在前往加州帕萨迪纳定居的路上，在芝加哥举行的哥伦比亚世界博览会上驻足，被一个名为"Ho-o-den"的传统日本展馆所深深吸引。日本的影响，加上工艺美术风格以及对加州 18 世纪西班牙建筑的崇拜，形成了复杂而个性化的风格，细节上既质朴，又无可挑剔。在他们许多的木房中最有名的一个是帕萨迪纳的甘布尔住宅（Gamble House），建于 1907—1909 年（图 20—23）。

▲图 20-23 甘·布尔住宅客厅的壁炉和屋内的座位，位于加州帕萨迪纳，由格林兄弟设计
蒂莫西·斯特里特 - 波特（Timothy Street-Porter）

审美运动

审美运动出现在 19 世纪 70 ~ 80 年代的英国，之后出现在美国，它是和工艺美术运动紧密相连的，也包含了日本风格的元素，日本风格在法语中指 19 世纪时被喜爱的日本设计。工艺美术运动考虑到了道德、社会问题、各种手艺协会、机械化的罪恶，审美运动跟这个不同，它只关注美本身。

1876 年，画家詹姆斯·麦克尼尔·惠斯勒（James McNeill Whistler）为海运和交通业巨头莱兰做了一个伦敦的餐厅的室内设计（图 20-24），这是审美运动的一个缩影。其中放置了惠斯勒的一幅绘画和莱兰收藏的蓝白瓷器。惠斯勒将天花板铺上了金叶，并且组合出了孔雀羽毛的图形。他将胡桃木框架做了镀金，在木制百叶窗画上拖着长羽毛的金孔雀。然而，房间的主色是深青绿，映衬着闪光的金色和闪亮的蓝绿色瓷器。尽管通常称这个屋子为"孔雀屋"，但是惠斯勒称它为"蓝色和金色的和谐"。

新艺术风格

19 世纪最后十年，一种新的审美运动产生了，即新艺术。跟复兴风格不同，它跟过去几乎没有明显的联系，除非人们把它看作是一个世纪以来迷恋于花色装饰的顶峰。跟工艺美术运动以及审美运动不同，它不局限于英

◀图 20-24 位于伦敦的孔雀屋，1876 年由詹姆斯·麦克尼尔·惠斯勒装饰。他的画作《公主》处于壁炉上方。悬挂式灯由房间的前设计师托马斯·杰基设计

詹姆斯·麦克尼尔·惠斯勒，"蓝色和金色的和谐"。孔雀屋，位于一栋属于弗雷德里克·莱兰的房屋的东北角，伦敦，1876—1877年。帆布上的油画和金属页，羽毛，木头，4.26 米×10.11 米×6.83 米

史密斯学会，弗瑞尔画廊免费提供，华盛顿特区，查尔斯·朗·弗瑞尔赠，F1904.61

国和美国，而是风行了欧洲各国。跟审美运动一样，它着眼于纯粹的视觉效果。

新艺术的特色是建立在平面基础上的曲线和非对称。它也注重于创建一个完整的整体风格，在有些实例中，融入了结构性的装饰。这种风格最早出现在绘图设计和家具中，由英国建筑师阿瑟·海格特·麦克默多（Arthur Heygate Mackmurdo，1851—1942） 在 1883 年设计，随后出现在美国建筑师路易斯·沙利文（Louis Sullivan，1856—1924）的建筑装修中。

路易斯·沙利文

尽管路易斯·沙利文是新艺术装饰的先驱者，但是他把这种装饰（图 20-25）运用到建筑的构图中，这些构图是四方的、直接的，完全不同于任何有花的东西。他的建筑受到了理查德森的罗马复兴风格的影响，沙利文的形式和装饰的关系受到了很大的关注。历史学家尼古劳斯·佩夫斯纳在 1946 年写道："事实上沙利文的装饰和他对平滑表面的运用一样具有革命性……我们不能理解他的严格的实用主义理论……如果不看他的装饰或者不记得他的建筑的简朴主线条和区域的话。"在他的作品里面，他的同时代的人一定能够看到他们所习惯于寻求的东西，这是新艺术的繁荣。在这个繁荣下面，我们可以看到沙利文的真实原则（如同弗兰克·罗伊德·赖特一样）是强烈的形式。

▼图 20-25 一块陶瓦，路易斯沙利文于 1884 年为他的芝加哥鲁宾鲁贝尔别墅设计，是早期的新艺术的实例，宽 40.64 厘米
阿伯克龙比

维克多·霍尔塔

在沙利文的陶瓦出现后的十年，建筑界才出现了第一个完整的新艺术运动的实例。这就是 1892—1893 年建于布鲁塞尔的塔赛尔公馆，由比利时建筑师维克多·霍尔塔（Victor Horta，1861—1947）设计。它的房间自由布置在一个中央楼梯周围，整个铁结构暴露在外，并辅以非结构性铁卷须。马赛克的地板风格，绘画的墙和天花板，强调了整体的主题。霍尔塔在布鲁塞尔其他的建筑中延续了这种风格，包括 1894 年的凡·埃特维尔德公馆。其建筑围绕中间的带天窗休息室（图

▲图 20-26　1894 年维克多·霍尔塔（Victor Horta）设计的凡·埃特维尔德公馆的带天窗的休息室，位于布鲁塞尔

维克多·霍尔塔，凡·埃特维尔德公馆，比利时布鲁塞尔。1895 年。沙龙。现代艺术博物馆／斯卡拉—纽约艺术资源授权

20-26）而建，铸铁的结构也是完全暴露在外面，也是饰有非结构性的铁须。同年，霍尔塔也设计了索尔维公馆；在这个建筑里面，扶手是由相似的盘绕铸铁支撑的（图 20-33）。

艾米尔·盖勒和赫克托·吉马尔德

在法国，尤其是巴黎和南锡，新艺术运动被热情地接受了。南希的新艺术运动的领袖是艾米尔·盖勒（Emile Gallé，1846—1904），他是一个玻璃器皿制造师（图 20-55）、陶器师、家具设计师（图 20-47）。木器工路易斯·马若雷尔（Louis Majorelle，1859—1926）学习了盖勒的范例，制作了瓷器和家具（图 20-30）。

尽管马若雷尔的设计通常比盖勒的更抽象，但是在他的声明《我的花园就是我的图书馆》（My garden is my library）中，他阐述了新艺术运动的通常的灵感。

在巴黎，这个风格的领袖是赫克托·吉马尔德（Hector Guimard，1867—1942）。在法国美术学院毕业后，他没有像别人一样去罗马和希腊游历，而是去了英国和比利时，在那里他遇到了霍尔塔并且学习他的作品。他的卡斯特尔，贝朗热大楼完成于 1897 年，是巴黎的一个住宅社区。随后，他被委托设计所有巴黎地铁站的入站口，一共有 141 个（现存 86 个），至今为止这些很容易辨识的外形仍然非常有名。吉马尔德的风格和名字被所有的巴黎市民所熟知。因此我们也能理解，法国的新艺术运动有时候也被叫作地铁风格。吉马尔德也设计家具（图 20-46），这也能反映出他的流线型艺术。

分离主义者

在奥地利，新艺术运动后期的一个支派被称为分离派。这个组织建立于 1897 年，之所以被这么称呼，是因为它的成员从一些艺术家及设计师中"分离"出来，反对折中主义和复兴运动。跟主流的新艺术运动相比，分离主义更讲究对称，线条更直，他们遵循维也纳建筑师奥托·瓦格纳（Otto Wagner，1841—1918）的样式。在分离主义运动中，瓦格纳的追随者们包括了建筑师阿道夫·路斯（Adolf Loos，1870—1933）和约瑟夫·玛利亚·奥布里奇（Joseph Maria Olbrich，1867—1908），建筑师和设计师约瑟夫·霍夫曼（Josef Hoffmann，1870—1956，见第 507 页）。跟维也纳的分离派相关的是慕尼黑分离派，它创建于 1892 年，成员中包括了家具设计师理查德·里默施密特（Richard Riemerschmidt，1868—1957）。与之相关的还有 1898 年创建的柏林分离派。

新艺术运动也出现在意大利（在那里被称为自由风格），西班牙（现代主义或年轻艺术），苏格兰和英格兰（格拉斯哥风格），荷兰（新艺术），俄罗斯（现代风格）和美国（以路易斯·康福特·蒂法尼而命名的蒂法尼风格）。

新艺术之外的风格

有两个设计师，西班牙的安东尼·高迪（Antoni Gaudi，1852—1926）和苏格兰的查尔斯·伦尼·麦金托什（Charles Rennie Mackintosh，1868—1928），很明显地受到了新艺术运动的影响，然而他们把这种风格融入了高度的个人喜好。

安东尼·高迪

巴塞罗那的安东尼·高迪·克尔内特是一个虔诚的人，深受当地的中世纪历史以及当地建筑结构逻辑和工艺的影响。他也对约翰·鲁斯金（John Ruskin）和维欧勒·勒·杜克（Eugène Emmanuel Viollet-le-Duc，1814—1897）很感兴趣。1883 年，年轻的高迪被指派为巴塞罗那天主教圣家族大教堂的设计师，直到他去世，这项伟大的工作占据了他的大量时间。他没有完成这项工作，直到今天的巴塞罗那仍在他的建筑设计基础上继续这项工作。

高迪的其他的重要作品有 1898—1915 年的古埃尔领地教堂（图 20-27）；1904—1906 年的巴特罗之家和 1906—1910 年的米拉之家。米拉之家外部是不平整的石头表面（这让它在当地获得了一个绰号叫"采石场"），这显示了高迪的高超技艺，将结构、内饰平面、抹泥灰工作、瓦、栏杆、五金件、护栏和他自己设计的家具完美地融合成了一个有机整体。如同让－保罗·布永所写的，高迪的设计遵循了维欧勒·勒·杜克的原则，即"建筑装饰不是给它穿衣服，而是如同肌肤对于人一样。"

查尔斯·伦尼·麦金托什

查尔斯·伦尼·麦金托什是苏格兰的建筑师、设计师、画家。他的原创的最早展示，是竞标获胜的格拉斯哥艺术学校设计，这个学校建设于 1896—1909 年（图 20-28）。1900 年，他娶了玛格丽特·麦当娜，后来他们成了永久的合作者。他的事业的主要成就包括民居设计，比如 1899—1901 年在基尔马科姆的风之丘别墅，1902—1905 年在海伦斯堡的山丘别墅，以及格拉斯哥的大量的茶室的装修。生命的最后几年里，他生活在伦敦和法国南部，专注于花卉和地貌的水彩画。

▲图 20-27 安东尼·高迪的古埃尔领地教堂，始建于 1898 年，完成于 1915 年

▲图 20-28 格拉斯哥艺术学校图书馆，建于 1895 年。建筑、房间、家具以及灯饰都是由查尔斯·雷尼·麦金托什设计

他的建筑没有明显的外部装饰，但是对于窗户的组合很下功夫。他的室内装修同高迪一样，复杂的元素组合令人印象很深，包括了结构、细木工、家具、灯饰、地毯和其他细节。茶室里面，设计关注点延伸到窗帘、花瓶和刀叉。

我们绝对不会把麦金托什的设计特色同高迪或者这个时期其他的设计师混淆。西班牙人审美中的弯曲线条，被苏格兰人精确的直线、大量的平行线和方形所代替，有些偶尔用来活跃整个氛围的曲线，但是都是以精美优雅的形式呈现。麦金托什线性的新艺术比分离主义风格对 20 世纪的设计师影响更大。麦金托什的家具（图 20-48）是他的室内装修的延伸，使用了相似的形式。

新设备

在 19 世纪，有三个事物极大地改变了室内生活：供热、照明和管道。所有这些影响了室内装修如何设计。

供热

一直到 18 世纪末，壁炉和火炉是室内供热的唯一的方式，但发现者在 19 世纪后半期努力设计新方法。有几个重要的室内供热的突破：1769 年詹姆斯·瓦特（James Watts，1936—1819）的蒸汽机，威廉·斯特拉特（William Strutt，1842—1919）的利用重力的空气加热供热系统，约瑟夫·布拉马（Joseph Bramah，1748—1814）的热水散热器系统，雅各布·珀金斯（Jacob Perkins，1766—1849）的利用热水和蒸汽的供热系统。因为有这些发明，中央供暖系统慢慢出现了，我们最早于 1845 年在美国的波士顿的东方饭店中见到。

伴随着供热系统的改进，人们努力寻求排除屋内的毒素，改善空气质量。绝大多数情况下，窗户是能开启的，但是在冬天会进来冷空气，也会引发疾病。一些改进型的发明，包括将新鲜空气引向天花板的空气进道，使壁炉通风，还包括真空系统和蒸汽机驱动的风扇，但是如果大量应用这些，花费会很昂贵。凯瑟琳·比彻（Catherine Beecher，1800—1878）在 1869 年的著作《美国妇女的家庭》（*The American Woman's Home*）中写道，建议在房间的天花板附近安置通风口，排出浑浊空气；也有人建议在地板附近安置通风口。由于恐惧和信息错误，这个装置一直鲜为人知，直到 19 世纪末才用便宜的电风扇来进行空气交流。

照明

几个世纪以来，人们一直用油灯照亮室内，但是在 18 世纪末，瑞士发明家艾梅·阿尔冈（Aimé Argand，1750—1803）改善了油灯。整个 19 世纪人们都在使用阿尔甘特灯，该灯将空气引到灯芯附近，使得火焰更加明亮，并且烟也比以前的灯要少。随后在设计和燃料方面进行了许多的尝试，包括天然气和 1859 年之后从煤油中提炼出来的汽油。正如詹姆斯·马斯顿·菲奇（James Marston Fitch，1909—2000）所写的："在南北战争时期，在建筑设计中出现了一个全新的理念：一套固定的半自动化的照明系统让建筑形式从依赖自然光中解放出来。"

弧光照明

基于电流在两个导体之间传导可以发光的原理，格拉默（Z. T. Gramme，1826—1901）于 19 世纪 80 年代在巴黎发明了弧光灯，但是托马斯·阿尔瓦·爱迪生（Thomas Alva Edison，1847—1931）在 1876 年用他的碳丝电灯，展示了电的实际用处。与此同时，伦敦的约瑟夫·威尔森·斯万（Joseph Wilson Swan，1828—1914）有了同样的发现，他制作的灯很快被安装在伦敦的萨沃伊剧院、大英博物馆和皇家艺术院。在 1893 年芝加哥举办的世界博览会上，爱迪生的电灯在"城市之光"中向大众做了展示。尽管 19 世纪的装饰始于灰暗，但是结束在光明中。

管道

19 世纪早期的两项技术革新为卫生事业做出了贡献：刚刚发明的能够提供水汽压力的蒸汽机以及输送水和废物的铸铁管道。

在中世纪，绝大多数家庭洗澡的设备只是简单的桶和海绵，尽管有些人享受到了优雅的盥洗盆，比如佩西耶和方丹所设计的（图 20-37）。小的金属坐浴开始流行，有时候在上面有淋浴。白瓷的铸铁浴缸出现在 1870 年。第一个马桶出现在 1788 年的英国，英国发明家汤马斯·克拉普（Thomas Crapper，1836—1910）在 1872 年发明了抽水马桶，并且把他的名字标识在产品上。陶制直冲式马桶出现在 1890 年的美国（图 20-29），跟我们现在使用的类似，被分成了几小部分"抽水马桶"。

在 19 世纪的大部分时间里，厨房用水需要人工水泵来抽水，但是到了 19 世纪末期，在美国和欧洲的很多家

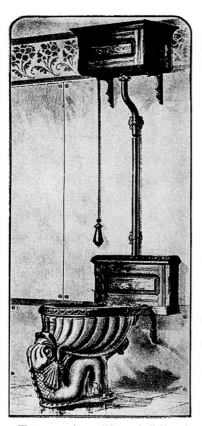

▲图 20-29 在 19 世纪 80 年代的一个美国广告中展示的"海豚"马桶
引自吉迪恩

◀图 20-30 路易斯·马若雷尔设计的梳妆台,上部有大理石水槽。柜子由红木和乌木制成,有镀金的铜拉手

路易斯马若雷尔(1859—1926)。木器-法国-南锡 -XX,1900—1910。梳妆台-水槽。洪都拉斯红木,孟加锡乌木,镀金铜,玻璃镜,大理石,陶瓷。高 219.4 厘米,宽 114.9 厘米,深 65.1 厘米

大都会艺术博物馆,悉尼和弗朗西斯刘易斯基金会赠,1979 年(1979.4)

庭用冷水管和热水管给厨房、洗脸盆和浴缸供水。如果没有一个合适的外观样式,19 世纪就无法在新发明中狂欢。所有这些新的器物都经常装在精致的木制柜体中(图 20-30),例如路易斯·马若雷尔设计的带水槽的新艺术风格的梳妆台。

新建筑类型

产品和服务的增长,交通的便捷以及群众的突然流动都使得新式的建筑成为必需:办公楼、火车站、百货店和酒店。

办公楼

佛蒙特州发明家伊莱沙·格雷夫斯·奥的斯(Elisha Graves Otis,1811—1861)设计了一个用弹簧控制的安全挂钩,能够防止升降平台坠落,他引入了一个根本性的设计:垂直升降。借助于钢铁结构的优势,现代电梯诞生了,它让摩天大厦成为可能。尽管早期的摩天大楼是建在纽约、圣路易斯和布法罗,但是芝加哥拥有的最多,因为芝加哥在 1871 年灾难性的火灾之后城市重建之时,这项新技术已经产生了。芝加哥早期的办公楼包括 1886 年由丹尼尔·伯纳姆(Daniel Burnban,1846—1912)和鲁特(Root,1850—1891)设计的十层楼的卢克里大厦,1889 年丹克马尔·阿德勒(Danknar Adler,1844—1900)和沙利文设计的十一层楼的会堂大厦,1891 年伯纳姆和鲁特设计的十五层楼高的蒙纳德诺克大厦。

火车站

铁路的发展需要设计乘客买票和候车的空间。1830 年开通的利物浦至曼彻斯特的铁路线上首次建设了两个火车站,两端各建一个。巴黎的第一个大火车站是巴黎北站,根据 1846 年夏克－伊克利斯·希托夫(Jacques-Ignace Hittorff,1792—1867)的设计而建,后来是弗朗索瓦·杜克(François Duquesney,1597—1643)1852 年设计的巴黎东站。在美国,亨利·霍布森·查理森(H. H. Richardson,1838—1886)从 1881 年到 1886 年去世之前,为波士顿到阿尔巴尼铁路上的城市和乡村设计了大量的火车站,没有任何两座是类似的。

百货商店

在现代，许多的商店和铺面集中在同一个屋檐下似乎是始于巴黎，商铺列于人行道旁边，街道彼此相连，有时候带有玻璃屋顶；在英国，类似的建筑被称为拱廊，德国叫走廊，意大利叫购物中心。巴黎的费多廊街建于1790年，应该是第一个廊街，但是到了1830年，巴黎有接近二十个廊街，商铺有卖水果、巧克力和鞋、手套的，还有卖活页乐谱的，卖玩具、办公用品的。而最精美的可能是位于米兰的维托里奥·埃曼努尔二世商场，这是由朱赛佩·门戈尼（Giuseppe Mengoni，1829—1877）设计的，开业于1878年（图20-31）。

巴黎也是传统建筑中百货商店的故乡。乐蓬·马歇百货公司由路易斯－查尔斯·博伊洛（Louis-Charles Boileau，1837—1914）设计，古斯塔沃·埃菲尔工程支持，于1852年开业，后来开业的有卢浮宫百货公司（1855）、莎玛丽丹（1867）、巴黎春天（1883）。在伦敦，1849年开了一家杂货店，后来成为哈洛德百货。在纽约，梅西百货开业于（小规模地）1858年，布鲁明戴尔百货店开业于1872年。

酒店

1809年，阿舍·本杰明为波士顿设计了一家酒店，名字叫交流咖啡屋，它有七层楼，共200个房间。在19世纪30年代，波士顿的特里蒙特酒店和纽约的阿斯特酒店开张，两者都是由艾赛亚·罗杰斯（Lsaiah，Rogers，1800—1869）设计；布朗酒店在伦敦开张，莫里斯酒店和布里斯托酒店在巴黎开张。

然而，这个世纪酒店设计的伟大启发者是亨利·哈登伯格（Henry J. Hardenbergh，1847—1918）。他的设计包括1893年纽约的华尔道夫酒店（图20-32）和1896年相邻的阿斯托利亚酒店。在1897年这两家酒店合并为瓦尔多夫－阿斯托利亚酒店，是世界上第一家超过1000间客房的酒店。20世纪前十年，哈登伯格设计的酒店包括华盛顿特区的威拉德洲际酒店和纽约的广场饭店。哈登伯格为他的时代定下了很高的标准，甚至他自己的设计也经常达不到这个标准，比如每150个客人一部电梯，每两间客房一个浴室。

▲图 20-31　朱赛佩·门戈尼在米兰设计的维托里奥·埃曼努尔二世商场里面的一个新的购物室内，1865—1878
阿里纳利／艺术资源，纽约

▲图 20-32　亨利·哈登伯格设计的华尔道夫酒店的大楼梯，纽约，1893年
来源：《装饰和完工 22》（Decorator and Finisher 22），卷 5（1893 年 8 月），第 174 页来自沃弗里尼亚－佛罗里达国际大学，迈阿密，2005，第 61 页，图 17

19 世纪装饰

19 世纪的建筑和装修包含了一些历史上最绚丽的设计，比如新文艺复兴建筑风格和新艺术风格，也包含了一些最朴素的设计，比如工艺美术运动风格。在有些实例中，装饰占了主导地位，比如 1894 年维克多·霍尔塔为布鲁塞尔的索尔维公馆（图 20-33）设计的新艺术风格的栏杆。这里，所有类似柱子的样式都被华丽的卷须形状席卷，他们有的起了结构支撑作用，有的没有。

在其他的实例中，表现出了对于恢复以前风格的兴趣，虽然并不总是严格遵循以前的风格。甚至在一些经典的案例中，包含了令人惊奇的革新，比如本杰明·亨利·拉特罗布设计的美国国会大厦（图 20-34）里面遵循的经典规则。为了表达真正的美国形式，科林斯式柱头使用玉米穗和烟草代替了爵床叶饰。

然而，对于设计史起到更重大作用的，是结构本身以一种新的方式被当作装饰品。

▲图 20-34 拉特罗布设计的华盛顿特区美国国会大厦里面的柱头，用玉米穗代替了爵床叶
安妮·戴

用结构作为装饰

19 世纪，人们开始以前所未有的规模和胆量使用结构本身来改善装修的质量，尤其是利用钢结构和玻璃结构。

用新的方法来做展示，出现在 1851 年的大展览厅，即伦敦海德公园的水晶宫。它被设计为第一届世博会的展厅，有超过十万件展品，包括工业艺术、装饰艺术和雕塑（不包括绘画）。水晶宫的建筑面积比罗马的圣彼得大教堂大四倍，这展示了钢结构可以构建的巨大空间（图 20-35）。设计师约瑟夫·帕克斯顿（Joseph Paxton，1803—1865）基于边长 120 厘米的正方形的模块来组建，因为这是当时能生产的最大尺寸的玻璃。这些模块都是工厂预制生产的，然后在工地组装，整个建造过程不到六个月。它的模块化和预制的原则都将成为 20 世纪设计的重要方式。

色彩理论

米歇尔·欧仁金·谢弗勒尔（Michel Eugène Chevreul，1786—1889），是高布兰挂毯工厂的染工大师，他试验了改变色彩的亮度、余像和物体反射对于改变外观的主观作用。谢弗勒尔最早发现了相邻色彩和补色的和谐性，他的观察激发了绘画界的印象派和点彩派。德国的赫尔曼·冯·赫尔姆霍茨（Hermann F. von Helmholtz，1821—1894）和威廉·奥斯特瓦尔德（Wilhelm Ostwald，1853—1932）、美国的阿尔伯特·蒙赛尔（Albert Munsell，1858—1918）将之进一步发扬，

▲图 20-33 维克多·霍尔塔在布鲁塞尔设计的索尔维公馆的楼梯栏杆，1894 年
© 布鲁塞尔 / 布里奇曼艺术图书馆

►图 20-35 约瑟夫·帕克斯顿设计的位于伦敦的水晶宫，被用做大展馆，1851 年

制作工具及技巧 | 颜色科学

　　颜色的本色是可见光，是辐射能量的电磁波光的一小部分。不可见的光包括红外线、紫外线、X- 射线、伽马射线、无线电波等。在可见光里面，每种颜色有特定的波长，紫色波长最短，红色波长最长。

　　· 颜色有三种基本特性：色调，纯度和明度。色调取决于波长，不同的色调有不同的名称，如黄色、绿色和橙色。纯度是色彩的饱和程度。明度是色调明亮的程度，由加入的黑色或者白色的量决定。

　　· 色调中添加黑色可称为暗色，色调中添加白色可称为浅色。

　　· 在光照下的色彩称为强色彩，因为光中所有的色彩组合在一起是白。冯·赫尔姆霍茨在 1867 年发现，人眼有三种细胞类型，能够分别识别光中的红色、黄色和蓝色三种波长。这种三色原理，是电视、屏幕和电脑显示器的颜色基础。

　　· 在颜料里面的色彩称为弱色彩。光的所有的波长都被颜料吸收了，除了它自己独特的反射到我们眼中的色彩。

　　· 颜料中的主色（三原色）是红色、蓝色和黄色。

分别由两种主色混合成二次色，即紫色、绿色和橙色。一种主色和一种二次色混合产生了三次色，例如红橙色、黄绿色。

　　· 色彩可以组合成一个色环（如下图）。色环中正相对的颜色被称为互补色，比如红色和绿色。色环可以分为两半，一半是暖色系的红色、橙色和黄色，一半是冷色系的绿色，蓝色和紫色。因此，一对互补色包含着一种暖色和一种冷色。

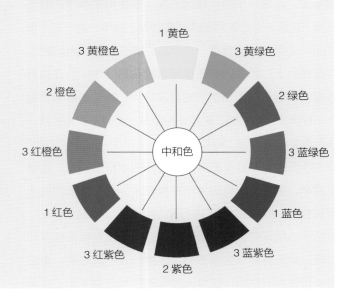

483

蒙赛尔的综合理论在 1905 年出版为《色彩标记法》（*A Color Notation*）。在 19 世纪末期，人们从科学方面理解了色彩现象。

有了对色彩这种新的信息的认知，发明家开始探索重塑和理解它。第一个人工合成颜色的突破出现在 1858 年，十八岁的英国化学院学生威廉·亨利·珀金（William Henry Perkin，1838—1907）在实验室里偶然合成了蓝红色。这个苯胺紫，是第一个合成颜色，引发了颜色化学科学。对于色彩的运用，以前受到颜色、颜料和个人品位的限制。随着人们在所有材料上重新塑造颜色能力的提升，色彩理论也得到了提升。

19 世纪家具

19 世纪的家具根据室内设计的风格不同而不同。家具是根据所有不同时期的风格来设计，满足不同时期的需要。同时，在这种设计狂热中出现了一种以前从来没有见过的新的家具形式，比以前更加精美和独特。

帝国和摄政时期的家具

在法国帝国时期，座椅方面引入了雷卡米埃坐榻，这是一个在白天用的床，名字取自 1800 年雅克－路易·大卫的绘画《雷卡米埃夫人》（图 20-36）。帝国时期的领袖佩西耶和方丹做了很多家具的设计，例如其中的"雅典人"，是一个三足支撑的脸盆架，设计于 1801 年（图 20-37）。他们也使其他的新类型的家具流行起来，包括船床，这是一个两头翘起的床，像是船的样子；软垫长椅，这是一个白天用的床或者沙发，扶手一高一低（图 20-3）。活动穿衣镜是一个很高的镜子，镶在镜框里面，立在地面上。圆形的基座桌经常放在房间中间。在枫丹白露的拿破仑私人别墅的成套家具中，我们能够看到另外一种类型：波米耶，这是一种沙发，类似于软垫长椅，扶手也是一高一低，但是是直的。

帝国时期，制作家具用的流行的木材是红木，也使用榆木、紫杉木、枫树木和柠檬树木。饰面薄板用的木材从非洲、西印度群岛和东印度群岛进口，包括金钟柏、黄柏木、雁来红、黑黄檀和红木。完全没有板面嵌花和凹槽，但是有时候会镶嵌乌木、银和其他的金属，也经常使用镀金。然而，在令人赞叹的家具表面下面，很多

▼图 20-36 雷卡米埃坐榻，一个日间用床，名字取自 1800 年雅克-路易·大卫的绘画《雷卡米埃夫人》

《雷卡米埃夫人》，雅各·路易·大卫，法国国家博物馆联合会／艺术资源，纽约

▲图 20-37 佩西耶和方丹 1801 年设计的脸盆架
拉巴蒂-多曼吉（Rabatti-Domingie）/AKG 映像

是用劣质木材制成的。

在第二帝国时期，沙发得到了发展，双人沙发和三人沙发可供两个人或者三个人来坐。后来设计了波尼式沙发，这是一个带有靠背和软垫的大的圆沙发。我们可以在蒂法尼 1882—1883 年设计的白宫的蓝屋中看到一个实例（图 20-38）。波尼式沙发在大的客厅和酒店大堂中也可以见到。

在英国摄政时期，托马斯·霍普（Thomas Hope，1770—1831）在 1807 年出版的《居室家具和室内装饰》中展示了许多家具设计，其中有他的三足桌（图 20-39）。以前是英式的双面弯曲的家具弯脚腿和直桌腿设计，现在用单弯曲的马刀型桌腿（图 20-40），让人想起希腊的克里斯莫斯椅（图 4-26）。执政时期的装饰包括七弦竖琴、棕叶饰、希腊刻饰、爵床叶饰。

▼图 20-38 白宫里面的蓝屋，1882—1883 年由联合艺术家设计。房间中间的圆形沙发就是波尼式

美国国会图书馆提供

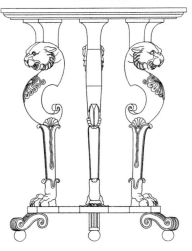

◀图 20-39 托马斯·霍普 1807 年出版物里的三足桌

多佛出版公司

▲图 20-40 托马斯·霍普设计的摄政风格手扶椅的正面和侧面。这是基于希腊的克里斯莫斯椅，但是加入了带翅膀的狮子来支撑扶手

多佛出版公司

在摄政时期，红木依然很流行，但是加入了更轻更有特色的木材，比如椴木、檀木、黄柏木、斑树木和枫树木。查尔斯·威利斯·艾略特（Charles Wyllys Elliott）是摄政时期技艺高超的木匠之一，1783—1810 年间在英国工作。他最喜爱椴木，并且用精美的嵌饰来使之增色。

在美国，邓肯·法伊夫作为顶尖的家具设计师主导了那个时代（见第 442 页），他创造的设计主要遵循英国摄政风格。他唯一的竞争对手是法国天才细木工查理 – 奥诺雷·兰努耶（Charles-Honorè Lannuier，1779—1819）。兰努耶 1803 年来到美国，并且定居在纽约。兰努耶跟法伊夫不同，使用优美的帝国风格（图 20-41）来制作精美的作品。兰努耶采用的丰富调色材料包括红木、镀金品和白色大理石。

▲图 20-41 顶部中间带大理石的红木桌，查理 - 奥诺雷·兰努耶设计于 1810 年，现在位于白宫，直径 66 厘米

小中间桌，查理 - 奥诺雷·兰努耶（法裔美国人，1779—1819）设计，1810 年。红木家具，带有红木、檀木、椴木以及可能是悬铃木的面饰。"古董绿"，镀金铜，大理石；二级木材：黄杨、雪松和红木。高 60.3 厘米，直径 66 厘米

白宫，华盛顿特区，道格拉斯夫妇捐赠（961.33.2）

布鲁斯·怀特拍摄

其他古典主义家具

从辛克尔设计的房间（图 20-10）中可以看到一些德国的新古典主义的家具。漂亮的梨木家具上带有新古典主义的细节，比如花环绶带和涡卷形的端部。它和奥地利的比德麦风格家具主要使用浅颜色的木材，比如梨木、樱桃木、苹果木、桦树木或者枫树木，同时可能点缀少量的半檀木柱或者棕叶，以形成视觉冲击效果。彼德麦风格的最杰出多产的设计师应该是维也纳的约瑟夫·丹豪泽（Joseph Danhauser，1780—1829），他的大工厂从 1807 到 1829 年生产家具、钟表、窗帘和灯饰。他的一位客户是奥地利的查理大公，但是他的主要客户是中产阶级。彼德麦式是他们的风格，但这不是一个明显的风格（图 20-42）。他们从帝国风格家具中汲取了精美的装饰形状，比如涡形、七弦琴形和半柱形，使这些成为了结构样式的元素。

复兴风格的家具

文艺复兴风格家具取得了巨大成功，尤其是在美国，赫特兄弟将之推广流行。从做成乌木色的枫木、樱桃木和雪松木以及镀金的铜件装饰的垂直桌（图 20-43）中，可以看出他们的家具制作精美。

另外还有三个新文艺复兴风格的著名设计师，其中有两位有法国背景：查尔斯·阿尔费雷德·鲍杜因（A·Baudouine，1808—1895）和亚历山大·卢克斯（Alexander Roux，1813—1886）。他们把 16 世纪、17 世纪、18 世纪的设计主题混合，吸收意大利和法国的风格，尽管鲍杜因生产的大量产品（他在他的纽约家具工厂雇佣了 200 人）也包含了一些路易十五时期家具的简朴样式。劳伦斯·阿尔玛–塔德玛爵士（Laurence Alma-Tadema，1836—1912）也浅尝了新文艺复兴建筑风格的古怪样式家具（图 20-44）。他出生在荷兰，但是生活在英国，他最为出名的是舞台设计、古典的和古埃及主题的风俗画。红木是新文艺复兴建筑风格家具最流行的木材，人们认为这种风格尤其适合于餐厅。家具装饰繁复，色彩丰富，有红色、棕色、蓝色和紫色。

▲图 20-42 胡桃木主材和胡桃木饰面的彼德麦风格椅子，出自约瑟夫·丹豪泽工厂，1815—1820

约瑟夫·丹豪泽（奥地利人，1805—1845），侧面椅，1815—1820，胡桃木主材和胡桃木饰面，现代坐垫。237.5 厘米 ×123.2 厘米 ×121.9 厘米。古文物研究者协会通过资本运动基金赠送，1987.215.4

©2000，版权所有：芝加哥艺术学院

▲图 20-43 赫特兄弟设计的垂直桌，做成乌木色的枫木，樱桃木和雪松木以及镀金的铜件

大都会艺术博物馆，马尔蒂尼捐赠，1969 年（69.146.3）
1982 年拍摄，大都会艺术博物馆

▲图 20-44 劳伦斯·阿尔玛 - 塔德玛爵士 1887 年设计的扶手椅。由红木和雪松制成，有檀木饰面，椅子上镶嵌檀木、紫檀、象牙、黄杨和鲍鱼。坐垫是新的，但是是基于原始的样式而作

扶手椅。红木。饰面镶嵌装饰。阿尔玛 - 塔德玛设计。诺曼·约翰斯通制作。英国。1884 年。维多利亚和阿尔伯特博物馆，伦敦 / 艺术资源，纽约

▲图 20-45 菲利普·韦伯的萨克森式椅子，莫里斯公司 1865 年制作。乌木座椅，高 84 厘米。它的后面是用手摇纺织机织的莫里斯羊毛斜纹织物《孔雀和龙》，1878 年

莫里斯公司，"萨克森"，单人平板椅，椅子后背有纺锤形杆。威廉·莫里斯美术馆，E17，英国

工艺美术运动风格家具和新艺术风格家具

菲利普·韦伯在设计中将来自英国的萨克森乡村的传统座椅加入简朴的工艺美术运动风格中，这种椅子由莫里斯制作（图 20-45）。

在新艺术风格中，有些使用了不对称和整体弯曲的家具，例如有赫克托·吉马尔德设计的有灰板的双基座桌子（图 20-46），制作于 1899 年；艾米尔·盖勒设

▶图 20-46 赫克托·吉马尔德设计的带有灰板的橄榄木桌子，1899 年，宽 121 厘米

赫克托·吉马尔德，桌子，1899 年（1909 年重制），橄榄木，带灰板，73 厘米×121 厘米

赫克托·吉马尔德夫人赠，现代艺术博物馆 / 斯卡拉 - 艺术资源，纽约

计的精美的嵌木火炉栏（图 20-47）。安东尼·高迪也为他的室内装饰设计了家具；在他的形式复杂的房间里，别的东西起不到好的装饰作用。

正如高迪式的内饰需要高迪式的家具，查尔斯·麦金托什式的内饰也需要麦金托什式的家具。他的早期家具用有暗斑的橡木制作，跟他设计的建筑物和室内装饰一样，都是受到了工艺美术运动的影响。但是麦金托什的家具并不十分华丽，而是极大地削弱了家具的华丽性（图 20-48）。之后他在家具上使用白色珐琅。后来出现了紫色玻璃嵌入物，以及在粉色或者紫色丝绸上印有程式化花朵的室内装饰品。后来的一些家具被做成乌木色，其设计主要有方形和椭圆形。

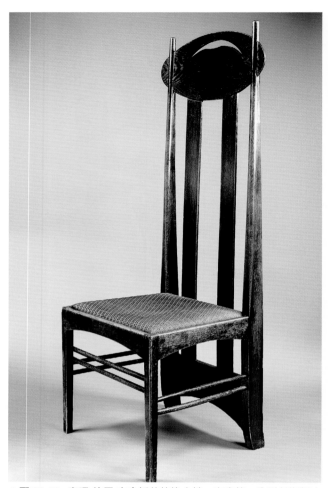

▲图 20-48 查理·伦尼·麦金托什的橡木椅，有坐垫，为科兰斯顿小姐的阿盖尔街茶室设计，格拉斯哥，1897 年
高背椅，查理·伦尼·麦金托什（1868—1928）为科兰斯顿小姐的阿盖尔街茶室设计，格拉斯哥，1897 年（乌木色橡木）
私人收藏 © 精品艺术协会，伦敦 / 布里奇曼艺术图书馆

新的家具技术

19 世纪的家具制作商可以利用的新技术中，主要的是两种新的木材使用方式：曲木和层压木的改进。这两种技术使得产品更轻，而且跟用坚硬的木材结构本身相比，更节省资源。这两种技术也更迅速更便宜。尽管有很多人作出了贡献，但是迈克尔·托内特对曲木的贡献和约翰·亨利·贝尔特对层压木的贡献是最为伟大的。

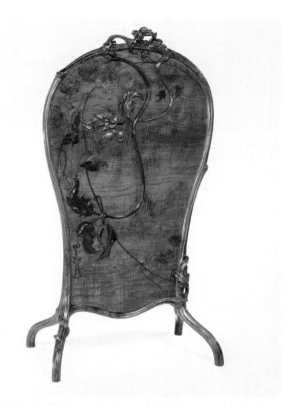

▲图 20-47 使用嵌木细工的用于挡烟灰的火炉栏，饰有胡桃木、斑树木、黄柏木和其他的木材
艾米尔·盖勒在 1900 年之前设计
维多利亚和阿尔伯特博物馆，伦敦 / 艺术资源，纽约

观点评析 | 勒·柯布西耶谈托内特椅

1902 年的托内特椅，最初被叫作九号书桌椅，从 1922 年开始由勒·柯布西耶推广流行，1925 年他在巴黎世博会的"新精神馆"使用了这个椅子。他在许多革命性的现代建筑中，继续使用这种椅子。在 1925 年他写道："我们引入了托内特的朴素的蒸汽木椅，这是最普通也是最便宜的椅子。我们相信这种椅子……彰显了高贵。"

托内特的曲木技术

在第 372 页和第 444 页中提到的英国和美国的温莎椅在 19 世纪仍然在制造，椅背使用纺锤和弯曲样式。德国莱茵河谷的家具制造商迈克尔·托内特（Michael Thonet，1796—1871）开始将木材弯曲和层压，同时把木材切成窄木板，然后用胶水粘在一起。到 1841 年，托内特将这个程序申请了专利，并在 1851 年伦敦世博会上获奖，这给他带来了国际声誉。他的公司的第一本样册出版于 1859 年，展示了 26 种产品。这些产品都是椅子，椅子腿相似，但是椅背各不相同。1860 年生产出托内特摇椅。一则 1859 年的广告（图 20-49）展示了产品线的其他产品，到了 19 世纪 80 年代，产品系列中又加入了帽架、凳子、床架、镜框等。

贝尔特的层压木技术

约翰·亨利·贝尔特（John Henry Belter，1804—1863）于 1833 年从德国来到美国，1854 年他在纽约开设了一家五层楼的工厂。基于一系列的发明，贝尔特的新文艺复兴建筑风格的华丽设计得以实现。他的一些专利包括在弯曲的椅背上面雕刻出镂空；将薄木片锻压在一起，木材纹理相互间隔，然后把他们放在蒸汽中弯曲；还有可能是最重要的，即将层板压木弯曲成三种尺寸的曲线。贝尔特的一些椅背和床架上有镂空装饰（图 20-50），但是真正精彩之处在于贝尔特能够将它们从上到下、从一侧到另一侧地做整体弯曲。他的技

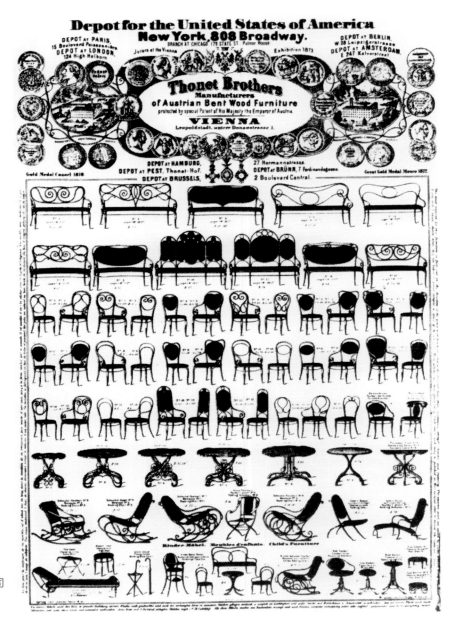

▶图 20-49 一则 1874 年的托内特兄弟公司的广告，展示了可以出售的曲木家具设计

艺术资源 / 纽约公共图书馆图像服务处

489

术是后来查尔斯（Charles，1907—1978）和雷·伊姆斯夫妇（Ray Eames，1912—1988）在 20 世纪使用的模制胶合板椅子架的先驱，但是效果很不同。

专利家具

专利家具有时候精巧，有时候牵强，有一些从来没有申请过专利。这些家具可以折叠，或者当作多功能家具，经常供旅客使用或者使用在小型住宅环境中。各种尺寸的桌子上面都有额外的活动桌板，这样可以扩大使用面积，手扶椅上面加上了可以抬起来的脚踏板，梳妆台上面装有可以折叠的镜子和隔间，用于隐藏坐浴盆和夜壶。折叠椅在 1855 年申请了专利。所谓的莫里斯椅（图 20-51），由威廉·莫里斯在 1866 年开始生产（可能不是他设计的），是一个带有可移动坐垫的客厅椅，椅背能调节到不同的角度。

随着业务变得复杂和文书工作量的增加，需要新的更精致的桌子，而其中最精致的可能是印第安纳波利斯的威廉·伍顿（William S.Wooton，1835—1907）设计的。1874 年，他申请了一项专利，一个桌子有超过一百个储藏格，写字台面可以放下，所有的这些都藏在两扇巨大的铰链门后面，铰链门可以关闭并锁上。当人打开桌门时，会发现自己身处在一个 19 世纪的办公室中（图 20-52）。伍顿桌的购买者有石油大王约翰·洛克菲勒、报业巨头约瑟夫·普利策和金融家杰伊·古尔德。

▲图 20-50 镂雕的红木层板制床架，约翰·亨利·贝尔特设计，1856 年
布鲁克林艺术博物馆提供；厄内斯特·维克多夫人赠

▲图 20-51 称为莫里斯椅的可以调节靠背角度的手扶椅，1860 年设计，但是它可能不是威廉·莫里斯设计
维多利亚和阿尔伯特博物馆，伦敦 / 艺术资源，纽约

打开

关闭

◀图 20-52 申请专利的伍顿桌，制造于 1874 到 1882 年之间，由外附胡桃木板的松木制成，有黄铜五金件，高 206 厘米
温特图尔图书馆印刷书籍和期刊收藏处提供

在 1876 年费城世博会上，伍顿桌深受好评，一直流行到打字机时期。它在 1873 年开始制作，由此产生了办公用品标准化，并进一步催生了档案橱柜的产生。

19 世纪装饰艺术

当然，新的技术、材料和设计表达不仅仅局限于家具领域，在装饰艺术中同样也有创造性的发展。

陶瓷

19 世纪的陶瓷生产，没有像其他的装饰艺术一样得到革命性的发展，比如纺织业。精美的瓷器仍然需要手工制坯（尽管有些是模具制作的）和手工绘画。在风格上，它们反映了其他艺术品的所有风格和影响，他们在帝国风格、摄政风格、浪漫主义复兴、工艺美术运动和新艺术的风格转变中扮演了支持者的角色。

在英国，韦奇伍德的公司继续制造埃及风格的瓷器，因为这种风格在流行，但是骨瓷和碧玉细炻器在 19 世纪最终停止了生产。在法国，1789 年大革命之后，在塞尔夫的工厂事实上停止了生产瓷器，但是在帝国时期又重新生产，其中包括为拿破仑做的一套埃及式餐具。在爱尔兰，伯里克瓷器厂建立于 1857 年，生产实用性瓷器，后来以装饰性瓷器闻名。都柏林陶瓷厂存在时间很短（1872—1885），但是它的工艺美术运动风格的瓷器很名。1851 年伦敦世博会上，几家工厂展示的印有颜色的骨瓷和陶器，获得了金奖，是科尔波特和明顿公司的一次进步。

另一项发展来自科普兰的斯塔福德陶瓷厂，在 1842 年，他们生产了伯利安瓷器，表面有光泽而不需要打磨，能让细节完美地呈现出来。伯利安瓷器也在瑞典和美国制造。一个美国伯利安瓷器的实例是"棒球"瓶（图 20-53），是美国陶瓷专家奥托和布劳耶公司委任艺术家伊萨克·布鲁姆（Isaac Broome，1835—1922）为 1876 年世博会而设计的。另外一个主要的美国陶瓷公司是陶瓷艺术公司，1889 年建立在新泽西的特伦顿，在 1906 年公司改名为蓝纳克斯陶瓷公司。

哥特复兴使得瓷砖工业蓬勃发展，普金在 18 世纪 30 年代和 40 年代为明顿公司设计的瓷砖（图 20-54）起了巨大作用。1876 年费城世博会上展示了英国瓷砖，促进了在宾夕法尼亚、马萨诸塞、新泽西和俄亥俄建立瓷砖工厂。

玻璃

技术改变了 19 世纪的玻璃生产。蒸汽动力驱动的切割机器极大地提高了切割玻璃的生产效率，可以更深、更复杂地进行切割。然而最具革命性的技术应该是生产过程中的压制玻璃，通过把融化的玻璃倒入铸铁的模具中，得到了装饰性的玻璃表面。这个工艺比切割要便宜很多。第一片压制玻璃于 1829 年出现在美国，不久之后出现在英国。

盖勒

著名的玻璃器皿设计师艾米尔·盖勒（Emile Gallé，1864—1904）于 1874 年在法国开设了工作室。他以他的各种装饰性玻璃器皿技术而闻名：月光，是用氧化钴来制造独特的宝石蓝色；瓷器细语，他在上面嵌入了诗句；他的 18 世纪中式玻璃器皿样式，采用了断层的彩色玻璃；镶嵌玻璃，他把装饰性的玻璃片嵌入大的玻璃体内。

他的工厂既大规模生产便宜的新艺术风格的制品（图 20-55），也生产别致的孤品。

▲图 20-53 伯利安瓷做的"棒球"瓶，伊萨克布鲁姆为奥托和布劳耶公司设计，新泽西特伦顿，1875 年，高 86 厘米
伊萨克·布鲁姆，设计师。"棒球花瓶"。奥托和布劳耶公司，新泽西特伦顿，伯利安瓷器
高 81.3 厘米，宽 26.7 厘米。新泽西州博物馆，布劳耶藏品，CH345.22

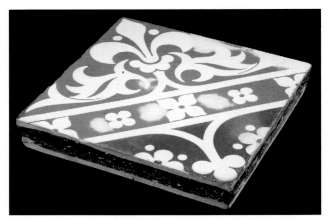

▲图 20-54 哥特式复兴风格瓷砖，普金设计，在特伦特河畔的斯托克生产，1870 年，37.8 平方厘米

维多利亚和阿尔伯特博物馆，伦敦 / 艺术资源，纽约

▲图 20-55 艾米尔·盖勒在 1890 年之后设计的两个新艺术风格的套色玻璃台灯

盖勒三重玻璃台灯。克里斯蒂映像，英国伦敦 / 布里奇曼艺术图书馆

蒂法尼

路易斯·康福特·蒂法尼（Louis Comfort Tiffany，1848—1933）是蒂法尼公司创始人的儿子。蒂法尼在很多领域都很有名，尤其是在玻璃和新艺术风格方面。1879 年，他联合色彩专家萨缪尔·科尔曼（Samuel Colman，1832—1920），以木雕和装饰闻名的洛克伍德·德·福雷斯特（Lockwood de Forest，1850—1932），教育家、作家并且精通纺织的坎达丝·惠勒（Candace Wheeler，1827—1923）一起成立了一家室内设计公司，名叫路易斯·蒂法尼联合艺术家公司。其中，联合艺术家公司为白宫设计了一

个 31 平方米的彩色玻璃屏（现已被毁），为总统及其家人在公共的前厅走廊进进出出提供了遮挡。蒂法尼 1883 年离开了联合艺术家公司，成立了蒂法尼玻璃及装饰公司，完全转向了玻璃行业，包括彩色玻璃窗、马赛克玻璃、高脚酒杯、花瓶和灯。

蒂法尼在他的玻璃器皿中捕捉到了最纯粹的新艺术风格的精神。有时候蒂法尼的玻璃器皿直接模仿自然，例如他的紫藤和飞龙电灯（图 20-56），但是更多的是抽象性的指向。他的玻璃器皿的形制、外表和色彩都表现了自然的丰富形态。他的最重要并且最具特色的技术是用金属氧化物来处理炽热的玻璃，使其表面产生一层晕色；他把这种工序生产出来的产品称为法夫赖尔玻璃（图 20-57）。蒂法尼的作品精美而薄，他还创造了一种迷人的更薄的玻璃，通常是奶色，他称之为纸玻璃。他也用金子来制造一种华贵的、做过侵蚀的玻璃器皿，罗马人可能制作过这种器皿，后来埋在了地下数个世纪。

金属制品

在法国帝国时期和复辟时期，皮尔－菲利普·汤米亚（Pierre Philippe Thomire，1751—1843）制作了

▲图 20-56 蒂法尼的飞龙电灯，外表覆彩色玻璃和铜箔，1900 年。青铜基座是荷花茎缠绕的样式，高 69 厘米

蒂法尼工作室，纽约，配有飞龙状灯罩和荷花茎缠绕样式基座的电灯，1910 年。彩色玻璃、铜箔、青铜。高 69 厘米

克莱斯勒艺术博物馆，弗吉尼亚诺福克。小沃尔特·克莱斯勒赠 71.8123

▲图 20-57 蒂法尼的彩色法夫赖尔玻璃器皿的一个例子，1900 年。高 35.56 厘米

花瓶，1895—1920，美国，透明的金色和蓝色玻璃，吹制。高 35.1 厘米，最大直径 16.5 厘米

康宁玻璃博物馆，纽约康宁。小埃德加·考夫曼赠，62.4.19.

典型的镀金和青铜的作品。帝国时期两个重要的银匠有着迥异的帝国风格。让·巴提斯特·克劳德·奥迪奥特（Jean Baptiste Claude Odiot，1763—1850）运用纯粹的古典风格，使用简单的形制和朴素的外表。托马斯·杰斐逊委托奥迪奥特公司制作的咖啡壶现在放在蒙蒂塞洛。马丁 – 纪尧姆·比昂内（Martin-Guillaume Biennais，1764—1843）为拿破仑及其家人制作银器，装饰了繁复的狮身人面像、天鹅、海马，还制作了拿破仑以及约瑟芬的徽章。他也用佩西耶和方丹风格制作银器和家具。

第二帝国时期的法国金属匠人包括查尔斯·克里斯托弗（Charles Christofle，1805—1863）和费迪南德·巴伯迪耶纳（Ferdinand Barbedienne，1810—1892）。查尔斯·克里斯托弗在 19 世纪 30 年代将注意力从珠宝转向了家庭银器，在 1842 年他取得了一项专利，在法国生产电镀器皿。他的公司现在仍在运转，也制作青铜家具。

费迪南德·巴伯迪耶纳（1810—1892）在 1838 年建立了他的公司。随着公司规模的扩大，雇佣了 300 个工匠。他们制作米开朗基罗、卢卡·德拉·罗比亚等人的雕塑作品的复制品，伏尔泰和本杰明·富兰克林等历史人物的半身像；家具，以及各种装饰品，很多都是金属制的。在 1850—1854 年间，巴伯迪耶纳以新文艺复兴风格装饰了巴黎市政厅。1862 年展出了一个雕刻后上釉的镀金金属花瓶（图 20-58）。

在英国，银器设计受到建筑师查尔斯·希斯克特·泰瑟姆（Charles Heathcote Tatham，1772—1842）的影响，他强调好的银器的主要标准是"厚实"，他的原则被普遍地接受。摄政时期的银器基于优美的经典样式，但是经常有繁多的装饰。普金等人以哥特复兴风格设计了各种银制以及其他金属制的教会用品。

西方世界对中国和日本的设计的喜爱，在 1862 年伦敦世博会上明显地表现出来。在世博会上，日本设计被展示给以前从来不了解它的人，包括金属器皿设计师克里斯多夫·德莱赛（Christopher Dresser，1834—1904）。1877 年德莱赛周游日本，为蒂法尼公司寻找

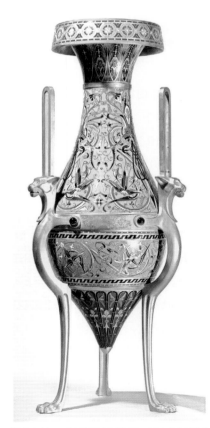

▲图 20-58 费迪南德·巴伯迪耶纳制造于 1862 年的镀金上釉金属花瓶
维多利亚和阿尔伯特博物馆，伦敦 / 艺术资源，纽约

商机。19 世纪后期，德莱赛制作了简洁优雅的银器，显示了日本以及工艺美术运动风格的影响（图 20-59）。这种朴素的设计，正如水罐上外露的铆钉，展示了他对日本简约风格和非工业手法的喜爱。

▲图 20-59 克里斯多夫·德莱赛 1879 年设计的银支架玻璃葡萄酒杯
维多利亚和阿尔伯特博物馆，伦敦 / 艺术资源，纽约

戈勒姆公司由杰贝兹·戈勒姆（Jabez Gorham，1792—1869）成立于 1831 年，是一家美国银器公司，现在仍然运营。在 19 世纪后期，它生产各种复兴风格的银器，在 19 世纪 90 年代，生产新艺术风格的银器。戈勒姆也为洛克伍德陶瓷厂的工艺美术风格的陶瓷提供银镀层。

最早使用金属的天花板表面出现在 19 世纪 60 年代后期，那时候开始在库房、工厂和学校使用瓦楞铁皮。比起木材或石膏，金属防火性更好，而且更便宜。更轻更便于安装的压印锡瓦在 1895 年开始大量应用于民居。压印锡瓦有上百种类型，有些是仿灰泥或者砖。人们也生产出带有中央徽章、带花边的和条形花纹的。甚至有用镀锡铁板作为护墙板或用来覆盖整面墙。镀锡材料，尤其是天花板瓷砖，一直流行到一战，这引起了金属的短缺。

光亮的银色不锈钢在 19 世纪中期开始出现，被作为银的便宜替代材料来制作餐具和其他物品（见第 539 页）。其他的替代材料还有镍银，它是铜、锌和镍的合金，有时候被称为德国银。在 20 世纪镍银经常用在酒店和宾馆用具中。另外一种光亮的银的代替材料是铬，在 18 世纪末开始生产。在 19 世纪中期，人们在金属上面镀一层镍，然后再镀铬。这直到 20 世纪 20 年代才开始应用于商业。

纺织品

18 世纪末和 19 世纪早期的新机器的出现意味着可以简单迅速地纺织出复杂的多颜色的款式。印花棉布和锦缎、绸缎和缎条、天鹅绒和丝绒在 19 世纪被广泛地使用。纺织品在 19 世纪的装饰中扮演的角色要比以前任何时期都要重要。纺织品经常挂在壁炉架上，壁炉的开口有时也用帘子遮住。镜子、枝形吊灯、桌子和灯上面都垂有纺织品。门帘通常由挂毯做成，用来悬挂在门口或者分割房间。窗户上面用的纺织品是最精美的。

威廉·莫里斯是一个平面图案设计大师，为各种目的的装饰织物做设计，不仅仅是窗用织物，他还设计了地毯和壁纸。他最好的设计可能出自 19 世纪的最后二十五年，用各种材料制成，我们展示的例子是丝绸锦缎和印花棉布（图 20-60）。尽管种类很多，莫里斯对使用和试用的每种材料的属性都很熟悉，如他在 1884 年写道的："把羊毛制品做的尽量像羊毛，棉花制品尽量像棉花，以此类推。"莫里斯的其他织物可以在图 20-22 和图 20-45 中看到。

窗帘

有些窗帘非常简单，尤其是一般人用的窗帘。约翰·克劳迪厄斯·劳登（John Claudius Loudon）的《小木屋、农庄和别墅建筑编年史》（*An Encyclopedia of Cottage, Farm, and Villa Architecture*，1883）展示了 2000 幅中产阶级的家居窗帘。有一个设计只是一片简单的印花布，上面用绳穿过一些环挂起来。另外一个窗帘有带环的织物垂摆，从外露的窗帘杆垂下，垂摆两头都有结。但这样简单的款式只是例外，在维多利亚时期，织物的装饰性很强。

有时候，同一面墙上的两个窗户作为一个单元，在两个窗户之间的墙上有檐口边和短帷幔（图 20-61）。同时，在透明窗帘和垂摆之间，可能会增加更多不透明

▲图 20-60 威廉·莫里斯的 1883 年"肯尼特"织物设计,有两种配色和两种织物:左边,金色和灰色的丝绸锦缎;右边,蓝色和黄色的印花棉布

左边:威廉·莫里斯,"肯尼特"(1883)。丝绸锦缎,检索号 T.11810。惠氏艺术馆,曼彻斯特大学。右边:威廉·莫里斯(1834—1896),肯尼特,1883 年注册,印花棉布。伯明翰博物馆和艺术馆,英国,英格兰,伯明翰

▲图 20-61 1866 年 10 月出版的《戈迪女士用书》(*Godey's Lady's Book*)中的一幅插图,展示了一个精巧的檐口板覆盖着两扇窗户和一面镜子。两种面料价格和布料方案可供选择

费城雅典神庙提供

▲图 20-62 窗帘装饰实例
© 雅各·赫斯特 / 考比斯版权所有

的窗帘，它们能够覆盖整个窗户，来保持私密性，不透光。或者中间有可能是百叶窗。所有的这些元素由一条蕾丝做整体的装饰。作为华丽的装饰图案而不是简单的边饰，装饰的类型（图 20-62）包括穗带、绳、流苏、辫带或流穗等其他镶边修饰。它们都有很多的样式，从棉球边穗和丝绸流苏到丝绸圈穗或者羊毛圈穗。也有一些奇特不连续的装饰，比如流苏、弓形饰和玫瑰花结。

对于窗户的相关元素的处理，不止局限于它们自己本身，也要跟整个房间相称，这是一个主要的设计理念。有时候与窗帘和窗帘系带用料相同的织物，也用来覆盖檐口板；有时候不覆盖。丝绸绳的颜色要和整个织物的颜色相符，这经常需要定制染色，现在也有人提供染色服务。

制作工具及技巧 | 窗帘和布料

大多数的窗帘包含两个基本元素：上部的帘头和下面的窗帘。它们都有几个部分。

窗帘上部是檐口板和短帷幔的组合。檐口板（不要跟檐口混淆，檐口是经典建筑的檐部的最上部分，可以在窗户上方墙跟天花板相交的地方看见）固定在窗户的最上方；它可能是木制的或者是用外面包织物的木材制成的。短帷幔在檐口的下方，是一条水平的布料，堆砌出褶皱，从檐口板的前部垂下，遮住窗帘的上端。如果檐口板或者短帷幔的底部有穗或者装成扇贝形，也可以

称之为垂帷。有时候会去掉呆板的檐口板，只保留短帷幔。

帷幔帘头的下方，窗帘通常有两种类型。靠近窗户的是玻璃幕布或者窗帘布，是透明和半透明的。里面是帷幔，有不同的下垂方式。大多数情况下，两片帷幔在窗户中间分开，在地面上 90—120 厘米的地方用系带或流苏绳绑于两侧，或者挂在从墙上伸出的窗帘钉上。这些装饰性的窗帘钉有金属的、木制的或者玻璃的圆花饰。玻璃幕布和帷幔在白天卷起的时候，底边能够够到地板，当晚上拉上的时候，形成褶皱堆在地板上。

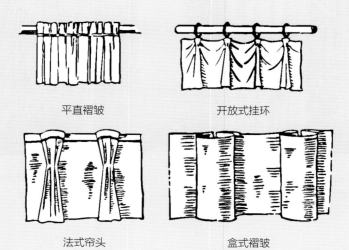

平直褶皱　　　　　　开放式挂环

法式帘头　　　　　　盒式褶皱

衬垫

19世纪，随着弹性物质应用在传统的纺织或者填塞的衬垫里面，比如干草，毛发，羊毛，羽毛或者其他的材料（人们甚至试用了充气的猪膀胱）人们座椅的舒适度提升到了新的高度。18世纪，人们发明了螺旋弹簧，用以减轻马车的颠簸感，于是弹簧在室内座具的优势马上显现了出来。1822年维也纳家具商乔治·尤尼格尔（Georg Junigl）为一项改良版"铁弹簧辅助衬垫"申请了专利。1826年伦敦马车制造商萨缪尔·普拉特（Samuel Pratt）为一把螺旋弹簧椅的专利，在海上的时候，这种椅子能够防止晕船。两年后，他取得了一项用在陆地上的弹簧椅专利。普拉特将弹簧直接固定在木制的家具框架上，贴附在织带底座上，上覆松软的垫子。

铁制弹簧后来被钢丝弹簧代替，为双角形（沙漏型）或者锥形，这种弹簧现在还在使用。这种新的结构需要更大的深度，不只是由于弹簧本身，还因为弹簧顶部安装的防止其穿破衬垫的填充物。这种新的深度，最终导致了软垫座椅的发展，其中大部分全部框架被覆盖。

地毯

在法国，1804年法兰西第一帝国建立。由于在法国大革命期间宫殿中毁掉或者丢失的地毯需要更换，位于奥布松的私人地毯工厂以及位于萨伏内里的国有地毯厂得以复兴。旧的设计被佩西耶和方丹风格所代替，新的地毯样式采用了经典人物、花束和经典军事符号，比如矛、奖章和盾牌，也出现了N形花环。随着拿破仑在1815年战败，1825年萨伏内里地毯厂和哥白林工厂合并，之后设计的产品受到了传统的哥布林风格的影响。19世纪30年代，奥布松引入了纺织机器，代替了古老的手工编织方式。

在英国，有三个重要的地毯制作中心，分别是基德明斯特、艾克斯敏斯特和威尔顿，他们继续使用手工纺织对称结或者土耳其结的方式制作地毯（见第189页"制作工具及技巧：地毯编织"）。在爱尔兰，政府鼓励在多尼戈尔的不发达地区使用手工打结的方式来提供就业。在苏格兰，爱丁堡的理查德·怀托克（Richard Whytock）在1832年开始使用预制的多色纱绳作为地毯的经纱（形成绒头），他称之为布鲁塞尔地毯。普通的布鲁塞尔地毯只有六种颜色，而崴托克的布鲁塞尔地毯可以超过一百种颜色（图20-63）。另外一种多色技术由格拉斯哥的詹姆斯·邓普顿（James Temp Leton，1802—1885）在1839年发明，他把羊毛雪尼尔线丛加入黄麻纤维或者亚麻中来制作地毯，称之为雪尼尔线毯。在1841年，他被委派在温莎城堡为圣乔治教堂制作这样的地毯。雪尼尔地毯很柔软，因此不适合于

▶图20-63 一个英国印花的布鲁塞尔地毯，1850年，长223.52厘米
维多利亚和阿尔伯特博物馆，伦敦／艺术资源，纽约

放置硬的器具。

在美国的费城、马萨诸塞、纽约和新泽西，有许多的工厂生产布鲁塞尔风格的地毯。1844 年，在宾夕法尼亚州的日耳曼敦编织了鲁塞尔地毯，用于美国参议院的地板，猩红色的背景上面有黄色的星星。在美国的创新者中，马萨诸塞州的发明家伊拉斯塔斯·布里格姆·比奇洛（Erastus Brigham Bigelow，1814—1879）发明了几种新的地毯编织方法。1848 年发明了一个织布机，既可以编织毛圈织布（布鲁塞尔式）又可以编织割毛织物（威尔顿样式），而且速度是手工编织速度的十倍。在下半个世纪里，美国和英国的发明家继续改进编织地毯的方式，地毯的生产方式被彻底地改变了。

手工勾编的地毯在美国继续被广泛地使用时，在 1876 年费城世博会上，却有了新的理念。在这场百年庆典上，各种各样的实木拼花地板图案，有时被称为木质地毯，被立刻接受为一种新的地面处理方式。此时美国对"原始"的疯狂追求，在某种程度上却被对卫生问题的新的担忧抑制了。在 1884 年 1 月，根据毕夏普和科布伦茨在《戈迪女士用书》（Godey's Lady's Book）上的建议，木地板比纺织的地毯更卫生，地毯"滋生引发疾病和死亡的细菌"。新的地面处理方式即将产生并且非常流行。

墙面和地面处理

在 19 世纪，发明家用一系列的产品来装饰日益壮大的商人阶层和其他中产阶级的家。发明了这些材料的人想要生产更耐用、更便宜、生产速度更快的产品。他们利用当时可以用的新机器来实现这个目标，而不是用熟练的手艺人来生产传统的产品。

墙面处理

1877 年，英国发明家弗雷德里克·沃尔顿（Frederick Walton，1834—1928）发明了一种叫作沃尔顿彩色拷花墙布的人造皮革材料。彩色拷花墙布由木纸浆和石蜡制成，上覆亚麻籽油和树胶。为了能用在天花板和墙上，沃尔顿彩色拷花墙布的表面压印着浅浮雕。当喷涂成棕色的光滑表面时，它就展示出一种皮毛浮雕的感觉，但是当喷涂浅色涂料时，一些样式可以被误认为是泥灰装饰。事实上，在一间屋子里彩色拷花墙布有三种不同的

用途，可以让房间展示出一种皮革覆墙或抹灰挑檐或木制护墙板的效果。它被广泛地使用，出现在了泰坦尼克号及位于萨卡拉门托的加州州议会大厦。在 19 世纪 80 年代，出现在了约翰·洛克菲勒的纽约西 54 街大厦里。一个法国公司在巴黎附近建立了一家工厂，为赫克多·吉玛德（Hector Guimard，1867—1942，图 20-46）提供他自己设计的新艺术风格的彩色拷花墙布护墙板，装饰 1896 年的贝朗热城堡。一家美国公司从 1883 年开始生产彩色拷花墙布，直到今天。

彩色拷花墙布遇到了一个对手——浮雕墙纸，这是用纸和棉浆做成的一种更轻便、更易弯曲、更便宜的材料。托马斯·帕尔默（Thomas J. Palmer）在 1886 年申请了专利，他是一个沃尔顿彩色拷花墙布展示厅的经理。浮雕墙纸主要是作为灰泥天花板和雕饰的替代品，不像彩色拷花墙布那样有多种应用。它马上取得了成功，克里斯多夫·德莱赛（图 20-59）是它的设计师之一，现在在英国的市场上还可见到。

另一个始于 19 世纪初取得巨大成功的人造材料是混合涂料。混合涂料是一种像亚麻籽油、胶水和树脂一样的流体，把它倒入装饰品模具中，然后用来装饰墙上的木器或者家具。如果给它喷涂，就会非常像昂贵的木雕。据说在英国，罗伯特·亚当是它的拥护者。在美国，费城的罗伯特·威尔福德 Robert Wellford 从 1800 年开始推广，并且取得了成功。1893 年装饰师供应公司在芝加哥成立，其出售的 120 页的混合涂料装饰物目录，现在还在市面上销售。

地面处理

我们在英国和美国见到的铺地面用的喷绘帆布，并不耐用。人们尝试将很多添加材料——水泥、椰子纤维、碎海绵——加入颜料，来改善耐用性和弹性。早期成功的是卡姆谱图里肯（Kamptulican），由英国人以利亚·加洛韦（Elijah Galloway）在 1844 年制作，把橡胶和软木的混合物用铁滚轴压制。19 世纪 40 年代末，建筑师查尔斯·巴里用它铺设伦敦的议会大厦的走廊。1871 年，软木地毯被申请了专利（图 20-64），威廉·莫里斯等主要的设计师使用了这种新材料。

然而这些试验中最成功的是油毡。在 1863 年弗雷德里克·沃尔顿申请了油毡的专利，他从拉丁语中给它

▲图 20-64 威廉·莫里斯 1875 年设计的一个软木地板
维多利亚和阿尔伯特博物馆，伦敦 / 艺术资源，纽约

起的名字。用亚麻籽油、树胶和软木压制成帆布为底，制成品长而完整。后来沃尔顿把工艺带到了美国。阿姆斯特朗软木公司从 1909 年到 1974 年生产油毡，之后从石油中提炼的更有弹性的乙烯基主导了市场。虽然油毡的广告语是"为屋子里的每个房间"，但是它一直普遍地应用在厨房和浴室中，因为它很容易清理。它能被生物降解，最近又有小的工厂开始生产它了。

壁纸

壁纸在 19 世纪越来越流行。比起泥灰和木板，它更便宜，而且不需要高超的安装手艺。有时候，壁纸覆盖了木制护壁板之上的墙面，但是有时候为了省钱，壁纸代替了护壁板。当想要尽可能地省钱时，就全部用壁纸来达到整体效果。在三维踢脚板上面，有大约 60 厘米高的壁纸墙裙，然后用壁纸覆盖绝大部分的墙面，在天花板做一个壁纸饰带。

但是壁纸本身是一个质量很高的艺术品。在美国，英国的壁纸在 18 世纪的大部分时间里为人们所喜爱，后来被优良的法国新式壁纸替代了，托马斯·杰斐逊本人就很喜爱这种法国壁纸。杰出的法国时尚壁纸制造者（在

雷维永之后，图 15-41）有让·祖伯和约瑟夫·杜弗。

祖伯和杜弗

让·祖伯（Jean Zuber，1773—1835）1791 年加入了阿尔萨斯的杜福斯公司（一个生产印度风格纺织品的公司，有一个壁纸部门），1802 年将公司改名为让·祖伯公司。祖伯的专长是用典雅的图案表现诗意的风景。他的大多数风景壁纸仅仅基于想象和文学作品，比如 1807 年的《骑象旅行印度斯坦》（图 20-65）、1818 年的《意大利风光》和 1834 年的《北美风光》，这幅壁纸在肯尼迪执政期间挂在了白宫。祖伯最优秀的作品大概是 1821 年的 25 幅《法国花园》，它经常被翻印。祖伯也生产雕带壁纸，用来代替更昂贵的建筑装饰线条和纺织品。

祖伯的主要竞争对手是约瑟夫·杜弗（Joseph Dufour，1757—1827），他在 1804 年成立了自己的公司。跟祖伯一样，杜弗生产大型的风景壁纸，例如 1804—1805 年的加布里埃尔·查维特的《太平洋野人》。杜弗的设计师克里斯多夫·泽维尔·马德基于神话制作了有浮雕感的灰色单色画（使用各种灰色色调的作品），比如 1816 年的《丘比特和塞姬》（图 20-

▲图 20-65 1807 年让·祖伯设计的全景壁纸《骑象旅行，印度斯坦》
装饰艺术图书馆 / 巴黎 / 达勒·奥尔蒂 / 图片编辑部有限公司 / 克巴尔收藏

▲图 20-66 二十六幅灰色单色画壁纸《丘比特和塞姬》中的一个场景，杜弗公司生产，巴黎，1816 年
德国壁毯博物馆 / 卡塞尔国立博物馆，德国，卡塞尔。波塞特拍摄

▲图 20-67 威廉·莫里斯 1864 年设计的《花架》壁纸。上面的鸟是由菲利普·韦伯绘制的
多佛出版社

66）。后来军事主题也开始流行，比如杜弗产于 1829 年的《法国在意大利的战争》和祖伯产于 1850 年的《美国独立战争》。对全景壁纸的狂热在 1865 年消退，机器印刷的增长可能加速了它的衰退，比如印刷相对小的图案和相对短的重复图案。受到约瑟夫·雷杜德（Joseph Redouté，1759—1840）等人的植物画的影响，花卉的图案在这个世纪最为流行。玫瑰、牡丹、罂粟、丁香花等不只出现在壁纸上，也出现在织物、瓷器和家具上（以雕刻的形式，珍珠母和镀金镶嵌，及应用墙纸）。

莫里斯和沃塞

然而随着时间的推移，这些花卉的图形越来越不能反映现实，而是更风格化了。这个潮流被工艺美术运动所推动，威廉·莫里斯起到了特殊的作用。莫里斯的早期壁纸，比如 1864 年开始做的《花架》（图 20-67）《雏菊》和《水果》，取自自然，但是不想给人以自然的错觉；这些元素是简化的、平衡的、分割空间的、扁平的。

在 19 世纪末期，查尔斯·沃塞（Charles Annesley

▲图 20-68 沃塞高度风格化的壁纸和织物图案，设计于 1897 年
维多利亚和阿尔伯特博物馆，伦敦 / 艺术资源，纽约

Voyesy, 1875—1941）的壁纸和织物图案，将莫里斯的抽象化更进一步，将展示的鸟、动物和植物"简化成符号"（图20-68）。沃塞是英国杰出的工艺美术运动的建筑师和设计师，他一直工作到20世纪。

总结：19世纪的设计

19世纪是我们生活的现代世界的开端，它的大部分历史看起来充满了斗争、对抗和竞争。但是19世纪在设计领域里相互冲突的观点和目标，在世纪末大部分得以解决。机器生产战胜了手工制作，创新战胜了传统，新生事物战胜了陈旧事物。一些以前风格的复兴一直延续到20世纪，但是世界在很多方面都做好了准备，迎接适应时代潮流的科学和技术的设计。19世纪为现代主义的出现搭好了舞台。

寻觅特点

19世纪检阅了各种不断变化的风格，每种风格有自己的特色。其中有些对今天的我们来说十分的古怪，但是它们是那个时代真诚的努力。技术的发展为新的建筑类型提供了机会，有些情况下是提供了必要性，但是同时有强烈的冲动去复制过去的风格。这两种相反的力量结合在一起造成了一些反常现象，比如一个意大利文艺复兴风格的宫殿外面围绕着一座全新的15层高的办公楼。

探索质量

正如不可能为19世纪定义单一的特征，因为那个时代的社会是不断变化的，我们也不可能在单一的风格或阶段中寻找最高的质量。但是在整个世纪的斗争、变革和冲突中，高质量作品确实出现在一些天才的设计师手中：佩西耶和方丹、索恩、高迪和沙利文都拥有极有天分的。有各种表现形式的杰出作品：加尼叶的富有创造精神的巴黎歌剧院，麦金托什的线条简洁的建筑和家具设计，莫里斯的优美的纸质品和纺织品。

做出对比

因为19世纪的人们花费了大量的精力复兴其他地方和时期的精神和设计，因此在所有的案例中很自然地对比了复兴后的作品和它的原作：复兴风格在多大程度上真实反映了它的本源？但是真实性不是19世纪必要的目标，所以我们也可能在每个案例中问：复兴风格怎样恰当地适应着那个时代？

但是，最终通过对比整体的复兴风格和19世纪末期出现的新的方向，我们可以说，对于20世纪来说，这些新的方向要比19世纪的任何复兴风格更有影响力。

21

20 世纪设计

"大约 1910 年，发生了一个决定性的重要事件：在建筑艺术中发现了一种新的空间观念。"
——希格弗莱德·吉迪恩（Sigfried Giedion，1888—1968），瑞士建筑史学家，著有《空间·时间·建筑》（*Space，Time and Architecture*，1952）

20 世纪涌现了一股令人印象深刻的民主浪潮，给许多方面带来了利益，包括数量空前的优秀设计。这些设计不是仅为富贵阶层使用，而是服务于所有的阶层和各种经济能力的人群。这让我们对于设计的实用价值的认识得到了极大的提升。总体来说，如果以设计的贡献和重要性来衡量，这是有史以来最富足的世纪。

20 世纪设计的决定性因素

在某些方面，20 世纪是 19 世纪的沿承，在一些艺术表现手法上面从一个世纪延续到了下一个世纪，比如朴素的工艺美术运动崇尚自然的新艺术，但是 20 世纪在戏剧性方面是独立于之前任何时代的。我们在图 21-1 中看到的椅子样式是不会跟其他时期混淆的。20 世纪的

设计决定于政治和社会的巨变，决定于旧的和激进的新式设计思想的碰撞，决定于带来了新的机遇和造型的新技术和新材料。

历史因素

两次世界大战和数不清的小的战役打乱了 20 世纪人类社会的正常进程。第一次世界大战（1914—1918）的战争规模前所未有，打乱了包括设计在内的生活的所有方面，但是战后的和平协定以及新成立的国际联盟，让人们对未来有着普遍的乐观和信心。战争结束的那年，法国建筑师勒·柯布西耶和法国画家阿梅德·奥占芳（Amédée Ozenfant）出版了《纯粹主义宣言》（*Purist Manifesto*），赞美了机械形式的纯粹；第二年德国成立了包豪斯学校。在两次世界大战中间的时期，是设计创新的伟大时期，在这个时期现代主义开花结果了。

第二次世界大战（1939—1945）又一次造成了设计的材料、热情和资金的短缺，战后许多被中断的设计思想得以实现。由于对战争残酷性的认识加强和战后重建的巨大挑战，战争中出现的美国和苏联两大主要力

◀图 21-1 格里特·里特维尔德（Gerrit Rietveld）于 1917 年设计的红蓝椅细节图。椅子全貌图 21-13
格里特·里特维尔德，"红蓝椅"，KNA 1276。藏于阿姆斯特丹市立博物馆

量在战后产生了冲突，这给人们带来了焦虑不安。《焦虑时代》是 1948 年奥登（W. H. Auden）的一首诗的名字，也是 1949 年伦纳德·伯恩斯坦（Leonard Bernstein）的一首交响曲的名字。在新的怀疑和问题中，现代主义继续着它的进程。以前认为工业既有效率又时髦的观点受到了挑战，它被认为偶尔会导致粗暴以及非理性。

交流因素

图像和设计思想的交流方式在 20 世纪得到了极大的发展。那些图像和设计思想在报纸和杂志的广告和社论版面上出现。它们也出现在信件、商场、博物馆、画廊、公交车、地铁、设计师的展示室、电影、电视和电脑上。

媒体积极一面的影响是，让室内设计获得了前所未有的关注。以设计思想转化为大众消费的变化为例，如果是在 18 世纪，假如一个法国国王的情妇钟情于某种椅子，贵族们就可能为他们的房间定制这样的椅子的复制品，中产阶级可能尽其所能地效仿。但是底层人民可能不仅仅没有这种椅子，甚至不知道这种椅子的存在。在 20 世纪，设计影响了所有阶层，并且立即输出给任何感兴趣的人，从而引导了即时的时尚潮流和潮流逆转。"设计媒体"这一节会概述 20 世纪的一些媒介传播设计思想的途径。

技术因素

19 世纪否认工业化成为现实的努力没有成功。尽管对于工业化以前的造型和材料的怀旧一直持续到 20 世纪，甚至到现在，但是 20 世纪的设计完全学会了利用新技术，也完全受益于新技术。几乎我们日常生活的所有方面都来源于 1900—2000 年，包括通信、交通、科学、健康、娱乐、生产和分配产品、服务。到 20 世纪末，在照明、供热，以及音响方面的技术取得很大进步，另一项技术革新是计算机，不只为许多室内设计活动提供便利，也影响着设计本身的流程。"新设备"一节将会涵盖 20 世纪改善室内居住质量的所有室内创新技术。

20 世纪建筑及其室内装饰

在 20 世纪，居住条件的核心改变是新技术的结果，

同时，社会的核心也是朝民主和平等方向转变，这能够在建筑和政府中体现出来。20 世纪艺术的主要发展是现代主义，这种发展是技术和民主共同作用的结果。

现代主义不是这个世纪唯一的表现形式，但是它是和其他的形式相对的。这不仅仅是一场单独的运动，其他形式也会因它们跟现代主义的关系被评判——有些是现代主义的先驱，有些是对现代主义的反应，有些是参与者，有些不在这个范畴里面。许多现代主义的狂热者认为它远远不止是一种风格。最极端的例子是，现代主义拒绝所有过去设计和以前的风格的装饰和痕迹。现代主义的本源出自功能性，因此反对纯概念性的风格。现在我们可以看到，现代主义不是它的提倡者曾经认为的统一的，有逻辑的或者客观的风格。无论如何，它是一个具有罕见的重要性和持久生命力的风格。

先驱者

在 20 世纪初，尽管许多建筑师和设计师没有完全参与现代主义，但是他们对现代主义有影响。

埃尔希·德·沃尔夫

埃尔希·德·沃尔夫（Elsie de Wolfe，1865—1950）在 1904 年转行主要从事室内设计。麦金－米德－怀特公司的斯坦福·怀特邀请她进行纽约殖民俱乐部的室内设计，这是一家只向女性开放的俱乐部。包括德·沃尔夫在内的装饰师以前做过住宅的室内装饰，但是从没有过室内装饰师设计公共建筑的装饰，这种工作传统上都是由建筑师或者古董商来完成的。德·沃尔夫给俱乐部的室内喷涂了明亮的色彩。她在屋内布置了轻便可移动的椅子和桌子以及色彩鲜艳的印花布。俱乐部的茶室（图 21-2）作为一个温室，墙上有绿色的格子细工，地面铺设瓷砖，布设柳条编织的家具。看起来虽然不现代，但是它很清新，令人愉悦。

德·沃尔夫有时候被称为第一个专业的装饰设计师，她也是一位折中主义者，因为她从不同的风格中自由地选取元素。作为一个敏锐而感性的设计师，她的三词理念仍然受尊重：简约、适合和均衡。

埃德温·鲁琴斯

在 20 世纪前 40 年，英国的主要建筑师和设计师是埃德温·兰西尔·鲁琴斯爵士（Sir Edwin Landseer Lutyens，1869—1944）。鲁琴斯负责了许多大型的建

筑项目。开始他用工艺美术风格工作，使用乡土元素，比如制作精巧的有小铅条的平开窗和陡峭的屋顶瓦。后来，他逐步转向注重更伟大的古典主义和更正式的对称美。

在他的住宅作品中，最能明显地看到鲁琴斯的技巧和变化。他的建筑是浪漫主义和古典主义的高度融合，是各种典型复兴风格的高度折中融合。1908年他设计的位于伯克郡的愚人农场，采用了英格兰巴洛克风格，让人想起前两个世纪的设计，但是在室内设计中（图21-3）他使用并完美呈现了古典主义元素，色彩十分醒目。

有意思的是，他最大的工程是位于印度新德里的政府建筑群（1912—1930），这是古典风格建筑设计的一个例子，但是鲁琴斯在其中的一个建筑中引入了一些印度传统建筑的图案，比如被称作"Chattris"的伞状圆顶。位于建筑群中轴末端的总督府比凡尔赛宫还要大。

创始者

和德·沃尔夫及鲁琴斯同时代有三个主要人物，他们扎根于19世纪，但是发展出了自己鲜明的设计特色。没有他们的基础性工作，现代主义就不会建立得如此稳固。

弗兰克·劳埃德·赖特

作为来自美国中西部的非凡的天才和极其多产的建筑师，弗兰克·劳埃德·赖特（Frank Floyd Wright，1867—1959）设计了1000多座建筑，其中400多座建成。它们的质量都非常好，因为赖特既技艺高超又多产。赖特的事业

▲图21-2 埃尔希·德·沃尔夫为纽约的殖民俱乐部设计的格架室，1905—1907年
格架室，1907年（房屋状态良好，1913年）来源：潘尼斯帕克《艾尔希·德沃尔夫》（*Elsie de Wolfe*），第40页，莫菩出版社，纽约

▲图21-3 愚人农场的大厅，位于英格兰伯克郡，埃德温鲁琴斯设计，1908年。木制品为白色，映衬着有光泽的黑色墙面，敞开式的瓷器柜漆成红色
乡村生活图片图书馆，英国，伦敦

经常同 20 世纪前 60 年的设计故事相联系。

赖特在家乡的威斯康星大学学习工程技术，在路易斯·沙利文的芝加哥办公室做学徒，一直做到 1893 年。我们能在图 20-25 中看到路易斯·沙利文的新艺术风格装饰，他的功能性造型和他的装饰一样有名气。1901 年，赖特在流行杂志《女性家庭杂志》（The Ladies' Home Journal）中发表了房屋设计作品，称之为"草原式住宅"。它展示了低矮的屋顶，宽阔的屋檐下面是水平的长长的玻璃窗，内部装修是抹沙子做成的灰泥，饰有修剪好的长条松木。内部连接的屋子包括一个双层高的客厅。它开创了草原风格，意味着跟中西部草原一样的又长又矮，但是大量的建筑实例位于芝加哥周边的郊区。

它也开创了开敞式平面布置，这是这个世纪对室内设计的最大贡献之一。之后于 1902 年建在伊利诺伊州高地公园的威利茨住宅（图 21-4），建筑更大更明显地体现了这种理念。在中间是一个砖石建筑，周围有一圈壁炉，空间自由流动，由门廊连接，从入口到客厅到餐厅中间隔着不对称的半透明木屏风。另一个例子是赖特 1904 年设计的位于纽约布法罗的拉金大厦，里面有私人办公室，可以俯瞰五层楼高的天窗中庭（图 21-54）。这里的空间在垂直方向（从一层到天窗）和水平方向（从环绕中庭的办公室穿越中庭）相互开放。赖特在他漫长的职业生涯中继续发展他的开敞式平面布置，将它应用在许多其他的建筑中，包括他自己的学校或住宅建筑群：一个是 1911 年建造的塔里埃森，位于威斯康星的斯普林格林；一个是 1938 年建造的，位于菲尼克斯附近的西塔里埃森。

开敞式平面布置也在著名的乡村建筑流水别墅中出现，它设计于 1936 年，位于匹兹堡附近，有大量的室内室外的相连。在考夫曼的儿子小埃德加的敦促下，赖特为考夫曼的这个住宅做了这样的选择。小埃德加曾经在塔里埃森学习过，后来成为了才华横溢的策展人、历史学家，现代设计和装饰艺术的鉴赏家。这个建筑很引人注目，以岩石地形上的小瀑布为特色，赖特把别墅的

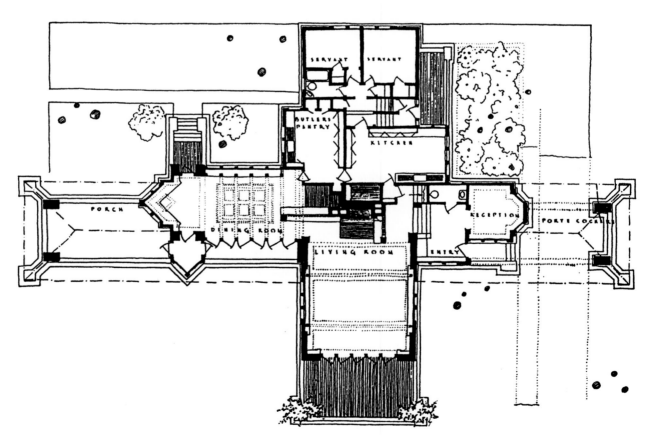

▲图 21-4 一层的开敞式平面布置图，弗兰克·劳埃德·赖特于 1902 年设计的沃德·威利茨住宅，位于伊利诺伊高地公园
乔治·伯绍德

一部分直接悬在水流上面。石面的核心部分在结构和视觉上压住了整个建筑的结构重心，三层高强度的钢筋混凝土平台不对称地排列着。这里赖特证明了他是现代主义创作和结构探索的大师。流水别墅是非常个人化的自然元素和技术元素高度融合的结果。砖石建筑的核心，部分围住了厨房，内部如同外部一样明显可见。宽敞的客厅（图21-5）和所有主卧室的阳台都在混凝土平台上面。正如我们所期待的一样，大部分的家具也是由赖特设计的。

赖特的开敞式平面布置的顶峰是他的最后一件杰出作品，即纽约古根海姆博物馆。它的中庭是比拉金大厦中庭更开阔的样式，中间有供参观者上下的螺旋状的坡道。仰视、俯视和平视都可以一览无余。

彼得·贝伦斯

德国建筑师彼得·贝伦斯（Peter Behrens，1868—1940）在很多领域都主张将艺术融入进去，他的设计事业是持续地进行简化，从古典主义转变到现代主义，但仍然有古典主义的基础。除了设计建筑和室内装修，他还是教师，是从事绘画和木版画的艺术家。作为德国通用电气公司（AEG）的艺术顾问，他不仅设计建筑和内饰，还做绘图设计和大量的产品设计。贝伦斯柏林办公室的学徒中有三个年轻人，他们对现代主义运动起了主要的作用，分别是瓦尔特·格罗皮乌斯，路德维希·密斯·凡·德·罗和勒·柯布西耶。在贝伦斯的作品中，有1909年AEG位于柏林的涡轮机厂（图21-6），具有实用价值的砖造和钢制结构反映并承载了古典主义庙宇的形式；还有1912年德国驻俄罗斯圣彼得堡的大使馆，这是由年轻的密斯创作的。

约瑟夫·霍夫曼

奥地利的建筑师和设计师约瑟夫·霍夫曼（Josef Hoffmann，1870—1956）师从维也纳分离派的奥托·瓦格纳，对奔放的新艺术运动做了更多几何图形的发展。

▲图21-5 流水别墅的客厅，位于匹兹堡附近的考夫曼乡村别墅，弗兰克·劳埃德·赖特于1936年设计
西宾夕法尼亚水利局提供

▲图 21-6 彼得·贝伦斯为德国通用电气公司（AEG）设计的涡轮机厂，柏林，1909 年
© 艺术家权利协会，纽约／埃里希·莱辛／艺术资源，纽约

在罗马的一年中，古典的庙宇对他影响很深。他同时也受到当时在英国的工艺美术运动的影响。1896 年回到了维也纳后，他加入了瓦格纳办公室，也加入了当时刚刚成立的分离派团体。1901 年，他的草图被发表到刚刚创建的杂志《室内》（*Das Interieur*）上面，其中一些表现了他对查尔斯·伦尼·麦金托什的作品的赞赏，麦金托什在 1900 年为分离派展览提供了一间房屋。霍夫曼写道："我认为一个房子应该有整体性，从外面能看出内部装饰的一些端倪……"1903 年霍夫曼和莫塞成立了维也纳工作同盟，这是一个建筑师、装修艺术家、画家和雕刻家的联合体，一直活跃到 1932 年。之后是早期的两个重要作品，普克斯多夫疗养院和斯托克雷特宫。

普克斯多夫疗养院位于维也纳附近，建于 1903—1905 年，是霍夫曼从新艺术的流动性转向更简练的方块形式的开始。建筑是对称性的平屋顶，极为朴素。比如，窗子没有突出的檐口或者窗台来隔断墙面。颜色几乎仅限于白色和黑色。它第一次为工作联盟的艺术家们提供了很大的机会，他们利用维也纳工作联盟的所有的室内装修细节，来展示他们对所有技艺的整合，整个过程是由霍夫曼来督导的。它朴素的外表和理性的设计，为阿尔瓦·阿尔托（Alvar Aalto，1898—1970）在 1929 年为芬兰的帕米欧结核病疗养院做的设计做了铺垫。霍夫曼的设计也是勒·柯布西耶早期作品的形式的尝试，霍夫曼对他很欣赏和支持。

斯托克雷特宫（图 21-7）是一个布鲁塞尔收藏家的私人别墅，沿承了疗养院的方块形样式，但是装修更加富丽堂皇。从 1905—1911 年，霍夫曼和所有工作室的人为它做设计。别墅的外面是大理石板面，其中镶有青铜条，很多的内饰墙面和地板也采用了大理石，地方镶嵌红木，或者镶嵌了画家古斯塔夫·克里姆特的绘画，例如餐厅。家具、织物、地毯、五金件、照明设备、艺术品和花园都是这个伟大的整体作品中的设计元素。

►图 21-7 约瑟夫·霍夫曼设计的斯托克雷特宫的门厅，布鲁塞尔，1905—1911
© 奥地利档案馆 / 考比斯版权所有

在同样的整体设计原则下，霍夫曼自己设计了家具、瓷器、玻璃器皿、银器（图 21-75）、纺织品和其他各种的装饰物品。甚至在这个世纪早期，其中的许多设计作品抛弃了斯托克雷特宫的富丽堂皇的装饰效果，呈现了规整的几何形状。

包豪斯

在第一次世界大战刚刚过去的 1919 年，建筑师瓦尔特·格罗皮乌斯（Walter Gropius，1883—1969）被指派担任位于德国魏玛的两所德国艺术学校的负责人，后来他把两所学校合并成了公立包豪斯学校（房屋建筑学校）。尽管是叫这样的名字，但它最开始的时候并不教授建筑，这是后来的岁月里要实现的目标。期初它开设各种实用艺术的课程，每个工作室（木工、纺织、金属加工等）都有两个教师，一个是艺术家，另外一个是工匠或者技师。有些教职人员最开始是那儿的学生，包括画家保罗·克利（Paul Klee，1879—1990）和瓦西里·康定斯基（Wassily Kandinsky，1866—1944）、建筑师和家具设计师马塞尔·布劳耶（Marcel Breuer，1902—1981）、画家约瑟夫·阿尔伯斯（Josef Albers，1888—1976）和他的妻子纺织家安妮·阿尔伯斯（Anni Albers，1899—1994），画家雕刻家摄影师拉兹洛·莫霍利 - 纳吉（Lászl ó Moholy-Nagy，1895—1946），以及其他的至今很有名的人员。

包豪斯在政治上和艺术上不断地前进，为它的观点和作品寻求更多的接受者。格罗皮乌斯说，包豪斯的"伟大作品"，是创造一个整体环境，"利用所有因素，服务于所有因素"。

1925 年德绍城从魏玛引进了包豪斯，1926 年格罗皮乌斯亲自设计了新的学校建筑。格罗皮乌斯的德绍包豪斯是有大量简单的没有装饰的多层玻璃墙的组合，有悬臂式的阳台以及连接街道、教室、办公室和学生宿舍的过街天桥（图 21-8）。它的白色外表，大量的玻璃构造，非对称性的结构，不加修饰，给现代主义下了定义，并提供了其可能性的一系列元素。

汉斯·迈耶（Hannes Meyer，1927—1930）继格罗皮乌斯后担任包豪斯学校的校长，他引入了建筑和城市规划，强调技术而非艺术。1930 年梅耶卸任，由路德维希·密斯·凡·德·罗继任，他是这个国家最有影响力的设计师之一。

▲图 21-8 1925 年瓦尔特·格罗皮乌斯为包豪斯风格的两座建筑中间设计的连廊，德国，德绍，1991 年整体做了修复
德绍包豪斯学院

瓦尔特·格罗皮乌斯

瓦尔特·格罗皮乌斯（Walter Gropius，1883—1969）是彼得·贝伦斯办公室的绘图员，但是他因缺乏绘图技巧而臭名昭著，因此转而对理论和教学产生兴趣。但是在他担任包豪斯的校长之前，他设计了两个早期现代风格的建筑，都具有高度创新性。一个是他在 1911 年为德国阿尔费尔德的法古斯工厂设计的，这是第一座几乎完全包裹在玻璃外表里面的建筑。第二个是 1914 年为位于科隆的工艺联盟展设计的现代工厂，这个工厂的设计展示了他对弗兰克·劳埃德·赖特的理解。奇怪的是，他在 1921 年设计的位于柏林的索末菲的住宅本质上是一个大的木房子，看起来好像暗示了另一种设计方向的想法。然而他的包豪斯建筑群明显地转向了机器美学，正如在 1927 年为斯图加特住房展所设计的两个房子，他在这上面试验了装配式建造技术。

马塞尔·布劳耶

格罗皮乌斯的许多德绍包豪斯建筑群的内饰和家具都是马塞尔·布劳耶（Marcel Breuer，1902—1981）设计的。他曾经是包豪斯学校木器工作室的学生，在 1924 年成为了工作室的主管。1925 年布劳耶开始试验将钢管作为家具材料（图 21-55）。离开包豪斯之后，他在伦敦设计了更多的家具、展会用具和家居用品，包括 1936 年为现代艺术狂人多萝西娅·文特里斯（Dorothea Ventris）和她的儿子迈克尔设计的公寓以及全部家具（图 21-9）。

二战期间，哈佛设计研究所邀请布劳耶去教学，格罗皮乌斯曾经去过那儿，正任建筑学院的院长。他在哈佛的学生包括贝聿铭（Ieoh Ming Pei，1917—2019）、保罗·鲁道夫（Paul Rudolph，1918—1947）、乌尔里奇·弗兰丞（Ulrich Franzen）、约翰·约翰森（John Johansen）和菲利普·约翰逊（Philip Johnson，1906—2005）。他继续和格罗皮乌斯合作，结合了现代设计和传统的新英格兰建筑材料，例如木材和石头，来设计迷人的建筑。布劳耶在他的作品中延续了这个方向，比如 1949 年，他被邀请在纽约的现代艺术博物馆的花园中建造示范性房屋（图 21-10），用来向更广泛的受众展示现代建筑的可能性。

后来布劳耶承担的大项目包括 1958 年的位于巴黎的联合国教科文组织总部和 1966 年纽约的惠特尼博物馆。

路德维希·密斯·凡·德·罗

路德维希·密斯·凡·德·罗（Ludwig Mies van der Rohe，1886—1969）通常被简称为密斯，出生在德国亚琛，是一个石匠的儿子。在他在包豪斯任职之前，他指导了 1927 年的斯图加特住房展，格罗皮乌斯在这

▲图 21-9 马塞尔·布劳耶设计的温特里斯公寓主卧中的墙柜和镜子，伦敦，1936
展会：马塞尔·布劳耶：家具和内饰，1981 年 7 月 25 日—9 月 15 日
马塞尔·布劳耶协会收藏品。现代艺术博物馆 / 纽约斯卡拉 - 艺术资源

个展会上面展示了两个房屋设计；这个展会上的其他设计师包括法国的柯布西耶、荷兰的 J.J.P. 乌德、匈牙利的约瑟夫·弗兰克、彼得·贝伦斯和密斯本人。

1930 年，密斯完成了现代建筑的里程碑，即 1929 年的巴塞罗那世博会的德国馆（图 21-11），他也设计了内饰和家具。德国馆是一个只有庆典意义和公共关系功能的建筑。它的装饰全部来自它丰富的原材料：由缟玛瑙、绿色大理石、透明的绿色玻璃组成的墙、洞石的地面、两个黑色玻璃围绕的水池、白色皮革的坐垫。更显著的是整个馆自由流动的平面，从地面到天花板形成的平面组合独立于镀铬的十字柱结构之外。开敞式平面布置的理念作为 20 世纪设计的核心，密斯把它归功于弗兰克·劳埃德·赖特的草原式住宅，并很好地发展了它。

菲利普·约翰逊是新巴塞罗那馆的观众之一，他刚从哈佛毕业（但不是从建筑系毕业，他后来才开始学习建筑）。他让密斯建造了他自己在纽约的公寓，这是密斯在美国的第一个作品。受到墙的布置的影响，他采用

▼图 21-10 马塞尔·布劳耶在现代艺术博物馆的花园中建造的示范性房屋里面的客厅，纽约，1949
艾泽拉·斯托勒（Ezra Stoller）/ 伊斯托图片社

▲ 图 21–11 密斯的德国馆，1929 年。馆内家具属于密斯个人。池中雕塑由格奥尔格·科尔贝（Georg Kolbe）雕刻
© ARS，纽约 / 埃里希·莱辛 / 艺术资源，纽约

了另外一种设计，仔细地选择了一些元素：蓝色的生丝窗帘、镀铬的玫瑰木支架、地面上的草席、包黑皮革的桌子上方的白色牛皮纸密斯椅。

1938 年，密斯去芝加哥的伊利诺伊理工大学担任建筑学院的院长。但是他也进行实践和教学工作。他早期在美国设计的作品中最杰出的是 1950 年的由玻璃和钢建造的范斯沃斯住宅（Farnsworth House），位于芝加哥郊区的普莱诺，它清晰地表现出建筑结构，延续了密斯对开敞式平面布置的探索。密斯的其他杰出的作品包括 1958 年纽约的西格拉姆大厦和 1968 年柏林新国家美术馆。密斯是他的时代最有影响力的设计师之一，我们能够从菲利普·约翰逊的一些作品以及斯基德莫尔，奥因斯和梅里尔的许多作品中看到他的影响。

纯粹主义和风格派

1918 年，建筑师勒·柯布西耶和画家阿梅德·奥占芳的《纯粹主义宣言》（*Purist Manifesto*），表达了他们对机器美感的欣赏（包括船、飞机和汽车），他们崇尚普通的和大规模生产的产品，偏爱平滑的轮廓和抛光的表面。纯粹主义者在绘画和建筑中利用几何图形及简洁、纯粹的形式，提倡0.618的黄金分割数学比例体系，一般认为这种自然形态是和谐的源泉，比如海螺壳和向日葵。

和纯粹主义一样，风格派是一项艺术和建筑领域的运动。它源于荷兰，荷兰是一战期间唯一中立的欧洲国家，经济上的发展支撑了新设计和新设计理论。基于这项运动和 1917 年首次发行的杂志《风格》（*De Stijl*），1920 年人们用风格派来称呼各种使用基本样式、直线

条和原色的艺术家和设计师。特奥·凡·杜斯堡（Theo Van Doesburg，1883—1931）是这群人的理论领袖，彼埃·蒙德里安（Piet Mondrian，1872—1944）是主要的画家，乌德（J. J. P. Oud，1890—1963）是重要的建筑师和城市规划师，格里特·里特维尔德是最杰出的建筑师、室内设计师和家具设计师。

勒·柯布西耶

纯粹主义的主要的建筑师和设计师是勒·柯布西耶（Le Corbusier，1887—1965），他在1923年的著作《走向新建筑》（Vers une architecture/ Towards a New Architecture）中继续阐述了他的理论。书中包括讲述比例的一章，题为《基准线》，在讲述飞机美的一节中，提出了名言"住宅是居住的机器"。

勒·柯布西耶出生在瑞士。1908年，他在巴黎为奥古斯特·佩雷（Auguste Perret，1874—1954）工作，研究他对钢筋混凝土的革命性应用（图21-50），然后回到瑞士，后来在柏林的彼得·贝伦斯工作室工作，四处游历，试验了低成本的混凝土房屋。1917年，他永久地迁居到了巴黎。他早期的成就是1925年现代工业装

饰艺术展的新文化精神馆，之后是一些位于巴黎以及周围的卓越的私人住宅，它们是平顶的、立体的，大量运用白色，其中最著名的是1931年位于普瓦西的萨伏伊别墅（图21-12）。

萨伏伊别墅从外面看起来是由细柱子支撑在地面上，是一个简单的长方形样式；然而它的内部空间是自由组合的。它展示了勒·柯布西耶在1927年阐述的"新建筑五原则"，这种方法定义了他的风格：底层架空；屋顶花园；自由平面，符合赖特和密斯提倡的开放式布局；水平长窗；自由立面，窗户随心所欲地不规则布置着，因为外墙跟承重柱没有附联关系。我们可以看到勒·柯布西耶后来的"粗野主义"作品拒绝纯粹主义寻求的平滑完整的形式，而是寻求一种更有凹凸感的表现方式。

格里特·里特维尔德

格里特·里特维尔德（Gerrit Rietveld，1888—1964）出生在荷兰乌特勒支，在父亲的家具厂工作，29岁的时候成立了自己的家具厂。他最初独立设计的作品中有一种椅子，我们能在图21-1中看到它的结构。在1917年左右是用天然木材设计的，后来在1923年他在

▲图21-12 勒·柯布西耶设计的萨伏伊别墅的客厅，法国，普瓦西，1931，黑色的立方形壁炉、白色的方形烟囱和一个勒·柯布西耶、贝里安及让纳雷制作的马驹皮躺椅

阿西德/阿雷米映像

上面涂上颜色。他觉得这种形式的椅子需要用色彩来强调，于是他重新命名它为"红蓝"椅。

然而里特维尔德的最杰出的作品是他为特鲁思·施罗德夫人（Mrs. Truus Schröder-Schrader）设计的房子，位于荷兰的乌特勒支。它一般被叫作施罗德住宅，建成于 1925 年，是风格派建筑的主要样本。它的外部由白色和灰色重叠组成，带有原色和黑色；内部主要是红色、蓝色和黄色的表面（图 21-13）。引人注目的基本形式和基本颜色元素同样组成了引人注目的功能性样式：通过灵巧的滑动和折叠墙，全楼层的单间可以被分成 6 个独立的房间。这里里特维尔德采用了跟赖特和密斯不同的开放性样式：它能够全打开、半打开，或者完全分割成几部分。

▲图 21-13 格里特·里特维尔德设计于 1925 年的施罗德住宅，荷兰，乌特勒支。在前面的地板上有里特维尔德的红蓝椅；它的右边是可以重塑空间的滑动墙

詹姆斯·林德斯（James Linders）拍摄

装饰派艺术

装饰派艺术这种设计风格的命名来自 1924 年和 1925 年巴黎的现代工业装饰艺术国际展，但是那个时候它的名字叫现代风格。这个展览的目的是为法国的装饰艺术和奢侈品开拓出口市场，想要展示一种既现代又符合法国传统的风格。

装饰派艺术摒弃了最近流行的新艺术风格的蜿蜒的曲线。植物形态仍然是装修的基础，但是加入了更多的几何形状，新艺术风格的浅色被强烈的颜色取代。然而除了摒弃新艺术风格，装饰派艺术受到其他的风格和先例的影响，包括法国路易十六和帝国时期的、奥地利的维也纳建筑作品和荷兰的风格派。通常使用外来的材料和技术来展示这种混合体：稀有的木材和木板、内嵌的象牙和珍珠母、镶嵌细工和漆器。装饰派艺术风格的丰富性和装饰的奢华性，使得它好像尤其适合于海洋邮轮（例如"诺曼底"号和"法兰西岛"号）和电影剧院的装修，它在这两个领域中的生命最长。

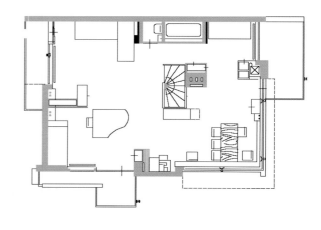

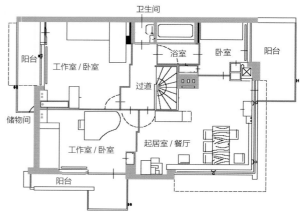

▲图 21-14 平面图展示了里特维尔德设计的施罗德住宅的二楼，有可以开关的滑动墙

路易斯·萨（Louis Süe）和安德烈·马雷（André Mare）成了装饰派艺术的领袖，后来是装饰师保罗·佛劳特（Paul Follot）、银匠让·普弗卡特（Jean Puiforcat）、铁匠埃德加·布兰特（Edgar Brandt）、玻璃器皿制造家雷内·拉利克（René Lalique，他以前采用新艺术风格）、画家和挂毯纺织家查尔斯·迪弗雷纳（Charles Dufresne）、家具和屏风设计师让·杜南德（Jean Dunand，1877—1942）、箱柜制造和装饰设计家贾奎斯-艾米尔·鲁尔曼（Jacques-Emile Ruhlmann，1879—1933）。

美国人以极大的热情接受了装饰派艺术；尽管缺少一些法国那样的奢侈的原材料和涂料，但是他们把当地的印第安艺术作为新的几何元素加到里面。美国装饰派艺术的建筑杰作是威廉·范·阿伦（William Van Alen）设计的克莱斯勒大厦，内部装修的杰作是唐纳德·德斯基（Donald Deskey）设计的洛克菲勒中心的无线电城音乐厅（图 21-16）。美国的装饰派艺术极大地影响了火车和汽车的流线型外观，这种外形也应用在了家居用品、收音机和铅笔刀等物品上。

贾奎斯-艾米尔·鲁尔曼

贾奎斯-艾米尔·鲁尔曼被认为是他那个时代最优秀的家具设计师，他继续发展了杰出的法国木器工的优良传统，模仿嵌木细工和镶式技术（图 21-15）。1907年，鲁尔曼负责管理他父亲的公司鲁尔曼公司销售壁纸、绘画和镜子。1918 年他和皮埃尔·劳伦特（Pierre Laurent）合作，成立了鲁尔曼和劳伦特公司，开始集中精力设计家具，其中有一些我们可以在图 21—59 中看见。然而，这家公司也提供织物、地毯、灯具和衬垫，因此例证了室内设计师作为整体配套设计或"作品大师"的角色。鲁尔曼为 1925 年巴黎世博会做的房间设计是非常重要的，包括了让·普弗卡特、让·杜南德、艾德加·布兰特、比埃尔·勒格兰等设计师和工匠的作品。1926 年鲁尔曼设计了"法兰西岛"号邮轮的茶室。在 20 世纪的设计中他是另类的，沿用了 18 世纪的法国技术，尽管他也试用了镀铬钢。

唐纳德·德斯基

唐纳德·德斯基（Donald Deskey，1894—1989）出生于明尼苏达州的布卢厄斯，在从事广告之前学习建筑和绘画。他在 1925 年游历巴黎，那时候装饰

▲图 21-15 贾奎斯-艾米尔·鲁尔曼 1916 年设计的镶有象牙和乌木的印度紫檀墙角柜
克里斯蒂映像/纽约，考比斯

派艺术占据主导地位。回到纽约后，他为富兰克林·西蒙和萨克斯第五大道设计了现代展示橱窗。在装饰和家具方面，他喜欢将新材料，比如胶木、层压塑料和拉丝铝，与传统木材和金属相结合。他最有名的是 1931 年在纽约为洛克菲勒中心的无线电城音乐厅做的装饰。在图 21-16 中可以看到这个音乐厅的大拱形礼堂，尝试运用基本的几何图形，使用一系列的拱形圈起了舞台。同时，男士吸烟室的壁纸设计成是有棱角的几何形状（图 21-79），表达了德斯基对于装饰派艺术的活力和几何特点的展示。

让-米歇尔·弗兰克

让-米歇尔·弗兰克（Jean—Michel Frank，1895—1941）出生在巴黎，继承了一笔遗产，并用之生活在时尚圈。他雇用了设计师阿道夫·沙欧（Adolphe Chamaux）来设计他的巴黎住所，然后和他结成了设计伙伴。他们早期的一个设计任务是女装设计师伊尔莎·斯

奇培尔莉（Elsa Schiaparelli，1890—1973）的公寓，他们把它设计成了全白。1932 年，弗兰克开了一家巴黎商店，把他的家具出售给著名的设计师，例如英国的西里尔·毛姆（Syrie Maugham）和加利福尼亚的弗朗西斯·埃尔金斯（Frances Elkins）。

弗兰克的装饰派艺术是考究而精细的，经常使用浅淡的中性颜色，墙上覆盖羊皮纸或者稀有木材，使用雪花石膏、水晶或者象牙来强调细节。他的职业高点是 1937 年同建筑师华莱士·哈里逊（Wallace Harrison）一同为纳尔逊·洛克菲勒夫妇（Nelson Rockefeller）设计的纽约公寓（图 21-17）；客厅里面有弗兰克设计的家具、贾科梅蒂（Giacometti, Alberto, 1901–1966）设计的薪架和灯、马蒂斯（Henri Matisse, 1869—1954）设计的壁炉饰架板，以及毕加索（Pablo Picasso, 1881—1973）的绘画。

在 20 世纪 70—80 年代，由比利·布拉德温（Billy

Baldwin，1903—1983）牵头，美国的设计师们重新审视了他的作品。比利·鲍德温是纽约社会室内装饰师，他的客户包括杰奎琳·欧纳西斯（Jacqueline Onassis，1929—1994）、葛丽泰·嘉宝（Greta Garbo，1905—1990）和科尔·波特（Cole Porter，1891—1964）。

意大利理性主义

在两次世界大战间和装饰派艺术同时发展起来的是意大利理性主义运动。它起源于 1926 年一群自称为"七人小组"的米兰建筑学生写的审美宣言。这个宣言宣称需要理性的建筑样式，指责个人主义。跟同时期的包豪斯和其他地方的作品一样，他们反对 19 世纪的折中主义和新艺术运动，提倡理智的、简单的、直接的功能和结构表达。意大利理性主义的代表包括建筑师阿达尔贝托·利贝拉（Adalberto Libera），他是 BBPR 工作室和菲吉尼（Figini，1903—1984）以及波利尼的建筑合作伙伴，还包括建筑师、室内装饰以及家具设计师朱赛普·特拉尼。

朱赛普·特拉尼（Giuseppe Terragni，1904—1943）1927 年开始在意大利的科莫练习，1928 年把他的作品展示在斯图加特的密斯魏森霍夫建筑展中。他的第一个重要的建筑作品是位于科莫的新会社公寓，完成于 1928 年。但是他的最有名的作品是位于科莫的法西斯党总部，即法西斯大厦（后改名为人民大厦），他从 1932 年开始设计，完成于 1936 年。大厦为方形，开口做了仔细布局，白色的表面不加修饰。在这个老城里，它一定彰显了一种炫目的全新的感觉。他的内部装饰（图 21-18）使用了特拉尼发明的一些钢管家具。

特拉尼 39 岁在战争中负伤后死去。在一段时间内，跟法西斯主义的联系让他成为一个不被同情的人，抹掉了他的天分，但是美国建筑师彼得·艾森曼（Peter Eisenman）在 20 世纪 70 年代开始做了大量的工作恢复他的声誉。同时期的意大利建筑师阿尔多·罗西（Aldo Rossi，1931—1997），宣扬一种新理性主义，其中的代表作是位于意大利摩德纳的圣卡塔尔多公墓，建于 20 世纪 70 年代中期，在 80 年代中期又扩建。

▲图 21-18 朱赛普·特拉尼的法西斯大厦中的会议室，意大利，科莫，1932—1936，平面桌子和悬臂的钢管皮革椅子是特拉尼自己设计的
朱赛普·特拉尼学习中心，意大利，科莫

斯堪的纳维亚现代主义

斯堪的纳维亚的国家瑞典、丹麦和挪威，以及周边的邻国芬兰，它们没有很多地接受装饰派艺术，但是现代主义在那里埋下了很深的根基。然而，那儿的机器审美从来没有像手工艺审美那么占优势，人造材料也没有天然材料那么受欢迎。那些认为现代主义潮流是一股"寒流"的人，发现斯堪的纳维亚的现代主义是一股"暖流"。它以两股浪潮向西欧和美国涌去，即 20 世纪 30 年代的瑞典现代主义和 20 世纪 50 年代的丹麦现代主义。两者主要表现在家具设计中，但其影响来自芬兰和丹麦的国际知名建筑师。

沙里宁家族

埃利尔·沙里宁（Eliel Saarinen，1873—1950）开始在赫尔辛基从事建筑业，在那儿他最有名的建筑是赫尔辛基火车站，开始设计于 1904 年。1923 年他移居美国，1932 年成为克兰布鲁克艺术学院的校长。

该学校在 20 世纪对设计的影响仅次于公立包豪斯学校，它于 1932 年开办在底特律的郊区，沙里宁设计了大部分的校园。跟他的赫尔辛基火车站一样，沙里宁的克兰布鲁克建筑设计是处于传统和现代风格的中间状态，没有明显的复古主义。一个例子就是他居住的校长室（图 21-19）。在学院的教职员和毕业生中，著名的有室内装饰设计师本杰明·鲍德温（Benjamin Baldwin，图 21-25）、雕刻家和家具设计师哈里·伯托埃（Harry Bertoia，1915—1978）、纺织品设计师杰克·芾诺·拉森（Jack Lenor Larson，图 21-77），以及最著名的查尔斯·伊姆斯（Charles Eames，1907—1978）和他的妻子雷·凯泽·埃姆斯（Ray Kaiser Eames，1912—1988，图 21-64～图 21-66）。

埃利尔的妻子洛哈·沙里宁（Loja Saarinen，1879—1968）在克兰布鲁克教授纺织，并且生产了很多用于校长室和其他克兰布鲁克建筑的纺织品。可以在图 21-19 中看到她的一些纺织品。她也实践纺织品艺术，包括使用通常跟纺织没有联系的材料，比如胶片、电线和纸张。

埃罗·沙里宁（Eero Saarinen，1910—1961）是埃利尔和洛哈的儿子，把他们的技艺融入现代风格的表达中。他也出生在芬兰，在巴黎学习雕塑。1930 年在美国，他加入了他父亲的建筑公司和克兰布鲁克学院。

▲图 21-19 克兰布鲁克艺术学院校长室，埃利尔·沙里宁设计，纺织品由洛哈·沙里宁设计
马克·洛伦采蒂（Marco Lorenzetti）/ 赫德瑞奇 - 布莱辛

他为金思伍德女子学校和他父亲的校园中的一座建筑设计家具，在 1940—1941 年现代艺术博物馆举办的"家具有机设计"竞赛中，他和查尔斯·伊姆斯一起赢得了两项一等奖。他的作品中有名的有 1948 年圣路易斯的不锈钢拱门；1962 年华盛顿特区附近的杜勒斯国际机场；纽约附近的肯尼迪机场的 TWA 航站楼（图 21-20）。TWA 航站楼用巨大的钢筋混凝土掠翼来表达飞行的精神。

阿尔瓦·阿尔托

阿尔瓦·阿尔托（Alvar Aalto，1898—1986）出生于芬兰，跟赖特、密斯、勒·柯布西耶一样，对 20 世纪的建筑和设计有重大影响，但是他的作品更加情感丰富。他的第一件重要的作品是帕米欧结核病疗养院，完成于 1932 年。他设计了这里面的所有建筑和其中的内饰、五金件、灯具、玻璃器皿、瓷器和家具，包括一种层压板木椅（图 21-60）。通过利用新的技术，帕米欧

结核病疗养院有着良好的光照和通风，它成了卫生界的一个有力的符号。它的家具是木制，而不是钢制的，也表明了技术是有人情味的。后来阿尔托做了很多其他设计，享有世界声誉，主要包括 1933—1935 年的维普里市图书馆；1938—1939 年的位于诺尔马库的玛利亚别墅；1939 年纽约世博会的芬兰馆。他也在麻省理工学院和剑桥大学执教，在那里于 1948 年他设计了贝克宿舍楼，建筑沿着河流蜿蜒，让更多的房间能够看到河景。1963—1965 年他为小埃德加·考夫曼设计了纽约国际教育学院的一系列会议室（图 21-21）。阿尔托努力把布局和装饰融入典型的长方形的办公楼中，捍卫他独具特色的抒情风格。

美国的现代主义

在三位大师的作品中产生了现代主义：弗兰克·劳埃德·赖特，他对开放式空间的新观念有贡献；密斯·凡·德·罗，他继承了赖特对空间的探索，对结构的细节和表达有新的关注；勒·柯布西耶是纯粹形式和布局的艺术家。跟许多传到美国的包豪斯风格一样，现

代主义在战后的美国以很多形式繁荣起来。

理查德·诺伊特拉

理查德·诺伊特拉（Richard Neutra，1892—

1970）出生在维也纳，在那里他了解了奥托·瓦格纳（Otto Wagner，1841—1918）的作品，成了建筑师辛德勒（R. M. Schindler，1887—1953）的朋友。1910 年在德国出版的弗兰克·劳埃德·赖特的著作刺激他产生了去美国的想法，而最终于 1923 年成行。在芝加哥，他见到了路易斯·沙利文。在沙利文的葬礼上，他遇到了弗兰克·劳埃德·赖特，赖特邀请他一同工作，然而这时赖特基本不工作了。诺伊特拉移居到了洛杉矶，在那里他主要和辛德勒一起工作。他的突破性的成就是好莱坞山的罗威尔"健康别墅"，由混凝土、金属板和玻璃制成，完成于 1929 年。

后来很多的民居和商业建筑可以被称为随性现代主义，尽管诺伊特拉对现代主义的实用价值并不随性，实际上他很热心，并在 1954 年写了一本名为《从设计中寻求生存》（Survival through Design）的书。老考

夫曼曾经雇佣赖特在 20 世纪 30 年代设计建造了流水别墅，他雇佣理查德·诺伊特拉于 1946 年在加利福尼亚的棕榈泉设计了另外一个别墅。别墅所处的沙漠绿洲被群山环绕，周围的房屋被巧妙地遮挡住了。这个别墅（图 21-22）尽管有着更复杂的规划，借鉴了密斯 1929 年的德国馆元素，但是没有以前建筑的简朴、严密和权威。尽管缺少严密性，考夫曼别墅流露出轻松优雅的气息，展示了现代主义居住的乐趣。

菲利普·约翰逊

菲利普·约翰逊（Phillip Johnson，1906—2005）是早期纽约现代艺术博物馆的一位有影响力的馆长，非常欣赏密斯的作品，也在推荐年轻建筑师的作品方面起了很重要的作用。约翰逊最著名的作品是玻璃房，于 1949 年建造于康涅狄格州的新迦南（图 21-23）。它清晰地反映出对于密斯·凡·德·罗的敬意。密斯

▲图 21-22 加州棕榈泉的考夫曼别墅，1946 年理查德·诺伊特拉为老埃德加·考夫曼设计
盖提人类艺术史研究中心

在 1947 年，为了配合纽约现代艺术博物馆的一场密斯作品展，约翰逊为密斯写了第一本书。在书中，他称范斯沃斯住宅是"世界上第一座全玻璃住宅"。在阐述他所欣赏的（后来他运用到了自己的房屋中，图 21-23）空间观念中，他写道："独立的墙和流动的空间是密斯在 1923 年首先设计出来的样式……此后他做了各种不同的构成样式……水平流动空间的观念……在巴塞罗那馆达到了顶峰，现在得到了发扬：在室内设计的平面上，空间像水中失重一样向四面八方旋转。"

1945 年开始为伊迪斯·范斯沃斯医生设计了一所位于芝加哥附近的周末别墅，它的外墙是全玻璃的。密斯设计的这座房子直到 1950 年才完成，那时候约翰逊借鉴密斯的创意，完成了自己的版本。密斯的版本是用钢柱将房子撑离地面，约翰逊的版本是建在一个方形的普通砖制平台上。内部继续借鉴密斯，几乎全部采用了密斯的家具（讽刺的是范斯沃斯医生的别墅没有这样）。一个砖构的柱形部分，是地面到天花板之间的唯一障碍物，里面有壁炉和浴室。除此之外，我们能看到一排木面的

壁橱遮住了就寝区域，一个低矮的柜台（可以在右侧伊利·纳德尔曼雕塑后面看到它的尾部）里面安置了厨房设备。

后来在 1958 年，约翰逊有一个机会在密斯设计的建筑内部设计室内装修：他和威廉·帕尔曼（William Pahlmann）合作，为纽约西格拉姆大厦的四季酒店的一层广场做设计。他们加入了密斯的家具、加斯·赫克斯特布尔的餐桌布置、毕加索的窗帘和理查德·利波尔德的悬挂雕塑。由高高的天花板、桌子之间的宽敞空间

▲ 图 21-23 菲利普·约翰逊的 1949 年玻璃房，康涅狄格州，新迦南，家具采用密斯·凡·德·罗的设计
史蒂文·布鲁克工作室

和丰富的材料所组成的整体效果，是一种在现代艺术中不能经常体验到的富丽堂皇的感觉。

路易斯·康

路易斯·康（Louis I. Kahn，1901—1974）出生于俄罗斯，在耶鲁和宾夕法尼亚大学执教，在宾夕法尼亚进行创作。在约翰逊和密斯完成了他们的玻璃房不久后，康设计了一种特色完全相反的建筑，采用坚固的砖石墙。这是耶鲁大学美术馆的扩建，完成于1953年，这是康的第一个引起广泛关注的建筑。在视觉上，三脚架样子的钢筋混凝土天花板主导了整个艺术馆，天花板上也布置了照明和通风供暖管道。

对康来说，空间、结构和形式都很重要（对赖特、密斯和勒·柯布西耶也是如此），但是他给建筑带来了新的考虑，比如"服务"和"被服务"空间的区别，对"一种材料想成为什么"的探索。他的一些建筑不是建在一个，而是两个紧密排列的砖石外表里。两个外表之间的开口处为环境控制和室内灯光效果提供了新的可能，让室内有一种神秘感和灵性。康的最为人称赞的建筑，可能是1972年位于得克萨斯州沃思堡的金贝尔艺术博物馆，以及位于孟加拉首都达卡的政府建筑群。有意思的是，对他的两个作品的室内设计，一个是1972年位于新罕布什尔州的菲利普埃克塞特学院的图书馆和餐厅，一个是1974年位于康涅狄格州纽黑文的耶鲁大学英国艺术中心（图21-25），康采用了设计师本杰明·鲍德温的简约主义的感觉，鲍德温是克兰布鲁克最有天赋的学生之一。其结果是室内装饰清晰有层次、宁静、有秩序感，没有任何多余的东西。

斯基德莫尔－奥因斯－梅里尔建

▼图 21-24 1958 年四季酒店，菲利普·约翰逊和威廉·帕尔曼设计，位于密斯的西格拉姆大厦内，纽约
艾泽拉·斯托勒 / 伊斯托图片社

▲图 21-25 1977 年耶鲁大学英国艺术中心的一间阅读室，康涅狄格州，纽黑文，路易斯康设计了建筑，本杰明·鲍德温做的室内设计
乔治·谢尔纳（George Cserna）/ 耶鲁大学英国艺术中心 / 布里奇曼国际艺术图书馆

筑事务所

斯基德莫尔 – 奥因斯 – 梅里尔建筑事务所（简称 SOM 建筑事务所）是一家大型的合伙公司，由路易斯·斯基德莫尔（Louis Skidmore）、纳撒尼尔·奥因斯（Nathaniel Owings）和约翰·梅里尔（John Merrill）在 1936 年建立。它受到了密斯作品，尤其是他对细节关注的强烈影响。我们不能期待一个将会发展成拥有八个办公室和几百名设计师的公司，在他们的作品中始终遵循密斯的理智严谨和彻底学习密斯给出的各种方案，但是这家公司在他们大量的实践中，比其他任何的公司都更多地传播了密斯的思想。

几十年里这家公司的首席室内设计师都是戴维斯·艾伦（Davis Allen，1916—1983），他是 1950 年被其纽约办公室的首席建筑设计师戈登·邦夏（Gordon Bunshaft，1909—1990）聘用的。艾伦早期的重要作品，是 1961 年为邦沙夫特设计的纽约美国大通银行新总部大楼做室内设计，沃德·班尼特（Ward Bennett，1917—2002）和理查德·麦肯纳（Richard McKenna）协助了他。大楼包括了 15 000 名员工的办公空间，但是最突出的是银行董事长大卫·洛克菲勒（David Rockefeller）的私人办公室，有 9 平方米的白墙、柚木地板和其余的装饰（图 21-26）。这个办公室显示了不受任何传统束缚的权力；它没有镀金、挂毯和过多的装饰，提供了空间感和宁静感，摆放了洛克菲勒的几件重要的不同类型的艺术收藏品。

艾伦不是这家公司的唯一设计师，以后我们能看到另一位设计师查尔斯·普菲斯特（Charles Pfister）的作品。1986 年，这家公司的保罗·维耶拉（Paul Vieyra）和劳尔·德·阿马斯（Raul de Armas）为纽约的帕里奥酒店做了设计（图 21-27）。他们使用艾伦设计的椅子；绘图和餐具由马西莫（Massimo，1931—2014）和妻子莱拉·维格尼利（Lella Vignelli）设计；四周的壁画由桑德罗·基亚（Sandro Chia）绘制。屋子里的吧台由不锈钢网包裹，上部是花岗岩，天花板的木镶板和矮墙用英国橡木做成。另外一个宾馆跟四季酒店一样现代、豪华，但是缺少了庄严的格调。

鲍威尔 – 克莱因施密特公司

唐纳德·D·鲍威尔在 SOM 建筑事务所工作了十五年，罗伯特·克莱因施密特在那儿工作了十二年。1976

▼图 21-26 美国大通银行的大卫·洛克菲勒办公室，1061 年由 SOM 建筑事务所的戴维斯·艾伦设计，沃德·班尼特和理查德·麦肯纳协助
艾泽拉·斯托勒 / 伊斯托图片社

▲图 21-27 纽约帕里奥酒店的酒吧，SOM 建筑事务所的保罗·维耶拉和劳尔·德·阿马斯设计，1986 年。椅子由戴维斯·艾伦设计，桑德罗·基亚绘制壁画
沃尔夫冈·霍伊特（Wolfgang Hoyt）/ 伊斯托图片社

年，两人合伙建立了一家芝加哥的鲍威尔－克莱因施密特建筑事务所。鲍威尔住在密斯的滨湖大道 860 号公寓大楼，克莱因施密特住在其姊妹公寓 880 号，两人都致力于通过自己对于颜色和艺术的品位来丰富密斯的原则。回头客是一个公司成功的重要衡量标准，他们的回头客包括美林证券公司、芝加哥艺术学院、开发商杰拉尔德·海因斯、纺织品公司格林琴·贝林格公司和考坦－淘特公司，梅耶·布朗和普莱特律师事务所，即后来的美亚博律师事务所。

图 21-28 展示了鲍威尔 1985 年为自己设计的公寓的细节。传统的三居室布局被彻底改成了一个更开阔的一居室布局。柚木板的储藏单元作为房间的隔断，稍微高出地板，上部到天花板距离适中，所以这是一个三维的开放式空间。其他的材料有石灰华地板、覆盖墙面的钢网、皮革和羊毛制的衬垫。家具是密斯设计的，铜雕像是罗丹制作的。

极简主义

密斯和约翰逊的玻璃房将设计方向引向了现代主义的一个分支，即极简主义。从一开始这种风格就在密斯的作品中存在，并且现在还在使用。对于所有领域的极简主义者来说，密斯的格言"少就是多"（less is more）是准则。极简主义者包括本杰明·鲍德温、沃德·班尼特、马西莫和莱拉·维格尼利。本杰明·鲍德温在普林斯顿和克兰布鲁克学习后，为埃利尔和埃罗·沙里宁工作和哈里·威斯、威廉·马查多成为合作伙伴。后来他为设计师贝聿铭、爱德华·拉华比·巴莱斯、路易斯·康设计的建筑设计室内装修（图 21-25）。

在二战刚刚结束后的 1946 年，本杰明·鲍德温和沃德·班尼特在 SOM 建筑事务所工作，为辛辛那提的特雷西广场酒店做室内设计，酒店的其中一个餐厅有索尔·斯坦伯格（Saul Steinberg，1914—1999）绘制的一幅长壁画，另外一个餐厅有胡安·米罗（Joan Miró，1893—1983）做的弧形壁画（图 21-29）。沃德·班尼特师从画家汉斯·霍夫曼（Hans Hofmann，1880—1966）和雕刻家康斯坦丁·布郎库西（Constantin Brancusi，1876—1957）和路易斯·内维尔森（Louise Nevelson，1899—1988）；他最有名的可能是家具设计，但是他也设计室内装修、纺织品、刀叉和水晶。在这里我们能够从作品中看到"少就是多"的原则：突出米罗的绘画，其他所有的都被抑制。

▲图 21-28 唐纳德·鲍威尔位于芝加哥的公寓门厅，由鲍威尔-克莱因施密特公司在密斯·凡·德·罗的滨湖大道 860 号公寓大楼设计

克里斯·巴雷特（Chris Barrett）/ 赫德瑞奇 - 布莱辛

▲图 21-29 SOM 建筑事务所的本杰明·鲍德温、沃德·班尼特为特雷西广场酒店设计的一个餐厅，辛辛那提，1946 年，壁画由胡安米罗绘制

艾泽拉·斯托勒 / 伊斯托图片社

马西莫·维格尼利和莱拉·维格尼利是在威尼斯学习建筑的时候相遇的，1965 年他们在纽约成立了自己的公司，他们在那里设计室内装修、展览、家具、产品、绘图，甚至服饰；他们办公室的一个细节是使用自己的家具，可以在图 21-30 中看到，它运用的色彩和材料是有限的。

纽约五人组

如果说玻璃房和极简主义室内设计是延续了 20 世纪密斯风格的血脉，那么可以说纽约五人组的作品同样延续了柯布西耶的传统。这个名字来自 1969 年在纽约现代艺术博物馆举办的展览，展示了五位年轻的纽约建筑师的作品：彼得·艾森曼、约翰·海杜克（John Hejduk，1928—2000）、理查德·迈耶（Richard Meier，1934—）、查尔斯·格瓦斯梅（Charles Gwathmey，1938—2009）和迈克尔·格雷夫斯（Michael Graves，1934—2015）。格雷夫斯开始使用勒·柯布西耶的风格，但是后来转向一种不同的设计风格（见 527 页"后现代主义和流行艺术"）。

艾森曼和海杜克是著名的理论家和教授。艾森曼在 1967 年创立了建筑与城市研究院，并且一直担任院长到 1982 年。海杜克执教于库伯联盟学院的建筑学院，从

1975 年直到去世一直担任院长。艾森曼的建筑作品包括许多实验性的房屋和 1990 年位于哥伦布的俄亥俄州立大学韦克斯纳视觉艺术中心。海杜克的第一个建筑作品是 1975 年修复库伯联盟学院的建筑楼，但是从此以后在柏林、米兰、布宜诺斯艾利斯和其他几个地方建设了他的概念性工程。

理查德·迈耶在 1963 年开设了自己的公司，在那之前在 SOM 建筑事务所和马歇尔·布劳耶事务所做学徒。他随后的作品继承了勒·柯布西耶的经验，使用白色几何形状。1967 年的位于康涅狄格州罗威顿的史密斯住宅（图 21-31）是一个包含了结构柱子、墙和玻璃区域的连贯性的一体建筑，使用了嵌入式和可移动的家具。他的建筑中杰出的是 1984 年位于德国法兰克福的艺术博物馆，以及位于洛杉矶的庞大的盖蒂中心，完成于 1998 年。

▲图 21-31 理查德·迈耶的史密斯住宅，康涅狄格州，罗威顿，1967 年
© 艾泽拉·斯托勒 / 伊斯托

查尔斯·格瓦斯梅（Charles Gwathmey，1938—2009）同罗伯特·希格尔（Robert Siegel）合作了几十年，有时候是自己单独工作。他进入公众的视野是由于 1965—1967 年为他父母设计的一所坐落于纽约长岛的住宅兼工作室，在里面他在柯布西耶式几何图形中加入了有趣的棱角，包括 45° 角。但是他不是使用纯粹主义者的方式来完成外观和内饰，而是使用了未上色的雪松墙板（图 21-32）。格瓦斯梅·希格尔联合事务所后来的重要作品是 1976 年新泽西州拉里坦的托马斯贝茨办公楼，以及 1979 年纽约东汉普顿的德梅尼尔住宅。

▲图 21-30 维格尼利联合公司的纽约办公室，设计于 1986 年。家具是他们自己设计的
彼得·佩奇（Peter J. Paige）

▼图 21-32 查尔斯·格瓦斯梅 1966 年为他父母在阿玛甘塞特设计的房屋，纽约，长岛

史蒂芬·格柔克（Stephen Groak）/建筑协会图片图书馆

▼图 21-33 1951 年勒·柯布西耶设计的法国朗香教堂的内部。大部分可见的外表是混凝土的，一部分用泥灰粉饰了，其余的没有粉饰。左边墙上的开口是彩色玻璃的

艾泽拉·斯托勒 /© 伊斯托版权所有

反现代主义

没有任何一个艺术运动像现代主义这样长久存在而且广泛传播，且能够避免被质询和重新审视。现代主义的奠基人勒·柯布西耶是想把现代主义带向新的方向的人之一，他放弃了纯粹主义风格，转而追求更为自然的表现形式。

粗野主义

粗野主义（brutalism）这个词来自法语（beton brut），意思是"未加工的混凝土"，第一个运用它的重要建筑是柯布西耶在法国设计的马赛公寓，它始建于 1948 年，六年后完工。这个公寓是一个大的城市公寓楼，它的玻璃隐藏在粗糙的混凝土片后面，内部空间采用强烈的原色，表面使用混凝土、红木和涂漆的胶合板。不久之后，勒·柯布西耶设计了另外一个作品，即法国朗香教堂，完成于 1955 年（图 21-33），崇拜他早期作品的人在里面有了更震惊的发现。它凸出的天花板是用暗色混凝土做成的，神秘地置于一堵厚墙之上，墙上面深深地镶嵌了看起来随意摆放的彩色玻璃框架。这个教堂构造如此粗糙，以至于当时它看起来是草草完成的。它弯曲的、倾斜的、不平的形式看起来只是随意组合的。

马歇尔·布劳耶于 1966 年设计的纽约惠特尼博物馆，从它的堆砌形式来看可以叫作粗野主义，但是从它精心磨光的花岗岩外表来说不能这么叫。他后来的教堂

和办公楼里有大量外露的钢筋混凝土。粗野主义在战后的英国尤其受欢迎，斯特林和高恩事务所以及艾莉森和彼得·史密森公司都运用了这种风格。

一种更绅士的粗野主义，也可以叫作"高技派"，在 20 世纪 60—70 年代甚至距今更近的时期很流行。设计师，例如哈迪·霍尔兹曼·法伊弗，开始将建筑设备、电缆和水管夸张化，将它们完全暴露出来，并且涂上鲜亮的颜色。他们给《学术杂志》（Scholastic magazine）的纽约办公室（图 21-34）做的室内装饰就是一个例子。康在他的一些室内设计中将机械管道暴露出来（如图 21-25），但是做得十分谨慎，将它们做进墙和天花板中。到了 1977 年，这种装饰性功能派出现在了巴黎的乔治·蓬皮杜国家艺术文化中心，由伦佐·皮亚诺（Renzo Piano）和理查德·罗杰斯（Richard Rogers）设计，他们将所有的结构、管道和电梯完全呈现在了建筑外部，以便使它的室内获得更多艺术空间。

罗伯特·文丘里和丹尼斯·斯科特·布朗

位于费城文丘里·劳奇和斯科特·布朗事务所的罗伯特·文丘里（Robert Venturi, 1925—2018）和他的妻子丹尼斯·斯科特·布朗（Denise Scott Brown），在文丘里的著作《建筑的复杂性与矛盾性》（*Complexity*

▼图 21-34 哈迪·霍尔兹曼·法伊弗（Hardy Holzman Pfeiffer）于 1994 年设计的《学术杂志》（*Scholastic magazine*）办公室中的定制地毯，纽约
上面印了公司相关的文字。上部是暴露出来的线缆、风道、管道和结构
保罗·沃彻图片公司

and Contradiction in Architecture，1996 年）中为传统的现代主义的变形提供了理论基础。书中，文丘里主张设计的包容性，使用"和、同"而不是"要么或者"，倾向"杂乱的活力"而不是纯粹性或者明确性，建议用"少既是乏味"（less is a bore）取代密斯的"少就是多"。文丘里和斯科特·布朗联合史蒂文·艾泽努尔（Steven Izenour）1972 年合著出版了第二本书《向拉斯维加斯学习》（*Learning from Las Vegas*），强调了建筑的象征性可能性，就如同拉斯维加斯赌场，里面有常见的盒状结构，前面装饰了精美的符号。他们建议使用普通

的而不是完美的形状作为 20 世纪风格的合适来源。

"和、同"的例子可以在文丘里·劳奇和斯科特·布朗在纽约设计的诺尔家具公司展示厅的会议室天花板中看到（图 21-35）。它既是新式的（有悬浮的塑料天花板，灯光从上面照射下来），也是旧式的（有 18 世纪英国设计师罗伯特·亚当设计的丝网印刷图案）。

体现这些设计师的意图的一个实例，是 1984 年文丘里为诺尔公司设计的一系列椅子（图 21-70）：白色的普通样式，每种都做喷涂，来追忆过去的一种风格特色。文丘里的设计展示了通向后现代主义的道路，但是从不认为它们是后现代主义运动的一部分，没有明显地显示复兴主义。

▲图 21-35 文丘里和斯科特·布朗 1980 年为诺尔公司设计的纽约展厅里面的会议室。发光的天花板让人们想起 18 世纪罗伯特·亚当设计的灰泥作品。椅子是密斯·凡·德·罗设计的
意大利 B&b 美国公司

后现代主义和流行艺术

"后现代主义"这个词最早出现在音乐和文学批评领域。在 20 世纪 70 年代，它开始用在建筑师和设计师的作品上。查尔斯·摩尔（Charles W. Moore，1925—1993）是早期的实践者，他在 1966 年担任耶鲁大学的建筑学院院长期间在纽黑文设计了自己家的室内装修，使用了现代和经典元素的混合。另一位是罗伯特·斯特恩（Robert A. M. Stern，1939—），是现任耶鲁大学建筑学院院长。1974 年他在康涅狄格州华盛顿设计的兰居，有经典的条纹装饰线。后现代主义最为公众熟悉

▼图 21-36　1966 年查尔斯·摩尔本人位于康涅狄格州纽黑文的住宅中的"后现代主义"风格的改造
B&B Italia 公司，美国

的设计是菲利普·约翰逊在 1983 年设计的位于纽约的美国电话电报公司（现在是索尼）的大厦，顶端有一个巨大的裂开的山墙，通常被称为"齐彭代尔"屋顶。

迈克尔·格雷夫斯在 20 世纪 60 年代以勒·柯布西耶在 20 世纪 20—30 年代设计的白色别墅的纯粹主义风格做设计，但是他的一些小的细节是使用原色，比如支柱和楼梯扶手。但是后来的作品让他成了后现代主义最长久的拥护者。在放弃了纯粹主义样式后，格雷夫斯发展了室内设计的灰褐色和鸭翅绿的颜色体系，借鉴了以往的建筑形式。然而所有的这些都没有尝试新古典主义，而是采用了类似卡通的古典主义形式的符号。他设计的建筑包括 1982 年在俄勒冈州的波特兰市政厅、佛罗里达州奥兰多迪士尼世界中 1989 年建成的天鹅酒店和 1990 年建成的海豚酒店。格雷夫斯现在最广为人知的是他的产品设计，比如他为意大利艾烈希公司设计的茶壶和其他的物件，以及从 1999 年开始为塔吉特公司设计的厨房用品以及餐具。

后现代主义的分支被叫作流行主义、超风格主义，甚至迷幻设计主义。他们没有后现代主义的历史羁绊，而是进了广告和流行文化的王国。通常的特色是使用大片的几何元素（称为巨型几何图形），平面图由呈 45° 角的元素组成。艾伦·布克斯鲍姆（Alan Buchsbaum）（1935—1987）利用流行风格设计了一系列的商店、

展厅和公寓。比如一个 1968 年的发廊（图 21-37），在里面视觉集中在一系列镶色条的巨大女性脸庞上，用来表示女性的气质，同时也作为空间的隔断。

新的可能

在 20 世纪的最后几十年里，设计走了许多不同的道路。折中主义者从 20 世纪早期现代主义的教条主义中展示了绝对纯粹主义的缺陷。新的设计师根据自己的意愿采用过去某一位大师的原则，或者从几个来源中选择并且组合一些元素。当然他们也自己创造。

弗兰克·盖里

1978 年当弗兰克·盖里（Frank Gehry，1929—）开始改造他位于加州圣莫尼卡的房子的时候，他把简单的平房改成了半空中由立柱墙和钢丝网围栏碰撞的空间样式。这宣示他是一位反密斯主义者——如果不是反现代主义和反社区的话——因为他对传统的材料做了很强的非传统处理。尽管被菲利普·约翰逊贴上了解构主义的标签，但是他不是任何可辨识的类型的反叛者。盖里发展了自己的有诗意的风格，跟 20 世纪直线条和直角的设计相去甚远。

盖里的有名的建筑是 1990 年德国的维特拉设计博物馆、1997 年西班牙毕尔巴鄂的古根海姆博物馆、2003 年洛杉矶的华特·迪士尼音乐厅。这三个建筑都有形状古怪的屋顶，后面两个建筑的形式太过于古怪，以至于如果没有最近发明的计算机程序很难根据盖里的草图和模型建造出来。它们的材料也很有创造性，尤其是古根海姆博物馆上部的巨浪状的钛板，以前从来没有在这样规模的建筑中使用这种金属。

盖里 2000 年设计的纽约康泰纳仕办公楼员工自助餐厅（图 21-38），展示了他的想法是如何既能适用于独立的建筑，比如博物馆和音乐厅，又能适用于传统办公楼里面的空间。它也展示了如何使用比钛更普通的材料来表达空间。

安藤忠雄

东京的建筑师安藤忠雄（Tadao Ando，1941—）既是现代主义者又是简约主义者，但是他通常用厚重的金属和钢筋混凝土来追求轻便的简约主义效果。勒·柯布西耶在后期作品中采用了钢筋混凝土的厚重感和粗糙感，安藤忠雄跟他不同，充分利用它的厚重和光亮的可

▲图 21-37 一个 1968 年位于纽约的发廊，由艾伦·布克斯鲍姆利用大型的几何元素设计

诺曼·麦格拉斯（Norman McGrath）

▲图 21-38 弗兰克·盖里为纽约康泰纳仕出版社设计的自助餐厅，完工于 2000 年

迈克·莫兰图片社

能性组合，这跟布劳耶和康的大量作品一样。安藤忠雄将精美的混凝土和类似于康对于几何图形力量的理解相结合，设计了一些最有诗意的室内装饰。其中有 1981 年日本庐屋市的小筱邸住宅和 1989 年大阪的光之教堂。1993 年，他在德国设计了维特拉展厅（图 21-39），这是一个跟盖里的维特拉设计博物馆毗邻的会议中心，展示了安藤忠雄混凝土作品的谨小慎微，他对细节的控制甚至精确到了灌注混凝土结合处的位置，这在表面形成了一种点状的样式。也展示了他关注光照射进他设计的空间以及在表面移动路径的细致。

诺曼·福斯特

诺曼·福斯特（Norman Foster，1935—）同理查德·罗杰斯、伦佐·皮亚诺被称为现代主义三巨头。福特斯和罗杰斯在 1963—1965 年合作，罗杰斯同皮亚诺在 1971—1977 年合作。虽然他们的作品站在现代大师的肩上，尤其是密斯，但是他们也达到了多样性和抒情性的新高度。

福斯特的杰出作品有 1975 年位于英国伊普斯维奇的威利斯·费伯和杜马斯保险公司的总部大楼，变形虫似的外观让阿尔托引以为自豪，以及 2006 年纽约赫斯特集团总部大楼，它的钢铁和玻璃制的三角形外表跟康设计的耶鲁美术馆的天花板一样。然而图 21-40 中展示的福斯特于 1986 年设计的香港汇丰银行大厦，仍然是他最冒险的设计之一。从外面来看，地面悬在二层楼高的木行架上，横跨了塔的宽度。塔的下面是一个大的广场，连接了两条繁忙的街道。广场里面，自动扶梯从一个玻璃楼层升到十层楼高的银行大厅，外面的镜子随着太阳转动照亮大厅。

折中主义

折中主义

折中主义（Eclecticism）是用来称呼一种从各种风格中选取和组合所喜爱的元素的设计方法。后现代主义可以被称为是一种折衷主义的形式，因为它结合了现代主义和古典主义的元素，但是折中主义通常不包括后现

◀图 21-39　安藤忠雄设计的维特拉展厅，跟维特拉设计博物馆毗邻，德国，莱茵河畔魏尔，1993 年
弧形的楼梯和后面的墙是外露的钢筋混凝土
理查德·布莱恩特（Richard Bryant）/阿西德英国公司/维特拉设计博物馆提供

代主义对于过去的时而讽刺、时而诙谐、时而不屑的态度。20 世纪实践折中主义的重要的设计师包括埃德温·鲁琴斯（图 21-3）、弗朗西斯·埃尔金斯、桃乐茜·德雷帕、威廉·帕尔曼、约翰·迪金森（John Dickinson）、阿尔伯特·哈德利（Albert Hadley）、安德莉·普特曼（Andrée Putman）、查尔斯·菲斯特和室内装饰师比利·布拉德温（图 21-25）。布拉德温曾经说过："我反对纯粹的英式建筑、法式建筑或者西班牙式建筑。"

弗朗西斯·埃尔金斯

　　弗朗西斯·埃尔金斯（Frances Elkins，1888—1953）经常和她的哥哥大卫·阿德勒（David Adler，

1822—1949）合作。阿德勒在芝加哥工作，曾经在法国美术学院学习，是"大房子"的设计师。然而弗朗西斯的品位要比阿德勒更加前卫，所以他们合作的作品通常是折中主义的。在 1918 年，她给自己购买了位于加州蒙特雷的房子阿麦斯帝（Amesti），这是一所建于 1824 年的土坯历史建筑。在它粗糙的泥灰墙和地板以及木板条做的天花板上，阿德勒加入了一些经典元素，比如檐口、门框压条和乔治式壁炉架。埃尔金斯加入了英国和法国特色的家具，一个新古典主义的法国餐桌、餐布、一个装饰派艺术的矮桌，以及中式地毯，所有的这些都与有限的白色、蓝色和黄色兼容在一起。埃尔金斯主要设计

▲图 21-40　诺曼·福特斯设计于 1986 年的香港汇丰银行的内部，从下面的广场通过一个玻璃楼层可到达大厅

阿伯克龙比

民居作品，但是她也有商业建筑作品，包括 1946 年位于檀香山怀基基的皇家夏威夷酒店的室内装修。

桃乐茜·德雷帕

桃乐茜·德雷帕（Dorothy Draper）在 1925 年成立了桃乐茜·德雷帕公司，成了设计界最有名的人物之一。她最初的专长是设计公寓的大厅，马上又转向了宾馆酒店的设计。德雷帕设计的酒店室内装饰有纽约的凯雷酒店（1929 年）和罕布什尔酒店（1937 年）、旧金山的马克·霍普金斯洲际酒店（1935 年）和华盛顿区的五月花酒店（1940 年）。

德雷帕使用强烈的红色、绿色和粉色的色调，她的设计要素经常夸张而大胆：大的黑白相间的西洋棋盘式地板，宽大的粉色和白色条纹的壁纸，黑色的漆皮墙，白色石膏垂花和涡卷形式，以及她的鲜明设计特征——印有大簇西洋玫瑰的印花棉布。结果就是用超现实主义的感触表现巴洛克风格。完成于 1947 年的西弗吉尼亚白硫磺泉镇的绿蔷薇酒店（图 21-41），就展示了她的这种感触。

威廉·帕尔曼

威廉·帕尔曼（William Pahlmann，1900—1987）和菲利普·约翰逊在四季酒店（图 21-24）项目上合作，他也是罗德与泰勒公司装修部的主管。他的一个著名的展示是 1938 年的"幻想"展（图 21-46）。另外一个叫作"帕尔曼的祕鲁风"的商场促销，一天就吸引了大约 1000 名参观者。这个商场展示是高度的折中主义，现代家具中掺杂着从秘鲁进口的物品，比如有边穗的手工织物和印加手工艺品。在颜色组合上，帕尔曼也是一个折中主义者。比如，"帕尔曼的秘鲁风"展示中使用了库斯科蓝、深蓝、绿黄、紫红和石灰白。在他 1955 年的著作《帕尔曼室内装饰手册》（*The Pahlmann Book of Interior Decorating*）中，他提倡"淡黄绿色、葡萄紫色和白色"以及"硫磺黄、橄榄绿和玫瑰红"等颜色。

约翰·迪金森

约翰·迪金森（John Dickinson，1920—1982）被称为折中主义者的同时，也被称为怪癖主义者。和埃尔金斯的房子阿麦斯帝一样，他的房间也通过有限的颜色取得了一致性，通常使用黑色、白色、棕色和黄褐色。他最有名的设计是他自己的房屋，1979 年从一个位于旧

▼图 21-41 绿蔷薇酒店的维多利亚书房，西弗吉尼亚州，白硫磺泉镇，1947 年桃乐茜·德蕾帕设计。墙被喷上深绿色
桃乐茜·德蕾帕公司

金山的废弃的消防站改建而来（图 21-42）。将灰泥墙和天花板的多年的粉刮掉，然后上光，下面是白色护墙板。一对白色屏风立在角落里；一个椭圆形的松木桌子作为书桌和餐桌两用；几把 19 世纪的椅子有米黄色的瑙加海德革衬垫。典型的迪金森式的物件包括非洲雕塑、白瓷的颅相学者头、填充白珊瑚或者漂白骨头的白色铁矿石碗和黄铜的消防水龙带喷嘴。但他最让人记忆深刻的还是他的家具设计，包括简单的帆布椅子和雕刻了动物腿的石膏桌子和灯

阿尔伯特·哈德利

阿尔伯特·哈德利（Albert Hadley，1920—2012）在帕森斯设计学院学习，后来在此执教，毕业后他在纽约一家装饰公司麦克米伦做学徒，在 1963 年

▲图 21-42 约翰·迪金森的客厅，由旧金山的一个消防站改建。古董和迪克森自己的动植物灵感的物件混合
弗雷德·里昂（Fred Lyon）拍摄

和茜斯特·帕里斯夫人结成伙伴关系。帕里斯（Sister Parish，1910—1994）已经以她的舒适的"英国乡村住宅"风格和坚定的折中主义而成功并且很有名望了。帕里斯曾经写道："我很害怕任何相匹配的事物。"她去世后，哈德利开设了自己的公司。在他为一个装修展示屋的书斋画的草图中（图 21-43），我们能看到他擅长进行出乎意料的组合，特别喜爱用亮色、现代艺术品和优雅的新古典主义法国椅。

安德莉·普特曼

安德莉·普特曼（Andrée Putman，1925—2013）的少女时期有一段时间是在一个罗马式的修道院渡过的（见第 7 章中的"观点评析"），这可能让她对以前的建筑、设计以及节俭的结构有一种亲密感。在做

设计新闻工作者多年以后，1978 年普特曼创建了自己的工作室 Ecart，复原了让－米歇尔·弗兰克（Jean—Michel Frank，图 21-17）等人设计的早期现代主义家具。她早期的一个作品（她在美国的第一个作品）是 1984 年的摩根斯酒店，使用新旧混搭的元素，比如垫得又软又厚的皮革手扶椅和使用黑白相间的国际象棋瓷砖的洗手间。她的作品引导了精品酒店的潮流，这种潮流由菲利普·斯塔克等人发展起来。1985 年，她为当时的法国文化部长杰克·朗（Jack Lang）设计了巴黎爱丽舍宫的室内装饰（图 21-44），把简单的金色木制家具放在装饰精美的 18 世纪房间中。它们只是在颜色上面相协调，然而这两种不同的风格相互映衬，增强了彼此的特色。

▼图 21-43 阿尔伯特·哈德利的一个书斋草图，1974 年纽约第二届基普斯湾设计师展厅中陈列
阿尔伯特·哈德利提供

查尔斯·普菲斯特

查尔斯·普菲斯特（Charles Pfister, 1939—1990）是 SOM 建筑事务所 1971 年为塔科马的惠好公司的"开放式办公室"做室内设计的首席设计师，用可移动的隔断取代了固定的墙。普菲斯特 1981 年离开了 SOM 建筑事务所，在旧金山形成了他自己的风格。他的设计风格主要是简化现代主义的元素，并且根据喜好从其他不同的时期和地区选取元素。

在图 21-45 中，我们看到在 1986 年壳牌石油公司办公室里的一个行政酒吧，这是 SOM 建筑事务所设计的，位于荷兰的海牙，是普菲斯特在帕梅拉·巴比（Pamela Babey）的协助下完成的。天花板的花格镶板是嵌入剑麻的柚木，边上镶金叶，吧台后面的墙也被剑麻覆盖。椅子是沃德·班尼特的设计，衬垫使用的是拉森式的丝绸；三足的边桌是塞德里克·哈特曼（Cedric Hartman）的设计；右边的秘书桌是一个意大利古董；柚木百叶窗遮掩着左边的窗框。这个房间的其他地方的组成部分包括日本的屏风、代尔夫特古董瓷砖、来自苏门答腊的纺织品、不锈钢的电梯门、福尔图尼织物的装饰墙布，以及由密斯·凡·德·罗和普菲斯特自己设计的家具。

设计媒介

20 世纪大量文字和图像的扩散，极大地帮助了设计的民主化，并且提升了关于设计的普遍认知水平。

书籍

书籍是长久以来用来传播设计理念的主要途径之一。在 20 世纪早期，有两本书尤其有影响力。由小说家伊迪丝·华顿和建筑师及装饰师小奥格登·科德曼（Ogden Codman, Jr., 1863—1951）著的《房屋装饰》（*The Decoration of Houses*，1897 年），拉开了 20 世纪希望以庄重而完美的比例和古典的宁静去除嘈杂的序幕。这跟维多利亚时期的"繁复的"室内装饰风格是相悖的。华顿和科德曼宣称，室内设计应该被作为建筑的分支来考虑，是外部建筑的内部表达。

◄图 21-44 1985 年的法国文化部长办公室。安德莉·普特曼把现代家具做入 18 世纪的巴黎客厅中
戴迪·冯·晒文（Deidi Von Schaewen）/安德莉·普特曼

▲图 21-45 壳牌公司总部的行政酒吧，海牙，1986 年由查尔斯·普菲斯特和帕梅拉·巴比设计
杰米·阿迪莱斯 - 阿尔赛（Jaime Ardiles-Arce）/ 海牙市立博物馆

1913 年，科德曼的朋友兼同事埃尔希·德·沃尔夫（Elsie de Wolfe，1865—1950）在鲁比·罗斯·伍德（Ruby Ross Wood）的帮助下，出版了她自己的书《品味饰家》（*The House in Good Taste*）。鲁比后来建立了她自己的成功的装饰公司。《品味饰家》提倡与华顿和科德曼同样的传统设计，但是它做的更有操作性，少了些冷漠，展示了纽约的窄的联排别墅中的房屋，而不是宽阔的法国城堡。它甚至建议，在小的房子里，餐厅也可以当作书斋。

杂志和其他的媒介

在 20 世纪，杂志取代了书籍作为新设计信息的主要印刷品。两本主要的美国专业设计杂志经历了一系列的改名，这一系列的名称显示了在整个世纪中设计行业是如何定义自己的。《家具商》（*The Upholsterer*）创立于 1888 年，1916 年改名为《家具商与室内装修人》（*Upholsterer and Interior Decorator*），1935 年改名为《室内装修》（*Interior Decorator*），1940 年

改名为《室内》（*Interiors*）。《装修者文摘》（*The Decorator's Digest*）创刊于 1932 年，作为美国室内装饰协会的会刊，1937 年改名为《室内设计和装修》（*Interior Design and Decoration*），1950 年改名为《室内设计》（*Interior Design*）。

有一种不同类型的杂志，有时候叫作"避难所"杂志，将室内设计呈现给大众。其中有名的是创始于 1896 年的《美丽家居》（*House Beautiful*），创始于 1901 年的《住宅与庭院》（*House & Garden*），以及创始于 1925 年的《建筑文摘》（*Architectural Digest*）。从那时起，许多其他的杂志开始加入这个领域，最近的有 1996 年的《壁纸》（*Wallpaper*）、1998—2004 年的《巢》（*Nest*）和 2000 年的《居住》（*Dwell*）。

在 20 世纪，报纸开始有一定规律地涉及室内设计领域。最早由专业设计师写的报纸专栏可能是威廉·帕尔曼的《品位问题》（*A Matter of Taste*），开始于 1946 年。桃乐茜·德雷帕开创了专业设计师进行广播评

论的先河，她在 1940 年开始广播《生活的线条》(*Lines about Living*)。但是室内设计主要是一门视觉艺术，它在屏幕上给人的印象最为强烈，最初是电影屏幕，后来是电视屏幕，现在是电脑屏幕。

商店

挑战展览会重要地位的最大竞争对手是商店。市政或者国家赞助被商业赞助取代了。大型的百货商店的设计部门，不仅仅是商品和服务的承办商，也是一个设计潮流的展商，有时候甚至是一个安装员。

许多基于百货商店的设计公司有非常著名的员工。比如，威廉·帕尔曼在 1936 年成了罗德与泰勒公司古董和装饰部门的主管，他让在样板房里展示成套组合家具变得流行起来。

设计师芭芭拉·达西（Barbara D'Arcy，1928—2012）采用帕尔曼的范例，1957 年开始在纽约布鲁明戴尔百货店大胆地设计一系列的样板房。这些引发了极大的关注，全世界的百货店竞相效仿他们。

博物馆和展会

在 19 世纪，由城市或者国家举办的博览会或者展览会对设计设想的传播起到了主要的作用，向蜂拥而来的观众展示最新的发明和风格。在 20 世纪，随着其他交流方式的发展，它们的作用开始减弱了，但是仍然很重要，比如德国建筑师布鲁诺·陶特（Bruno Taut，1880—1938）为 1914 年在科隆举办的工艺联盟展会设计的玻璃房（图 21-47）。在纤细的钢铁骨架上面，安装着各种种类和颜色的半透明玻璃（包括玻璃砖，由法国工程师于 1886 年申请专利，但在 1914 年仍然很新奇）。

现代的博物馆对实用设计和装修艺术的兴趣，起码开始于伦敦的维多利亚和阿尔伯特博物馆，它被作为 1851 年世博会展品的储藏室。美国跟它最相似的是库珀装修艺术联合博物馆（现在是库珀—休伊特博物馆），于 1897 年在纽约建立。1929 年在纽约建立的现代艺术博物馆涉及的更多，早期它的兴趣点就超出了绘画和雕塑。它的 1932 年国际风格展，由菲利普·约翰逊、亨

▲图 21-47　布鲁诺·陶特为 1914 年德国科隆的展会设计的玻璃房里的楼梯
艾弗里建筑艺术图书馆

利－拉塞尔·希区柯克（Henry-Russell Hitchcock）和阿尔弗雷德·巴尔（Alfred H. Barr）组织，向美国展示了欧洲新的现代建筑和室内设计。1936 年又举办了密斯·凡·德·罗的建筑展。

其他的博物馆也注意到了这点，跟一系列的书籍一样，举办一系列的展会向公众展示了各种设计的可能性。一个特别富有启发性的展会是 1949 年在底特律艺术学院举办的现代家居展。它由亚历山大·吉拉德（Alexander Girard，1907—1993）组织，它的样板房由乔治·尼尔森（George Nelson，1907—1986，图 21-73）、查尔斯和蕾·伊姆斯（Charles，1907—1978，Ray Eames，1912—1988）夫妇、阿尔瓦·阿尔托、埃罗·沙里宁等设计师设计。它的目录由小埃德加·考夫曼（Edgar Kaufmann，jr.）书写，插图是索尔·斯坦伯格所绘。

新设备

在 20 世纪，功能性在很多方面决定了形式。其中之一是出于适应许多新的技术发展和服务的需求。在它们让室内更加舒适便捷的同时，也增加了设计的复杂性。

照明

20 世纪，室内装修质量最引人瞩目的改进之一来自照明。从 1900 年起，室内灯光的数量、质量和效果的控制得到了巨大的改善。然而，1880 年发明的白炽灯仍然是民居照明的最流行的方式；当电流通过灯丝的时候，它就会发光。其他类型的灯包括荧光灯，当电流穿过气体或者金属蒸汽的时候就会发光；卤素灯，是一种使用充满卤素气体的灯泡的白炽灯。为了产生特殊的效果，会有光纤，通过细的玻璃纤维束发光；还有激光，这种设备是通过激发的辐射产生光线，这种激发是通过原子运动在可见光中产生电磁波引起的。

在照明专业中，灯泡指的是盛放其他组件的玻璃容器，灯指的是整个的发光部分（组成部分包括灯泡、灯丝、电器连接件），而照明装置指的是整套的照明系统，包括灯、反射镜、透镜、接线和容纳整套设备的结构。通过使用几种类型的灯和很多类型的照明装置以及控制，设计师可以得到许多不同的效果。灯光效果有三大类，分别是一般照明（也叫环境照明）、局部照明（当它聚焦于某种作品的表面时也叫作工作照明）和散射。对于主人在里面花费大量时间的房间，设计师通常这三种照明方式都使用。

20 世纪的灯和照明装置的伟大创新者是纽约的爱迪生·普莱斯（Edison Price，1918—1997）。普莱斯开创性地为墙上的灯光散射使用了抛物线泛光灯（名字来源于它的一部分像是抛物线），他发明了暗光线凹槽，这跟以前的设计师不同，在天花板上不出现亮点。菲利普·约翰逊 1949 年设计的玻璃房中的铜灯具（可以在图 21-23 中的两把椅子之间看到）是他与爱迪生·普莱斯和美国灯光咨询师理查德·凯利（Richard Kelly，1910—1977）共同完成的；它的圆锥形的铜灯罩向地面投射出一圈光影。

20 世纪其他著名的照明设计有美国设计师塞德里克·哈特曼（Cedric Hartman）的 1U—VW"药房灯"（图 21-48），由镀镍的铜和不锈钢做成。乔治·尼尔森在 1948 年重修芝加哥赫曼米勒展厅的时候，率先使用了轨道照明。

▲图 21-48　塞德里克·哈特曼的 1U—VW 灯具，有时候也叫作"药房灯"，设计于 1966 年
维拉·默茨 - 默塞，塞德里克哈特曼公司提供

采暖、通风与空调

在 20 世纪，采暖、通风和空调领域有了很大的发展。煤和木材被天然气、丙烷气和电所取代。对流供暖是让空气在屋子里面流动，它在 20 世纪中期和从铜管（现在是塑料管）辐射取暖结合起来。在 1900 年，人们认为通风仅仅对于去除室内的烟和异味很有用，但是到了 2000 年，通风成了必不可少的建筑构成，用来清除室内空气中有害物质，包括致癌物、毒素、正离子、臭氧和微粒。空调系统现在是建筑设计的标配，而以前是作为工业领域的必需品来改善温度、湿度和清洁度。第一个家用空调是 1929 年由北极牌推出的（宽约 1.24 米，约 90 千克），1939 年这项技术（叫作"露点控制"）应用到了一整座摩天大楼上。

音响

1898 年物理学家华莱士·克莱门特·塞宾（Wallace Clement Sabine，1868—1919）提出了"塞宾公式"。塞宾被邀请指导麦金 – 米德 – 怀特公司设计波士顿新交响乐厅，他规定观众厅的形状要像一个鞋盒，这样它的许多表面就面向吸声材料。由此开创了建筑声学。

今天，设计礼堂和剧院的时候几乎很少没有专业的声学工程师，但是对于其他声音质量很重要的建筑，室内设计师需要做出他们自己的选择，来减弱不想要的声音。一个策略是使用空气壁，或者空心墙里不流通的空气；

制作工具及技巧 | 新的玻璃技术

玻璃的主要成分是二氧化硅，主要从沙或者砂石中取得。今天制作的玻璃也含有碱性物质，比如氧化钾，来降低它的熔点，也含有石灰作为稳定剂。这让玻璃能做成很多样式。

它能做成曲形或者棱形，有能够折射光的突起。能够做成两层玻璃用在窗户上，称为双层玻璃，在两层玻璃之间的薄层内有脱水空气或者惰性气体，用来减少热量的传递。也可以进行淬火，或者热处理，这样它的强度会更高，如果碎了就会散成无数伤不到人的小颗粒。它也能被层压在一起，或者覆在一层塑料上展示特殊的视觉效果，或者是为了安全、减弱声音传播、隔热，或者是为了阻挡红外线辐射。也能够夹入金属丝网中做成嵌丝玻璃，有些防火规范要求在消防楼梯门等处使用这种玻璃，因为里面的线能防止玻璃碎裂成危险的大块碎片。它也能做成大的玻璃块的样式（图 21-47），有着不同的透明度。也能做得对电流很敏感，因此拨动开关可以让它从透明变成不透明。它也可以做成磷光性，白天吸收光而晚上发光。能够在它上面做不同外观的蚀刻装饰、磨砂、镜面、染色或绘画（图 21-62）。

另外一个策略是使用能发出几乎听不到的噪声的白噪声设备，用不那么令人讨厌的声音代替不想要的声音。对于设计本身，创造空间和形态的专业设计能够影响声音的混响时间。比如，阿尔瓦·阿尔托设计于 1935 年的维堡图书馆的讲堂中，起伏的天花板遮住了天花板横梁，用来帮助演讲者的声音传到讲堂的后面（图 21-49）。

▲图 21-49　阿尔瓦·阿尔托设计的维堡图书馆的讲堂内部，1933—1935

阿尔瓦·阿尔托 / 维堡图书馆 / 芬兰建筑博物馆

新材料

在 20 世纪，自然材料的重要性仍然存在，但是它被人造材料的重要性超过了，比如钢、新式的玻璃、钢筋混凝土、塑料、灰泥替代物和木材替代物。

钢和玻璃

在 20 世纪，钢和玻璃——尽量少的钢和尽量多的玻璃——成了建筑结构的主要类型。它让建筑有了新的轻巧性和透明性，对于室内的光线、景观和私密性有巨大的影响。陶特的小展会建筑（图 21-47）是早期的一个例子，之后的例子是菲利普·约翰逊的玻璃房（图 21-23）。两者的外墙几乎全部是玻璃的而不是实心墙，这种设计明显地给室内布局和家具摆放带来了巨大的改变。

在家具设计上，第一个用钢做基座、玻璃做面的桌子是马歇尔·布劳耶在大约 1926 年设计的，因此有可能在钢和玻璃做的建筑里面使用钢和玻璃做的家具。

另一种金属的发展是不锈钢，这是一种合金钢，有 10%~20% 铬，能够做得很光亮。铬被用来镀在钢和其他的金属上面来制作铬合金。这两者都经常被用在家具设计上，而这始于 1925 年布劳耶设计的椅子。人们发现不锈钢也可以用在室内的表面上，这始于 1932 年纽约帝国大厦的柱子表面。

铝

铝是在 1886 年的一次电解过程中被发现的，在几年之后美国铝业公司在匹兹堡成立了。跟其他的金属相比，同样的强度下铝惊人地轻。它有可延展性、抗腐性，能够实用出色的抛光。它的表面能够做阳极氧化，防止氧化和变乌，阳极化的图层可以做成很多颜色。在 20 世纪，它在建筑中找到了自己的位置，主要是作为建筑外表的材料，而在室内作为装饰屏、墙板和灯光扩散器的材料。1933 年，马歇尔·布劳耶发明了一种铝躺椅。第二年，设计了铝的扶手椅、边椅、办公椅和凳子，这些设计如果用其他任何一种金属都会非常重。

后来的一个铝制品的例子，是埃罗·沙里宁 1956 年为诺尔公司设计的郁金香椅（图 21-69）。沙里宁曾经希望这种椅子可以用单独一块塑料制成，但是在 20 世纪中期生产的塑料强度不够，无法承担这个任务。只有通过浇铸铝基座，才让这个引人注目的薄结构变得可行。其他成功地将铝应用在家具中的设计师还有乔治·尼尔森，如他 1964 年的模数制办公家具系统（图 21-68）。

在纽约的四季酒店，有波纹状的铝链窗帘（图 21-24），是玛丽·尼科尔斯（Marie Nichols）为约翰逊和帕尔曼公司设计的。唐纳德·德斯基在他的无线电城音乐厅（图 21-16）中设计了壁纸，将薄铝片箔压进墙纸里面（图 21-79）。我们在图 21-74 中看到过拉塞尔·赖特（Russel Wright，1904—1976）的陶瓷餐具，他也实验用旋压铝制作餐具。

钢筋混凝土

混凝土是罗马人最喜爱的建筑材料（见第 85 页"制作工具及技巧：混凝土施工"），在压缩（推）的时候有很大的强度，在扩张（拉）的时候强度要小。但是如果里面加入了强化的钢筋条，可以增加抗拉强度。法国发明家约瑟夫·莫尼耶（Joseph Monier）在大约 1860 年申请了一项加入钢筋条的钢筋混凝土建筑专利。

早期在包括结构和室内方面利用这种材料的大师，有法国的建筑师奥古斯特·佩雷（Auguste Perret，1874—1954）以及他的弟弟古斯塔夫（Gustave，

1876—1952）。一个雄心勃勃的完成项目是 1939 年巴黎耶拿宫的公共工程博物馆（现在是经济事务委员会的总部）。在博物馆的大堂里（图 21-50），随着柱子的升高直径也会变大，这些柱子处呈现出了木质结构的凹槽状的线条，因为它们是由混凝土从木模里面灌注而成的（尽管它们的结构被用木槌夯实过），柱子之间有掠过式楼梯，这是现代建筑中最优雅的造型之一，而且它的结构也非常简单。

跟钢筋混凝土类似的有钢丝网水泥，用钢丝网代替钢筋，因此更轻薄。它被用在勒·柯布西耶 1951 年设计的法国朗香教堂中窗户墙的内表面（图 21-33）。

现代的混凝土，不管有没有钢筋，都非常坚固、轻便。它可以做成半透明的，以便吸收二氧化碳，或者在它的表面展示逼真的图像。在 20 世纪末，日本建筑师安藤忠雄设计了大师级的混凝土作品（图 21-39）。

塑料

塑料是一种可以在热或者压力下成型的材料，既有有机的（含有碳元素的化合物），也有合成的（不是在自然条件下而是在实验室里生成的）。硝化纤维塑料、苯乙烯、三聚氰胺、氯乙烯和聚酯都是在 1850 年以前发明的，但是直到 20 世纪这些新材料才开始被广泛使用。

1907 年，在美国工作的比利时化学家利奥·贝克兰德（Leo Baekeland）发现了一种有效的方法，可以生成一种叫作酚醛树脂的塑料；1909 年他为他的产品申请专利，称为“电木”。电木极其流行，用来制作收音机、电话和很多其余的室内物件，比如把手、灯具部件和电插头。另外一种流行的塑料叫作乙烯基，由古德里奇公司的化学家沃尔多·西蒙（Waldo Semon）在 1933 年申请专利；它被用作浴帘、地砖和踢脚板，以及用在更易受损的材料表面当作保护层。

塑料也被用在家具设计中，不仅仅是当作桌面，也用在座椅上。从 1939 年开始，埃尔希·德·沃尔夫让一种轻的无扶手椅变得流行，它由格罗斯菲尔德公司制作，用有机玻璃做的背板，这种材料是杜邦公司刚刚研发出来的产品。1957 年拉文公司开始生产一系列可以一眼看穿的“看不见的”塑料家具。查尔斯和蕾·伊姆斯夫妇设计的一种由玻璃纤维制成的椅子很有影响力（图 21-65），这是一种强化塑料，使用玻璃纤维来增加它的强度。

1979 年，塑料产品的种类超过了钢制品的种类，“钢铁时代”被“塑料时代”取代了。一种叫作层压塑料的材料在今天的室内装修中尤其有用。它们是由几层纸压在一起，外面是一层薄塑料，又薄又轻而且表面耐用。在实践中，这种层压片适用于更坚固的底板，比如胶合板或者下面描述的木合板中的其中一种。压层塑料的表面可以有各种形态。可以是光滑的也可以是不光滑的，可以有任何的颜色和图案。如果需要，甚至可以模仿其他的材料，比如木纹。

灰泥替代品

在 20 世纪初期，室内墙和隔离墙仍然经常用湿灰泥抹到木板上制成（见第 364 页“制作工具及技巧：灰泥制品”）。在 20 世纪的进程中，这个技术很大程度上被一种更快更便宜的方式取代了，即用一种叫作干式墙的灰泥替代品，市场上有各种其他的名字：灰泥板、墙板、石膏板、石膏墙板、石膏灰胶纸夹板。干式墙可以模仿真实的灰泥面，但是不能模仿灰泥浮雕。在乔治·拉纳利（George Ranalli）在1981年翻修的日历学校（图21-51）中，做了大的看起来没有接缝的雕塑元素，比以前使用湿灰泥完成的更快，而且更轻。

一种价格和外观处于灰泥和干式墙之间的变体是贴面石膏。使用干式墙片作为基础，但是结合处的胶带是用玻璃纤维制成的，整个表面上覆最多3毫米厚的灰泥。

木制品及其替代品

在整个历史过程中，我们可以看到木材的外观被镶嵌、镶嵌细工、雕刻、绘画和镂花涂装改变，但是从20世纪开始，对木材的处理和创作，变成了给予木材新的特性和新的形式。

层合木的产品是用真实木材的薄板制成的。其中最有用的，是从1910年开始大量地商业化生产的胶合板，由一堆薄木片黏合在一起，一层木板的木纹跟相邻木板的木纹的角度呈直角。这种纹理方向的变化使得胶合板惊人地结实。通常层数是奇数，层数越多越结实，这样正反两面的木材纹理是平行的，并且这种方向使得材料的强度更大。胶合板通常是按照1.2米×2.4米成片去销售的，它来自软木或者硬木，有各种厚度和饰面。

在一战时期市场上出现了早期的木材替代品，是一种叫作霍马索特（Homasote）的纤维板。霍马索特全

▲图21-51 乔治·拉纳利1981年翻修的日历学校中一个看起来没有接缝的干式墙结构，位于罗德岛的纽波特

乔治·塞尔纳（George Cserna）/乔治·拉纳利

制作工具及技巧 | 干式墙施工

干式墙可以不借助板条直接附到木头或者钢结构上，是将和好的石膏板（含水的硫酸钙，这种物质是熟石膏的主要原料）夹在两层厚纸之间。这种板基本是12毫米或者15毫米厚，但是也会有其他的厚度。最常见的长度是2.5米，最长可到3.7米，宽度通常是1.2米。

这些板的其中一面的长边会稍微薄一些。因此当这些板组合起来的时候，这些薄边结合在一起形成一个小的凹槽，在这里面用强化胶带和一种叫作干式墙混合物（或者黏合混合物）的类似于灰泥的物质来盖住连接处。干式墙的第二层材料通常使用在整个表面，来填充凹陷处

或者低点。第三层是用来增加光滑度的。如果需要有纹理的表面，就可以加入第四层。每层的表面都需要干燥一天后用砂纸打磨，然后再涂另外一层。

天花板的板要比墙板更坚硬一些，防止下垂。板面可以镀金属箔，作为阻挡来防止水汽蒸发，也可以装饰乙烯基板面。一种X形板有更强的防火性；一种叫作"绿板"的板材能防潮，并且有很好的吸声效果。"蓝板"的石膏芯层的密度更大，是作为饰面灰泥作品的良好材料。有螺丝、钉子、金属边条、金属角珠等一系列专业配件用在干式墙建造上。

部由废报纸做成，有良好的隔热隔声特性，现在被当作墙板、地毯衬底、屋顶装饰和踢脚板。由于很软而且容易损坏，霍马索特和其他类型的废报纸板在当作墙面的时候，通常在上面覆一层织物。

有一种跟霍马索特类似的木材替代品，是叫作隔声板或者建筑板的一种柔软的低密度板。它通常是 12 毫米或 18 毫米厚，强度较低，但是它松散的木纤维成分有很好的吸声作用，它通常被用作天花板表面或者用在墙和隔离墙里面作为声学元件。

定向刨花板，也称碎料刨花板或者华夫刨花板，是由木材和防水黏合剂热压而成。它通常厚 6 毫米，可以被用作地毯衬底或者墙板。比定向刨花板密度更高而且更贵的是芯板（也叫作万花板）。用废木屑热压而成，厚度从 3 毫米到 28 毫米不等。它通常被用作地板和塑料层板的台面的基础。密度更大的是纤维板，也称作中密度纤维板（MDF）。通常它的表面比里面密度要大，这种不统一性让对外露边角的处理变得困难。它的厚度从 7.5 毫米到 34 毫米不等，被用来制作橱柜、镶边和墙板；当作了防护处理之后，它可以用作工作台面。

1924 年，威廉·梅森（William Mason）将废弃木屑磨碎压制成梅森奈特纤维板，这是硬质纤维板的早期实例，也叫作高密度纤维板（HDF），可以在固化过程中进行回火，让它密度更高，强度更大。硬质纤维板有两个光滑的面，或者一面光滑一面粗糙，它的厚度从 1.5 毫米到 12 毫米不等。在切成块并且表面加一层保护层之后，它可以用在橱柜、抽屉、台面、墙板、底层地板或者上层地板上。中密度纤维板和高密度纤维板的表面都能很好地喷漆，而更软的板材不行。

另外一种木材技术——镶木板从 20 世纪 50 年代开始重要起来，那时候有了改进的胶水、着色剂和密封剂。现在用的镶面有时候薄到 0.05 毫米，所以对日渐珍稀或者昂贵的木材有很高效的利用。另外，贴合胶合板、芯板或者中密度纤维板的镶木板，比容易翘曲的实木片更稳定。

漆

漆是室内设计师最有效的工具之一。一些室内设计方案，比如桃乐茜·德雷帕的酒店公共房间（图 21-41），或者埃德温·鲁琴斯和约翰·迪金森的住宅空间（图 21-3 和图 21-42），它们的特色很大程度上归功于墙体颜色这种简单的元素。

漆有两种主要成分构成：提供颜色及不透明的颜料和提供黏性的黏合剂。漆当然可以通过颜色来区分，但是也可以通过黏合剂来区分，可以是油、水、清漆、胶水或者合成树脂。

直到 1875 年，在市场上才出现商业性的油漆，第一种油漆的黏合剂是油，在接下来的一个多世纪里，人们都认为油比其他的黏合剂要好。在二战后出现了另外一种油漆，使用了人工合成乳胶作为黏合剂，有好几种类型的乳胶漆。乳胶漆可溶于水，这意味着可以很容易地用水清洗它。乳胶漆比油漆干得更快，且只需刷一层刷油漆的时候需要刷几层。

漆的名称除了是基于黏合剂或者颜色的类型，也按照光泽来区分。根据光泽度从弱到强，可以依次区分为超哑光、蛋壳光（柔光）、丝光（缎光）、半光（半哑）、高光（光亮）。通常来说，光泽度最高的漆面很容易清洁，但也能显示出它下面的不规则和不完美。

在 20 世纪末期，油漆这个词仍然被广泛地使用，但不是指真正用油做黏合剂的漆了。而是用醇酸树脂（从油里提炼出来的人工合成树脂）来代替油作为黏合剂。醇酸漆跟早期的油漆一样不能溶于水，必须使用溶剂来去除或者稀释。选择乳胶漆还是醇酸漆，取决于要刷的面和想要达到的效果。

20 世纪装饰

这个标题看起来像是"一个诚实的贼"或者"一个愉悦的悲观主义者"一样自相矛盾，因为 20 世纪以它的漂亮但不加装饰的产品形式著称。1908 年，维也纳建筑师阿道夫·路斯（Adolf Loos，1870—1933）写了一篇著名的文章《装饰与罪恶》（*Ornament and Crime*），讽刺了装饰艺术。但是现在很少人认为装饰是犯罪了，或者这种现象已经消失了；它采用了另外一种方式，现在比以前更有可能是内在装饰而不是应用性装饰。这里的"内在装饰"是指功能性的元素，比如建筑的结构、建筑的外表、百叶窗设备、取暖设备或者橱柜上的五金件，都被看作是装饰性的。

阿尔瓦·阿尔托尤其地想把装饰融入功能元素中。他的维堡图书馆的讲堂中起伏的天花板（图 21-49），虽然是出于声学的需要，但也是一种装饰；他的考夫曼会议室墙上装饰性的曲木条（图 21-21），可能也是通过分解声波而起到了声学的效果，这个屋子里面的吊灯也可作为一种装饰。

最近的一个例子是赫尔佐格和德·梅隆建筑事务所在 2005 年设计的洛杉矶笛洋美术馆，使用穿孔的铜片盖住表面。从里面透过玻璃墙（图 21-52）来看，是有意的装饰效果，然而这是材料本身产生的效果，并没有运用任何装饰元素。穿孔的图案来源于美术馆周围树木的像素化照片，而计算机控制的工程系统让建筑的 7000 块墙板能够单独地形成图案和样式。

▲图 21-52 2005 年完工的笛洋美术馆内部，旧金山，赫尔佐格和德梅隆建筑事务所设计，阳光透过随机刺穿的铜板，在楼梯上形成了影子
© 美术馆公司；赫尔佐格和德·梅隆建筑事务所首席设计师；冯和陈建筑公司首席建筑师；马克·达利拍摄。

20 世纪家具

20 世纪的家具设计和建筑设计以及室内设计一样多样而有创造性，它们大体遵循着相同的传承风格。有时候家具设计师的领袖是同时期的建筑师；有时候他们是新人。本节将会注重风格和设计师而不是家具样式。

家具界的先驱

意大利人卡罗·布加迪（Carlo Bugatti，1856—1940）是 20 世纪早期的家具设计师，他的儿子和孙子是著名的豪华车设计师。他的设计新奇而怪异。表面有羊皮纸（羊皮的光滑内表面）、镀金和嵌入敲打的铜饰板（图 21-53）。它们被叫作"眼镜蛇"家具如 Cobra 椅，1902 年都灵世博会上展示在布加迪的"蜗牛"屋里。曲线优美的形式，好像预示了大约二十年后开始出现的装饰派艺术家具。

在美国，当弗兰克·劳埃德·赖特开始设计他的开放式建筑的时候，他也开始为之设计家具，其中许多是严格的几何形状。其中一个例子是他于 1904 年设计的位于纽约布法罗的拉金大厦中的家具。在公司三个合伙人共同使用的一个私人办公室里（图 21-54），椅子由喷漆钢架和橡木座组成，这是马歇尔·布劳耶发明的钢管家具的开端（图 21-55）。赖特的椅子基座是铸铁的。

▲图 21-53 镀金并嵌羊皮纸的眼镜蛇桌和眼镜蛇椅，卡罗·布加迪为 1902 年都灵世博会设计
卡罗·布加迪，"眼镜蛇椅"77.4，布鲁克林艺术博物馆 / 中心图片档案馆

▲图 21-54 从拉金大厦的私人办公室看向中庭，弗兰克·劳埃德·赖特于 1904 年设计，纽约，布法罗。钢制的桌子和椅子均出自赖特之手
布法罗和伊利县历史协会

▲图 21-55 马歇尔·布劳耶设计的由钢管和皮革制作的瓦西里椅，设计于 1925 年
马歇尔·布劳耶和联合建筑师提供

扶手围绕着椅背形成连续的曲线，靠背的中心支撑延伸成后腿。桌子也是用钢做成的。赖特后来的一些家具陈列在流水别墅中（图 21-5）。赖特不是唯一设计家具的现代建筑设计大师，同时代很多人都是。

包豪斯

在图 21-9 和图 21-10 中展示了马歇尔·布劳耶的建筑设计和室内设计，但是他的家具更具有创造性。在 1924 年成为包豪斯学校木器工作室的主管之后，他开始实践使用钢管作为家具的材料，据传说这是他受到了自行车扶手的启发。早期的成果是 1925 年的瓦西里椅（图 21-55），是以画家瓦西里·康定斯基的名字命名的，为他的包豪斯工作室设计的。它是一个正方体，在镀铬的钢管上面缠绕着皮革条形成椅子坐面、椅背和扶手。它把材料的现代主义感觉恰当地融入实际使用中：金属管做骨架，柔软的皮革跟使用者相接触。

同一年，布劳耶设计了一套叠放边桌（图 21-56），涂漆的木面置于钢管之间。单个桌子形成了一

▲图 21-56 布劳耶 1925 年设计的叠放桌，有钢管骨架，型号逐渐增大
马塞尔·布劳耶和联合建筑师提供

种悬臂的结构，布劳耶用这种方式设计了一种椅子，成了这个世纪最流行、被人模仿最多的款式即塞斯卡椅。塞斯卡椅（图 21-57）是他根据女儿弗兰塞斯卡（Francesca）的名字而命名的，使用了悬臂原理，用这种方式使坐下的椅子有弹力。这个椅子的坐面和椅背由木制藤条编成框架，钢管和藤条的结合是布劳耶钟情机械制造和自然相结合的早期的例子。它被设计成两种形式，带扶手的和不带扶手的。

▲图 21-57　布劳耶 1927 年设计的悬臂塞斯卡椅，是许多同类椅子的原型
马歇尔·布劳耶和联合建筑师提供

我们可以在密斯·凡·德·罗 1929 年设计的德国馆（图 21-11）中见到他有名的家居设计。同样的有 X 形镀铬钢基座的椅子和高脚凳，也出现在菲利普·约翰逊的玻璃房中（图 21-23）。密斯的长沙发的皮革床垫放在装有镀铬床腿的红木床架上。在玻璃房中左前方的餐桌旁边，是一个扁钢条悬臂椅，这是密斯为 1930 年的图根哈特别墅设计的，这个别墅的餐椅也是悬臂式的，但是支架是钢管。同年它在约翰逊的公寓作为桌椅，也用在文丘里和斯科特·布朗的 1979 年诺尔展示厅中（图 21-35）。

纯粹主义和风格派

大约 1925 年，在勒·柯布西耶设计他的第一个纯粹主义作品白房子的时候，他开始和年轻的先锋设计师夏洛特·贝里安（Charlotte Perriand）开始合作，后来贝里安成了他亲密的合作伙伴。在萨伏伊别墅的客厅中见到的躺椅（图 21-12），是由勒·柯布西耶、贝里安和柯布西耶的远方亲戚皮埃尔·让纳雷（Pierre Jeanneret）在 1928 年共同设计的。第二年，三人设计了有四个钢管脚的高脚凳。在离开勒·柯布西耶的公司后，贝里安成了一个成功的独立设计师；她 1953 年设计的木架可以在图 21-58 中看到。这种设计的一种更精美的版本，是加入了内置的灯，被用在了贝里安 1958 为年法国航空的伦敦办公室做的室内设计中。

▲图 21-58　夏洛特·贝里安 1953 年设计的木架
夏洛特贝里安（1903—1999），和让普鲁威（1901—1984）。来自突尼斯梅森的书架，1953 年。国家现代艺术博物馆，乔治·蓬皮杜中心，法国，巴黎
©ARS，纽约 /CNAC/MNAM/ 让 - 克劳德·普朗奇大街 / 法国国家博物馆联合会 / 艺术资源，纽约

格里特·里特维尔德的家具体现了风格派，这可以从基本的形式、笔直的线条和基础的颜色中看到。他的椅子（图21-1）展现了这三点。在施罗德住宅（图21-13）中，可以看到里特维尔德是如何将椅子融入他的室内设计视觉中。

装饰派艺术家具

跟装饰派艺术的建筑和室内设计一样，有些装饰派艺术的家具并不是完全庄重，但是有一些是用好的材料精心制作的。一个精美的例子是贾奎斯－艾米尔·鲁尔曼（Jacques Emile Ruhlmann，1879-1933）设计的一套桌、椅和文件柜（图21-59），它们是用黄柏木、象牙和鲨鱼皮制成的，而实际上在这里面的鱼皮是鳐鱼皮，是鲁尔曼非常喜欢的一种材料。另外，还有镀银的铜底座。这一套是奢华装饰的例子，将会被更加朴实的表达方式如现代主义从时尚中去除掉。

现代家具

现代家具有很多类型，生产这样的家具的公司也很多，顾客数量远远超过以前。

北欧风格

芬兰建筑师阿尔瓦·阿尔托实践了切割、叠片和弯曲的技术，来制作像他的建筑一样清晰而抒情的家具形式。20世纪的一个最简约最流行的设计是他的三脚高脚凳，这用在了他的1935年维堡图书馆的讲堂里面（图21-49）。而三年之前他为帕米欧疗养院设计的椅子（图21-60），是一个弯曲胶合板做成的卷轴的样子，基座是叠木片。考夫曼会议室中的可以层叠的椅子和高脚凳（图21-21），是阿尔托在大约1947年设计的；在叠片的框架上，座椅上包裹着衬垫，椅背是用拉紧的十字纺织网做成的。

在邻国丹麦，家具设计界的先驱人物是凯尔·柯林特（Kaare Klint，1888—1954）。他是一个非常保守的设计师，今天最被人所铭记的是他设计于1933年的

▲图21-59 贾奎斯-艾米尔·鲁尔曼设计的使用黄柏木和鲨鱼皮制成的桌子、椅子和文件柜，1920年
大都会艺术博物馆购买，小埃德加·考夫曼1973年收到的礼物，1973年科利斯·亨廷顿通过交换而得到的遗产（1973.154.1-3）。马克·达利拍摄。图片 ©1983 大都会艺术博物馆

旅行椅。1924 年他在哥本哈根的皇家建筑艺术学院建立了家具设计学院。他的教学是基于他对原材料的自然特性的尊重以及对 18 世纪英国家具的坚固结构和完美比例的研究。

另外一个丹麦设计师汉斯·瓦格纳（Hans Wegner，1914—2007），采纳了制作精良的木制家具的理念，但是把它用在了新的、很有美感的形式上。瓦格纳的著名设计包括 1944 年的中式扶手椅（图 21-61），这是基于一个 17 世纪的中式设计，带有马蹄形的椅背和一个朴实的中间坐面（见图 11—11）；还包括 1947 年的孔雀椅，椅背的轮辐像温莎椅一样呈放射状；还包括 1949 年的由柚木和藤条做成的扶手椅，被简单地命名为"椅子"。

另外的两个丹麦设计师，摒弃了木制传统，采用了新的材料和技术。一个是阿诺·雅各布森（Arne Jacobsen，1902—1971），是一个建筑师，也是室内设计师，同时也是家具、纺织品和陶瓷设计师。他于 1952 年为弗里茨·汉森公司设计的"蚂蚁"叠椅，撑在三个金属腿上。在 1958—1960 年，他为哥本哈根的 SAS 皇家酒店设计了建筑、内饰、家具、灯饰和餐具，其中的两件家具是"蛋椅"和"天鹅椅"。天鹅椅可以在 HOK 建筑师事务在 2004 年为思科公司设计的伦敦办公室中见到（图 21-62）。

保罗·克耶霍尔姆（Poul Kjærholm，1929—1980）是比雅各布森年轻一代的丹麦设计师，他接替柯林特成了家具设计学院的院长。他基于马歇尔·布劳耶和密斯·凡·德·罗早期的金属家具设计，将铬跟柳条和皮革结合起来，产生优雅的变化（图 21-63）。

查尔斯和蕾·伊姆斯夫妇

查尔斯·伊姆斯和他的妻子蕾·凯瑟尔·伊姆斯在克兰布鲁克艺术学院相识，在那儿他们都是埃利尔·沙里宁的学生和他的儿子埃罗的朋友。查尔斯·伊姆斯和埃罗·沙里宁赢得了 1940 年现代艺术博物馆的"家具有机设计"竞赛，他们获奖的设计是一个模块化的储藏单元和一个塑模的胶合板椅。正如目录中所阐释的，这个椅子利用"一种以前从来没有应用到家具中的制造方法……来制作一个由塑料胶和薄木片层压在一起的轻的三维结构骨架"。这次竞赛使他们得到了国际认可，这种椅子现在仍然在生产。

伊姆斯夫妇制作的胶合板贝壳椅的巅峰是 1946 年

▲图 21-62 阿诺·雅各布森设计于 1958 年的天鹅椅，置于一个 2004 年建成的伦敦会议室中，周围是蚀刻的玻璃板。HOK 公司做的室内设计
彼得·库克 / 视界图片有限公司

▲图 21-63 保罗·克耶霍尔姆设计的由不锈钢管和藤条支撑的 PK1 椅，1955 年
汉尼·克耶霍尔姆（Hanne Kjærholm）

的 LCW 安乐椅，由五块不同形状的木材做成（图 21-64）。1999 年的《时代》杂志称它是"世纪之椅"。一个更轻的版本是只有座面和椅背用木头做成，然后固定到细金属骨架上。他们也将模铸技术用在了玻璃纤维上，成果之一是 1948 年的整体模铸玻璃纤维 LAR 椅，它的基座是由多个金属杆组成的三角形（后来这被称为"埃菲尔铁塔"基座）。我们在伊姆斯夫妇的太平洋帕利塞兹自宅的院子中可以看到一把（图 21-65），放在日式榻榻米垫上，周围是几个小边桌，边桌的基座是互相交叉的杆。

其他著名的伊姆斯家具设计包括伊姆斯联排悬吊座椅（图 21-66），是为伊姆斯夫妇为埃罗·沙里宁 1962 年设计的杜勒斯机场设计的。这种椅子由赫曼·米勒（Herman Miller）制作，已经成为世界各地机场熟悉的景象。黑色的诺加海德革座椅和附加的桌子由抛光的铝支架悬挑支撑。这一设计给许多机场候机室带来了一份优雅感。

赫曼·米勒公司

在二战结束后，欧洲和美国的设计师燃起了现代室内设计的热情，这需要以现代主义精神设计家具和家装。

▼图 21-64 查尔斯和蕾·伊姆斯设计的模铸椅子，使用弯曲的桦木胶合板，由埃文斯产品公司在 1946 年生产，后来由赫曼·米勒公司生产
维多利亚和阿尔伯特博物馆，伦敦 / 艺术资源，纽约

▲图 21-66 联排悬吊座椅，1962 年查尔斯和蕾·伊姆斯为埃罗·沙里宁的杜勒斯机场设计
赫曼·米勒公司

▲图 21-65 查尔斯和蕾·伊姆斯自宅的院子里，一把 1948 年的有金属杆基座的玻璃纤维贝壳椅，几张 1950 年的有类似基座的边桌，它们的下面是日式榻榻米垫
©2006 年伊姆斯工作室（www.eamesoffice.com）

首先由两家公司将它们推向美国市场，赫曼·米勒公司和克诺尔公司。他们的故事是美国现代设计建立的重要组成部分。

密歇根星家具公司创建于 1905 年，1923 年员工德·普雷（D. J. De Pree）将他收购，为他的岳父和支持者改名为赫曼·米勒公司。1930 年，他雇佣设计师吉尔伯特·罗德（Gilbert Rohde，1937—1941）来指导公司的设计，在这以前，公司的设计是高度装饰性的文艺复兴风格。罗德做了一系列时髦的新设计，用于民居和办公室。这些设计很现代，但是有装饰派艺术风格倾向。

乔治·尼尔森（George Nelson，1908—1986）在 1944 年取代了罗德的位置。尼尔森学习过建筑，获得过罗马奖，他在意大利的时候，为美国的刊物介绍欧洲现代主义人物。作为设计主管，尼尔森做了不掺杂装饰派艺术风格的现代主义设计。他的早期作品包括模块储藏单元（图 21-67），这是他为住宅使用而设计的。他也在 1946 年设计了板条长凳，有多种用途，可以作为橱柜的平台，也可以作为咖啡桌或者座椅。

1964 年，尼尔森利用罗伯特·普罗普斯特（Robert Propst）为赫曼·米勒公司作的对办公室工作习惯研究，设计了一组完全不同的办公室家具，叫作行动办公室（图 21-68）。它的基础元素包括一个高的储藏柜，也可以

▲图 21-67　乔治·尼尔森 1947 年为赫曼米勒公司设计的模块储藏单元，当一个盖子抬起的时候，就会出现一面镜子和一盏灯
赫曼·米勒公司

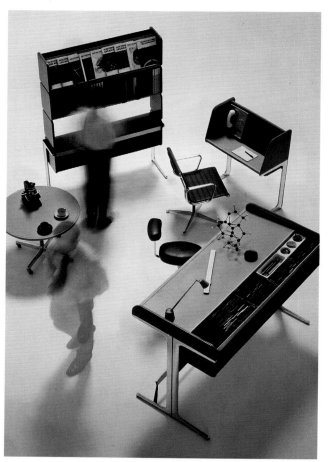

▲图 21-68　乔治·尼尔森 1964 年为赫曼·米勒公司设计的"行动办公室"，跟传统的红木桌完全不同
詹姆斯·贝恩 / 赫曼·米勒公司

当作隔断使用；一个隔声的通信中心，用来放电话和录音机；一个高桌，有着塑料层压板工作台面和帆布或者木制围挡板。它们都有光亮的铝支架。行动办公室革命性地改变了办公室的家具设计。对 20 世纪早期设计师的学习远去了；取代的是时髦的、合适的实用性功能。

尼尔森坚持赫曼米勒公司雇佣其他重要的、富有天赋的设计师为他们工作。其中有查尔斯和蕾·伊姆斯、野口勇（Isamu Noguchi，1904—1988）和亚历山大·吉拉德（Alexander Girard，1907—1993）。在尼尔森和伊姆斯夫妇之后，赫曼米勒公司一些产品保持了它的声望，比如布鲁斯·伯迪克（Bruce Burdick）设计于 1980 年的伯迪克系统、比尔·施通普夫（Bill Stumpf）和唐·查德威克（Don Chardwick）1994 年的艾龙椅。

克诺尔公司

汉斯·克诺尔（Hans Knoll）是一个德国家具制造商的儿子，1938 年来到纽约并且成立了他自己的公司，克诺尔公司。开始是一个单人公司，出售其他人设计生产的产品。弗洛伦斯·舒斯（Florence Schus，1917—2019）在克兰布鲁克艺术学院接受培训成为一名建筑师，1943 年加入了公司，并嫁给了汉斯·克诺尔，成立了克诺尔联合公司。弗洛伦斯·舒斯·克诺尔担任克诺尔规划部部长，负责室内设计工作，一直到她 1965 年退休。

克诺尔公司早期成功的家具设计，包括 1956 年建筑师埃罗·沙里宁设计的郁金香椅（图 21-69），展示了结构美。雕刻家哈里·伯托埃于 1950 年和 1952 年设计的铁丝网椅也很有名。1960 年，克诺尔开始销售密斯·凡·德·罗设计的家具，包括密斯 1929 年为巴塞罗那世博会德国馆设计的椅子（图 21-11）。1968 年加入了马歇尔·布劳耶设计的家具，最终卖掉了 25 万把布劳耶 1927 年设计的悬臂塞斯卡椅（图 21-57）。为了给家具做补充，克诺尔公司引入了许多有天分的设计师设计的纺织品，这其中包括了安妮·阿尔伯斯（图 21-76）。

1984 年，克诺尔公司委任罗伯特·文丘里做设计。文丘里把他的普通但有象征性的设计理念融入一系列弯曲的胶合板椅中，它们的形式和结构很简单，通过喷涂颜色来展现安妮女王时期风格、齐彭代尔风格、帝国风格，以及过去的其他风格（图 21-70）。近年来克诺尔公司的其他设计师包括维格尼利斯、查尔斯·普菲斯特、理查德·迈耶和弗兰克·盖里。

▲图 21-69 埃罗·沙里宁 1957 年为克诺尔设计的郁金香椅，是一个模铸的塑料贝壳结构，平衡放置在一个铝制基座上
诺尔公司

▼图 21-70 1984 年罗伯特·文丘里为克诺尔公司设计的两把胶合板椅，左边的叫装饰派艺术椅，右边的叫谢拉顿椅
诺尔公司

家具的新样式

在那些反对正统现代主义的纯粹性和规则的人中，最有趣的是意大利设计师。20 世纪 70 年代早期的意大利，现代主义中潜在的乐观主义被恐怖主义以及跟石油相关的经济危机所抑制，并且它的功能美的概念开始被怀疑。在意大利，"反设计"运动是由几组设计叛逆者推动发起的，其中的一个叫作孟菲斯派。

埃托·索特萨斯（Ettore Sottsass, Jr., 1917—2009）在 1981 年成立了孟菲斯集团，在当年的米兰家具展上首次亮相便引起了轰动。"孟菲斯"这一名字是依据埃及城市和美国田纳西州城市的名称而起的，索特萨斯认为它是"来自郊野"，映射了它迎合意大利中产阶级的粗俗品味（图 21-71）。尽管价格很高，但是孟菲斯风格短暂地被精致的后来者采用了，它最有名的室内设计是时尚设计师卡尔·拉格斐（Karl Lagerfeld, 1933—2019）在蒙特卡洛的公寓，他完全用孟菲斯风格的家具来做家装。

日本家具设计师精于主流的现代主义，但是其中一些人也对西方模式持有歪曲和讽刺的观点。例如，仓俣史朗（Shiro Kuramata, 1934—1991）在 20 世纪 80 年代早期被邀请为孟菲斯集团设计家具，他有时候使用古怪的材料。他在 1986 年设计的扶手椅被称为"月亮有多高"（图 21-72），是用钢网延展制成，他在 1988 年设计的叫作"布兰奇小姐"的椅子，将纸花嵌进透明的丙烯酸树脂中。

体系和内置

在整个 20 世纪，模块化是所有办公室家具体系的思想基础，对室内设计和家具设计非常重要，对此乔治·尼尔森已经向我们做了展示（图 21-67、图 21-68）。1925 年，勒·柯布西耶为新精神馆设计了卡西耶标准储藏柜组，它们的尺寸是基于一个 37.5 厘米的模块。马歇尔·布劳耶做了一个类似的单元，是基于 33 厘米的模块，出现在魏森霍夫建筑展上。

1968 年普罗普斯特和尼尔森做了二代行动办公室。它摒弃了所有的独立式的桌子，采用一种可移动的系统，由可以挂起来的工作台面和各种储藏单元构成。看起来所有的人都卷入了"系统家具"中。其中有查尔斯·普罗普斯特 1973 年为克诺尔公司设计的史蒂芬系统，埃托·索特萨斯 1973 年为好利获得公司（Olivetti）设计的综合 45 系统（在他的孟菲斯时期之前设计），比尔·斯顿夫（Bill Stumpf）1985 年为赫曼·米勒公司设计的行动空间系统，以及诺曼·福斯特 1985 年为迪克诺公司设计的诺莫斯系统。

现代主义注重宽敞而非杂乱，注重空余而非装饰，

▲图 21-71 来自于孟菲斯集团的收藏品，由在表面覆塑料的木头制成的卡尔顿书架，埃托·索特萨斯于 1981 年设计，高约 193 厘米。尽管被称为书架，但它的形态不适合放书

埃托·索特萨斯（设计者），意大利人，出生于 1917 年。拍摄 ©1997 年，芝加哥艺术学院，版权所有

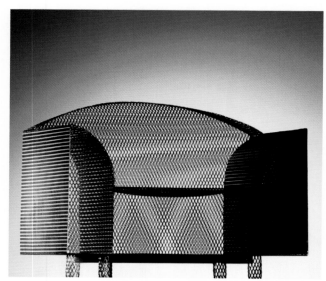

▲图 21-72 日本设计师仓俣史朗设计的"月亮有多高"钢网扶手椅，1986 年

汉斯·汉森，维特拉设计博物馆提供

这引发了一场运动，寻求将家具尽量隐藏起来。因此，所有的东西都做成了内置。储藏空间内置，座椅内置，灯和采暖通风与空调内置，电子设备也内置。它始于1949年底特律艺术学院举办的展会中一个有内置特色的样板房（图21-73），这也是乔治·尼尔森设计的。这个展会展示了少量可移动的家具：只有尼尔森设计的两把椅子和一个茶几。其余所有的东西都是内置的，包括前面和后面的软垫长凳。

20 世纪装饰艺术

20 世纪的装饰艺术，它背后的哲学、使用的材料和可以利用的新技术，都经历了巨大的变革。

陶瓷和玻璃

英国明顿和道尔顿的陶瓷厂在 20 世纪继续生产新艺术风格的陶瓷产品。英国陶瓷设计师和画家克拉丽斯·克

▲图 21-73 一个样板房，几乎所有的家具和设备都是内置的，乔治·尼尔森为亚历山大·吉拉德 1949 年在底特律举办的现代生活展而设计
阿尔莫·阿斯特勒福德（Elmer L. Astleford）/ 维特拉设计博物馆

里夫（Clarice Cliff，1899—1972）在斯塔福德郡经营一家陶瓷厂，生产带有分明棱角的几何图案的产品，符合装饰派艺术的风格。然而这个世纪最成功的是设计端庄简洁的陶器，比如 1939 年拉塞尔·赖特为斯托本维尔设计的非常流行的美国现代瓷器（图 21-74）。

蓝纳克斯瓷器厂由沃尔特·斯科特·蓝纳克斯（Walter Scott Lenox）于 1889 年成立，但是直到 1917 年伍德罗·威尔逊总统为白宫订购了 1700 件蓝纳克斯餐具，它才开始打响名号。后来有其他总统的订单。在 20 世纪末，蓝纳克斯的象牙色瓷器统治了高端餐具的市场。

康宁公司主宰了美国的玻璃领域，它在 1880 年为托马斯·爱迪生制作了第一个玻璃灯泡。在 20 世纪前十年，康宁研发出了一种叫作派热克斯的耐热玻璃，应用在工厂和厨房中。派热克斯耐热玻璃是现代主义者的一个突破。

金属器皿

20 世纪继续使用我们在前面章节中熟悉的金属——金、银，黄铜、青铜、铁。

20 世纪初期的银器设计大师是约瑟夫·霍夫曼。如同他 1911 年为斯托克雷特宫设计的产品，霍夫曼的银器（餐具、花瓶、奶罐、茶具、俄式茶炊、烛台、灯座等）也使用了简单的几何图形，通常是方格，在他的平面设计和室内设计中，也多用此手法，这让他有了一个绰号"方格霍夫曼"。

20 世纪早期的另外一个著名银匠是丹麦的乔治·杰生（Georg Jensen，1866—1935），他 1904 年在哥本哈根开设了自己的银器制造厂。由于二战期间缺少银，他使用不锈钢来制作餐具，从此以后这种餐具一直保持流行。他讨厌市场上大量的历史主义的复制品，追求现代主义设计在市场上的成功。一些设计是纯抽象的，其他的则是受到自然界事物的启发，比如 1915 年的"橡子"样式和 1919 年的"群芳"。

▲图 21-74 拉塞尔·赖特 1939 年为斯托本维尔设计的美国现代瓷器
© 印第安纳普利斯艺术博物馆，美国 / 马库斯（Marcus）和玛丽·钱德勒（Marie Chandler）为了纪念拉夫尔·钱德勒（Ralph Chandler）而赠送 / 布里奇曼艺术图书馆，纽约

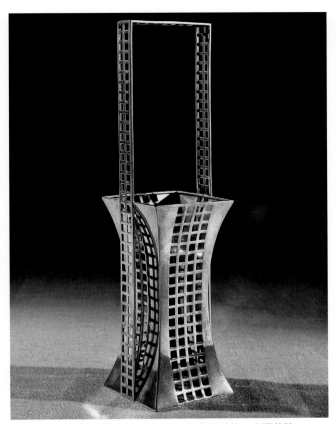

▲图 21-75　约瑟夫·霍夫曼 1904—1906 年设计的一个银花篮
埃里希·莱辛 / 艺术资源，纽约

▲图 21-76　1927 年安妮·阿尔伯斯设计的由丝绸和棉花制作的壁挂，纺织于她在包豪斯学院的时候

1.479 米 ×1.213 米。设计师为了纪念葛丽泰·丹尼尔（Greta Daniel）做的礼物。（246.1965）。现代艺术博物馆，纽约，美国
数字图片 © 现代艺术博物馆 / 斯卡拉 / 艺术资源，纽约；现代艺术博物馆 / 斯卡拉—艺术资源授权，纽约；©2007 艺术家权利联合会，纽约

纺织品

　　20 世纪新的纺织技术包括用丝网印刷取代了铜辊印刷（见第 340 页"约依印花布"），这项技术是将想要的设计在一个屏面上切割出来，然后用油墨透过切割好的面做印刷。然而随着技术得到了改善，人们对前工业时期的方式日益怀念，比如手工纺织。同样的，人工合成纤维的发展带来了对天然纤维的新的欣赏。现在在实践中包含两种类型：一是天然纤维和手工纺织品，供给小众的艺术市场（包括很多室内装饰使用的纺织品）；二是人工合成纤维的工业制成品，供给大众市场。有时候人们也希望现代的织物耐脏、防霉、防虫蛀、防霉菌、防细菌或者抗静电，因此使用了许多化学物质和程序来实现这些功能。

　　霍夫曼家族曾建立了一个纺织作坊。在 20 世纪早期，约瑟夫·霍夫曼开始设计纺织品，和他的金属作品一样，它们主要是几何图形的。20 世纪的许多其他设计师也进行纺织品设计，其中的蕾·伊姆斯和亚历山大·吉拉德都为赫曼·米勒公司设计样式。鲍里斯·克罗尔 1930 年建立了纺织品公司，在 1934 年开了一个纽约展厅。

　　安妮·阿尔伯斯是一名纺织家和教育家，她是画家约瑟夫·阿尔伯斯的妻子，最开始在德国的包豪斯执教，然后在北卡罗来纳的黑山学院教学。她精通手工纺织和机器生产，是将玻璃纸加入天然纤维中的第一人。她的抽象设计，比如图 21-76 中展示的双层丝绸壁挂，和她丈夫的绘画一样注重几何图形。她后来为克诺尔公司和苏纳尔家具公司设计纺织品，并且写了两本有影响力的书，即 1959 年的《论设计》（On Designing）和 1965 年的《论纺织》（On Weaving）。

制作传统的衬垫有四种要素：框架，包在框架里面的盘绕的支撑，衬料或者缓冲物，外套。框架明显地是从传统的长木椅制作发展而来，用来做支撑的带子是从马具中发展而来。夹在中间的衬料源于中世纪，那时候用来作为盔甲的衬里。

现在使用钢丝绕制的弹簧作为座椅的支撑。螺旋的弹簧可以直接固定到木制家具框架上，也可以固定到带子的基部，作为缓冲物。甚至在木制框架里面，带子的基部也能产生一部分弹力，缓冲物通常用在这个结构的上部。

衬垫中的这些要素都有不同的质量。烘干的木材框架比风干的木材质量要好。弹簧的数量越多越好，弹簧跟基座打的结越多越好。因此手工打结结构最受欢迎，但是如今一些衬垫的弹簧没有在基座打结，而是直接放在一个钢盒单元中。马毛或者牛毛是更高级的，如果衬料是由毛发和棉花混合而成，毛发的比例越高质量越好。如果使用羽毛和绒毛（非常柔软的幼禽毛，羽毛杆儿被去掉），鹅绒要比鸭绒好，能够弯曲并且富有弹性，而鸭绒相对平直。但是绒鸭绒是特例，这是从一种叫作绒鸭的大型海鸭身上取得的，被认为非常的奢华。

簇绒是为了让衬垫上的所有材料处于合适的位置，这在维多利亚时期的衬垫中很时髦。在 20 世纪初期，使用机器来进行簇绒。簇绒也被用在一些现代的物品上，比如 1930 年密斯的长沙发、1956 年伊姆斯的躺椅和长软椅。卷曲边被改良用来保持衬垫的形状。

在 20 世纪对传统衬垫做出贡献的有聚氨酯海绵、乳胶橡胶衬料（1929 年申请专利）、弹力布、诺加海德革以及其他仿皮革、金属和塑料框架，以及钉枪等工具。

杰克·莱诺·拉森（Jack Lenor Larsen）在克兰布鲁克艺术学院接受培训，1952 年在纽约成立了一间工作室。他的发明包括 1959 年的第一块印制天鹅绒衬垫布和 1961 年的第一块弹力衬垫布。拉森同温·安德森于 1970 年为菲尼克斯交响乐团的舞台幕布而设计的"大酒瓶"，是将棉花和乙烯基、尼龙、聚酯纤维、发光的聚酯薄膜片混合在一起。芝加哥的西尔斯大厦是 SOM 建筑事务所 1974 年设计的建筑，拉森为里面的银行公共业务楼层设计了夹层壁挂（图 21-77）。这些壁挂不只增加了趣味性和色彩，也能够吸声。

距离我们更近的，是来自格雷琴·贝林格（Gretchen Bellinger）做的美丽而富有经验的设计。她 1993 年的作品"金苹果"（图 21-78）是 13 世纪中国大师牧溪所绘的《六柿图》（Six Persimmons）的现代版本。巴巴拉·贝克曼（Barbara Beckmann）工作室生产了样式新奇的纺织品，其中一些是手绘的。

窗户装饰

19 世纪窗户装饰经历了巨大的发展，但是到了 20 世纪，人们从烦冗的装饰中退身出来。尽管仍然广泛使用纺织品进行装饰，但是经过简化。随着现代主义的发展，很多其他的室内纺织品被清除了。

一些复杂多层的窗帘被简单的窗帘或者卷帘（现在可以从窗户顶端拉到下端，或者从下端卷到顶端）取代了。软百叶窗开始流行起来；它们是由一系列木头板、金属板或者塑料板用带子串在一起；这些板能够升起或者降下，或者可以调整上下的角度来控制光照或者保持私密性。其他的窗户装饰包括垂直百叶窗、木百叶窗、日式屏风，以及其他的物件。

织物遮阳帘不是用弹簧滚轮来升起，而是使用窗户顶端悬挂的绳圈。有两种主要的类型：罗马式遮阳帘和匈牙利式遮阳帘。罗马式遮阳帘升起的时候，像手风琴一样折成水平的褶。匈牙利式遮阳帘是下垂状褶皱，它的下端在绳子之间形成一系列的扇贝形状。四季酒店（图 21-24）中下垂的窗帘跟奥地利式窗帘相似，尽管它们是用铝链而不是织物做成的。

衬垫

20 世纪衬垫得到了更广泛的应用，有了更多的技术让带衬垫的家具更加舒适和耐用。

▲图 21-77 夹层的丝绸壁挂，杰克·莱诺·拉森设计，位于 SOM 建筑事务所设计的 109 层高的西尔斯大厦中的银行公共业务层，芝加哥，完成于 1974 年
考坦和陶特公司

▲图 21-78 "金苹果"，丝网印刷的丝绸布，格雷琴·贝林格在 1993 年制作，中国在 13 世纪有过先例
格林琴·贝林格公司

床垫得到了巨大的改进。有三种基本的制作方式：填充、弹簧或者用海绵制作。在纺织品外罩里面填充羽毛和绒的方式不再使用了，但是这种方式还用在床上的床罩或者羽绒被上。典型的填充式床垫，是将棉花垫或者聚酯垫用聚酯泡沫塑料包裹起来；这种结构很快就会失去弹性，并且变得满是疙瘩。海绵制作的床垫，是将一块平的成型的聚安酯装入织物外罩中；它不会引起过敏，重量很轻，能够防虫防霉，但是恢复原形的速度相对较慢。高级的床垫类型是弹簧结构，这也用在椅子和沙发上，螺旋的钢丝是双锥形（沙漏型）或者锥形。

地毯

当前使用的主要地毯类型是宽幅地毯，是在宽的纺织机上织的地毯，比如约 366 厘米或者 457 厘米宽，这样比宽度窄的地毯或者瓷砖的接缝要少。不管是宽幅地毯还是瓷砖，都能做成很多种颜色和设计。任何的花色或者图案都能被做到地毯上，比如哈迪·霍尔兹曼·法伊弗 1994 年为《学术杂志》（*Scholastic Magazine*）

地毯按制作方式区分，主要有四种：阿克斯明斯特地毯、威尔顿地毯、天鹅绒地毯和簇绒地毯。

· 阿克斯明斯特地毯 1874 年，两个美国人亚历山大·史密斯（Alexander Smith）和哈尔西恩·斯金纳（Halcyon Skinner）发明了一种动力织机，能够随意放置已经单独染好的丛绒，由此产生了大量不同的花式。现在通常用阿克斯明斯特来指用这种方式制作的地毯，表面有切割的绒头。

· 威尔顿地毯 威尔顿跟阿克斯明斯特一样，是用来指所有用威尔顿方式制作的地毯。这种方式是逐次将一种颜色的纱线拉到表面，把另外一根埋进地毯里面，这样使得背衬非常坚固。威尔顿地毯的绒头，有切割的也有结成圈的。

· 天鹅绒地毯 天鹅绒地毯表面看起来跟威尔顿地毯类似，但是没有纱线埋入地毯的背衬中。因此它的耐用性较差。它通常是单色的，不同的花式是通过绒头来展示的，有的是切割的，有的是结成圈的，不同的高度形成了"雕刻"的效果。

· 簇绒地毯 簇绒的结构是将结成圈的绒头根部缝到预制的背衬上，用乳胶或者其他的黏合剂做固定。为了增加强度，有时候会在背衬的上面再加第二层背衬。虽然簇绒地毯最初受到了纯色的局限，但是它是一种制作地毯的快速方式，能够生产任何想要的花式。柏柏尔地毯跟它相似，表面平滑，纺织密实。

在纽约设计的办公室（图 21-34），将杂志的格言印在了走廊地毯上。

现代地毯也可以根据制作材料做区分。当今有一些天然纤维很受欢迎。黄麻是一种光亮的纤维，是从东印度的一种椴树科植物中取得的，被用来制作粗麻布和地毯。剑麻是一种坚固耐用的材料，是从西印度的一种龙舌兰属植物的叶子中取得的，但是这个名字有时候也用来称呼黄麻或者海草等类似的材料。也有用羊毛做成的"羊毛剑麻"，它本身很柔软，但是有剑麻一样的外观。

跟布料和衬垫一样，20 世纪在地毯材料方面取得的巨大进步，是引入了合成纤维，这不是天然就有的，而是出自实验室。很多合成纤维被发明者用商标来命名，但是它们几乎都出自人造纤维（用纤维素做成，由于它的光泽，有时候也称为"人造丝"，市场上的商标有杜拉菲尔和特赖西尔等）、尼龙（产自天然气和石油，商标有安特纶和奎亚那等）、腈纶（耐磨但是柔软，很轻但是温暖，商标有凯姆斯特兰和奥纶等）、烯烃（是一种石油副产品，能耐脏、防霉、防蚊虫，商标有赫库纶和马维斯等）和聚酯（另外一种石油副产品，耐脏，很结实，商标有涤纶和特雷维拉等）。

壁纸

我们在前文提到过的许多设计师都设计过壁纸。彼得·贝伦斯设计的壁纸受到威廉·莫里斯的影响（图 20-67）。约瑟夫·霍夫曼使用他独特的正方形几何图案。弗兰克·劳埃德·赖特 1955 年为舒马赫（Schumacher）设计了名为"塔里辛"的一系列几何图形构成的纺织品和壁纸。勒·柯布西耶做了 63 种壁纸设计，每种都是单色的，它们被称作"卷轴上的一层油漆"。他的想法是，使用纸的颜色而不是刷油漆，会让质量和色彩有更好的延续性。

唐纳德·德斯基为他的 1931 年无线电城音乐厅设计的一种壁纸让人尤为感兴趣。它的名字是"尼古丁"（图 21-79），用在男士吸烟室里。它创造性地印在了铝箔上，在许多烟草叶中间，出现了大量的被认为是男性所感兴趣的事物，比如园艺、航海、打牌和掷色子。贾奎斯·艾米尔·鲁尔曼设计了另外一些装饰派艺术风格的壁纸。

后来的技术发明包括可以清洗的乙烯基、有反射性的聚酯薄膜、将羊毛线或者纤维植到壁纸表面（草布）、用泡沫产生 3D 效果，以及阻燃纸等。

▲图 21-79　1931 年，唐纳德·德斯基为他的无线电城音乐厅设计的铝箔壁纸，纽约
安吉洛霍纳克图片图书馆

总结：20 世纪的设计

本书前面的许多章节都向我们展示了当时的设计和之前的设计在外观上的不同，这在最后一章也有介绍。但是在 20 世纪，不仅仅是设计的外观改变了，设计跟技术的关系强化了，设计和它的受众的关系也发生了巨大的变化。

寻觅特点

我们在这里见到了很多不同特色的设计，但是它们都有一个内在的发展主脉：现代主义。当然在现代主义中我们也看到了很多支脉。在反现代主义的一股力量中，我们看到了一些很有意思但持续时间很短的反应。现代主义仍是这个世纪设计的主要塑造者。

埃德加·考夫曼在他 1953 年出版的著作《何谓现代室内设计？》（*What Is Modern Interior Design?*）中写道："面向自然和面向技术这两股潮流……在实践中从未完全分离过……人们通过科学越来越能控制自然，越来越希望融入自然界，我们这个时代最好的设计师，几乎无一例外地制作了一些能清楚表达人们这种希望的产品。"

探索质量

在前面，我们从埃及彩陶、哥特式彩色玻璃、意大利壁画、法国镶嵌细工，以及其他的技艺精湛的艺术品和华丽的材料中看到了高质量。我们能够从鲁尔曼等装饰派艺术设计师中看到这些高质量设计的反映。但是在 20 世纪，质量更少地依赖于花费大量的时间和使用昂贵的材料，而是跟纯粹的质量相关：突出水平或者垂直的一致性，空间的自由流动，完美的比例或者有操作性的功能解决方案。20 世纪的高质量的材料有可能仍是天然的，但更多的是人造的。

不只是我们对于质量的要求从材料的华丽转到了更注重纯粹的质量，而且质量的受众有了极大的扩展。在家具中，比如伊姆斯的玻璃纤维贝壳椅；在建筑中，比如布劳耶在博物馆公园中的展示屋；在公共展览中，比如考夫曼的精品设计展会。在所有这些以及更多的领域中，我们看到设计得到了最宽泛的理解和使用。现代设计不是面向王室和富人，而是向所有人。设计的质量开始跟实用性、问题的解决和可承受性相联系，而可承受性是以前不经常见到的标准。

做出对比

20 世纪的室内设计所提供的不仅仅是漂亮的外表。我们已经开始依赖室内设计对功能的规定和问题的解决，遵循现代设计的准则"功能决定形式"。在办公室和工厂中，形式设计用来保证效率；在酒店和宾馆中，用来吸引顾客；在商店和商场中，用来推销；在健康医疗领域，用来挽救生命；在住宅建筑中，用来反映个人品位与习惯，并且提供了一种秩序感。

在受到拥挤、交通、噪声、污染，甚至枪支和炸弹困扰的城市环境中，我们越来越多地寻求自身的安慰、安全和幸福，如今，越来越多的人希望拥有比以往任何时候都好的室内设计，更多的人也确实拥有了它。